Regelbasierte Planungsautomatisierung für die Digitale Fabrik

Rule-Based Planning Automation for the Digital Factory

Von der Fakultät für Maschinenwesen
der Rheinisch-Westfälischen Technischen Hochschule Aachen
zur Erlangung des akademischen Grades eines
Doktors der Ingenieurwissenschaften
genehmigte Dissertation

vorgelegt von

Niklas Cedric Schäfer

Berichter:

Univ.-Prof. Dr.-Ing. Dipl.-Wirt. Ing. Günther Schuh
Univ.-Prof. Dr.-Ing. Peter Burggräf, MBA

Tag der mündlichen Prüfung: 27. August 2025

ERGEBNISSE AUS DER PRODUKTIONSTECHNIK

Niklas Schäfer

Regelbasierte Planungsautomatisierung für die Digitale Fabrik

Herausgeber:
Prof. Dr.-Ing. Dipl.-Wirt. Ing. G. Schuh
Prof. Dr.-Ing. C. Brecher
Prof. Dr.-Ing. R. H. Schmitt

Band 16/2025

WZL | RWTH AACHEN UNIVERSITY

Fraunhofer IPT

Bibliografische Information der Deutschen Nationalbibliothek
Die Deutsche Nationalbibliothek verzeichnet diese Publikation in der Deutschen Nationalbibliografie; detaillierte bibliografische Daten sind im Internet über https://portal.dnb.de abrufbar.

Niklas Schäfer:

Regelbasierte Planungsautomatisierung für die Digitale Fabrik

1. Auflage, 2025

Gedruckt auf holz- und säurefreiem Papier, 100% chlorfrei gebleicht.

Wissenschaftsverlag des Instituts für Industriekommunikation und Fachmedien
an der RWTH Aachen
Steinbachstr. 25, 52074 Aachen, Deutschland
Internet: www.apprimus-verlag.de, E-Mail: info@apprimus-verlag.de

Druck: CPI Druckdienstleistungen GmbH
Ferdinand-Jühlke-Straße 7 | 99095 Erfurt | Deutschland

ISBN 978-3-98555-304-4

Vorwort

Die vorliegende Dissertation entstand während meiner Tätigkeit als wissenschaftlicher Mitarbeiter und Gruppenleiter am Lehrstuhl für Produktionssystematik des Werkzeugmaschinenlabors WZL der Rheinisch-Westfälischen Technischen Hochschule Aachen.

Mein besonderer Dank gilt Herrn Professor Günther Schuh für die Möglichkeit zur Promotion, seine wertvollen Impulse und die Förderung einer praxisnahen Forschungsagenda. Herrn Professor Peter Burggräf danke ich für die Übernahme des Korreferats und die inspirierende Zusammenarbeit. Ebenso gilt mein Dank Herrn Professor Isaac Boxx für den Prüfungsvorsitz sowie Herrn Professor Georg Jacobs für den Prüfungsbeisitz.

Ein großer Dank gilt allen Kolleginnen und Kollegen der Abteilung Fabrikplanung für die kollegiale Zusammenarbeit, das Vertrauen und die unvergesslichen Momente in spannenden Projekten. Den Abteilungsleitern während dieser Zeit danke ich für ihre vorbildliche Führung, die fachliche Begleitung dieser Arbeit sowie das konstruktive Feedback: Dr. Matthias Dannapfel, Tobias Adlon und Dr. Esben Schukat. Besonders verbunden fühle ich mich meiner Gruppe Digitale Fabrikplanung für die Unterstützung und die gemeinsamen Erkenntnisse in den vergangenen Jahren: Dr. Sebastian-Patrick Vierschilling, Moritz Beyer, Dr. Nils Föhlisch, Moritz Kuck, Nils Lehde genannt Ketzler, Christopher Kapella und Katharina Fughe. Darüber hinaus danke ich meinen Abschlussarbeitern Marius Schmitt, Peter Saraßa und Tim Metzen für ihre wertvollen Beiträge zu dieser Arbeit.

Mein größter Dank jedoch gebührt meiner Familie für ihre durchgängige Unterstützung. Meinen Geschwistern Hannah und Helen danke ich für eine aufmunternde und motivierende Zeit in Aachen. Ganz besonders danke ich meinen Eltern Anja und Oliver. Ihr habt mir Vertrauen und Freiheiten geschenkt, mich in Entscheidungen bestärkt und mir den Raum gegeben, meinen eigenen Weg zu gehen. Euch widme ich diese Arbeit, denn ohne euch wäre es nicht möglich gewesen.

Aachen, im September 2025 Niklas Cedric Schäfer

Zusammenfassung

Vor dem Hintergrund des Klimaschutzes und globaler Krisen gewinnt die nachhaltige und resiliente Gestaltung industrieller Produktionssysteme an Bedeutung. Da zentrale Entscheidungen zur ökologischen und ökonomischen Nachhaltigkeit bereits in der Fabrikplanung getroffen werden, rückt deren Automatisierung in den Fokus. Die Digitale Fabrik bietet hierfür technologische Potenziale, stößt jedoch aufgrund individueller Planungsanforderungen an Grenzen. Ein vielversprechender Ansatz liegt im regelbasierten Schließen mittels Expertensystemen, die menschliche Entscheidungsprozesse durch definierte Regeln nachbilden.

Ziel dieser Arbeit ist es, die Anwendung regelbasierter Expertensysteme zur Automatisierung von Fabrikplanungsprozessen zu untersuchen. Zentrale Forschungsfrage ist, wie prozessuales Domänenwissen der Fabrikplanung maschineninterpretierbar abgebildet werden kann, um Planungsergebnisse automatisch zu bestimmen. Auf Basis einer semantischen Informationsmodellierung wurde ein regelbasiertes Expertensystem entwickelt, das Wissen über Planungsprozesse formalisiert, mit Regeln verknüpft und durch eine Inferenzmaschine automatisiert zur Entscheidungsfindung nutzt. Das Vorgehen umfasst die systematische Strukturierung relevanter Planungsmethoden, die exemplarisch für die Kapazitätsplanung angewandt wurde, sowie die softwaretechnische Umsetzung in der Ontologie-Entwicklungsumgebung Protégé. Dabei wurden Methoden zur automatisierten Regelerzeugung mithilfe maschinellen Lernens integriert, um den Aufwand der Wissensakquisition zu reduzieren.

Die Evaluation des regelbasierten Expertensystems erfolgte anhand zweier realer Fabrikplanungsprojekte. Es konnte demonstriert werden, dass durch die regelbasierte Planungsautomatisierung sowohl die Planungsqualität als auch die -effizienz gesteigert werden. Besonders bei repetitiven Aufgaben sowie in iterativen Planungsszenarien zeigt die regelbasierte Planungsautomatisierung Vorteile gegenüber manuellen Vorgehensweisen. Die Integration in projektspezifische Abläufe verdeutlicht zudem die Praxistauglichkeit des Lösungsansatzes. Trotz technischer Einschränkungen der Entwicklungsumgebung bietet das System eine hohe Flexibilität und Erweiterbarkeit. Die Ergebnisse zeigen auf, dass regelbasierte Expertensysteme einen wirksamen Beitrag zur Automatisierung von Fabrikplanungsprozessen leisten können. Perspektivisch eröffnen Erweiterungen der KI-gestützten Wissensakquisition zusätzliches Potenzial für intelligente Planungsassistenzsysteme in der Digitalen Fabrik.

Abstract

In the context of climate protection and global crises, the sustainable and resilient design of industrial production systems is becoming increasingly important. As key decisions on ecological and economic sustainability are already made at the factory planning stage, the focus is shifting to automation. The digital factory offers technological potential but has its limits due to individual planning requirements. One promising approach is rule-based reasoning using expert systems that model human decision-making processes using predefined rules.

The aim of this thesis is to investigate the application of rule-based expert systems for the automation of factory planning processes. The central research question is how process-oriented domain knowledge of factory planning can be mapped in a machine-interpretable way to automatically determine planning results. Based on semantic information modelling, a rule-based expert system was developed that formalizes knowledge about planning processes, links it with rules and uses it automatically for decision-making by means of an inference engine. The procedure includes the systematic structuring of relevant planning methods, which was used as an example for capacity planning, as well as the software implementation in the Protégé ontology editor. Methods for automated rule generation using machine learning were integrated to reduce knowledge acquisition efforts.

The rule-based expert system was evaluated using two real factory planning projects. It was demonstrated that rule-based planning automation increases both planning quality and efficiency. Rule-based planning automation shows advantages over manual procedures, particularly for repetitive tasks and in iterative planning scenarios. The integration into project-specific processes also illustrates the practicality of the solution approach. Despite the technical limitations of the development environment, the system offers a high degree of flexibility and expandability. The results show that rule-based expert systems can make an effective contribution to the automation of factory planning processes. In the future, extensions to AI-supported knowledge acquisition will open additional potential for intelligent planning assistance systems in the digital factory.

I Inhaltsübersicht

II Inhaltsverzeichnis

III Abbildungsverzeichnis

IV Abkürzungsverzeichnis

ABox	Assertion Box
APG	Arbeitsplatzgestaltung (Planungsmodul)
ASCII	American Standard Code for Information Interchange
Aufl.	Auflage
Ausg.	Ausgabe
BIM	Building Information Modeling
BRMS	Business Rule Management System (dt.: Geschäftsregelmanagement-system)
bspw.	beispielsweise
bzgl.	bezüglich
CPPS	Cyber-physisches Produktionssystem
CPS	Cyber-physisches System
CSV	Comma Separated Values
CWA	Closed World Assumption
DL	Description Logics
DSL	Domain-specific language (dt.: domänen- bzw. anwendungsspezifische Sprache)
DSR	Design Science Research
DSS	Decision Support Systems
dt.	deutsch
ebd.	ebenda
engl.	englisch
ERP	Enterprise-Resource-Planning
etc.	et cetera (dt.: und so weiter)
et al.	und andere
GUI	Graphical User Interface (dt.: Grafische Benutzeroberfläche)
i.A.a.	in Anlehnung an
IDEF0	Integration Definition for Function Modeling
IDM	Information Delivery Manual
IFC	Industry Foundation Classes
inkl.	inklusive
IRI	Internationalized Resource Identifier

IT	Informationstechnik
ITP	IT-Planung (Planungsmodul)
KADS	Knowledge Acquisition and Document Structuring
KAP	Kapazitätsplanung (Planungsmodul)
Kap.	Kapitel
KDD	Knowledge Discovery in Databases
KI	Künstliche Intelligenz
KPI	Key Performance Indicator
LAY	Layoutplanung (Planungsmodul)
LLM	Large Language Model (dt. übertragen: großes Sprachmodell)
LOV	Linked Open Vocabularies
ML	Maschinelles Lernen
MTM	Methods-time measurement (dt.: Arbeitsablauf-Zeitanalyse)
NLP	Natural Language Processing
OBDA	Ontology-Based Data Access
OEE	Overall Equipment Effectiveness (dt.: Gesamtanlageneffektivität)
ORSD	Ontology Requirements Specification Document
OWA	Open World Assumption
OWL	Web Ontology Language
PER	Personal- und Organisationsplanung (Planungsmodul)
PLP	Produktionslogistikplanung (Planungsmodul)
PMP	Produktionsmittelplanung (Planungsmodul)
PRG	Produktionsprogrammplanung (Planungsmodul)
PRO	Produktplanung (Planungsmodul)
PSP	Produktionsstrukturplanung (Planungsmodul)
PST	Produktionssteuerungsplanung (Planungsmodul)
PZA	Prozessanalyse (Planungsmodul)
RDF	Resource Description Framework
RDFS	RDF Schema
RMS	Reconfigurable Manufacturing System
SHACL	Shapes Constraint Language
SMT	Satisfiability Modulo Theories
SPARQL	SPARQL Protocol and RDF Query Language
SQL	Structured Query Language
SQWRL	Semantic Query-enhanced Web Rule Language

SWRL	Semantic Web Rule Language
SWT	Semantic Web Technologies
TBox	Terminology Box
TGA	Technische Gebäudeausstattung
Turtle	Terse RDF Triple Language
u.a.	unter anderem
UML	Unified Modeling Language
URI	Uniform Resource Identifier
VFF	Virtual Factory Framework
vgl.	vergleiche
VPI	Virtual Production Intelligence
VR	Virtual Reality
W3C	World Wide Web Consortium
XML	eXtensible Markup Language

V Formelzeichenverzeichnis

b_x	Breite der Fläche für x [m]
F_A	Abfallfläche [m²]
F_{AP}	Arbeitsplatzfläche [m²]
F_B	Bedien- und Wartungsfläche [m²]
F_F	Freifläche [m²]
F_G	Betriebsmittelgrundfläche [m²]
F_L	Logistikfläche [m²]
F_M	Medienfläche [m²]
$F_{Prod.}$	Produktionsfläche [m²]
F_W	Werkzeugfläche [m²]
F_x	Fläche für x [m²]
k_N	Nutzungsgrad [%]
m	Betriebsmittelanzahl [#]
t_e	Stückzeit [min]
T_K	Kapazitätsbedarf [h/a]
T_K^*	Korrigierter Kapazitätsbedarf [h/a]
t_r	Rüstzeit pro Los [min]
T_S	Arbeitszeit pro Schicht [h]
T_V	Verfügbare Kapazität je Betriebsmittel [h/a]
t_x	Tiefe der Fläche für x [m]
X	Merkmalsmatrix [-]
y	Zielvariable [-]
z	Produktionsmenge [1/a]
z_D	Arbeitstage pro Jahr [d/a]
z_G	Zeitgrad [%]
z_L	Minimale Losgröße [#]
z_S	Schichten pro Tag [1/d]
z_x	Zuschlagsfaktor für x [-]

1 Einleitung

> *„Wir sind am Beginn einer Nachhaltigkeitsrevolution. Mit der Größe der industriellen Revolution, aber mit der Geschwindigkeit der digitalen Revolution."*
>
> *– Al Gore*

Um den zunehmenden Herausforderungen im Klimaschutz entgegenzutreten, sind nachhaltigere Lebens- und Wirtschaftsweisen notwendig. Dafür müssen täglich genutzte Konsum- und Investitionsgüter auch im industriellen Maßstab nachhaltig produziert werden.[1] Der Anteil des industriellen Sektors an den energiebedingten Treibhausgas-Emissionen von 20 % in Deutschland im Jahr 2021[2] verdeutlicht dessen Signifikanz zur Erfüllung der Nachhaltigkeitsziele. Vor diesem Hintergrund ist zentrale Aufgabe der Produktionstechnik die systematische Umgestaltung von Produktionssystemen, um eine nachhaltige und zirkuläre Wertschöpfung zu unterstützen[3]. Diese Umgestaltung rückt auch vor dem Hintergrund der globalen Situation, welche von Resilienz-Herausforderungen durch alternde Bevölkerung sowie pandemiebezogene und geopolitische Krisenbewältigung geprägt ist, in den Fokus aktueller Bestrebungen[4].

In dieser dynamischen Umgebung stellt sich die Frage, wie Fabriken ausgelegt werden müssen, um sowohl ökologisch als auch ökonomisch nachhaltige Ergebnisse zu erzielen[5]. In der Planungsphase von Fabriken werden früh Entscheidungen mit großem Einfluss auf die später anfallenden Kosten[6] und Nachhaltigkeitspotentiale getroffen, da bspw. bereits 90 % des Energieverbrauch festgelegt werden[7]. Die Fabrikplanung gewinnt daher als Grundlage des nachhaltigen Fabrikbetriebs an entscheidender Bedeutung. Die anforderungsgerechte Planung ist hierbei ein besonderer Anspruch, um auch die typischerweise einmaligen Gegebenheiten eines Fabrikplanungsprojekts zu berück-

---

[1] Vgl. United Nations (2023), The Sustainable Development Goals Report, S. 58–74.

[2] Vgl. Umweltbundesamt (2023), Entwicklung der energiebedingten Emissionen, S. 12.

[3] Vgl. Lumsakul et al. (2018), The Sustainable Co-Design of Products; Ramani et al. (2010), Integrated Sustainable Life Cycle Design.

[4] Zur Begriffsdefinition der Resilienz im industriellen Kontext sowie den aktuellen Herausforderungen und zugehörigen Strategien sei auf folgende Publikationen verwiesen: Plattform Industrie 4.0 (2022), Resilienz im Kontext von Industrie 4.0; Zhu et al. (2013), Exploring the resilience of industrial management.

[5] Vgl. Ghisellini et al. (2016), A review on circular economy.

[6] Vgl. Wiendahl et al. (2014), Handbuch Fabrikplanung, S. 551–557; Ramani et al. (2010), Integrated Sustainable Life Cycle Design.

[7] Vgl. Kainz et al. (2023), How to design a production system with maximum ESG impact.

sichtigen. Zwangsläufig agieren Fabrikplanende in einem interdisziplinären Umfeld, um die vielfältigen Anforderungen im Sinne einer ganzheitlichen Planung einzubeziehen.[8] Profitierend von der digitalen Transformation, werden Fabrikplanende in ihren Aufgaben durch unterschiedliche Planungssoftware unterstützt, die zu einem gewissen Umfang eine effiziente Aggregation und Verarbeitung von Planungsdaten ermöglichen. Das Netzwerk der genutzten digitalen Modelle, Methoden und Werkzeuge wird dabei unter dem Oberbegriff der Digitalen Fabrik zusammengefasst[9]. In diesem Kontext versprechen aktuelle technologische Entwicklungen, wie der digitale Fabrikzwilling, Möglichkeiten zur Umsetzung einer Interoperabilität zwischen der Vielzahl unterschiedlicher Planungswerkzeuge sowie dementsprechend auch verschiedenen Datenformaten und -modellen[10]. Die Digitale Fabrik bietet daher neue Möglichkeiten zur Gestaltung von Produktionssystemen[11] und mit der angestrebte Datendurchgängigkeit desgleichen Anknüpfpunkte zur Automatisierung von Planungsprozessen, die häufig manuell durchgeführt werden und zeitaufwändig sind. Problematisch ist jedoch weiterhin eine hohe Implementierungskomplexität für Automatisierungslösungen in der Digitalen Fabrik, die sich durch die Individualität eines jeden Planungsprojekts ergeben.[12]

Ein Lösungsansatz aus dem Bereich der Künstlichen Intelligenz, die als eine disruptive Technologie fungiert, ist das regelbasiertes Schließen (auch: logisches Schließen). Hiermit könnten durch Anwendung von zuvor festgelegten Regeln mit bestehenden Planungsdaten neue Planungsergebnisse abgeleitet werden. Die Umsetzung kann mithilfe von Expertensystemen erfolgen, wodurch die menschliche Entscheidungsfähigkeit nachgebildet wird. Langfristig soll damit die Umsetzung der automatisierten Fabrikplanung unterstützt werden. In der Industrie sind Expertensysteme bereits etabliert und werden bspw. zur Automatisierung in der Auftragsabwicklung eingesetzt[13]. So ist bspw. in der ERP-Softwarelösung SAP S/4HANA das Material-Requirements-Planning-Modul verfügbar, um Materialbedarfe und Kapazitäten automatisiert zu planen[14]. In Siemens Opcenter sind dedizierte Werkzeuge wie Preactor APS zur Produktionssteuerung nutzbar, die in umfassende Softwaresysteme für die Digitale Fabrik integriert sind und die dynamische Erstellung von Plänen und Zeitplänen erleichtern[15]. Allerdings sind die Potenziale der Expertensysteme, insbesondere unter Nutzung des regelbasierten Schließens, für die Fabrikplanung weitgehend ungenutzt. Daher be-

---

8 Vgl. Burggräf et al. (2021), Fabrikplanung, S. 6–8.

9 Vgl. Verein Deutscher Ingenieure e.V. (2008), Digitale Fabrik, S. 3.

10 Vgl. Bracht et al. (2018), Digitale Fabrik, S. 177–181.

11 Vgl. Riedel (2024), Wir brauchen die Digitale Fabrik, S. 109.

12 Vgl. Kap. 2.3 „Entwicklungsbedarf aus Sicht der Praxis".

13 Vgl. Leo Kumar (2019), Knowledge-based expert system in manufacturing planning, S. 4786.

14 Vgl. ERP Research (2025), SAP S/4 HANA: MRP-Modul.

15 Vgl. Siemens Digital Industries Software (2025), Opcenter – Manufacturing operations management.

steht die in dieser Arbeit adressierten Forschungslücke in der Anwendung von regelbasierten Expertensystemen zur Untersuchung einer regelbasierten Planungsautomatisierung für die Digitale Fabrik.[16]

1.1 Zielsetzung

Relevante Vorarbeiten im Forschungsfeld zeigen den Mehrwert einer semantischen Informationsmodellierung von Fabrikplanungsdaten auf, die als Grundlage für ein systemübergreifendes Verständnis der Planungsdaten genutzt werden kann, um die geforderte Interoperabilität zu erreichen. Bestehende Ansätze erkennen dabei bereits, dass diese gemeinsame Grundlage den Ausgangspunkt einer intelligenten Entscheidungsunterstützung durch Schlussfolgern impliziter Planungsdaten darstellt. Die Potentiale einer regelbasierten Planungsautomatisierung und der gefolgerte Handlungsbedarf werden bereits in der Literatur aufgezeigt. Jedoch ist diesen Ansätzen gemein, dass sie sich auf spezifische und unterschiedliche Problemstellungen beziehen.[17] Deshalb ist im aktuellen Forschungsstand noch kein umfassender Lösungsansatz zur Anwendung regelbasierter Expertensysteme für die Fabrikplanung beschrieben.

Die Zielsetzung dieser Arbeit ist es daher zu untersuchen, wie regelbasierte Expertensysteme für die Fabrikplanung angewandt werden können. Dafür ist zu klären, in welchem Maß und auf welche Weise prozessuales Domänenwissen der Fabrikplanung, also das Wissen über die Durchführung der Fabrikplanungsprozesse, zur Nutzung in regelbasierten Expertensystemen abgebildet werden kann. Um das regelbasierte Expertensystem in bestehende Informationssysteme der Digitalen Fabrik integrieren zu können, soll auf die semantische Informationsmodellierung aufgebaut werden. Der Fokus liegt insbesondere auf der Modellierung der Fabrikplanungsprozesse zur Erreichung einer Planungsautomatisierung. Somit kann wird die Forschungsfrage wie folgt formuliert[18]:

Wie kann das prozessuale Domänenwissen der Fabrikplanung maschineninterpretierbar abgebildet werden, um Planungsergebnisse automatisch zu bestimmen?

Der anvisierte Erkenntnisgewinn liegt in der Nutzbarkeit regelbasierter Expertensysteme zur Automatisierung von Fabrikplanungsprozessen und deren methodischer Integrierbarkeit in bestehende Werkzeuge der Digitalen Fabrik. Somit kann die Kenntnis über die Anwendungsfelder und -potentiale der Künstlichen Intelligenz in der Fabrikplanung präzisiert werden. Mit diesem Forschungsergebnis wird die zukünftige Entwicklung der Digitalen Fabrik somit handlungsorientiert beraten. In

---

16 Vgl. Kap. 3.4 „Forschungsbedarf aus Sicht der Theorie".

17 Vgl. Kap. 3.2 „Ansätze innerhalb der Fabrikplanung".

18 Zur detaillierten Herleitung des Forschungsbedarfs sowie der Forschungsfrage und den zugehörigen Teilforschungsfragen sei an dieser Stelle auf das Kap. 3.4 „Forschungsbedarf aus Sicht der Theorie" verwiesen.

Konsequenz können neben der erzielten Verständnissteigerung schließlich verbesserte Planungswerkzeuge den Fabrikplanenden als Praktiker bereitgestellt werden und somit die Planungseffizienzen und -qualitäten in Fabrikplanungsprojekten gesteigert werden.

1.2 Forschungsmethodik

Um den Forschungsprozess dieser Arbeit zu erläutern und somit die Nachvollziehbarkeit der systematisch generierten Erkenntnisse sicherzustellen, wird nachfolgend die zugrundeliegende Forschungsmethodik vorgestellt. Dazu wird die vorliegende Arbeit zunächst in die Wissenschaftstheorie eingeordnet. Die gewählten wissenschaftlichen Ansätze zur Problemlösung und zur Beantwortung der gestellten Forschungsfragen werden vorgestellt, um anschließend das forschungsmethodische Vorgehen abzuleiten, welches sich speziell an dem Design-Science-Forschungsansatz orientiert.

Einordnung in die Wissenschaftssystematik

In der Wissenschaftstheorie werden zur Begriffsabgrenzung die Wissenschaftsdisziplinen systematisch in Wissenschaftskategorien aufgegliedert. Nach der Wissenschaftssystematik (vgl. Abbildung 1-1) wird grundlegend eine Unterteilung in Formal- und Realwissenschaften vorgenommen[19]. Die Formalwissenschaften widmen sich mithilfe der Konstruktion von Zeichensystemen der formalen Analyse. Hierzu zählen u.a. die Philosophie, Logik und Mathematik. In den Realwissenschaften hingegen werden empirisch wahrnehmbare Wirklichkeitsausschnitte untersucht. Hierbei wird zwischen den Grundlagenwissenschaften, in denen Erklärungsmodelle für die untersuchten Wirklichkeitsausschnitte gebildet werden, und den angewandten Handlungswissenschaften unterschieden[20]. Bei Letzteren werden menschliche Handlungsalternativen zur Gestaltung sozialer und technischer Systeme untersucht.[21]

---

[19] Vgl. Carnap (1935), Formalwissenschaft und Realwissenschaft, S. 31.

[20] Je nach Quelle wird auch von fundamentalen und handlungsorientierten Wissenschaften gesprochen werden. EGGERS unterscheidet hier nach Grundlagenforschung und angewandter Forschung, vgl. Eggers (1997), Funktionen und Management der Forschung, S. 1–16.

[21] Vgl. Ulrich et al. (1976), Wissenschaftstheoretische Grundlagen (Teil I), S. 305–306.

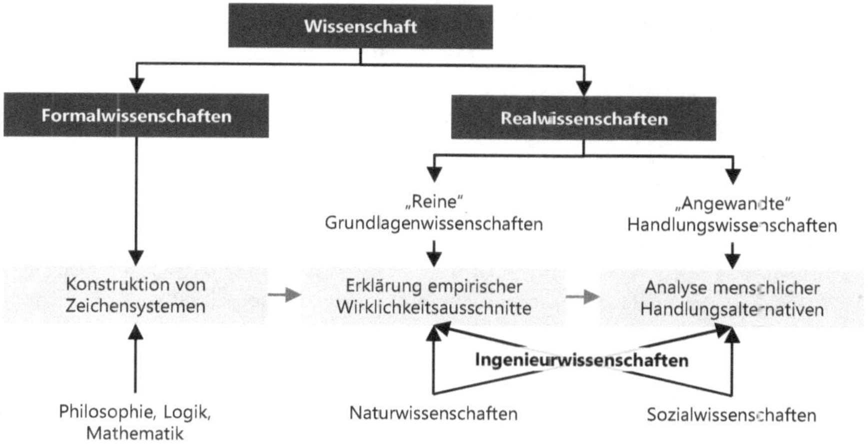

Abbildung 1-1: Wissenschaftssystematik[22]

Während die Naturwissenschaften vorwiegend den Grundlagenwissenschaften und die Sozialwissenschaften den Handlungswissenschaften zuzuordnen sind, ist die Einordnung der Ingenieurwissenschaften weniger eindeutig. Die Ingenieurwissenschaften wurden lange Zeit als angewandte Naturwissenschaft bezeichnet, wobei diese Trennung mittlerweile aufgegeben wurde. In den Ingenieurwissenschaften existieren Wissenschaftsdisziplinen, deren Grenzen zu anderen Fachgebieten wie der Biotechnologie oder der Informatik oft miteinander verschmelzen.[23] Dies macht die Einordnung der Ingenieurwissenschaften in ein festes Schema schwierig. Als Beispiel kann das Industrial Engineering dienen, das als Teil der Ingenieurwissenschaften betrachtet wird und gleichzeitig Einflüsse aus den Wirtschaftswissenschaften, insbesondere aus dem Bereich der Managementlehre, aufweist[24]. Das Industrial Engineering ist im Vergleich zur Managementlehre jedoch durch einen technischeren und systemorientierteren Ansatz gekennzeichnet. In dieses Fachgebiet fällt auch die Fabrikplanung, die sich mit der Planung zukünftiger Zustände von Fabriken beschäftigt[25]. Wie BERGHOLZ betont, darf die Fabrikplanung als Wissenschaft nicht allein auf die Fabrik als physisches Objekt beschränkt werden. Vielmehr muss sie auch den Prozess der Planung selbst in den Fokus nehmen,

---

22 I.A.a. Ulrich et al. (1976), Wissenschaftstheoretische Grundlagen (Teil I), S. 305.

23 Vgl. acatech (2013), Technikwissenschaften, S. 18–20.

24 Vgl. Salvendy (2001), Handbook of industrial engineering, S. 5.

25 Vgl. Burggräf et al. (2021), Fabrikplanung, S. 3.

sodass die Planung in diesem Sinne selbst zum Gegenstand der Wissenschaft wird.[26] Durch diese Definition wird die Zugehörigkeit zu den angewandten Handlungswissenschaften klar, zu denen daher auch das Forschungsvorhaben dieser Arbeit zugeordnet wird.

In den angewandten Wissenschaften liegt ein starker Bezug zur empirischen Forschung vor, die auf dem kritischen Rationalismus von POPPER basiert[27]. Die zentrale Idee dieses Ansatzes besteht in der Überprüfung von Theorien durch Falsifikation[28]. Jedoch wird der Anspruch auf objektive Theorieprüfung, wie ihn der kritische Rationalismus vertritt, von gesellschaftskritischen Positionen infrage gestellt. Im kritischen Rationalismus stehe die Bildung von Erkenntnisgewinn nicht im Vordergrund und werde nicht systematisiert. Das Argument lautet, dass in den angewandten Wissenschaften eine klare Trennung zwischen Erkenntnissubjekt und Erkenntnisobjekt oft gar nicht möglich ist.[29] DÖRING & BORTZ verweisen darauf, dass das Grundlagenwerk von POPPER (1934/1989) „Logik der Forschung" heißt und eben nicht „Praxis der Forschung", und zeigen damit die Kluft zwischen Wissenschaftstheorie und Wissenschaftspraxis auf[30].

Dass der wissenschaftliche Erkenntnisfortschritt in einer Weise erzielt wird, die nicht mit dem kritischen Rationalismus vereinbar ist, wird auch von anderen Wissenschaftstheoretikern vertreten. In seinem Werk "Die Struktur wissenschaftlicher Revolutionen" betont KUHN, dass zentrale Theoriemodelle maßgeblich die Sichtweisen der Forschenden prägen. KUHN argumentiert, dass sowohl die Theorie als auch das damit verbundene Weltbild durch einen Paradigmenwechsel grundlegend verändert werden müssen.[31] Dies bedeutet, dass es in der Wissenschaft zu einem fundamentalen Wandel kommt, bei dem etablierte Theorien und Annahmen durch neue Paradigmen ersetzt werden. Hingegen beeinflusste LAKATOS die Diskussion mit der Idee von Forschungsprogrammen. Nach seiner Ansicht müssen Forschungsergebnisse als Teil größerer Theoriesysteme und Methodenregeln beurteilt werden. Den wissenschaftlichen Erkenntnisfortschritt vergleicht LAKATOS mit einer fortschreitenden Problemverschiebung.[32] Ebenfalls in dieser Diskussion erscheint die Perspektive des methodologischen Anarchismus, wie sie von FEYERABEND vorgeschlagen und mit dem Ausdruck „anything goes" verbreitet wird. FEYERABEND argumentiert, dass es keine universellen Regeln für wissenschaftliche Forschung gibt, sondern dass sogar gegen die gängigen Vorschriften verstoßen wer-

[26] Vgl. Bergholz (2005), Objektorientierte Fabrikplanung, S. 8.

[27] Vgl. Ulrich et al. (1976), Wissenschaftstheoretische Grundlagen (Teil II), S. 345–347.

[28] Vgl. Popper (1934), Logik der Forschung.

[29] Vgl. Döring et al. (2016), Forschungsmethoden und Evaluation, S. 57–58.

[30] Vgl. ebd., S. 59.

[31] Vgl. Kuhn (1962), The structure of scientific revolutions.

[32] Vgl. Lakatos (1977), The methodology of scientific research.

den muss, um wissenschaftliche Revolutionen zu erzielen. Demnach können und sollten verschiedene Ansätze und Methoden in der Wissenschaft nebeneinander existieren.[33] Den vorgestellten Wissenschaftstheorien ist die Perspektive gemeinsam, dass individuelle und kollektive Vorstellungen, Konzepte und soziale Interaktionen als maßgeblicher Einflussfaktor auf die Interpretation der Wirklichkeit verstanden werden.[34] Diese Perspektive zieht sich als roter Faden durch wissenschaftliche Forschungsansätze verschiedener Disziplinen, in die auch die handlungstheoretische Wissenschaftskonzeption von ULRICH & HILL einzuordnen ist.

Nach ULRICH & HILL steht in den Handlungswissenschaften die Analyse von menschlichen Handlungsmöglichkeiten im Vordergrund, um die Gestaltung sozialer und technischer Systeme zu fördern[35]. Dieser Ansatz wird in der system- und entscheidungsorientierten Betriebswirtschaftslehre deutlich. Hier verschiebt sich der Schwerpunkt weg von der Aufgabe, die „Wahrheit" bestimmter Ist-Zustands-Analysen zu ermitteln, sondern hin zur Prüfung der Realisierbarkeit von Soll-Vorstellungen. Dieser Ansatz impliziert eine forschungsstrategische Ausrichtung auf den zukunftsorientierten Entwurf bislang unrealisierter Systeme[36]. Dies verleiht der Forschung einen normativen Charakter, der die aktive Gestaltung und Umsetzung von zukünftigen Systemen betont.[37] Diese Position wird auch von KUBICEK als Vertreter der Konstruktionsstrategie bezogen. KUBICEK plädiert dafür, wissenschaftlichen Fortschritt pragmatisch über den Verständniszuwachs und eine daraus folgende mögliche Beherrschung der Wirklichkeit zu bemessen. In der Konsequenz sei eine Erkenntnissicherung durch exaktere Untersuchungen von bereits bekannten Zusammenhängen weniger interessant als die „Gewinnung kontra-intuitiver Erkenntnisse, durch die Analyse unbeabsichtigter Wirkungen planvoller Handlungen sowie durch das Aufzeigen von Perspektiven, die Gemeinsamkeiten von zuvor als kategorial verschiedenartig angesehenen Phänomenen erkennen lassen"[38]. In den Handlungswissenschaften sei demnach die auf formale Hypothesenprüfung ausgerichtete empirische Forschungsstrategie nach POPPER für den Erkenntnisfortschritt wenig förderlich[39]. Ulrich & Hill betonen, dass unter dem Forschungsprozess der gesamte Prozess der Entwicklung, empirischen Überprüfung und Weiterentwicklung des gedanklichen Bezugsrahmens verstanden werden muss[40]. In

33 Vgl. Feyerabend (1979), Erkenntnis für freie Menschen.
34 Vgl. Döring et al. (2016), Forschungsmethoden und Evaluation, S. 59–62.
35 Vgl. Ulrich et al. (1976), Wissenschaftstheoretische Grundlagen (Teil I), S. 304–305.
36 Vgl. Szyperski (1971), Objekte und Strukturen wissenschaftlicher Forschung, S. 171–184.
37 Vgl. Ulrich et al. (1976), Wissenschaftstheoretische Grundlagen (Teil II), S. 347.
38 Kubicek (1977), Konstruktionsstrategie empirischer Forschung, S. 7.
39 Vgl. ebd., S. 9–12.
40 Vgl. Ulrich et al. (1976), Wissenschaftstheoretische Grundlagen (Teil II), S. 347.

diesem Kontext wird die Forderung nach „explorativer“ Forschung erhoben, deren Forschungsstrategien auf eine erfahrungsgestützte Theorienbildung ausgerichtet sind[41].

ULRICH bestätigt die Ansichten KUBICEKS, insbesondere im Rahmen seines systemtheoretischen Ansatzes, der in seinem Werk „Management“ dargelegt ist. Der systemtheoretische Ansatz ist ein „interdisziplinärer Ansatz [...], der alle Gestaltungs- und Führungsprobleme von produktiven sozialen Systemen (Unternehmungen, öffentliche Betriebe, Verwaltungen) untersucht“[42]. ULRICH beschreibt damit eine angewandte, realen Problemstellungen nachgehende Managementlehre, vergleichbar den Ingenieurwissenschaften[43]. Ebenfalls verweist er mit jener Definition auf sein Werk „Die Unternehmung als produktives soziales System“[44], die zur systemorientierten Managementlehre weiterentwickelt wurde. Zu dessen Grundorientierungen zählen die Anwendungs-, die System- und auch die auf Gesellschaftsbezug ausgerichtete Wertorientierung. Daher argumentiert ULRICH, dass es in der Managementlehre gilt, „Gestaltungsmodelle zur Lösung empirisch erfasster, typischer Probleme aus der Praxis zu entwickeln und im Anwendungszusammenhang zu prüfen“[45].

Der Appel ULRICHS an eine handlungs- und problemorientierte Wissenschaftsauffassung fordert eine Problemlösungsmethodik, die auf die Untersuchung und Gestaltung komplexer dynamischer Systeme ausgerichtet ist[46]. Im Sinne der Konstruktionsstrategie empirischer Forschung nach KUBICEK ist diese Problemlösungsmethodik auf einen explorativen, iterativen Forschungsprozess auszurichten, der Erzeugung wissenschaftlicher Aussagen auf Basis von Erfahrungswissen fördert. Da der Forschungsprozess ebenso durch das Vorverständnis der Forschenden und deren Interaktion mit der zu untersuchenden Wirklichkeit geprägt wird, kann dieser als Lernprozess begriffen werden, indem der Verständniszuwachs durch zunehmend präzisere Problemdefinition erzielt wird.[47]

Konkretisierung des Forschungsansatzes

Gemäß der Wissenschaftsauffassung von ULRICH und KUBICEK werden Anforderungen an den Forschungsansatz gestellt, der die methodische Grundlage der vorliegenden Arbeit darstellt. Im Sinne der Strategie angewandter Forschung nach ULRICH muss der Anwendungszusammenhang aktiv im gesamten Forschungsprozess in Erscheinung treten. Schließlich soll der Forschungsprozess auch in der Praxis enden, indem die Forschungsergebnisse zur Beratung der Praxis genutzt werden. Nach

41 Vgl. Kubicek (1977), Konstruktionsstrategie empirischer Forschung, S. 12–13.
42 Ulrich (1984), Management, S. 9.
43 Vgl. Ulrich et al. (1976), Wissenschaftstheoretische Grundlagen (Teil I), S. 308.
44 Vgl. Ulrich (1968), Die Unternehmung als produktives soziales System.
45 Ulrich (1984), Management, S. 17.
46 Vgl. ebd., S. 137.
47 Vgl. Kubicek (1977), Konstruktionsstrategie empirischer Forschung, S. 14.

ULRICH kommt den Theorien die Funktion von Informationslieferanten zu. Daher muss der Theoriebezug disziplinübergreifend sein, um eine umfassende Perspektive auf das Forschungsthema zu gewährleisten und den Anforderungen der angewandten Forschungsstrategie gerecht zu werden. Ein solcher interdisziplinärer Theoriebezug ermöglicht es, relevante Erkenntnisse aus verschiedenen Fachrichtungen zu integrieren und so zu einem fundierten Forschungsansatz beizutragen, der sowohl wissenschaftliche Standards erfüllt als auch in der Praxis anwendbar ist.[48] KUBICEK verweist auch darauf, dass die Forschungsergebnisse in der Lehre sowie der Beratung der Praxis Verwendung finden sollen[49]. Im Sinne seiner Konstruktionsstrategie der empirischen Forschung ist der Forschungsprozess iterativ und flexibel zu gestalten. So kann der Forschungsprozess „im Wechselspiel der ständigen Interaktion von Fragen an die Realität, der Sammlung von Daten und kritischen Reflexion des Realitätsbildes [...] auf das Konstruktionsziel der Gewinnung und theoretischen Analyse von systematischem Erfahrungswissen ausgerichtet werden"[50].

In der vorliegenden Arbeit ist die Untersuchung regelbasierter Expertensysteme für die Fabrikplanung der Gegenstand der Forschung. Regelbasierte Expertensysteme sind als Softwaresystem den Gegenständen der Informationssystemforschung (engl.: Information Systems Research) zuzuordnen. Bei der Wahl eines geeigneten Forschungsansatzes sind neben den Anforderungen der handlungsorientierten Wissenschaftsauffassung von ULRICH und KUBICEK auch jene Anforderungen zu berücksichtigen, die aus dem Untersuchungsgegenstand selbst resultieren. Demgemäß wurde für diese Arbeit der Forschungsansatz an der Design-Science-Forschung (engl.: Design Science Research, kurz: DSR) orientiert. Nach der folgenden Vorstellung des Design-Science-Forschungsansatzes soll aufgezeigt werden, dass den aufgestellten Forderungen nachgekommen wird.

Ziel der Design-Science-Forschung ist die Schaffung von innovativen Artefakten, die durch Ideen, Methoden oder Werkzeuge verkörpert werden. Das Grundprinzip der Design-Science-Forschung besteht darin, dass bei der Entwicklung und Anwendung eines Artefakts Wissen und Verständnis über das vorliegende Problem und seine Lösung erworben werden[51]. Die Design-Science-Forschung gibt dabei Richtlinien vor, die eine effiziente Analyse, Entwurf, Implementierung und die Nutzung der Artefakte ermöglichen[52]. HEVNER et al. betonen, dass gute design-wissenschaftliche Forschung mit der Identifizierung und Darstellung von Möglichkeiten und Problemen in einer konkreten Anwendungsumgebung beginnt. Die Anwendungsumgebung stellt sodann Anforderungen

48 Vgl. Ulrich (1984), Management, S. 192–195.

49 Vgl. Kubicek (1977), Konstruktionsstrategie empirischer Forschung, S. 16.

50 ebd., S. 15.

51 Vgl. Hevner et al. (2010), Design Research in Information Systems, S. 5.

52 Vgl. Hevner et al. (2004), Design Science in Information Systems, S. 78–81.

an die Entwicklung und kontinuierliche Evaluation der zu entwickelnden Artefakte. Bei dessen Entwicklung müssen ebenfalls bestehende Ansätze rigoros angewandt werden. Schließlich muss das Ergebnis der Design-Science-Forschung sowohl einem technologieorientierten als auch einem managementorientierten Publikum präsentiert werden.[53]

Mithilfe dreier inhärenter Forschungszyklen kann der Design-Science-Forschungsansatz in seinem Grundverständnis dargestellt werden. Abbildung 1-2 zeigt die Forschungszyklen, die nach HEVNER et al. in jedem Design-Science-Forschungsprojekt präsent und klar identifizierbar sein müssen[54]. Im Relevanzzyklus wird das Anwendungsumfeld mit den Design-Science-Forschungsaktivitäten verknüpft. Im Anwendungsumfeld wird das Artefakt wiederholt geprüft, sodass die Anforderungen an die Forschungsaktivitäten spezifiziert werden können. Somit wird die Lösung eines praktisch relevanten Problems sichergestellt.[55] Im Rigorzyklus wird an bestehende wissenschaftliche Erkenntnisse angeknüpft, indem wissenschaftliche Grundlagen, Methoden sowie Erfahrung und Expertise als auch andere Artefakte aus der Wissensbasis zur Verwertung in den Forschungsaktivitäten angewandt werden. Dieser Zyklus wird durch die Ergänzung des Artefakts als auch der gewonnenen Erkenntnisse zur Wissensbasis geschlossen und fördert somit rigorose Design-Science-Forschung.[56] Der interne Designzyklus stellt den Kern der Design-Science-Forschung dar. Hier wird auf Basis der Eingänge der Relevanz- und Rigorzyklen die Lösungskonstruktion und -bewertung iteriert. Bevor das Ergebnis dieser Forschungsaktivitäten im Relevanz- oder Rigorzyklus zurückgespielt wird, sind ausreichende Iterationen erforderlich, um eine entsprechende Ergebnisqualität sicherzustellen.[57]

[53] Vgl. ebd., S. 82–90.

[54] Vgl. Hevner (2007), A Three Cycle View of Design Science Research, S. 87–88.

[55] Vgl. Hevner (2007), A Three Cycle View of Design Science Research, S. 88–89.

[56] Vgl. ebd., S. 89–90.

[57] Vgl. ebd., S. 90–91.

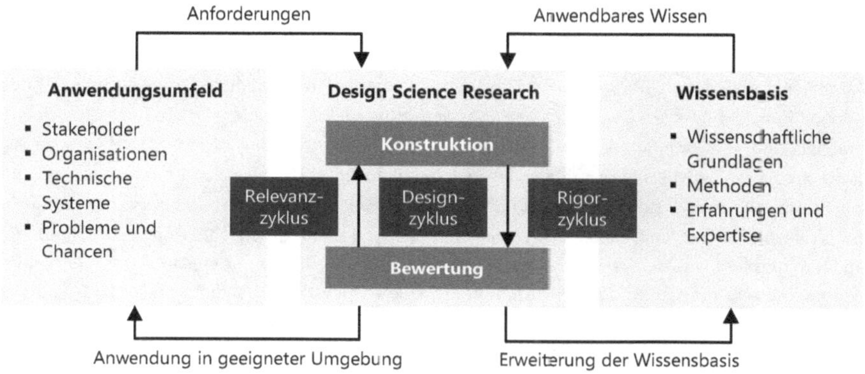

Abbildung 1-2: Rahmenwerk der Design-Science-Forschung mit seinen inhärenten Forschungszyklen[58]

Der Design-Science-Forschungsansatz hat seinen Ursprung in den Arbeiten von SIMON zu den „Sciences of the Artificial"[59] und weist in seinem heutigen Grundverständnis große Parallelen zu anderen Forschungs- und Entwicklungsmethodiken auf. Während HEVNER & CHATERJEE die Design-Science-Forschung als Forschungsparadigma deklarieren[60], sehen FETTKE und TREPPER diese als Explikation des gestaltungsorientierten Forschungsansatzes an, der in der deutschsprachigen Wirtschaftsinformatik angewandt wird[61]. Gemeinsamkeiten in der Ausrichtung auf die Gestaltung komplexer Systeme können ebenfalls in Bezug auf das Software Engineering oder das Model-based Systems Engineering (kurz: MBSE), die geeignete Prinzipien, Methoden und Werkzeuge zur Systementwicklung bereitstellen, erkannt werden[62]. Hiervon können dementsprechend die Forschungsaktivitäten der Design-Science-Forschung profitieren. Weiterhin kann der Forschungsansatz auch mit agilen Managementmethoden verglichen werden, denen ein Kernzyklus zugrunde liegt, in dem die Artefaktentwicklung inkrementell und iterativ unter der Einbeziehung von Anwenderfeedback erfolgt[63]. Schließlich stellt BERGHOLZ sogar indirekt einen Bezug zur Fabrikplanung selbst her, indem

[58] I.A.a. vom Brocke et al. (2020), Introduction to Design Science Research, S. 4.

[59] Vgl. Simon (1969), The sciences of the artificial.

[60] Vgl. Hevner et al. (2010), Design Research in Information Systems, S. 5.

[61] Vgl. Fettke (2008), Empirisches Business Engineering, S. 45–46; Trepper (2015), Fundierung der Konstruktion agiler Methoden, S. 11.

[62] Vgl. Balzert (2009), Softwaretechnik, S. 17–22.

[63] Vgl. Chin (2004), Agile project management.

er eine Fabrikplanungstheorie auf Basis objektorientierter Software-Engineering-Ansätze formuliert, mit denen das Planungsergebnis als Artefakt sukzessive konkretisiert wird[64].

Abschließend wird der Design-Science-Forschungsansatz zur Anwendung in dieser Arbeit mit einer hohen Eignung bewertet. Der gewählte Forschungsansatz ist in der Informationssystemforschung etabliert und erlaubt eine anwendungsorientierte Lösungserarbeitung[65]. Nach ULRICH wird so die „praxisbegleitende Forschung möglich, weil Modellbildung und -anwendung sukzessive und abwechselnd erfolgen“[66]. Das Artefakt als Forschungsergebnis ist über die Erweiterung der Wissensbasis relevant für akademische Kreise (vgl. Rigorzyklus) und erfüllt gleichzeitig über die Anwendung im Designumfeld (vgl. Relevanzzyklus) die Forderung nach der Beratung der Praxis. Darüber hinaus werden die Anforderungen der Konstruktionsstrategie empirischer Forschung nach KUBICEK adressiert, indem eine Forschungskonzeption ermöglicht wird, die "kommunizierbar, lehrbar und beurteilbar ist und gleichzeitig den wissenschaftlichen Fortschritt im Hinblick auf das pragmatische Wissenschaftsziel mit möglichst hoher Wahrscheinlichkeit fördert"[67]. Die Forschung soll letztendlich Probleme für den Praktiker lösen und sich auf realisierbare, dennoch gesellschaftlich nützliche Funktionen der Aufklärung, Beratung und Kritik konzentrieren. Ein besonderer Vorteil dieser praktischen Orientierung liegt somit in der Verkürzung der Zeitspanne zwischen akademischer Forschung und ihrer Umsetzung in der Industrie. Da der Design-Science-Forschungsansatz sowohl wissenschaftliche Rigorosität als auch praktische Anwendbarkeit fördert, wird dessen Eignung unterstrichen. Im Folgenden wird daher mit dessen Anwendung auf die Zielsetzung dieser Arbeit das zugrundeliegende forschungsmethodische Vorgehen hergeleitet.

Herleitung des forschungsmethodischen Vorgehens

Das zu entwickelnde und zu untersuchende Lösungsartefakt der vorliegenden Design-Science-Forschung ist das regelbasierte Expertensystem, das eine Planungsautomatisierung durch regelbasiertes Schließen ermöglichen soll. Daher liegt der Fokus zunächst auf der Gestaltung dieses Systems und seiner Komponenten. Gemäß des Relevanzzykluses sind zunächst die Anforderungen an das Lösungsartefakt aus dem Anwendungsumfeld zu analysieren. Anhand dieser Anforderungen wird zur Konstruktion des Lösungsartefakts die zugrundlegende, konzeptuelle Struktur erarbeitet. Auf der Seite des Rigorzyklus werden dazu sowohl bestehende Ansätze aus der Fabrikplanung eingebracht als auch zusätzliche Methoden aus benachbarten Forschungsdisziplinen genutzt, die zur Weiterentwicklung der regelbasierten Planungsautomatisierung relevant sind. Die software-technische Umsetzung des Lösungsartefakts ist erforderlich, um dieses im Kontext der begleitenden Be-

---

64 Vgl. Bergholz (2005), Objektorientierte Fabrikplanung, S. 87–92.

65 Vgl. Frauchiger (2017), Anwendungen von Design Science Research, S. 107–118.

66 Ulrich (1984), Management, S. 194.

67 Kubicek (1977), Konstruktionsstrategie empirischer Forschung, S. 29.

wertung im Designzyklus zu evaluieren. Die Evaluierung soll anhand von Anwendungsfällen erfolgen, die aus dem Anwendungsumfeld entstammen. Die Einordnung dieser Forschungsaktivitäten in das Rahmenwerk der Design-Science-Forschung ist in Abbildung 1-3 präsentiert.

Je Forschungsaktivität muss die Qualität der Teilergebnisse spezifisch beurteilt werden. Während die gestellten Funktionalitätsanforderungen nach praktischer Relevanz und Umsetzbarkeit bewertet werden sollen, ist die Verwendung der Ansätze und Methoden aus der Wissensbasis auf Klarheit und Konsistenz zu prüfen. Das konstruierte Lösungsartefakt wird in der Evaluierung auf Wirksamkeit und Effizienz getestet. So kann vom praktischen Nutzen des regelbasierten Expertensystems in exemplarischen Anwendungsfällen auf die Nützlichkeit regelbasierter Planungsautomatisierung im Allgemeinen geschlossen werden. Im Sinne einer Projizierung des erlangten Wissens aus den speziellen Anwendungsfällen in Theorien zu neuen Lösungstechnologien wird so die methodische Integrierbarkeit in bestehende Werkzeuge der Digitalen Fabrik beurteilt. Neben der Konstruktion des Lösungsartefakts des regelbasierten Expertensystems und seiner Ergänzung zu der Wissensbasis wird so ein Erkenntnisgewinn über das Anwendungsumfeld selbst erzielt.

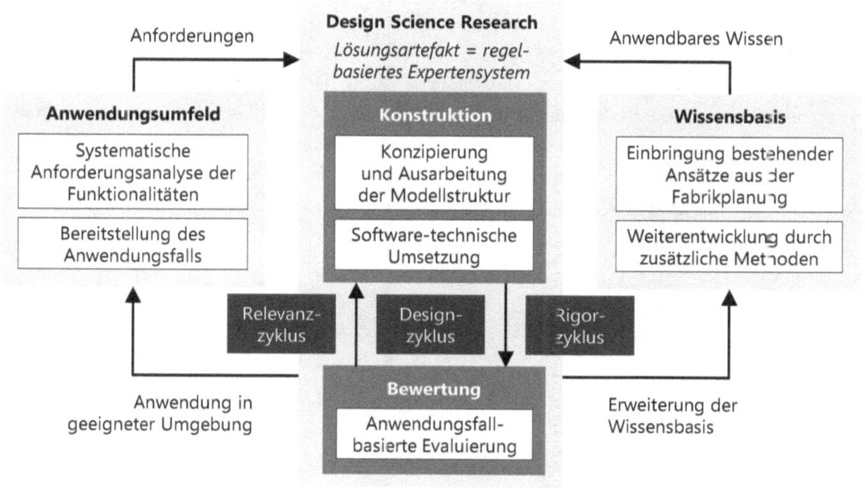

Abbildung 1-3: Darstellung der wesentlichen Forschungsaktivitäten dieser Arbeit im Rahmenwerk der Design-Science-Forschung nach VOM BROCKE et al.[68]

---

[68] Vgl. vom Brocke et al. (2020), Introduction to Design Science Research, S. 4.

Grundsätzlich werden die skizzierten Forschungsaktivitäten in Anlehnung an SONNENBERG & BROCKE parallelisiert und iterativ bearbeitet, um eine frühzeitige Evaluierung und somit eine kontinuierliche Qualitätssteigerung der entwickelten Arbeitsinhalte zu ermöglichen[69]. Aus diesem Grund entstehen während der Lösungserarbeitung mehrere Versionen des Lösungsartefakts. Jedoch wird in dieser Arbeit ausschließlich das abschließende Ergebnis präsentiert.

1.3 Aufbau der Arbeit

Zur Unterteilung der Teilergebnisse in die Kapitelstruktur wird eine Linearisierung nach dem DSR Methodology Process Model (kurz: DSRM)[70] vorgenommen. Nach den Bewertungskriterien von VENABLE et al.[71] und in Anlehnung an EBADE ESFAHANI[72] wurde das DSRM für diese Arbeit als geeigneter Ordnungsrahmen ausgewählt. Entsprechend ist der Aufbau der Arbeit in Abbildung 1-4 dargestellt.

Im einleitenden ersten Kapitel wurde bereits ein Überblick über den Hintergrund und die Zielstellung der vorliegenden Arbeit gegeben als auch die zugrundeliegende Forschungsmethodik beschrieben. Ein umfassenderes Bild der Motivation wird jedoch erst in den Kapiteln 2 und 3 gezeichnet. Zunächst wird mit den Grundlagen des Betrachtungsbereichs die Problemrelevanz verdeutlicht, indem über die Herausforderungen in der Digitalen Fabrik der Entwicklungsbedarf aus Sicht der Praxis hergeleitet wird. Im folgenden Stand der Forschung zur intelligenten Entscheidungsunterstützung werden zunächst bestehende Ansätze innerhalb der Fabrikplanung verglichen und sodann fachübergreifende Methoden zur Weiterentwicklung der fabrikplanerischen Automatisierung vorgestellt. Daraus wird Forschungsbedarf aus Sicht der Theorie hergeleitet, nachdem die regelbasierte Planungsautomatisierung weiterentwickelt werden soll.

---

69 Vgl. Sonnenberg et al. (2012), Evaluation Patterns for Design Science, S. 72–74.

70 Vgl. Peffers et al. (2007), A design science research methodology, S. 52–57.

71 Vgl. Venable et al. (2017), Choosing a Design Science Research Methodology, S. 9–10.

72 Vgl. Ebade Esfahani (2022), Ontologie der Fabrikplanung mit BIM, S. 5–7.

Abbildung 1-4: Aufbau der Arbeit anhand der linearisierten Struktur der Design-Science-Forschung[73]

Das Forschungsergebnis des regelbasierten Expertensystems als Lösungsartefakt wird in den Kapiteln 4 und 5 präsentiert. Zur Konzipierung des regelbasierten Expertensystems werden die Anforderungen systematisch analysiert und die Modellstruktur dargestellt. Die Umsetzung erfolgt durch die Ausarbeitung für die ausgewählte Fabrikplanungsaufgabe der Kapazitätsplanung und anschließende software-technische Implementierung des regelbasierten Expertensystems, wobei durch Präsentation des Softwaresystems eine erste Demonstration erreicht wird. Die vollständige Demonstration des Nutzens des regelbasierten Expertensystem und umfassende Evaluation erfolgt anhand ausgewählter Anwendungsfälle in Kapitel 1. Daher werden auch erst im Rahmen dieser Bewertung die Erfüllung der Anforderungen an das Lösungsartefakt und die verwendete Forschungsmethodik beurteilt. Die übergeordnete Forschungsfrage wird dort beantwortet, um ein Fazit zur Anwendbarkeit regelbasierter Systeme in der Planungsautomatisierung zu ziehen. Dieses Fazit sowie die Evaluierung des regelbasierten Expertensystems in den exemplarischen Anwendungsfällen stellen eine Beratung der Praxis im Rahmen der Kommunikation der Forschungsergebnisse dar. Zur Kommunikation tragen insbesondere die Vorveröffentlichungen bei, auf die an entsprechenden Stellen in dieser Arbeit verwiesen wird. Im abschließenden Kapitel 7 werden die Forschungsergebnisse zusammengefasst und ein Ausblick über zukünftige Forschungsvorhaben formuliert.

[73] I.A.a. Peffers et al. (2007), A design science research methodology, S. 54.

2 Grundlagen der Digitalen Fabrik

Ein klares Begriffsverständnis ist Ausgangspunkt jeder Forschung. Daher werden in diesem Kapitel die Grundlagen des Betrachtungsbereichs untersucht und relevante Definitionen im Kontext dieser Arbeit erarbeitet. Dazu wird in Kapitel 2.1 die Digitale Fabrik und dessen Rolle im Aufgabenfeld der Fabrikplanung beschrieben. Kapitel 2.2 zeigt aus Perspektive des Fabrikplaners aktuell bestehende Herausforderungen auf, zu denen insbesondere die Umsetzung eines durchgängigen Datenmanagements und einer darauf aufbauenden Entscheidungsunterstützung zählen. Als Zwischenfazit wird hergeleitet, dass es in der Digitalen Fabrik an intelligenter Entscheidungsunterstützung durch Fabrikplanungssoftware mangelt. Dieser Entwicklungsbedarf aus Sicht der Praxis wird im abschließenden Kapitel 2.3 zusammengefasst.

2.1 Einführung in die Digitale Fabrik

Die Digitale Fabrik ist der zentrale Begriff, der im Folgenden eingeordnet und definiert wird. Ebenso werden im Zusammenhang stehende Begriffe wie der digitale Fabrikzwilling in diesen Kontext eingeordnet. Die Digitale Fabrik findet in verschiedenen Einsatzfeldern Anwendung und wird als Antwort auf typische Herausforderungen in der Fabrikplanung positioniert. Dabei werden insbesondere die Charakteristika von Fabrikplanungsprojekten und -vorgehen beleuchtet, um die zunehmende Relevanz der Digitalen Fabrik für die Bewältigung komplexer Aufgaben in der Fabrikplanung herauszustellen.

2.1.1 Terminologische Definitionen

Beginnend mit Textverarbeitungssystemen setzte sich die Rechnerunterstützung zur Lösung von Routineaufgaben in Unternehmen seit den 1970er und 1980er Jahren gegenüber herkömmlichen Lösungsmitteln durch. Auch im Bereich der Produktionstechnik erlangte die Rechnerunterstützung in den folgenden Jahren mit CAD- und PLM-Systemen an erheblicher Bedeutung.[74] In den 1990er Jahren wurde mit dem Ansatz des Computer Integrated Manufacturing (CIM) die Idee verfolgt, die bisherigen Systeme datentechnisch zu verbinden und „eine durchgängige Informationsverknüpfung von der Konstruktion bis in die Produktion sicher zu stellen"[75]. Jedoch konnte die Einführung und Umsetzung von CIM nicht die Erwartungen der Praxis erfüllen und sich entsprechend nicht

---

[74] Vgl. Bracht et al. (2018), Digitale Fabrik, S. 2–3.

[75] ebd., S. 5.

durchsetzen. Grund dafür war, dass die technischen Anforderungen zu hoch gesetzt waren und anderseits die organisatorischen Rahmenbedingungen ignoriert wurden[76]. Die ursprüngliche Vision und die Ziele des CIM blieben jedoch erhalten und wurden im Sinne der Digitalen Fabrik zu der digitalen Abbildung sämtlicher Elemente und Prozesse einer Fabrik weiterentwickelt[77]. So konnte sich die Digitale Fabrik als Grundlage für die Fabrik-, Produktions- und Produktplanung sowie zur Unterstützung parallelisierter iterativer Abstimmungsverfahren etablieren.

Die Definition der Digitalen Fabrik ist in der gängigen Literatur nicht eindeutig.[78] Jedoch konnte im Jahr 2008 in der VDI-Richtlinie 4499 eine branchenübergreifende Definition verabschiedet werden, die heutzutage weit anerkannt ist[79]. Demnach gilt:

„Die Digitale Fabrik ist ein Netzwerk von digitalen Modellen, Methoden und Werkzeugen, die durch ein durchgängiges Datenmanagement integriert werden. Das Ziel der Digitalen Fabrik ist eine ganzheitliche Planung, Evaluierung und laufende Verbesserung aller wesentlichen Strukturen, Prozesse und Ressourcen der realen Fabrik."[80]

Mithilfe des durchgängigen Datenmanagements wird mit der Digitalen Fabrik eine Verteilung der Fabrikdaten vermieden, um das Risiko an Qualitätsdefiziten und Datenbrüchen zu verringern. Somit können die Fabrikdaten durch Experten der unterschiedlichen beteiligten Fachdisziplinen genutzt werden. Um die weiteren betriebswirtschaftlichen, organisatorischen und technischen Ziele zu erreichen, ist die Digitale Fabrik als integrierendes System umzusetzen, vgl. Abbildung 2-1. Somit kann die Wirtschaftlichkeit, Kommunikation, Standardisierung sowie der Wissenserwerb und -erhalt mit der Digitalen Fabrik gewährleistet werden.[81]

---

[76] Vgl. Reinhart (2017), Handbuch Industrie 4.0, S. 4.

[77] Vgl. Wiendahl (2002), Auf dem Weg zur Digitalen Fabrik, S. 121.

[78] In einer Literaturanalyse konnten bereits bis zu 45 verschiedene Definition für die digitale Fabrik identifiziert werden; vgl. Himmler et al. (2013), Digitale Fabrik (Literaturanalyse), S. 166.

[79] Vgl. Bracht et al. (2018), Digitale Fabrik, S. 9.

[80] Verein Deutscher Ingenieure e.V. (2008), Digitale Fabrik, S. 3.

[81] Vgl. Verein Deutscher Ingenieure e.V. (2008), Digitale Fabrik, S. 9–13.

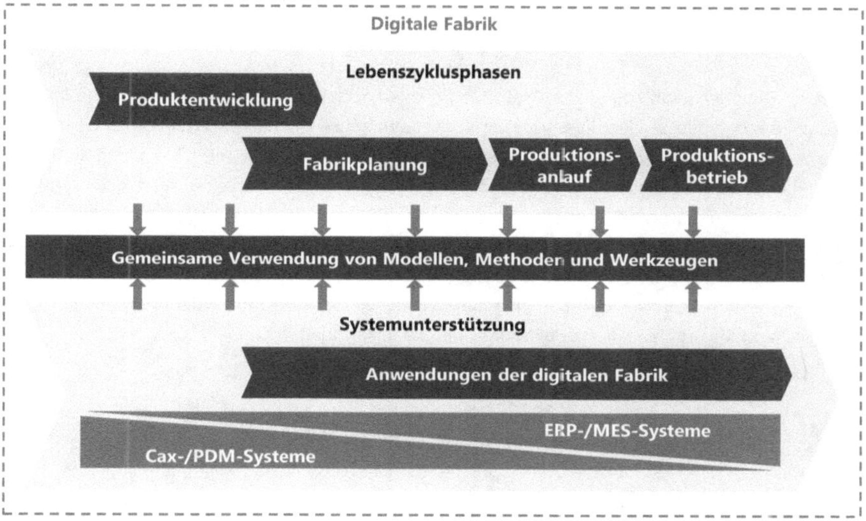

Abbildung 2-1: Die Digitale Fabrik als integrierendes System über die wichtigsten Lebenszyklusphasen der Fabrik[82]

Als integrierendes System können mit der Digitalen Fabrik die digitalen Modelle, Methoden und Werkzeuge über die Lebenszyklusphasen verwendet werden. Darin zeigt sich der Aspekt der Datenintegration, die insbesondere für die Fabrikplanung von hoher Relevanz ist[83]. Hiermit können die Daten aus den relevanten IT-Systemen und den Anwendungen der Digitalen Fabrik den Planern durchgängig, bedarfsgerecht und effizient zur Verfügung gestellt werden[84]. Ebenso wird damit eine hinreichende Datenqualität sichergestellt, um dem Risiko von Fehlplanungen vorzubeugen[85]. Somit lässt sich das Planungsergebnis erproben und verbessern, bevor Investitionsentscheidungen getroffen werden[86]. Darüber hinaus reduzieren die Integration und Verknüpfung vorhandener Daten

---

82 I.A.a. Verein Deutscher Ingenieure e.V. (2008), Digitale Fabrik, S. 12.

83 Vgl. Dombrowski et al. (2018), Designing digital tools for factory planning, S. 103.

84 Vgl. Dombrowski et al. (2021), Ganzheitliches Produktionsmanagement, S. 554.

85 Vgl. ebd., S. 556.

86 Vgl. Verein Deutscher Ingenieure e.V. (2008), Digitale Fabrik, S. 6.

den Aufwand zum Suchen und Aufbereiten von Daten zu Beginn von neuen Fabrikplanungsprojekten[87].

Die in der Digitalen Fabrik genutzten Methoden können nach BRACHT et al. in verschiedene Methodenklassen eingeteilt werden. Kollaborationsmethoden sowie Darstellungs- und Entwurfsmethoden sind dabei für die Fabrikplanung in den frühen Planungsphasen wichtig.[88] Die Digitale Fabrik wird somit bereits vor Umsetzung der Planungsergebnisse mit dem Ziel eingesetzt, die Fabrik virtuell abzubilden und deren Planungsstand zu bewerten. Der Schwerpunkt liegt dabei auf einer eng abgestimmten Produktionsplanung und Anlagenkonzeption.[89] Die weiteren potenziellen Anwendungsbereiche der Digitalen Fabrik erstrecken sich über den gesamten Produktlebenszyklus. Abbildung 2-2 präsentiert Beispiele für Anwendungsbereiche über den Produktlebenszyklus vom ursprünglichen Entwurf über die Produktion bis hin zur Instandhaltung.

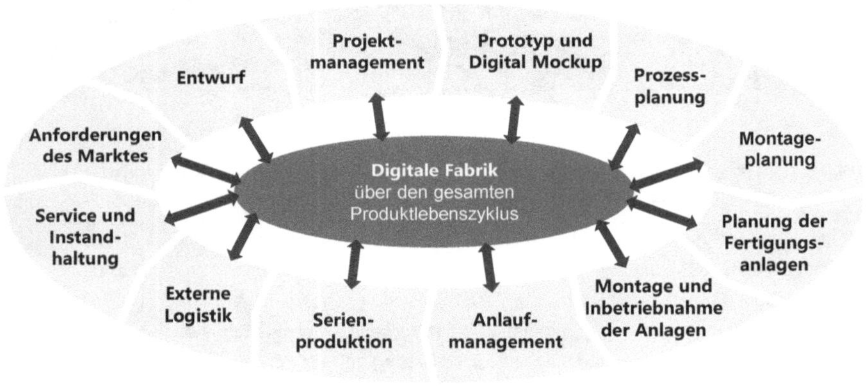

Abbildung 2-2: Beispiele für Anwendungsbereiche der Digitalen Fabrik[90]

Der digitale Fabrikzwilling

Zur Umsetzung der Digitalen Fabrik als integriertes System müssen heterogene Datenquellen integriert und synchronisiert werden, um die Darstellung des physischen Fabriksystems in einem virtuellen Raum zu gewährleistet. Das virtuelle Fabriksystem soll dabei als parallele Simulation laufen,

87 Vgl. Dombrowski et al. (2019), Automated Information Provision, S. 1074.

88 Vgl. Bracht et al. (2018), Digitale Fabrik, S. 86.

89 Vgl. Grundig (2021), Fabrikplanung, S. 29.

90 I.A.a. Verein Deutscher Ingenieure e.V. (2008), Digitale Fabrik, S. 5.

um das Verhalten seines physischen Gegenstücks vorherzusagen und optimieren zu können. Dieses Konzept ist im Ingenieurwesen auch als digitaler Zwilling bekannt[91] und stammt ursprünglich aus der Luft- und Raumfahrtindustrie, wo er zur Simulation mithilfe eines digitalen Produktabbildes diente[92]. Obwohl der Begriff seit über 20 Jahren geprägt wird[93], erfährt er seit jüngster Zeit eine höhere Bedeutung und wurde 2017 nach dem Hype Cycle für aufkommende Technologien nach GARTNER als Trend mit hohem Potenzial aufgenommen[94]. Im Rahmen der aktuellen Entwicklungen der Digitalen Fabrik werden regelmäßig die Begriffe des digitalen Zwillings als auch des digitalen Schattens verwendet. Um ein gemeinsames Begriffsverständnis zu schaffen, folgt die Begriffsunterscheidung nach der Definition des Integrationslevels nach KRITZINGER et al., der in Abbildung 2-3 dargestellt ist.

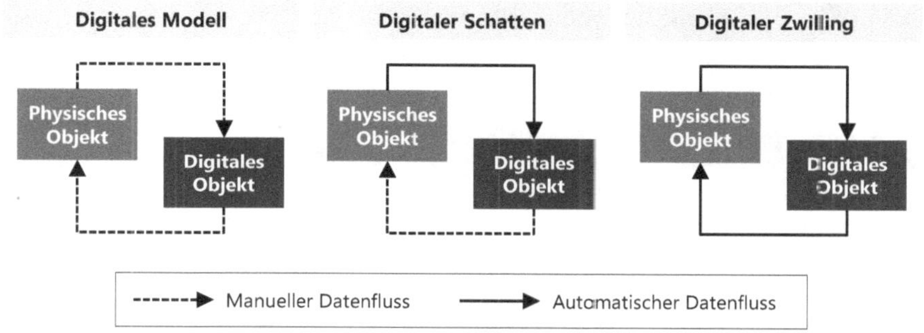

Abbildung 2-3: Unterscheidung von digitalem Modell, digitalem Schatten und digitalem Zwilling mit dem Integrationslevel nach KRITZINGER et al.[95]

Die Begriffe werden über die Art des Datenflusses zwischen dem physischen und dem digitalen Objekt unterschieden. Während sich ein digitales Modell durch einen rein manuellen Datenfluss kennzeichnet, erfolgt der Datenfluss beim digitalen Schatten vom physischen zum digitalen Objekt automatisch. Ein digitaler Zwilling erweitert die Definition des digitalen Schatten, indem auch das physische Objekt durch einen automatischen Datenfluss beeinflusst wird.[96] Durch den automatischen Datenfluss wird eine Synchronisation ermöglicht, sodass der digitale Zwilling als „digitale

91 Vgl. Grieves et al. (2016), Digital Twin: Behavior in Complex Systems, S. 92–94.

92 Vgl. Tao et al. (2019), Digital Twin in Industry, S. 2406–2407.

93 Vgl. Grieves (2015), Digital Twin: Manufacturing Excellence, S. 1–7.

94 Vgl. Walker (2017), Hype Cycle for Emerging Technologies.

95 I.A.a. Kritzinger et al. (2018), Digital Twin in manufacturing, S. 1017.

96 Vgl. ebd., S. 1016–1017.

Repräsentation eines bestimmten Assets (Produkt, Maschine, Dienstleistung, ...), der seine Eigenschaften, Zustand und Verhalten anhand von Modellen, Informationen und Daten beschreibt"[97], definiert werden kann.

In der Literatur wird der digitale Zwilling überwiegend auf das Produkt bezogen[98]. Bei Produktionsbezug werden digitale Zwillinge mit Fokus auf die Produktionsplanung und -steuerung vorherrschend im Fabrikbetrieb genutzt[99]. Da der digitale Zwilling im Kontext der Digitalen Fabrik auch an Bedeutung für die Fabrikplanung gewinnt[100], ist eine Definition des digitalen Fabrikzwillings erforderlich. Diese Definition lautet:

„Der digitale Fabrikzwilling ist die Repräsentation der realen Fabrik (oder eines Teils davon), der seine Eigenschaften, Zustand und Verhalten über die Lebenszyklusphasen anhand von Modellen und Informationen beschreibt."[101]

Dazu müssen im digitalen Fabrikzwilling entsprechende Fabrik- und Planungsinformationen zu einer Datengrundlage integriert werden, die sich aus verschiedenen Datenquellen von Gebäude-, Produktions- als auch Produktdaten zusammensetzt. Nach BAUERNHANSL et al. kann mithilfe von digitalen Schatten eine echtzeitfähige Auswertungsbasis der relevanten Daten geschaffen werden. Somit kann der digitale Fabrikzwilling ein möglichst identisches Abbild der realen Fabrik in Form von Prozessmodellen und Simulationen erreichen.[102] Auf dieser Basis können sodann Anwendungsfälle realisiert werden, die eine Entscheidungsunterstützung in den Anwendungsbereichen der Digitalen Fabrik ermöglichen. Abbildung 2-4 visualisiert dieses Begriffsverständnis des digitalen Fabrikzwillings, der in seiner Grundlage als integratives Informationssystem verstanden werden kann.

---

[97] Stark et al. (2019), Digital Twin, S. 1.

[98] Hierzu sei auf die Ergebnisse zahlreicher Literaturrecherche verwiesen, u.a.: Sjarov et al. (2020), Digital Twin Concept; Liu et al. (2021), Review of digital twin. In der deutschen Literatur wird dabei auch von der digitalen Produktakte gesprochen.

[99] Cimino et al. (2019), Digital twin applications in manufacturing, S. 4–6.

[100] Vgl. Bracht et al. (2018), Digitale Fabrik, S. 52–53.

[101] Definition adaptiert für die digitale Fabrik von der allgemeinen Definition des digitalen Zwillings nach STARK und DAMERAU (vgl. Stark et al. (2019), Digital Twin) sowie BOSCHERT und ROSEN (vgl. Boschert et al. (2016), Digital twin – simulation aspect).

[102] Vgl. Bauernhansl et al. (2016), WGP-Standpunkt Industrie 4.0, S. 23.

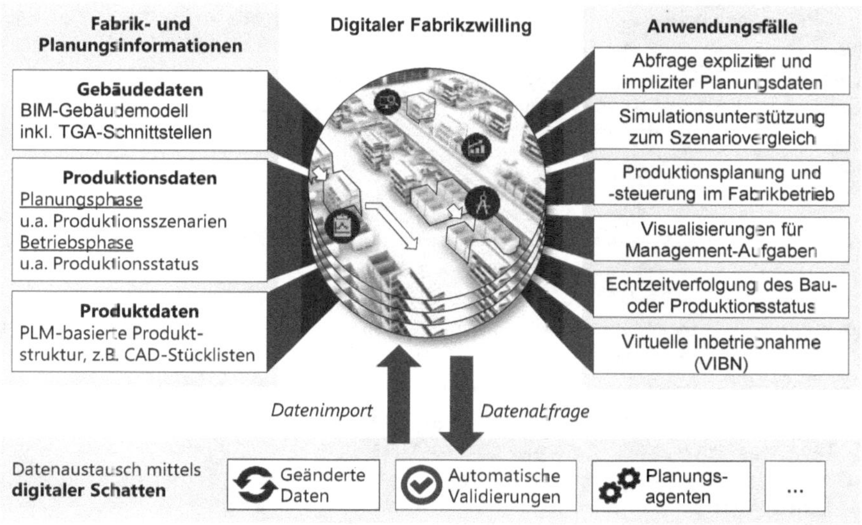

Abbildung 2-4: **Übersicht des digitalen Fabrikzwillings im Zusammenhang zum digitalen Schatten**[103]

Während der digitale Fabrikzwilling das grundlegende Informationssystem umfasst, bieten digitale Schatten eine Schnittstelle für den Datenaustausch. Bei aktualisierten Datenquellen, z.B. aufgrund von Echtzeit-Updates aus Produktionsrückmeldesystemen oder neu verfügbaren Maschinendaten, importiert ein digitaler Schatten die relevanten Daten in das Informationssystem. Zusätzlich können digitale Schatten mit Berechnungsmodellen erweitert werden, um automatische Validierungen von Planungsergebnissen oder Berechnungen mittels Planungsagenten umzusetzen. Zusammenfassend enthalten digitale Schatten im Kontext der Digitalen Fabrik die entsprechenden Informationen und Modelle, die gezielt für den anwendungsfallspezifischen Kontext und dessen Anforderungen ausgewählt werden.[104]

[103] Eigene Darstellung, die im Rahmen der Arbeiten des Autors im Exzellenzcluster „Internet of Production" entstanden ist. Eine Veröffentlichung erfolgte in ähnlicher Form in Burggräf et al. (2023), Der digitale Fabrikzwilling.

[104] Die Konzeption digitaler Schatten und Beschreibung der Datenstruktur mit einem entsprechenden Metamodell wurde ebenfalls im Rahmen der Arbeiten des Autors im Exzellenzcluster „Internet of Production" untersucht. Dazu ist auf die beiden folgenden Veröffentlichungen verwiesen: Becker et al. (2021), Conceptual Model for Digital Shadows; Michael et al. (2023), Digital Shadow Reference Model, S. 17–18.

Für ihre Datengrundlage stehen digitalen Fabrikzwillingen unterschiedliche Datenquellen zur Verfügung. So können bspw. auf Basis von 3D-Laserscans erstellte Fabrikmodelle oder auch Simulationsergebnisse für den initialen Aufbau genutzt werden. Daher sind individuelle digitale Fabrikzwillinge in ihren Eigenschaften ebenfalls unterschiedlich. Dabei kann der Reifegrad des konkreten digitalen Fabrikzwillings über den zuvor beschriebenen Integrationslevel nach KRITZINGER et al.[105] und weitere Bewertungsgrößen charakterisiert werden. Abbildung 2-5 präsentiert dazu ein Klassifikationsmodell zur Einordnung digitaler Fabrikzwillinge.

Neben dem Integrationslevel zur Kategorisierung digitaler Fabrikzwillinge als digitales Modell, digitaler Schatten oder digitaler Zwilling, stellen Modellumfang und -umgebung weitere Bewertungsgrößen bereit. Ein digitaler Fabrikzwilling sollte in mindestens einer Lebenszyklusphase eingesetzt werden, die nach den üblichen Phasen in Fabrikplanungsprozessen definiert werden kann[106]. Die Betrachtungsebene gibt die fokussierten Planungsstrukturebenen an, die an die Kategorisierung nach GRUNDIG angelehnt sind[107]. Hiermit kann beschrieben werden, bis zu welcher Planungsstrukturebene die Fabrikumgebung betrachtet wird und bis zu welchem Detailgrad sie modelliert wird. So kann bspw. ein digitaler Fabrikzwilling zur Layoutplanung eines Produktionsbereichs das gesamte Werkslayout bis hin zu den einzelnen Maschinenmodellen umfassen. In der Kategorie Daten und Konnektivität unterscheiden sich die digitalen Fabrikzwillinge durch die verwendeten Datenquellen. Diese Daten werden mit manuellen oder (teil-)automatisierten Datenverbindungen erfasst, wodurch die Datengrundlage unter unterschiedlichen zeitlichen Bedingungen aktualisiert werden kann. Bei ausreichend hoher Aktualisierungsrate kann von einer Echtzeitfähigkeit gesprochen werden. Die dafür notwendigen Aktualisierungsraten sind in früheren Lebenszyklusphase typischerweise geringer.

[105] Vgl. Kritzinger et al. (2018), Digital Twin in manufacturing, S. 1016–1017.

[106] In den früheren Lebenszyklusphasen wird vor Umsetzung der Planungsarbeiten teilweise vom virtuellen Fabrikzwilling gesprochen.

[107] Vgl. Grundig (2021), Fabrikplanung, S. 15.

<table>
<tr><th>Bewertungsgröße</th><th colspan="60">Bewertungsausprägungen</th></tr>
<tr><td colspan="61">Kategorie des digitalen Zwillings</td></tr>
<tr><td>Integrationslevel</td><td colspan="20">Digitales (Fabrik-)modell</td><td colspan="20">Digitaler (Fabrik-)schatten</td><td colspan="20">Digitaler (Fabrik-)zwilling</td></tr>
<tr><td colspan="61">Modellumfang und -umgebung</td></tr>
<tr><td>Lebenszyklusphase</td><td colspan="15">Planung</td><td colspan="15">Validierung</td><td colspan="15">Umsetzung</td><td colspan="15">Betrieb</td></tr>
<tr><td>Betrachtungsebene</td><td colspan="12">Wertschöpfungskette</td><td colspan="12">Werk</td><td colspan="12">Gebäude</td><td colspan="12">Produktionsbereich / -linie</td><td colspan="12">Arbeitsplatz / Maschine</td></tr>
<tr><td colspan="61">Daten und Konnektivität</td></tr>
<tr><td>Datenquellen</td><td colspan="60">Auflistung aller Datenquellen</td></tr>
<tr><td>Datenakquise</td><td colspan="20">Manuell</td><td colspan="20">Teil-automatisiert</td><td colspan="20">Automatisiert</td></tr>
<tr><td rowspan="2">Aktualisierungsrate</td><td colspan="12" rowspan="2">Einmalig</td><td colspan="36">Wiederholt</td><td colspan="12" rowspan="2">Echtzeit / Eventgetrieben</td></tr>
<tr><td colspan="12">Wöchentlich</td><td colspan="12">Täglich</td><td colspan="12">Stündlich</td></tr>
<tr><td colspan="61">Verhalten und Fähigkeiten</td></tr>
<tr><td>CPPS-Intelligenz</td><td colspan="20">Nutzerseitig</td><td colspan="20">Automatisiert / regelbasiert</td><td colspan="20">Autonom</td></tr>
<tr><td>Simulationsfähigkeit</td><td colspan="15">Keine</td><td colspan="15">Statisch</td><td colspan="15">Dynamisch / zeitabhängig</td><td colspan="15">Ad-hoc</td></tr>
<tr><td></td><td colspan="60">Reifegrad →</td></tr>
</table>

Abbildung 2-5: Klassifikationsmodell zur Einordnung digitaler Fabrikzwillinge nach definierten Bewertungsgrößen[108]

Schließlich werden die untersuchten digitalen Fabrikzwillinge in der Kategorie Verhalten und Fähigkeit bewertet, deren Bewertungsgrößen an die Vorarbeiten von STARK & DAMERAU angepasst sind[109]. Mit der CPPS-Intelligenz wird beschrieben, inwieweit Modelle und Algorithmen in den digitalen

---

[108] Das Klassifikationsmodell wurde vom Autor zur Reifegradbewertung von digitalen Fabrikzwillingen entwickelt und findet im Rahmen der Untersuchung möglicher Lösungsfelder im Stand der Forschung in Kap. 3.1 Anwendung in der Literaturanalyse und -synthese. Die Veröffentlichung erfolgte in Burggräf et al. (2023), Digital-Twin-Driven Factory Planning.

[109] Vgl. Stark et al. (2019), Digital Twin, S. 4–6.

Fabrikzwilling integriert sind, die eine automatisierte Informationsverarbeitung ermöglichen[110]. Abschließend werden mit der Bewertungsgröße der Simulationsfähigkeit die Funktionalitäten integrierter Simulationen erfasst.

Nach der Definition des digitalen Fabrikzwillings und seiner Reifegradbewertung mithilfe des Klassifikationsmodells wird deutlich, dass der digitale Fabrikzwilling nicht nur als herkömmliches Informationssystem zu verstehen ist. Zusätzlich ist die Integration von Ansätzen der Künstlichen Intelligenz sowie eine Erweiterung mit Simulationstechniken notwendig, um das Potenzial für die relevanten Aufgabenbereiche auszuschöpfen. Um den digitalen Fabrikzwilling als zentralen Bestandteil zukünftiger Fabrikplanung zu nutzen, ist daher die Entwicklung von weiteren Methoden und Werkzeugen notwendig, die von einer umfassenderen Digitalisierung profitieren[111]. Zur weiteren Etablierung der Digitalen Fabrik wird auch auf die Nutzung von Lernfabriken hingewiesen, um die Potenziale und Herausforderungen in industriellen Umgebungen demonstrieren zu können[112]. Insgesamt ist entscheidend, dass die Digitale Fabrik weder als ausschließliches Softwarewerkzeug noch als reine Methodik betrachtet wird[113], sondern die Digitale Fabrik als „Netzwerks von digitalen Modellen, Methoden und Werkzeugen auf Basis des durchgängigen Datenmanagement"[114] verstanden wird. So wird eine digitale Unterstützung des vielfältigen Aufgabenfelds der Fabrikplanung, das im folgenden Unterkapitel beschrieben und in den Kontext der Digitalen Fabrik eingeordnet wird, ermöglicht.

2.1.2 Einordnung in das Aufgabenfeld der Fabrikplanung

Die Fabrikplanung umfasst ein breites Spektrum an Aufgaben innerhalb der Produktionsorganisation und ist daher ein wesentlicher Bestandteil der industriellen Tätigkeit. Um sich diesem Aufgabenfeld anzunähern, soll der Begriff der Fabrikplanung definiert werden. Dazu existieren in der Literatur vielfältige Definitionen, die jedoch jeweils bestimmte Aspekte hervorheben. EVERSHEIM und SCHUH beschreiben die Fabrikplanung als die Planung und Auslegung industrieller Produktionsstätten bis zum Anlauf der Produktion:

[110] Cyber-Physische Produktionssysteme (CPPS) sind cyber-physische Systeme (CPS), die aus Sicht der Automatisierungstechnik eine Integration von physischen Prozessen mit computergestützten Algorithmen und Steuerungen ermöglichen (vgl. VDI/VDE-Gesellschaft Mess- und Automatisierungstechnik (GMA) (2013), Cyber-Physical Systems, S. 2–3). Mit Hilfe von Ansätzen der Künstlichen Intelligenz kann so im digitalen Fabrikzwilling eine automatisierte Informationsverarbeitung erreicht werden.

[111] Vgl. Cimino et al. (2019), Digital twin applications in manufacturing, S. 12–13.

[112] Vgl. Al-Geddawy (2020), Digital twin creation method, S. 1804.

[113] Vgl. Bley et al. (2006), Zwei Seiten der Digitalen Fabrik, S. 19.

[114] Verein Deutscher Ingenieure e.V. (2008), Digitale Fabrik, S. 3.

„Unter Zuhilfenahme geeigneter Methoden und Werkzeuge wird das Produktionssystem in einem systematischen Vorgehen bis zum Anlauf der Produktion ausgelegt"[115]

Diese Definition hebt die systematische und zielorientierte Natur der Fabrikplanung hervor. Auch wird damit die Entsprechung zum Planungsbegriff in der allgemeinen Betriebswirtschaftslehre unterstrichen, nach dem die Planung eine Tätigkeit zur gedanklichen Vorwegnahme von Handlungsschritten zur Erreichung eines Ziels ist[116]. Im Kontext der Fabrik und der Produktion ist es insbesondere Ziel der Planung, diese an veränderte Bedingungen anzupassen[117]. Oft wird die strukturierte Herangehensweise auch als phasenorientierter Prozess beschrieben, wie auch die VDI-Richtlinie 5200 den Fabrikplanungsbegriff weiter spezifiziert:

„Fabrikplanung ist ein systematischer, zielorientierter, in aufeinander aufbauende Phasen strukturierter und unter Zuhilfenahme von Methoden und Werkzeugen durchgeführter Prozess zur Planung einer Fabrik von der Zielfestlegung bis zum Hochlauf der Produktion"[118]

Trotz der Vielzahl von Definitionen in der Literatur besteht heute Konsens über die Sichtweise auf eine Fabrikplanung, bei der der Umfang der Planung durch die spezifischen Problemstellungen abhängig von Unternehmen, Fabrik und Planungsprojekt festgelegt wird. Ebenso hat sich eine soziotechnische Sichtweise auf die Fabrikplanung etabliert.[119] Der Begriff des sozio-technischen Systems beschreibt hierbei eine zusammenhängende Gesamtheit aus technischen und sozialen Elementen, die arbeitsteilig auf ein gemeinsames Ziel hinwirken[120]. Fabrikplanung kann daher als sozialer Prozess begriffen werden, in dem diverse Stakeholder mit unterschiedlichen Perspektiven und Zielsetzungen interagieren.

Weiterhin ist die Fabrikplanung durch eine systemtheoretische Betrachtungsweise gekennzeichnet[121]. Wie in Abbildung 2-6 dargestellt, kann die Fabrikplanung analog zur Fabrik selbst als System verstanden werden, in welchem sich die Strukturen und Beziehungen der Systemkomponenten untersuchen lassen. In einer Fabrik können die Produktionsstrukturen über eine Hierarchisierung und Aggregation ihrer Produktionsressourcen dargestellt werden[122]. In der Fabrikplanung stellt sich bspw. ein Planungsprojekt durch verschiedene Planungsaufgaben zusammen, deren Teilaufgaben

---

115 Eversheim et al. (1999), Gestaltung von Produktionssystemen, S. 12.

116 Vgl. Wöhe et al. (2013), Einführung in die allgemeine Betriebswirtschaftslehre, S. 140.

117 Vgl. Grundig (2021), Fabrikplanung, S. 5.

118 Verein Deutscher Ingenieure e.V. (2011), Fabrikplanung - Factory Planning, S. 3.

119 Vgl. Claussen (2012), Die Fabrik als soziales System, S. 2–3; Schenk et al. (2014), Fabrikplanung und Fabrikbetrieb, S. 8–9; Pawellek (2014), Ganzheitliche Fabrikplanung, S. 19.

120 Vgl. Karafyllis (2019), Soziotechnisches System, S. 300.

121 Vgl. Schenk et al. (2014), Fabrikplanung und Fabrikbetrieb, S. 121–123.

122 Vgl. Bergholz (2005), Objektorientierte Fabrikplanung, S. 99–101.

mit den zugehörigen Werkzeugen und Methoden bearbeitet werden können. Neben dem hierarchischen Konzept werden in der Fabrikplanung auch funktionale und strukturelle Konzepte der Systemtheorie identifiziert, um die komplexen Wirkbeziehungen abzubilden.[123] Insgesamt schafft die systemtheoretische Betrachtung somit die Grundlage für die systematische Vorgehensweise in der Fabrikplanung.[124]

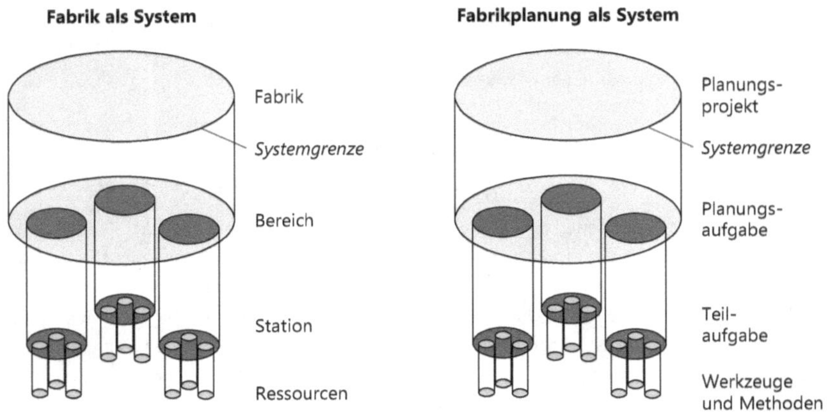

Abbildung 2-6: Systemtheoretische Betrachtung der Fabrikplanung in Analogie zur Fabrik als System[125]

Charakter von Fabrikplanungsprojekten

Anlass der Fabrikplanung ist immer eine Divergenz von Realität und Anforderungen an die Fabrik, wodurch sich verschiedene Planungsgrundfälle ableiten lassen[126]. Nach GRUNDIG kann in der Fabrikplanung grundsätzlich zwischen Neuplanung und Umplanung unterschieden werden. Die Neuplanung ist auch als „Planung auf grüner Wiese" unter dem Begriff der Greenfield-Planung bekannt und zielt auf den Neubau von Fabriken ab. Hierbei kann eine weitestgehend optimale Ausgestal-

[123] Vgl. Burggräf et al. (2021), Fabrikplanung, S. 14–18.

[124] Vgl. Pawellek (2014), Ganzheitliche Fabrikplanung, S. 30; Nöcker (2012), Zustandsbasierte Fabrikplanung, S. 130.

[125] Eigene Darstellung, angelehnt an Burggräf et al. (2021), Fabrikplanung, S. 11–16.

[126] Vgl. ebd., S. 3–4.

tung erreicht werden kann, da die Fabrik unabhängig von bestehenden Strukturen und Einschränkungen geplant werden kann. Von einer Brownfield-Planung wird bei einer Umplanung für bestehende Fabriken gesprochen. Hierbei können die Planungsgrundfälle weiter in Umgestaltung, Erweiterung, Rückbau und Revitalisierung unterteilt werden.[127] Diese fünf Planungsgrundfälle sind in Abbildung 2-7 dargestellt und charakterisieren sich durch unterschiedliche Herausforderungen und Möglichkeiten.

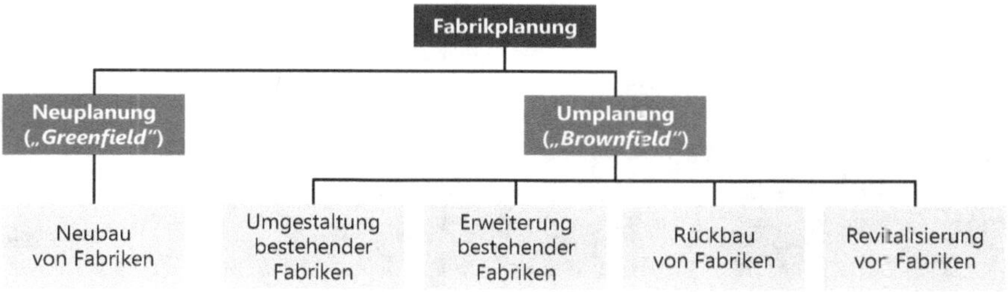

Abbildung 2-7: Planungsgrundfälle[128]

Die Umgestaltung bestehender Fabriken dient der Anpassung bestehender Anlagen, Prozesse und Gebäude an Änderungen des Produktionsprogramms und deren Modernisierung. Sind die vorhandenen Kapazitäten nicht mehr ausreichend, bedarf es einer Erweiterung und damit verbundener Planung von Zusatzkapazitäten. Die Erweiterung bestehender Fabriken erfordert daher eine Analyse bestehender Kapazitäten zur Ableitung der zusätzlich erforderlichen Produktionsanlagen, bei deren Integration die Fabrik zur Produktivitätsmaximierung gesamtheitlich betrachtet werden sollte. Im Gegensatz dazu wird beim Rückbau der Abbau von Überkapazitäten geplant und durchgeführt. Die Revitalisierung findet statt, wenn stillgelegte Fabriken zur Neu- oder Wiedernutzung herangezogen werden sollen.[129]

In der Fabrikplanung beeinflussen die Planungsgrundfälle signifikant den Charakter der Aufgaben, den Umfang und die Komplexität der Problemstellung, den Grad der Schwierigkeit, die Gestaltungsspielräume in den Lösungskonzepten sowie die spezifischen Inhalte der angewandten Planungsmethodik. Trotz dieser heterogenen Ausprägungen besitzen alle Fabrikplanungsaufgaben die typischen Merkmale von Projekten, sodass der Fabrikplanung ein ausgeprägter Projektcharakter attes-

[127] Vgl. Grundig (2021), Fabrikplanung, S. 17–19.
[128] I.A.a. ebd., S. 17.
[129] Vgl. Burggräf et al. (2021), Fabrikplanung, S. 4–5.

tiert werden kann. Der Projektcharakter manifestiert sich in Planungsvorhaben, die sich durch einmalige Zielsetzungen, limitierte zeitliche und finanzielle Ressourcen, personelle Restriktionen sowie durch eine spezifisch ausgeformte Organisationsstruktur auszeichnen.[130] Aufgrund des Projektcharakters ist ein methodisch fundiertes Projektmanagement von essentieller Bedeutung. Die Aufgaben des Projektmanagements fördern eine sach-, kosten- und termingerechte Projektbearbeitung und tragen so maßgeblich zur Erhöhung der Erfolgswahrscheinlichkeit des Fabrikplanungsprojekts bei. Abbildung 2-8 zeigt die Aufgaben des Projektmanagements und ordnet sie vier Hauptphasen zu. In der Projektdurchführung werden neben dem Projektmanagement die eigentlichen Planungsergebnisse erarbeitet. Dazu werden von Fabrikplanenden Planungsvorgehen angewandt, die im folgenden Abschnitt erläutert werden.[131]

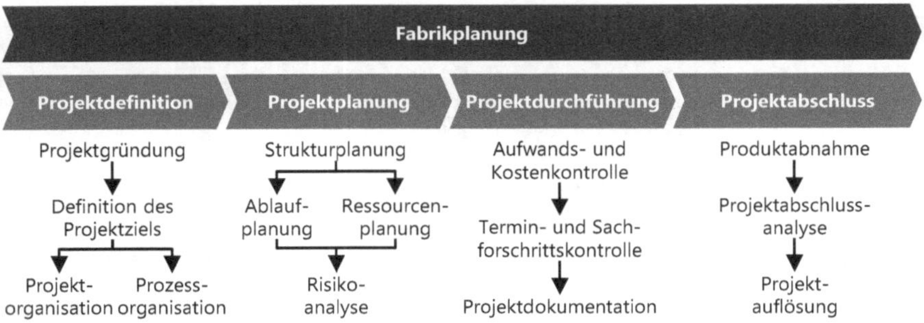

Abbildung 2-8: Projektmanagement in der Fabrikplanung[132]

Fabrikplanungsvorgehen

Zur Systematisierung des Planungsprozesses etablierten sich in der Entwicklung von Fabrikplanungsvorgehen seit den 1960er Jahren sequenzielle Vorgehensweisen, die einen signifikanten Fortschritt gegenüber früheren, funktionsbezogenen Ansätzen markieren. So wurden Fabrikplanungsprojekte zunächst in sukzessive Stufen eingeteilt. Moderne sequenzielle Fabrikplanungsvorgehen folgen ebenso dem Prinzip der Phasenbildung, das sich durch zunehmende Detaillierung des vorliegenden Planungsobjekts charakterisiert. Die typische Vorgehensweise gliedert sich in sechs

[130] Vgl. Grundig (2021), Fabrikplanung, S. 19–20.
[131] Vgl. Burggräf et al. (2021), Fabrikplanung, S. 6–7.
[132] I.A.a. ebd., S. 6.

Hauptphasen: Zielplanung, Vorplanung, Grobplanung, Feinplanung, Ausführungsplanung und Ausführung.[133] Je nach Quelle sind die Phasen unterschiedlich strukturiert.[134] Allen sequenziellen Vorgehensweisen ist jedoch gemeinsam, dass der Planungsablauf in inhaltlich-methodisch abgrenzbare und logisch strukturierte Planungsphasen gegliedert wird. Somit sind die Planungsphasen auch zeitlich aufeinander aufbauend.[135]

Phasenorientierte Fabrikplanungsvorgehen finden heutzutage in der Fabrikplanung noch häufig Anwendung, werden damit den Anforderungen an die Planung allerdings nicht immer gerecht. Da durch die sequenzielle Vorgehenswiese die Wirkzusammenhänge im dynamischen und komplexen Planungsumfeld weitestgehend vernachlässigt werden, können aufgrund von gegenseitigen Abhängigkeiten und Wechselwirkungen Koordinationsprobleme oder Effizienz- und Effektivitätsverluste resultieren.[136] Diese Herausforderungen resultieren typischerweise in verlängerten Projektlaufzeiten, was wiederum einen verzögerten Produktionsanlauf, eine unzureichende Zielerreichung, mangelnde Akzeptanz der Ergebnisse und letztendlich Kostensteigerungen nach sich ziehen kann. Diese Entwicklungen stehen im Widerspruch zu den grundlegenden Prinzipien einer wertorientierten Fabrikplanung, die stets das Verhältnis von Planungsaufwand zu Planungsnutzen berücksichtigen soll.[137] Vor diesem Hintergrund wurden modulare Fabrikplanungsvorgehen entwickelt, die sich durch die Modularisierung von Planungsaufgaben auszeichnen, um den Inhalt und die gegenseitigen Abhängigkeiten der einzelnen Planungsaufgaben anstelle des zeitlichen Ablaufs in den Mittelpunkt zu stellen. Hierbei werden die Planungsaufgaben in klar definierte Planungsmodule gegliedert. Jedes Modul ist durch spezifische Eingangs- und Ausgangsinformationen charakterisiert, wodurch die Bereitstellung transparenter Planungsinformationen gefördert und die iterative Bearbeitung ermöglicht wird.[138] Dieses den modularen Fabrikplanungsvorgehen inhärente Grundprinzip ist in Abbildung 2-9 visualisiert.

133 Vgl. Grundig (2021), Fabrikplanung, S. 47–51.

134 Vgl. Aggteleky (1970), Fabrikplanung, S. 3–10; Kettner et al. (2010), Leitfaden der systematischen Fabrikplanung, S. 12.

135 Vgl. Burggräf et al. (2021), Fabrikplanung, S. 26–29.

136 Vgl. Nöcker (2012), Zustandsbasierte Fabrikplanung, S. 76.

137 Vgl. Burggräf (2012), Wertorientierte Fabrikplanung, S. 97–108.

138 Vgl. Burggräf et al. (2021), Fabrikplanung, S. 29.

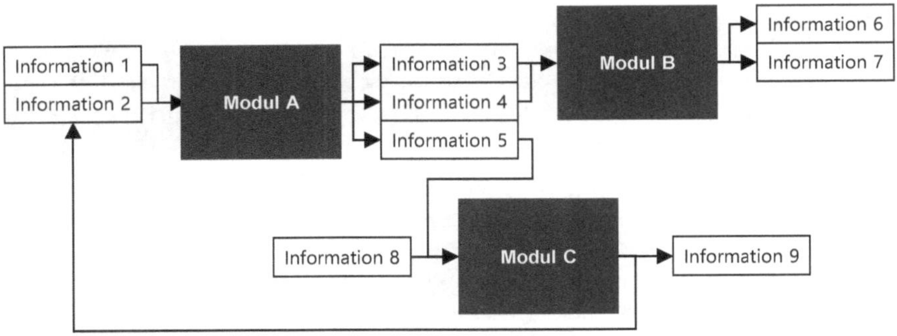

Abbildung 2-9: Grundprinzip der informatorischen Vernetzung der Planungsmodule im modularen Vorgehen[139]

Diese modulare Strukturierung von Planungsaufgaben erleichtert es, auf die dynamischen Anforderungen der Fabrikplanung effizient zu reagieren. Durch die iterative Vorgehensweise können Änderungen und Anpassungen flexibel und zeitnah berücksichtigt werden. Dadurch wird die inhärente Dynamik der Fabrikplanung besser berücksichtigt und die Anpassungsfähigkeit an wechselnde Rahmenbedingungen oder unerwartete Herausforderungen erhöht. Insgesamt ermöglichen modulare Fabrikplanungsvorgehen somit eine flexiblere Ausgestaltung des Planungsprozesses und dessen agilere Steuerung.[140]

Ein Vertreter der modularen Fabrikplanungsvorgehen ist das Aachener Fabrikplanungsvorgehen. Hierfür legte NÖCKER mit der zustandsbasierten Fabrikplanung den Grundstein, indem er gemäß eines modularen Fabrikplanungsvorgehens die systematische Zusammenstellung von Planungsaufgaben forderte, wobei die Auswahl und Verknüpfung einzelner Planungsmodule den Fabrikplanenden überlassen wird. Diese Herangehensweise ermöglicht Flexibilität und passt sich den spezifischen Anforderungen jedes Projekts an.[141] MECKELNBORG erweiterte diesen Ansatz um statische und dynamische Koordinationsmodelle, mit einem besonderen Fokus auf bau- und architekturrelevante Aufgaben. Er führte den Begriff der agilen Fabrikplanung ein, der eine aus der Softwareentwicklung entlehnte Projektsteuerung mittels Taktplanung beinhaltet. Der Schwerpunkt liegt hier auf der Re-

[139] I.A.a. Burggräf et al. (2017), Schnittstellenanalyse in der integrierten Fabrikplanung, S. 1.

[140] Vgl. Schuh et al. (2011), Condition based factory planning, S. 91–93; Burggräf et al. (2021), Fabrikplanung, S. 29.

[141] Vgl. Nöcker (2012), Zustandsbasierte Fabrikplanung, S. 130–139.

duzierung der Koordinationseffizienz, nicht notwendigerweise auf der Reduzierung der Planungszeit.[142] KRUNKE trug ebenso zur Entwicklung bei, indem er die Ergebnisqualität der jeweiligen Informationen in den Fokus rückte. Er verfolgte einen systematischen Ansatz zur Integration unscharfer Informationen im Planungsverlauf und führte somit das Reifegradmanagement ein. Mit diesem Ansatz wird insbesondere die Komplexität und Dynamik moderner Fabrikplanungsprojekte reflektiert.[143] In weiteren Arbeiten wurde die Vorgehensweise stetig erweitert, z.B. mit neuen Planungsmodulen für die Energiebedarfs- und -technologieplanung[144]. Dementsprechend hat sich das Aachener Fabrikplanungsvorgehen zu einem gesamtheitlichen Werkzeug für die effiziente und flexible Gestaltung der Fabrikplanung weiterentwickeln können.

Im Kern des Aachener Fabrikplanungsvorgehens stehen folglich die Planungsmodule, die Planungstätigkeiten mit hoher inhaltlicher Zusammengehörigkeit zusammenfassen. Die Struktur und Modellierung eines Planungsmoduls ist in Abbildung 2-10 dargestellt.

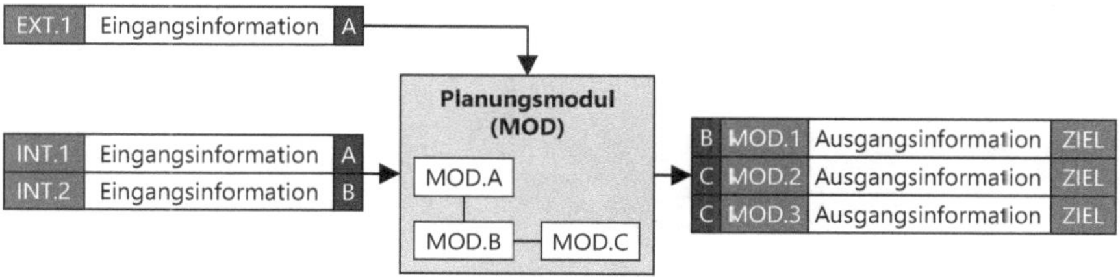

Abbildung 2-10: Makrostruktur eines Planungsmoduls[145]

Innerhalb der einzelnen Planungsmodule sind die jeweils zur Erfüllung der Planungsaufgabe benötigten Planungsmethoden hinterlegt, die nach den Planungsinkrementen gegliedert sind. In Abbildung 2-10 sind die Planungsinkremente MOD.A bis MOD.C exemplarisch aufgeführt. Außerhalb des Planungsmoduls sind alle relevanten Planungsinformationen gemäß der IDEF0-Modellierungsmethode (Integration Definition for Function Modeling) dargestellt. Dabei wird zwischen internen Eingangsinformationen (z.B. INT.1), externen Eingangsinformationen (EXT.1) und Ausgangsinformationen (z.B. MOD.1) unterscheiden. Bei den internen Eingangsinformationen wird angegeben, bei welchem anderen Planungsmodul diese Planungsinformation als Ausgangsinformation definiert ist. Ebenso wird indiziert, mit welchem Planungsinkrement die Planungsinformationen verknüpft sind. Bei den Ausgangsinformationen werden jeweils die Ziel-Planungsmodule angeben. Durch diese

[142] Vgl. Meckelnborg (2015), Integrative Fabrikplanung durch effiz. Koordinationsmodelle, S. 105–107.

[143] Vgl. Krunke (2017), Reifegradmanagement in der Fabrikplanung, S. 96–97.

[144] Vgl. Burggräf et al. (2017), Energy Demand Planning and Energy Technology Planning, S. 6.

[145] I.A.a. Burggräf et al. (2021), Modullandkarte des Aachener Fabrikplanungsvorgehens, S. 867.

Darstellung der informatorischen Vernetzung lassen sich die Schnittstellen zu anderen Planungsmodulen untersuchen, sodass die Strukturierung des Fabrikplanungsprojekts vereinfacht wird.[146]

Einen gesamtheitlichen Überblick über die Planungsmodule und deren Planungsinformationen bietet die Modullandkarte, vgl. Abbildung 2-11. Die Planungsmodule lassen sich den drei Bereichen zur Planung des Produktionssystems, des Industriebaus und den übergeordneten Projektmodulen zuordnen.[147] Insgesamt lässt sich durch die Konfiguration der über 30 verschiedenen Planungsmodule jedes Fabrikplanungsprojekt vollständig abbilden.[148]

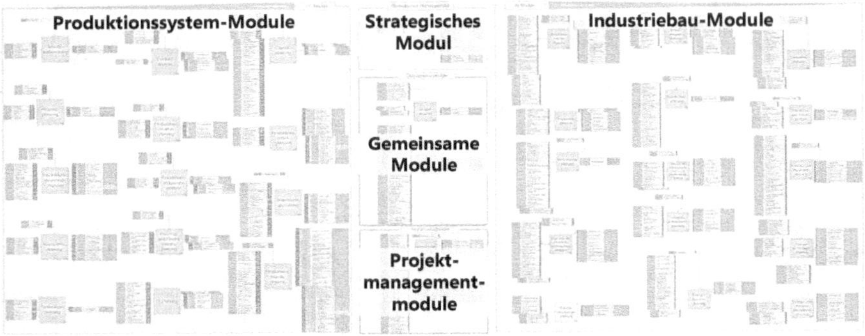

Abbildung 2-11: Übersicht der Modullandkarte

Das Aachener Fabrikplanungsvorgehen unterstützt ebenfalls den der Fabrikplanung inhärenten Transformationsprozess. Methodisch betrachtet werden bei der Fabrikplanung Eingangsdaten in Form von Anforderungen in Ausgangsdaten transformiert, die zur Unterstützung der Entscheidungsfindung dienen[149]. Dieser Transformationsprozess wird durch begrenzte Informationen, Ressourcen und Zeit erschwert, insbesondere angesichts einer steigenden Anzahl an zu integrierenden Planungsaufgaben[150]. Durch die Kapselung von Planungsaufgaben in spezifische Planungsmodule und dem Fokus auf Informationstransparenz können mit dem Aachener Fabrikplanungsvorgehen die Herausforderungen des Transformationsprozesses adressiert werden.[151]

---

[146] Vgl. ebd., S. 867.

[147] Vgl. Burggräf et al. (2021), Modullandkarte des Aachener Fabrikplanungsvorgehens, S. 866–867.

[148] Vgl. Schuh et al. (2011), Condition based factory planning, S. 91.

[149] Vgl. Burggräf et al. (2021), Fabrikplanung, S. 8.

[150] Vgl. Schuh et al. (2011), Condition based factory planning, S. 89.

[151] Vgl. Kampker et al. (2014), Aachener Fabrikplanungsvorgehen: Agile Fabrikplanung, S. 194.

Mit der strikten Modularisierung durch Aufschlüsselung der Planungsmodule in die entsprechenden Planungsinkremente ist im aktuellen Stand der Modullandkarte die Modellgranularität bzw. der Detailgrad gesteigert, sodass bereits der Grundstein für eine Standardisierung gelegt ist. Das von SCHUH et al. geforderte Ziel der Standardisierung und Automatisierung der Fabrikplanung[152] ist jedoch noch nicht erreicht. Die Gründe dafür liegen darin, dass das fabrikplanerische Domänenwissen im Detail immer noch bei den Fabrikplanenden verbleibt und nicht ausreichend expliziert ist. Insbesondere im Umgang mit unscharfen Planungsinformationen müssen Fabrikplanende relevantes Erfahrungswissen einbringen.[153] Zudem sind noch nicht alle, je nach Planungsfall erforderlichen, Planungsmethoden in der Modullandkarte berücksichtigt, was die Konfigurierbarkeit von Fabrikplanungsprojekten mittels der Modullandkarte limitieren kann[154].

Aufgaben der Fabrikplanung

Die Modullandkarte des Aachener Fabrikplanungsvorgehens bietet einen Überblick über die Vielzahl der Planungsaufgaben, die in einem Fabrikplanungsprojekt durchgeführt werden können. Obwohl jedes Fabrikplanungsprojekt eine individuelle Vorgehensweise erfordert, ergeben sich auch aufgrund der informatorischen Abhängigkeiten zwischen den Planungsmodulen bestimmte Konfigurationen, die in den typischen Fabrikplanungsprojekten anzutreffen sind.

Als Ausgangspunkt vieler Fabrikplanungsprojekte mit Fokus auf die Produktionssystemplanung werden mithilfe des Planungsmoduls Produktanalyse die zu produzierenden Produkte untersucht. Hierbei wird insbesondere die Produktstruktur erfasst, auf dessen Basis im Rahmen der Planungsmodule Prozess- und Technologieplanung die erforderlichen Produktionsprozesse und die erforderlichen Produktionstechnologien analysiert werden. Mit diesen Planungsergebnissen kann im Planungsmodul Produktionsstrukturplanung die grundlegende Struktur des Produktionsprozesses entworfen. Dies umfasst üblicherweise die Festlegung von Produktionsabläufen als auch die Bestimmung der erforderlichen Produktionsbereiche. Die für jeden Produktionsbereich erforderliche Produktionskapazität wird im Planungsmodul Kapazitätsplanung[155] zur Dimensionierung und Strukturierung der Produktion bestimmt. Die Kapazitätsplanung ist eng mit dem Planungsmodul Produktionsmittelplanung verknüpft, in dem die Planung der Arbeitskräfte, Maschinen und weiteren Ressourcen detailliert wird. Das Planungsmodul Layoutplanung steht häufig am Ende eines Fab-

[152] Vgl. Schuh et al. (2011), Condition based factory planning, S. 90.

[153] Vgl. Grundig (2021), Fabrikplanung, S. 47.

[154] Vgl. Burggräf et al. (2021), Modullandkarte des Aachener Fabrikplanungsvorgehens, S. 870.

[155] Zur Beschreibung der Kapazitätsplanung wird auf das Kap. 5.1 verwiesen. U.a. aufgrund ihrer zentralen Rolle in typischen Fabrikplanungsprojekten, wird die Kapazitätsplanung als umzusetzende Planungsaufgabe zur Ausarbeitung des regelbasierten Expertensystems ausgewählt und zu diesem Zweck umfangreicher dargelegt.

rikplanungsprojekts bzw. vor der Ausführungsplanung, bei der das physische Layout der Fabrik geplant. Hierbei wird die Anordnung von Maschinen, Anlagen und Arbeitsplätzen festgelegt, um einen optimalen Produktionsfluss zu gewährleisten. Die Layoutplanung berücksichtigt dabei unterschiedliche Bewertungsfaktoren wie Materialflussorientierung, Ergonomie, Sicherheit und Effizienz.[156]

Wie im vorangegangenen Beispiel für einen typischen Planungsablauf veranschaulicht, führen die vorliegenden Aufgabenstellungen zu umfangreichen und komplexen Planungsprojekten. Die Grenzen der angewandten Fabrikplanungsvorgehen werden an der Tatsache aufgezeigt, dass REINEMA et al. in einer Studie zeigen konnten, dass bei ca. 60 % der begonnenen Planungsprojekte die gesetzten Termine zur Fertigstellung nicht eingehalten werden konnten. Eine Verfehlung der geplanten Kosten kann sogar bei über 70 % der Planungsprojekte festgestellt werden. Dieses Defizit in der Fabrikplanung ist in 52 % der Fälle auf Zeit- und Informationsverluste zurückzuführen.[157] Die Gründe für diese Resultate sind auf die speziellen Charakteristika der Fabrikplanung zurückzuführen, die sich deshalb mit verschiedenen Herausforderungen konfrontiert sieht.

Insbesondere durch die Heterogenität von Datenquellen und die teilweise divergierenden Planungsinformationen in unterschiedlichen Detailgeraden, führen dazu, dass der durchschnittliche Aufwand für Informationsbeschaffung, -aufbereitung und -abstimmung etwa 45 % der Arbeitszeit von Fabrikplanenden einnimmt[158]. SKOOGH et al. deckten ein ähnliches Hindernis auf, indem sie herausfanden, dass ca. 40-50 % der Arbeitszeit für die Erstellung von Simulationsmodellen auf die Datenerfassung entfallen. Dabei liegt der Anteil manuell durchgeführter Prozesse bei 80 %.[159] Weiterhin kann die Fabrikplanung durch die oftmals neuartigen, projekt-spezifischen Problemstellungen nur bedingt auf standardisierte Lösungen zurückgreifen und erfordert die Einbindung von Experten aus verschiedenen Fachdisziplinen[160], deren Lösungsfindung durch Anwendung von Erfahrungswissen geprägt ist[161]. Daher ist eine Integration aller beteiligten Fachbereiche und Stakeholder erforderlich, damit eine kollaborative und effiziente Projektbearbeitung ermöglicht wird[162].

---

[156] Die Darstellung der allgemein häufig anzuwenden Planungsmodule folgt aus der Projekterfahrung des Autors. Im Vergleich mit sequentiellen Planungsvorgehen, lassen sich diese Planungstätigkeiten im 6-Phasen-Modell nach GRUNDIG insbesondere der Grob- und Feinplanungsphase zuordnen, vgl. Grundig (2021), Fabrikplanung, S. 49–50.

[157] Vgl. Reinema et al. (2013), Agiles Projektmanagement in der Fabrikplanung, S. 115–116.

[158] Vgl. Pawellek (2014), Ganzheitliche Fabrikplanung, S. 357.

[159] Vgl. Skoogh et al. (2012), Input data management in simulation, S. 181.

[160] Vgl. Burggräf et al. (2021), Fabrikplanung, S. 7.

[161] Vgl. ebd., S. 24.

[162] Vgl. ebd., S. 39.

Die Digitale Fabrik als Antwort auf die fabrikplanerischen Herausforderungen

Als Antwort auf diese fabrikplanerischen Herausforderungen fungiert die Digitale Fabrik als entscheidendes Instrumentarium. Sie stellt digitale Werkzeuge und Methoden zur Verfügung, um insbesondere die Integration und Bereitstellung von Informationsbedarfen zu vereinfachen. So bildet die Digitale Fabrik eine Brücke zwischen der Komplexität der Aufgaben in der Fabrikplanung und der Notwendigkeit, diese Aufgaben effizient, präzise und kollaborativ zu lösen. Nach einer vom Verband der deutschen Automobilindustrie (VDA) beauftragten Studie können daher besonders Planungsfehler vermieden und Planungszeiten reduziert werden Ebenso sind Potentiale zur Reduzierung der Änderungs- und Investitionskosten beziffert wie ein Untersuchungsergebnis zu den Nutzeneffekten der Digitalen Fabrik in Abbildung 2-12 zeigt.

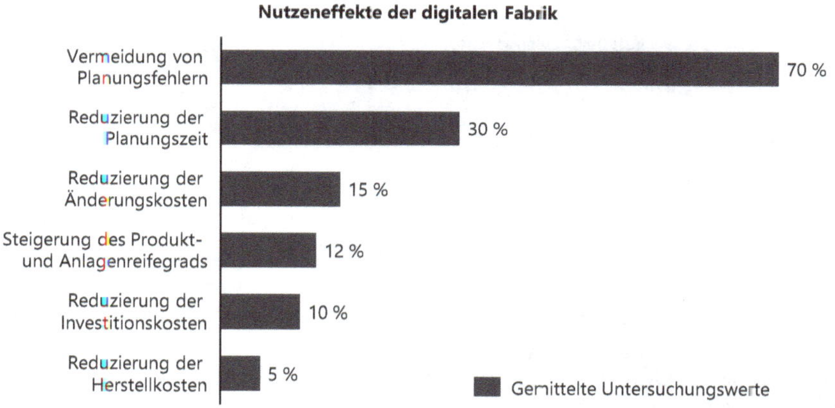

Abbildung 2-12: Quantitative Angaben zur Wirtschaftlichkeit der Digitalen Fabrik[163]

Insgesamt hilft die Digitale Fabrik, die Planungszeit bei gleichzeitig steigender Planungsqualität zu verkürzen, wodurch allgemein verringerte Anlaufkosten erreicht werden. Diese Vorteile erfordern jedoch höhere Planungsaufwände in den frühen Planungsphasen, da die Anwendung der Modelle, Methoden und Werkzeuge der Digitalen Fabrik vorzubereiten ist. Dieses sogenannte „Frontloading" ist Abbildung 2-13 dargestellt. Als Erfolgsfaktor in dieser Planungsphase verweist EHRENMANN auf eine frühzeitige, durchgängig geometriebasierte Prozessplanung und 3D-Konstruktion der Betriebsmittel. Grundsätzlich gibt es jedoch keine allgemeingültig ideale Vorgehensweise zur Einführung der Digitalen Fabrik, da diese von projektspezifischen Rahmenbedingungen abhängig ist.[164]

[163] I.A.a.Bracht et al. (2009), Die Digitale Fabrik ist Realität, S. 650.

[164] Vgl. Ehrenmann (2015), Kosten- und zeiteffizienter Wandel von Produktionssystemen, S. 428.

Weiterhin würde die (teil-)automatisierte Durchführung manueller Tätigkeiten nicht nur höhere Planungsqualitäten und -geschwindigkeiten gewährleisten, sondern auch niedrigere Planungskosten durch reduzierten Planungsaufwand zulassen. Somit kann die Einführung der Digitalen Fabrik begünstigt werden und damit dazu beigetragen werden, die diversen Aufgabenfelder der Fabrikplanung zu unterstützen.

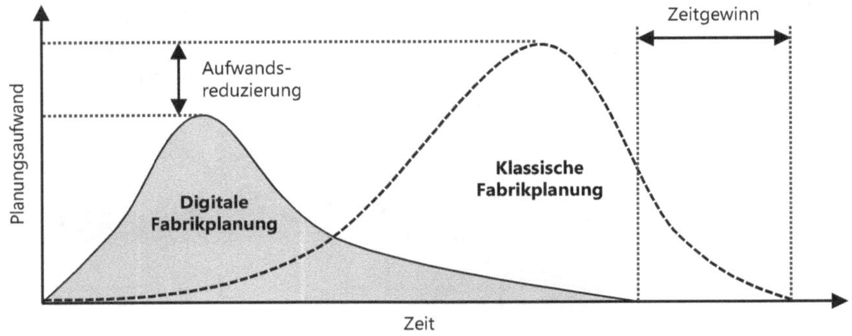

Abbildung 2-13: Zeitgewinn und Aufwandsreduzierung der digitalen Fabrikplanung gegenüber der klassischen Fabrikplanung[165]

Die Digitale Fabrik erweist sich zusammenfassend als zentraler Nutzenfaktor, um die Effizienz und Qualität in Fabrikplanungsprojekten entscheidend zu steigern. Dennoch gestaltet sich der flächendeckende Einsatz der Digitalen Fabrik immer noch als schwierig. Da zahlreiche Hürden die Nutzenpotentiale hemmen, werden im kommenden Kapitel die Herausforderungen in der Nutzung der Modelle, Methoden und Werkzeuge der Digitalen Fabrik beleuchtet.

2.2 Herausforderungen in der Digitalen Fabrik

Im Folgenden stehen die Herausforderungen im Mittelpunkt, mit denen die Digitale Fabrik im Bereich der Fabrikplanung konfrontiert ist. Die wesentliche Grundlage der Digitalen Fabrik ist das durchgängige Datenmanagement, das sich „durch einen medienbruchfreien Datenaustausch zwischen allen digitalen Modellen und Werkzeugen kennzeichnet"[166], und für dessen Realisierung drei Schlüsselelemente adressiert werden müssen. Ausgangspunkt ist die Integration heterogener Datenquellen, die fabrikplanungstypische Herausforderungen mit sich bringt. Darauf aufbauend soll

[165] I.A.a. Construction Users Roundtable (2004), Collaboration, Integrated Information and Project Lifecycle in Building Design, Construction and Operation, S. 4.

[166] Bracht et al. (2018), Digitale Fabrik, S. 175.

Fabrikplanungssoftware so gestaltet werden, dass deren Interoperabilität gewährleistet wird. Und letztlich sollen Fabrikplanende mit der Fabrikplanungssoftware durch intelligente Anwendungen unterstützt werden. Mit der Bewältigung dieser Herausforderungen kann die Digitale Fabrik ihr übergeordnetes Ziel erreichen: die Reduzierung manueller Prozesse und Verbesserung der Planungsqualität zur Effizienzsteigerung in der Fabrikplanung.

2.2.1 Integration heterogener Datenquellen

Aufgrund der für die Fabrikplanung typischen Heterogenität der verwendeten Datenquellen und ausgeprägten Divergenz von Planungsinformationen auf unterschiedlichen Detailebenen, existiert ein erheblicher Aufwand bei der Informationsbeschaffung, -aufbereitung und -abstimmung[167]. Zusätzlich sind nicht alle benötigten Daten vollständig und mit ausreichender Sicherheit verfügbar.[168] Speziell müssen Fabrikplanende zur Vorbereitung ihrer Planungstätigkeit Daten aus verschiedenen Datenquellen manuell extrahieren und aufbereiten. Diese Datenquellen umfassen aufgrund der Interdisziplinarität der Fabrikplanung nicht nur das Produktionssystem, sondern auch die Industriebauplanung und somit angrenzende Gewerke wie die Architektur- und Tragwerksplanung sowie die technische Gebäudeausrüstung (TGA)[169]. Jede dieser Disziplinen arbeitet mit eigenen Datenmodellen, Formaten und Terminologien, was die Integration und Harmonisierung der Daten zusätzlich erschwert. Diese Herausforderung, relevante Informationen zeitgerecht und am richtigen Ort zu finden, verlangt nach effizienten Lösungsansätzen[170].

Zudem manifestiert sich ein Paradigmenwechsel von anforderungs- zu datengetriebener Planung, welcher den Bedarf an gesteigerter Datenverfügbarkeit und -qualität verstärkt[171]. Im Gegensatz zur anforderungsgetriebenen Planung, die eine Lösung zur Erfüllung spezifischer Anforderungen entwickelt, nutzt die datengetriebene Planung einen kontinuierlichen Abgleich von Lösungsvarianten mit einer Zielmetrik[172]. Dieser Ansatz ist besonders für Fabrikplanungsprojekte geeignet, deren Lösungsweg auch unter Einsatz der Digitalen Fabrik zunächst unbekannt ist[173].

---

[167] Vgl. Reinema et al. (2013), Agiles Projektmanagement in der Fabrikplanung, S. 115–116.

[168] Vgl. Burggräf et al. (2021), Fabrikplanung, S. 28; Unzeitig (2014), Methodik zur frühen Fabrikplanung bei Unsicherheiten, S. 35.

[169] Vgl. Burggräf et al. (2021), Fabrikplanung, S. 7–8, 476.

[170] Vgl. Dombrowski et al. (2019), Automated Information Provision, S. 1074.

[171] Vgl. Buchgeher et al. (2020), Knowledge graphs in manufacturing and production, S. 25.

[172] Vgl. Bosch et al. (2018), Requirement, outcome/data, and AI-driven development, S. 179.

[173] Vgl. ebd., S. 187.

Der Ist-Zustand in der Fabrikplanung kennzeichnet sich dadurch, dass Fabrikplanende verschiedene Datenquellen vergleichen und dabei die Aktualität und Relevanz der Daten sicherstellen. Die angestrebte Lösung besteht in einem zentralen Datenzugriff über eine Schnittstelle, die alle relevanten Datenquellen integriert, wie in Abbildung 2-14 dargestellt.[174]

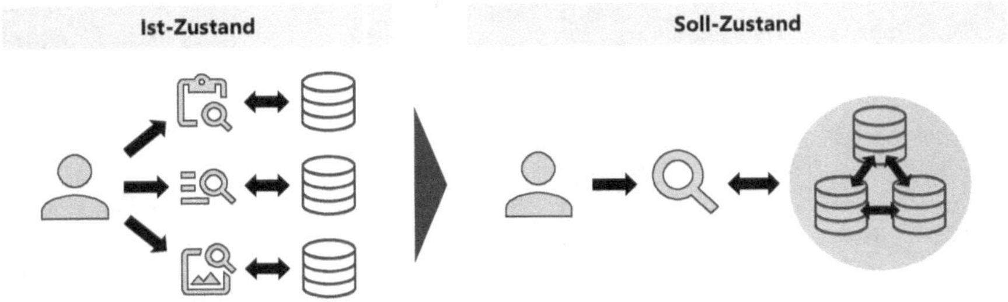

Abbildung 2-14: Datenzugriff in der Fabrikplanung[175]

Der zentrale Datenzugriff, abgebildet als Soll-Zustand für die Fabrikplanung, lässt sich mit dem Prinzip einer Suchmaschine vergleichen, da der Datenzugriff so einen schnellen und einfachen Informationszugang ermöglicht. Damit kann einem gemeinsamen Datenmanagement entsprochen werden, welches nach BRACHT et al. durch Bereitstellung zusätzlicher Planungsdaten und Gewährleistung von deren Vollständigkeit eine beschleunigte Planung erst ermögliche.[176] Einen Lösungsansatz zur Realisierung des zentralen Datenzugriffs bietet die Datenintegration mittels Datenbanksystem[177], „mit dem eine einheitliche Sicht auf Daten aus verschiedenen Quellen geschaffen werden soll"[178].

Ein Datenbanksystem wird definiert als „Soft- und Hardware, mit der relativ leicht Daten langfristig gespeichert und vielen Benutzern zur Manipulation zur Verfügung gestellt werden können"[179]. Hervorzuheben ist, dass Daten integriert („*integrated*") und von vielen Benutzern verwendet („*shared*") werden können. Das Datenbanksystem ermöglicht den Zugang zu allen für die Geschäftstätigkeit

[174] Vgl. Dombrowski et al. (2018), Designing digital tools for factory planning, S. 105.
[175] I.A.a. Dombrowski et al. (2018), Designing digital tools for factory planning, S. 105.
[176] Vgl. Bracht et al. (2018), Digitale Fabrik, S. 71–72.
[177] Vgl. Verein Deutscher Ingenieure e.V. (2008), Digitale Fabrik, S. 3.
[178] Biffl et al. (2016), Technologies for intelligent engineering applications, S. 187.
[179] Vgl. Gebhardt (2017), Datenbanken, S. 1.

erforderlichen Daten, wobei gleichzeitig Redundanzen und Inkonsistenzen weitgehend ausgeschlossen werden[180]. Der Zugriff auf dieselben Datenelemente ist durch ein breites Spektrum an Nutzern erlaubt, weshalb ebenfalls die Nutzung für unterschiedliche Anwendungen möglich ist.[181]

Zur technischen Umsetzung von Datenbanksystemen werden Datenbankmanagementsystem genutzt, die für den Nutzer den Zugriff auf die Datenbanken umsetzen.[182] Dabei kommen verschiedene Datenbankmodelle zum Einsatz, die sich durch unterschiedliche Strukturierungen und Anordnungen der in einem sachlogischen Zusammenhang stehenden Daten in der Datenbank kennzeichnen. Hierarchische Datenbankmodelle finden sich vorwiegend in Dateisystemen vor, während objektorientiere Modelle bisher wenig praktische Anwendung erfuhren. Dahingegen sind relationale Datenbanken, die Tabellen als Grundbausteine nutzen, häufiger anzutreffen. Schließlich existieren als neuer Ansatz noch dokumentenorientierte Datenbankmodelle, bei denen unterschiedliche Dokumente den Grundbaustein der Datenbank bilden.[183] Datenabfragen sind insbesondere bei relationalen Datenbanken durch Abfragesprachen wie die Structured query language (SQL) mit geringen Aufwänden umsetzbar[184]. Sollten unterschiedliche Datenstrukturen zusammenkommen, sind sogenannte Data Warehouses (wörtlich: Datenlager) zu verwenden, die mittels „Extract, Transform, Load (ETL)"-Prozess Daten aus verschiedenen Quellen in eine zentrale Datenbasis laden[185]. Data Warehouses sind demnach eine Ansammlung von Datenbanken unterschiedlicher Struktur und bieten entsprechende Software, um auf den Inhalt dieser Datenbanken zuzugreifen. Die zugehörige Software lässt sich dem Data Mining zuordnen.[186] Ein zusätzlicher Aspekt der Datenintegration ist die Implementierung verteilter Datenbankarchitekturen, charakterisiert durch Verteilung oder Partitionierung der Daten. Dies impliziert, dass Daten fragmentiert und über diverse Server distribuiert werden. Zur Gewährleistung erhöhter Systemsicherheit und -zuverlässigkeit kann zudem eine Replikation erfolgen, wodurch identische Datensätze auf Servern mehrfach vorgehalten werden, um die Effizienz und Ausfallresistenz zu verbessern.[187]

Bei der Umsetzung von Datenbanksystemen ergeben sich unterschiedliche Herausforderungen, die sich auf verschiedene Heterogenitätsarten zurückführen lassen, vgl. Abbildung 2-15. Die bei der

[180] In der Produktionssystematik wurde der Begriff der Datenintegrität durch BRAMBRING ähnlich definiert. Danach ist unter Datenintegrität das „Vorliegen vollständiger, korrekter und konsistenter Daten" zu verstehen; vgl. Brambring (2017), Steigerung der Datenintegrität in der Produktionssteuerung, S. 45–47.

[181] Vgl. Gebhardt (2017), Datenbanken, S. 3.

[182] Vgl. Bühler et al. (2019), Datenmanagement, S. 51; Gebhardt (2017), Datenbanken, S. 2.

[183] Vgl. Bühler et al. (2019), Datenmanagement, S. 52.

[184] Vgl. ebd., S. 62.

[185] Vgl. Dombrowski et al. (2019), Automated Information Provision, S. 1076.

[186] Vgl. Gebhardt (2017), Datenbanken, S. 4.

[187] Vgl. ebd., S. 341.

Umsetzung von Datenbanksystemen dargestellten Heterogenitätsarten lassen sich nicht immer eindeutig trennen, da in der Praxis verschiedene Heterogenitätsarten gleichzeitig und in vielschichtigen Kombinationen auftreten.[188] Die Unterscheidung ist dennoch sinnvoll, um für zu erwartende Probleme zu sensibilisieren und die Komplexität dieser Herausforderung zu begreifen.

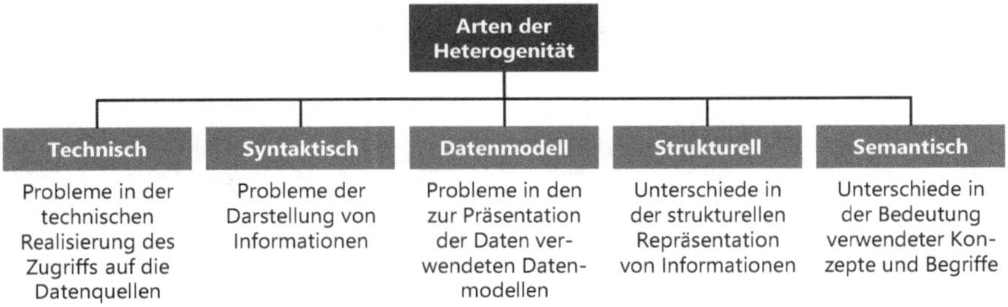

Abbildung 2-15: Heterogenitätsarten in Datenbanksystemen[189]

Insbesondere in der Fabrikplanung existieren zwischen den verschiedenen Datenquellen mangelnde Schnittstellenkompatibilitäten, sodass folglich der Datenzugriff begrenzt ist[190]. Diese Zugriffsbeschränkung wird durch die technische Heterogenität hervorgerufen. Im Gegensatz dazu entsteht die syntaktische Heterogenität durch mangelnde Kompatibilität der Datenformate, da z.B. verschiedene Kodierungsstandards verwendet werden. Eng verknüpft sind die Datenmodellheterogenität und die strukturelle Heterogenität. Während bei der Ersteren die Probleme durch Verwendung der identischen Datenmodelle gelöst werden, erfordert Letztere, dass semantisch identische Konzepte auch strukturell gleich modelliert werden. Durch diese Unterschiede wird die direkte Vergleichbarkeit und folglich die Datenintegration erschwert, da identische Inhalte in unterschiedlichen Systemen anders strukturiert sein können. Semantische Heterogenität liegt vor, wenn den Daten der konkrete Kontext fehlt, in dem sie generiert wurden und somit keine eindeutige Interpretation möglich ist. Dies kann bspw. dadurch hervorgerufen werden, wenn die im Datenbanksystem und der Datenquelle verwendeten Bezeichnungen nicht die gleiche Bedeutung mit sich bringen.[191]

Die Vielfalt der Heterogenitätsarten unterstreicht, dass für die erfolgreiche Datenintegration eine reine technische Schnittstelle nicht ausreichend ist. Insbesondere die semantische Heterogenität zeigt, dass die Bedeutung der Daten durch eindeutige Bezeichnungen und den entsprechenden

[188] Vgl. Leser et al. (2007), Informationsintegration, S. 60–62.

[189] I.A.a. Leser et al. (2007), Informationsintegration, S. 60–62.

[190] Vgl. Schuh et al. (2009), Frei konfigurierbare Planungsprozesse in der Fabrikplanung, S. 195.

[191] Vgl. Leser et al. (2007), Informationsintegration, S. 62–78.

Kontext sichergestellt werden muss. In diesem Kontext ist eine Unterscheidung der beiden Konzepte Information und Daten relevant. Erstmals definierte SHANNON, dass Information als Daten mit Bedeutung zu verstehen ist[192]. Die Bedeutung und Interpretation von Daten wird dabei in der Datenverarbeitung unter dem Begriff der Semantik zusammengefasst[193]. Eine weitere, umfassendere Differenzierung bietet die Wissenspyramide, die die Transformation von Zeichen über Daten und Informationen zu Wissen erklärt und in Abbildung 2-16 dargestellt ist.

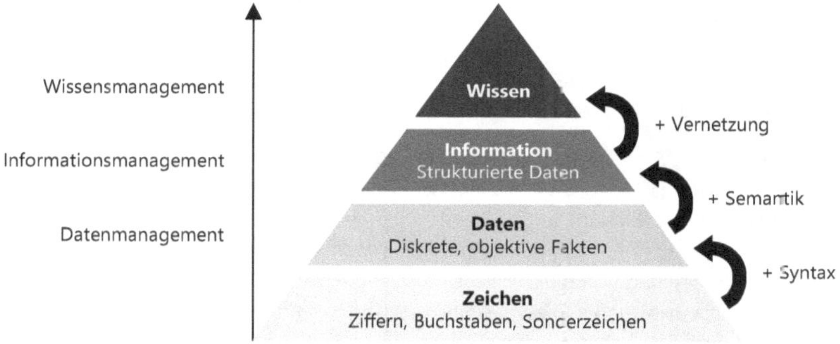

Abbildung 2-16: Wissenspyramide[194]

Die Basis der Wissenspyramide bilden Zeichen, die durch eine definierte Syntax zu Daten kombiniert werden. Diese Daten sind zunächst unstrukturiert und gewinnen erst durch den Kontext an Struktur, wodurch sie zu Informationen transformiert werden. Entscheidungen über Redundanzfreiheit und Datenintegrität hängen daher teilweise von der Semantik der Daten ab. Mit der Vernetzung von Informationen wird Wissen geschaffen.[195] Nach BRACHT et al. ist Wissen sogar an das (menschliche) Bewusstsein gebunden und kann somit erst bei Individuen oder Kollektiven entstehen. Während explizites Wissen formal beschreibbar und kommunizierbar ist, bleibt implizites Wissen, das in der

---

192 Vgl. Shannon (1998), The mathematical theory of communication.

193 Die Interpretation von Daten wird von Menschen implizit vorgenommen. Bei der maschinellen, automatisierten Datenverarbeitung existieren jedoch typische Probleme, weshalb die Semantik auch auf dem Gebiet der Künstlichen Intelligenz eine hohe Bedeutung hat; vgl. Leser et al. (2007), Informationsintegration, S. 5.

194 I.A.a. Krcmar (2015), Informationsmanagement, S. 12.

195 Vgl. Leser et al. (2007), Informationsintegration, S. 74.

Fabrikplanung z.B. als Erfahrungswissen oder soziale Kompetenz besonders wichtig ist, oft schwer zu erfassen.[196]

Die Wissenspyramide veranschaulicht daher, wie aus rohen Daten durch Hinzufügen von Kontext, Verständnis und Erfahrung wertvolles Wissen entsteht, das für effektive Entscheidungen in der Fabrikplanung essenziell ist. Ebenso wird die Nützlichkeit der Semantik deutlich, um Planungsinformationen effektiv im Fabrikplanungsprozess nutzen zu können[197]. In diesem Kontext kann nach LESER et al. die Definition von Datenbanksystemen zu integrierten Informationssystemen erweitert werden, eine automatisierte Informationsintegration ohne menschliches Eingreifen beim Datenzugriff erfolgen kann[198]. Das Ziel der Informationsintegration ist es, eine einheitliche Sicht auf heterogene, verteilte Datenbestände zu schaffen und den Wissensaustausch zu unterstützen, um letztendlich die korrekte Nutzung von Planungsdaten im Fabrikplanungsprozess sicherzustellen.

In der Umsetzung einer entsprechenden Informationsintegration in der Fabrikplanung stellt sich jedoch die Herausforderung, dass Planungsdaten häufig unstrukturiert und als Freitextdaten vorliegen. Ebenso sind die verfügbaren Daten nur selten in einfach zu verknüpfenden, relationalen Datenbanken gespeichert, sondern charakterisieren sich oft durch einen dokumentenfokussierten Zugriff.[199] Die Anforderungen von GEBHARDT an ein integriertes und von vielen Benutzern verwendetes Datenmanagement sind in diesem Umfeld schwer zu erfüllen, da die Datenbeschaffung für jede Planungsaufgabe und die Planungsbeteiligten fachspezifisch erfolgen muss. Dabei können die zu beschaffenden Daten auf unterschiedliche Weisen aufgenommen werden, wie z.B. manuell durch Beobachtung oder automatisiert durch Laserscanning zur Erstellung von 3D-Modellen.[200] Aufgrund der unterschiedlichen digitalen Werkzeuge existieren eine Vielzahl heterogener Datenformate und -modelle, die die Integration als auch die oftmals notwendige Weiterverarbeitung erschweren[201]. XU et al. ergänzen dazu, dass gemeinsame Datenmodelle für das Datenmanagement in der Fabrikplanung meistens fehlen. Demnach ist die alleinige Datenverfügbarkeit nicht ausreichend, sondern es muss mithilfe entsprechender Metadaten der Kontext übermittelt werden, um eine korrekte Interpretation zu ermöglichen.[202] Zu den weiteren fabrikplanungsspezifischen Anforderungen gehört ein planungsprojektübergreifendes Datenmanagement, insbesondere zur Nutzung von

---

[196] Vgl. Bracht et al. (2018), Digitale Fabrik, S. 174.
[197] Vgl. ebd., S. 174.
[198] Vgl. Leser et al. (2007), Informationsintegration, S. 7.
[199] Vgl. Dombrowski et al. (2021), Ganzheitliches Produktionsmanagement, S. 556.
[200] Vgl. Bracht et al. (2018), Digitale Fabrik, S. 89.
[201] Vgl. Senington et al. (2018), Connection of production simulation models, S. 442.
[202] Vgl. Xu et al. (2020), Interoperability of the future factory, S. 19.

Softwarebibliotheken für 3D-Modelle[203]. Die Sicherstellung der Datensicherheit über Unternehmensgrenzen hinaus ist insbesondere in Bezug auf die Einbindung von Kunden und Lieferanten von großer Bedeutung. Zudem trägt ein strukturiertes und lückenloses Änderungs- und Konfigurationsmanagement sowie die Implementierung von Multi-User-Konzepten dazu bei, dass Planungsdaten zeitgleich bearbeitet und genutzt werden können.[204]

Der Stand der Technik zur Integration der Datenquellen in der Fabrikplanung zeigt, dass praxistaugliche Lösungen für die Implementierung eines zentralen Datenzugriffs noch limitiert sind[205]. Angesichts der vielfältigen Formen von Datenheterogenität ist weiterführende Forschung in Bezug auf Datenbanksysteme erforderlich, um integrative Informationssysteme zu entwickeln, die spezifische Anforderungen der Fabrikplanung erfüllen können. Ein gemeinsames Datenmanagement mit den entsprechenden Schnittstellen und einer ausreichender Prozessintegration wird daher immer wichtiger, um die Potenziale der Digitalen Fabrik auszuschöpfen[206].

2.2.2 Interoperabilität von Planungswerkzeugen

Das Daten- und Informationsmanagement in der Fabrikplanung ermöglicht die Integration relevanter Planungsdaten und schafft ein einheitliches Verständnis der ausgetauschten Daten. Obwohl im letzten Unterkapitel beschrieben wurde, dass die Datenintegration aufgrund der Datenheterogenität noch mit diversen Herausforderungen konfrontiert ist, stellt dies die grundlegende Voraussetzung für die Zusammenarbeit technischer Systeme, einschließlich der Werkzeuge der Digitalen Fabrik dar. Die Fähigkeit zur Zusammenarbeit wird Interoperabilität genannt. Das Ziel ist ein effizienter und zielgerichteter Austausch von Informationen zur nahtlosen Nutzung und Weiterverarbeitung.[207]

Die in der Digitalen Fabrik genutzten Werkzeuge können als Planungswerkzeug bezeichnet werden und werden als Anwendungssoftware implementiert. Anwendungssoftware, auch Applikationssoftware genannt, löst Aufgaben des Anwenders mithilfe eines Computersystems und setzt dazu auf der Systemsoftware der verwendeten Hardware auf[208]. Dabei wird Software als eine „Menge von

[203] Vgl. Bracht et al. (2018), Digitale Fabrik, S. 73–74.

[204] Vgl. ebd., S. 178.

[205] Vgl. Kerkenberg (2016), Digitale Fabrikplanung für zukunftssichere Produktionssysteme, S. 107; Dombrowski et al. (2018), Designing digital tools for factory planning, S. 105.

[206] Vgl. Himmler et al. (2013), Digitale Fabrik (Literaturanalyse), S. 171–173.

[207] Vgl. Bracht et al. (2018), Digitale Fabrik, S. 184.

[208] Vgl. Balzert (2009), Softwaretechnik, S. 5.

Programmen oder Daten zusammen mit begleitenden Dokumenten, die für ihre Anwendung notwendig oder hilfreich sind" definiert[209]. Bei der Verwendung der Planungswerkzeuge wird die Interoperabilität neben der Datenheterogenität besonders durch die mangelnde Anwendungskompatibilität durch unzureichende oder fehlende Schnittstellen erschwert[210]. Weitere Herausforderungen umfassen die Inkompatibilität von Datenformaten, nicht akzeptierte Standards, sowie verschiedene Systemarchitekturen. Dabei weist BRACHT auf die unterschiedliche Komplexität der Informationsobjekte, verschiedene Datengranularitäten, zeitliche Varianzen und die Gültigkeit der Daten hin, wodurch die Interoperabilität der Planungswerkzeuge zusätzlich eingeschränkt wird.[211] BLEY et al. bestätigen in ihrer Studie als größte Probleme eine unüberschaubare Systemvielfalt, fehlende Schnittstellen und uneinheitliche Datenformate[212]. Nach einer weiteren Studie von SCHUH et al. verlangen Anwender im Mittelstand nach flexiblen, skalierbaren Softwaresystemen anstelle von bestehenden Komplettlösungen, während in Großunternehmen besonders die Schnittstellenintegration gefordert ist[213]. In beiden Fällen ist also eine Steigerung der Interoperabilität zur Kommunikation zwischen den Planungswerkzeugen notwendig.

Zur Realisierung interoperabler Systeme stehen zwei grundsätzliche Lösungsmöglichkeiten zur Verfügung. Die vollständige Integration impliziert ein einziges Datenbanksystem mit gemeinsamen Datenmodell, was aufgrund dessen Inflexibilität in der Praxis nahezu gar nicht vorkommt. Bereits aus organisatorischen und sicherheitstechnischen Gründen ist es in einer individuell ausgeprägten IT-Infrastruktur erforderlich, dass Datenbestände unabhängig sind und für ihre jeweilige Planungsfunktion speziell ausgerichtete Datenstrukturen erhalten. Praktikabler hingegen ist die Kopplung, bei der nicht zwangsläufig ein gemeinsames Datenmodell aller Planungsinformationen erforderlich ist. Hierbei wird zwischen der direkten Kopplung der Planungswerkzeuge und einer indirekten Kopplung über eine Integrationsplattform unterschieden, vgl. Abbildung 2-17.[214]

[209] Hesse et al. (1984), Begriffsystem für die Softwaretechnik, S. 204.

[210] Vgl. Schuh et al. (2009), Frei konfigurierbare Planungsprozesse in der Fabrikplanung, S. 195; Dombrowski et al. (2018), Designing digital tools for factory planning, S. 100.

[211] Vgl. Bracht et al. (2018), Digitale Fabrik, S. 179–180.

[212] Vgl. Bley et al. (2006), Zwei Seiten der Digitalen Fabrik, S. 20–21.

[213] Vgl. Schuh et al. (2009), Digitale Fabrik im Fokus der Forschung, S. 10.

[214] Vgl. Bracht et al. (2018), Digitale Fabrik, S. 180–181.

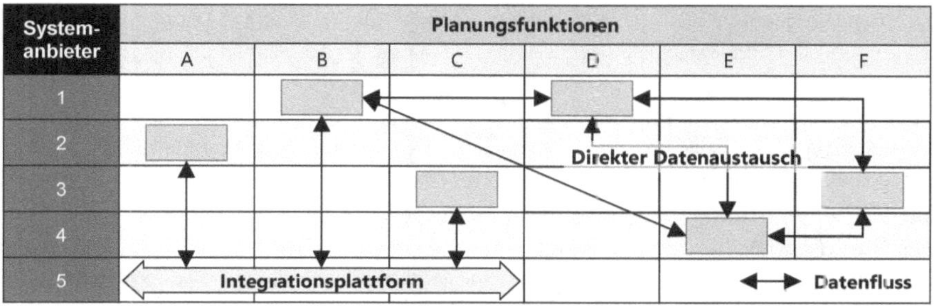

Abbildung 2-17: **Integrationsmöglichkeiten für interoperationale Modelle und Werkzeuge der Digitalen Fabrik**[215]

Die Anzahl und Art der Schnittstellen zwischen den Planungswerkzeugen bestimmen den zu wählenden Integrationsansatz. Eine direkte Kopplung zwischen der Anwendungen kann schneller umgesetzt sein, jedoch sind bei zukünftigen Änderungen hohe Anpassungsaufwände zu erwarten. Dahingegen ermöglicht die indirekte Kopplung über eine Integrationsplattform bei hohem Initialaufwand eine flexible Anpassung und Erweiterung, falls weitere Planungswerkzeuge berücksichtigt werden sollen.[216]

Ein wesentlicher Aspekt bei der Realisierung interoperabler Systeme ist die zeitliche Beziehung der Datenaustauschprozesse. Sowohl asynchroner als auch synchroner Datenaustausch zwischen den Planungswerkzeugen ist möglich und erfordert den Einsatz passender Datenaustauschformate[217]. Dabei werden folgende Arten von Datenaustauschformaten unterschieden:

- Proprietäre herstellerspezifische Formate
- De-facto-Standards
- Neutrale Formate

Insbesondere bei der Datenkonvertierung zwischen herstellerspezifischen Formaten müssen potenzielle Datenverluste, wie Dimensions- oder Datenreduktion, berücksichtigt werden. Dieser Nachteil kann mit De-facto-Standards umgangen werden, die in der Regel eine hohe Stabilität aufweisen und aufgrund der großen Nutzerbasis eine weite Akzeptanz genießen. Neutrale Formate sind nicht an spezifische Hersteller gebunden und bieten somit eine hohe Flexibilität und Anpassungsfähigkeit

---

[215] I.A.a. ebd., S. 181.

[216] Vgl. Schuh et al. (2008), Flexible Vernetzung statt starrer Integration, S. 128.

[217] Vgl. Bracht et al. (2018), Digitale Fabrik, S. 182.

bei offener Zugänglichkeit.[218] Ein Beispiel für ein standardisiertes, neutrales Datenformat aus dem Bereich Building Information Modeling (BIM) sind die Industry Foundation Classes, auch bekannt als IFC-Format. Das IFC-Format definiert dabei ein herstellerunabhängiges Datenmodell für den gesamten Lebenszyklus eines Bauwerks.[219] Auch innerhalb der Fabrikplanung schafft das Format in Kombination mit herstellerspezifischen Datenaustauschformaten eine Interoperabilität der Planungswerkzeuge und ist somit eine Grundvoraussetzung für die Kollaboration der Planungsbeteiligten.[220] Die Erweiterung von BIM zur Berücksichtigung des Produktionssystems wird unter dem Begriff des Integrated Factory Modeling (IFM) erforscht[221]. Dazu soll das dem IFC-Format zugrundeliegende Datenmodell ergänzt werden, um auch eine adäquate Attribuierung von Produktionsmitteln zu ermöglichen[222]. Somit stellt das IFM eine zukunftsträchtige Lösungsmöglichkeit für einen standardisierten, verlustfreien Datenaustausch in der Fabrikplanung dar.[223]

Ein weiteres relevantes Datenaustauschformat zur „Integration von Entwurfsaktivitäten und Verwendung von Entwurfsdaten des Produktionssystems" ist AutomationML (AML)[224]. Der Fokus des Datenaustauschformats liegt dabei auf der Anlagen- und Verfahrensentwicklung[225] und soll einen konsistenten, verlustfreien Datenaustausch im Fabrikplanungsprozess speziell für den Bereich der Automatisierungstechnik ermöglichen[226]. Dementsprechend ist eine Erweiterung des Formats erforderlich, um für die Fabrikplanung umfassend geeignet zu sein. Ebenso existieren noch praktische Hindernisse bei der Nutzung von AML, da unternehmensspezifische Schnittstellen und Datenmodelle entwickelt werden müssen, die nicht nur kleinere Unternehmen vor Herausforderungen stellen[227]. Als Beispiel ist hier die Integrationsplattform Omniverse der beiden Konzerne NVIDIA und BMW zu nennen, für die auf Basis des AML-Formats ein gemeinsames Datenmodell zur Synchronisation verschiedener Planungswerkzeuge definiert ist[228]. AML bietet hohe Anpassungsmöglichkeiten, da es sich um ein XML-basiertes Datenaustauschformat handelt, das menschenlesbar und plattformunabhängig ist. Im Kontext der Industrie 4.0 werden deshalb XML- und auch UML-basierte

---

[218] Vgl. ebd., S. 200.

[219] Vgl. Borrmann et al. (2015), Building Information Modeling, S. 83–85.

[220] Vgl. Burggräf et al. (2019), Paradigmenwechsel im Fabrikplanungsdatenmanagement, S. 263.

[221] Vgl. Burggräf et al. (2021), Fabrikplanung, S. 40.

[222] Vgl. Burggräf et al. (2019), Paradigmenwechsel im Fabrikplanungsdatenmanagement, S. 267.

[223] Eine weitere Einführung in das Integrated Factory Modeling bietet das zugehörige Whitepaper: Riesener et al. (2025), Integrated Factory Modeling.

[224] Vgl. Lüder et al. (2017), AutomationML in a Nutshell, S. 214.

[225] Vgl. ebd., S. 217.

[226] Vgl. Lüder et al. (2017), AutomationML in a Nutshell, S. 223.

[227] Vgl. Park et al. (2020), Cloud-based Digital Twin Manufacturing System, S. 1259–1260.

[228] Vgl. BMW Group (2021), Virtual factory planning with Omniverse.

Formate vorrangig zur Beschreibung von Datenmodellen verwendet. Daneben existieren domänenspezifische Modellierungssprachen, die eine individuelle Spezifikation der Datenaustauschformate ermöglichen.[229]

Neben geeigneten Datenaustauschformaten, die sich auf die Datenstruktur fokussieren, sind Schnittstellen erforderlich, die erst die Kommunikation zwischen den Planungswerkzeugen ermöglichen. In der Produktionstechnik ist mit OPC UA (Open Platform Communications Unified Architecture) ein offener Standard für den industriellen Datenaustausch spezifiziert[230]. ADLER und MASIK stellen während der Realisierung eines digitalen Zwillings für den Anlagenbau fest, dass mithilfe von OPC UA in der Praxis jedoch nicht alle erforderlichen Informationen bereitstellbar sind, da je Anwendungsfall unterschiedliche Anforderungen und verschiedene IT-Umgebungen vorliegen und somit individuelle Anpassungsaufwände anfallen[231]. Dennoch stellen serviceorientiere Architekturen (engl.: service-oriented architecture, kurz: SOA) wie OPC UA als IT-Lösung für verteilte Systeme die Grundlage zur Interoperabilität von Planungswerkzeugen dar[232].

Zusammenfassend sind Datenaustauschformate und Schnittstellen erforderlich, die die Anforderungen an die Interoperabilität der verwendeten Planungswerkzeuge unterstützen, da keine Planungswerkzeuge existieren, mit dem alle Planungsaufgaben durchgängig unterstützt werden können[233]. Obwohl noch keine vollumfassenden Lösungen existieren, zeigt der Fortschritt in der Entwicklung von Datenaustauschformaten und Schnittstellen, dass eine Annäherung an dieses Ideal möglich ist. Mit Formaten wie IFC und AML kann bereits eine ausreichende Interoperabilität geschaffen werden, um die Planungsinformationen der involvierten Planungsdomänen zu verknüpfen. Gemäß dem IFM-Ansatz ist das Ziel die Umsetzung eines integrierten Fabrikmodells, in dem alle Planungsinformationen repräsentiert werden können[234]. Dieses Fabrikmodell soll im Sinne eines digitalen Zwillings als zentrale Datenquelle dienen, auf die alle Planungswerkzeuge zugreifen. Abbildung 2-18 zeigt den hierarchischen Aufbau des integrierten Fabrikmodells, welches auf höchster Ebene zunächst in das Gebäude- und Produktionsmodell aufgegliedert wird.

---

[229] Vgl. Wortmann et al. (2020), Modeling languages in Industry 4.0, S. 87–88.
[230] Vgl. OPC Foundation (2019), Unified Architecture.
[231] Vgl. Adler et al. (2020), Der digitale Zwilling für virtuelle Fabrikplanung und -betrieb, S. 202–203.
[232] Vgl. Xu et al. (2020), Interoperability of the future factory, S. 19.
[233] Vgl. Burggräf et al. (2019), Using BIM in Factory Planning, S. 145.
[234] Vgl. Riesener et al. (2025), Integrated Factory Modeling.

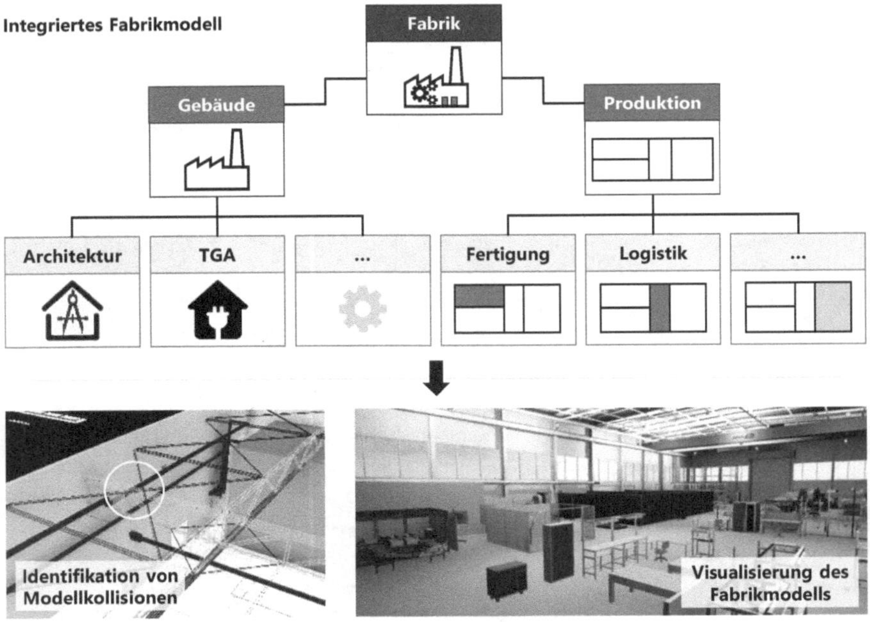

Abbildung 2-18: **Nutzung des integrierten Fabrikmodells zur Kollisionsüberprüfung und Visualisierung des Planungsstands**

In den weiteren Teilmodellen befinden sich die entsprechenden Planungsinformationen, die von verschiedenen Planungswerkzeugen entstammen und von diesen genutzt werden. Insbesondere durch Integration der geometrischen Planungsinformationen bieten integrierte Fabrikmodelle die Basis für fortgeschrittene Funktionalitäten wie die Modellkollisionserkennung, die Integration von Lieferantenmodellen oder auch eine exakte sowie integrierte Anlagenplanung unter Berücksichtigung der Gegebenheiten des Gebäudes. Bei der Modellkollisionserkennung werden Konflikte zwischen Teilmodellen aufgedeckt, vgl. Abbildung 2-18. Ebenso können Widersprüche in der Planung wie z.B. bei der Auslegung der technischen Gebäudeausstattung (TGA) durch unzureichende Anschlussleistungen von Produktionsequipment identifiziert werden[235].

Ein integriertes Fabrikmodell fördert demnach die Interoperabilität der Planungswerkzeuge und eröffnet so vielfältige Möglichkeiten, nicht nur in der direkten Planung, sondern auch in der Darstellung und Analyse der Planungsergebnisse. Die Visualisierung dieser Ergebnisse ermöglicht eine

[235] Vgl. Burggräf et al. (2021), Parametric transparency in model-based factory planning, S. 63–65.

Validierung verschiedener Planungsszenarien. Hierbei können Technologien wie Virtual Reality (VR) und Augmented Reality (AR) als Schnittstellen zwischen dem Menschen und dem Planungsgegenstand genutzt werden, um Planungsergebnisse zur Validierung von Planungsszenarien realitätsnah abzubilden[236].

2.2.3 Intelligente Entscheidungsunterstützung

Die Sicherstellung der Konsistenz und Verfügbarkeit von Planungsinformationen mithilfe eines integrierten Fabrikmodells schafft ebenfalls die Voraussetzungen, eine intelligente Entscheidungsunterstützung für Fabrikplanende bereitzustellen[237]. Die intelligente Entscheidungsunterstützung kann durch Anwendung von Künstlicher Intelligenz (KI) in den Planungswerkzeugen software-technisch implementiert wurden, um Fabrikplanende im Fabrikplanungsprozess zu unterstützen. Der Begriff der intelligenten Entscheidungsunterstützung erklärt sich dabei durch das Wort „Intelligenz", welches im Kontext der Künstlichen Intelligenz die Schaffung von Softwaresystemen ausdrückt, die aufgrund ihres Verhaltens von Menschen als intelligent bezeichnet werden[238].

Die Entscheidungsunterstützung mithilfe von KI stellt dabei eine der verschiedenen Arten der Entscheidungsunterstützung in der Fabrikplanung dar, vgl. Abbildung 2-19. Von der intelligenten Entscheidungsunterstützung abzugrenzen sind Simulations-, Visualisierungs- und Kollaborationsfunktionalitäten. In der Simulation können neben diskreten und dynamischen Ansätzen auch Optimierungsalgorithmen verwendet werden. Ein Beispiel ist der Einsatz genetischer Algorithmen für die Layoutplanung[239]. Die Visualisierung schließt zusätzlich zu den bereits genannten VR- und AR-Technologien auch Möglichkeiten zur Darstellung von KPI-Dashboards ein. Entscheidungsunterstützung zur Förderung der Kollaboration zwischen den Planungsbeteiligten kann durch verschiedene Funktionalitäten wie z.B. mittels einem gemeinsamen Dokumentenmanagement erreicht werden. Zur Umsetzung der intelligenten Anwendungen kommen hingegen verschiedene Ansätze zum Einsatz,

---

[236] Vom Autor wurde ein Ansatz vorgestellt, um integrierte Fabrikmodelle mittels VR-Entwicklungsumgebung virtuell begehbar zu machen. Mithilfe der vorgestellten Softwarelösung wird den Fabrikplanenden eine die Interaktion mit deren Planungsgegenstand ermöglicht; vgl. Curiel-Ramirez et al. (2024), Aufbau digitaler Fabrikzwillinge mittels VR-Entwicklungsumgebung. Verwandte Ansätze sind ebenfalls in der Literatur zu finden; vgl. Bracht et al. (2019), Fabrikplanung 5.0, S. 208.

[237] Teilweise wird die intelligente Entscheidungsunterstützung auch unter dem Begriff der Assistenzsysteme zusammengefasst. So sollen „Assistenzsysteme basierend auf Verfahren der Künstlichen Intelligenz [...] Menschen in der Produktion adäquat bei der Entscheidungsfindung unterstützen"; vgl. Plattform Industrie 4.0 (2022), Resilienz im Kontext von Industrie 4.0, S. 26). Jedoch verbirgt sich im Begriff des Assistenzsystems auch eine Vorstellung eines autonom handelnden Agenten, weshalb im Folgenden auf diesen Begriff verzichtet wird; vgl. Kraus et al. (2020), Assistenzsysteme, S. 863.

[238] Vgl. Ertel (2009), Grundkurs Künstliche Intelligenz, S. 1–2.

[239] Vgl. Kreß et al. (2021), Algorithmenbasierte Fabrikplanung, S. 120–121.

z.B. Maschinelles Lernen (ML) oder Natural Language Processing (NLP, deutsch: Verarbeitung natürlicher Sprache).

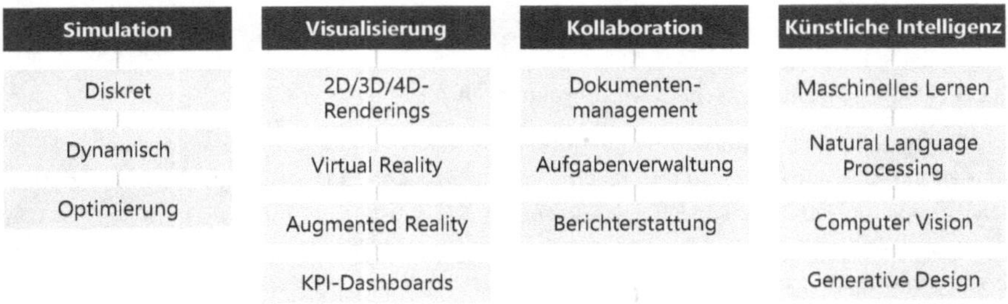

Abbildung 2-19: Arten der Entscheidungsunterstützung in der Fabrikplanung[240]

Zur Bewertung aktueller Planungswerkzeuge wurde zunächst gängige Applikationssoftware für die Fabrikplanung identifiziert. Anschließend erfolgte die Einordnung der Planungswerkzeuge in die vorgestellten Arten der Entscheidungsunterstützung als auch in unterstützte Planungsphasen und -domänen. Die Ergebnisse der praktischen Untersuchung zeigen, dass die verfügbare Software häufig nur in spezifischen Anwendungsfällen eingesetzt werden kann, wobei der Umfang der Entscheidungsunterstützung begrenzt ist. Bestätigt wird daher, dass ein universelles Planungswerkzeug nicht existiert. Obwohl zunehmend mehr Planungswerkzeuge eine intelligente Entscheidungsunterstützung anbieten, ist die Integration der Künstlichen Intelligenz für die Fabrikplanung noch nicht weit fortgeschritten. Da die intelligenten Entscheidungsunterstützung im Gegensatz zu anderen Arten, wie bspw. der Visualisierung, umfassendere Möglichkeiten zur Automatisierung der Planung bieten, wird der Weiterentwicklung intelligenter Entscheidungsunterstützung ein hohes Potential bescheinigt.

Die Entwicklungen der Planungswerkzeuge spiegeln sich in der sich stetig weiterentwickelnden Landschaft der Industrie 4.0, in der KI zunehmend an Bedeutung gewinnt. So betonen BLOCK und KUHLENKÖTTER, dass zusätzlich zur eigentlichen Datenerfassung und -verarbeitung die Automatisierung dieser zeitintensiven, wiederkehrenden Arbeitsprozesse das Ziel der Industrie 4.0 ist[241]. Dazu passt die These der "Hybriden Intelligenz" von PILLER et al., die prognostiziert, dass bis 2030 strate-

---

240 Die Kategorisierung wurde vom Autor entwickelt. Die Einordnung von Planungswerkzeugen in die Kategorien ist aufgrund möglicher Kombinationen nicht unbedingt eindeutig möglich ist. Ebenso erhebt die Kategorisierung keinen Anspruch auf Vollständigkeit und kann nach Bedarf erweitert werden.

241 Vgl. Block et al. (2019), Digital factory implementation approach, S. 178.

gische Produktionsentscheidungen in enger Zusammenarbeit zwischen Menschen und KI-Algorithmen getroffen werden[242]. DOMBROWSKI et al. unterstreichen für die Fabrikplanung ebenso die zunehmende Bedeutung der Entscheidungsunterstützung durch KI, vgl. Abbildung 2-20. Während in den 1990er noch „Unterstützung des Menschen durch mehr Informationen" im Vordergrund stand, rücken nun „Digitale Assistenz" und „Künstliche Intelligenz" an diese Stelle.[243]

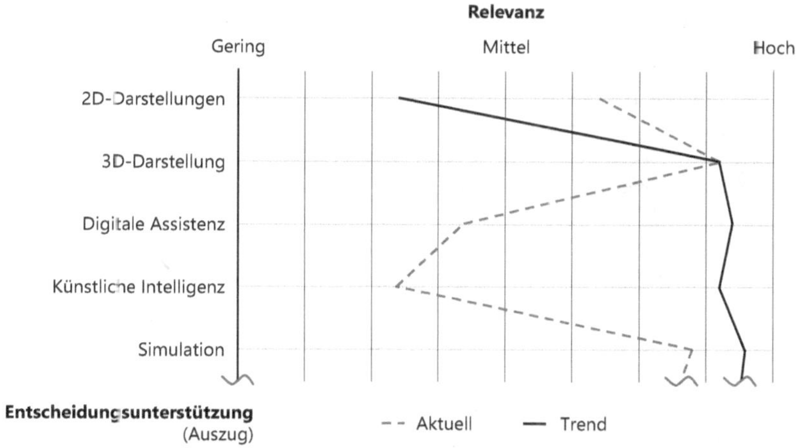

Abbildung 2-20: Einschätzung der heutigen und zukünftigen Relevanz verschiedener Arten der Entscheidungsunterstützung in der Digitalen Fabrik[244]

Zur Nutzung intelligenter Entscheidungsunterstützung in der Fabrikplanung stellen die mangelnde Vernetzung als auch die bloße Verfügbarkeit geeigneter Planungswerkzeuge die größten Barrieren dar. Die Kosten sowie erforderliche Kenntnisse zur Einführung würden währenddessen eine geringe Barriere zum umfangreicheren Einsatz der Digitalen Fabrik darstellen.[245] Hierdurch festigt sich das Bild, dass der Entwicklungsbedarf der Digitalen Fabrik vorrangig in der Etablierung der intelligenten Entscheidungsunterstützung liegt, die im praktischen Einsatz einen ausreichenden Nutzeneffekt erzielen kann. Neben der Integration heterogener Datenquellen und der Interoperabilität von Planungswerkzeugen stellen folglich intelligente Anwendungen als großer Veränderungstrend den

[242] Vgl. Piller et al. (2022), Forecasting Next Generation Manufacturing, S. 20.

[243] Vgl. Dombrowski et al. (2018), Herausforderungen der Digitalen Fabrik, S. 847–848.

[244] I.A.a. ebd., S. 847.

[245] Vgl. ebd., S. 848.

dritten Schlüsselbereich dar, der erhebliche Potenziale für Effizienzsteigerungen mit der Digitalen Fabrik birgt.

2.3 Entwicklungsbedarf aus Sicht der Praxis

Im Fokus aktueller Arbeiten zur breiteren Etablierung der Digitalen Fabrik steht die Steigerung des durchgängigen Datenmanagements. Dies bietet die Basis einer eindeutigen Informationsgrundlage, um den Fabrikplanenden eine intelligente Entscheidungsunterstützung unter Anwendung von KI zu bieten. Dabei muss in den konkreten Anwendungsfällen nicht nur eine strategische Entscheidung für den Einsatz der Digitalen Fabrik getroffen werden, sondern auch die Umsetzungsmaßnahmen einer Kosten-Nutzen-Betrachtung standhalten[246]. Ein vorteilhafteres Kosten-Nutzen-Verhältnis kann durch reduzierte Einsatzkosten der Digitalen Fabrik erreicht werden, indem bspw. bessere Methoden im Datenmanagement zum Einsatz kommen oder auch interoperablere Planungswerkzeuge genutzt werden[247]. Gleichzeitig wurde gezeigt, dass die Digitale Fabrik mit KI-basierten Planungswerkzeugen jedoch auch einen größeren Nutzen stiften, um die Kosten der Digitalen Fabrik zu rechtfertigen. Um demnach die Kosten-Nutzen-Betrachtung zugunsten der Digitalen Fabrik bewerten zu können, ist die Weiterentwicklung der intelligenten Entscheidungsunterstützung erforderlich. Dieser Zusammenhang kennzeichnet den Entwicklungsbedarf aus Sicht der Praxis.

Empirische Bestätigung des Entwicklungsbedarfs

Der beschriebene Entwicklungsbedarf der Digitalen Fabrik wurde durch die Ergebnisse der Studie „Anwendungsfälle und Herausforderungen digitaler Fabrikzwillinge" empirisch bestätigt. Im Rahmen der Studie wurde eine Umfrage im Mixed-Methods-Design mit 52 Teilnehmern aus Industrie- und Softwareunternehmen durchgeführt[248]. Die Ergebnisse wurden in anschließenden Experteninterviews

[246] Vgl. Bracht et al. (2018), Digitale Fabrik, S. 54–55; S. 229–233.

[247] Die Forderung nach reduzierten Kosten durch praktikablere Vernetzungskonzepte für einen erweiterten Einsatz der Digitalen Fabrik wurde in einer Studie des WZL unterstrichen; vgl. Schuh et al. (2009), Digitale Fabrik im Fokus der Forschung, S. 10.

[248] Die Umfrage wurde nach dem Mixed-Methods-Design gestaltet und enthielt qualitative sowie quantitative Frageelemente, vgl. Auer-Srnka (2009), Mixed methods, S. 459–461.

terviews, die auf einem leitfadengestützten, systematisierenden Interviewansatz basieren, reflektiert[249]. Innerhalb der Studie wird der digitale Fabrikzwilling referenziert, der als aktueller Begriff die gegenwärtigen Entwicklungen in der Digitalen Fabrik repräsentiert.[250]

Die Kernaussagen der Studie verdeutlichen, dass der digitale Fabrikzwilling – trotz eines teilweise noch uneinheitlichen Begriffsverständnisses – im Kern als integratives Informationssystem betrachtet werden kann, das Fabrik- und Planungsinformationen heterogener Datenquellen verknüpft. Dieses durchgängige Datenmanagement im Sinne der Digitalen Fabrik stellt die Grundlage für Entscheidungsunterstützung in unterschiedlichen Anwendungsfällen. Um den erwarteten hohen Nutzen von digitalen Fabrikzwillingen zu realisieren, sind für eine erfolgreiche Umsetzung technische Herausforderungen in der Datenverfügbarkeit und -vernetzung zu bewältigen. Wie Abbildung 2-21 zeigt befinden sich konkrete Implementierungen des digitalen Fabrikzwillings vorwiegend noch in der Umsetzungsphase und werden noch häufig ausschließlich zu Test- und Entwicklungszwecken genutzt. Außerdem kann der Entwicklungsprozess als iterativer Prozess verstanden werden, bei dem das Ziel nicht final vorgegeben ist. Entsprechend wurden digitale Fabrikzwillinge bisher nur begrenzt umgesetzt, auch aufgrund mangelnder Entscheidungsunterstützung in den ausgewählten Anwendungsfällen.

---

[249] Bei der Vorbereitung und Durchführung der Experteninterviews wurden die gängigen Richtlinien des leitfadengestützen, systematisierenden Interviewansatzes berücksichtigt, vgl. Gläser et al. (2009), Experteninterviews und qualitative Inhaltsanalyse; Bogner et al. (2014), Interviews mit Experten, S. 17–26.

[250] Die Vorbereitung, Durchführung und Auswertung der Studie wird maßgeblich vom Autor verantwortet. Zur umfassenderen Darstellung der Studienergebnisse wird auf einen Zeitschriftenaufsatz verweisen, der in der Rolle als Korrespondenzautor veröffentlicht wurde: Burggräf et al. (2023) Der digitale Fabrikzwilling.

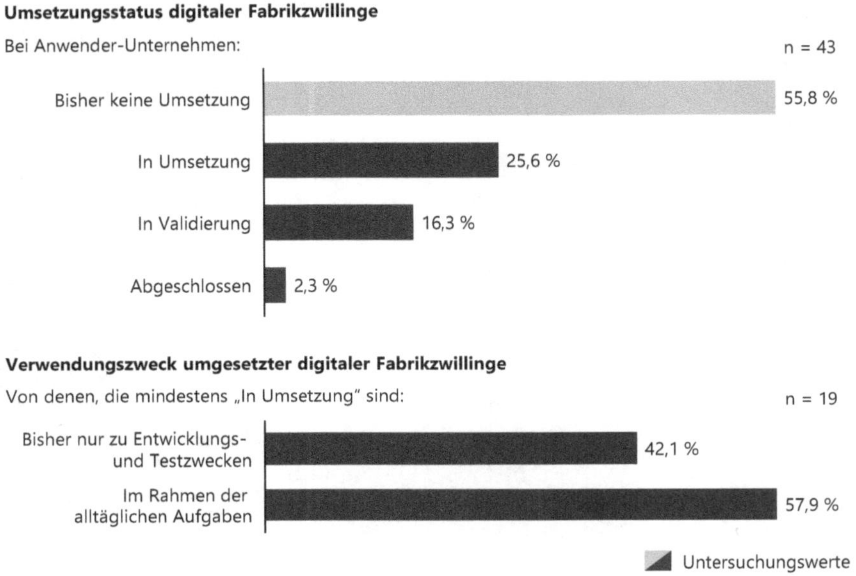

Abbildung 2-21: **Quantitative Angaben zur Nutzung digitaler Fabrikzwillinge**

Zu den praktischen Hindernissen in der Umsetzung digitaler Fabrikzwillinge zählen für Anwender weniger die Verfügbarkeit von Softwarelösungen als eher deren mangelnde Praxistauglichkeit, vgl. Abbildung 2-22. Auch können erhöhte Implementierungskosten in der Praxis oft nicht gerechtfertigt werden, da die erzielbaren Vorteile schwer quantifizierbar sind. Dem unklaren Nutzenversprechen sollte also durch Konkretisierung der Anwendungsfälle entgegengewirkt werden. Dazu können, auf dem integrativen Informationssystem des digitalen Fabrikzwillings aufbauend, verschiedene Arten der Entscheidungsunterstützungen für die täglichen Aufgaben von Fabrikplanenden entwickelt werden. Diese Kernaussage der Studie unterstreicht die Bedeutung intelligenter Entscheidungsunterstützung, um die Digitale Fabrik und deren Etablierung über das durchgängige Datenmanagement hinaus zielgerichtet zu weiterzuentwickeln.

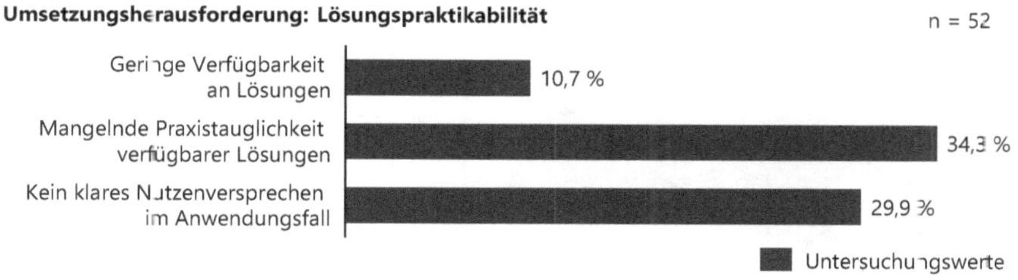

Abbildung 2-22: Herausforderungen in der Umsetzung digitaler Fabrikzwillinge mit Bezug zur Lösungspraktikabilität

Zusammenfassung des Praxisproblems

Im Aufgabenfeld der Fabrikplanung ergeben sich im aktuellen Zustand Herausforderungen, denen die Methoden und Werkzeuge der Digitalen Fabrik nicht vollständig gerecht werden können. Zentral steht die Forderung nach höherer Planungseffizienz und Kostenreduktionen, die durch die Reduzierung manueller Arbeitsaufwände durch Automatisierung angestrebt wird[251]. Parallel dazu steht die Forderung nach erhöhter Planungsqualität, die verschiedene Aspekte umfasst. Dazu gehören die Möglichkeit, mehr Planungsszenarien zu überprüfen, die Standardisierung der Planungsprozesse zur Fehlerreduzierung und eine damit einhergehende verstärkte Nutzung datenbasierter Entscheidungen. Dies dient nicht nur der Qualitätsverbesserung der Planungsergebnisse, sondern auch der Risikominimierung. Ein weiterer signifikanter Aspekt ist die Notwendigkeit, die Planungsgeschwindigkeiten zu erhöhen[252]. Die heutige Unternehmensrealität, geprägt von Dynamik und Diskontinuitäten, erfordert eine optimale Anpassung der Fabrik an sich rasch ändernde Anforderungen[253]. Hierbei ist sowohl eine kurzfristige Reaktion auf bestehende, aktualisierte Planungsanforderungen als auch eine Anpassungsfähigkeit durch Berücksichtigung bisher unbeachteter und wechselnder Planungsanforderungen erforderlich[254]. Dies erfordert ebenso eine eindeutige Informationsgrundlage, die von Fabrikplanenden in Echtzeit abgerufen werden kann und im Gegensatz zum aktuellen Zustand nicht mit isolierten Datensilos erreicht werden kann. Die Übersicht der Herausforderungen im aktuellen Zustand und der Anforderungen an den gewünschten Zustand ist in Abbildung 2-23 dargestellt.

---

[251] Vgl. Block et al. (2019), Digital factory implementation approach, S. 178.

[252] Vgl. Bracht et al. (2009), Die Digitale Fabrik ist Realität, S. 650.

[253] Vgl. Bergholz (2005), Objektorientierte Fabrikplanung, S. 44.

[254] Vgl. Burggräf et al. (2021), Fabrikplanung, S. 24–25.

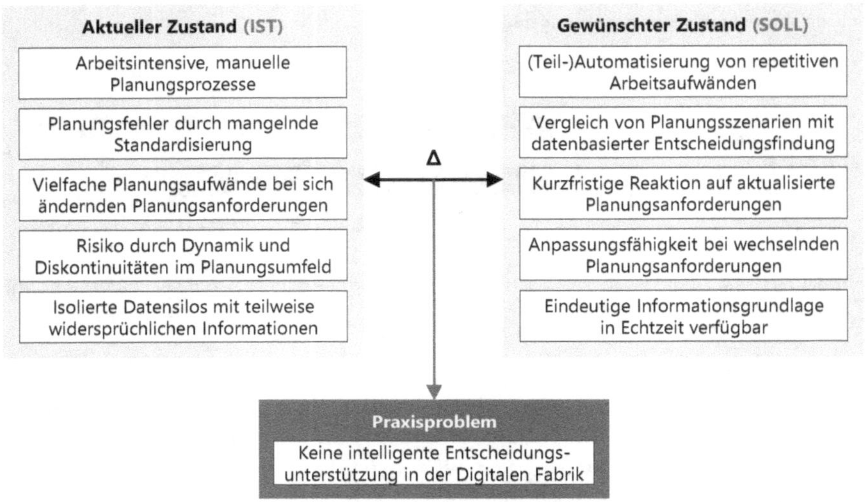

Abbildung 2-23: Definition des Praxisproblems über den Soll-Ist-Zustandsvergleich

Insgesamt verdeutlichen die Anforderungen an den gewünschten Zustand den Bedarf an neuen Lösungen für die Digitale Fabrik, die der Komplexität der Fabrikplanung Rechnung tragen. Gemäß den Herausforderungen der Digitalen Fabrik wird das Praxisproblem darauf zurückgeführt, dass Fabrikplanenden als Anwendende keine intelligente Entscheidungsunterstützung über geeignete Planungswerkzeuge zur Verfügung gestellt wird.

Das Praxisproblem bildet die Brücke zum Lösungsfeld, das im folgenden Kapitel betrachtet wird. Im Fokus steht dabei die regelbasierte Planungsautomatisierung, die die Voraussetzungen zur Erreichung einer intelligenten Entscheidungsunterstützung in der Fabrikplanung erfüllt.

3 Stand der Forschung zur intelligenten Entscheidungsunterstützung

Im vorangegangenen Kapitel wurde das Praxisproblems auf den Mangel einer intelligenten Entscheidungsunterstützung für Fabrikplanende zurückgeführt. Dieses Kapitel widmet sich daher der systematischen Analyse möglicher Lösungsfelder. In Kapitel 3.1 werden daher zunächst Lösungsfelder identifiziert und vorgestellt, die als Grundlage für die Entwicklung einer intelligenten Entscheidungsunterstützung in der Digitalen Fabrik dienen. Die eingehende Betrachtung im Rahmen der durchgeführten Literaturrecherche zeigt, dass besonders die intelligente Fabrikplanung ein vielversprechendes Lösungsfeld zur Adressierung des Praxisproblems darstellt. Die weiteren Lösungsfelder, wie bspw. die BIM-basierte Fabrikplanung oder integrative Informationssysteme, ergänzen zusätzliche Ansätze, die eine Umsetzung der intelligenten Entscheidungsunterstützung befähigen.

Zur Vertiefung des identifizierten Lösungsfelds werden in Kapitel 3.2 die bestehenden Ansätze innerhalb der Fabrikplanung bewertet, um als Ergebnis die aktuelle Entwicklungsrichtung unter dem Begriff der regelbasierten Planungsautomatisierung zusammenzufassen. Dort wird gezeigt, dass der Handlungsbedarf der regelbasierten Planungsautomatisierung in der Entwicklung von Expertensystemen zur intelligenten Entscheidungsunterstützung auf Basis integrativer Informationssysteme liegt.

Um bestehende Lösungsansätze jedoch gezielt weiterzuentwickeln, sind zusätzliche Methoden wie Semantic-Web-Technologien und regelbasierte Systeme erforderlich, die in der Fabrikplanung bisher unzureichend zum Einsatz kommen. Daher werden in Kapitel 3.3 zusätzliche Methoden vorgestellt und deren Anwendbarkeit auf die Fabrikplanung beurteilt, um den Stand der Forschung zur regelbasierten Planungsautomatisierung zu vervollständigen. Die Anwendung zur Weiterentwicklung der regelbasierten Planungsautomatisierung auf die Fabrikplanung wird in Kapitel 3.4 als resultierender Forschungsbedarf hergeleitet. Insbesondere ist dazu die Eignung regelbasierter Systeme für die Automatisierung von Fabrikplanungsprozessen zu untersuchen. Abschließend werden die Forschungsfragen der vorliegenden Arbeit definiert und das Lösungsvorgehen entsprechend abgeleitet.

3.1 Identifizierung relevanter Lösungsfelder

Um bestehende Ansätze zur Entwicklung einer intelligenten Entscheidungsunterstützung in der Fabrikplanung zu identifizieren und ihren entsprechenden Lösungsfeldern zuzuordnen, wurde eine systematische Literaturrecherche durchgeführt. Durch die zugrundeliegende Systematik der Literaturrecherche wird die Reproduzierbarkeit und ordnungsgemäße Prüfung der Literaturergebnisse gewährleistet. Mithilfe der Dokumentation wird es anderen Forschern ermöglicht, den Umfang und die Vollständigkeit der Literaturrecherche zu bewerten.[255] Gemäß der von VOM BROCKE & SIMONS vorgeschlagenen Richtlinien ist die vorliegende Literaturrecherche daher in fünf Phasen aufgeteilt[256], die in Abbildung 3-1 vorgestellt und im Folgenden erläutert werden.[257]

Abbildung 3-1: Vorgehen der systematischen Literaturrecherche[258]

Im ersten Schritt wird die Literaturrecherche gemäß der Taxonomie nach COOPER[259] strukturiert, um den Prüfumfang festzulegen. In der Literaturrecherche wird der Fokus auf bereits erzielte Forschungsergebnisse gelegt, wobei auch aktuelle Praktiken in industriellen Anwendungsfällen berücksichtigt wurden. Ziel ist es, die identifizierte Literatur zu integrieren und zu synthetisieren, um die aktuelle Forschung umfassend zu bewerten. Wie im zweiten Schritt der thematischen Konzeptualisierung festgelegt, sollen die Entwicklungen zu intelligenten Entscheidungsunterstützungen in der Digitalen Fabrik erfasst werden. Um die aktuellen Entwicklungen in der Digitalen Fabrik zu erfassen, zielt die Literatursuche auf die Anwendung von digitalen Zwillingen für die Fabrikplanung ab. Die durch digitale Zwillinge unterstützte Fabrikplanung wird als Durchführung von Fabrikplanungsaktivitäten mithilfe eines fabriklebenszyklus-übergreifenden Fabrikmodells verstanden. Dabei wird dieses Fabrikmodell als zentrale Datenbasis mit den Datenquellen der Fabrikinformationen vernetzt. Entsprechend repräsentiert der digitale Zwilling die physische Fabrik und kann somit als digitaler Fabrikzwilling bezeichnet werden.[260]

---

[255] Vgl. vom Brocke et al. (2009), Reconstructing the Giant, S. 2.

[256] Vgl. ebd., S. 6–10.

[257] Die vollständige Literaturrecherche wird maßgeblich vom Autor verantwortet. Zur umfassenderen Darstellung der systematischen Literaturrecherche wird auf den Konferenzbeitrag verwiesen, der in der Rolle als Korrespondenzautor veröffentlicht wurde: Burggräf et al. (2023), Digital-Twin-Driven Factory Planning.

[258] I.A.a. vom Brocke et al. (2009), Reconstructing the Giant, S. 7.

[259] Vgl. Cooper (1988), Organizing knowledge syntheses – taxonomy, S. 107–112.

[260] Zur Definition des digitalen Fabrikzwillings und dessen Rolle für die Fabrikplanung, insbesondere im Kontext der Digitalen Fabrik ist auf Kap. 2.1 verwiesen.

Basierend auf der thematischen Konzeptualisierung sind im dritten Schritt des Vorgehens der systematischen Literaturrecherche die zu verwendenden Suchbegriffe abgeleitet[261]. Die weiteren Suchkriterien sind gemäß der STARLITE-Mnemonik nach BOOTH[262] festgelegt und dokumentiert[263]. Das Ergebnis der Literatursuche waren zunächst 712 identifizierte Veröffentlichungen, die nach der PRISMA-Methode nach MOHER et al. untersucht wurden. Zusätzliche Veröffentlichungen wurden mithilfe von Vorwärts- und Rückwärtssuchen ergänzt[264]. Nach Bereinigung von Duplikaten wurden Veröffentlichungen auf Basis ihrer Titel oder Stichwörter und anschließend ihrer Abstracts gefiltert, sodass 73 Veröffentlichungen verblieben. Diese Veröffentlichungen wurden anhand ihres Volltexts auf Relevanz geprüft, weshalb 40 Veröffentlichungen für die weitere Literaturanalyse und -synthese ausgewählt wurden.

Zur Literaturanalyse und -synthese wurden sowohl quantitative als auch qualitative Methoden genutzt. Die Veröffentlichungen wurden nach Forschungstypen (z. B. Fallstudie, Konzeptvorstellung) kategorisiert und mithilfe der Klassifikationsmethodik für digitale Fabrikzwillinge geordnet[265]. In der qualitativen Synthese wurden zentrale Fragestellungen herausgearbeitet, um Forschungsbereiche zu definieren, denen die Veröffentlichungen zugeordnet werden können. Darüber hinaus wurden die Lösungsfelder für das Praxisproblem der mangelnden intelligenten Entscheidungsunterstützung in der Digitalen Fabrik identifiziert. Im letzten Schritt der Literaturrecherche wurden Lücken, Herausforderungen und Chancen für die weitere Forschung zu digitalen Zwillingen in der Fabrikplanung zusammengefasst. Die nächsten Schritte zur Bewältigung dieser Herausforderungen unter Nutzung des vorhandenen Erkenntnisstands wurden in der Forschungsagenda skizziert, die eine Roadmap für die zukünftig angestrebte Forschung darstellt.

Die Ergebnisse der Literaturrecherche zeigen, dass die ersten Konzepte für digitale Fabrikzwillinge bereits vor 2010 entwickelt wurden. Allerdings sind die meisten Veröffentlichungen soweit eher konzeptioneller Natur, wodurch die praktische Anwendbarkeit stark einschränkt ist. Die vorgestellten Konzepte fokussieren in der Regel die Entwicklung von integrativen Informationssystemen, die

---

261 Mithilfe boolescher Operatoren und Platzhaltern wurden die Suchbegriffe auf Deutsch als auch Englisch wie folgt definiert: (Fabrikplanung OR Produktionsgestaltung) AND ("Digital* Modell" OR "digital* Schatten" OR "digital* *zwilling"), ("Factory plan*" OR "Factory design") AND ("digital model" OR "digital shadow" OR "digital * twin). Diese Suchbegriffe wurden auf Basis vorangegangener Literatursuchen iterativ entwickelt.

262 Vgl. Booth (2006), Brimful of STARLITE, 424–425.

263 Die Suche wurde auf Fachzeitschriften, Konferenzbeiträge und Bücher in englischer und deutscher Sprache beschränkt. Die Datenbanken von ScienceDirect und Scopus, IEEE Xplore, Springer Link und Taylor & Francis Online wurden auf Veröffentlichungen von 1999 bis inkl. 2022 durchsucht.

264 PRISMA steht für „Preferred reporting items for systematic reviews and meta-analyses"; vgl. Moher et al. (2009), PRISMA statement.

265 Die Klassifikationsmethodik dient zum Vergleich der untersuchten digitalen Fabrikzwillinge und wird in Kap. 2.1.1 vorgestellt.

Fabrikplanenden die Integration, Aggregation und Analyse heterogener Daten ermöglichen sollen, insbesondere durch die Anwendung von Methoden aus der Informationsmodellierung[266]. Nur ein Teil der überprüften Veröffentlichungen stellt Fallstudien vor, in denen digitale Zwillinge entwickelt wurden. Dabei handelt es sich jedoch meist um Demonstratoren mit geringem industriellen Anwendungspotential. Nach der Klassifikation sind nur vier Veröffentlichungen als „echte" digitale Fabrikzwillinge eingestuft[267]. Im Gegensatz dazu sind in der Mehrheit der Veröffentlichungen digitale Modelle oder Schatten präsentiert, ohne dass ein automatischer Datenfluss zurück zum physischen Objekt vorliegt.

Der Anwendungsbereich digitaler Fabrikzwillinge aus den analysierten Quellen erstreckt sich nicht nur auf die Fabrikplanung, sondern auch auf die Produktionsplanung und -steuerung. Eine ähnliche Erweiterung des Anwendungsbereichs zeigt sich bei digitalen Fabrikzwillingen im Gebäudemanagement, wo diese für Wartung, Gebäudemanagement und während des Bauprozesses genutzt werden. Dadurch werden mehrere Lebenszyklusphasen abgedeckt. Insbesondere in der Validierungsphase wird für die untersuchten digitalen Fabrikzwillinge häufig ein Laserscanning genutzt, um detaillierte und geometrisch genaue Fabrikmodelle zu erstellen. Dies bietet Vorteile, um Diskrepanzen zwischen der physischen Fabrik und der digitalen Repräsentation zu erkennen[268]. Die Planungsergebnisse, wie z.B. ein Fabriklayout, werden dann dem Benutzer mithilfe von 3D-Visualisierungen oder Virtual-Reality-(VR)-Technologie präsentiert[269].

Um eine automatisierte Verarbeitung von verbundenen Datenquellen zu ermöglichen, werden häufig Optimierungsalgorithmen oder Simulationen integriert. Da jedoch immer eine Benutzerinteraktion oder manuelle Interpretation der Ergebnisse erforderlich ist, steht die Entwicklung vollständig autonomer digitaler Fabrikzwillinge noch aus. Einige der analysierten digitalen Fabrikzwillinge verfügen über Simulationsfähigkeiten, die teilweise dynamisch durch zeitabhängige Produktionssystemsimulationen ermöglicht werden. Ad-hoc-Simulationen sind nur dann möglich, wenn relevante Datenquellen in Echtzeit aktualisiert werden. Die Mehrheit der digitalen Fabrikzwillinge weist jedoch

[266] Die Fokussierung auf die Informationsmodellierung für digitale Zwillinge wird in allgemeineren, domänenübergreifenden Literaturrecherchen ebenfalls festgestellt; vgl. Fett et al. (2023), Literature Review on DT, CPS, and PSS, S. 8.

[267] Dazu zählen die Arbeiten von: Xia et al. (2022), Smart factory digital twin system; van Erp et al. (2022), Factory planning and design framework; Zhang et al. (2019), Reconfigurable Modeling Approach; Leng et al. (2020), Digital twin-driven rapid reconfiguration.

[268] Hierzu sei verwiesen auf: Nåfors et al. (2020), Application of Hybrid Digital Twins; Nåfors et al. (2020), Simulation in Hybrid Digital Twins; Sommer et al. (2020), Improvement of Factory Planning by Automated Generation of a Digital Twin; Melcher et al. (2019), Fabrik- und Produktionsplanung im digitalen Modell; Denkena et al. (2020), Digital twin generation.

[269] In den folgenden Veröffentlichungen steht die visuelle Abbildung des digitalen Fabrikzwillings im Fokus: Xia et al. (2022), Smart factory digital twin system; Nåfors et al. (2020), Application of Hybrid Digital Twins; Adler et al. (2020), Der digitale Zwilling für virtuelle Fabrikplanung und -betrieb.

einen niedrigen Integrationsgrad auf und hat daher ungenutzte Potenziale durch Simulationen und intelligentere Anwendungen.

Übersicht der Lösungsfelder

Im Verlauf der Literaturanalyse und -synthese wurden insgesamt vier Lösungsfeldern identifiziert, denen die betrachteten Veröffentlichungen zugeordnet wurden. Die Lösungsfelder über deren methodische Ansätze und Abwendungsdomänen voneinander abgegrenzt. Ebenso wurden die Lösungsansätze anhand des Grads der Informationsintegration sowie des Umfangs der Interdisziplinarität in die Lösungsfelder unterteilt. Die resultierenden Lösungsfelder und ihre Charakterisierung sind in Abbildung 3-2 präsentiert.

Integrative Informationssysteme

- Aggregation verschiedener Datenquellen durch standardisierte Datenmodelle, basierend auf Fabrikontologien
- Forschung zu Systemarchitekturen aufkommend

BIM-basierte Fabrikplanung

- Verfügbare Modellierungsstandards aus dem Bauwesen und der Architektur
- Automatische Planungsvalidierung möglich
- Bestätigung des Potenzials von BIM in industriellen Anwendungen notwendig

Rekonfigurierbare Produktionssysteme

- Automatische Anlagen-Rekonfiguration über echtzeitfähigen digitalen Fabrikzwilling
- Integration von Optimierungsalgorithmen und Simulationen

Intelligente Fabrikplanung

- Replikation menschlicher Entscheidungsfindung in Fabrikplanungsprozessen mithilfe künstlicher Intelligenz
- Regelbasierter Lösungsansatz zur Realisierung digitaler Assistenten

Abbildung 3-2 Übersicht der identifizierten Lösungsfelder

Innerhalb der integrativen Informationssysteme wird deren konzeptionelle Gestaltung zur Integration, Aggregation und Analyse heterogener Datenquellen untersucht. Diese Informationssysteme bestehen aus vernetzten Datenbanken, die aktiv Planungswissen für jede Planungsphase bereitstellen[270]. Einige Forschungsarbeiten konzentrieren sich auf die Modellierungsmethoden zur Definition

[270] Vgl. Dombrowski et al. (2018), Active role-based database system for factory planning, S. 423–425.

von fabrikplanungsspezifischen Informationssystemen[271], bei denen auf standardisierte Fabrikontologien zurückgegriffen wird[272]. In der aufkommenden Forschung zu den Systemarchitekturen wird deren technische Umsetzung untersucht[273]. Es bleibt noch unbeantwortet, ob standardisierte Lösungen, die allgemein anwendbar sind und eine erfolgreiche Umsetzung digitaler Zwillinge für die Fabrikplanung unterstützen, entwickelt werden können.

Für die Standardisierung der Modellierung in der Fabrikplanung stellt das Building Information Modeling (BIM) als zentrale Methodik in Bauwesen und Architektur einen vielversprechenden Ansatz dar. Die Datenaustauschspezifikationen von BIM könnten auf die Domänen des Produktionsmanagements und der Fabrikplanung erweitert werden[274] und so eine Lösung zur strukturierten Datenablage ermöglichen. Auch ist eine automatische Planungsvalidierung als Entscheidungsunterstützung möglich[275]. Da aktuell jedoch noch Standardisierungsbedürfnisse vorliegen[276], muss das Potenzial der BIM-basierten Fabrikplanung in weiteren Fallstudien und industriellen Anwendungen bestätigt werden.

Die Anwendung von digitalen Fabrikzwillingen hat sich auch für rekonfigurierbare Produktionssysteme (engl.: Reconfigurable Manufacturing Systems; kurz: RMS) als vorteilhaft erwiesen. RMS sind typischerweise modular aufgebaut und können schnell und flexibel an neue Produkte und deren Varianten angepasst werden, um auf plötzliche Marktveränderungen zu reagieren[277]. Optimierungsalgorithmen können in den digitalen Fabrikzwilling integriert werden, um neue Rekonfigurationen für das RMS abzuleiten[278]. Durch den Datenfluss zum physischen Teil des RMS kann die ausgewählte Rekonfiguration automatisch ausgeführt werden, was mit digitalen Fabrikzwillingen in mehreren Veröffentlichungen bereits praktisch gezeigt wurde. Weitere Automatisierungspotentiale liegen in der zusätzlichen Integration von KI-Methoden[279]. Daher repräsentieren RMS ein praktisch angewandtes Lösungsfeld, das auf weitere Anwendungsfälle digitaler Fabrikzwillinge übertragen werden kann.

---

[271] Vgl. Stobrawa et al. (2022), Optimization Using Digital Twin; Guo et al. (2019), Modular based flexible digital twin; Modoni et al. (2019), Synchronizing physical and digital factory.

[272] Vgl. Kádár et al. (2013), Semantic Virtual Factory.

[273] Vgl. Göppert et al. (2021), Pipeline for ontology-based modeling and automated deployment of digital twins for planning and control of manufacturing systems.

[274] Vgl. Kádár et al. (2013), Semantic Virtual Factory, S. 444.

[275] Vgl. Burggräf et al. (2021), Parametric transparency in model-based factory planning.

[276] Vgl. Xia et al. (2022), Smart factory digital twin system.

[277] Vgl. Koren et al. (1999), Reconfigurable Manufacturing Systems.

[278] Vgl. Zhang et al. (2019), Reconfigurable Modeling Approach.

[279] Vgl. Leng et al. (2020), Digital twin-driven rapid reconfiguration.

Das Lösungsfeld der intelligenten Fabrikplanung setzt auf KI-Methoden, sodass basierend auf den digitalen Fabrikzwillingen eine Entscheidungsunterstützung erreicht wird. Das langfristige Ziel ist es, menschliches Verhalten und Entscheidungsprozesse nachzuahmen. Die Virtual Production Intelligence (VPI) ist als beispielhafter Ansatz zu nennen, der mithilfe einer semantischen Informationsmodellierung darauf aufbauende Schlussfolgerungsfähigkeiten ermöglicht, um Leistungskennzahlen für Fabrikplanungsprozesse automatisch zu berechnen[280]. Die Ansätze der intelligenten Fabrikplanung stellen daher eine mögliche Lösung für eine intelligente Entscheidungsunterstützung dar, die auf Grundlage digitaler Fabrikzwillinge zu effizienteren und effektiveren Fabrikplanungsprozesse verhilft.

Bewertung der Lösungsfelder

Anhand der Anwendungsanforderungen aus Kap. 2.3 werden die Potentiale der identifizierten Lösungsfelder bewertet. Das Ergebnis der Bewertung ist in Abbildung 3-3 dargestellt.[281]

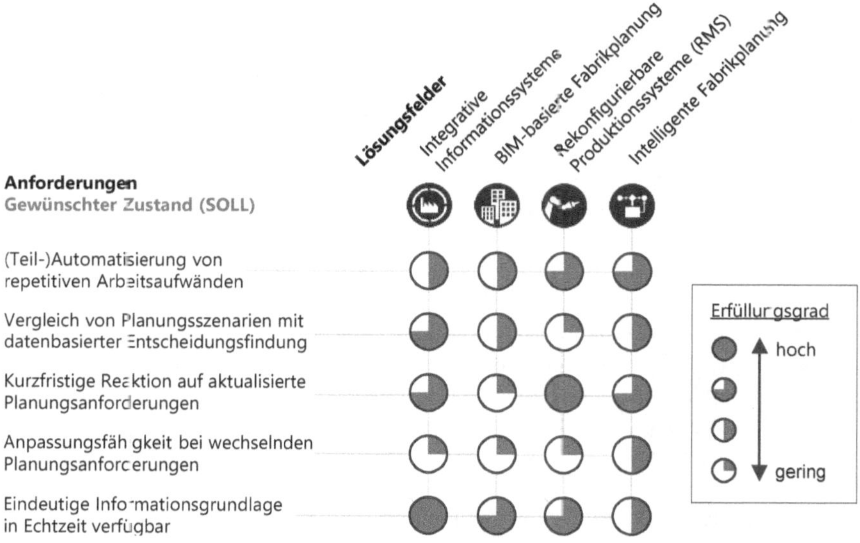

Abbildung 3-3: Bewertung der identifizierten Lösungsfelder

---

280 Vgl. Büscher et al. (2016), VPI-FP – integrative information system; Büscher et al. (2016), Semantic information modelling for factory planning projects.

281 Zur weiterführenden Erläuterung der Bewertung der Lösungsfelder ist auf die Veröffentlichung der Literaturrecherche verwiesen, vgl. Burggräf et al. (2023), Digital-Twin-Driven Factory Planning, S. 4–5.

Die (Teil-)Automatisierung von repetitiven Arbeitsaufwänden wird durch integrative Informationssysteme und in der BIM-basierten Fabrikplanung nur begrenzt adressiert, da bestehende Ansätze eher den reibungsfreien Datenaustausch fokussieren. Dahingegen existieren innerhalb der RMS und der intelligenten Fabrikplanung Ansätze zur Automatisierung von Planungsprozessen. Der Vergleich von Planungsszenarien mit datenbasierter Entscheidungsunterstützung wird hingegen überwiegend von den integrativen Informationssystemen ermöglicht. Auf Basis der integrativen Informationssysteme wird ebenfalls eine kurzfristige Reaktion auf aktualisierte Planungsanforderungen erreicht, dessen Funktionsweise in den RMS eine automatische Anpassung der Linienkonfiguration bei geänderten Stückzahlenszenarien zulässt. Darunter leidet jedoch die Anpassungsfähigkeit bei wechselnden Planungsanforderungen, da über die ursprünglich antizipierten Planungsanforderungen hinaus keine intelligente Entscheidungsunterstützung gewährleistet wird. Dazu bieten allerdings Ansätze aus der intelligente Fabrikplanung Möglichkeiten, Änderungen in den Planungsanforderungen zu berücksichtigen. Zur Erreichung der eindeutigen, echtzeitfähigen Informationsgrundlage sind wieder die integrativen Informationssysteme hervorheben, deren Ansätze auch innerhalb der anderen Lösungsfeldern Anwendung finden.

Da mit keinem Lösungsfeld die Anforderungen des Entwicklungsbedarfs aus Sicht der Praxis ausreichend adressiert werden, erscheint eine Verknüpfung bestehender Ansätze über die Lösungsfelder hinweg erforderlich. Daher werden im Folgenden bestehende, erfolgsversprechende Ansätze unabhängig vom zugeordneten Lösungsfeld im Detail vorgestellt. Anschließend werden die Ansätze zur Entwicklung einer intelligenten Entscheidungsunterstützung in der Fabrikplanung bewertet.

3.2 Ansätze innerhalb der Fabrikplanung

Mithilfe der systematischen Literaturrecherche wurden bestehende Ansätze identifiziert, die für die Entwicklung einer intelligenten Entscheidungsunterstützung in der Fabrikplanung angewandt werden können. Dabei ist den Ansätzen gemeinsam, dass es sich um Forschungsarbeiten handelt, die einen expliziten Bezug zur Fabrikplanung aufweisen. Die Vorstellung der ausgewählten Ansätze erfolgt in den folgenden Unterkapiteln in chronologischer Reihenfolge des Veröffentlichungsdatums.

3.2.1 Ontologiebasierte Rekonfiguration von Produktionssystemen nach AL-SAFI & VYATKIN

Der Ansatz von AL-SAFI & VYATKIN beschreibt einen ontologiebasierten Rekonfigurationsagenten, der das Produktionssystem mithilfe ontologischen Wissens über die Produktionsumgebung ohne menschliches Eingreifen rekonfiguriert. Die Validierung der Konfigurationen zur Berücksichtigung geänderter Planungsanforderungen erfolgt mittels regelbasiertem Schließen.[282]

Eingeordnet wird der Ansatz in den Kontext der rekonfigurierbaren Produktionssysteme, die definiert sind als „System, das von Anfang an für schnelle Änderungen in Struktur sowie in Hardware- und Softwarekomponenten konzipiert ist, um die Produktionskapazität und Funktionalität innerhalb einer Produktfamilie schnell anzupassen"[283]. Dies hilft Unternehmen Produkte herzustellen, die gemäß den persönlichen Präferenzen des Kunden angepasst werden müssen, wodurch die Variantenvielfalt erhöht und die Produktlebenszyklen verkürzt werden können.[284] Dazu beschreiben die Autoren den Anwendungsfall einer Arbeitszelle in einem Produktionssystem und argumentieren, dass zur formalen Beschreibung eine Wissensrepräsentation erforderlich ist, um Merkmale und Beziehungen zwischen den Maschinen des Produktionssystems zu erfassen. Ebenso sei durch die formale Beschreibung die Voraussetzung für eine Berechenbarkeit gegeben, die die Anwendung des regelbasierten Schließens fördert. Die Wissensrepräsentation erfolgt mithilfe einer Ontologie, die nach GRUBER als „formale Spezifikation der Konzeptualisierung"[285] definiert wird, um innerhalb eines Interessensgebiets ein kontrolliertes Vokabular einzuführen. Daher entwickelten die Autoren im XML-basierten Format der Web Ontology Language (OWL) eine anwendungsfallspezifische Ontologie, die auf der Manufacturing's Semantics Ontology (MASON) basiert.[286]

Darauf aufbauend definieren AL-SAFI & VYATKIN den ontologiebasierten Rekonfigurationsagenten, der Rekonfigurationen des Produktionssystems als Reaktion auf Änderungen in den Planungsanforderungen oder der Produktionsumgebung erzeugt. Konfigurationen beschreiben eine Sequenz von verfügbaren Produktionsoperationen und werden gebildet, indem zunächst deduziert wird, ob die aktuelle Produktionsumgebung den gegebenen Planungsanforderungen entsprechen kann. Folgend werden alternative Konfiguration erzeugt, die durch Neuanordnung der Produktionsanforderungen die Planungsanforderungen erfüllen können. Für den Rekonfigurationsagenten wird eine dreischichtige Architektur definiert, die aus der Intelligent Decision Layer, der Analysing & Modeling Layer sowie der Specification Layer besteht.[287] Dabei setzen sich die Schichten aus verschiedenen Komponenten zusammen, vgl. Abbildung 3-4. Mithilfe des Requirements Analysers und des Floor Analysers werden operationale und räumliche Spezifikationen extrahiert. Der Knowledge Modeler verwendet diese Informationen, um ein ontologisches Wissensmodell der Produktionsumgebung

---

[282] Vgl. Al-Safi et al. (2007), Ontology-based reconfiguration agent.

[283] Koren et al. (1999), Reconfigurable Manufacturing Systems, S. 527.

[284] Vgl. Al-Safi et al. (2007), Ontology-based reconfiguration agent, S. 115.

[285] Gruber (1993), Portable Ontology Specifications, S. 199.

[286] Vgl. Al-Safi et al. (2007), Ontology-based reconfiguration agent, S. 119.

[287] Vgl. ebd., S. 123.

zu konstruieren, das anschließend von der Decision Engine genutzt wird, um die Konfigurationen zu generieren, die den festgelegten Planungsanforderungen entsprechen. Schließlich werden mit dem Deployment Manager die neuen Konfigurationen über die verteilten Steuerungen des Systems umgesetzt, um sicherzustellen, dass die Rekonfiguration in der realen Produktionsumgebung ausgeführt wird. Dieser Prozess beinhaltet die Aufteilung der Gesamtkonfiguration in Unter-Konfigurationen, die auf einzelne Maschinensteuerungen zugeschnitten sind, geleitet von einem detaillierten Verständnis der Produktionsumgebung, das durch die Ontologie und die Schließfähigkeiten des Rekonfigurationsagenten ermöglicht wird.[288]

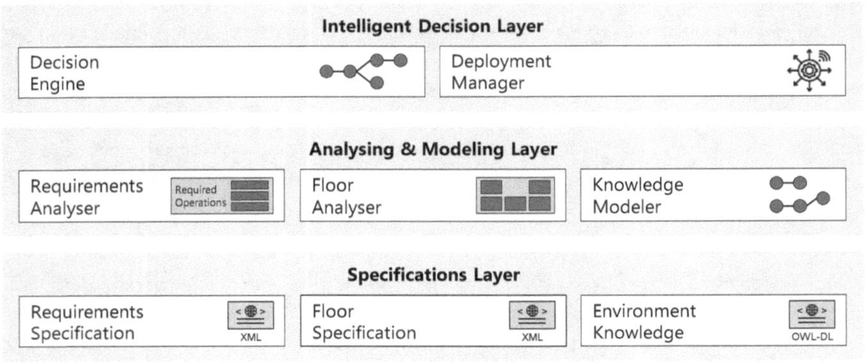

Abbildung 3-4: Architektur des ontologiebasierten Rekonfigurationsagenten[289]

Ein Prototyp des Rekonfigurationsagenten wurde mit der Java-Plattform in Verbindung mit der Eclipse IDE implementiert. Mit Jena wurde ein Open-Source-Java-Framework verwendet, um das ontologische Wissensmodell der Produktionsumgebung in OWL darzustellen. Ergänzend wurde mit Pellet ein Java-basierter OWL-Reasoner für das regelbasierte Schließen genutzt, um die Decision Engine umzusetzen.[290]

AL-SAFI & VYATKIN konnten mit ihrer Arbeit unter Anwendung regelbasierten Schließens in Kombination mit formaler Wissensrepräsentation und Wissensinferenz mit auf Basis von Ontologien für Produktionssysteme den manuellen Aufwand in Rekonfigurationsprozessen minimieren. Somit

[288] Vgl. Al-Safi et al. (2007), Ontology-based reconfiguration agent, S. 124–129.

[289] I.A.a. ebd., S. 140.

[290] Vgl. ebd., S. 124.

zeigt der vorgestellte Ansatz, wie industrielle Planungsprozesse unter Anwendung geeigneter Technologien automatisiert werden können. Als zukünftiger Forschungsbedarf wird die Verbesserung der Entscheidungsfähigkeit durch komplexeres Schlussfolgern sowie eine Erweiterung der Ontologie genannt.[291] Gleichzeitig sollte der Einsatz des Rekonfigurationsagenten für allgemeinere Planungsaufgaben überprüft werden.

3.2.2 Wissensorientierte Fabrikmodellierung nach SCHADY

Der Ansatz von SCHADY widmet sich der Methode und Anwendung einer wissensorientierten Fabrikmodellierung, womit das Ziel verfolgt wird, Fabrikplanende durch Bereitstellung von Informationen und Wissen im Fabrikplanungsprozess zu unterstützen. Dafür wird als Grundvoraussetzung identifiziert, dass Relationen und Beziehungen zwischen den zu betrachtenden Fabrikelementen vollständig abgebildet sind. Der Kern der Arbeit ist die Entwicklung eines Objekt- und eines Relationenmodells, welche anschließend in einem hybriden Gesamtmodell, dem wissensorientierten Fabrikmodell, zusammengeführt werden.[292]

Das Objektmodell bildet die Planungsobjekte Produkt, Prozess und Ressource ab und besteht entsprechend aus drei Partialmodellen. Während zu produzierende Baugruppen und -teile als Produktelemente im PE-Partialmodell erfasst werden, sind die Informationen bezüglich der Fertigungs-, Montage- und Logistikprozesse als Fabrikprozesse im FP-Partialmodell abgebildet. Für die Fabrikplanung, Änderungsmanagement oder Fabrikbetrieb relevante physische oder nicht-physische Element des Fabriksystems werden als Fabrikelemente im FE-Partialmodell definiert. Der Produktionsablauf wird über die direkte Verknüpfung der drei Partialmodelle dargestellt.[293] Die Integration erfolgt durch Vernetzung der drei Partialmodelle, vgl. Abbildung 3-5. Die Produktelemente werden dabei über die relevanten Fabrikprozesse zu produktbezogenen Prozessketten zugeordnet, die ebenfalls den entsprechenden Fabrikelementen zugeordnet sind. In dem Fall, dass produktbezogenen Prozessketten von mehreren Produktelementen durchlaufen werden, besitzen die produktabhängigen Attribute des Fabrikprozesses mehrere Ausprägungen.[294]

---

291 Vgl. Al-Safi et al. (2007), Ontology-based reconfiguration agent, S. 129–130.

292 Vgl. Schady (2008), Wissensorientierte Fabrikmodellierung.

293 Vgl. ebd., S. 55–63.

294 Vgl. ebd., S. 82–83.

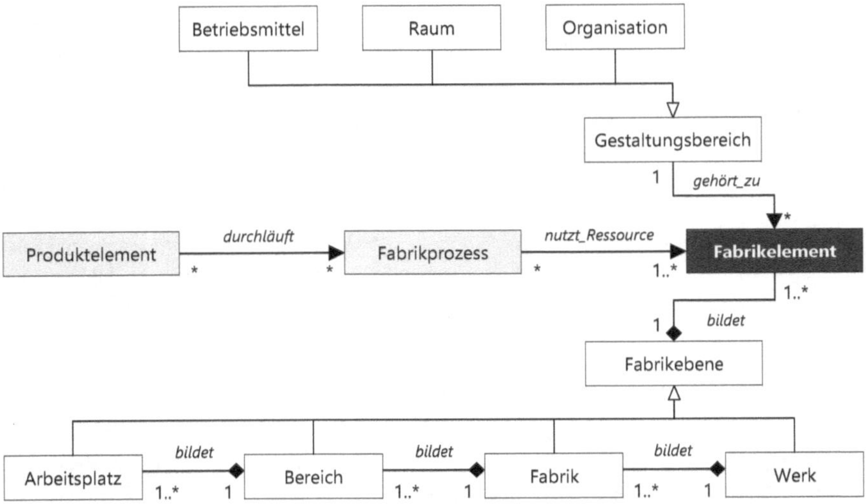

Abbildung 3-5: **Integration der Partialmodelle im Objektmodell mit Fokus auf das Partialmodell der Fabrikelemente**[295]

Während der Aufbau und die Struktur der Partialmodelle im Objektmodell mithilfe der Unified Modeling Language (UML) objektorientiert modelliert werden, wird das Relationenmodell durch semantische Netze und unter Anwendung der Description Logics (DL) modelliert. Mit dem Relationenmodell werden die Beziehungen zwischen Klassen, Attributen, Operationen abgebildet, sodass gegenüber dem generischen Objektmodell die fabrikspezifische Modellierung der Produktelementen, Fabrikprozessen und Fabrikelementen möglich ist.[296] Die weiteren Ergebnisse der Arbeit umfassen ein Vorgehensmodell, das die wirtschaftliche Erstellung wissensorientierter Fabrikmodelle gewährleisten soll. Weiterhin wurde mit dem Planungswerkzeug FabrikNet in einem exemplarischen Anwendungsfall ein Fabriksystem mit Objekt- und Relationenmodell prototypisch abgebildet.[297]

Mit der wissensorientierten Fabrikmodellierung präsentiert SCHADY einen Ansatz, der sich auf die Bereitstellung von Eingangsinformationen für die Fabrikplanung konzentriert. Dies grenzt er von

[295] I.A.a. Schady (2008), Wissensorientierte Fabrikmodellierung, S. 62; ebd., S. 83.

[296] Vgl. ebd., S. 88–110.

[297] Vgl. ebd., S. 129–140.

problemorientierten Fabrikmodellen und digitalen Planungswerkzeugen ab, die „für spezifische Tätigkeiten in den Anwendungsgebieten konzipiert wurden und primär eine Dokumentations- und Validierungsfunktion für bereits generierte Problemlösungen übernehmen"[298]. Ausblickend weist er auf die Integration von Formeln und Regeln hin, um auf Basis der wissensorientierten Fabrikmodellierung mit automatischen Berechnungen typische Planungsfehler zu vermeiden. Weiterhin sei die wissensorientierte Fabrikmodellierung in weiteren Praxisprojekten anzuwenden, um die Praktikabilität und Wirtschaftlichkeit des Ansatzes zu evaluieren.[299]

3.2.3 Informationsmanagement für die Fabrikplanung nach CHEN

Der Ansatz von CHEN lässt sich dem Informationsmanagement für die Fabrikplanung zuordnen, da eine wissensbasierte Informationsplattform konzipiert wird. Die Aufgabe der Informationsplattform ist die zielgerichtete Bereitstellung von Planungsinformationen durch eine Verbesserung der Schnittstellen zwischen Mensch-Maschine sowie Maschine-Maschine. CHEN beschränkt das Einsatzgebiet dabei auf die Planung von Fabriklayouts.[300]

Wie Abbildung 3-6 zeigt, beinhaltet der Ansatz drei wesentliche Bestandteile. Die Informationsplattform bildet die übergreifende Kommunikationsplattform zwischen den Planungsbeteiligten. Dort können Planungsinformationen aus unterschiedlichen Anwendungen abgespeichert, abgerufen und integriert werden[301]. Zugleich werden im Aktivitätsmodell die Fabrikplanungsprozesse sowie die Beziehungen zwischen deren einzelnen Aktivitäten dargestellt. Dazu werden planungsrelevante Vorgehensweisen erfasst, um die Informationsflüsse zwischen den Aktivitäten selbst als auch den beteiligten Fachdisziplinen abzubilden.[302] Zur Modellierung der Aktivitäten wird die schwedischen Modellierungssprache Astrakan angewandt, die von CHEN um einzelne Aspekte aus der Modellierungsmethodik IDEF0 ergänzt wird.[303]

[298] Vgl. Schady (2008), Wissensorientierte Fabrikmodellierung, S. 141.
[299] Vgl. ebd., S. 143–144.
[300] Vgl. Chen (2012), Information Management for Factory Planning and Design.
[301] Vgl. ebd., S. 4.
[302] Vgl. ebd., S. 29–30.
[303] Vgl. ebd., S. 48.

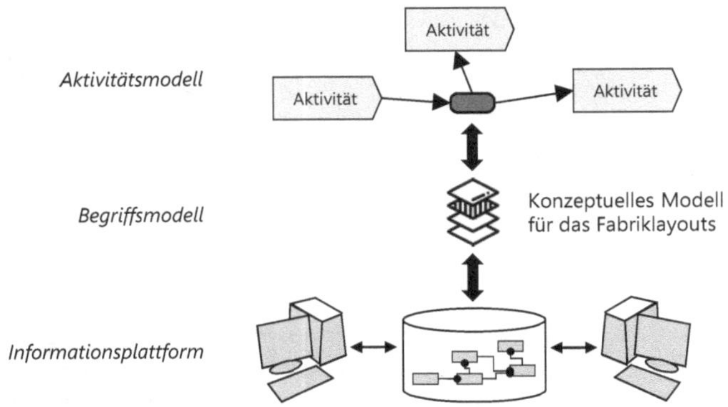

Abbildung 3-6: Vernetzung von Aktivitäts-, Begriffsmodell und Informationsplattform[304]

Zur Vernetzung der Informationsplattform und des Aktivitätsmodells wird ein Begriffsmodell eingeführt, mit dem die verwendeten Begrifflichkeiten und Konzepte semantisch repräsentiert werden. Dazu entwickelt CHEN ein konzeptuelles Modell zur Beschreibung von Fabriklayouts. Dieses enthält verschiedene Klassen, wobei insbesondere die für die Layoutplanung relevanten Attribute und deren Beziehungen untereinander beschrieben werden.[305] Ein beispielhafter Auszug für Maschinenklassen ist in Abbildung 3-7 dargestellt.

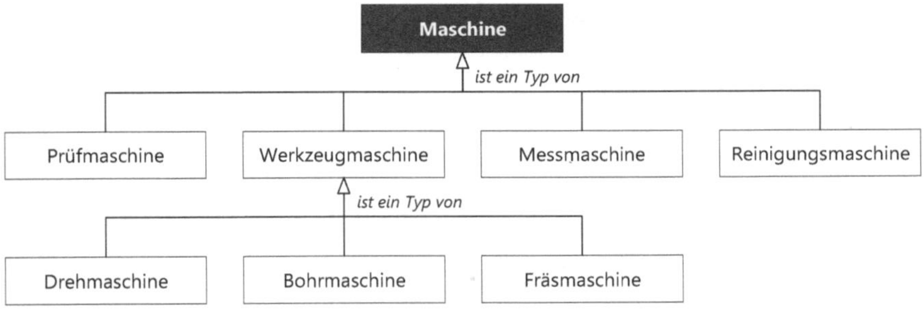

Abbildung 3-7: Auszug des Begriffsmodells zur Beschreibung von Maschinentypen[306]

Die Forschungsarbeiten von CHEN zeigen, wie für den Fabrikplanungsprozess relevante Informationen, die in Studien und mit Experten identifiziert werden, in einem standardisierten Begriffsmodell

---

[304] I.A.a. Chen (2012), Information Management for Factory Planning and Design, S. 56.

[305] Vgl. ebd., S. 27–28.

[306] I.A.a. ebd., S. 76.

abgebildet werden können. So wird ein gemeinsames Begriffsverständnis gefördert, welches die Grundlage für den fehlerfreien Informationsaustausch in der Fabrikplanung darstellt. Für zukünftige Arbeiten wird auf die Erweiterung des Anwendungsfalls über die Layoutplanung hinaus und auf die praktische Erprobung des Informationsmanagements durch eine software-technische Umsetzung der Informationsplattform hingewiesen.[307]

3.2.4 Virtual Factory Framework nach TERKAJ, COLLEDANI, EFTHYMIOU et al.

Der Ansatz des Virtual Factory Framework (VFF) fokussiert im Rahmen des gleichnamigen europäischen Forschungsprojekts die ontologiebasierte Modellierung von Produktionssystemen, wobei die Fabrik als Planungsobjekt über dessen gesamten Lebenszyklus betrachtet wird. Durch eine ganzheitliche und standardisierte Verwaltung von Planungsinformationen und -wissen unterstützt das wissensbasierte Virtual Factory Framework, dessen Architektur in Abbildung 3-8 abgebildet ist, die gesamthafte Planung von Produktionssystemen.[308]

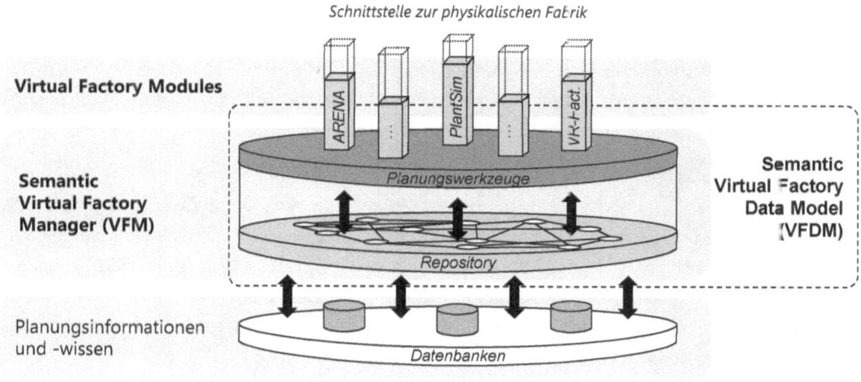

Abbildung 3-8: Architektur des Virtual Factory Framework[309]

Der VFF-Ansatz basiert auf der Integration von Planungsinformationen und -wissen aus verschiedenen Datenbanken in ein gemeinsames Repository, welches vom Semantic Virtual Factory Manager verwaltet wird. Die gemeinsame Datengrundlage über Konnektoren nutzend können entkop-

[307] Vgl. Chen (2012), Information Management for Factory Planning and Design, S. 62–63.

[308] Vgl. Terkaj et al. (2014), Ontology-based Modeling of Production Systems.

[309] I.A.a. Colledani et al. (2013), Integrated virtual platform for manufacturing systems design, S. 426; Terkaj et al. (2014), Ontology-based Modeling of Production Systems, S. 752.

pelte Virtual Factory Modules als Planungswerkzeuge eingesetzt werden. Dabei basiert die Interoperabilität auf einem gemeinsamen semantischen Datenmodell, genannt Semantic Virtual Factory Data Model, das die strukturellen und operationellen Aspekte von Produktionssystemen abbildet. Somit wird mit dem Virtual Factory Framework ein Rahmenwerk geschaffen, das eine kollaborative virtualisierte Umgebung bereitstellt, die den Austausch von Planungsinformationen und -wissen erleichtert und die Fabrikplanungsphasen von der Anforderungsdefinition bis zur Umsetzungsplanung unterstützt.[310]

Das Datenmodell des Virtual Factory Framework zielt auf die Formalisierung und Integration der Konzepte von Produkt, Prozess, Produktionsressource und Gebäude ab. Die Umsetzung erfolgt über vernetzte Ontologien in der Web Ontology Language (OWL). Dadurch soll das Datenmodell erweiterbar sein, sodass auch neue Klassen hinzugefügt werden können und somit die Ausdrucksstärke gesteigert wird. Ebenfalls kann über eine hierarchische Struktur verschiedener Ontologien der Betrachtungsbereich gegliedert werden, während dennoch eine ganzheitliche Modellierung besteht.[311] Die zugrundeliegenden Ontologien basieren teilweise auf anderen Vorarbeiten, da u.a. auf das IFC-Format zurückgegriffen wird[312]. Die praktische Anwendung des Datenmodells erfolgte exemplarisch in der frühen Planungsphase einer Stahlverarbeitungslinie eines italienischen Unternehmens, das Walzen produziert. Dabei wurde festgestellt, dass weitere Entwicklungen des Datenmodells notwendig sind, um mit einer komplexen Produktionslogistik umgehen zu können, die üblicherweise die untersuchten Produktionssysteme charakterisiert.[313]

Zusammenfassend zeigen die Forschungsarbeiten am Virtual Factory Framework, dass der Einsatz von Ontologien die Grundlage für die Interoperabilität von Planungswerkzeugen darstellt. Ebenfalls konnte der Ansatz bereits in der industriellen Produktion erprobt werden. Zum Ausblick verweisen die Autoren auf die Nutzung des regelbasierten Schließens mit Hilfe von Semantic-Web-Technologien, wobei jedoch keine konkreten Anwendungsfälle näher beschrieben werden[314]. Somit bleibt unklar, ob das regelbasierte Schließen bspw. für die Datenaufbereitung genutzt werden soll, oder sogar eine intelligente Entscheidungsunterstützung möglich ist.

[310] Vgl. Colledani et al. (2013), Integrated virtual platform for manufacturing systems design, S. 426–427; Kádár et al. (2013), Semantic Virtual Factory, S. 444–445.

[311] Vgl. Efthymiou et al. (2013), Integrated knowledge-based framework, S. 122.

[312] Vgl. Terkaj et al. (2014), Ontology-based Modeling of Production Systems, S. 749.

[313] Vgl. ebd., S. 753.

[314] Vgl. Efthymiou et al. (2013), Integrated knowledge-based framework, S. 124.

3.2.5 Ontologiebasierte Kennzahlenentwicklung nach BÜSCHER

BÜSCHER entwickelt in seinem Ansatz ein Informationsmodell für die Fabrikplanung, das um ein Kennzahlensystem zur Planungs- und Prozessbewertung ergänzt wird.[315] Die Arbeit wird in den Kontext der Virtual Production Intelligence (VPI) eingeordnet. Dabei bezieht sich der VPI-Begriff auf das Konzept einer integrierten Handhabung und Analyse von Informationen, die im Kontext der virtuellen Produktion generiert und zur Planungs- und Entscheidungsunterstützung genutzt werden. Die Umsetzung verschiedener Anwendungsfälle erfolgt mithilfe einer zugehörigen VPI-Plattform, deren Plattformkonzept in Abbildung 3-9 dargestellt ist.[316]

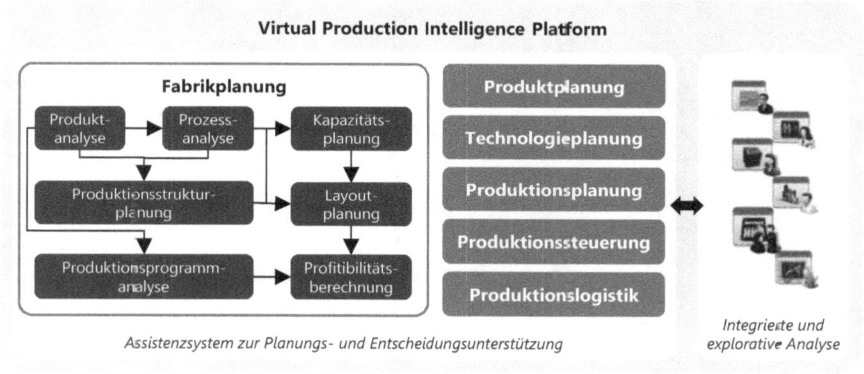

Abbildung 3-9: Plattformkonzept der Virtual Production Intelligence (VPI)[317]

Mit dem Plattformkonzept werden die VPI-Ziele verfolgt, die erstens eine ganzheitliche Unterstützung aller Teilprozesse in der Produktentwicklung, Fabrik- und Produktionsplanung, zweitens die Kombination bereits vorhandener Ansätze anstelle der Schaffung neuer Standards sowie drittens die Berücksichtigung aller involvierten Rollen für eine kollaborative Planung umfassen[318]. Im Anwendungsfall der Fabrikplanung wird auf das Aachener Fabrikplanungsvorgehen aufgebaut, da insbesondere die Vorarbeiten von NÖCKER zur modularen Strukturierung der Fabrikplanungsaufgaben

[315] Vgl. Büscher (2015), Ontologiebasierte Kennzahlenentwicklung für VPI.
[316] Vgl. Reinhard et al. (2014), Virtual Production Intelligence (concept), S. 919.
[317] I.A.a. ebd., S. 920; Büscher et al. (2014), Improving Factory Planning, S. 41.
[318] Vgl. Reinhard et al. (2014), Virtual Production Intelligence (concept), S. 919.

verwendet werden[319]. Dazu entwickelte BÜSCHER das sogenannte VPI-FP-Informationsmodell, welches in Form einer Ontologie für die Fabrikplanung ein einheitliches Begriffsverständnis fördert. Insgesamt werden neun Hauptklassen hergeleitet, welche entsprechend den Zusammenhängen in der Fabrikplanung verknüpft sind, vgl. Abbildung 3-10. Weiterhin ist jeder Hauptklasse ein eignes Teilmodell zugeordnet, das die jeweils weiteren Konzepte semantisch verknüpft. Zur einfachen Darstellung des Informationsmodells wird das UML-Format verwendet.[320]

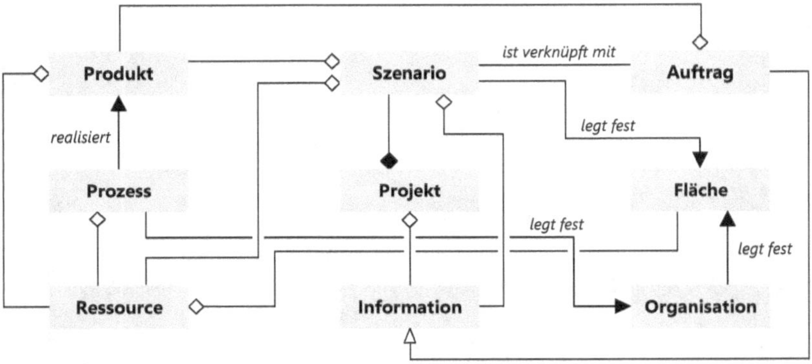

Abbildung 3-10: Übersicht der Hauptklassen des VPI-FP-Informationsmodells[321]

Auf das VPI-FP-Informationssystem aufbauend dient das VPI-FP-Kennzahlensystem der automatischen Berechnung von fabrikplanungsspezifischen Kennzahlen. Damit wird die Bewertung von Planungsergebnissen ermöglicht, wodurch Fabrikplanende in der Entscheidungsfindung unterstützt werden.[322] Die Zusammenführung der Kennzahlen erfolgt über eine Verknüpfung der Berechnungslogiken mit den entsprechenden Planungsinformationen, die in der Informationsbasis anhand des VPI-FP-Informationsmodells strukturiert sind. Durch Berechnung integriert das VDI-FP-Kennzahlensystem die erforderlichen Kennzahlen zum Zweck der flexiblen und bedarfsgerechten Informationsanalyse und -bewertung. Dabei dient das Kennzahlen-Cockpits zur Visualisierung der Kennzahlen, die nach KPI, Planungs- und Prozesskennzahlen unterschieden werden.[323] Der Aufbau des VPI-FP-Kennzahlensystems ist in Abbildung 3-11 dargestellt.

[319] Vgl. Büscher et al. (2016), VPI-FP – integrative information system, S. 2220–2223.

[320] Vgl. Büscher (2015), Ontologiebasierte Kennzahlenentwicklung für VPI, S. 85–86.

[321] I.A.a. ebd., S. 85.

[322] Vgl. ebd., S. 109–120.

[323] Vgl. ebd., S. 182.

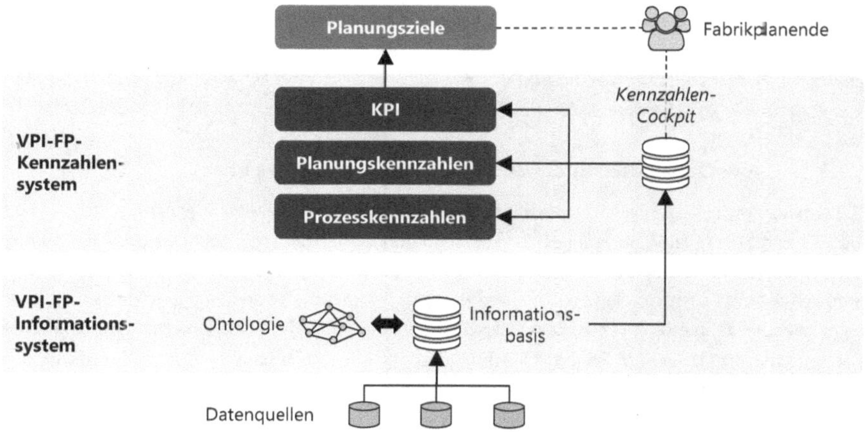

Abbildung 3-11: Aufbau des VPI-FP-Kennzahlensystems[324]

Bei den berechneten Planungskennzahlen handelt es sich bspw. um aggregierte Durchlaufzeiten oder Produktionskapazitäten, die durch die Aufteilung der Produktionsprozesse zu den Produktionsressourcen resultieren. Weiterhin werden Formeln zur Berechnung der Flächeneffizienz vorgestellt, die im Rahmen einer Layoutplanung verwendet werden können.[325] Dahingegen beziehen sich die Prozesskennzahlen auf den Fabrikplanungsprozess selbst. So kann z.B. die erwartete Fertigstellungszeit von Planungsaufgaben angegeben oder auch die Abhängigkeit relevanter Planungsparameter in einem Fabrikplanungsprojekt analysiert werden. Schließlich beziehen sich die KPI auf Planungs- oder Prozesskennzahlen, die als Planungsziele zur Beurteilung des Fabrikplanungsprozesses herangezogen werden.[326]

Die Forschungsarbeiten von BÜSCHER zeigen, dass mit einem ontologiebasierten Informationsmodell eine Entscheidungsunterstützung umsetzbar ist, die ausgewählte Kennzahlen für aktuelle Ergebnisse aus dem Fabrikplanungsprozess automatisch berechnen kann.[327] Zwar können damit bereits manuelle Aufwände der Fabrikplanenden reduziert werden, jedoch ist noch keine umfassende Planungsautomatisierung im Sinne der Erzeugung neuer Planungsergebnisse möglich. Ob diese Art

---

[324] I.A.a. Büscher (2015), Ontologiebasierte Kennzahlenentwicklung für VPI, S. 130.
[325] Vgl. Büscher et al. (2014), Performance indicators for factory planning, S. 837–840.
[326] Vgl. Büscher et al. (2016), VPI-FP – integrative information system, S. 2222–2224.
[327] Vgl. Büscher (2015), Ontologiebasierte Kennzahlenentwicklung für VPI, S. 181–185.

der Planungsautomatisierung durch die angestrebte Erweiterung durch zusätzliche Analysealgorithmen oder Visualisierungstechniken im Kennzahlen-Cockpit erreicht werden kann, wird nicht beantwortet.[328] Ebenso ist die Validierung des Ansatzes in einem industriellen Anwendungsfall ausstehend, um die Entscheidungsunterstützung in realen Fabrikplanungsprojekten zu evaluieren.

3.2.6 Flow-Chart-Based Information Modeling nach BEJJANI et al.

Der Ansatz von BEJJANI et al. führt eine Methodik ein, um den Fabrikplanungsprozess mithilfe von Flow Charts, also Ablaufdiagrammen, zu repräsentieren. Dabei dient das Aachener Fabrikplanungsvorgehen, welches bereits die Informationsbedarfe und Planungsergebnisse modular je Planungsaufgabe definiert, als Grundlage zur Weiterentwicklung. Die Autoren stellen heraus, dass die bisher nicht genauer definierten Korrelationen zwischen den Planungsinformationen über mathematische Formeln spezifiziert werden können.[329] Aufbauend auf einer schematische Darstellungsform von Fabrikplanungsprozessen nach BURGGRÄF et al.[330], werden die resultierenden Berechnungsmodelle in Form von Ablaufdiagrammen visualisiert. Damit können die mathematischen Abgängigkeiten zwischen den als Knoten abgebildeten parametrisierten Planungsinformationen über die verknüpfenden Kanten ausgedrückt werden.[331] Dieses Prinzip der informatorischen Vernetzung ist in Abbildung 3-12 dargestellt.

[328] Vgl. Büscher et al. (2016), VPI-FP – integrative information system, S. 2224–2225.

[329] Vgl. Bejjani et al. (2018), Flow-chart-based information modeling, S. 410.

[330] Vgl. Burggräf et al. (2017), Energy Demand Planning and Energy Technology Planning, S. 603–606.

[331] Vgl. Bejjani et al. (2018), Flow-chart-based information modeling, S. 411–412.

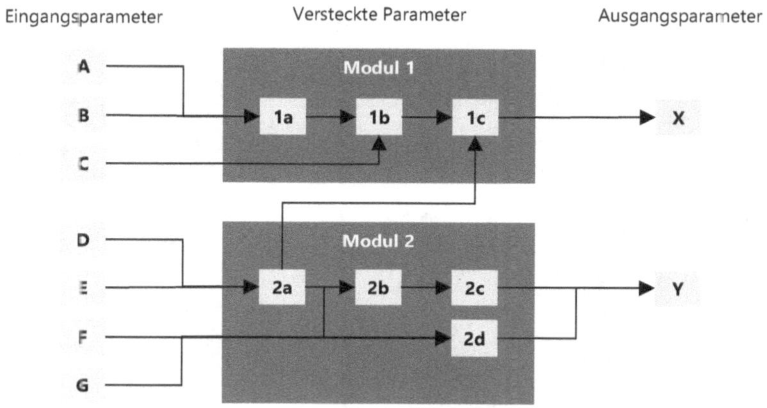

Abbildung 3-12: Prinzip der informatorischen Vernetzung der Planungsparameter[332]

Die Planungsparameter werden nach Eingangs-, Ausgangs- sowie versteckten Parametern unterschieden. Letztere sind gemäß des Aachener Fabrikplanungsvorgehens Zwischenergebnisse innerhalb eines Planungsmoduls und unterstützen die Transformation der Eingangs- zu Ausgangsparametern.[333]

Die notwendige projektspezifische Anpassung der Berechnungsmodelle wird anhand eines Beispiels illustriert, vgl. Abbildung 3-13. Innerhalb der Kapazitätsplanung werden die Anforderungen an Produktionsressourcen quantitativ ermittelt. Dazu wird u.a. anhand der Prozesszeiten, die das Ergebnis einer vorgelagerten Prozessplanung sind, und der definierten Taktzeit die erforderliche Anzahl der Arbeitsstation berechnet. Ebenfalls wird unter Zunahme des Flächenbedarfs je Arbeitsstation der Gesamtflächenbedarf für den Arbeitsbereich ermittelt. Die berechnete Stationsanzahl und die Gesamtfläche sind als Ergebnis zugleich Eingangsparameter für die Kostenplanung.[334]

---

332 I.A.a. ebd., S. 412.

333 Vgl. Bejjani et a . (2018), Flow-chart-based information modeling, S. 412.

334 Vgl. ebd., S. 412–413.

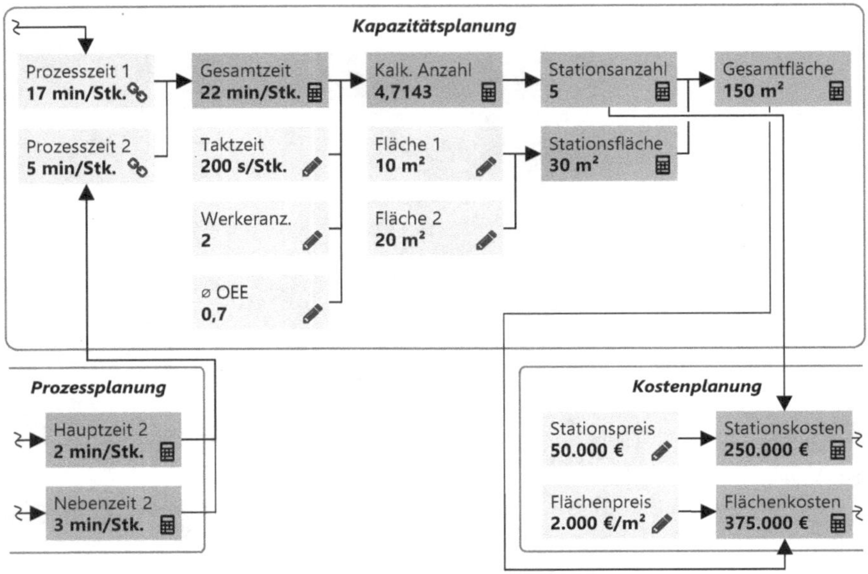

Abbildung 3-13: Projektspezifische Umsetzung von verbundenen Planungsmodulen mit Fokus auf die Kapazitätsplanung einen Arbeitsbereich[335]

Während die Eingangsparameter eines Planungsmoduls entweder mit vorangehenden Planungsmodulen verknüpft sind oder direkt in das Berechnungsmodell eingegeben werden können, sehen die Autoren ebenfalls eine Schnittstelle zu bestehenden Datenquellen von Planungsinformationen vor. So wird insbesondere die Datenintegration von tabularen Daten diskutiert. Weiterhin wird demonstriert, wie mit der Methodik der ablaufdiagrammbasierten Informationsmodellierung die Visualisierung von Planungsergebnissen für verschiedene Kombinationen von Eingangsparametern unterstützt wird und somit als Entscheidungsunterstützung im Fabrikplanungsprozess genutzt werden kann.[336]

Der vorgestellte Ansatz verfolgt eine Aufgliederung des Fabrikplanungsprozesses analog zur den Planungsinkrementen des Aachener Fabrikplanungsvorgehens, jedoch wird über die Hinterlegung der Berechnungsmodelle die automatische Berechnung von Planungsergebnissen ermöglicht. Dadurch werden Fabrikplanende insbesondere im Vergleich verschiedener Planungsszenarien un-

335 I.A.a. ebd., S. 414–415.

336 Vgl. Bejjani et al. (2018), Flow-chart-based information modeling, S. 413–415.

terstützt. Aufgrund der automatisierten Berechnung kann ebenso kurzfristig auf geänderte Planungsanforderungen reagiert werden, wenn auch nur bei gleichbleibenden Rahmenbedingungen, da ansonsten eine manuelle Anpassung der Berechnungsmodelle erforderlich ist. Eine Beurteilung der projektspezifischen Anpassungsaufwände sowie die Anwendbarkeit der Methodik für qualitativere Entscheidungsaufgaben wird seitens der Autoren nicht vorgenommen.

3.2.7 Orchestrierung von Planungsprozessen nach GRAEFENSTEIN

Der Ansatz von GRAEFENSTEIN unterstützt die Auswahl geeigneter Planungsmodule und der darauf basierenden Zusammenstellung des Planungsablaufs. Zur Ablösung der auf Einschätzungen und Expertenwissen basierenden Entscheidungen in modular Planungsvorgehen wird eine Planungsassistenz entwickelt, mit der die Planungsabläufe flexibel und kontinuierlich an sich ändernde Planungssituationen angepasst werden können.[337]

GRAEFENSTEIN untersucht zunächst das Grundgerüst der modularen Fabrikplanung, wobei die Vorarbeiten von NÖCKER, MECKELNBORG und KRUNKE aus dem Aachener Fabrikplanungsvorgehen als zentrale Bezugspunkte dienen. Aus der Betrachtung des Aufbaus von Planungsmodulen heraus wird eine aufgabenorientierte Perspektive eingenommen und geprüft, welche Methoden und Techniken des agilen Projektmanagements auf die fabrikplanungsspezifische Problemstellung übertragen werden können.[338] Daher wird eine Erweiterung der Planungsmodule um verknüpfte Aktivitäten sowie spezifische Methoden und Ressourcen vorgenommen[339]. Darüber wird das Constraint-Solving als Lösungsansatz aus der Informatik eingeführt, um die Zusammensetzung der Planungsmodule zu einem Planungsablauf zu ermöglichen. Dafür werden die informatorischen Abhängigkeiten zwischen den Ein- und Ausgangsinformationen der benötigten Planungsmodule beschrieben, wobei zunächst alle Eingangsinformationen eines betroffenen Planungsmoduls als Constraints formuliert werden. Falls alle Constraints erfüllt werden können, kann mit der Bearbeitung des vorliegenden Planungsmoduls begonnen werden. Kann jedoch keine Lösung wegen einer unerfüllten Constraint aufgrund fehlender Eingangsinformationen oder mangelnder Kapazitäten ermittelt werden, wird ein anderer Planungsablauf vorgeschlagen, der gemäß der Constraints möglich ist. Dermaßen kann für festgelegte Zielinformationen ein durchführbarer Planungsablauf ermittelt werden.[340] Daher spricht GRAEFENSTEIN von der Orchestrierung des Planungsablaufs, dessen rekursives Prinzip in Abbildung 3-14 dargestellt ist.

---

337 Vgl. Graefenstein (2019), Methodik zur aufgabenorientierten Fabrikplanung.

338 Vgl. ebd., S. 66–99.

339 Vgl. ebd., S. 104–105.

340 Vgl. Graefenstein (2019), Methodik zur aufgabenorientierten Fabrikplanung, S. 107–111.

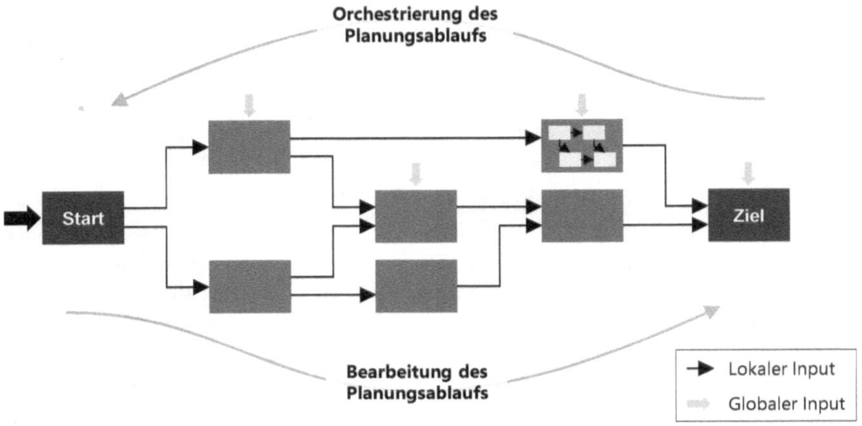

Abbildung 3-14: Rekursive Orchestrierung der ablaufenden Planungsprozesse[341]

Die situative Anpassung des Planungsverlaufs durch Rekonfiguration von Planungsmodulen bei geänderten Rahmenbedingungen erfolgt analog zur initialen Erstellung des Planungsablaufs ebenfalls mittels des Constraint-Solving-Ansatzes[342]. Wie bei der Validierung an Praxisbeispielen gezeigt wurde, ergeben sich jedoch Einschränkungen bei der iterativen Bearbeitung von Planungsmodulen. In diesem Fall tritt eine gegenseitige Abhängigkeit von Planungsmodulen auf, die aufgrund der Zyklität nicht mittels Constraint Solving gelöst werden kann.[343] Ebenso werden unterschiedliche Informationsreifegrade nicht unterstützt.

Zur Entscheidungsunterstützung in Fabrikplanungsprojekten wurde der Constraint-Solving-Ansatz zur Orchestrierung von Planungsabläufen in dem Softwaretool ‚Combinatory Logic Synthesizer' als Planungsassistenz umgesetzt, welches an der TU Dortmund entwickelt wurde. Dazu setzte WINKELS einen SMT-Solver für Erfüllbarkeits-Modulo-Theorien (engl.: satisfiability modulo theories; kurz: SMT) ein, um den Planungsablauf auf Basis gegebener Projektsituationen und vorhandener Planungsinformationen jederzeit anpassen zu können.[344]

Zusammenfassend unterstützt der Constraint-Solving-Ansatz zur Orchestrierung ablaufender Planungsprozesse als Weiterentwicklung des Aachener Fabrikplanungsvorgehens die zielgerichtete

---

341 I.A.a. Graefenstein et al. (2017), Intelligente Orchestrierung von Planungsprozessen, S. 210; Graefenstein (2019), Methodik zur aufgabenorientierten Fabrikplanung, S. 109.

342 Vgl. Graefenstein (2019), Methodik zur aufgabenorientierten Fabrikplanung, S. 109–111.

343 Vgl. Graefenstein (2019), Methodik zur aufgabenorientierten Fabrikplanung, S. 132.

344 Vgl. Winkels (2019), Automatisierte Komposition und Konfiguration von Workflows.

Bearbeitung von Fabrikplanungsprojekten. Mit der entsprechenden software-technischen Umsetzung wird eine Entscheidungsunterstützung ermöglicht, die allerdings bisher nur die Konfiguration der Planungsabläufe fokussiert und keine Automatisierung der eigentlichen Planungsprozesse ermöglicht. Daher soll zukünftig die automatische Validierung von Planungsinformationen mittels Constraint Solving untersucht werden[345]. Ebenfalls wird zur Erweiterung des Ansatzes die Übertragung der definierten Projektziele auf Zielinformationen und der Abgleich vorhandener Planungsinformationen in einer projektübergreifenden Datenbank durch lernende Systeme verfolgt[346].

3.2.8 Automatische Planungsvalidierung im BIM-basierten Fabrikplanungsprozess nach Ebade Esfahani

Ebade Esfahani untersucht mit seinem Ansatz der automatischen Planungsvalidierung die Forschungsfrage, ob der Informationsaustausch mithilfe von ontologiebasierten Informationsmodell automatisch überprüft werden kann. Dafür werden die Planungsdomänen der Produktion und der technischen Gebäudeausstattung (TGA) fokussiert, da die Produktionsplanung bisher nicht ganzheitlich in den Planungsprozess mittels BIM eingebunden ist und an dieser Schnittstelle aufgrund der intensiven Vernetzung Planungsfehler gravierende Auswirkungen auf den Planungsablauf haben können.[347]

Für den beschriebenen Anwendungsfall wird eine spezifische Schnittstellen-Ontologie entwickelt, die mit einem fabrikplanungsspezifischen Information Delivery Manual (IDM) verknüpft wird. Im Fabrikplanungs-IDM wird der BIM-basierte Planungsprozess so beschrieben, dass die Schnittstellen zwischen den Planungsbeteiligten sowie die Zeitpunkte zur Validierung der Planungsergebnisse hervorgehoben werden. In Kombination mit definierten Validierungsregeln ergibt sich ein Lösungskonzept zur Befähigung einer durchgängigen Planung und automatischen Planungsvalidierung.[348] Das Lösungskonzept teilt sich in vier Views, ist in Abbildung 3-15 dargestellt und wird im Folgenden näher erläutert.

[345] Vgl. Lenz et al. Smart Factory Adaptation Planning by means of BIM, S. 5–8.
[346] Vgl. Graefenstein (2019), Methodik zur aufgabenorientierten Fabrikplanung, S. 179–182.
[347] Vgl. Ebade Esfahani (2022), Ontologie der Fabrikplanung mit BIM.
[348] Vgl. Ebade Esfahani (2022), Ontologie der Fabrikplanung mit BIM, S. 75–82.

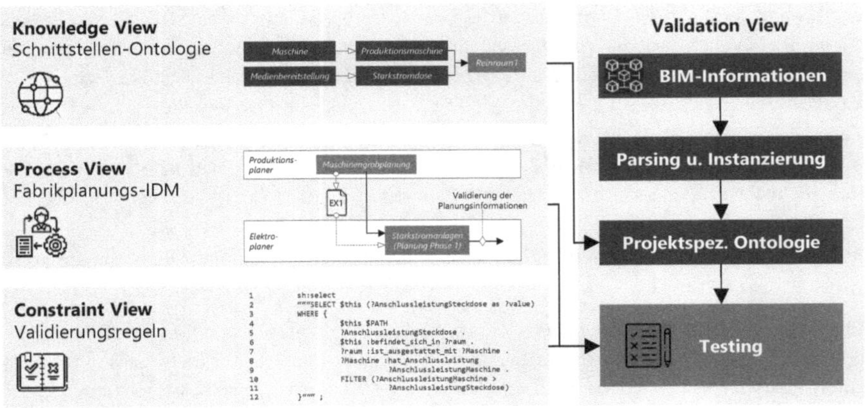

Abbildung 3-15: **Lösungskonzept nach EBADE ESFAHANI zur durchgängigen Planung und automatischen Planungsvalidierung**[349]

Für die Knowledge View wird die sogenannte Ontology for Factory Planning als Schnittstellen-Ontologie erstellt. Dazu werden zunächst die Anforderungen an diese Ontologie anhand eines Ontology Requirements Specification Document (ORSD) festgehalten. Bei der Erstellung wird die Integration bestehender Ontologien berücksichtigt.[350] Insbesondere wird dabei wie auch bei der Entwicklung des Virtual Factory Framework auf das IFC-Format aufgebaut[351]. Das Fabrikplanungs-IDM des Process View dient zur Operationalisierung der Schnittstellen-Ontologie, da hiermit ein Prozessmodell für die Fabrikplanung an der Schnittstelle zwischen Produktions- und TGA-Planung hinterlegt wird und die Informationsaustauschanforderungen definiert werden.[352] Für die Constraint View wird ein Regelmodell zur automatischen Validierung der Planungsergebnisse, die im BIM-Kontext als Design Deliveries bezeichnet werden, aufgestellt. Dazu werden als Regelsprachen sowohl die Semantic Web Rule Language (SWRL) als auch die Shapes Constraint Language (SHACL) eingesetzt. Dabei wird SWRL für rechenbasierte Regeln zur Berechnung von Zwischenergebnissen

[349] I.A.a. ebd., S. 77–81.

[350] Vgl. ebd., S. 88–124.

[351] Vgl. ebd., S. 113–114.

[352] Vgl. ebd., S. 124–139.

genutzt, während mit SHACL die Konformitätsregeln zur eigentlichen Validierung der Planungsergebnisse formuliert werden. Die Validierungsregeln werden im Ontologie-Editor Protégé implementiert, in dem bereits die Schnittstellen-Ontologie im OWL-Format modelliert ist.[353]

Zur Evaluation des Lösungskonzepts innerhalb des Validation View wird anhand einer Planungsaufgabe aus einem Forschungsprojekt die automatisierte Vorgehensweise mit der manuellen Planung verglichen. Im Ergebnis können mit der automatischen Validierung Planungsfehler nicht nur zuverlässiger, sondern auch schneller erkannt werden.[354] Als Beitrag zur Weiterentwicklung der BIM-basierten Fabrikplanung zeigen die Forschungsarbeiten von EBADE ESFAHANI somit die Vorteile der durchgängigen Informationsmodellierung auch über Planungsdomänen hinweg auf. Ebenfalls demonstriert der Ansatz anhand der Validierung von Planungsergebnissen, dass Fabrikplanungsprozesse bereits so automatisierbar sind, dass Planungsfehler und -aufwände aufgrund der Entscheidungsunterstützung reduziert werden.

3.2.9 Bewertung der vorgestellten Ansätze

Innerhalb der vorgestellten Ansätze existieren unterschiedliche Motivationsgründe, die von der grundsätzlichen Bereitstellung von Wissen über die Entwicklung eines einheitlichen Verständnisses von Informationen bis hin zur Automatisierung von ausgewählten Planungsprozessen reichen. Gemeinsam ist diesen Ansätzen jedoch, dass sie die Grundsteine zur Entwicklung einer intelligenten Entscheidungsunterstützung in der Fabrikplanung legen. Die vorgestellten Ansätze leisten dazu Beiträge innerhalb von drei Themenschwerpunkten, die zur Generalisierung der Entwicklungsrichtung, wie in Abbildung 3-16 dargestellt, unter dem Begriff der regelbasierten Planungsautomatisierung zusammengefasst werden und den in Kapitel 2.3 hergeleiteten Entwicklungsbedarf aus Sicht der Praxis adressieren.

[353] Vgl. Ebade Esfahani (2022), Ontologie der Fabrikplanung mit BIM, S. 139–165.
[354] Vgl. ebd., S. 82–87.

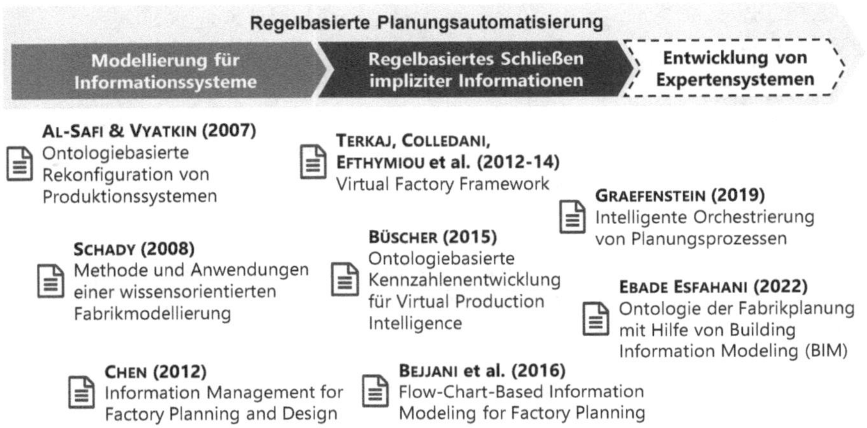

Abbildung 3-16: Generalisierte Entwicklungsrichtung der bestehenden Ansätze innerhalb der Fabrikplanung

In allen vorgestellten Ansätzen wird die Relevanz einer wissensorientieren Modellierung von Planungsinformationen herausgestellt. Damit kann für den jeweils vorliegenden Anwendungsfall ein Informationssystem umgesetzt werden, das eine eindeutige Informationsgrundlage in Echtzeit schafft und isolierte Datensilos mit teilweise widersprüchlichen Planungsinformationen auflöst. Insbesondere wird die Wissensrepräsentation mithilfe von Semantic-Web-Technologien (SWT) mit der Modellierungssprache OWL untersucht, um ein einheitliches und übergreifendes Begriffsverständnis zu schaffen. Hier zeigen die beschriebenen Ansätze, dass dieses Ziel bereits erreicht werden kann. Jedoch wird der für die Fabrikplanung typische Umgang mit unvollständigen oder unsicheren Planungsinformationen bisher nicht behandelt, sodass ein unterschiedlicher Informationsreifegrad nur in begrenztem Umfang berücksichtigt werden kann. Dennoch erlaubt die Informationsmodellierung eine Kompatibilität mit bestehenden Arbeiten und zukünftigen Erweiterungen.

Ebenso wird mit der eindeutigen Informationsgrundlage die Voraussetzung zur Anwendung des regelbasierten Schließens geschaffen. Autoren wie SCHADY verweisen bereits auf das damit verbundene Potential zur automatischen Berechnung von quantitativen Planungsinformationen, wie bspw. Prozesszeiten. BÜSCHER setzt dies mit dem Vorgehen zur ontologiebasierten Kennzahlenentwicklung um, während BEJJANI et al. eine automatische Berechnung von Planungsergebnissen mithilfe des Flow-Chart-Based Information Modeling erreicht. Hiermit wird insbesondere eine kurzfristige Reaktion auf aktualisierte Planungsanforderungen ermöglicht, da wiederholt manuelle Planungsaufwände bei geänderten Eingangsinformationen nicht mehr erforderlich sind. Allerdings sind die bestehenden Ansätze nur inflexibel im Fabrikplanungsprozess anwendbar, da das regelbasierte Schließen der Planungsinformationen nur für bekannte Anwendungsfälle umgesetzt wird.

Weiterführend stellt GRAEFENSTEIN eine Methodik zur projektindividuellen Zusammenstellung der Aufgaben im Fabrikplanungsprozess mittels des Constraint-Solving-Ansatzes vor. Ähnlich wendet EBADE ESFAHANI die SWT-basierten Regelsprachen SWRL und SHACL an, um die Validierung von Planungsergebnissen im eigentlichen Fabrikplanungsprozess zu automatisieren. Es werden also Ansätze entwickelt, bei denen die Entscheidungsfindung eines Domänenexperten mit Hilfe von KI-Methoden nachgebildet wird. Daher wird in der dargestellten Entwicklungsrichtung ausblickend die Entwicklung von Expertensystemen[355] begründet. Obwohl bisher nur ausgewählte Anwendungsfälle adressiert werden und die praktische Erprobung exemplarisch erfolgt, nimmt der Umfang der Entscheidungsunterstützung zu. Durch die Weiterentwicklung zu umfassenderen Systemen der intelligenten Entscheidungsunterstützung, die auf Basis integrierter Informationssysteme das regelbasierte Schließen nutzen, wird eine Standardisierung des Fabrikplanungsprozesses erreicht. Damit werden Planungsfehler vermieden und Planungsaufwände reduziert.

Insgesamt wird demzufolge eine Automatisierung der manuell durchgeführten Fabrikplanungsprozesse angestrebt, bei der auch bei wechselnden Planungsanforderungen eine Anpassungsfähigkeit gegeben ist. Daher wird im Kontext dieser Arbeit von einer regelbasierten Planungsautomatisierung gesprochen, die allerdings nach dem aktuellen Stand der Forschung in der Digitalen Fabrik nicht allgemeingültig möglich ist. Der Forschungsbedarf liegt in der Formulierung eines Lösungsansatzes, der die regelbasierte Planungsautomatisierung für eine intelligente Entscheidungsunterstützung in der Digitalen Fabrik weiterentwickelt. Dazu ist die Anwendung weiterführender Ansätze erforderlich, die im folgenden Unterkapitel vorgestellt werden.

3.3 Ansätze zur Weiterentwicklung der regelbasierten Planungsautomatisierung

Zur Weiterentwicklung der regelbasierten Planungsautomatisierung sollen aktuelle technologische Entwicklungen domänenübergreifend, also von außerhalb der Fabrikplanung entstammend, genutzt werden. Die im vorherigen Unterkapitel vorgestellten, bestehenden Ansätze innerhalb der Fabrikplanung wenden teils bereits Methoden und Konzepte aus anderen Fachdisziplinen an oder verweisen ausblickend auf diese. Allerdings steht die Anwendung zur Erreichung einer generellen Automatisierung des Fabrikplanungsprozesses noch aus. Insbesondere verspricht dazu der fortgeführte Einsatz von KI-Technologien große Nutzenpotentiale für die Digitale Fabrik. Die Ansätze zur Weiterentwicklung der regelbasierten Planungsautomatisierung wurden basierend auf der Bewertung technologischer Entwicklungen und deren methodischen Grundlagen eingeordnet. Die Ansätze sind in Abbildung 3-17 dargestellt und werden nachfolgend präsentiert.

[355] Der Begriff des Expertensystems wird im folgenden Kap. 3.3.3 „Abbildung menschlicher Entscheidungsfindung mittels Expertensystemen" definiert und genauer erläutert.

Abbildung 3-17: Überblick über Ansätze zur Weiterentwicklung der regelbasierten Planungsautomatisierung

Als Erstes wird in Kapitel 3.3.1 in das Semantic Web eingeführt, welches mit den zugehörigen Semantic-Web-Technologien die Umsetzung des Linked-Data-Prinzips ermöglicht. Hiermit kann eine domänenspezifische Wissensdarstellung erreicht werden, um die kontextuelle Bedeutung und die Beziehungen zwischen den vorliegenden Daten abzubilden. Infolge kann eine Maschineninterpretierbarkeit erreicht werden, die Interoperabilität zwischen Planungswerkzeugen fördert und eine Grundlage für das logische Schließen schafft. Dazu werden in Kapitel 3.3.2 regelbasierte Systeme beschrieben, die gespeicherte Daten zur Schlussfolgerung neuer Daten nutzen können. Mithilfe des logischen Schließens sollen neue Planungsergebnisse generiert werden, um die intelligente Entscheidungsunterstützung für die Digitale Fabrik zu realisieren. Dafür können regelbasierte Systeme zur Umsetzung von Expertensystemen (Kapitel 3.3.3) eingesetzt werden, die Menschen und ihre Entscheidungsfindung in einem gegebenen Spezialisierungsbereich nachbilden können. Dementsprechend sollen Ansätze aus Expertensystemen speziell zur Automatisierung des Fabrikplanungsprozesses verwendet werden. Als vierter Ansatz wird in Kapitel 3.3.4 das Maschinelle Lernen als KI-Teilgebiet vorgestellt, um die Regelerzeugung zu automatisieren. Während in regelbasierten Systemen die Regelerzeugung gewöhnlich manuell erfolgt, soll hiermit die Erweiterung um zusätzliche Regeln automatisiert werden. Mit dem Maschinellen Lernen soll eine Lernfähigkeit umgesetzt werden, die eine Anpassung des automatisierten Fabrikplanungsprozesses an neue Rahmenbedingungen ermöglicht.

In Kapitel 3.3.5 werden anschließend die Ansätze zur Weiterentwicklung der regelbasierten Planungsautomatisierung beurteilt. Dort werden die Vorteile des regelbasierten Schließens für die Anwendung in der Fabrikplanung hervorgehoben, insbesondere gegenüber einer ausschließlichen Anwendung des Maschinellen Lernens, der als konkurrierender Ansatz in der Künstlichen Intelligenz etabliert ist. Da mit Anwendung der im Folgenden präsentierten Ansätze die Anforderungen des praktischen Entwicklungsbedarfs adressiert werden sollen, wird darüber abschließend der theoretische Forschungsbedarf abgeleitet.

3.3.1 Maschineninterpretierbare Wissensdarstellung mittels Semantic-Web-Technologien

Die grundlegende Idee des Semantic Web ist die semantisch korrekte Handhabung von Informationen und zugehörigen Prozessen, sodass diese mit einer maschineninterpretierbaren Beschreibung ihrer Bedeutung verknüpft werden. Das Semantic Web wurde seit dem Ende der 1990er Jahre von BERNERS-LEE geprägt und beschreibt als Vision eine „Erweiterung des gegenwärtigen Webs, in dem Informationen eine klar definierte Bedeutung erhalten, sodass Computer und Menschen besser zusammenarbeiten können"[356]. Das Semantic Web ist dabei die Grundlage von Linked Data, nach dessen Prinzip die Daten in standardisierten Formaten veröffentlicht und miteinander verknüpft werden[357]. Infolge der Entstehung zugehöriger Semantic-Web-Technologien wurde insbesondere unter Bestrebung des World Wide Web Consortium (W3C) das Semantic Web weiterentwickelt und standardisiert.[358] Daher bieten Semantic-Web-Technologien einen neuen Ansatz zur Wissensdarstellung, der auf der Erzeugung und Nutzung semantischer Metadaten zur Kontextualisierung der vorliegenden Informationen basiert. Die verfügbaren Technologien und angewandter Prinzipien werden üblicherweise im Semantic Web Stack verortet, der in Abbildung 3-18 dargestellt ist.[359]

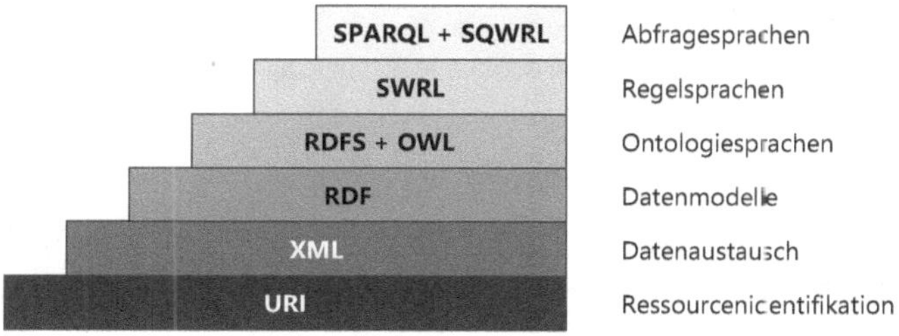

Abbildung 3-18: Semantic Web Stack[360]

Die Basis des Semantic Web Stacks bilden Uniform Resource Identifier (URI). URI dienen der eindeutigen Identifikation von abstrakten und physischen Ressourcen.[361] Eine Weiterentwicklung der

---

[356] Berners-Lee et al. (2001), The Semantic Web.
[357] Vgl. Vogel-Heuser et al. (2017), Handbuch Industrie 4.0, S. 296.
[358] Vgl. Davies et al. (2006), Semantic web technologies, S. 2.
[359] Vgl. Leser et al. (2007), Informationsintegration, S. 298.
[360] Vereinfachte Darstellung i.A.a. Berners-Lee (2000), Semantic Web - XML2000, S. 10; Leser et al. (2007), Informationsintegration, S. 298.
[361] Vgl. Berners-Lee et al. (2005), Uniform Resource Identifier (URI).

URI sind Internationalized Resource Identifier (IRI), die den unterstützten Zeichensatz zur Benennung der Ressourcen erweitern, sodass auch Zeichen außerhalb des American Standard Code for Information Interchange (ASCII) verwendet werden können[362]. Die darauf aufbauende Ebene des Semantic Web Stack präsentiert die Extensible Markup Language (XML). XML ist eine Dokumentensyntax zum Datenaustausch, wobei die hierarchisch strukturierten Daten menschen- und maschinenlesbar sind. Aufgrund der einfachen Dokumentensyntax ist XML kompatibel mit einer Vielzahl an Datenaustauschformaten, wie z.B. AutomationML[363] oder weiteren XML-nativen Dateiformaten, und bietet standardisierte Schnittstellen zu gängigen Datenbanksystemen.

Mittels XML kann das Resource Description Framework (RDF) serialisiert werden[364], das als Modellierungssprache die nächste Ebene des Semantic Web Stacks darstellt. Neben der RDF/XML-Serialisierung existiert ebenfalls die Terse RDF Triple Language (Turtle), die stärker auf Lesbarkeit für Menschen ausgelegt ist. Der Informationsgehalt dieser beiden Serialisierungen ist jedoch identisch.[365] Mittels RDF werden Informationen und Datenmodelle mittels Tripeln in einem gerichteten Graphen beschreiben. Tripel bestehen aus einem Subjekt, einem Prädikat und einem Objekt. In einem Tripel werden Subjekt und Prädikat immer durch einen URI bzw. IRI beschrieben, während das Objekt entweder einen URI bzw. IRI oder ein Literal, ein Wert beliebigen Datentyps, ist.[366] Ein solches Tripel wird auch Statement genannt, da eine Aussage über das Subjekt abgebildet wird.[367] Ein exemplarisches Tripel ist unter URI-Nutzung in Abbildung 3-19 dargestellt.

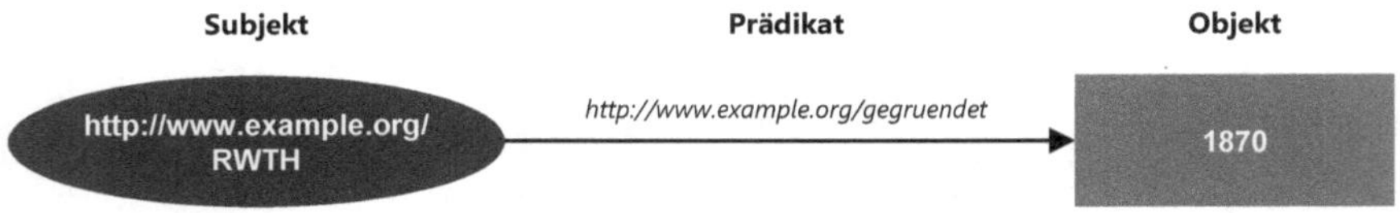

Abbildung 3-19: RDF-Tripel für ein Statement mit einem Literal als Objekt

Da die mittels RDF beschriebenen Datenmodelle keine Aussagen über semantische Beziehungen zwischen den Ressourcen und deren Eigenschaften treffen können[368], kann mittels Ontologien de-

---

[362] Vgl. Duerst et al. (2005), Internationalized Resource Identifiers (IRIs).

[363] Vgl. Kovalenko et al. (2015), Modeling AutomationML: Semantic Web Technologies, S. 3.

[364] Vgl. Cyganiak et al. (2014), Ressource Description Framework.

[365] Vgl. Staab et al. (2009), Handbook on Ontologies, S. 299.

[366] Vgl. Davies et al. (2006), Semantic web technologies, S. 4–5.

[367] Vgl. RDF Working Group (2014), Resource Description Framework (RDF).

[368] Vgl. Nizamis et al. (2019), Collaborative manufacturing services ontology and language, S. 12.

ren Bedeutung kodiert werden. Eine Ontologie ist nach GRUBER die „explizite und formale Spezifikation einer Konzeptualisierung eines Interessensgebiets" ist[369]. Dabei ist mit der Konzeptualisierung eine Abstraktion des repräsentierten Sachverhalts gemeint, der mittels geeigneter Konzepte, Beziehungen und einfacher logischer Regeln repräsentiert wird.[370] Da Ontologien eine gemeinsame Sichtweise ausdrücken sollen, kann von konsensualen Domänenmodellen gesprochen werden. Insgesamt repräsentieren Ontologien das Domänenwissen in einem maschineninterpretierbaren Format und verbessern so die Kommunikation zwischen Menschen und Computerprogrammen.[371]

Zur Beschreibung einfacher Zusammenhänge bietet das RDF Schema (RDFS) ein Standardvokabular. Zusätzlich wird für komplexere Zusammenhänge die Web Ontology Language (OWL) eingesetzt.[372] RDFS und OWL als Ontologiesprachen unterscheiden sich somit in ihrer Ausdrucksstärke. Soll ein Subjekt eine Klasse darstellen, kann dies bereits mit einem RDF-Statement deklariert werden. Soll das Subjekt eine Unterklasse einer anderen Klasse bilden, bringt RDFS eine solche Eigenschaft mit. Sollen zwei Subjekte disjunkt sein, wird ein OWL-Axiom zur Beschreibung der Beziehung eingesetzt. Letztere Beziehung fällt unter die Kategorie der Axiome, die zusätzliche Informationen über Klassen und deren Eigenschaften bereitstellen. Weiterhin können die definierten Konzepte durch Ober- und Unterkonzepte ergänzt werden, wodurch Subsumptionsbeziehungen und die Vererbung von Eigenschaften ermöglicht werden. Diese Beziehungen unterschiedlicher Ausdrucksstärke sind exemplarisch in Abbildung 3-20 dargestellt.

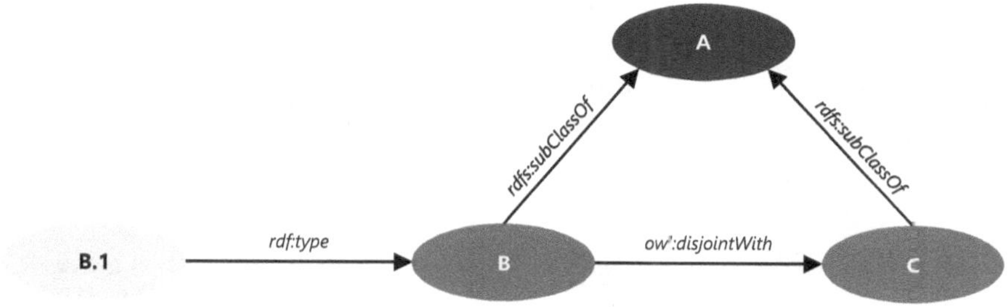

Abbildung 3-20: Beziehungen unterschiedlicher Ausdrucksstärke (RDF, RDFS und OWL)

Tatsächlich existiert OWL in drei Subversionen unterschiedlicher Ausdrucksstärke. OWL Lite bietet einen eingeschränkten Funktionsumfang, der jedoch recheneffizientere Arbeiten mit der Ontologie

[369] Gruber (1993), Portable Ontology Specifications, S. 199.
[370] Vgl. Davies et al. (2006), Semantic web technologies, S. 4.
[371] Vgl. Biffl et al. (2016), Technologies for intelligent engineering applications, S. 59.
[372] Vgl. Obiniyi et al. (2014), Enhancing Reasoning and Retrieval Performance, S. 2759.

ermöglicht. OWL DL erweitert OWL Lite, sodass ausdrucksstärkere Beziehungen formuliert werden können, ohne die Entscheidbarkeit und somit Berechenbarkeit zu verlieren. Der Name leitet sich von der Description Logic (DL) als Familien von Wissensrepräsentationssprachen ab, die eine Ausdrucksstärke ähnlich der Prädikatenlogik aufweisen. Damit ist es möglich, mit Hilfe von Algorithmen die Konsistenz und logische Korrektheit des Datenmodells zu überprüfen und automatisch neue Beziehungen abzuleiten[373]. OWL Full als zusätzliche Erweiterung hebt zwar einige Einschränkungen von OWL DL auf, führt jedoch zu Problemen in der Arbeit mit Ontologien, da die erforderliche höhere Ressourcennutzung die Recheneffizienz senkt und ebenso die Berechenbarkeit verhindern kann. Daher werden in der Praxis üblicherweise OWL Lite oder OWL DL verwendet.[374]

In einer Ontologie kann zwischen terminologischen und assertionalen Aussagen unterschieden werden. Diese Unterscheidung ist in der Informationstechnik als Terminology Box (TBox) und Assertion Box (ABox) bekannt. Die TBox beinhaltet die Konzeptualisierung des zu repräsentierenden Sachverhalts. Daher werden in der TBox die Klassen, Eigenschaften und deren Beziehungen definiert. Die Aussagen der ABox müssen mit den Aussagen der TBox konform sein, da dort die Instanzen der in der TBox definierten Klassen spezifiziert werden. Veranschaulicht wird das Konzept der TBox und ABox anhand des Beispiels in Abbildung 3-21.[375]

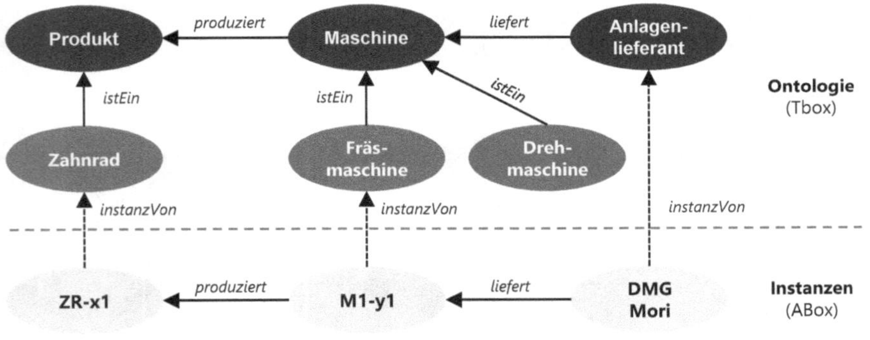

Abbildung 3-21: Unterscheidung von TBox und ABox anhand einer Ontologie

Die vorherigen Abbildungen 3-19 bis 3-21 zeigen semantische Netze, da die vorliegenden Wissensstrukturen in Form von Konzepten und ihren semantischen Relationen mittels Knoten und Kanten

[373] Vgl. Villazon-Terrazas et al. (2017), Knowledge Graph Foundations, S. 26.

[374] Vgl. Smith et al. (2004), Web Ontology Language Guide.

[375] Vgl. Biffl et al. (2016), Technologies for intelligent engineering applications, S. 59.

dargestellt sind[376]. Ebenfalls kann im Kontext des Semantic Web von Wissensgraphen gesprochen werden. Neben der visuellen Darstellungsform werden Wissensstrukturen, die mit den Werkzeugen der Graphentheorie abbildbar sind, auch als Graphdatenbanken bezeichnet. Daher können Graphdatenbanken als Nachfolger von relationalen Datenbanken verstanden werden.[377]

Werden zur Modellierung von Sachverhalten, die nicht mehr mit Ontologiesprachen wie OWL abgebildet werden können, Regeln benötigt, verweist der Semantic Web Stack auf die Semantic Web Rule Language (SWRL). Mit SWRL wird die Möglichkeit zur Herleitung impliziten Wissen geschaffen[378], sodass mithilfe der Semantic-Web-Technologien auch regelbasierte Systeme umgesetzt werden können[379]. Auf der obersten Ebene des Semantic Web Stack werden schließlich die Abfragesprachen verortet. Dazu steht die SPARQL Protocol and RDF Query Language (SPARQL) zur Verfügung, um Informationen aus Graphdatenbanken im RDF-Format abzurufen[380]. Syntaktisch ist die Abfragesprache dabei ähnlich wie die Structured Query Language (SQL) aufgebaut, die den Standard unter den Abfragesprachen für relationale Datenbankmodelle darstellt. Weiterhin wurde die Semantic Query-enhanced Web Rule Language (SQWRL) entwickelt, um bei Abfragen ebenfalls Beziehungen höherer Ausdrucksstärke zu berücksichtigen, die mittels OWL oder SWRL formuliert sind. Da SQWRL eine Erweiterung von SWRL darstellt, gleichen SQWRL-Abfragen im Vergleich zu SPARQL-Abfragen syntaktisch jedoch SWRL-Regeln.[381]

Insgesamt stellen die Semantic-Web-Technologien somit sinnvolle Werkzeuge zur Umsetzung eines durchgängigen Datenmanagements bereit, welches für die Fabrikplanung erforderlich ist. Teilweise wurden ausgewählte Semantic-Web-Technologien bereits in den bestehenden Ansätzen innerhalb der Fabrikplanung angewandt, womit die Integration von Planungsinformationen zur Steigerung der Interoperabilität von Planungswerkzeugen untersucht wurde. Die explizite Wissensdarstellung stellt ebenso die Voraussetzungen zur Umsetzung von flexiblen und intelligenten Anwendungen im ingenieurwissenschaftlichen Umfeld dar[382]. Daher ist im Rahmen dieser Arbeit zu prüfen, inwieweit auch die regelbasierte Planungsautomatisierung für eine intelligente Entscheidungsunterstützung in der Digitalen Fabrik unterstützt wird.

---

[376] Vgl. Schaal (1992), Integrierte Wissensverarbeitung, S. 64–65; Altenkrüger et al. (1992), Wissensbasierte Systeme, S. 48–49.

[377] Vgl. Ege et al. (2021), Semantische Datenintelligenz im Einsatz, S. 14; zum Vergleich ist ebenso auf die vorstellen Datenbankmodelle in Kap. 2.2.1 „Integration heterogener Datenquellen" verwiesen.

[378] Vgl. Horrocks et al. (2004), Semantic Web Rule Language.

[379] Vgl. nachfolgendes Kap. 3.3.2 „Logisches Schließen mittels regelbasierter Systeme".

[380] Vgl. Prud'hommeaux et al. (2008), SPARQL Query Language for RDF.

[381] Vgl. O'Connor et al. (2009), SQWRL: a Query Language for OWL.

[382] Vgl. Sabou et al. (2017), Semantic Web Technologies for Data Integration, S. 306.

3.3.2 Logisches Schließen mittels regelbasierter Systeme

Beim logischen Schließen werden anhand von bekannten Aussagen und deren Beziehungen neue Aussagen geschlussfolgert. Regelbasierte Systeme erlauben das logische Schließen unter Anwendung von Regeln[383] und sind als wissensbasierte Systeme dem Bereich der künstlichen Intelligenz zuzuordnen[384]. Allgemein handelt es sich bei wissensbasierten Systemen um Softwaresysteme, bei dem das Domänenwissen eines Anwendungsgebiets explizit dargestellt und zur Lösung von Problemen nutzbar gemacht wird[385]. Demnach zeichnen sich regelbasierte Systeme im Speziellen durch die regelbasierte Wissensverarbeitung aus[386] und stellen eine mögliche Grundlage zur Umsetzung von Expertensystemen dar, die im folgenden Unterkapitel behandelt werden, vgl. Abbildung 3-22.

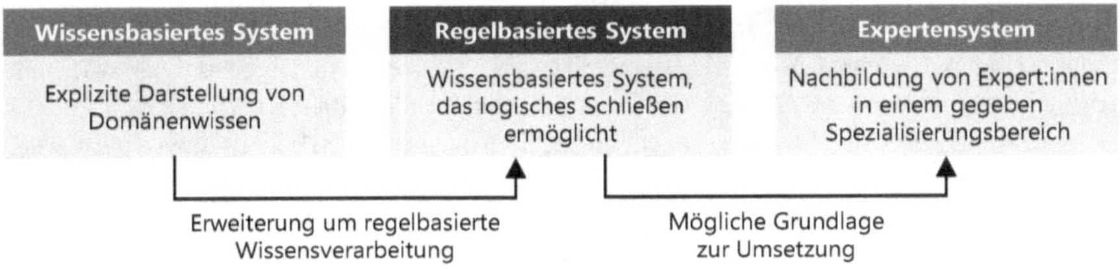

Abbildung 3-22: Einordnung von regelbasierten Systemen

Unabhängig von dessen Umsetzung weisen alle wissensbasierten Systeme zwei Komponenten auf. Während die Komponente der Wissensbasis der adäquaten Wissensrepräsentation dient, wird die Inferenzkomponente zur Wissensverarbeitung genutzt, um „intelligenten Denken und Handels zu simulieren".[387] Durch Trennung der Wissensbasis und der Verarbeitung dieses Wissens wird die Problembeschreibung von der Problemlösung separiert, wodurch im Gegensatz zu klassischen Programmieransätzen das Wissen über das Anwendungsgebiet direkt ausdrückbar und verständlicher ist.[388] Zwar bieten klassische Programmieransätze eine höhere Effizienz, jedoch müssen alle Möglichkeiten des prozeduralen Ablaufs explizit behandelt und im Voraus beachtet werden. Ebenfalls wird anwendungsspezifischen Wissen im Programmcode vermischt und somit verborgen. Resultierend ist eine geringe Transparenz und Modifizierbarkeit in der Datenverarbeitung.[389] Dahingegen

---

[383] Vgl. Hayes-Roth (1985), Rule-based systems, S. 921.

[384] Vgl. Altenkrüger et al. (1992), Wissensbasierte Systeme, S. 1.

[385] Vgl. Kurbel (1992), Wissensbasierte Systeme, S. 18.

[386] Vgl. Kuhnen (2010), Definition und Einordnung von wissensbasierten Systemen.

[387] Vgl. Beierle et al. (2019), Methoden wissensbasierter Systeme, S. vii–1.

[388] Vgl. ebd., S. 11.

[389] Vgl. Altenkrüger et al. (1992), Wissensbasierte Systeme, S. 18.

hebt gerade der Begriff des wissensbasierten Systems hervor, dass das anwendungsspezifische Wissen expliziert dargestellt ist, und somit die Austauschbarkeit, Erweiterbarkeit und Modifizierbarkeit ohne Anpassungen im Programmcode möglich sind[390]. Mit zunehmender Vergrößerung der Wissensbasis steigt daher die Problemlösungsfähigkeit, da die Inferenzkomponente relevante Fakten und Regeln auswählt und diese miteinander kombiniert[391]. Diese Unterscheidung zu klassischen Programmieransätzen, die auf einer algorithmischen Problembeschreibung beruhen, ist über den Vergleich von Daten- und Wissensverarbeitung in Abbildung 3-23 dargestellt.

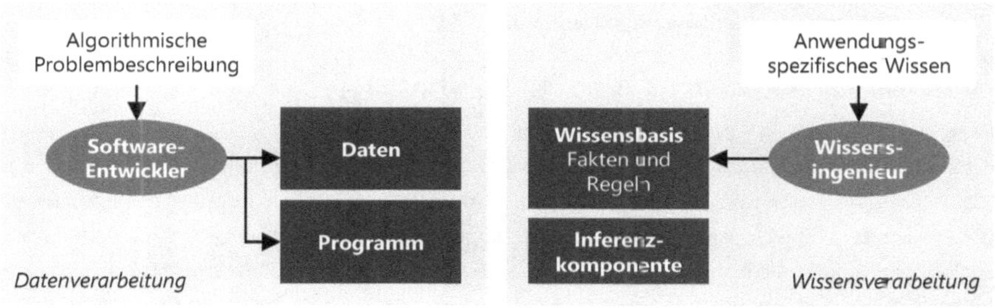

Abbildung 3-23: Datenverarbeitung versus Wissensverarbeitung in der Problemlösung als Charakteristik wissensbasierter Systeme[392]

Für regelbasierte Systeme wird die Wissensbasis in fallspezifisches und regelhaftes Wissen unterteilt, welchen über Fakten und Regeln ausgedrückt wird[393]. Demnach weisen alle regelbasierten Systeme drei Komponenten auf: Faktenbasis, Regelbasis und Regelinterpreter[394]. Während die Fakten- und Regelbasis die Wissensbasis ergeben, wird der Regelinterpreter als Inferenzkomponente für die Wissensverarbeitung genutzt, vgl. Abbildung 3-24.

---

390 Vgl. Milberg et al. (1991), Wissensbasierte Simulation und Regelung von Produktionssystemen, S. 5.
391 Vgl. Hayes-Roth (1985), Rule-based systems, S. 921.
392 I.A.a. Altenkrüger et al. (1992), Wissensbasierte Systeme, S. 2.
393 Vgl. Beierle et al. (2019), Methoden wissensbasierter Systeme, S. 17.
394 Vgl. ebd., S. 3, S. 73–74; Thamm (2023), Regelbasiertes System.

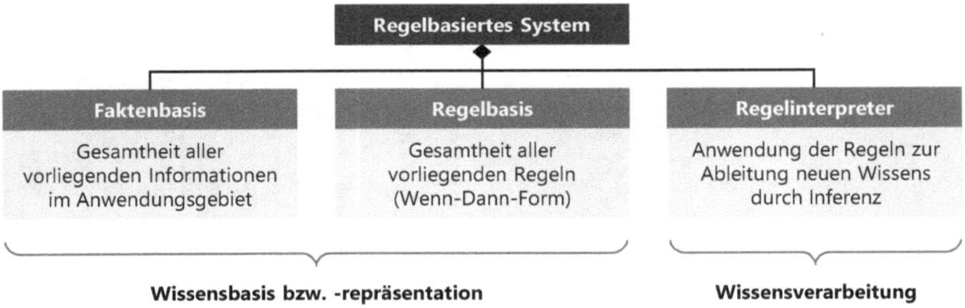

Abbildung 3-24: Komponenten eines regelbasierten Systems[395]

In der Faktenbasis liegen alle Informationen des Anwendungsgebiets vor. Demnach ist die Faktenbasis eine Datenbank, wobei dessen gewähltes Datenbankmodell entscheidend für die Funktionalität des regelbasierten Systems ist.[396] Während relationale Datenbanken aufgrund des einfacheren Datenmodelle leichter umzusetzen sind und schnelle Berechnung erlauben, sind komplexere Schlussfolgerungen nicht möglich. Neben einer gesteigerten Informationsvernetzung in der Faktenbasis, können in Graphdatenbanken semantisch ausdrucksstärkere Aussagen repräsentiert werden, sodass das logische Schließen in vielfältigeren Sachverhalten nutzbar ist. Nachteilig ist jedoch die reduzierte Recheneffizienz in Graphdatenbanken, die üblicherweise mithilfe von Semantic-Web-Technologien umgesetzt werden.[397]

Die Regelbasis ist definiert als Gesamtheit aller vorliegenden Regeln. Die Regeln liegen dabei als formalisierte Konditionalsätze in einer Wenn-Dann-Form vor:

$$Wenn\ (if)\ \boldsymbol{A}\ dann\ (then)\ \boldsymbol{B} \tag{3.1}$$

Die Aussage A wird als Prämisse auch Antezedenz genannt. Ist diese Aussage erfüllt und die Regel angewendet werden kann, gilt die Aussage B ebenfalls. Dieser zweite Teil einer Regel wird Schlussfolgerung, Konklusion oder Konsequenz genannt.[398] Da Regeln allgemeine Beziehungen zwischen Sachverhalten ausdrücken, ist eine Regel formal ebenfalls eine Aussage[399]. Daher bezeichnet HAYES-

---

[395] I.A.a. Thamm (2023), Regelbasiertes System; Lunze (2016), Regelbasierte Wissensverarbeitung, S. 128.

[396] Vgl. Thamm (2023), Regelbasiertes System.

[397] Die Grundlagen der Datenbankmodelle werden in Kap. 2.2.1 „Integration heterogener Datenquellen" behandelt, während Graphdatenbanken im vorherigen Kap. 3.3.1 „Maschineninterpretierbare Wissensdarstellung mittels Semantic-Web-Technologien" eingeführt wurden.

[398] Vgl. Beierle et al. (2019), Methoden wissensbasierter Systeme, S. 73; Lunze (2016), Regelbasierte Wissensverarbeitung, S. 93.

[399] Vgl. Heinsohn et al. (1999), Wissensverarbeitung, S. 121–123.

ROTH Regeln auch als „independent piece or chunk of know-how"[400]. Als weitverbreiteter formaler Repräsentationsansatz von Regeln kann die Prädikatenlogik verwendet werden, die auf mathematischer Aussagenlogik basiert[401]. In Prädikatenlogik repräsentiert lautet Formel 3.1:

$$A \rightarrow B \tag{3.2}$$

Neben der formalen Wissensrepräsentation existieren auch spezielle Regelsprachen, die sich jedoch in ihrer Ausdrucksstärke unterscheiden. So werden in der logischen Programmiersprache PROLOG Regeln deklariert, um logische Schlussfolgerungen aus vorhandenen Fakten zu ziehen[402]. Als Semantic-Web-Technologie wurde im vorherigen Kapitel auch bereits auf die Semantic Web Rule Language (SWRL) verwiesen. Der Aufbau einer SWRL-Regel folgt der Wenn-Dann-Form mit dem Antezedenz auf der linken und der Konsequenz auf der rechten Seite und wird syntaktisch wie folgt dargestellt[403]:

```
Bedingung_1 ^ Bedingung_2 ^ … ^ Bedingung_n   ->   Aktion
```
(3.3)

Ebenso existieren auch Regelsprachen wie Rulelog, die auf der Modellierungssprache Datalog aufbaut. In Rulelog wird die Konsequenz vor dem Antezedenz beschrieben. Ebenfalls wird die linke Seite auch als Regelkopf und die rechte Seite der Regel als Regelkörper bezeichnet.[404] Die SWRL-Regel aus Formel 3.3 wird in Rulelog wie folgt ausgedrückt:

```
Aktion :- Bedingung_1 \and … \and Bedingung_n
```
(3.4)

Die Prüfung der Bedingungen und die Rückschreibung des Ergebnisses dieser Regelprüfung in die Faktenbasis ist Teil der Wissensverarbeitung. In regelbasierten Systemen dient der Regelinterpreter der Anwendung der Regeln, wozu eine geeignete Ablaufsteuerung, Suchstrategien und Inferenzmechanismen erforderlich sind. Herausfordernd ist dabei die effiziente Identifizierung aller ausführbaren Regeln durch Abgleich der Fakten- und Regelbasis und deren anschließende Priorisierung. Nachdem eine Regel ausgeführt wurde, werden neu inferierte Aussagen in die Faktenbasis hinzugefügt oder auch bestehende Aussagen modifiziert als auch entfernt. Der Regelinterpreter arbeitet dabei solange, bis keine Regeln mehr ausführbar sind.[405] Dieses Vorgehen nutzt die Vorwärtsverkettung von anzuwendenden Regeln, weshalb auch von der datengetriebenen Inferenz gesprochen wird[406]. Demgegenüber steht die Rückwärtsverkettung, die als zielorientierte Inferenz bezeichnet

[400] Hayes-Roth (1985), Rule-based systems, S. 925.
[401] Vgl. Heinsohn et al. (1999), Wissensverarbeitung, S. 15.
[402] Vgl. Ertel (2017), Introduction to Artificial Intelligence, S. 75–76.
[403] Vgl. Horrocks et al. (2004), Semantic Web Rule Language.
[404] Vgl. Grosof et al. (2013), Rulelog: Syntax and Semantics.
[405] Vgl. Altenkrüger et al. (1992), Wissensbasierte Systeme, S. 98.
[406] Vgl. Lunze (2016), Regelbasierte Wissensverarbeitung, S. 101.

wird. Die Rückwärtsverkettung wird typischerweise für Diagnoseaufgaben eingesetzt, also wenn von einem Zielzustand ausgegangen wird und die Ursachenermittlung angestrebt wird.[407]

Insgesamt sind regelbasierte Systeme als Erweiterung des wissensbasierten Ansatzes ein zentraler Baustein für die regelbasierte Planungsautomatisierung. Insbesondere unter Nutzung von Semantic-Web-Technologien wie SWRL können regelbasierte Systeme auf Graphdatenbanken als Faktenbasis aufbauen, in denen die relevanten Fabrikplanungsinformationen abgebildet sind. Offen ist jedoch, ob die Abbildung aller erforderlichen Fabrikplanungsprozesse möglich ist, um die Umsetzung von Expertensystemen zu unterstützen, mit denen eine intelligente Entscheidungsunterstützung in der Digitalen Fabrik möglich ist.

3.3.3 Nachbildung menschlicher Entscheidungsfindung mittels Expertensystemen

Seit Anfang der 1970er Jahre wird versucht, intelligente Computersysteme zu entwickeln, die sich wie Expert:innen verhalten – nicht nur, um Expert:innen zu ersetzen, sondern sie auch in deren Problemstellungen zu unterstützen[408]. Daher werden diese Computersysteme, die menschliche Expert:innen in Bezug auf ihr Wissen und Schlussfolgerungsfähigkeiten nachbilden, als Expertensysteme bezeichnet[409]. Expertensysteme fokussieren einen eng abgegrenzten Anwendungsbereich und können in spezialisierten Problemstellungen auch die Problemlösefähigkeiten von menschlichen Expert:innen erreichen oder sogar übertreffen[410]. Da Expertensysteme spezielle wissensbasierte Systeme sind, dessen Wissensbasis auf Expertenwissen gründet, werden die Begriffe des wissensbasierten Systems und des Expertensystems von einigen Autoren synonym genutzt[411].

Expertensysteme sind ebenfalls mit regelbasierten Systemen assoziiert. Da Experten ihre Problemlösungstechniken häufig als Zusammenstellung von „Situations-Aktions-Regeln" ausdrücken, legt dies nahe, dass regelbasierte Systeme die vorzuziehende Grundlage zur Umsetzung von Expertensystemen sind. Tatsächlich basieren die erfolgreichsten Expertensysteme auch auf dem regelbasierten Ansatz, obwohl KI-Forscher alternative Ansätze entwickelt haben.[412] Diese enge Beziehung zu regelbasierten Systemen findet sich teilweise auch in Definitionen, wie bspw. nach dem frühen KI-Forscher und „Vater der Expertensysteme" FEIGENBAUM: „Expertensysteme sind intelligente Computerprogramme, die Wissen und Schlussfolgerungsverfahren zur Problemlösung [...] nutzt"[413]. In der

[407] Vgl. ebd., S. 122–123.

[408] Vgl. Karras et al. (1987), Entwicklungsumgebungen für Expertensysteme, S. 11.

[409] Vgl. Beierle et al. (2019), Methoden wissensbasierter Systeme, S. 12.

[410] Vgl. Kurbel (1992), Entwicklung und Einsatz von Expertensystemen, S. 22.

[411] Vgl. Ruf et al. (2007), Ganzheitliches Informationsmanagement, S. 13.

[412] Vgl. Hayes-Roth (1985), Rule-based systems, S. 921–922.

[413] Feigenbaum (1982), Knowledge Engineering for the 1980s, S. 1.

Architektur von Expertensystemen (vgl. Abbildung 3-25) sind die Komponenten eines regelbasierten Systems identifizierbar.

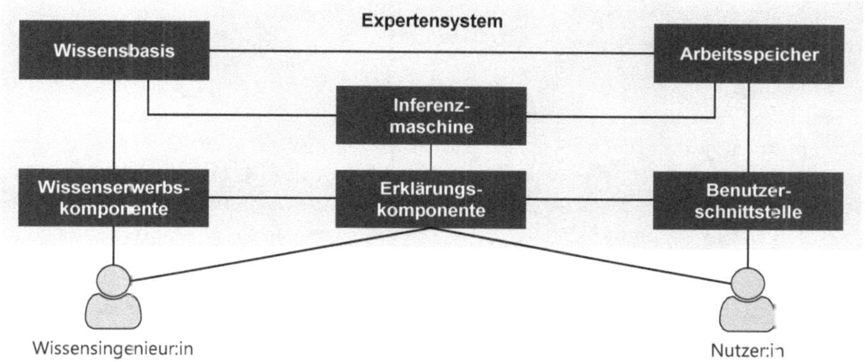

Abbildung 3-25: Architektur von Expertensystemen[414]

Die Architektur eines Expertensystems besteht grundsätzlich aus einer Wissensbasis, in der analog zu regelbasierten Systemen die Fakten und die Regeln aus dem Anwendungsbereich hinterlegt sind. Im Arbeitsspeicher werden die aktuell relevanten Inhalte aus der Wissensbasis zur Beantwortung der durch Nutzer:innen gestellten Fragen und durch die Inferenzmaschine berechnete Zwischenergebnisse gespeichert. Die weiteren Komponenten des Expertensystems sind der Mensch-Maschine-Interaktionsschnittstelle zuzuordnen.[415] Über die Wissenserwerbskomponente wird die Wissensbasis zunächst befüllt. Dazu werden die Fakten und Regeln durch sogenannte Wissensingenieur:innen entwickelt, die entweder selbst Expert:innen sind oder als Programmierer:innen mit Expert:innen auf dem Anwendungsgebiet zusammenarbeiten. Die Erklärungskomponente ergänzt die Benutzerschnittstelle, um über die Darstellung der Logikkette von genutzten Fakten und ausgelösten Regeln zu beantworten, wie das Expertensystem zu einer bestimmten Schlussfolgerung gelangt.[416]

---

414 I.A.a. Harmon (2022), Expert Systems Business, S. 34.

415 Vgl. Tan (2017), History and review of expert systems research, S. 3.

416 Vgl. Harmon (2022), Expert Systems Business, S. 34–35.

Insgesamt zeichnen sich alle modernen Expertensysteme dadurch aus, dass menschliches Problemlöseverhalten über Regeln modelliert wird und das Domänenwissen als Schlüssel zur Expertise unabhängig von der Inferenzmaschine gespeichert wird.[417] Damit grenzen sich Expertensysteme von Entscheidungsunterstützungs-, Assistenz- und agentenbasierten Systemen ab, deren Charakteristiken im Folgenden behandelt werden.

Entscheidungsunterstützungssysteme (engl.: Decision Support Systems, kurz: DSS) sind interaktive Informationssysteme, die zur Informationsaufbereitung und -visualisierung verwendet werden[418]. Der Schwerpunkt liegt auf der Aufbereitung großer Datenmengen, sodass Nutzer:innen in den kognitiven Prozessen ihrer Entscheidungsfindung unterstützt werden. Dafür bieten DSS geeignete Schnittstellen, die an die Struktur der zu adressierenden Aufgaben angepasst sind.[419] Im Gegensatz zu Expertensystemen werden jedoch keine Schlussfolgerungsverfahren zur Berechnung neuer Informationen angewandt.

Assistenzsysteme sind nach KUNATH & WINKLER „betriebliche Informations- und Entscheidungsunterstützungssysteme, die Entscheidungsträger mit allen notwendigen Informationen zu Entscheidungssituationen im strategischen und operativen Management ausstatten, flexibel und schnell anpassbar sind sowie für komplexe Entscheidungsprobleme dienen“[420]. Nach FISCHER ET AL. handelt es sich bei Assistenzsystemen im Produktionskontext eher um DSS, die bei täglichen Aufgaben im Fabrikbetrieb helfen und je nach Anwendung unterschiedliche Formen annehmen können[421]. Die Definition von BAUERNHANSL ET AL. weist hingegen Parallelen zu Expertensystemen auf, da hiernach die Hauptidee von Assistenzsystemen die „Verlagerung von menschlichem Expertenwissen in die Automation“ sei[422]. Im Vergleich mit weiteren Autoren wird festgestellt werden, dass die Definition von Assistenzsystemen abhängig vom Fachgebiet ist und nicht ohne Widersprüche über den Begriff einer Entscheidungsunterstützung hinausgeht. Außerhalb der Produktionstechnik stehen jedoch natürlich-sprachliche Nutzerschnittstellen im Vordergrund, sodass von Sprachassistenten gesprochen wird. Daneben können Assistenzsystemen weitere Eigenschaften zugeschrieben werden, die durch verschiedene KI-Technologien ermöglicht werden und in Abbildung 3-26 dargestellt sind.[423]

---

[417] Vgl. Giarratano et al. (2002), Expert Systems, S. 15.
[418] Vgl. Scott-Morton (1967), Management Decision Systems, S. 19–30.
[419] Vgl. Keen (1980), Decision support systems, S. 2–3.
[420] Kunath et al. (2019), Adaptive Assistenzsysteme zur Entscheidungsunterstützung, S. 270.
[421] Vgl. Fischer et al. (2021), Assistenzsysteme der nächsten Generation für Produktionssysteme, S. 465.
[422] Vgl. Bauernhansl et al. (2014), Industrie 4.0 in Produktion, Automatisierung und Logistik, S. 173.
[423] Vgl. Kraus et al. (2020), Assistenzsysteme, S. 859–862.

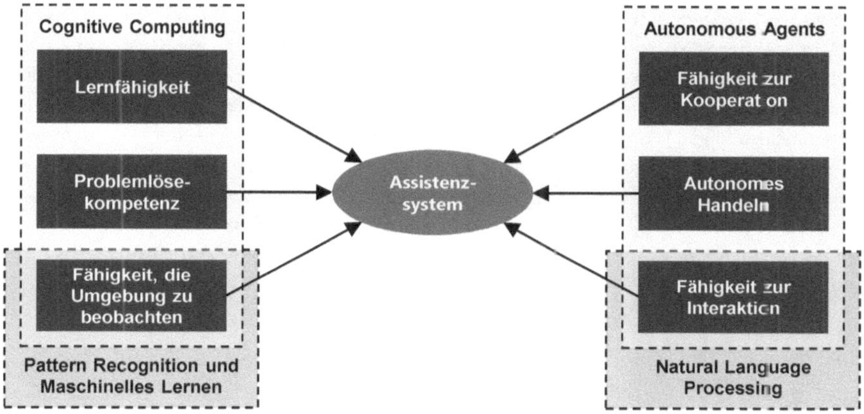

Abbildung 3-26: Eigenschaften von Assistenzsystemen[424]

Der Umfang der Eigenschaften von Assistenzsystemen übersteigt folglich jene von Expertensystemen, deren Schwerpunkt auf der Problemlösekompetenz liegt. Insbesondere die Eigenschaften, die dem KI-Teilgebiet der autonomen Agenten zugeschrieben werden, werden nicht von Expertensystemen adressiert. Nach WOOLDRIDGE & JENNINGS sind Agenten in der Lage, in ihrer Umgebung autonom zu agieren und ihre Ziele zu realisieren[425]. Dazu wird die Umgebung mit Hilfe von Sensoren wahrgenommen und mit Hilfe von Aktoren auf die Umgebung eingewirkt[426]. Somit liegt der Fokus von Agenten auf der Autonomie und Interaktion, und nicht auf der Wissensrepräsentation und -verarbeitung. Jedoch eignen sich intelligente, verteile Agentenarchitekturen, die eine Interaktion zwischen teilnehmenden Agenten ermöglichen, für die Anwendung von Expertensystemen, sodass sich Potentiale zur Kombination dieser beiden Ansätze bieten.[427]

3.3.4 Automatisierte Regelerzeugung mittels Maschinellem Lernen

Zum Aufbau von Expertensystems kann das anwendungsbereich-spezifische Domänenwissen nach ALTENKRÜGER et al. auf verschiedene Arten in die Wissensbasis eingebracht werden, wie Abbildung 3-27 zeigt. Dieser Prozess der Wissensakquisition findet häufig indirekt statt, indem Wissensingenieur:innen das Wissen von Expert:innen erfassen, dieses strukturieren und anschließend implementieren. Die Methoden der indirekten Wissensakquisition fallen dabei unter den Begriff des

[424] I.A.a. Kraus et al. (2020), Assistenzsysteme, S. 863.
[425] Vgl. Wooldridge et al. (1995), Intelligent agents, S. 116–118.
[426] Vgl. Russell et al. (2016), Artificial Intelligence, S. 34.
[427] Vgl. Guimaraes (2007), Comparing Expert Systems and Agent Technology, S. 322.

Knowledge Engineerings. Dahingegen ist die direkte Wissensakquisition anwendbar, wenn der Experte ausreichende Kompetenzen zur selbstständigen Wissensakquisition hat. Dazu wird der Experte durch eine Wissensakquisitionskomponente unterstützt, mit der das Domänenwissen natürlichsprachlich eingegeben werden kann. Als dritte Option ist die automatische Wissensakquisition ohne Beteiligung von Wissensingenieur:innen oder Expert:innen möglich, bei der ein sogenanntes Induktionsprogramm durch die Eingabe von Problemen und deren Lösungen die Wissensbasis erweitern kann.[428] Analog zu der Unterscheidung dieser drei Arten der Wissensakquisition differenzieren LIU et al. den wissensbasierten und datenbasierten Ansatz. Bei dem datenbasierten Ansatz soll die automatische Wissensakquisition mithilfe von ML-Techniken ermöglicht werden.[429]

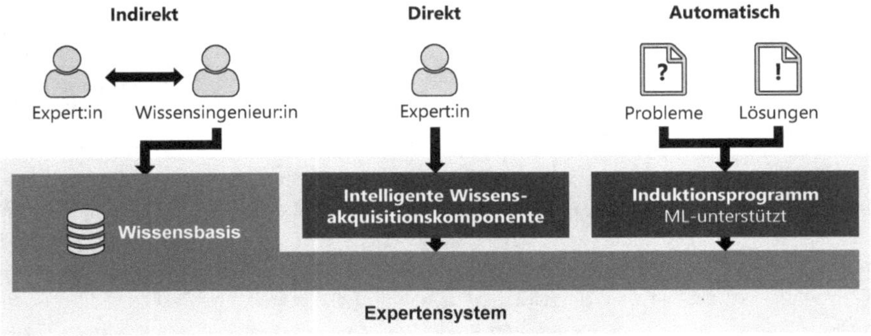

Abbildung 3-27: Arten der Wissensakquisition[430]

Bei der automatischen Wissensakquisition werden große Datenmengen analysiert, um die Wissensbasis zu erweitern. Demnach fallen die genutzten Verfahren in den Bereich des Knowledge Discovery in Databases (KDD, deutsch: Wissensfindung in Datenbanken). Nach FAYYAD et al. ist „Knowledge Discovery [...] ein Prozess, der darauf abzielt, interessante (nicht triviale, implizite, zuvor unbekannte und potenziell nützliche) Informationen [mit wenig oder ohne menschliches Zutun] aus Daten in großen Datenbanken zu extrahieren"[431]. Der gebräuchliche Begriff des Data Mining fokus-

[428] Vgl. Altenkrüger et al. (1992), Wissensbasierte Systeme, S. 220–224.

[429] Vgl. Liu et al. (2014), Categorization and Construction of Rule-Based, S. 186–187.

[430] I.A.a. Altenkrüger et al. (1992), Wissensbasierte Systeme, S. 221–223.

[431] Fayyad et al. (1996), Advances in Knowledge Discovery and Data Mining.

siert in diesem Kontext den eigentlichen Prozess der Datenanalyse, wobei u.a. die Datenvorbereitung und -interpretation nicht erfasst wird.[432] Insbesondere bei der Datenanalyse stammen die angewandten Methoden üblicherweise aus der Statistik oder dem Maschinellen Lernen (ML), mithilfe dessen sehr große Datenmengen zu vertretbaren Aufwänden untersucht werden können[433].

Das Maschinelle Lernen als KI-Teilgebiet befasst sich nach CARBONELL et al. mit der „Untersuchung und rechnergestützten Modellierung von Lernprozessen in ihren vielfältigen Erscheinungsformen"[434]. Demnach steht der Oberbegriff des Maschinellen Lernens für die Wissensgenerierung aus vorhandenen Datensätzen, die als Trainingsdaten bezeichnet werden. Anhand der Trainingsdaten wird mittels ML-Techniken ein statistisches Modell abgeleitet wird, das zur Klassifizierung oder Vorhersage neuer Daten angewandt werden kann.[435] Je nach angewandten ML-Techniken lassen sich die Lernsysteme nach drei bedeutsamen Dimensionen einordnen: zugrundeliegende Lernstrategie, Art des akquirierten Wissens und Anwendungsgebiet. Bei den Lernstrategien wird unterschieden, zu welchem Umfang das Lernsystem die gegebenen Informationen verarbeiten muss und eigene Inferenzfähigkeiten erforderlich sind. Daher definiert die Lernstrategie im Rückschluss auch, welche Aufwände zur Anleitung des Lernsystems notwendig sind. Das vom Lernsystem akquirierte Wissen kann in vielfältigen Formen dargestellt werden. Möglich sind u.a. parametrische Darstellungen in algebraischen Ausdrücken, Entscheidungsbäume, formale Logiken, Graphen oder auch Regeln.[436]

Anhand der Art des akquirierten Wissens werden ML-Techniken symbolischen und nicht-symbolischen Ansätzen zugeordnet. Symbolische Ansätze zeichnen sich durch Berechenbarkeit und Interpretierbarkeit aus. Typische Beispiele hierfür sind Entscheidungsbäume oder Graphen, da diese Wissensmodelle von Menschen nachvollzogen und überprüft werden können. Im Gegensatz dazu wird bei nicht-symbolischen Ansätzen wie neuronalen Netzen das akquirierte Wissen nur implizit repräsentiert.[437] Symbolische Ansätze eignen sich dabei besonders für regelbasierte Systeme, indem das akquirierte Wissens zur Regelerzeugung genutzt wird. Dafür können Entscheidungsbäume oder vergleichbare Darstellungsformen in Regeln umgewandelt werden.[438] Ebenso kann das akquirierte Wissen mit geeigneten ML-Techniken direkt in Regelform dargestellt werden. ALTENKRÜGER et al. bezeichnen die ML-unterstützte Regelerzeugung dabei auch als Regelinduktion.[439] Allgemein

---

[432] Vgl. Beierle et al. (2019), Methoden wissensbasierter Systeme, S. 145.
[433] Vgl. Ertel (2017), Introduction to Artificial Intelligence, S. 180.
[434] Carbonell et al. (1983), An Overview of Machine Learning, S. 3.
[435] Vgl. Ege et al. (2021), Semantische Datenintelligenz im Einsatz, S. 8.
[436] Vgl. Carbonell et al. (1983), An Overview of Machine Learning, S. 7–13.
[437] Vgl. Döbel et al (2018), Maschinelles Lernen, S. 22–23.
[438] Vgl. Beierle et al. (2019), Methoden wissensbasierter Systeme, S. 109.
[439] Vgl. Altenkrüger et al. (1992), Wissensbasierte Systeme, S. 223.

kann die Anwendung von Lernalgorithmen zur automatisierten Regelerzeugung für regelbasierte Systeme mit dem Begriff des regelbasierten Maschinellen Lernens (engl.: Rule-Based Machine Learning) beschreiben werden.

Das regelbasierte Maschinelle Lernen hat in der aktuellen Forschung eine besondere Bedeutung für die Entscheidungsfindung in dynamischen Systemen erreicht. Dazu wurden „Recommender Systems" in verschiedenen Bereichen, darunter Website-Navigation, Verkaufsförderung und Analyse von Benutzerpräferenzen, entwickelt. In diesen Bereichen ist ein großer und möglich redundanzfreier Regelsatz erforderlich, um angepasst an sich entwickelnde Benutzerpräferenzen passende Empfehlungen aussprechen zu können.[440] Den Regelsätzen sollen dabei nicht nur Regeln durch Erzeugung hinzugefügt werden. Auch kann es erforderlich sein, Regeln zu entfernen, zu verallgemeinern oder zu spezialisieren. Bei der Komposition von Regeln werden sequentiell angewandte Regeln zusammengefasst, um die Regelprüfung bei der Ausführung zu vereinfachen.[441] Zur Erstellung umfangreicher Regelsätze werden vorwiegend die spezialisierten Algorithmen „FP Growth" und „Apriori" als ML-Techniken eingesetzt. Praktische Herausforderungen ergeben sich dadurch, dass die erstellten Regelsets häufig redundant ineffektiv sind. Typischerweise sind die erzeugten Regeln auch nicht ausreichend an den Anwendungsfall adaptiert. Daher ist die manuelle Intervention durch Domänenexperten erforderlich, sodass noch keine Eignung für dynamische Umgebungen besteht.[442] Daher erscheint die vollständig automatisierte Regelerzeugung unrealistisch[443], sodass noch weiterführende Forschung zum regelbasierten Maschinellen Lernen notwendig ist.

ML-Techniken bieten das Potenzial, die Wissensbasis von regelbasierten Systemen durch die Anreicherung mit neuen Regeln automatisiert zu erweitern. Damit wird der Einsatz von umfangreicheren Regelsets bei reduzierten manuellen Arbeitsaufwände ermöglicht. Ebenso kann ungenaues oder unvollständiges Expertenwissen ergänzt und Regeln aktualisiert werden. Insgesamt könnten damit Schwachstellen adressiert werden, die sich bei Anwendung des regelbasierten Ansatzes zur Automatisierung von Fabrikplanungsprozessen ergeben. Jedoch werden ähnliche Herausforderungen wie in der Forschung zum regelbasierten Maschinellen Lernen erwartet. Daher sollte die Regelerzeugung in der Fabrikplanung von Domänenexperten überwacht werden, indem die Regeln manuell überprüft und optimiert werden.

---

[440] Vgl. Jabla et al. (2022), Automatic Rule Generation for Decision-Making, S. 2.

[441] Vgl. Carbonell et al. (1983), An Overview of Machine Learning, S. 11–12.

[442] Vgl. Jabla et al. (2022), Automatic Rule Generation for Decision-Making, S. 2–3.

[443] Vgl. Altenkrüger et al. (1992), Wissensbasierte Systeme, S. 223.

3.3.5 Beurteilung der Anwendbarkeit für die Fabrikplanung

Die vorgestellten Ansätze zur Weiterentwicklung der regelbasierten Planungsautomatisierung werden als wesentliche Bausteine zur Umsetzung einer intelligenten Entscheidungsunterstützung in der Digitalen Fabrik beurteilt. Durch deren integrierte Anwendung soll den bisherigen Defiziten bestehender Ansätze innerhalb der Fabrikplanung entgegengewirkt werden. Mithilfe der Semantic-Web-Technologien können nicht nur maschineninterpretierbare Informationssysteme realisiert werden, sondern auch die Voraussetzungen zur Umsetzung eines integrierten regelbasierten Ansatzes geschaffen werden. Entsprechend soll auch bei wechselnden Planungsanforderungen und in unterschiedlichen Fabrikplanungsprojekten auf Basis des regelbasierten Schließens eine Planungsautomatisierung möglich sein, die in Form eines Expertensystems Fabrikplanende unterstützt. Mithilfe der Regelinduktion durch symbolische ML-Techniken soll die Erweiterung der zugrundeliegenden Regelbasis automatisiert werden, um den regelbasierten Ansatz langfristig und mit reduzierten Implementierungsaufwänden einsetzen zu können.

Das regelbasierte Schließen bietet für die Automatisierung von Fabrikplanungsprozessen eine potentiell größere Eignung als konkurrierende Ansätze aus der Künstlichen Intelligenz. Mithilfe von regelbasierten Systemen können Planungsergebnisse über die definierten Regeln direkt und somit exakt sowie schnell berechnet werden. Durch die explizite und verständliche Repräsentation der zugrundeliegenden Konzepte, Beziehungen und Regeln können durchgeführte Schlussfolgerungen nachvollzogen werden, wodurch das Vertrauen in die Planungsergebnisse gesteigert wird. Zwar ist die Modellierung des fabrikplanerischen Domänenwissens vor dessen Anwendung erforderlich, wodurch hohe Implementierungskosten erwartet werden. Allerdings ist so die Anwendung des regelbasierten Ansatzes auch bei individuellen Planungsaufgaben über eine Vielfalt von Fabrikplanungsprojekten möglich. Im Gegensatz dazu erfordert der konkurrierende KI-Ansatz des Maschinellen Lernens die Verfügbarkeit von umfangreichen Trainingsdaten, um ein statistisches Modell (z.B. ein neuronales Netz) zur Korrelation von Ausgangsinformationen zu Planungsergebnissen zu erzeugen[444], wie Abbildung 3-28 als Übersicht zeigt. Typischerweise sind die Daten der tatsächlichen Planungsprozesse nicht ausreichend verfügbar und aufgrund deren Heterogenität nicht zu verarbeiten. Die Komplexität von Fabrikplanungsprojekten und die zugehörigen Planungsaufgaben fordern größere Mengen an Trainingsdaten, um eine ausreichende Genauigkeit des statistischen Modells zu gewährleisten. Dabei ist es gerade die Verfügbarkeit von großen Datenmengen, die das Maschinellen Lernen in anderen Anwendungsfällen zu großen Erfolgen führt[445]. Dementsprechend sind die Vorteile des Maschinellen Lernens allein in der Erfassung komplexerer Zusammenhänge, die nicht über einfache Richtlinien expliziert werden können, zur Automatisierung von Fabrikplanungsprozessen nicht nutzbar. Gleichwohl sollten symbolische ML-Techniken zur Regelinduktion

444 Vgl. Ege et al. (2021), Semantische Datenintelligenz im Einsatz, S. 13–15.

445 Vgl. Russell et al. (2016), Artificial Intelligence, S. 27–28.

untersucht werden, um das regelbasierte Schließen in Expertensystemen zu ergänzen und den notwendigen, aufwändigen Prozess der Regelerzeugung zu unterstützen.

KI-Ansatz	**Regelbasiertes Schließen**	**Maschinelles Lernen**
Leitgedanke	**„Teach them what to know"**	**„Learning from experience"**
Funktionsweise	Schlussfolgern mithilfe expliziter Repräsentationen von Konzepten, Beziehungen und Regeln der relevanten Wissensdomäne	Korrelation von Eingangs- und Ausgangsdaten mit statistischen Modellen, die auf Basis von Trainingsdaten generiert sind

Abbildung 3-28: Regelbasiertes Schließen im Vergleich zum Maschinellen Lernen

Aufgrund der technologischen Entwicklungen in den Ansätzen zur Weiterentwicklung der regelbasierten Planungsautomatisierung ergeben sich zum jetzigen Zeitpunkt die Voraussetzungen für eine erfolgreiche Anwendung in der Digitalen Fabrik. Die Grundidee des Semantic Web wurde zwar bereits in den 1990er von Berners-Lee vorgestellt[446], jedoch wurden die zugehörigen Semantic-Web-Technologien erst in den folgenden Jahren entwickelt, wodurch sich die Forschungsarbeiten am Semantic Web erst um die 2010er Jahre intensivierten[447]. Ebenso bleibt die Anwendung in praktischen Anwendungsfällen hinter der grundlegenden Forschung zurück, die sich auf Formalismen der Wissensrepräsentation fokussiert. Schlussfolgerungs- und Verarbeitungsmechanismen, die mit regelbasierten Ansätzen umgesetzt werden können, rücken heutzutage erst vermehrt in den Forschungsfokus.[448] Gleichzeitig ist die Anwendung des Maschinellen Lernens notwendig, um die Regelerzeugung effizient zu gestalten und somit die Praktikabilität des regelbasierten Schließens zur Automatisierung von Fabrikplanungsprozessen erst gewährleisten zu können. Der aktuelle Stand der Forschung zum regelbasierten Maschinellen Lernen steht trotz jüngster Fortschritte allerdings noch vor diversen Herausforderungen in der praktischen Umsetzung. Ergänzt werden diese technologischen Entwicklungen zur Weiterentwicklung der regelbasierten Planungsautomatisierung durch verbesserte Rechnerkapazitäten, sowohl in Bezug auf verfügbare Datenspeicher als auch Rechengeschwindigkeiten. Hierdurch werden Konzepte wie der digitale Fabrikzwilling technisch umsetzbar, wodurch die notwendigen Informationsgrundlagen in der Fabrikplanung geschaffen werden. Demnach unterstreicht der gegenwärtige Entwicklungsstand die notwendige Weiterentwicklung der regelbasierten Planungsautomatisierung, die im folgenden Unterkapitel als Forschungsbedarf aus Sicht der Theorie herausgearbeitet wird.

[446] Vgl. Berners-Lee et al. (2001), The Semantic Web.

[447] Vgl. Rejeb et al. (2022), Semantic Web and Interoperability, S. 7.

[448] Vgl. Gandon (2018), Research on Semantic Web and Linked Data, S. 28–29.

3.4 Forschungsbedarf aus Sicht der Theorie

Die Vorarbeiten im Bereich der intelligenten Entscheidungsunterstützung heben innerhalb ihrer spezifischen Problemstellungen die Potentiale des regelbasierten Schließens für die Automatisierung von Fabrikplanungsprozessen hervor. Da bisher jedoch kein Ansatz die umfassende Anwendung einer regelbasierten Planungsautomatisierung beschreibt, ist eine Weiterentwicklung erforderlich. Die Forschungshypothese lautet, dass dazu die aktuellen technologischen Entwicklungen aus dem Bereich der Semantic-Web-Technologien, der regelbasierten Systeme, der Expertensysteme und dem Maschinellen Lernen gezielt eingesetzt werden müssen. Folglich liegt der Forschungsbedarf darin, zu untersuchen, wie die vorgestellten Ansätze zur Weiterentwicklung der regelbasierten Planungsautomatisierung für die fabrikplanungsspezifische Anwendung genutzt werden können. Das Ziel der Arbeit ist demnach die Bewertung der Eignung der regelbasierten Planungsautomatisierung für die Fortentwicklung der intelligenten Entscheidungsunterstützung in der Digitalen Fabrik. Gemäß der für diese Arbeit gewählten Forschungsmethodik soll dazu ein regelbasiertes Expertensystem als Lösungsartefakt erarbeitet werden, welches sich der Lösungsmöglichkeiten der Semantic-Web-Technologien und dem Maschinellen Lernen bedient. Anhand dieses Lösungsartefakts soll die Eignung der regelbasierten Planungsautomatisierung für die Fortentwicklung der intelligenten Entscheidungsunterstützung in der Digitalen Fabrik bewertet werden.

Dazu ist in der Hauptsache zu klären, wie das prozessuale Domänenwissen der Fabrikplanung, also das Wissen über die Durchführung der Fabrikplanungsprozesse zur Nutzung in regelbasierten Expertensystemen abgebildet werden kann. Die Abbildung dieses dem Fabrikplanenden implizit bekannten Wissens muss vollständig und maschineninterpretierbar sein, damit über das regelbasierte Schließen eine Automatisierung des Fabrikplanungsprozesses möglich ist. Weiterhin soll geprüft werden, ob die Abbildung des Domänenwissens zur Erweiterung von bestehenden Arbeiten zur Strukturierung von Fabrikplanungsprozessen auf dem Aachener Fabrikplanungsvorgehen basieren sollte. Während dort bereits anhand der Modullandkarte eine Aufgliederung von Planungsmodulen in Planungsinkremente dargestellt wird, erscheint eine weitere Zerlegung der Planungsinkremente in ihre Bestandteile erforderlich, die über Regeln zu beschreiben sind. Im Ergebnis soll die automatische Berechnung von Planungsergebnissen für Fabrikplanende den Nutzen einer intelligenten Entscheidungsunterstützung in der Digitalen Fabrik steigern und somit den Hemmnissen entgegenwirken, die eine industrielle Anwendung behindern.

Demnach wird die übergeordnete Forschungsfrage wie folgt formuliert:

Wie kann das prozessuale Domänenwissen der Fabrikplanung maschineninterpretierbar abgebildet werden, um Planungsergebnisse automatisch zu bestimmen?

Insgesamt liegt der Fokus der Arbeit auf der Wissensabbildung, die das zentrale Element klassischer wissensbasierter Systeme darstellt, vgl. Abbildung 3-29. Für die Modellierung der zu erstellenden Wissensbasis mit Fakten und Regeln soll auch der Wissenserwerb untersucht werden. Die Wissensverarbeitung soll anhand des regelbasierten Schließens von Planungsergebnissen mit dem zu entwickelnden regelbasierten Expertensystem erforscht werden. Im Gegensatz dazu stellt die Gestaltung der Schnittstelle zu Nutzer:innen, also Fabrikplanenden, die durch das regelbasierte Expertensystem unterstützt werden sollen, wie auch die Untersuchung der zu verwendenden Wissensquellen keinen Forschungsschwerpunkt dar.

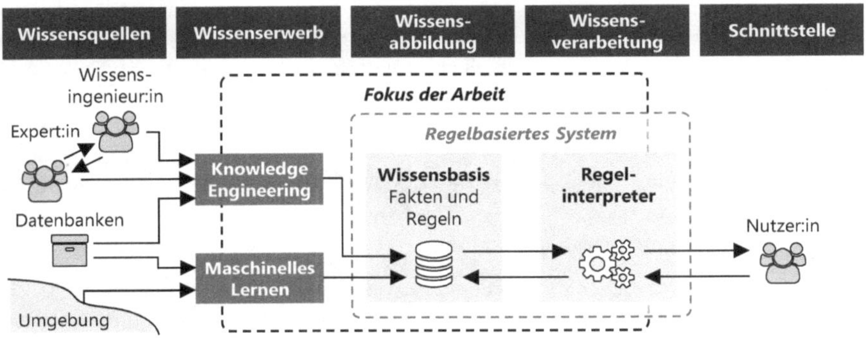

Abbildung 3-29: **Einordnung der vorliegenden Arbeit im Kontext der Struktur klassischer wissensverarbeitender Systeme**[449]

Der erwartete Erkenntnisgewinn liegt in der Explizierung von Fabrikplanungsprozessen zur Anwendung des regelbasierten Schließens, um eine intelligente Entscheidungsunterstützung in der Digitalen Fabrik zu ermöglichen. Die Realisierung von Expertensystemen und deren Integration in bestehende Planungswerkzeuge stellt einen übertragbaren praktischen Nutzen dar, da so in Fabrikplanungsprojekten die Effizienz in iterativen Fabrikplanungsprozessen gesteigert werden soll. Darüber hinaus wird durch die Beschreibung des prozessualen Domänenwissens ein wesentlicher Beitrag zur Vereinheitlichung des Verständnisses in der Fabrikplanung erwartet. Schließlich sollen die Anwendungsfelder und -potentiale der KI-Forschung in der Fabrikplanung präzisiert werden, sodass zukünftige Entwicklungen der Digitalen Fabrik handlungsorientiert beraten werden können. Daher richten sich die zu erlangenden Erkenntnisse sowohl an Fabrikplanende als auch an Softwareentwickler:innen von Planungswerkzeugen der Digitalen Fabrik.

---

[449] I.A.a. Ertel (2017), Introduction to Artificial Intelligence, S. 19.

4 Konzipierung des regelbasierten Expertensystems

> *"Simple, clear purpose and principles give rise to complex intelligent behavior. Complex rules and regulations give rise to simple stupid behavior."*
>
> *– Dee Hock, Founder of Visa*

Um das übergeordnete Ziel dieser Arbeit, die Bewertung der Eignung der regelbasierten Planungsautomatisierung für die Fortentwicklung der intelligenten Entscheidungsunterstützung in der Digitalen Fabrik, zu erreichen, soll ein regelbasiertes Expertensystems als Lösungsartefakt entwickelt werden. Daher wird in diesem Kapitel zunächst ein regelbasiertes Expertensystem konzipiert, womit die Grundlage für dessen Umsetzung geschaffen wird. Dazu werden in Kapitel 4.1 die Anforderungen an das regelbasierte Expertensystem gemäß des Requirements Engineerings abgeleitet und Rahmenbedingungen festgelegt. In Kapitel 4.2 wird die Struktur des regelbasierten Expertensystems als Kernergebnis der Konzipierung präsentiert. Schließlich werden in Kapitel 4.3 die Methoden zur Ausarbeitung des regelbasierten Expertensystems vorgestellt, womit der Zusammenhang zum Kapitel 5 hergestellt wird, in dem das regelbasierte Expertensystem für eine ausgewählte Fabrikplanungsaufgabe software-technisch umgesetzt wird.

4.1 Anforderungen an das Lösungsartefakt

Um die Zielorientierung während der Konzipierung und nachfolgenden Ausarbeitung sicherzustellen, werden zunächst die Anforderungen an das regelbasierte Expertensystem als zu untersuchendes Lösungsartefakt analysiert. Die Anforderungen leiten sich von dem Forschungsbedarf zur regelbasierten Planungsautomatisierung ab, um die Herausforderungen und Defizite aus der Praxis und der Theorie zu adressieren und die geforderte Problemrelevanz sicherzustellen. Dabei beziehen sich die Anforderungen auf das Lösungsartefakt, um die Überprüfung der Zielerreichung sowie eine Evaluierbarkeit zu ermöglichen. Daher trägt die Anforderungsdefinition zur Nachvollziehbarkeit in der Lösungserarbeitung bei und stellt Akzeptanzkriterien für die Bewertung des Forschungsergebnisses dar. Nach HEVNER ET AL. wird mit dem Fokus auf die Wirksamkeit der Anwendung ein eindeutiger Forschungsbeitrag erwirkt[450]. Gleichzeitig ist vor dem Hintergrund der software-technischen Umsetzung des Lösungsartefakts nach PRECHELT das Forschungsergebnis an seiner Nützlichkeit zu messen[451]. Somit zielen die Anforderungen auf die Anwendbarkeit des Lösungsartefakts ab, um die Eignung regelbasierter Systeme für die Automatisierung der Fabrikplanung zu untersuchen.

---

[450] Vgl. Hevner et al. (2004), Design Science in Information Systems, S. 87.

[451] Vgl. Prechelt (1999), Softwaretechnik-Forschung.

Das Lösungsartefakt stellt als regelbasiertes Expertensystem ein Artefakt dar, welches als Ergebnis einer Softwareentwicklung verstanden wird. Die Softwareentwicklung wird allgemein in das Spezifizieren und Konstruieren untergliedert. Das Spezifizieren ist auch als Anforderungsdefinition bekannt und bezeichnet alle Tätigkeiten, die eine Lösungserarbeitung unter Berücksichtigung von Anwenderbedürfnissen und -wünschen unterstützt.[452] Diese Tätigkeiten werden auch in der deutschsprachigen Literatur fast ausschließlich mit dem englischen Begriff des Requirements Engineering bezeichnet[453], welches als Rahmenwerk für das systematische Vorgehen zur Anforderungsdefinition dient[454] und in dieser Arbeit angewandt wird.

Zur Anforderungsdefinition empfiehlt BALZERT zunächst die Vision und die Ziele des zu entwickelnden Systems aufzustellen. Damit kann ein Abgleich der Anforderungen mit der Vision und den Zielen erfolgen, um deren Beitrag zur Zielerreichung zu hinterfragen. Die Vision beschreibt dabei die Vorstellung der gewünschten Zukunft, die folgend in den formulierten Zielen verfeinert und operationalisiert wird. Zusätzlich zu den abgeleiteten Anforderungen werden Rahmenbedingungen festgelegt, mit denen die organisatorischen und technischen Restriktionen für das Lösungsartefakt oder dessen Erarbeitung erfasst werden.[455] Abbildung 4-1 präsentiert die Vorgehensweise im Überblick mit der Vision und den Zielen des regelbasierten Expertensystems, die im Folgenden die Anforderungsdefinition strukturieren.

[452] Vgl. Balzert (2009), Softwaretechnik, S. 22.

[453] Vgl. ebd., S. 434.

[454] Vgl. Loucopoulos et al. (1995), Systems Requirements Engineering, 1ff.

[455] Vgl. Balzert (2009), Softwaretechnik, S. 456–459.

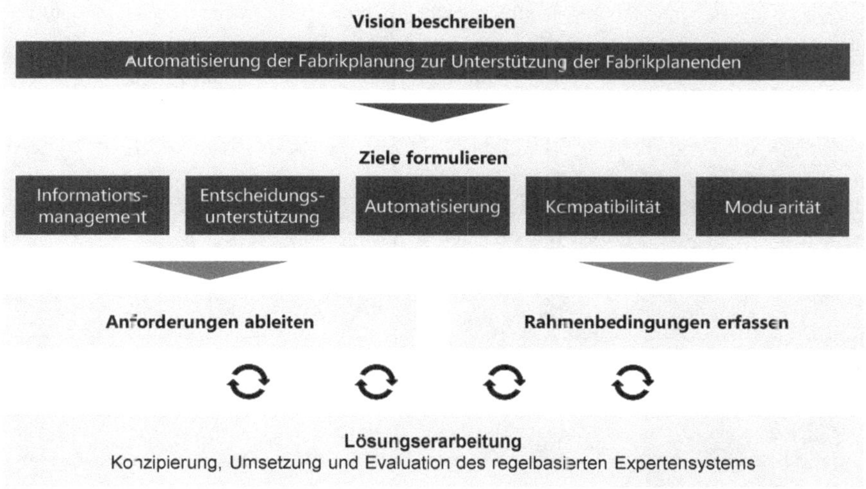

Abbildung 4-1: Vorgehensweise der Anforderungsdefinition[456] mit Visionsbeschreibung und Zielformulierung

Während der Lösungserarbeitung wurden die Anforderungen gemäß eines entwicklungsbegleitendem Requirements Engineerings[457] iterativ erweitert und konsolidiert. Insbesondere die inhaltlichen Anforderungen wurden im Rahmen der Entwicklung des Lösungsartefakts gemäß den Forschungszyklen der Design Science Research kontinuierlich überprüft und nach Bedarf angepasst. Das in diesem Unterkapitel vorgestellte Anforderungsprofil stellt dementsprechend das abschließende Ergebnis der Anforderungsdefinition dar.

4.1.1 Vision der automatisierten Fabrikplanung

Die Vision soll als Leitgedanke in der Lösungserarbeitung dienen und leitet sich aus dem Entwicklungsbedarf aus Sicht der Praxis ab (vgl. Kapitel 2.3). Zur Bearbeitung von Planungsaufgaben setzen Fabrikplanende zunehmend Planungswerkzeuge ein[458], die jedoch aufgrund individueller Fabrikplanungsprojekte nicht immer effektiv angewandt werden können. Weiterhin sind die Planungs-

---

[456] I.A.a. Balzert (2009), Softwaretechnik, S. 456.

[457] Vgl. ebd., S. 449–453.

[458] Vgl. Hirsch et al. (2010), Digitale Werkzeuge in der Fabrikplanung, S. 151.

werkzeuge unzureichend vernetzt und mangeln an Interoperabilität, sodass Automatisierungsumfänge gering sind. Da noch keine intelligente Entscheidungsunterstützung in der Digitalen Fabrik existiert, kennzeichnen sich Fabrikplanungsprozesse durch einen hohen Anteil manueller Arbeitsprozesse[459].

Zukünftig soll die Wirtschaftlichkeit der Digitalen Fabrik weiter gesteigert werden. Positive Effekte wie die Reduzierung von Planungszeiten, die Vermeidung von Planungsfehlern und die Steigerung der Planungsqualität, die heutzutage schon erreicht werden[460], müssen daher zusätzlich verstärkt werden. Mit einem Automatisierungsfokus lautet die Vision folglich:

Fabrikplanungsprozesse sind so zu automatisieren,
dass manuelle Eingriffe durch Fabrikplanende auf ein Minimum reduziert werden.

Durch die Automatisierung der Fabrikplanungsprozesse werden repetitive Arbeitsaufwände vermieden. Fabrikplanende sollen lediglich dann eingreifen, wenn Erfahrungswissen für die korrekte Durchführung der Fabrikplanungsprozesse zwingend erforderlich ist. Insbesondere soll bei geänderten Planungsdaten durch wiederholt durchgeführte Berechnungen eine schnelle Neuplanung ermöglicht werden und mit intelligenter Berechnungslogik auf die unterschiedlichen Projektcharakteristika eingegangen werden. Somit unterstützt die automatisierte Fabrikplanung die Iteration von Planungsaufgaben, die bei geänderten Voraussetzungen und abhängig vom Reifegrad der Planungsinformationen erforderlich ist. Die Integration in vorhandene Planungswerkzeuge oder der Anschluss als eigenständiges Werkzeug an eine Integrationsplattform stellt die Kompatibilität mit der kollaborativen Planung sicher. Schließlich wird mit einer in Echtzeit verfügbaren, eindeutigen Informationsgrundlage die Informationstransparenz gesteigert.

4.1.2 Ziele des regelbasierten Expertensystems

Das zu entwickelnde regelbasierte Expertensystem ist das Lösungsartefakt zur Erfüllung der Vision der automatisierten Fabrikplanung. Davon ausgehend sind die Ziele des regelbasierten Expertensystems abgeleitet. Dabei sind die Ziele gemäß der von POHL aufgeführten Leitlinien[461] formuliert und in Abbildung 4-2 dargestellt.

[459] Vgl. Pawellek (2014), Ganzheitliche Fabrikplanung, S. 357.
[460] Vgl. Bracht et al. (2009), Die Digitale Fabrik ist Realität, S. 650.
[461] Vgl. Pohl (2007), Requirements Engineering, S. 100–105.

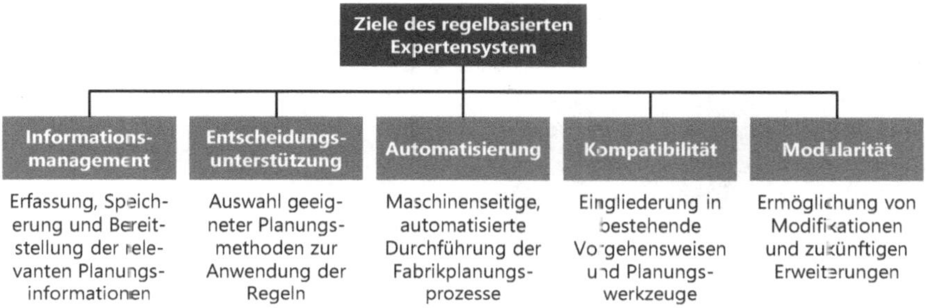

Abbildung 4-2: Übersicht der Ziele des regelbasierten Expertensystems

Die Grundlage des regelbasierten Expertensystems stellt ein Informationsmanagement dar, das die relevanten Planungsinformationen erfassen, speichern und bereitstellen kann. Dazu werden alle für den Fabrikplanungsprozess erforderlichen Daten aus verschiedenen Quellen integriert und strukturiert gespeichert, sodass eine gezielte Informationsbereitstellung für Fabrikplanende möglich ist. Der Mehrwert liegt hierbei ebenso in der Verfügbarkeit präziser und aktueller Planungsinformationen, die vom regelbasierten System zur Erreichung einer Entscheidungsunterstützung verarbeitet werden. Dafür werden vorliegende Planungsinformationen bewertet, sodass die geeigneten Planungsmethoden ausgewählt werden. Unter Anwendung der entsprechenden Regeln können so neue Planungsinformationen geschlussfolgert werden, um Planungsergebnisse auch in unterschiedlichen Fabrikplanungsprojekten zu ermitteln. Wichtig ist dass die Fabrikplanungsprozesse vom regelbasierten Expertensystem automatisiert durchgeführt werden. So können Fabrikplanende von wiederholten Planungsaufwänden befreit werden und sich auf kreativere und strategischere Aspekte ihrer Arbeit konzentrieren. Infolgedessen werden menschliche Fehler verringert und die Effizienz in Fabrikplanungsprozessen gesteigert.

Entscheidend für den erfolgreichen praktischen Einsatz des regelbasierten Expertensystems ist die Akzeptanz unter Fabrikplanenden, die durch die Kompatibilität mit vorhandenen Arbeitsprozessen sichergestellt wird. Daher muss eine Eingliederung in bestehende Vorgehensweisen möglich sein, wozu sich das regelbasierte Expertensystem nahtlos in bestehende IT-Infrastrukturen einfügen und mit anderen Planungswerkzeugen interagieren soll. Auf diese Weise werden Konflikte im Vorhinein vermieden und Einführungshürden gemindert. Ähnlich soll das regelbasierte Expertensystem auch so gestaltet sein, dass es leicht modifiziert und erweitert werden kann. Dadurch wird auch in einer sich schnell entwickelnden Umgebung die Flexibilität und Skalierbarkeit sichergestellt.

4.1.3 Abgeleitete Anforderungen

Basierend auf den Zielen werden die Anforderungen abgeleitet, welche die Eigenschaften festlegen, die von dem regelbasierten Expertensystem als Softwaresystem erwartet werden[462]. Dabei werden funktionale und nicht-funktionale Anforderungen unterschieden. Funktionale Anforderungen beschreiben eine durch das System bereitzustellende Funktionalität[463], die auch mittels Domänenmodellen oder Darstellungsformen wie Sequenzdiagrammen definiert werden können[464]. Nicht-funktionale Anforderungen sind hingegen Qualitätsanforderungen, die beschreiben, „wie gut" Funktionalitäten erfüllt werden und zielen somit auf die Beschaffenheit des Systems ab[465]. Daher adressieren nicht-funktionale Anforderungen bspw. Aspekte wie Kosten, Sicherheit und Skalierbarkeit[466]. Nicht-funktionale Anforderungen rechtfertigen somit Entwicklungsentscheidungen, die einschränken, auf welche Art und Weise die erforderlichen Funktionalitäten realisiert werden können[467].

In der folgenden Anforderungsanalyse werden funktionale Anforderungen fokussiert, da das regelbasierte Expertensystem unter der Voraussetzung entwickelt wird, dass forschungsmethodisch die Eignung der regelbasierten Planungsautomatisierung untersucht werden soll. Aus einer Kosten-Nutzung-Rechnung im Sinne eines Value-Based Software Engineerings heraus werden Qualitätsanforderungen, die sich eher auf ein vertreibbares Endanwender-Produkt beziehen, wie z.B. Anwenderfreundlichkeit, zurückgestellt[468]. Weiterhin wurden die Anforderungen im Rahmen der Anforderungsbewertung auf Eindeutigkeit, Verständlichkeit, Konsistenz und Vollständigkeit überprüft[469] und mit dem praktischen Entwicklungsbedarf abgeglichen. Weiterhin müssen die Anforderungen an das regelbasierte Expertensystem überprüfbar sein, um dessen Konzipierung und Umsetzung zu evaluieren.

Informationsmanagement

Zum Informationsmanagement umfasst das regelbasierte Expertensystem ein Informationssystem, mit dem relevante Planungsinformationen erfasst, gespeichert und bereitgestellt werden. Die semantisch korrekte Informationsbeschreibung stellt dabei die Voraussetzung für die Entscheidungsunterstützung und dessen Automatisierung dar. Daher wurden für das Informationsmanagement folgende Anforderungen definiert:

---

[462] Vgl. Balzert (2009), Softwaretechnik, S. 455.

[463] Vgl. ebd., S. 456.

[464] Vgl. Meyer (2018), Softwareentwicklung, S. 25.

[465] Vgl. Pohl (2007), Requirements Engineering, S. 16.

[466] Vgl. Meyer (2018), Softwareentwicklung, S. 25–26.

[467] Vgl. Chung et al. (2009), Non-functional requirements, S. 366.

[468] Vgl. Biffl et al. (2006), Value-Based Software Engineering, S. 181–184.

[469] Vgl. Balzert (2009), Softwaretechnik, S. 475–477.

- **I-1 (Vollständigkeit der Planungsinformationen):** Das Informationssystem muss alle im Fabrikplanungsprozess relevanten Planungsinformationen unterstützen.
- **I-2 (Verschiedene Datentypen):** Die erforderlichen Datentypen zur Repräsentation aller Planungsinformationen müssen vollständig berücksichtigt werden.
- **I-3 (Maschineninterpretierbarkeit der Planungsinformationen):** Die Planungsinformationen müssen als semantische Wissensrepräsentation verfügbar sein, um Maschineninterpretierbarkeit bei der Informationsbereitstellung sicherzustellen.
- **I-4 (Projektübergreifendes Informationsmodell):** Das Informationssystem muss auf einem Informationsmodell basieren, das projektübergreifend gültig ist, um Planungsinformationen strukturiert zu speichern.
- **I-5 (Trennung allgemeingültiger und projektspezifischer Informationen):** Das projektübergreifende Informationsmodell muss allgemeingültige Informationen abbilden, die getrennt von projektspezifischen Informationen gespeichert sind.

Entscheidungsunterstützung

Anhand der vorliegenden Planungsinformationen müssen die Regeln geeigneter Planungsmethoden für einen situationsabhängigen Planungsablauf ausgewählt werden, um unter deren Anwendung Planungsergebnisse rechnerisch zu ermitteln. Somit ergeben sich folgende Anforderungen an die Entscheidungsunterstützung:

- **E-1 (Eindeutige Berechnung):** Neue Planungsinformationen müssen zur Ermittlung von Planungsergebnissen mathematisch eindeutig mittels definierter Regeln berechnet werden.
- **E-2 (Datengetriebene Inferenz):** Zur Ermittlung von Planungsergebnissen mittels datengetriebener Inferenz müssen ausführbare Regeln gemäß vorliegender Planungsinformationen identifiziert und vorwärtsverkettet angewandt werden.
- **E-3 (Situationsabhängiger Planungsablauf):** Zur Berücksichtigung unterschiedlicher Informationsreifegrade und Fabrikplanungsprojekte müssen Planungsmethoden für einen situationsabhängigen Planungsablauf ausgewählt werden.
- **E-4 (Nachvollziehbarkeit):** Die verfügbaren Regeln müssen den Fabrikplanungsprozess explizit beschreiben und durch Fabrikplanende interpretierbar sein, um die Nachvollziehbarkeit berechneter Planungsergebnisse zu gewährleisten.

Automatisierung

Damit die Entscheidungsunterstützung des regelbasierten Expertensystems die Effizienz in Fabrikplanungsprozessen steigert, ist eine Automatisierung der größten manuellen Aufwände erforderlich. Daher sind folgende Anforderungen an die Automatisierung abgeleitet:

- **A-1 (Automatisierte Entscheidungsunterstützung):** Die Ermittlung von Planungsergebnissen muss automatisiert erfolgen, um Fabrikplanende von der manuellen Durchführung der Fabrikplanungsprozesse zu befreien.
- **A-2 (Automatisierte Regelerzeugung):** Die automatisierte Erzeugung der anzuwendenden Regeln muss unterstützt werden, um initiale Umsetzungsaufwände für das Regelverzeichnis zu reduzieren und Regeln zu aktualisieren.

Kompatibilität

Um die Nutzbarkeit für Fabrikplanende zu steigern, muss das regelbasierte Expertensystem geeignete Schnittstellen aufweisen. Demzufolge dienen zur Sicherstellung der Kompatibilität mit vorhandenen Arbeitsprozessen folgende Anforderungen:

- **K-1 (Benutzerschnittstelle für Fabrikplanende):** Um Planungsinformationen eingeben und abfragen zu können, muss eine Benutzerschnittstelle für Fabrikplanende softwaretechnisch umsetzbar sein.
- **K-2 (Umsetzbarkeit einer Softwareschnittstelle):** Zur Integration in bestehende IT-Infrastrukturen und deren Planungswerkzeuge müssen Softwareschnittstellen zur bidirektionalen Kommunikation umsetzbar sein.

Modularität

Um das regelbasierte Expertensystem für unterschiedliche Planungsaufgaben anwenden können, muss dessen Modifizierbarkeit und Erweiterbarkeit durch eine modulare Struktur ermöglicht werden. In diesem Kontext sind folgende Anforderungen definiert:

- **M-1 (Modulares Informationssystem):** Unabhängig von der software-technischen Umsetzung des Informationssystems muss das zugrundeliegende Informationsmodell angepasst werden können.
- **M-2 (Modulares Regelverzeichnis):** Regeln müssen einem Regelverzeichnis hinzugefügt werden können, sodass die Entscheidungsunterstützung ohne zusätzliche Anpassung des Inferenzmechanismus erhalten bleibt.

4.1.4 Festgelegte Rahmenbedingungen

Rahmenbedingungen legen organisatorische oder technische Restriktionen für das regelbasierte Expertensystem und dessen Entwicklungsprozess fest[470]. Übergeordnet muss der Entwicklungsprozess der Forschungsmethodik gerecht werden, weshalb die Leitlinien der Design-Science-Forschung zu berücksichtigen sind[471]. Neben der Berücksichtigung bestehender Ansätze und wissenschaftlicher Grundlagen muss im Entwicklungsprozess besonders die Evaluierbarkeit des regelbasierten Expertensystems zur Bewertung der regelbasierten Planungsautomatisierung sichergestellt werden.

Als organisatorische Restriktion ist die Zielgruppe des regelbasierten Expertensystems als Fabrikplanender in der Rolle als Forscher:innen und Softwareentwickler:innen festgelegt. Keinesfalls muss das regelbasierte Expertensystem eine Softwareapplikation sein, dessen software-technische Implementierung zur kommerziellen Nutzung vertrieben werden kann. Jedoch erfolgt die Evaluierung anhand eines realitätsnahen industriellen Anwendungsfalls, um die zu erzielenden Erkenntnisse für eine breitere Zielgruppe nutzbar zu machen. Die Umsetzung des regelbasierten Expertensystems genügt für eine ausgewählte Planungsaufgabe. Dabei müssen das Lösungskonzept und die zugehörigen Methoden zur Lösungsausarbeitung jedoch auch auf andere Fabrikplanungsaufgaben anwendbar sein, um deren Allgemeingültigkeit zu begründen.

Die technischen Restriktionen sollen ein ausgewogenes Aufwand-Nutzen-Verhältnis im Entwicklungsprozess gewährleisten. Daher ist es nicht erforderlich, dass Benutzerschnittstellen mit einer graphischen Oberfläche bedient werden können, um die Anwenderfreundlichkeit der softwaretechnischen Implementierung zu steigern. Auch sind die Softwareschnittstellen so zu gestalten, dass die Kompatibilitätsanforderungen erfüllt werden, aber die Integration von Planungsinformationen aus externen Datenquellen nicht automatisch erfolgen muss. Somit wird die Interoperabilität abgesichert, die erforderlich ist, um in künftigen Erweiterungen die regelbasierte Planungsautomatisierung um andere Berechnungsverfahren zu ergänzen.

Zusammengefasst leiten die Anforderungen und Rahmenbedingungen an das regelbasierte Expertensystem als Lösungsartefakt dessen iterative Lösungserarbeitung an, die Konzipierung, Umsetzung und Evaluierung umfassen. Das Ergebnis der Konzipierung ist die konzeptuelle Struktur des regelbasierten Expertensystems, die im Folgenden vorgestellt wird.

---

[470] Vgl. Balzert (2009), Softwaretechnik, S. 459.

[471] Das forschungsmethodische Vorgehen wird in Kap. 1.2 begründet hergeleitet.

4.2 Konzeptuelle Struktur des Lösungsartefakts

Der Forschungsbedarf zur intelligenten Entscheidungsunterstützung in der Digitalen Fabrik zeigt, dass die Ansätze der regelbasierten Planungsautomatisierung weiterentwickelt werden müssen, um die Potentiale des regelbasierten Schließens für die Automatisierung von Fabrikplanungsprozessen zu bewerten. Folglich wird das regelbasierte Expertensystem gemäß den zuvor abgeleiteten Anforderungen erarbeitet, dessen konzeptuelle Struktur vom Aufbau regelbasierter Systeme hergeleitet wird. Das Lösungskonzept ist unter Hervorhebung der Informationsflüsse in Abbildung 4-3 präsentiert.

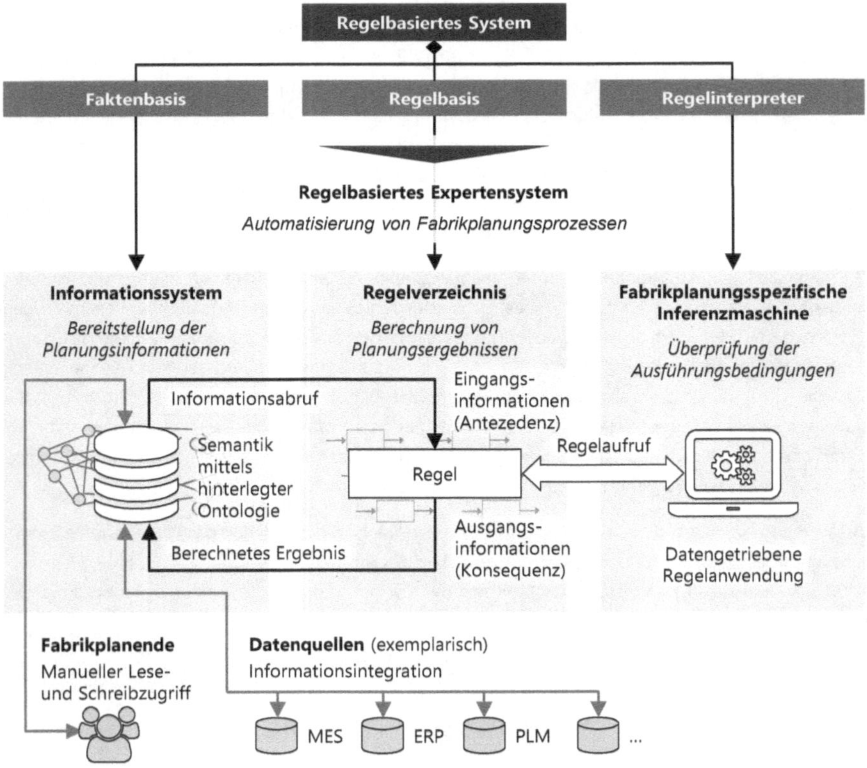

Abbildung 4-3: Herleitung der konzeptuellen Struktur des regelbasierten Expertensystems und der zugehörigen Informationsflüsse

Das regelbasierte Expertensystem setzt sich aus drei Komponenten zusammen, die analog zu den drei begründenden Komponenten regelbasierter Systeme definiert werden: dem Informationssystem als Faktenbasis, dem Regelverzeichnis als Regelbasis und der fabrikplanungsspezifischen Inferenzmaschine als Regelinterpreter.[472]

Das Informationssystem unterstützt die wissensorientierte Modellierung von Planungsinformationen in einer Graphdatenbank. Unter Anwendung von Semantic-Web-Technologien werden die zu repräsentierenden Konzepte und Beziehungen mittels einer fabrikplanungsspezifischen Ontologie beschrieben und zum einheitlichen Begriffsverständnis vernetzt. Diese Form der Wissensdarstellung basiert auf der Nutzung semantischer Metadaten zur Kontextualisierung der vorliegenden Planungsinformationen. Folglich wird die Maschineninterpretierbarkeit der Faktenbasis gesichert, die zur Anwendung des logischen Schließens erforderlich ist. In diesem Kontext zeigt sich, dass der Fokus des Informationssystems die Bereitstellung von Planungsinformationen ist. Dazu erfolgt die Informationsintegration über Schnittstellen mit verschiedenen Datenquellen, die fabrikplanungsrelevante Planungsinformationen enthalten. Somit werden isolierte Datensilos aufgehoben und eine eindeutige Informationsgrundlage geschaffen. Das Informationssystem bietet ebenfalls die Benutzerschnittstelle für Fabrikplanende, da über einen manuellen Lese- und Schreibezugriff die Planungsinformationen bearbeitet werden können.

Das Regelverzeichnis ist modular aufgebaut und umfasst die Summe an Regeln, mit denen das Domänenwissens über den Fabrikplanungsprozess abgebildet ist. Die Eingangs- und Ausgangsinformationen sind für jede Regel über die Ontologie des Informationssystems definiert und somit mit diesem verknüpft. Mit der Kombination von Regeln werden umfassendere Planungsmethoden modelliert, um gemäß der Modullandkarte des Aachener Fabrikplanungsvorgehens die Planungsinkremente sowie -module regelbasiert zu repräsentieren. Bei dem Aufruf von Regeln werden die berechneten Planungsergebnisse als neue Planungsinformationen in das Informationssystem zurückgeschrieben.

Die fabrikplanungsspezifische Inferenzmaschine überprüft, ob die korrekten Eingangsinformationen als Antezedenz einer Regel vorliegen, bevor die Regel ausgeführt werden kann. Durch den zusammenhängenden, aufeinanderfolgen Regelaufruf wird die datengetriebene Vorwärtsverkettung von Regeln ermöglicht. Zusammenfassend stellt die fabrikplanungsspezifische Inferenzmaschine im regelbasierten Expertensystems die Wissensverarbeitungskomponente dar, die vom Informationssystem und dem Regelverzeichnis als Wissensbasis getrennt ist. Erst durch die Wissensverarbeitung wird der Fabrikplanungsprozess automatisiert, sodass eine Entscheidungsunterstüt-

---

[472] Das Lösungskonzept wurde in einer vorherigen Entwicklungsiteration bereits als Korrespondenzautor veröffentlicht, vgl. Burggräf et al. (2023), Rule-based expert system for capacity planning.

zung für Fabrikplanende umgesetzt wird. Die Entscheidungsunterstützung wird anhand eines Beispiels in Abbildung 4-4 demonstriert, um die konzeptuelle Funktionsweise des regelbasierten Expertensystems zu veranschaulichen.

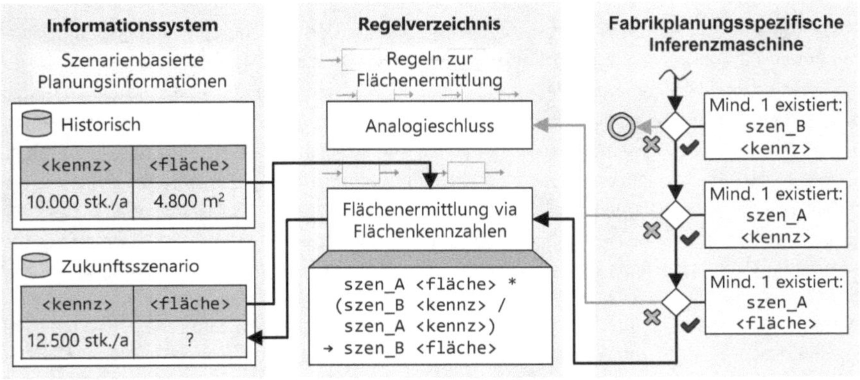

Abbildung 4-4: Demonstration der Entscheidungsunterstützung des regelbasierten Expertensystems am Beispiel der automatischen Flächenermittlung

Im Beispiel werden unvollständige Planungsinformationen innerhalb der Kapazitätsplanung für ein Zukunftsszenario situationsabhängig ermittelt. Zur Flächenbedarfsermittlung in frühen Planungsphasen wird je nach Informationsverfügbarkeit ein Analogieschluss oder die Methode der Flächenermittlung via Flächenkennzahlen angewandt. Die Berechnungsvorschriften sind für diese beiden Methoden allgemeingültig definiert und regelbasiert modelliert. Die Inferenzmaschine arbeitet zielgerichtet, indem die Ausführungsbedingungen systematisch überprüft werden, und somit die anwendbaren Regeln identifiziert werden. Hier kann mithilfe historischer Planungsinformationen über die Kennzahl der jährlichen Produktionsmenge der Flächenbedarf des Zukunftsszenarios ermittelt werden. Wie im Ablaufdiagramm dargestellt, wäre andernfalls eine manuelle Abschätzung erforderlich oder der Flächenbedarf per Analogieschluss zu berechnen. Das Beispiel zeigt, wie das prozessuale Domänenwissen zur Flächenermittlung über die Ablaufdiagramm und Berechnungsvorschriften regelbasiert abgebildet werden kann. Auf diese Weise soll den individuellen Planungssituationen in unterschiedlichen Fabrikplanungsprojekten entsprochen werden, sodass das regelbasierte Expertensystem eine intelligente Entscheidungsunterstützung für die Digitale Fabrik realisiert.

4.3 Methoden zur Ausarbeitung des Lösungsartefakts

Bevor eine Anwendung in ausgewählten Planungsaufgaben erfolgen kann, muss das regelbasierte Expertensystem umgesetzt werden. Zu diesem Zweck sind das Informationssystem, das Regelverzeichnis und die fabrikplanungsspezifische Inferenzmaschine so auszuarbeiten, dass eine softwaretechnische Implementierung erfolgen kann.

Zur Ausarbeitung der Komponenten des regelbasierten Expertensystems wurden geeignete Methoden definiert, vgl. Abbildung 4-5. Die Methodendefinition erfolgte unter Abgleich mit dem aktuellen Stand der Technik der Softwareentwicklung und den fabrikplanungsspezifischen Anforderungen. Demnach basiert das Informationssystem auf Ontologien, die mittels Ontology Engineering detailliert und UML-basiert modelliert werden. Die Regeln für das Regelverzeichnis werden mittels der Methode der Regelidentifizierung und -transformation erstellt und kombiniert mit IDEF0 als auch Aussagenlogik modelliert. Für die fabrikplanungsspezifische Inferenzmaschine werden Planungsabläufe strukturiert, indem die Methode zur Systematisierung vorliegender Planungsaufgaben angewandt wird. Damit werden die zugehörigen Planungsmethoden klassifiziert und deren Abhängigkeiten im Planungsablauf mit einer UML-basierten Modellierungssprache dargestellt.

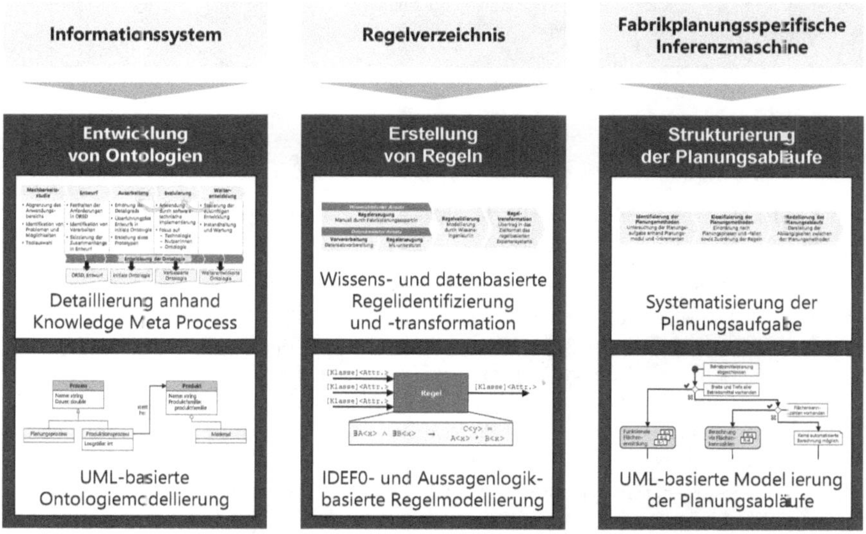

Abbildung 4-5: Übersicht der Methoden zur Ausarbeitung der Komponenten des regelbasierten Expertensystems

4.3.1 Entwicklung von Ontologien für das Informationssystem

Ziel des Informationssystems ist die Bereitstellung von Planungsinformationen, die unter Anwendung von Semantic-Web-Technologien semantisch korrekt als Domänenwissen repräsentiert werden müssen. Daher erfordert das Informationssystem eine Graphdatenbank, der fabrikplanungsspezifische Ontologien zugrunde liegen. Die Ontologien umfassen "terminological statements" (TBox), wohingegen Planungsinformationen als "assertional statements" (ABox) dargestellt werden und gemeinsam den Wissensgraphen bilden[473]. Für deren Entwicklung wird methodisch der fünfphasige Knowledge Meta Process aus dem Ontology Engineering nach SURE et al.[474] angewandt, vgl. Abbildung 4-6.

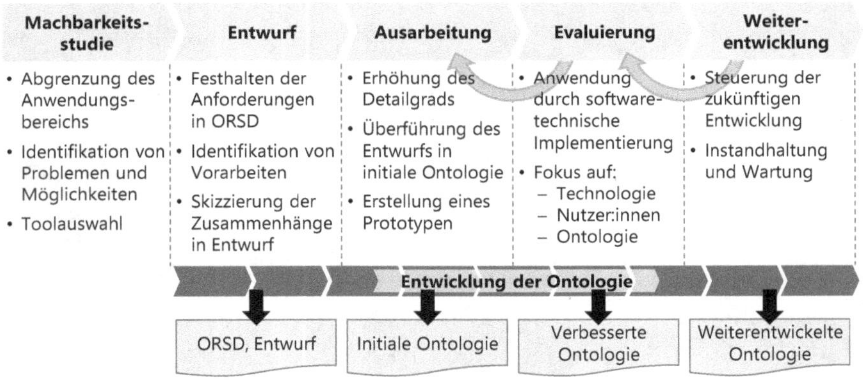

Abbildung 4-6: Entwicklung von Ontologien anhand des Knowledge Meta Process aus dem Ontology Engineering[475]

Zunächst wird im Rahmen einer Machbarkeitsstudie der Anwendungsbereich abgegrenzt, indem die fokussierte Planungsaufgabe beschrieben wird. Außerdem werden vorab die zur Ontologieentwicklung benötigten Softwarewerkzeuge ausgewählt. In der Entwurfsphase werden Anforderungen an die Ontologie in dem Ontology Requirements Specification Document (ORSD) zusammengefasst. Daraufhin können bestehende Ontologien als Vorarbeiten identifiziert und ein Entwurf der zu beschreibenden Zusammenhänge festgehalten werden, z.B. in Form von Mindmaps. In der folgenden Ausarbeitungsphase wird der Entwurf in eine UML-Notation überführt und ausdetailliert, indem weitere Konzepte ergänzt werden und Beziehungen sowie Attribute präzisiert werden. Aus Perspek-

[473] Vgl. Yahya et al. (2021), Semantic Web and Knowledge Graphs, S. 9.

[474] Vgl. Sure et al. (2009), Ontology Engineering Methodology, S. 138–143.

[475] I.A.a. ebd., S. 139.

tive der Fabrikplanung sollte hierzu semantisches Wissen aus Planungsdokumenten wie Tabellenkalkulationen oder vorhandenen Metadaten in CAD-Dateien gewonnen werden. In der Evaluierungsphase wird die Ontologie typischerweise in einen Ontologieeditor und somit in das OWL-Format übertragen, um die Ontologie in der Anwendung bewerten zu können. Dort liegt der Evaluierungsfokus auf den verwendeten Technologien, der Nutzungsperspektive als auch der Ausgestaltung der Ontologie selbst. Die Ausarbeitung und Evaluierung der Ontologie wird solange iteriert[476], bis die verbesserte Ontologie zur Anwendung kommen kann. In der letzten Phase wird die projektspezifische Weiterentwicklung der Ontologie gesteuert. Dazu muss insbesondere die Instandhaltung und Wartung der Ontologie berücksichtigt werden, um die Kompatibilität mit angrenzenden Anwendungsbereichen, z.B. aufgrund von zusammenhängenden Planungsaufgaben, sicherzustellen.

Zur Beschleunigung der Ontologieentwicklung sollen bestehende Ontologien wiederverwendet werden. Dadurch werden sowohl Entwicklungsaufwände reduziert als auch die Interoperabilität in der Anwendung der Ontologien gesteigert.[477] Verzeichnisse wie das Linked Open Vocabularies (LOV) bieten dazu Übersicht von öffentlich verfügbaren Ontologien, wobei auch Ontologien für die Produktionstechnik in begrenztem Umfang vorhanden sind[478]. Die Verknüpfung von Ontologien miteinander bedeutet jedoch auch einen zusätzlichen Aufwand, sodass die Effizienz der Ontologieentwicklung bei unzureichender Vereinbarkeit der bestehenden Ontologien gesenkt werden kann[479].

Das regelbasierte Expertensystem verwendet Ontologien, die für die Fabrikplanung relevanten Konzepte und Beziehungen abbilden und miteinander vernetzt sind. Die entwickelten Ontologien sollen hierarchisch angeordnet werden, um deren Weiterentwicklung zu unterstützen. Daher wird eine Basis-Ontologie zur übergreifenden Vernetzung von Domänen-Ontologien genutzt, die auf bestimmte Planungsaufgaben wie z.B. die Kapazitätsplanung spezialisiert sind. Je nach Anwendungsfalls erfolgt die Erweiterung der Domänen-Ontologien durch projektspezifische Ontologien. Abbildung 4-7 stellt die Hierarchie dieser Ontologiearten dar, bei denen die Anwendungsbreite mit zunehmendem Detaillierungsgrad aufgrund der Spezialisierung abnimmt. Zur Ontologievernetzung wird das Ontology Matching angewandt[480]. Dazu werden Ontologien miteinander verglichen und entweder mittels Merging in einer neuen Ontologie zusammengeführt oder mittels Mapping anhand der URI äquivalenter Konzepte miteinander verknüpft.

---

[476] Vgl. Noy et al. (2001), Ontology Development, S. 4.

[477] Vgl. Biffl et al. (2016), Technologies for intelligent engineering applications, S. 107.

[478] Die verfügbaren Ontologien und deren Vernetzung können unter https://lov.linkeddata.es/dataset/lov/vocabs abgerufen werden; vgl. Vandenbussche et al. (2014), Linked Open Vocabularies (LOV).

[479] Vgl. Shilov et al. (2020), Ontologies in Smart Manufacturing: Approaches, S. 410.

[480] Vgl. Vogel-Heuser et al. (2017), Handbuch Industrie 4.0, S. 297.

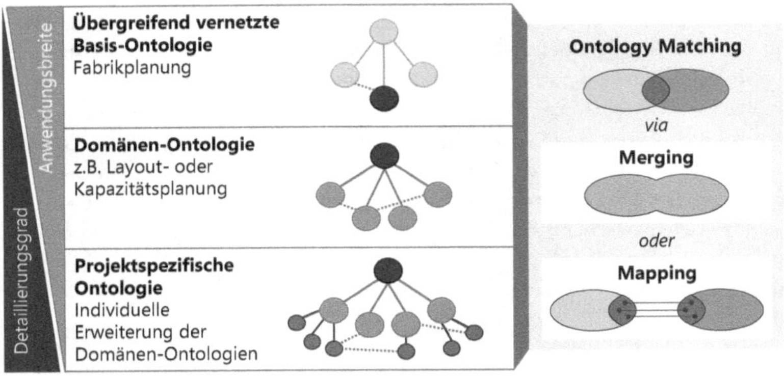

Abbildung 4-7: **Hierarchie verschiedener Arten von entwickelten Ontologien und deren Vernetzung mittels Ontology Matching**

Die Entwicklung von Ontologien für das Informationssystem wird durch eine geeignete Modellierungssprache unterstützt. Obwohl die Standard-Ontologiesprache des Semantic Web OWL ist, können die Konzepte bzw. Ontologieklassen als auch deren Beziehungen und Attribute mittels UML-Klassendiagrammen modelliert werden[481]. Als weitverbreiteter Standard vereinfacht die UML-basierte Ontologiemodellierung die Zusammenarbeit zwischen Fabrikplanenden und Wissensingenieur:innen, weil UML aufgrund der graphischen Darstellungsform und dem objektorientierten Fokus im Vergleich zu OWL leichter lesbar und erlernbar ist. Der Konkretisierungsgrad ist bei der Ontologiemodellierung frei wählbar, was jedoch auch dazu führt, dass ein UML-Konstrukt nicht immer eindeutig interpretiert wird[482]. Dennoch unterstützt eine UML-basierte Modellierungssprache den Entwicklungsprozess, da gängige Methoden und Werkzeuge der Softwareentwicklung ebenso UML anwenden[483]. Die zu verwendende Notation der UML-basierten Ontologiemodellierung ist in Abbildung 4-8 dargestellt.

---

[481] Vgl. Djurić et al. (2005), UML profile for OWL ontologies, S. 209–216.

[482] Vgl. Kiko et al. (2008), A Detailed Comparison of UML and OWL, S. 12.

[483] Auch führende Knowledge-Engineering-Methodiken wie KADS empfehlen die Anwendung von UML-Notationen „wo immer möglich", vgl. Schreiber et al. (2000), The CommonKADS methodology.

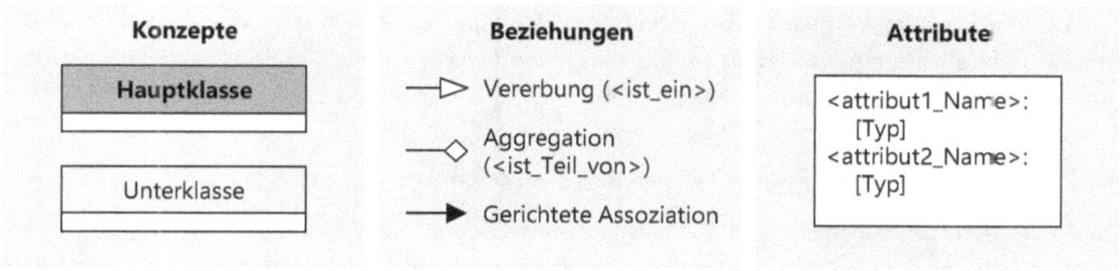

Abbildung 4-8: Notation der UML-basierten Ontologiemodellierung

Mithilfe von Haupt- und Unterklassen werden die Konzepte der Ontologie beschrieben. Dabei stellen Unterklassen eine Spezialisierung von anderen Klassen dar, da bereits definierte Beziehungen und Attribute vererbt werden. Weitere Beziehungen wie Aggregationen oder Assoziationen können ebenfalls mit den entsprechenden Kanten zwischen den Klassen modelliert werden. Schließlich können je Klasse Attribute spezifiziert werden, die jeweils den Attributsnamen und zugehörigen Datentyp angeben. Verfügbare Datentypen umfassen Text- (string), Zahlenwerte (z.B. int, double) oder auch andere Klassen.[484] Abbildung 4-9 zeigt den Ausschnitt einer Ontologie unter Verwendung der definierten Modellierungselemente.

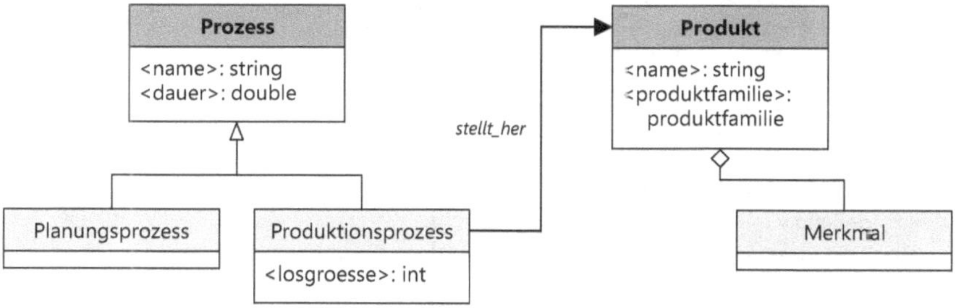

Abbildung 4-9: Exemplarische Anwendung der Notation für die UML-basierte Ontologiemodellierung

Zusammenfassend stellt die Ontologieentwicklung den zentralen Schritt in der Ausarbeitung des Informationssystems dar, da mit der zugrundeliegenden Ontologie projektspezifische Planungsinformationen maschineninterpretierbar gespeichert und abgerufen werden können. Durch die Modellierung anhand der UML-basierten Notation wird die Ontologieentwicklung zielgruppenorientiert unterstützt. Der üblicherweise iterative Entwicklungsprozess wird dabei anhand des Knowledge

---

[484] Vgl. Dorador et al. (2000), Application of IDEF0, IDEF3 and UML methodologies, S. 434–435.

Meta Process aus dem Ontology Engineerings strukturiert. Schließlich stellt die hierarchische Anordnung der entwickelten Ontologien und deren Vernetzung mittels Ontology Matching die Modularität der entwickelten Lösung sicher.

4.3.2 Erstellung von Regeln für das Regelverzeichnis

Das Regelverzeichnisses beinhaltet die Regeln, die von der fabrikplanungsspezifischen Interferenzmaschine aufgerufen werden, um neue Planungsinformationen zu berechnen und diese als Planungsergebnisse zurück in das Informationssystem zu schreiben. Die Regelerstellung für das Regelverzeichnis wird durch die Methode der Regelidentifizierung und -transformation unterstützt. Dabei existiert neben dem wissensbasierten Ansatz ebenfalls ein datenbasierter Ansatz zur Wissensakquise, der die manuellen Aufwände in der Regelerzeugung durch Anwendung des Maschinellen Lernens reduziert. Die Methode ist in Abbildung 4-10 dargestellt und wird im Folgenden erläutert.

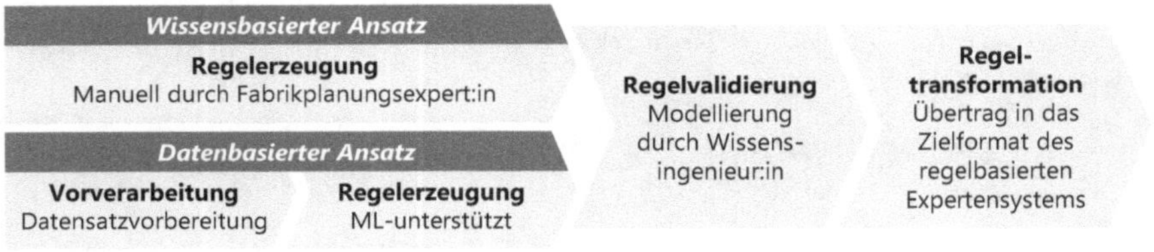

Abbildung 4-10: Methode der Regelidentifizierung und -transformation[485]

Zur Regelidentifizierung werden Regeln zunächst erzeugt, die in der Wenn-Dann-Struktur extrahiert und anschließend validiert werden. Im wissensbasierten Ansatz werden die Regeln manuell durch Fabrikplanungsexpert:innen erzeugt. Die manuelle Regelerzeugung basiert daher auf dem Erfahrungsschatz der Fabrikplanungsexpert:innen, der bekannte Methoden und zuvor durchgeführte Fabrikplanungsprojekte umfasst. Bestehende Dokumentationen dienen daher als Quelle für die Regelerzeugung, die auch durch strukturierte Interviews oder moderierte Workshops unterstützt werden kann. Bei der Erfassung des Domänenwissens können ebenfalls Modellierungswerkzeuge wie Prozessflussdiagramme oder Entscheidungsbäume in der Strukturierung genutzt werden.

[485] Adaptiert vom „Vorgehen zur automatischen Anreicherung einer Regel-Wissensbasis mit neu generierten, kontextbezogenen Regeln in dynamischen Umgebungen" nach Jabla et al. (2022), Automatic Rule Generation for Decision-Making, S. 3–7.

Im Gegensatz zum wissensbasierten Ansatz unterstützt der datenbasierte Ansatz die Anwendung von Lernalgorithmen, um die Regelerzeugung zu automatisieren. Dazu müssen Datensätze aus vorherigen Fabrikplanungsprojekten vorbereitet werden, um als Trainingsdaten genutzt zu werden. Mithilfe von ML-Techniken sollen Zusammenhänge zwischen Planungsinformationen entdeckt werden. Hierzu sind die symbolischen ML-Techniken zu nutzen, da deren statistischen Modelle interpretierbar sind So können aus den resultierenden Modellen wie bspw. Entscheidungsbäumen oder vergleichbaren Darstellungsformen neue Regeln extrahiert werden.[486]

Aufgrund der Kombination des wissensbasierten und datenbasierten Ansatzes wird sowohl die indirekte als auch automatische Wissensakquisition für das Regelverzeichnis unterstützt. In beiden Ansätzen erfolgt anschließend die Regelvalidierung, bei der Wissensingenieur:innen die IDEF0- und Aussagenlogik-basierte Regelmodellierung anwenden, um das Domänenwissen zu formalisieren. Dabei wird überprüft, ob die erzeugten Regeln die inhärente Wenn-Dann-Struktur bewahren. Auch müssen die antezedenten Bedingungen erfüllbar und die Konsequenz berechenbar sein, um die Konfliktfreiheit des Regelverzeichnisses zu gewährleisten. Während die validierten, modellierten Regeln bereits das Regelverzeichnis repräsentieren, erfolgt im Anschluss die Regeltransformation. Bei der Regeltransformation werden die Regeln in das Zielformat des regelbasierten Expertensystems übertragen, die für die software-technische Implementierung erforderlich ist[487].

Für die Regelmodellierung wird eine hybride Modellierungssprache genutzt. Da sich die Regeln von außen betrachtet anhand der Eingangs- und Ausgangsinformationen beschreiben lassen, bietet sich die IDEF0-Funktionsmodellierung an. Hiermit können die in einem System enthaltenen Aktivitäten, Prozesse und Vorgänge sowie der funktionalen Beziehungen und Informationen modelliert werden. Die dabei entstehenden Modelle sind auch für Nichtfachleute verständlich und können zur Strukturierung von Prozessen jeglicher Art eingesetzt werden.[488] Dabei lässt IDEF0 eine Kombination und Erweiterung mit anderen Modellierungssprachen zu[489], sodass die Informationszusammenhänge mittels Aussagenlogik als Regel modelliert werden können. Die resultierende Regelmodellierung ist in Abbildung 4-11 dargestellt.

---

[486] Das Prinzip der automatisierten Regelerzeugung im datenbasierten Ansatz wird auf den folgenden Seiten nach Einführung der Regelmodellierung erläutert, vgl. S. 138.

[487] Die Regeltransformation ist von der Systemauswahl im Rahmen der software-technischen Implementierung abhängig und wird für das gewählte Zielformat in Kap. 5.3 beschrieben.

[488] Vgl. Dorador et al. (2000), Application of IDEF0, IDEF3 and UML methodologies, S. 431; Verein Deutscher Ingenieure e.V. (2008), Digitale Fabrik, S. 39.

[489] Vgl. Marca (2013), SADT/IDEF0 for Augmenting UML, S. 39.

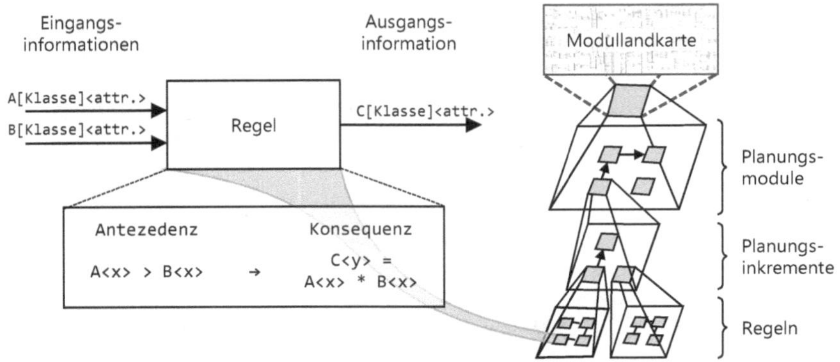

Abbildung 4-11: IDEF0- und Aussagenlogik-basierte Regelmodellierung inkl. Einordnung in die Modullandkarte des Aachener Fabrikplanungsvorgehens

Die Eingangs- und Ausgangsinformationen sind für jede Regel über die Ontologie des Informationssystems definiert und somit mit diesem verknüpft. Die Eingangs- und Ausgangsinformationen beziehen sich daher auf Klassen oder deren Attribute, die in der TBox festgelegt sind, um eine allgemeingültige Definition der Regeln zu gewährleisten. Die Regel zur Berechnung der Ausgangsinformation anhand der Eingangsinformationen wird mittels Aussagenlogik repräsentiert. Dem systemtheoretischen Verständnis des Aachener Fabrikplanungsvorgehens folgend werden die Regeln in die hierarchisch aufgebaute Modullandkarte integriert. Eine Menge von Regeln bildet jeweils ein Planungsinkrement ab, aus denen sich die Planungsmodule zusammensetzen. Somit kann das Domänenwissen über die Planungsmodule der Modullandkarte regelbasiert repräsentiert werden.

Der datenbasierte Ansatz ergänzt die manuelle Regelerzeugung um die Möglichkeit, Zusammenhänge zwischen Planungsinformationen automatisiert in Regeln zu überführen. Zur Entdeckung der Zusammenhänge bieten sich die symbolischen ML-Techniken zur Lösung von Klassifikations- und Regressionsproblemen an. Dabei können aufgrund der Interpretierbarkeit die resultierenden statistischen Modelle in Regeln überführt werden[490]. Abbildung 4-12 zeigt das Prinzip der automatisierten Regelerstellung am Beispiel einer Regel zur Flächenberechnung mittels Flächenkennzahlen. Mittels Regression wird im Beispiel der Zusammenhang zwischen Produktionsmengen und der Fläche von Produktionsbereichen mit einer starken Korrelation erkannt. Die Formel zur Berechnung des Flächenbedarfs wird in eine Regel überführt, mit der für alle Produktionsbereiche mit bekannter Produktionsmenge die erforderliche Fläche festgelegt wird.

[490] Vgl. Maglogiannis et al. (2007), Emerging Artificial Intelligence Applications, S. 81.

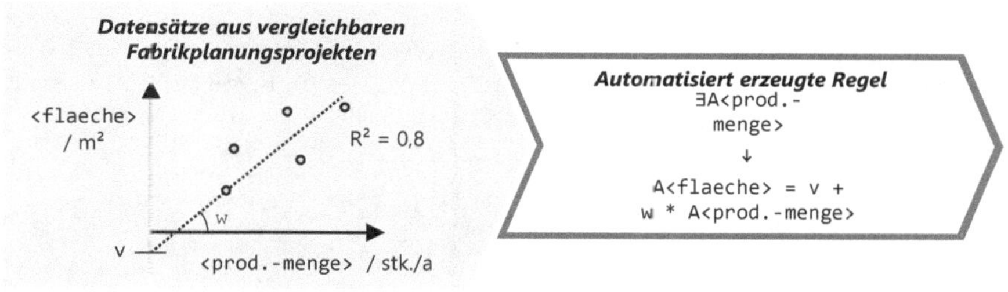

Abbildung 4-12: Prinzip der automatisierten Regelerzeugung im datenbasierten Ansatz

Allgemein werden im Bereich des regelbasierten Maschinellen Lernens aussagekräftige Regeln mittels spezialisierter Algorithmen identifiziert, die jedoch auch bei großen Datensätzen häufig redundante und ineffiziente Regeln erzeugen. Aufgrund der eingeschränkten Verfügbarkeit von Datensätzen aus vergleichbaren Fabrikplanungsprojekten muss die automatisierte Regelerzeugung angeleitet werden. Dazu müssen Fabrikplanungsexpert:innen geeignete Datensätze vorbereiten und die erzeugten Regeln auf Plausibilität überprüfen.

Zusammenfassend wird die Ausarbeitung des modularen Regelverzeichnisses durch die Methode der Regelidentifizierung und -transformation unterstützt, welches mit den wissens- und datenbasierten Ansätzen sowohl die indirekte als auch automatische Wissensakquisition ermöglicht. Die Regelmodellierung wird durch kombinierte Verwendung von IDEF0 und Aussagenlogik der fabrikplanungsspezifischen Anforderung gerecht, das prozessuale Domänenwissen in Regeln zu überführen. Gleichzeitig wird damit die Integration in das Aachener Fabrikplanungsvorgehen ermöglicht und somit die Kompatibilität zur Modullandkarte sichergestellt. Zur Anwendung muss die fabrikplanungsspezifische Inferenzmaschine aus dem Regelverzeichnis die geeigneten Regeln auswählen, wozu eine Strukturierung der Planungsabläufe erforderlich ist, die im folgenden Unterkapitel beschrieben wird.

4.3.3 Strukturierung der Planungsabläufe für die fabrikplanungsspezifische Inferenzmaschine

Die Aufgabe der fabrikplanungsspezifischen Inferenzmaschine ist die Wissensverarbeitung, wozu die Regeln ausgewählt und ausgeführt werden, deren Ausführungsbedingung bzw. Antezedenz-Bedingung erfüllt sind. Zur Steuerung der Regelauswahl ist eine Strukturierung möglicher Planungsabläufe notwendig, da somit die zu überprüfenden Regeln priorisiert und eingegrenzt werden. Folglich müssen weniger Planungsinformation aufgerufen werden und so kann der reduzierten Recheneffizienz in Graphdatenbanken entgegengewirkt werden.

Zur Strukturierung der Planungsabläufe sind die zugehörigen Planungsmethoden für die relevanten Planungsaufgaben zu identifizieren und klassifizieren. Durch die Zuordnung der Regeln zu den Planungsmethoden wird eine zielgerichtete Regelauswahl ermöglicht. Diese Methode der Systematisierung von Planungsaufgaben ist in Abbildung 4-13 dargestellt.

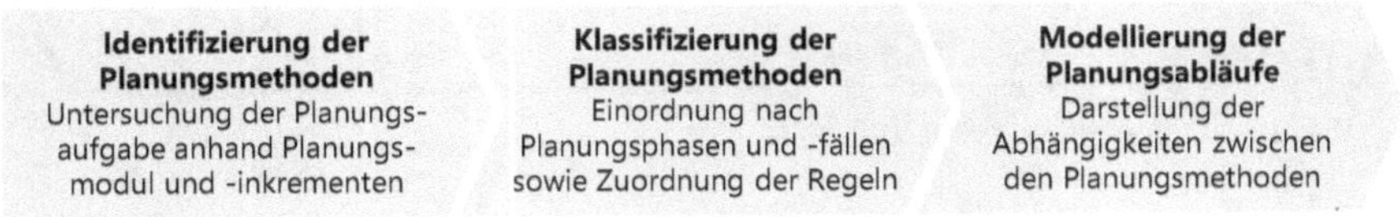

Abbildung 4-13: Methode der Systematisierung von Planungsaufgaben

Zunächst wird die Planungsaufgabe als Strukturierungshilfe anhand des entsprechenden Planungsmoduls und der Inkremente untersucht, die in der Modullandkarte dargestellt sind. Damit wird ermittelt, welche Planungsmethoden für die jeweilige Planungsaufgabe relevant sind und wie diese Planungsmethoden in den Fabrikplanungsprozess integriert werden. Im nächsten Schritt werden die identifizierten Planungsmethoden klassifiziert. Dazu werden die Planungsmethoden in die relevanten Planungsphasen und -fälle eingeordnet. Die Unterscheidung ist nach dem erforderlichen Informationsreifegrad der anzuwendenden Planungsmethoden oder nach Planungsobjekt, wie bspw. Personal- oder Maschinenkapazitätsplanung, möglich. Den Planungsmethoden werden die notwendigen Regeln zugeordnet. Falls zusätzliche Regeln erforderlich sind, erfolgt die Regelerstellung anhand der zuvor vorgestellten Methode der Regelidentifizierung und -transformation. Im dritten Schritt werden die Abhängigkeiten zwischen den Planungsmethoden dargestellt, um den Planungsablauf zu strukturieren. Diese Modellierung des Planungsablaufs repräsentiert das fabrikplanungsspezifische Wissen zur Regelauswahl und -ausführung, wodurch eine regelbasierte Steuerung des Planungsablaufs ermöglicht wird. Demnach wird für die vorliegenden Planungsinformationen eine auf die Planungsaufgabe abgestimmte Suchstrategie der aufzurufenden Regeln ermöglicht[491].

Die strukturierten Planungsabläufe werden mittels einer Notation modelliert, die auf UML-Aktivitätsdiagrammen basiert, vgl. Abbildung 4-14. Als Aktivitäten werden Planungsmethoden definiert, denen die aufzurufenden Regeln zugeordnet sind. Ebenfalls können Systemausgaben im Planungsablauf berücksichtigt werden, um Nutzer:innen über durchgeführte Fabrikplanungsprozesse zu informieren oder weitere Planungsinformationen anzufordern.

[491] Die Zielorientierung der Suchstrategie vermeidet die Überprüfung der Ausführungsbedingungen aller verfügbaren Regeln als erschöpfende Suche („Brute-Force-Methode"), die ohne Strukturierung des Planungsablaufs erforderlich wäre.

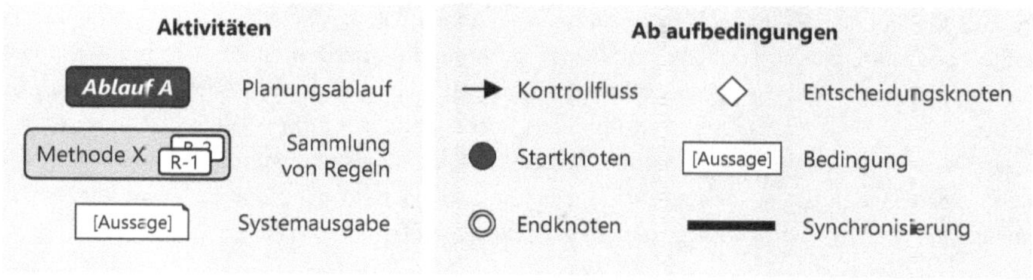

Abbildung 4-14: Notation der UML-basierten Modellierung der Planungsabläufe

Neben den Aktivitäten wird der Planungsablauf mit den Elementen der Ablaufbedingungen definiert, die über Kontrollflüsse miteinander verbunden sind. Für einen Betrachtungsbereich werden Start- und Endpunkte über die entsprechenden Knoten festgelegt. Entscheidungsknoten können in Abhängigkeit von definierten Bedingungen zu unterschiedlichen Aktivitäten führen. Mittels der Synchronisation werden Kontrollflüsse aufgeteilt oder zusammengeführt. Abbildung 4-15 zeigt ein Anwendungsbeispiel der definierten Notation.

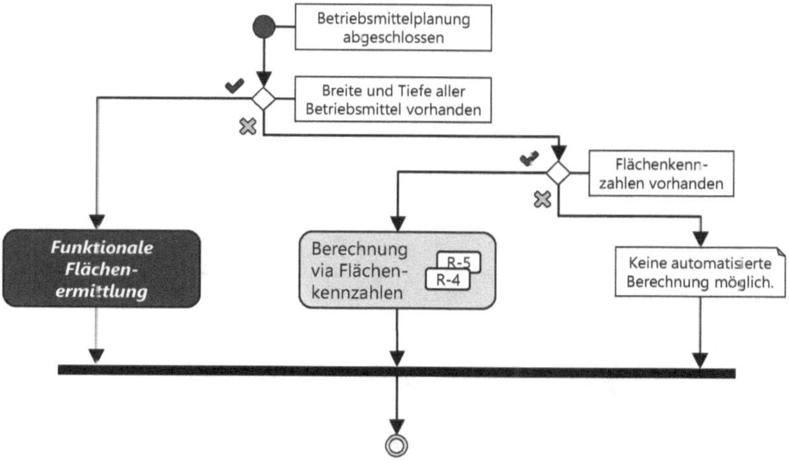

Abbildung 4-15: Beispielhafte Anwendung der Notation für die UML-basierte Planungsablaufmodellierung zur Berechnung des Flächenbedarfs von Betriebsmitteln

Im vorliegenden Beispiel wurde der Planungsablauf für die Berechnung des Flächenbedarfs von Betriebsmitteln modelliert. Nach Abschluss der Betriebsmittelplanung wird geprüft, ob die Breite und Tiefe der vorgesehenen Betriebsmittel vorhanden sind. Im positiven Fall wird der Planungsablauf zur funktionalen Flächenermittlung aufgerufen. Andernfalls wird festgestellt, ob Flächenkennzahlen existieren, die zur Flächenkennzahlenberechnung genutzt werden können. In diesem Fall werden die zugehörigen Regeln auf deren Ausführungsbedingung geprüft. Alternativ wird ausgegeben, dass eine automatisierte Berechnung des Flächenbedarfs nicht möglich ist. Ungeachtet der Fallunterscheidungen werden die Kontrollflüsse nachfolgend zusammengeführt, worauf der Planungsablauf endet. Bei geänderten Planungsinformationen kann der Planungsablauf wiederholt durchlaufen werden, um neue oder genauere Planungsergebnisse zu erhalten.

Der Betrachtungsbereich eines modellierten Planungsablaufs sollte sich an den Planungsinkrementen des relevanten Planungsmoduls oder den zusammengehörigen bzw. alternativen Planungsmethoden orientieren. Somit kann über die Komposition mehrerer Planungsabläufe eine Planungsaufgabe vollständig repräsentiert werden.

Zusammenfassend wird die effiziente Wissensverarbeitung durch die fabrikplanungsspezifische Inferenzmaschine unterstützt, indem der Regelaufruf durch Strukturierung der Planungsabläufe orchestriert wird. Zur Strukturierung der Planungsabläufe wurde die Methode der Systematisierung von Planungsaufgaben vorgestellt. Unter Anwendung der Methode werden die Planungsabläufe UML-basiert als Aktivitätsdiagramme modelliert, wodurch das Domänenwissen über den Fabrikplanungsprozess regelbasiert repräsentiert wird.

4.4 Zwischenfazit zum Lösungskonzept

Zur Weiterentwicklung der intelligenten Entscheidungsunterstützung in der Digitalen Fabrik wurde in diesem Kapitel das regelbasierte Expertensystem konzipiert. Um den Entwicklungsbedarf aus Sicht der Praxis und den Forschungsbedarf aus Sicht der Theorie zu adressieren, erfolgte zunächst die Anforderungsdefinition. Hiermit wird die erste Unterforschungsfrage beantwortet:

> *Wie können die Anforderungen an ein regelbasiertes Expertensystem zur intelligenten Entscheidungsunterstützung in der Digitalen Fabrik beschrieben werden?*

Mittels Requirements Engineering wurden für die Vision der automatisierten Fabrikplanung die Ziele des regelbasierten Expertensystems formuliert, von denen die Anforderungen abgeleitet wurden. Anhand der Anforderungen in den Bereichen Informationsmanagement, Entscheidungsunterstützung, Automatisierung, Kompatibilität und Modularität wurde die iterative Lösungserarbeitung angeleitet. Dies umfasst die Konzipierung des regelbasierten Expertensystems, mit dessen Ergebnis die zweite Unterforschungsfrage beantwortet wird:

> *Wie sollte ein regelbasiertes Expertensystem zur Automatisierung von Fabrikplanungsprozessen gestaltet werden und mit welchen Methoden wird dieses ausgearbeitet?*

Konzeptuell ist das regelbasierte Expertensystems in drei Komponenten strukturiert. Das Informationssystem stellt als Faktenbasis die für den Fabrikplanungsprozess relevanten Planungsinformationen bereit. Das Regelverzeichnisses beinhaltet die Regeln, mit denen neue Planungsinformationen berechnet und als Planungsergebnisse zurück in das Informationssystem geschrieben werden. Der Regelaufruf wird dabei von der fabrikplanungsspezifischen Interferenzmaschine gesteuert. Für jede Komponente des regelbasierten Expertensystems stehen Methoden zur Planungsaufgaben-spezifischen Ausarbeitung und Modellierungssprachen zur Verfügung, um die Zusammenarbeit zwischen Fabrikplanungsexpert:innen und Wissensingenieur:innen zu fördern. Folglich kann das prozessuale Domänenwissen explizit repräsentiert und für die Automatisierung von Fabrikplanungsprozessen mittels regelbasierten Schließens nutzbar gemacht werden.

Aufgrund der Trennung der Wissensbasis und -verarbeitung bietet das regelbasierte Expertensystem eine Modularität, die eine kontinuierliche Erweiterung des Informationssystems und des Regelverzeichnisses ermöglicht. Daher wird mit dem regelbasierten Ansatz eine höhere Flexibilität und Anpassungsfähigkeit erreicht, als mit prozeduralen Programmieransätzen möglich wäre. Weiterhin unterstützt das regelbasierte Expertensystem eine automatisierte Regelerzeugung, um die Wissensakquisition zu beschleunigen. Die Integration in das Aachener Fabrikplanungsvorgehen steigert die Kompatibilität im Einsatz mit bestehenden Planungsprozessen. Durch die explizite Regelmodellierung werden die Planungsmodule und -inkremente der Modullandkarte aufgeschlüsselt und formalisiert. Somit wird durch die Wissensmodellierung auch zur Steigerung des Domänenwissens über Fabrikplanungsprozesse beigetragen. Die Lesbarkeit und Verständlichkeit der Regeln stärkt das Vertrauen in die berechneten Planungsergebnisse, die das regelbasierte Expertensystem zur intelligenten Entscheidungsunterstützung den Fabrikplanenden zur Verfügung stellt.

Mit der Umsetzung eines regelbasierten Expertensystems zur intelligenten Entscheidungsunterstützung sollen somit praktische Vorteile für die Fabrikplanung erzielt werden. Konkret kann der Planungsprozess beschleunigt werden, indem wiederkehrende Aufgaben automatisiert werden und zusätzliche Iterationen im Planungsprozess ohne zusätzlichen manuellen Aufwand ermöglicht werden. Dies erleichtert die Anpassung an veränderte Anforderungen und die Bewertung alternativer Szenarien. Gleichzeitig werden durch die Automatisierung manuelle Arbeitsschritte reduziert, was zu einer Senkung der Planungskosten bei gleichbleibender Planungsqualität führt. Die gesteigerte Iterationszahl ermöglicht eine detailliertere Validierung und Optimierung, wodurch insbesondere bei komplexen, dynamischen Anforderungen robustere Ergebnisse erzielt werden. Somit lautet die Hypothese zum Lösungsnutzen:

Mittels Automatisierung und zusätzlichen Planungsiterationen wird mit dem regelbasierten Expertensystem die Planungsqualität bei gleichbleibenden oder reduzierten Planungskosten erhöht und gleichzeitig der Planungsprozess beschleunigt.

Die erwarteten Vorteile können zur Bewertung des Lösungsnutzens in einem Kosten-Qualität-Modell aufgezeigt werden, s. Abbildung 4-16. Mit zunehmendem Automatisierungsgrad und Möglichkeiten zur Iterationssteigerung wird die Nutzbarkeit des regelbasierten Expertensystems in realen Fabrikplanungsprojekt gesteigert werden. Implizit wird der Lösungsnutzen somit von der Anwendbarkeit des regelbasierten Schließens in der vorliegenden Fabrikplanungsaufgabe abhängig sein.

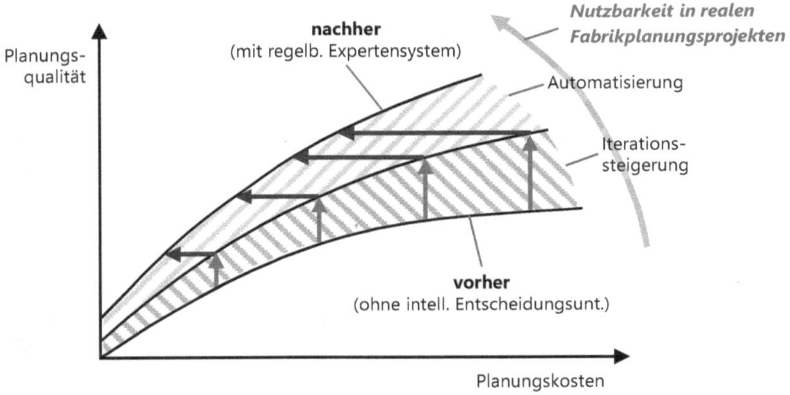

Abbildung 4-16: Erwarteter Lösungsnutzens im Kosten-Qualität-Modell

Zusammenfassend wurde das regelbasierte Expertensystem als Lösungskonzept entwickelt, um den vielversprechenden Ansatz der regelbasierten Planungsautomatisierung umzusetzen. Dabei werden aktuelle technologische Entwicklungen aus den Bereichen der Semantic-Web-Technologien, der regelbasierten Systeme, der Expertensysteme und des Maschinellen Lernens kombiniert. Um jedoch die Eignung der regelbasierten Planungsautomatisierung für die Weiterentwicklung der intelligenten Entscheidungsunterstützung bewerten zu können, muss der Mehrwert für die Digitale Fabrik quantifiziert werden. Daher wird das regelbasierte Expertensystem für die anschließende Evaluierung umgesetzt, wie im folgenden Kapitel erläutert wird.

5 Umsetzung des regelbasierten Expertensystems für die Kapazitätsplanung

In diesem Kapitel wird das Konzept des regelbasierten Expertensystems für eine Planungsaufgabe umgesetzt, wozu das Vorgehen in Abbildung 5-1 dargestellt ist. Zunächst wird die Kapazitätsplanung als umzusetzende Planungsaufgabe ausgewählt und in Kapitel 5.1 im Rahmen einer näheren Betrachtung systematisiert. Dies stellt in Kapitel 5.2 die Grundlage zur Anwendung der im vorherigen Kapitel entwickelten Methoden dar, um die Komponenten des Lösungsartefakts auszuarbeiten. Folgend wird die software-technische Implementierung des regelbasierten Expertensystems in Kapitel 5.3 beschrieben, bevor im Zwischenfazit zur Lösungsumsetzung die zugehörigen Unterforschungsfragen in Kapitel 5.4 beantwortet werden.

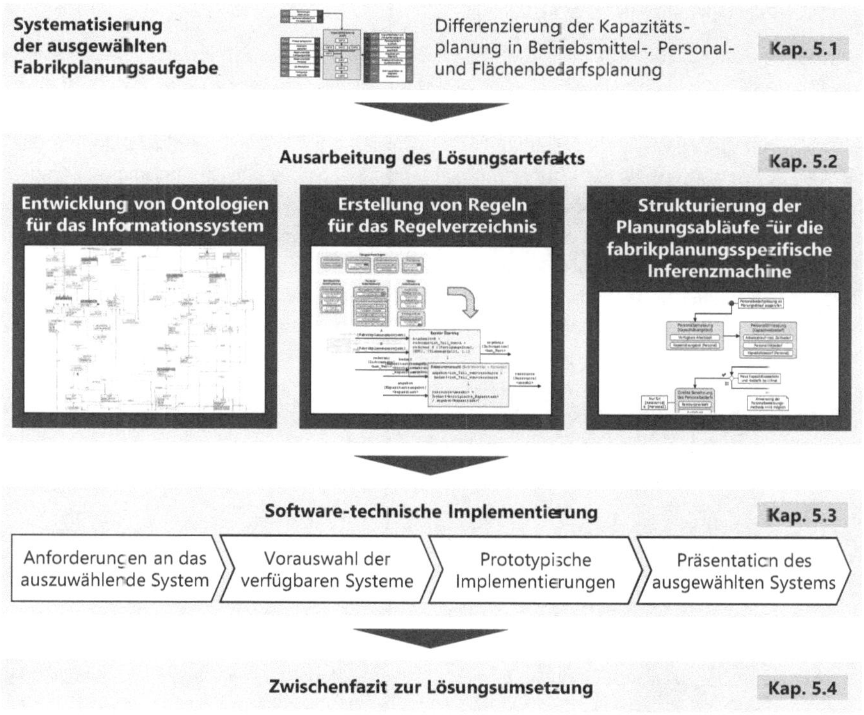

Abbildung 5-1: Vorgehen zur Umsetzung des regelbasierten Expertensystems

5.1 Systematisierung der ausgewählten Fabrikplanungsaufgabe

Mit dem Ziel der Umsetzung und nachfolgenden Evaluierung des regelbasierten Expertensystems sind Anforderungen an die auszuwählende Fabrikplanungsaufgabe zu stellen. Erstens soll eine typische Fabrikplanungsaufgabe ausgewählt werden, die in der Mehrheit von Fabrikplanungsprojekten angewandt wird. Weiterhin soll die Fabrikplanungsaufgabe standardisierbar sein, um eine regelbasierte Modellierung zu ermöglichen. Gleichzeitig soll der Reifegrad vorliegender Planungsinformationen den Planungsablauf beeinflussen, sodass das regelbasierte Expertensystem zur Lösungsfindung je nach Projektsituation geeignete Planungsmethoden anwenden muss. Schließlich sind Fabrikplanungsaufgaben zu bevorzugen, die überwiegend quantitative Planungsmethoden beinhalten, da kalkulatorische Berechnungen eine hohe Kompatibilität für das regelbasierte Schließen vorweisen. Dadurch wird auch die Anwendbarkeit des regelbasierten Maschinellen Lernens unterstützt, da quantitative Zusammenhänge von Planungsinformationen aus historischen Fabrikplanungsprojekten identifiziert werden können.

Anhand der gestellten Anforderungen wird die Kapazitätsplanung als Fabrikplanungsaufgabe ausgewählt, für die das regelbasierte Expertensystem umgesetzt wird. Neben der Layoutgestaltung und der Ableitung von Produktionsplanungs- und -steuerungskonzepten stellt die Kapazitätsplanung eine der drei wesentlichen Aufgaben der Fabrikplanung dar[492]. Die Ergebnisse der Kapazitätsplanung dienen als wesentliche Planungsinformationen für nachfolgende Fabrikplanungsaufgaben, womit die Anordnung von Maschinen, Anlagen und Arbeitsplätzen sowie die Produktionseffizienz beeinflusst wird[493]. Darüber hinaus zeichnet sich die Kapazitätsplanung durch ein standardisiertes Vorgehen aus und bietet daher geeignete Voraussetzungen zur angestrebten Automatisierung. Die relevanten Planungsinformationen sind mehrheitlich Datentypen, die numerisch abgespeichert werden können. Daher lassen sich viele Planungsmethoden als mathematische Sachverhalte formulieren, um ein eindeutiges Ergebnis zu berechnen. Zusätzlich greift der Autor auf Erfahrungen aus verschiedenen Fabrikplanungsprojekten zurück, in denen die Kapazitätsplanung Teil des Projektumfangs war.

---

[492] Vgl. Burggräf et al. (2021), Modullandkarte des Aachener Fabrikplanungsvorgehens, S. 868–869; Burggräf et al. (2021), Fabrikplanung, S. 140–143.

[493] Die zentrale Rolle der Kapazitätsplanung in vielen Fabrikplanungsprojekten wird auch im Beispiel für den typischen Ablauf eines Fabrikplanungsprojekt in Kap. 2.1.2 „Einordnung in das Aufgabenfeld der Fabrikplanung" (vgl. S. 31ff) veranschaulicht. Daher ist die Kapazitätsplanung ein entscheidender Faktor für den Erfolg des Gesamtprojekts.

5.1.1 Übersicht der Kapazitätsplanung

Die Planungsaufgabe der Kapazitätsplanung[494] umfasst die Bestimmung des Kapazitätsbedarf der Produktion sowie den Abgleich mit den Kapazitätsangeboten von Betriebsmitteln, Personal und Flächen[495]. Der Kapazitätsbedarf wird dabei anhand des Produktionsprogramms als Mengengerüst der geplanten Produktion ermittelt. Weil Nachfrageentwicklungen des Marktes einen signifikanten Einfluss auf die Kapazitätsplanung haben, werden üblicherweise verschiedene Szenarien des Kapazitätsbedarfs betrachtet.[496] Durch den Abgleich mit dem aktuellen Kapazitätsangebot werden fehlende oder überschüssige Ressourcen identifiziert, sodass Engpässe aufgedeckt und zusätzliche Kapazitätsbedarfe berechnet werden[497]. Die folgende Systematisierung der Planungsaufgabe dient der Umsetzung des Lösungsartefakts.

Planungsmodul der Kapazitätsplanung

Im Rahmen der Weiterentwicklung der Modullandkarte des Aachener Fabrikplanungsvorgehens wurde die Kapazitätsplanung unterschiedlich dargestellt. Zunächst orientierte sich NÖCKER an den nach GRUNDIG beschriebenen Vorgehensweisen der Kapazitätsplanung. Daher wurden die beiden Planungsmodulen Kapazitätsangebotsplanung und Kapazitätsbedarfsplanung definiert. [498] MECKELNBORG vernetzte bestehende Planungsmodule übergreifend und fasste die Planungsaufgabe in einem einzelnen Planungsmodul Kapazitätsplanung (KAP) zusammen. Durch Angabe der vernetzten Planungsmodule an den Ein- und Ausgangsinformationen unterstrich er die Abhängigkeit der Kapazitätsplanung zu den vorangehenden Planungsmodulen Produktplanung (PRO), Produktionsprogrammplanung (PRG), Prozessanalyse (PZA) und Produktionsstrukturplanung (PSP). Zusätzlich wurde das Planungsmodul um externe Eingangsinformationen ergänzt.[499] Abschließend erweiterten BURGGRÄF et al. das Planungsmodul um dessen Planungsinkremente.[500] Die aktuelle, veröffentliche Version des Planungsmoduls der Kapazitätsplanung ist in Abbildung 5-2 dargestellt.

[494] In der Literatur werden u.a. die Begriffe der Kapazitätsdimensionierung oder Ressourcenplanung teilweise als Synonyme zur Kapazitätsplanung verwendet. Zur Förderung des einheitlichen Begriffsverständnisses wird daher im Folgenden auf diese und weitere synonyme Begriffe verzichtet.

[495] Vgl. Burggräf et al. (2021), Fabrikplanung, S. 138.

[496] Vgl. Schenk et al. (2014), Fabrikplanung und Fabrikbetrieb, S. 306.

[497] Vgl. Grundig (2021), Fabrikplanung, S. 84.

[498] Vgl. Nöcker (2012), Zustandsbasierte Fabrikplanung, S. 150–153.

[499] Vgl. Meckelnborg (2015), Integrative Fabrikplanung durch effiz. Koordinationsmodelle, S. 109–120.

[500] Vgl. Burggräf et al. (2020), Hybrid approach to agile assembly planning, S. 1170.

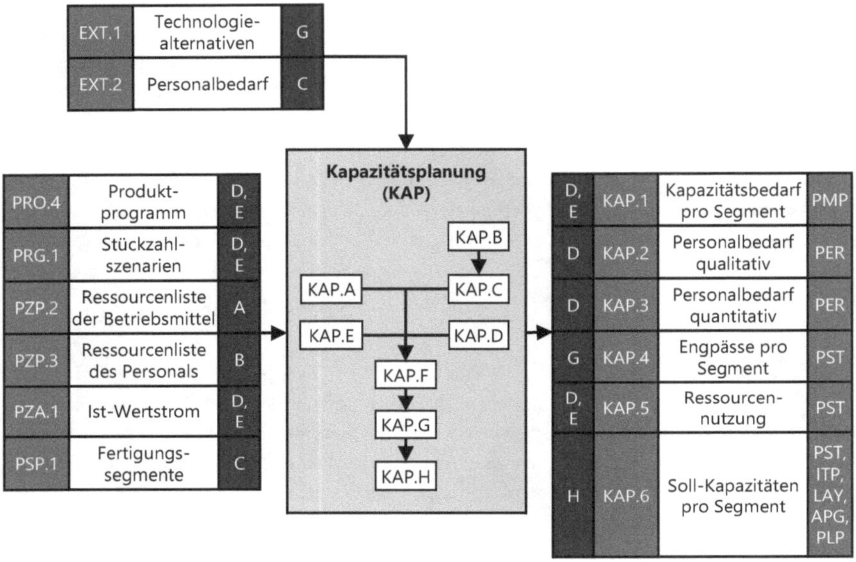

Abbildung 5-2: Kapazitätsplanung als Planungsmodul inkl. Planungsinkrementen[501]

Neben den Eingangsinformationen, die aus den zuvor angegeben Planungsmodulen stammen, wurden verfügbare Technologiealternativen und der Ist-Personalbedarf als externe Eingangsinformationen der Kapazitätsplanung definiert. Bei der Durchführung der Kapazitätsplanung werden diese Planungsinformationen in die Ausgangsinformationen transformiert, die sowohl Kapazitätsbedarfe an Betriebsmitteln und Personal als auch identifizierte Engpässe und die Ressourcennutzung umfassen. Abschließend werden die Soll-Kapazitäten je Segment berechnet. Die erzeugten Ausgangsinformationen stellen wiederum Eingangsinformationen für die Planungsmodule Produktionsmittelplanung (PMP), Personal- und Organisationsplanung (PER), Produktionssteuerungsplanung (PST), IT-Planung (ITP), Layoutplanung (LAY), Arbeitsplatzgestaltung (APG) sowie Produktionslogistikplanung (PLP) dar.[502] Somit verdeutlicht die Kapazitätsplanung die enge informatorische Vernetzung der Planungsmodule untereinander.

Der Fabrikplanungsprozess in der Kapazitätsplanung wird durch die Planungsinkremente detailliert. Zunächst wird das Kapazitätsangebot der Betriebsmittel mit der Ressourcenliste der Betriebsmittel bestimmt (KAP.A), während parallel das Kapazitätsangebot des Personals mit der Ressourcenliste

[501] I.A.a. Burggräf et al. (2021), Modullandkarte des Aachener Fabrikplanungsvorgehens, S. 868.

[502] Vgl. ebd., S. 868–869.

des Personals bestimmt wird (KAP.B). Anschließend erfolgt die Aggregation der einzelnen Kapazitätsangebote des Personals innerhalb der in der Produktionsstrukturplanung gebildeten Produktionssegmente, um die personellen Kapazitätsangebote pro Segment zu bestimmen (KAP.C). Über Belastungsrechnungen werden die Kapazitätsbedarfe für das Personal (KAP.D) und die Betriebsmittel (KAP.E) ermittelt. Anschließend werden die Belastungsprofile als Kapazitätsbedarf mit den jeweiligen Kapazitätsangeboten abgeglichen (KAP.F), um die Notwendigkeit von Kapazitätsanpassungen oder Belastungsausgleichen zwischen den Segmenten zu prüfen (KAP.G). Zuletzt wird die langfristige Soll-Kapazität je Segment festgelegt, indem die erforderlichen Betriebsmittel und Personal quantitativ und qualitativ definiert werden (KAP.H).[503]

Klassifizierung der Planungsmethoden

Während innerhalb der Planungsinkremente der Kapazitätsplanung die Bestimmung des Kapazitätsbedarfs für Betriebsmittel und Personal differenziert wird, sind zusätzlich die in den Planungsinkrementen anzuwenden Planungsmethoden je nach Planungsphase und -fall zu unterscheiden. In diesem Zusammenhang spricht GRUNDIG von globalen und detaillierten Planungsmethoden. Globale Planungsmethoden ermöglichen eine Grobplanung mittels schätzungs- oder hochrechnungsbasierten Verfahren. Mit den detaillierten Planungsmethoden werden basierend auf quantitativen Bezugsgrößen genauere Planungsergebnisse ermittelt.[504] Demgemäß wurden die identifizierten, wesentlichen Planungsmethoden nach Art des Kapazitätsbedarfs und in Abhängigkeit des erforderlichen Detailgrads eingeordnet. Die resultierende Klassifikation der Planungsmethoden ist in Abbildung 5-3 präsentiert. Die Betriebsmittelbedarfsplanung stellt sich als „Kerngröße der Dimensionierung" heraus, von der die Personal- und Flächenbedarfsplanung abgeleitet werden. Allgemein liegt der Fokus auf der Kapazitätsbedarfsplanung, da der Abgleich mit dem Kapazitätsangebot bei allen Planungsmethoden auf ähnliche Weise erfolgt. Im Folgenden werden die dargestellten Planungsmethoden gemäß ihrer Klassifikation vorgestellt.

---

[503] Vgl. Burggräf et al. (2021), Modullandkarte des Aachener Fabrikplanungsvorgehens, S. 868–869.
[504] Vgl. Grundig (2021), Fabrikplanung, S. 90–91.

Abbildung 5-3: Übersicht der Planungsmethoden nach Kapazitätsart und Detailgrad[505]

5.1.2 Betriebsmittelbedarfsplanung

Unter Betriebsmitteln werden allgemein Ausrüstungen wie Maschinen und Anlagen, aber auch technische Arbeitsmittel wie Vorrichtungen, Werkzeuge etc. verstanden. Bei der qualitativen Kapazitätsplanung werden anhand der technologischen Produktionsanforderungen die Leistungsparameter der Betriebsmittel bestimmt und somit die Art der Betriebsmittel festgelegt. Bei der quantitativen Kapazitätsplanung wird hingegen die erforderliche Anzahl dieser Betriebsmittel festgelegt.[506]

Die Bestimmung der erforderlichen Menge an Betriebsmittel kann in frühen Planungsphasen grob abgeschätzt oder mittels Analogieschlusses geschätzt werden. Der Analogieschluss bietet sich insbesondere bei unsicheren Planungsdaten an, da der Kapazitätsbedarf anhand von Erfahrungswerten und Vergleichen mit ähnlichen Produktionsstätten abgeleitet wird. Die Kennzahlenmethode ist ebenfalls eine vergangenheitsorientiere Planungsmethode, bei der ein Zusammenhang zwischen der Anzahl der Betriebsmittel als Kapazitätsbedarf mit anderen Bezugsgrößen rechnerisch hergestellt wird. Mögliche Bezugsgrößen sind geplante Umsätze, die jährliche Produktionsmenge oder auch die Werksgröße. Üblicherweise wird der Zusammenhang zwischen dem Kapazitätsbedarf und

[505] Eigene Darstellung; für Ausschnitte vgl. Burggräf et al. (2021), Fabrikplanung, S. 138–140; Grundig (2021), Fabrikplanung, S. 90.

[506] Vgl. Grundig (2021), Fabrikplanung, S. 84.

der Bezugsgröße linear ausgedrückt. In jedem Fall lässt sich bei Kenntnis der Bezugsgröße im aktuellen Planungsfall die resultierende Betriebsmittelanzahl berechnen. Je nach Planungsstand und erforderlichem Detailgrad der Kapazitätsbedarfsplanung können die Planungsmethoden kombiniert werden, sodass Kapazitäten bspw. teilweise berechnet und auch mit Schätzwerten kombiniert werden.[507]

Bei ausreichender Verfügbarkeit von Produktionsparametern ist die direkte Berechnung anhand einer detaillierten Betriebsmittelbedarfsplanung möglich. Allgemein besteht der Grundzusammenhang, dass die Betriebsmittelanzahl aus dem Verhältnis des gesamten Kapazitätsbedarfs und dem Kapazitätsangebot eines Betriebsmittels berechnet wird. Die Kapazitätsbedarfe und -angebote werden dabei über die jährlichen Produktionszeiten detailliert.[508] Die relevanten Berechnungsvorschriften sind Abbildung 5-4 verknüpft. Anzumerken ist, dass die Formeln je nach Planungsfall an die Spezifika der Betriebsmittel angepasst werden sollten.

Betriebsmittelanzahl

$$m = \frac{T_K^*}{T_V} \quad (5.1)$$

Korrigierter Kapazitätsbedarf

$$T_K^* = T_K \cdot \frac{1}{z_G \cdot k_N} \quad (5.2)$$

Kapazitätsbedarf

$$T_K = z \cdot \left(t_e + \frac{t_r}{z_L}\right) \quad (5.3)$$

Kapazitätsangebot

$$T_V = T_S \cdot z_S \cdot z_D \quad (5.4)$$

mit:

m	Betriebsmittelanzahl [#]
T_K^*	Korrigierter Kapazitätsbedarf [h/a]
T_V	Verfügbare Kapazität je Betriebsmittel [h/a]
T_K	Kapazitätsbedarf [h/a]
z_G	Zeitgrad [%]
k_N	Nutzungsgrad [%]
z	Produktionsmenge [1/a]
t_e	Stückzeit [min]
t_r	Rüstzeit pro Los [min]
z_L	Minimale Losgröße [#]
T_S	Arbeitszeit pro Schicht [h]
z_S	Schichten pro Tag [1/d]
z_D	Arbeitstage pro Jahr [d/a]

Abbildung 5-4: Formeln zur direkten Berechnung der erforderlichen Betriebsmittel[509]

[507] Vgl. Burggräf et al. (2021), Fabrikplanung, S. 138–140.

[508] Vgl. ebd., S. 309–311; Grundig (2021), Fabrikplanung, S. 86.

[509] I.A.a. Burggräf et al. (2021), Fabrikplanung, S. 311.

5.1.3 Personalbedarfsplanung

Die Personalbedarfsplanung kennzeichnet sich durch eine starke Beeinflussung von unternehmensexternen und -internen Faktoren. Unternehmensextern wirken die gesamtwirtschaftliche und branchenabhängige Entwicklung auf den Personalbedarf. Auch demografische und politische Entwicklungen können die Verfügbarkeit von qualifiziertem Personal beeinflussen, sodass die Personalbedarfsplanung angepasst werden muss. Unternehmensintern wirkt sich neben den geplanten Absatzmengen die gewählte Produktionsstruktur und -organisation auf das erforderliche Personal aus. Abschließend sind weitere Faktoren wie die Arbeitsproduktivität und Fehlzeiten in der Personalbedarfsplanung zu berücksichtigen.[510]

Allgemein wird bei der Personalbedarfsplanung die qualitative und quantitative Bedarfsermittlung unterschieden. Die qualitative Personalbedarfsermittlung befasst sich mit der Art des benötigten Personals. Nach Grundig lässt sich durch Charakterisierung der durchzuführenden Tätigkeiten ein Anforderungsprofil entwickeln, bei dem spezifische Tätigkeitsmerkmale definiert werden. Davon ausgehend werden die erforderlichen personenbezogene Fähigkeiten abgeleitet, die bspw. Ausbildung, Belastbarkeit, Sprachfähigkeiten etc. beinhalten.[511] Insgesamt sind bei der qualitativen Personalbedarfsplanung daher weiche Kriterien zu berücksichtigen, die eine eindeutige Berechenbarkeit limitieren. Daher wird im Folgenden die quantitative Bedarfsermittlung fokussiert, bei der die Personalanzahl festgelegt wird.

Die Planungsmethoden zur Ermittlung des quantitativen Personalbedarfs unterscheiden sich hinsichtlich der erforderlichen Datengrundlagen, der erzielbaren Genauigkeit sowie der vorliegenden Planungszeiträume. Allgemein werden technisch-organisatorische Abläufe analysiert, um den durch das Personal zu erbringenden Zeitaufwand zu bestimmen.[512] Abschätzungen eignen sich insbesondere für kleinere und mittlere Betriebe zur kurz- und mittelfristigen Bedarfsermittlung, sofern wenig Bezugsgrößen in den Datengrundlagen verfügbar sind. Sobald von einer kontinuierlicher Absatz- und Produktionsentwicklung ausgegangen wird, können stochastische Methoden zur globalen Bedarfsprognose in der mittel- und langfristigen Planung angewandt werden. Die Entwicklung der Beschäftigtenzahl wird dazu als Bezugsgröße mittels Trendextrapolation oder Regressionsrechnung vorhergesagt und als Planungsgrundlage verwendet.

---

[510] Vgl. Jung (2016), Allgemeine Betriebswirtschaftslehre, S. 898.

[511] Vgl. Grundig (2021), Fabrikplanung, S. 89.

[512] Vgl. Burggräf et al. (2021), Fabrikplanung, S. 311–313.

Die Kennzahlenmethode kann als Erweiterung der stochastischen Methoden verstanden werden, weil Kennzahlen, wie z.B. der Umsatz, die Arbeitsproduktivität oder auch deren Verhältnisse[513], als zusätzliche Bezugsgrößen in die Regressions- oder Korrelationsrechnung integriert werden. Alternativ werden Verhältniskennzahlen genutzt, indem die Personalanzahl einer Beschäftigungskategorie (z.B. Instandhaltung) zur Personalanzahl einer anderen Beschäftigungskategorie (z.B. Logistik) ins Verhältnis gesetzt werden[514], weshalb die Eignung der Planungsmethode bei der Planung von bestimmten Betriebsteilen oder Arbeitsplatzgruppen gegeben ist. Insgesamt wird die Kennzahlenmethode in der Personalbedarfsplanung somit analog zur Betriebsmittelbedarfsplanung genutzt.

Insbesondere in der Personalbedarfsplanung von Produktionsbereichen werden detaillierte Planungsmethoden eingesetzt. Grundlage dieser Planungsmethoden sind die auftretenden Zeitbedarfe der Arbeitsprozesse. Bei der Personalbemessungsmethode werden die auftretenden Zeitbedarfe anhand von Schätzungen, Arbeitsanalysen oder Zeitmessungen ermittelt. Die Planungsmethode eignet sich daher für Betriebe, bei denen im Rahmen der Arbeitsvorbereitung Verfahren zur Arbeitsablaufanalyse wie MTM (engl.: methods-time measurement) angewandt werden. Die Summe des gesamten Kapazitätsbedarfs wird mit der verfügbaren Arbeitszeit eines einzelnen Mitarbeitenden abgeglichen, um die Personalanzahl zu berechnen, wobei ein Reservebedarf für Ausfälle im Zeitablauf berücksichtigt wird. Der Reservebedarf ergibt sich aus Ausfallzeiten durch Krankheit, Unfällen, Kuren oder Urlaub und kann durch berufsgruppen- oder abteilungsspezifischen Fehlzeitstatistiken oder Schätzungen bestimmt werden[515]. Die Berechnung erfolgt daher ähnlich zur direkten Berechnung der Betriebsmittelanzahl bei der Betriebsmittelbedarfsplanung.

Üblicherweise orientieren sich weitere Planungsmethoden an dem aktuellen Personalbestand. Bei der Stellenplanmethode werden die Personalstellen auf Basis der Organisationsstruktur des Unternehmens erfasst. Dabei werden zukünftig vorgesehene Personalzu- und -abgänge im Planungszeitraum zum aktuellen Personalbestand hinzugerechnet, um die erwartete Personalentwicklung zu berücksichtigen. Durch den Vergleich der zu besetzenden Stellen mit dem aktuellen Personalstand werden folglich die Personalbedürfnisse abgeleitet.[516] Für die Personalbedarfsplanung im Büro- und Verwaltungsbereich stellt die ROSENKRANZ-Formel eine Möglichkeit dar, ohne direkte Bezugsgröße aus dem Produktionskontext (z.B. Absatzmenge) die erforderliche Personalanzahl zu errechnen. Dabei werden Arbeitszeiten für bestimmte Arbeitsvorgänge empirisch erhoben und mit in Zeitstudien ermittelten Arbeitszeiten vergleichen. Unter Zunahmen von durch Nebentätigkeiten

---

[513] Vgl. Watzka (2014), Personalmanagement für Führungskräfte, S. 5.

[514] Vgl. Grundig (2021), Fabrikplanung, S. 91.

[515] Vgl. ebd., S. 92.

[516] Vgl. Wickel-Kirsch (2008), Personalwirtschaft, S. 20–22.

entstehende Verteilzeiten wird der gesamte Arbeitszeitbedarf hochgerechnet, um den Personalbedarf zu ermitteln. Generell stellt die ROSENKRANZ-Formel einen bekannter Vertreter unter ähnlichen Rechenmodellen für die Personalbedarfsermittlung dar.[517]

5.1.4 Flächenbedarfsplanung

Die Flächenbedarfsplanung unterscheidet sich von der Betriebsmittelbedarfsplanung durch die hierarchische Gliederung, anhand der die zu planenden Flächen auf verschiedenen Ebenen betrachtet werden. Abbildung 5-5 zeigt eine mögliche Gliederung in Betriebsflächen auf einem Werksgrundstück. Über die Makro-, Meso- und Mikroebene können die Flächenbedarfe sowohl per Top-Down- oder Bottom-Up-Planung ermittelt werden.[518] Bei der Top-Down-Planung werden Flächen höherer Ebene verhältnismäßig in Flächen niederer Ordnung dekomponiert. Dahingegen werden bei der Bottom-up-Planung die Flächen höherer Ordnung durch Aggregation der untergeordneten Flächen berechnet.

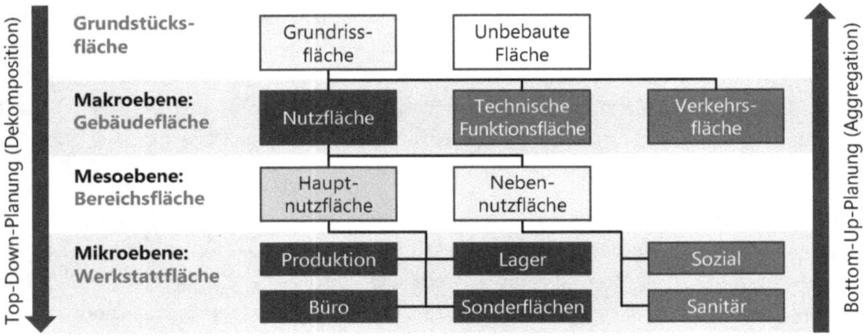

Abbildung 5-5: Hierarchische Gliederung von Betriebsflächen[519]

Allgemein führt die Bottom-Up-Planung zu exakteren Berechnungen, da die Flächenbedarfe den erforderlichen Betriebsmittel- bzw. Arbeitsplatzflächen zugrunde liegen. In frühen Planungsphasen und besonders bei Greenfield-Planungen sind jedoch noch nicht alle Betriebsmittel bekannt, sodass eine Top-Down-Planung oder eine Kombination dieser beiden Planungsprinzipien erforderlich ist.

---

[517] Vgl. Spengler et al. (2019), Ermittlungsmodelle der Personalplanung, S. 123–124.

[518] Vgl. Schenk et al. (2014), Fabrikplanung und Fabrikbetrieb, S. 312.

[519] Eigene Darstellung; für Ausschnitte vgl. Burggräf et al. (2021), Fabrikplanung, S. 422; Schmigalla (1995), Fabrikplanung, S. 230.

In diesen Fällen bietet sich eine Grobplanung an, bei denen die Flächenbedarfe anhand von vergleichbaren Referenzwerten abgeschätzt oder über den Betriebsmittelbedarf abgeleitet werden[520]. Neben der Art und Anzahl der Betriebsmittel bieten sich ebenfalls die Produktionsmenge und Personalanzahl als Bezugsgröße für die Anwendung eines Analogieschlusses oder der Kennzahlenmethode an[521].

Sobald die Flächenbedarfe einzelner Betriebsmittel anhand deren geometrischen Dimensionen bekannt sind, ist die betriebsmittelbezogene Flächenermittlung über Zuschlagsfaktoren möglich[522]. Dabei wird der Flächenbedarf von Arbeitsplätzen aus der Betriebsmittelgrundfläche abgeleitet und um zusätzliche Flächenbedarfe erweitert, die über spezifische Zuschlagfaktoren definiert werden. Das Berechnungsprinzip dieser Planungsmethode wird in Abbildung 5-6 für Logistikflächen verdeutlicht, wobei deren Flächenbedarfe basierend auf der Betriebsmittelgrundfläche aus zugehörigen Nomogrammen abzuleiten sind.

$$F_x = F_G \cdot z_x = f(F_G) \qquad (5.5)$$

mit:

F_x Fläche für x [m²]

F_G Betriebsmittelgrundfläche [m²]

F_L Zusatzfläche für Logistik [m²]

z_x Zuschlagsfaktor für x [-]

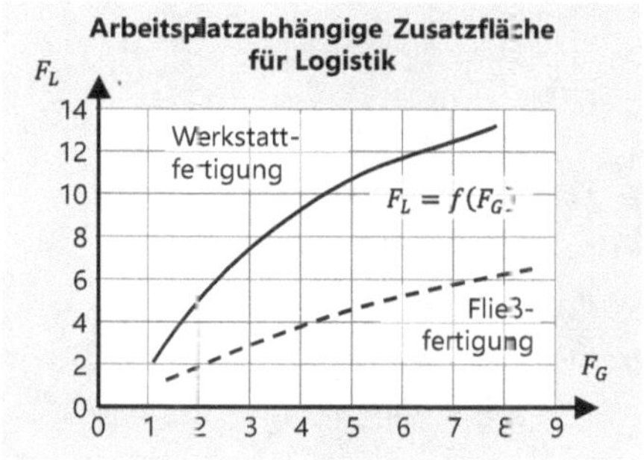

Abbildung 5-6: Betriebsmittelbezogene Flächenermittlung über Zuschlagsfaktoren am Beispiel von Logistikflächen[523]

Während die Planungsmethode der Zuschlagsfaktoren auf statistischen Untersuchungen basiert, um den Flächenbedarf von Arbeitsplätzen zu bestimmen, kann die Genauigkeit durch Anwendung der funktionalen Flächenermittlung gesteigert werden. Dabei wird der Arbeitsplatz in die Betriebsmittelgrundfläche und weitere Teilflächen gegliedert, die je Arbeitsplatz bestimmt werden.[524] Wie

---

[520] Vgl. Burggräf et al. (2021), Fabrikplanung, S. 420–421.

[521] Vgl. Schenk et al. (2014), Fabrikplanung und Fabrikbetrieb, S. 313.

[522] Vgl. Grundig (2021), Fabrikplanung, S. 95–96.

[523] Eigene Darstellung; für Formeln, vgl. Burggräf et al. (2021), Fabrikplanung, S. 423; Zuschlagsfaktoren i.A.a. Schmigalla (1995), Fabrikplanung, S. 238–239.

[524] Vgl. Grundig (2021), Fabrikplanung, S. 96–97.

in Abbildung 5-7 dargestellt, wird zunächst mittels Summierung aller Teilflächen die Gesamtarbeitsplatzfläche berechnet. Anschließend kann mittels Summierung aller Arbeitsplatzflächen die gesamte Produktionsfläche berechnet.

$$F_{AP} = \sum_{x} F_x = F_G + F_L + \cdots \qquad (5.6)$$

$$F_x = b_x \cdot t_x \qquad (5.7)$$

$$F_{Prod.} = \sum_{i} F_{AP,i} \qquad (5.8)$$

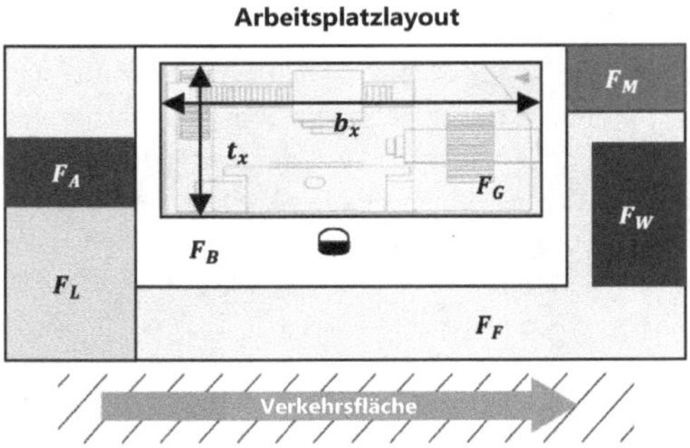

mit:

F_{AP}	Arbeitsplatzfläche [m²]	F_M	Medienfläche [m²]
F_x	Fläche für x [m²]	F_A	Abfallfläche [m²]
F_G	Betriebsmittelgrundfläche [m²]	F_F	Freifläche [m²]
F_L	Logistikfläche [m²]	b_x	Breite der Fläche für x [m]
F_W	Werkzeugfläche [m²]	t_x	Tiefe der Fläche für x [m]
F_B	Bedien- und Wartungsfläche [m²]	$F_{Prod.}$	Produktionsfläche [m²]

Abbildung 5-7: Funktionale Flächenermittlung für Arbeitsplatzflächen[525]

Die zu berücksichtigen Teilflächen sind abhängig von der Arbeitsplatzgestaltung und können sich je nach Fabrikplanungsprojekt unterscheiden. Die Aufgabe der Fabrikplaner:innen ist daher die anforderungsgerechte Auswahl und Bestimmung der relevanten Teilflächen. In jedem Fall verkörpert die Planungsmethode jedoch das Prinzip der Bottom-Up-Planung auf der Mikroebene der Flächenbedarfsplanung. Deutlich wird, dass die Fabrikplanungsprozesse in der Kapazitätsplanung abhängig von den verfügbaren Planungsinformationen sind, die auch Ergebnisse anderer Planungsmodule sind. Um daher eine intelligente Entscheidungsunterstützung über verschiedene Fabrikplanungsprojekte und Planungssituation hinweg zu ermöglichen, müssen in der folgenden Ausarbeitung des

[525] Eigene Darstellung; Auswahl der Teilflächen i.A.a. Schmigalla (1995), Fabrikplanung, S. 237–239; Grundig (2021), Fabrikplanung, S. 97–99.

regelbasierten Expertensystems die vielfältigen Planungsmethoden der Kapazitätsplanung berücksichtigt werden.

5.2 Ausarbeitung des Lösungsartefakts

Zuvor wurden anhand von Literaturrecherchen ergänzt durch die Projekterfahrung des Autors relevante, der Kapazitätsplanung zugehörige Planungsinformationen und -methoden hervorgehoben. Anhand dieser Systematisierung wird das regelbasierte Expertensystem als Lösungsartefakt ausgearbeitet, wozu die Anwendung der Methoden und die erzielten Ergebnisse für dessen drei Komponenten im Folgenden beschrieben werden[526]. Die Ausarbeitung des regelbasierten Expertensystems erfolgt anhand der definierten Modellierungsmethoden und somit unabhängig vom später ausgewählten Softwaresystem, das anschließend für die software-technischen Implementierung in Kapitel 5.3 verwendet wird.

5.2.1 Entwicklung von Ontologien für das Informationssystem

Das Informationssystem dient der Bereitstellung von Planungsinformationen, die mithilfe von Ontologien wissensorientiert modelliert werden, um die für die Fabrikplanung relevanten Konzepte und Beziehungen abbilden zu können. Die Entwicklung und Vernetzung der Ontologien erfolgt anhand des in Kapitel 4.3.1 beschriebenen Knowledge Meta Process aus dem Ontology Engineering.

Der Knowledge Meta Process beginnt mit der Abgrenzung des Anwendungsbereichs, der über die Auswahl und Systematisierung der Kapazitätsplanung als fokussierte Planungsaufgabe bereits definiert ist. Weiterhin sind im Rahmen der Machbarkeitsstudie die Probleme und Möglichkeiten bei der Ontologieentwicklung identifiziert. Durch die iterative Entwicklung und Evaluierung wird die Anwendbarkeit der Ontologien und deren aufwandsgerechte Modellierung sichergestellt. Ebenfalls werden die Möglichkeiten der Wiederverwendung bereits bestehender Ontologien sowie deren hierarchische Gliederung und Vernetzung mittels Ontology Matching hervorgehoben. In der folgenden Entwurfsphase werden die Anforderungen an die zu entwickelnden Ontologien im Ontology Requirements Specification Document (ORSD) zusammengefasst. Das ausgefüllte ORSD ist in Abbildung 5-8 präsentiert.

---

[526] Gemäß der Forschungsmethodik wurde das regelbasierte Expertensystem iterativ evaluiert und entsprechend weiterentwickelt. Im Folgenden liegt der Fokus auf dem Ergebnis der abschließenden Iteration.

Ontology Requirements Specification Document (ORSD) für das Informationssystem im Kontext der Kapazitätsplanung
1. Zweck: Hauptziel der zu entwickelnden Ontologien
Wissensorientierte Informationsmodellierung zur Umsetzung des regelbasierten Expertensystems
2. Umfang: vorgesehener Anwendungsbereich der zu entwickelnden Ontologien
Kapazitätsplanung (inkl. Einordnung in die Fabrikplanung)
3. Implementierungssprache: formale Sprache der zu entwickelnden Ontologien
UML-basierte Ontologiemodellierung (vgl. Kap. 4.3.1) sowie nachfolgend OWL (vgl. Kap. 5.3.4)
4. Vorgesehene Endanwendende: Endanwendende, die die Ontologien nutzen sollen
Fabrikplanende
5. Vorgesehener Nutzen: Nutzen, den die Ontologien bringen sollen
▪ Bereitstellung von Planungsinformationen, die für die Automatisierung von Fabrikplanungsprozessen semantisch korrekt als Domänenwissen repräsentiert werden ▪ Prüfung der Anwendbarkeit der regelbasierten Planungsautomatisierung in der Fabrikplanung ▪ Grundlage zur Integration weiterer Planungsaufgaben und Implementierung in Anwendersoftware
6. Ontologie-Anforderungen: Anforderungen, die die Ontologien erfüllen sollen
Funktionale Anforderungen (vgl. Kap. 4.1.3), mit Fokus auf: ▪ Informationsmanagement ▪ Kompatibilität ▪ Modularität
7. Pre-Glossary-of-Terms: Liste der zu verwendenden Begriffe
▪ Hauptklassen: Projekt, Ressource, Prozess, Produkt, (Planungs-)Information, Fabrikplanungsaufgabe ▪ Objekt- und Dateneigenschaften: Vollständige Darstellung der Eingangs- und Ausgangsinformationen der Kapazitätsplanung sowie notwendiger Zwischenergebnisse ▪ Metadaten: Ersteller, Erläuterungen, Kommentare

Abbildung 5-8: ORSD[527] aus der Entwurfsphase des Knowledge Meta Process für die Ontologie-Entwicklung

[527] ORSD-Aufbau i.A.a. Suárez-Figueroa et al. (2009), ORSD (How-to), S. 970.

Innerhalb des ORSD wird zunächst der Zweck der zu entwickelnden Ontologien angegeben. Die Ontologien definieren die sogenannte TBox und somit die grundlegende Struktur der Graphdatenbank im Informationssystem, welches als eine der drei wesentlichen Komponenten zur Umsetzung des regelbasierten Expertensystems erforderlich ist. Aufgrund des abgegrenzten Anwendungsbereichs müssen die Ontologien das für die Kapazitätsplanung notwendige Domänenwissen umfänglich darstellen können. Die Implementierung der Ontologien erfolgt auf Basis der UML-basierten Ontologiemodellierung, wobei zur Formalisierung bei der späteren Implementierung auch OWL als Standard-Ontologiesprache zum Einsatz kommt. Während der Entwicklung arbeiten Wissensingenieur:innen und Fabrikplaner:innen mit den Ontologien. Dabei sind Fabrikplaner:innen, die das regelbasierte Expertensystem zur Entscheidungsunterstützung nutzen, als Endanwender:innen zu verstehen. Der Nutzen der Ontologien liegt neben der Funktionserfüllung und somit der Untersuchung der regelbasierten Planungsautomatisierung ebenso in der möglichen Weiterentwicklung durch Integration weiterer Planungsaufgaben und Implementierung in Anwendersoftware. Daher leiten sich die Ontologie-Anforderungen aus der Anforderungsanalyse für das regelbasierte Expertensystem ab. Dabei sind die Anforderungen an das Informationsmanagement für die Ontologieentwicklung von besonderer Relevanz. Zuletzt wird mit dem Pre-Glossary-of-Terms Liste von Begriffen definiert, die in den Ontologien Verwendung finden sollen. Im Kontext des Datenmanagements der Digitalen Fabrik sind Projekte, Ressourcen, Prozesse und Produkte darzustellen und zu verknüpfen[528]. Für Berechnungsparameter werden (Planungs-)Informationen und Fabrikplanungsaufgaben zur Integration der Domänenontologien als weitere Hauptklassen gefordert. Anhand der Planungsmodule und deren Eingangs- und Ausgangsinformationen aus der Modullandkarte des Aachener Fabrikplanungsvorgehens lässt sich bereits ein Teil der zu modellierenden Objekt- und Dateneigenschaften ableiten. Darüber hinaus werden Metadaten der Ontologie erfasst, um die Verständlichkeit zu erhöhen.

Anhand des Pre-Glossary-of-Terms wird anschließend ein erster Entwurf der Ontologie zur Darstellung der grundlegenden Konzepte und Zusammenhänge skizziert. Bei der Bezeichnung von Klassen und deren Beziehungen sowie Attributen werden die von GRUBER definierten Grundprinzipien „Klarheit, Kohärenz, Erweiterbarkeit und Minimalismus" beachtet[529]. Diese gelten sowohl in Bezug auf Bezeichnungen als auch für den Modellierungsumfang. Damit wird erreicht, dass die Ontologien auch im übergreifenden Kontext verstanden werden und eine nachfolgende projektspezifische Weiterentwicklung ermöglicht wird.

Konkret wird in den Ontologien zur Gewährleistung eines klaren und kohärenten Leseflusses die Snake-Case-Schreibweise verwendet, bei der Leerzeichen durch einen Unterstrich ersetzt werden. Um Klassen und deren Beziehungen sowie Attributen zu unterscheiden, beginnen Klassennamen

[528] Vgl. Verein Deutscher Ingenieure e.V. (2008), Digitale Fabrik, S. 39.
[529] Vgl. Gruber (1995), Toward principles for the design, S. 908–909.

mit einem Großbuchstaben und Beziehungen sowie Attribute mit Kleinbuchstaben. Um Fehlinterpretationen vorzubeugen, wird der allgemeinen Empfehlung entsprochen, dass Klassen einheitlich im Singular bezeichnet werden. Bei der Bezeichnung von Attributen wird auf möglichst spezifische Begriffe zurückgegriffen, um die Erweiterbarkeit zu steigern. Allgemein können Kodierungsfehler vermieden werden, indem auf Sonderzeichen und Umlaute verzichtet wird.[530]

Zur beschleunigten Ausarbeitung wurden bestehende Ontologien als Vorarbeiten identifiziert. Dabei wurden die Vorarbeiten bei der Wiederverwendung kombiniert und um fehlende Zusammenhänge ergänzt. Ausdrücklich wurden bei der Ontologie-Entwicklung folgende Vorarbeiten genutzt:

- „Informationsmodell für die Fabrikstrukturplanung" von BÜSCHER[531]
- „Core concepts of a factory ontology" von PETERSEN et al.[532]
- „Integrated ontologies architecture (including product, process, cost and resource ontologies)" von ZHANG & AGYAPONG-KODUA[533]

Auf Basis der Vorarbeiten wurde ein Entwurf in die Notation der UML-basierten Ontologiemodellierung überführt. Gemäß einem Top-Down-Entwicklungsprozess wurde der Detailgrad der Ontologien erhöht, indem weitere Konzepte ergänzt und Beziehungen sowie Attribute präzisiert wurden. Die initialen Ontologien wurden zusätzlich in Ontologie-Editoren umgesetzt und im Rahmen erster Evaluierungen angewandt[534]. Dadurch konnten die verfügbaren und zusätzlich erforderlichen Planungsinformationen aus den Anwendungsfällen mit den Möglichkeiten der Wissensrepräsentation mittels der Ontologien abgeglichen und Weiterentwicklungsbedarfe identifiziert werden. Mit den erzielten Erkenntnissen wurden die Ontologien iterativ verbessert. Als Ergebnis wird schließlich eine Basis-Ontologie für die Fabrikplanung (vgl. Abbildung 5-9) und eine Domänen-Ontologie für die Kapazitätsplanung (vgl. Abbildung 5-10) präsentiert.

[530] Die gewählten Grundregeln orientieren sich an bekannten Richtlinien zur Ontologie-Entwicklung; vgl. Noy et al. (2001), Ontology Development; Debellis (2021), Practical Guide to Building Ontologies.

[531] Büscher (2015), Ontologiebasierte Kennzahlenentwicklung für VPI, S. 85.

[532] Petersen et al. (2016), Monitoring and Automating Factories Using Semantic Models, S. 322.

[533] Zhang et al. (2015), Integrated Ontologies in Support of Factory Systems Design, S. 2099–2101.

[534] Eine erste Ontologie wird vom Autor in einer Veröffentlichung zu einer früheren Iteration des Lösungsartefakts präsentiert; vgl. Schäfer (2022), Semantic Reasoning for Automated Factory.

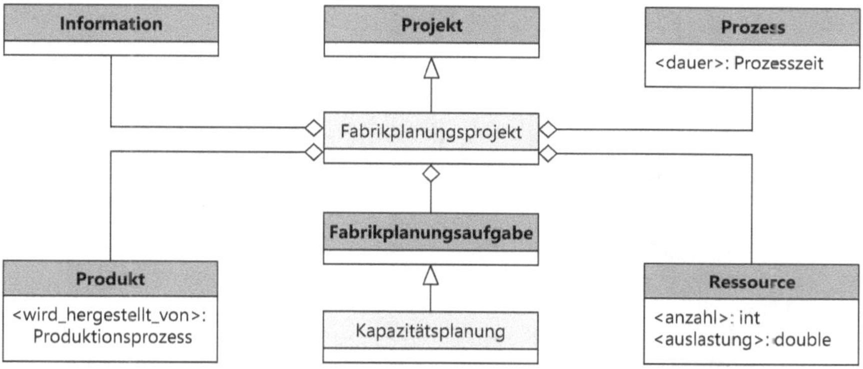

Abbildung 5-9: Basis-Ontologie für die Fabrikplanung

Die Basis-Ontologie definiert zunächst die Hauptklassen *Information, Prozess, Produkt, Ressource* und ordnet diese zur Vernetzung der Klasse *Fabrikplanungsprojekt* zu, welche wiederum von der Hauptklasse *Projekt* abgeleitet wird. Weitere Verknüpfungen zwischen den Hauptklassen sind über zusätzliche, vererbte Klassen möglich, die in der Basis-Ontologie noch nicht abgebildet sind. So wird bspw. jedes Produkt von einem *Produktionsprozess* hergestellt, welcher eine Art von *Prozess* ist. Jeder *Prozess* hat eine *Dauer*, welche wiederum eine Art von *Information* ist. Schließlich wird der Klasse Fabrikplanungsprojekte auch die Klasse *Fabrikplanungsaufgabe* zugeordnet, um die Integration der Domänen-Ontologien zu ermöglichen. Dazu zählt auch die *Kapazitätsplanung*, deren vollständige Domänen-Ontologie mit der Diagramm-Software draw.io modelliert wurde. Ein Gesamtüberblick zur Domänen-Ontologie und die Vernetzung mit der Basis-Ontologie wird in Abbildung 5-10 präsentiert.

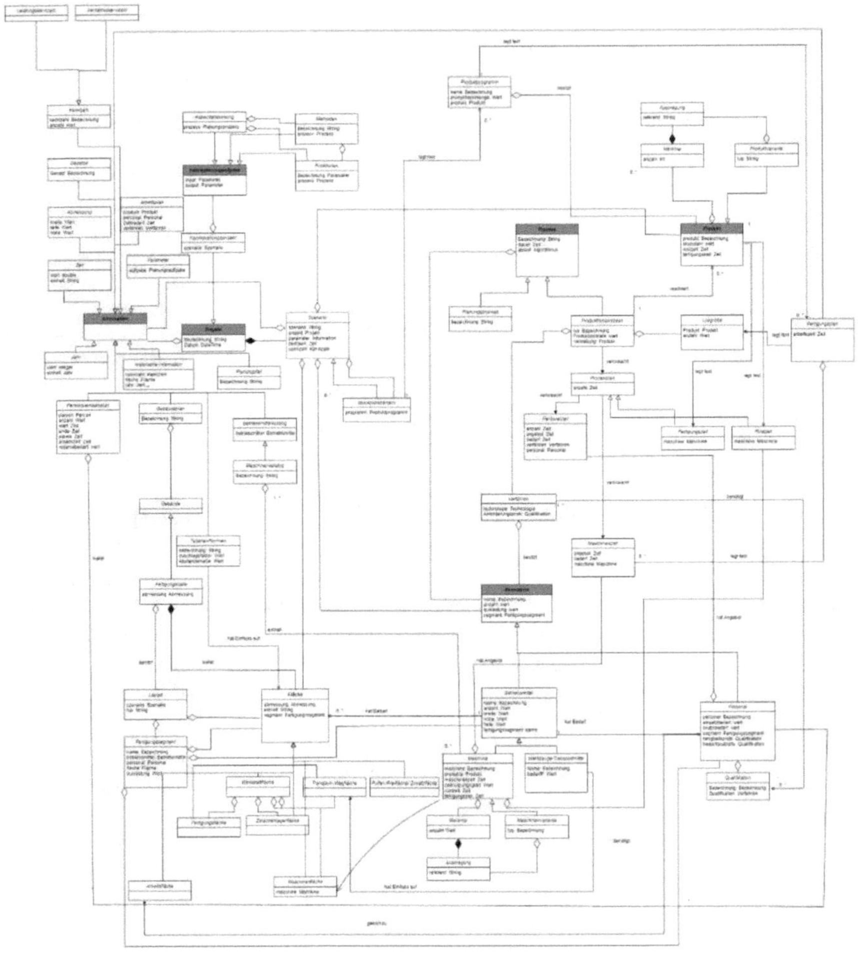

Abbildung 5-10: Schematischer Überblick zur Domänen-Ontologie der Kapazitätsplanung

Um die in der Domänen-Ontologie modellierten Konzepte sowie deren Beziehungen und Attribute nachzuvollziehen, wird im Folgenden ein exemplarisch gewählter Ausschnitt, der in Abbildung 5-11 dargestellt ist, näher erläutert. Im Ausschnitt sind u.a. Zusammenhänge hervorgehoben, die zur

Berechnung einer Maschinenanzahl im Kontext der Betriebsmittelbedarfsplanung notwendig sind. Weitere Beziehungen zu anderen Klassen und zusätzliche Attribute sind ausgeblendet.

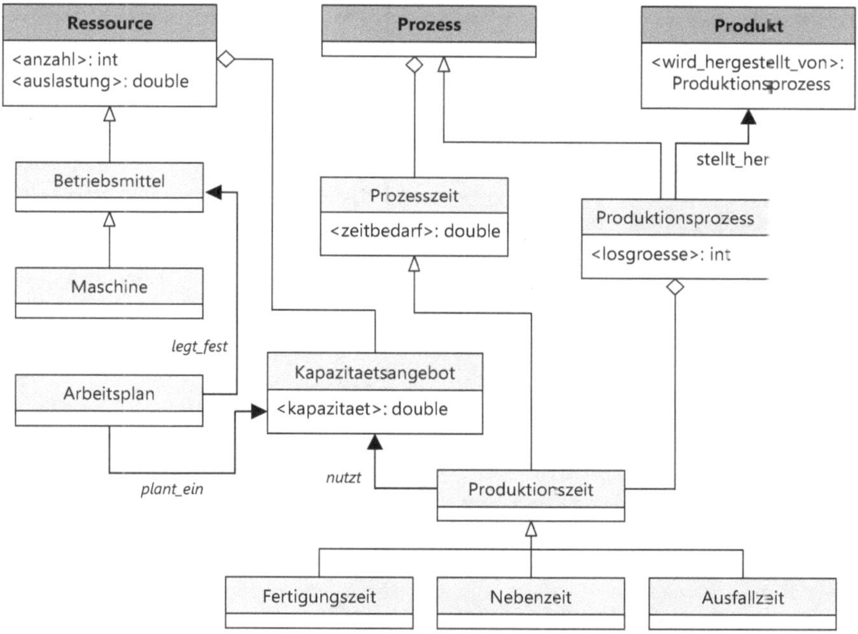

Abbildung 5-11: Relevanter Ausschnitt der Domänen-Ontologie für die Betriebsmittelbedarfsplanung

Von der Hauptklasse *Ressource* werden die Klassen *Betriebsmittel* und sukzessive *Maschine* abgeleitet. Jedes *Betriebsmittel* besitzt als *Ressource* ein *Kapazitaetsangebot*, das über das Attribut *kapazitaet* vom Typ *double* definiert wird. Die Berechnung des verfügbaren *Kapazitaetsangebots* erfolgt in der Produktionsplanung und wird daher vom *Produktionsplan* festgelegt, der die entsprechende *Maschine* eingeplant hat. Das *Kapazitaetsangebot* wird durch *Produktionszeit* genutzt, die sowohl *Fertigungszeit*, *Nebenzeit* als auch *Ausfallzeit* umfasst. *Produktionszeit* ist allgemein eine Art von *Prozesszeit*, die jeder Art von *Prozess* zugeordnet wird. Die Hauptklasse *Prozess* kann in verschiedene Prozessarten spezialisiert werden, wie im vorliegenden Ausschnitt in den *Produktionsprozess*. Jeder *Produktionsprozess* hat das Attribut *losgroesse* und wird mit dem *Produkt* assoziiert, welches von diesem hergestellt wird.

Über die Verknüpfung der modellierten Klassen lassen sich in der Anwendung der Domänen-Ontologie die in der Praxis auftretenden Planungssituationen beschrieben. So kann im vorangegangenen Beispiel die Auslastung der verfügbaren Maschinen anhand der genutzten Maschinenkapazität ermittelt werden, die von den herzustellenden Produkten und den damit verknüpften Produktionszeiten abhängig ist. Allgemeiner können über die hierarchische Anordnung und Vernetzung der Basis-Ontologie mit der Domänen-Ontologie alle für die Kapazitätsplanung relevanten Konzepte und Beziehungen semantisch repräsentiert werden, während die Kompatibilität mit weiteren Fabrikplanungsaufgaben gewährleistet wird. Eine zusätzliche Spezialisierung durch projektspezifische Ontologien ist ebenfalls möglich. Die Erweiterung um projektspezifische Ontologien ist jedoch nicht Bestandteil der Umsetzung des regelbasierten Expertensystems, womit projektunabhängig eine Automatisierung des Fabrikplanungsprozesses angestrebt wird. Als Teil der nachfolgenden software-technischen Implementierung werden Basis- und Domänen-Ontologie von der UML-basierten Modellierung mithilfe eines Ontologie-Editors in das OWL-Format übertragen. Dies ist Voraussetzung zur Integration von projektspezifischen Fabrikplanungsinformationen als Instanzen der Ontologie (ABox) und somit Grundlage der anwendungsfallbasierten Evaluierung.

5.2.2 Erstellung von Regeln für das Regelverzeichnis

Zur Ausarbeitung des Regelverzeichnisses werden die für die Kapazitätsplanung relevanten Planungsmethoden in Regeln überführt. Die Regeln repräsentieren dabei prozessuales Domänenwissen, das die Zusammenhänge zur Berechnung von Planungsergebnissen auf Grundlage der verfügbaren Planungsinformationen darstellt. Die Regelerstellung für das Regelverzeichnis wird durch die Methode der Regelidentifizierung und -transformation unterstützt. Dazu werden der wissens- und datenbasierte Ansatz für die indirekte als auch automatische Wissensakquisition unterschieden.

Zur Regelidentifizierung im wissensbasierten Ansatz wurden Regeln manuell in der erforderlichen Wenn-Dann-Struktur erzeugt und anschließend validiert. Dazu wurden auf Grundlage der Systematisierung der Kapazitätsplanung in Kapitel 5.1 und unter Einbeziehung des Erfahrungswissens des Autors aus zuvor durchgeführten Fabrikplanungsprojekten initiale Regeln erstellt. Zunächst wurden für die Planungsmethoden der Betriebsmittelplanung übergeordnete Regeln erstellt, die eine hohe Allgemeingültigkeit besitzen. Davon abgeleitet wurden speziellere Regeln ergänzt, um auch die Personal- und Flächenbedarfsplanung regelbasiert darzustellen. Um die Fabrikplanungsprozesse in der Kapazitätsplanung umfassend abzubilden, wurden im Rahmen des iterativen Entwicklungsprozesses des regelbasierten Expertensystems zusätzliche Bedarfe an den zu erstellenden Regeln erkannt, sodass das Regelverzeichnis zielgerichtet erweitert wurde. Ein Gesamtüberblick des Regelverzeichnisses und den beinhalteten Regeln ist in Abbildung 5-12 dargestellt.

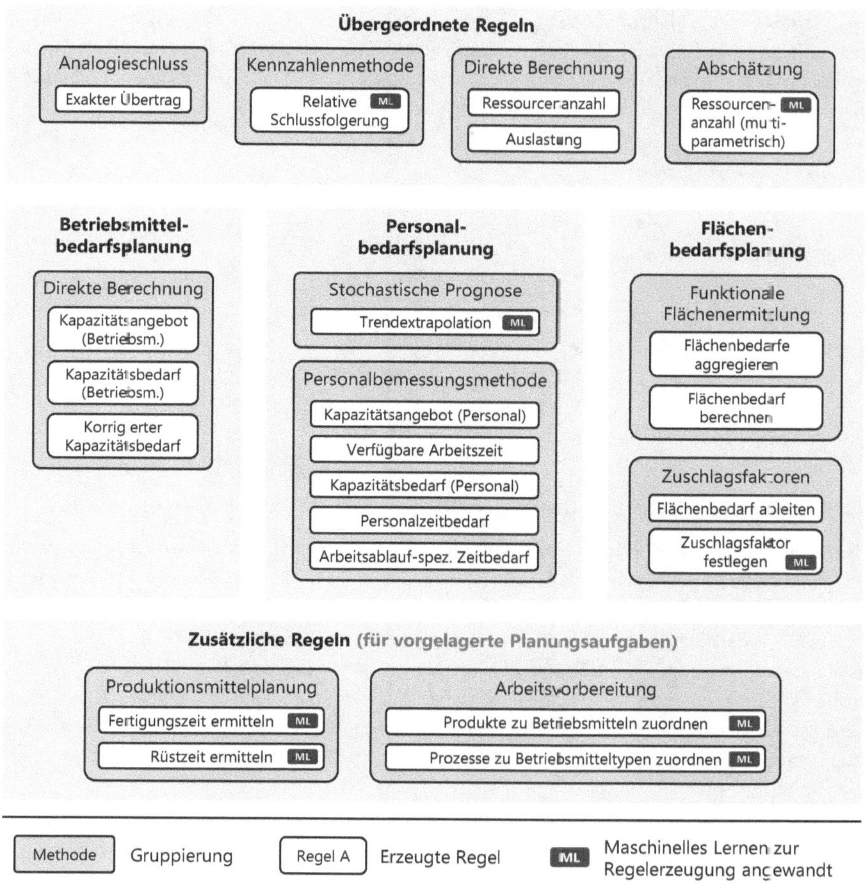

Abbildung 5-12: Gesamtüberblick des Regelverzeichnisses für die Kapazitätsplanung

Das resultierende Regelverzeichnis umfasst die unter Anwendung der IDEF0- und Aussagenlogik-basierten Regelmodellierung erstellten Regeln. Dabei sind nicht alle Planungsmethoden vollständig regelbasiert formalisierbar. Insbesondere für den Analogieschluss und Verfahren zur Abschätzung decken die Regeln nur einen Teil möglicher Planungssituationen ab. Ein Teil der Regeln wird ML-unterstützt anhand des datenbasierten Ansatzes erzeugt. Insgesamt steht bei den Regeln eine eindeutige Berechenbarkeit und die Relevanz für die Evaluierungs-Anwendungsfälle im Vordergrund.

Insgesamt wurden 22 Regeln modelliert und validiert. Im Folgenden wird eine Auswahl der Regeln präsentiert und erläutert, um den Regelaufbau und typische Charakteristiken aufzuzeigen. Die folgenden Beispiele stellen repräsentative Regeln dar und steigern sich in ihrer Komplexität. Zunächst wird eine Regel zur Anwendung des Analogieschlusses vorgestellt (vgl. Abbildung 5-13).

Beispiel 1: Exakter Übertrag

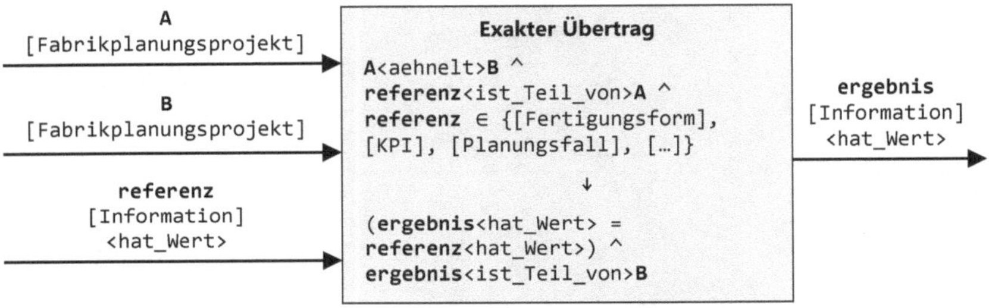

Abbildung 5-13: Regel zum Übertrag von Planungsinformationen beim Analogieschluss

Bei ähnlichen Fabrikplanungsprojekten **A** und **B** wird eine Information zum Fabrikplanungsprojekt als Referenz übertragen. Bei der Referenzinformation **referenz**, die dem Fabrikplanungsprojekt **A** zugeordnet ist, kann es sich um die Fertigungsform oder KPI wie bspw. zu erwartende OEE-Werte handeln. Für den Übertrag wird die resultierende Information **ergebnis** definiert und dem Fabrikplanungsprojekt **B** zugeordnet. Die Regel kann angewandt werden, sobald die Ähnlichkeit der betroffenen Fabrikplanungsprojekte festgelegt wird. Dies kann manuell durch den Nutzer erfolgen oder bspw. mittels ML-Algorithmen erkannt werden. Daher deckt diese einzelne Regel die Anwendung von Analogieschlüssen nicht vollständig ab.

Beispiel 2: Berechnung der Ressourcenanzahl

Als Nächstes wird die Regel zur Berechnung der Ressourcenanzahl vorgestellt (vgl. Abbildung 5-14). Hierbei handelt es sich um eine übergeordnete Regel, da die Ressourcenanzahl für alle Ressourcentypen berechnet werden kann. Daher ist die Regel sowohl zur Betriebsmittel- als auch zur Personalbedarfsplanung anwendbar.

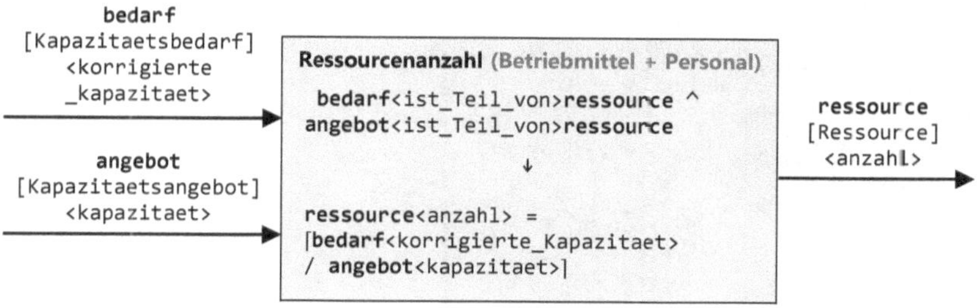

Abbildung 5-14: Regel zur Berechnung der Ressourcenanzahl

Die Kapazitätsbedarfe und -angebote einer Ressource **ressource** werden anhand zusätzlicher Objekte vom Klassentyp *Kapazitaet* modelliert. Die zugehörigen Unterklassen *Kapazitaetsbedarf* und *Kapazitaetsangebot*, dargestellt über **bedarf** und **angebot**, besitzen je die Attribute korrigierte_kapazitaet und kapazitaet und sind über die Aggregationsbeziehung (ist_Teil_von) mit der entsprechenden Ressource verknüpft. Die Ausgangsinformation anzahl errechnet sich gemäß der Formeln zur direkten Berechnung der erforderlichen Betriebsmittel (vgl. Abbildung 5-4) über den Quotienten des Kapazitätsbedarfs mit dem -angebot, der anschließend aufgerundet wird. Da die Attribute der Kapazitäten über zusätzliche Klassen der Ressource zugeordnet werden, ist es möglich, dass je nach Szenario unterschiedliche Kapazitäten berücksichtigt werden können. Diese Flexibilität wäre mit einer vereinfachten Modellierung, bei der die Kapazitäten als Attribute direkt der Ressource zugeordnet werden, nicht möglich.

Beispiel 3: Berechnung des Kapazitätsbedarfs von Betriebsmitteln

Eingangsinformation für die Regel zur Berechnung der Ressourcenanzahl ist u.a. der korrigierte Kapazitätsbedarf, der sich aus dem gesamten Kapazitätsbedarf errechnet. Der gesamte Kapazitätsbedarf für Betriebsmittel wird mithilfe einer weiteren Regel ermittelt, vgl. Abbildung 5-15. Nach dieser Regel wird für ein Betriebsmittel **bm** der Kapazitätsbedarf, modelliert als Attribut kapazitaet von **bedarf**, über die Prozessparameter von Produktionsmenge und Losgröße sowie Stück- und Rüstzeit errechnet. Diese Prozessparameter werden anhand der jeweiligen Attribute der Objekte **z**, **z_l**, **t_s** und **t_r** definiert. Um die korrekte Anwendung der Regel sicherzustellen, ist es demnach erforderlich, dass die notwendigen Objekte für den Produktionsprozess **prozess** und der Arbeitsplan **plan** definiert (mit ∃ als Existenzquantor) und mit dem betroffenen Betriebsmittel verknüpft sind.

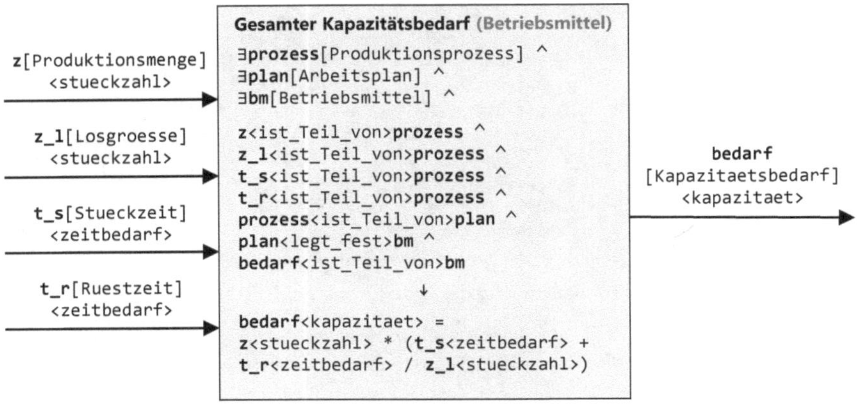

Abbildung 5-15: Regel zur Berechnung des Kapazitätsbedarfs von Betriebsmitteln

Beispiel 4: Flächenbedarfe aggregieren

Neben den beispielhaften Erläuterungen zu den Regeln der betriebsmittel- und personalbezogenen Kapazitätsplanung soll eine Regel zur Flächenbedarfsplanung vorgestellt werden. Mit der Regel zur Aggregation der Flächenbedarfe in der funktionalen Flächenermittlung wird für jedes Objekt der Klasse *Flaeche* überprüft, ob diese Bestandteil einer übergeordneten Fläche ist, dessen Flächenbedarf folglich über die Aggregation errechnet werden kann, vgl. Abbildung 5-15.

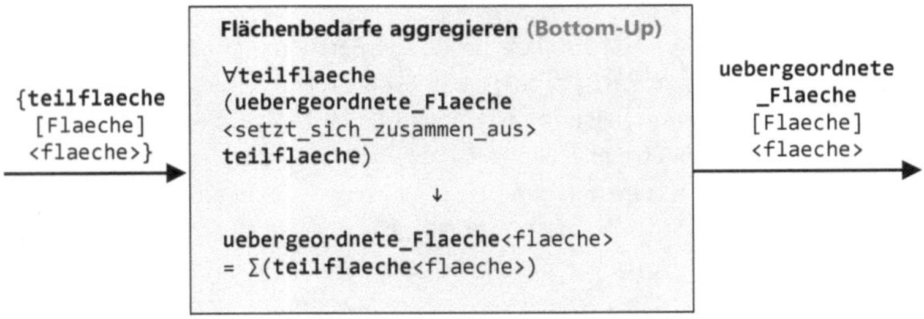

Abbildung 5-16: Regel zur Aggregation der Flächenbedarfe in der funktionalen Flächenermittlung

Eingangsinformation ist eine Menge von Flächen, deren Elemente als **`teilflaeche`** bezeichnet sind und das Attribut `flaeche` besitzen. Für jede dieser Flächen gilt, ausgedrückt mit ∀ als Universalquantor, dass die Fläche **`uebergeordnete_Flaeche`** existiert, die sich aus den betroffenen Teilflächen zusammensetzt (dargestellt über die Beziehung `setzt_sich_zusammen_aus`). Entsprechend wird der Flächenbedarf aus der Summe der Teilflächenbedarfe errechnet.

Beispiel 5: Kennzahlenmethode
unter Anwendung des Maschinellen Lernens zur automatisierten Regelerzeugung

Zusätzlich zur Regelidentifizierung im wissensbasierten Ansatz, bei dem die Regeln manuell in der erforderlichen Wenn-Dann-Struktur erzeugt wurden, wird der datenbasierte Ansatz zur automatischen Wissensakquisition angewandt. Dies umfasst die Vorverarbeitung durch Vorbereitung relevanter Datensätze und die ML-unterstütze Regelerzeugung, bevor die auf diese Weise automatisiert erzeugten Regeln im Rahmen der Regelvalidierung modelliert werden.

Grundlage des datenbasierten Ansatzes sind symbolische ML-Techniken zur Lösung von Klassifikations- und Regressionsproblemen, wobei die resultierenden statistischen Modelle aufgrund ihrer Interpretierbarkeit in Regeln überführt werden können. Je nach Planungsmethode ergibt sich eine unterschiedliche Eignung zur ML-Anwendung, die bereits im Regelverzeichnisses in Abbildung 5-12 angegeben wurde. Mithilfe von Klassifikationsmodellen kann bspw. eine Zuordnung der Produktrüstzeit oder Fertigungszeit basierend auf den Produktmerkmalen oder der zugeordneten Maschine durchgeführt werden. Dabei werden historische Daten analysiert und Muster erkannt werden, um diese Zeiten für neue Produkte und Maschinenkombinationen vorherzusagen. Ein weiteres Klassifikationsbeispiel ist die Zuordnung von Produkten zu bestimmten Maschinentypen basierend auf spezifischen Produktmerkmalen. Mithilfe von Regressionsmodellen können bspw. Zuschlagsfaktoren der Flächenbedarfsplanung berechnet werden. Ein weiteres Anwendungsbeispiel von Regressionsmodellen ist die Abschätzung der erforderlichen Ressourcenanzahl auf Grundlage unvollständiger Planungsinformationen. Hierbei kann eine multiparametrische Regression verwendet werden, die besonders in frühen Planungsphasen hilfreich ist. Allgemein kann unterschieden werden, ob das erlernte Modell allgemeingültig, also projektübergreifend, oder projektspezifisch anwendbar ist. Diese Unterscheidung beeinflusst die Verfügbarkeit und Qualität der Trainingsdaten erheblich. Bei projektübergreifenden Modellen ist in der Regel eine größere Datenmenge aus unterschiedlichen Projekten erforderlich, während projektspezifische Modelle mit einer begrenzten, aber detaillierten Datengrundlage erstellt werden können.

Im Folgenden wird der datenbasierte Ansatz zur Herleitung eines projektübergreifenden Prognosemodells für die Personalbedarfsplanung angewandt. Konkret sollen Regeln erzeugt werden, mit denen in frühen Planungsphasen anhand der budgetierten Investmentsumme eines Fabrikplanungsprojekts sowie allgemeinen Informationen über das betreffene Unternehmen die Anzahl der neu entstehenden Arbeitsplätze prognostiziert werden kann. Eine geeignete Datengrundlage bietet die fDi-markets-Datenbank, in der öffentlich einsehbare Informationen über globale Investitionsprojekte erfasst sind[535]. Die Vorbereitung des Datensatzes erfolgt gemäß dem Vorgehen, das in Abbildung 5-17 dargestellt ist.

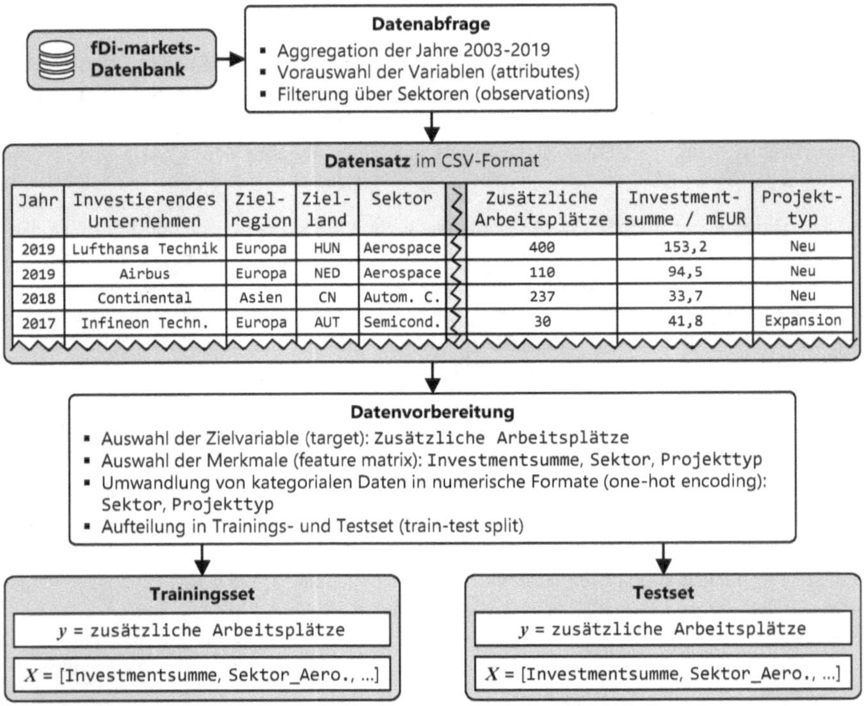

Abbildung 5-17: Vorbereitung des Trainings- und Testsets anhand des Datensatzes der Investitionsprojekte aus der fDi-markets-Datenbank[536]

Im ersten Schritt der Datenabfrage wird der Datensatz erstellt. Dazu werden die Informationen über die Investitionsprojekte aus den Jahren 2003-2019 aggregiert. Durch Reduktion der Spalten auf die relevanten Merkmale erfolgt eine Vorauswahl. Anschließend wird der Datensatz gefiltert. Die Filte-

---

535 fdi Markets (2024), Datenbank (online).

536 Der Datensatz der globalen Investments ist aus lizenzrechtlichen Gründen anonymisiert.

rung umfasst die Auswahl der Sektoren, in denen produzierende Unternehmen aktiv sind. Der resultierende Datensatz umfasst 45.971 Einträge individueller Investitionsprojekte und ist im CSV-Format tabular gespeichert.

Die weitere Vorbereitung des Datensatzes beginnt mit der Auswahl der Zielvariable, welche die zusätzlich geschaffenen Arbeitsplätze numerisch wiedergibt. *Investmentsumme*, *Sektor* und *Projekttyp* werden als bestimmende Merkmale ausgewählt, anhand derer die zusätzlich geschaffenen Arbeitsplätze in zukünftigen Investitionsprojekten abgeschätzt werden sollen. Da es sich im Gegensatz zur *Investmentsumme* als numerischer Datentyp bei den Merkmalen *Sektor* und *Projekttyp* jeweils um kategoriale Datentypen handelt, werden diese mittels One-Hot-Encoding in mehrere binäre Datentypen transformiert. Über das Merkmal *Sektor_Aerospace* bspw. wird angegeben, ob es sich um ein Investitionsprojekt handelt, dass der Luft- und Raumfahrt zugeordnet wird. Entsprechend wird für jede weitere mögliche Ausprägung der Merkmale *Sektor* und *Projekttyp* ein zusätzliches Merkmal definiert. Beim Merkmal *Projekttyp* wird primär zwischen Neu- (Neubau von Fabriken im Greenfield) und Expansions-Investitionen (Erweiterung bestehender Fabriken im Brownfield) unterschieden. Zuletzt wird der Datensatz in Trainings- und Testset aufgeteilt. Die Aufteilung erfolgt zufällig, wobei 80 % des Datensatzes für das Trainingsset und 20 % für das Testset genutzt werden.[537]

Da die Zielvariable ein numerisch zu prognostizierender Wert ist, werden für das anschließende Modelltraining verschiedene Regressionsmodelle ausgewählt. Je nach ausgewähltem Regressionsmodell sind Hyperparameter festzulegen, die den Trainingsprozess selbst spezifizieren. Die Erstellung der Prognosemodelle anhand des Trainingssets erfolgt in der Modellanpassung. In der anschließenden Modellbewertung werden mit dem erstellten Modell die Ausprägungen der Zielvariable je Investitionsprojekt prognostiziert. Die Korrelation zwischen der tatsächlichen Ausprägung und der Prognose der zusätzlichen Arbeitsplätze wird für das Trainings- und Testset mit R^2_{train} und R^2_{test} angeben. Anhand dieser Korrelation wird die Modellgenauigkeit bewertet. Durch hohe Abweichungen zwischen den Korrelationswerten kann auf ein Over- oder Underfitting der Prognosemodelle geschlossen werden. Die Bewertung ausgewählter Regressionsmodelle ist in Abbildung 5-18 im Kontext des Vorgehens von Modelltraining und -bewertung präsentiert.[538]

Während mittels linearer Regression nur eine geringe Modellgenauigkeit erreicht wurde, konnten bspw. mittels dem Random-Forest-Regressor oder dem Gradient-Boosting-Regressor höhere Modellgenauigkeiten erzielt werden. Mit einer Erhöhung der maximalen Tiefe der Entscheidungsbäume zeigt sich eine Steigerung der Modellgenauigkeit, wobei sich jedoch auch stärker die Effekte

[537] Aufgrund der Größe des Datensatzes erfolgt die Datenvorbereitung mittels Python in Visual Studio Code, wobei das Pandas-Framework zur Datenmanipulation genutzt wird.

[538] Für Modelltraining und -bewertung wurde Scikit-learn als ML-Softwarebibliothek verwendet.

eines Overfitting zeigen. Ebenso ergibt sich durch die Tiefe der Entscheidungsbäume ein umfangreicheres Prognosemodell, welches ebenso die Komplexität einer regelbasierten Beschreibung steigert. Einen Kompromiss stellt der Modellbaum für lineare Regression dar, der mit einer reduzierten Tiefe des Entscheidungsbaums vergleichsweise hohe Modellgenauigkeiten erreicht. Der Modellbaum definiert je nach Projekttyp und Sektor eine lineare Gleichung, mit der die zusätzlichen Arbeitsplätze anhand der Investmentsumme errechnet werden.

Modelltraining (model training)

- Auswahl der Regressionsmodelle mit Festlegung der Hyperparameter
- Modellanpassung (model fitting) anhand des Trainingssets

Modellbewertung (model evaluation) anhand des Testsets	R^2_{train}	R^2_{test}
Lineare Regression	0,32	0,33
Entscheidungsbaumregressor (maximale Tiefe = 3)	0,55	0,53
Random-Forest-Regressor (Anzahl der Bäume = 100, maximale Tiefe = 4)	0,58	0,56
Random-Forest-Regressor (Anzahl der Bäume = 100, maximale Tiefe = 8)	0,70	0,61
Gradient-Boosting-Regressor (Anzahl der Bäume = 100)	0,66	0,60
Modellbaum für lineare Regression (maximale Tiefe = 2)	0,67	0,56

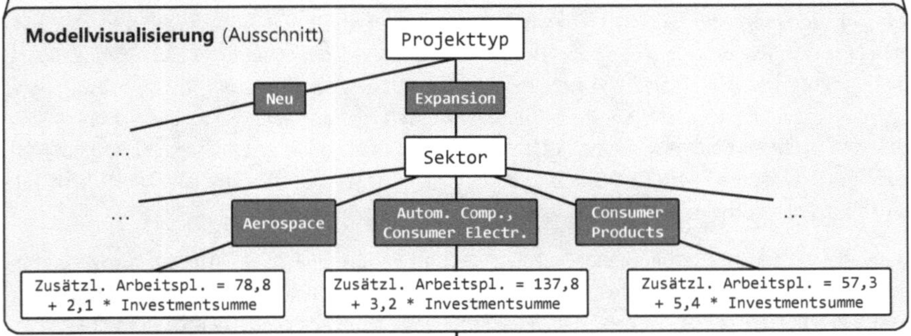

Regelvalidierung und -transformation

- Modellierung des Prognosemodells als Regeln
- Übertrag in das Zielformat des regelbasierten Expertensystems

Abbildung 5-18: **Vorgehen von Modelltraining und -bewertung inkl. Ausschnitt eines mittels Maschinellem Lernens erstellten Prognosemodells**

Im Rahmen der anschließenden Regelvalidierung und -transformation wird das Prognosemodell des Modellbaums für lineare Regression als Regeln modelliert. Gemäß des Ausschnitts der Modellvisualisierung in Abbildung 5-18 wird beispielhaft eine Regel abgeleitet, vgl. Abbildung 5-19. Als Eingangsinformation wird das Fabrikplanungsprojekt **projekt** definiert, welches mit dem Planungsfall **projekttyp**, dem Sektor **sektor** und dem Investment **investmentsumme** verknüpft sein muss. Entsprechen der Planungsfall und der Sektor den definierten Kategorien, kann die Regel ausgeführt werden. In diesem Fall wird die Personalanzahl als Ausgangsinformation mit dem Attribut anzahl für das Objekt **personal** anhand der Investmentsumme abgeschätzt. Für weitere Ausprägungen der Planungsfälle und Sektoren sind zusätzliche Regeln zu modellieren. Die resultierenden Regeln werden im Regelverzeichnis den relativen Schlussfolgerungen zugeordnet und stellen somit Spezialisierungen der Kennzahlenmethode dar.

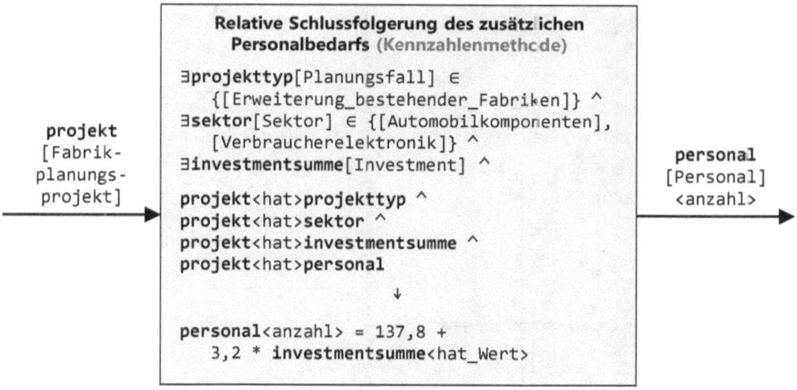

Abbildung 5-19: Beispielhafte Regel zur Spezialisierung der Kennzahlenmethode

Zusammenfassend repräsentiert das Regelverzeichnis mit Regeln, die anhand des wissens- und datenbasierten Ansatzes erzeugt werden, das prozessuale Domänenwissen der Kapazitätsplanung. Bei der folgenden Regeltransformation werden die Regeln in das Zielformat des regelbasierten Expertensystems übertragen, die für die software-technische Implementierung erforderlich ist. Da das Zielformat abhängig von der Systemauswahl ist, wird die Regeltransformation in Kapitel 5.3 „Software-technische Implementierung" beschrieben.

5.2.3 Strukturierung der Planungsabläufe für die fabrikplanungsspezifische Inferenzmaschine

Die fabrikplanungsspezifische Inferenzmaschine wählt aus dem Regelverzeichnis die Regeln zur Ausführung aus, deren Aufrufbedingungen erfüllt sind. Die Strukturierung der Planungsabläufe unterstützt diesen Prozess zielgerichtet, indem Bedingungen festgelegt werden, unter denen die Aufrufbedingungen bestimmter Regeln überprüft werden sollen. Zur Strukturierung der Planungsabläufe in der Kapazitätsplanung wurde die Planungsaufgabe bereits in Kapitel 5.1 systematisiert. Darauf aufbauend wird im Folgenden die Modellierung der strukturierten Planungsabläufe erläutert.

Unter Anwendung der Notation für die UML-basierte Modellierung präsentiert Abbildung 5-20 den übergeordneten Planungsablauf der Kapazitätsplanung, der zur Projektinitialisierung oder bei der Verfügbarkeit von neuen Planungsinformationen gestartet wird. Nachfolgend werden die untergeordneten Planungsabläufe aufgerufen, die entsprechend ihren informatorischen Abhängigkeiten angeordnet sind. Daher wird zunächst der Planungsablauf der Kapazitätsplanung vorgelagerten Planungsaufgaben aufgerufen. Im Rahmen der anschließenden Grobplanung werden je nach verfügbarem Informationsreifegrad die Kennzahlenmethode, Analogieschlüsse oder Abschätzungen angewandt und ansonsten zusätzliche Planungsinformationen von Benutzer:innen angefragt. Anschließend folgen die Personal- und Flächenbedarfsplanung aufgrund ihrer Abhängigkeit der Betriebsmittelbedarfsplanung.

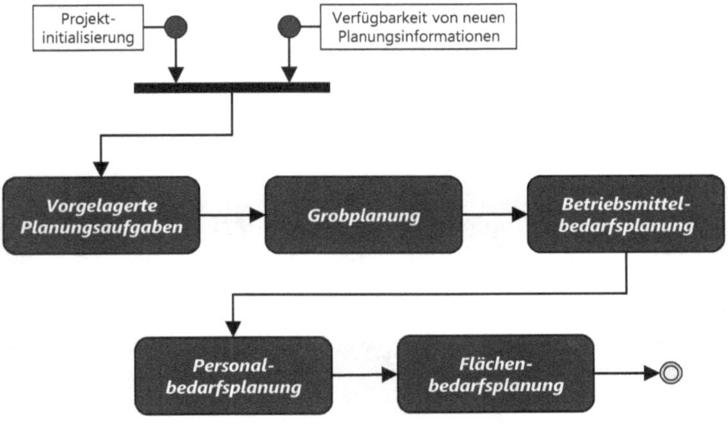

Abbildung 5-20: Übergeordneter Planungsablauf der Kapazitätsplanung

Alternativ ist eine Anpassung des übergeordneten Planungsablaufs möglich, sodass bei der Verfügbarkeit von neuen Planungsinformationen nur die entsprechenden untergeordneten Planungsabläufe abgerufen werden, die von den neuen Planungsinformationen betroffen sind. In beiden

Fällen wird vom übergeordneten Planungsablauf u.a. der Planungsablauf der Personalbedarfsplanung aufgerufen, der in Abbildung 5-21 dargestellt ist und im Folgenden exemplarisch erläutert wird.

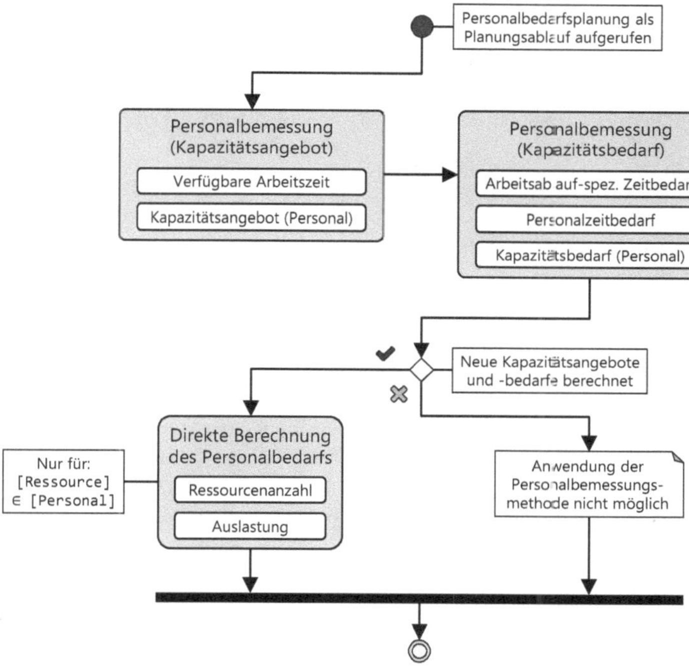

Abbildung 5-21: Planungsablauf der Personalbedarfsplanung

Nach Aufruf des Planungsablaufs der Personalbedarfsplanung werden zunächst die Regelsammlungen zur Personalbemessungsmethode auf ausführbare Regeln überprüft. Das Kapazitätsangebot kann über die Berechnung der verfügbaren Arbeitszeit je Mitarbeiter errechnet werden. Der Kapazitätsbedarf hingegen wird auf Basis des Arbeitsablauf-spezifischen Zeitbedarfs, der bspw. mittels MTM festgelegt wird, und anhand der erforderlichen Produktionsstückzahlen und Personalreservebedarfen berechnet. Können durch Anwendung der zugehörigen Regeln neue Kapazitätsangebote und -bedarfe als Planungsergebnis berechnet werden, werden anschließend die beiden Regeln zur Berechnung der Ressourcenanzahl und der Auslastung für jedes Personal als Ressource angewandt. Andernfalls werden Benutzer:innen per Systemausgabe darüber informiert, dass die

Personalbemessungsmethode bei den vorliegenden Planungsinformationen nicht angewandt werden konnte.

Der Planungsablauf der Personalbedarfsplanung demonstriert, dass die Anzahl der auf Ausführbarkeit zu überprüfenden Regeln durch Verzweigungen an Entscheidungsknoten mit konditionellen Abfragen reduziert werden kann. Somit können die Rechenaufwände deutlich reduziert werden, insbesondere da die Überprüfung der Ausführungsbedingungen bei zunehmenden Datenbeständen im Informationssystem im Vergleich zur Regelausführung signifikant aufwändiger wird. Dieses Prinzip wird auch im Planungsablauf der Flächenbedarfsplanung genutzt, der in Abbildung 5-22 dargestellt ist.

Für die Flächenbedarfsplanung wird zunächst geprüft, ob sowohl die Breite als auch die Tiefe eines Betriebsmittels als geometrische Planungsinformationen vorhanden sind. Bei erfüllter Bedingung wird für die betroffenen Betriebsmittel die Regel zur Berechnung des Flächenbedarfs angewandt. Die Flächenbedarfe von Zusatzflächen können anhand von Zuschlagsfaktoren abgeleitet werden, sofern es sich bei der Fertigungsform um eine Werkstatt- oder Fließfertigung handelt. Zuletzt werden die zuvor berechneten Flächenbedarfe im Sinne der Bottom-Up-Planung aggregiert. Da die Flächenaggregation aufgrund der Gliederung der Betriebsflächen über verschiedene Ebenen erfolgt, muss die Regel erneut angewandt werden, falls ein neuer Flächenbedarf aggregiert wurde. Bspw. kann anhand der Flächenbedarfe der Betriebsmittel die Produktionsfläche berechnet werden. Die Produktionsfläche stellt wiederum einen Teil der Werkstattfläche auf Mikroebene dar, die somit zur Hauptnutzfläche auf Mesoebene aggregiert werden sollte. Die entstehende Schleife stellt sicher, dass die Regeln häufig genug angewandt werden, bevor der Planungsablauf abgeschlossen wird.

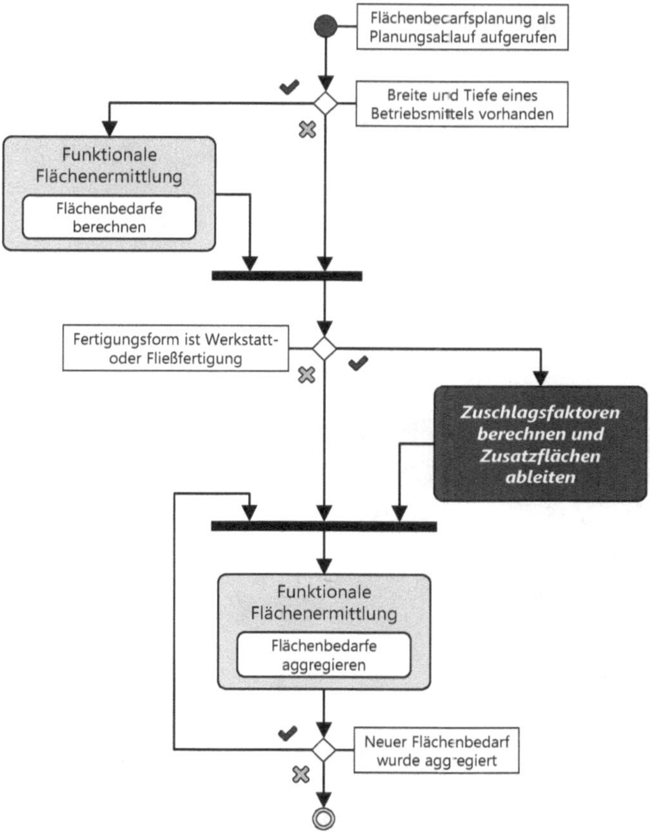

Abbildung 5-22: Planungsablauf der Flächenbedarfsplanung

Die exemplarisch dargestellten Planungsabläufe unterstützen die effiziente Wissensverarbeitung und stellen somit die letzte Komponente im regelbasierten Expertensystem dar, die das prozessuale Domänenwissen der Kapazitätsplanung repräsentiert. Durch die Strukturierung der Planungsabläufe werden die zu überprüfenden Bedingungen von Regeln priorisiert und konditionell verknüpft, sodass die fabrikplanungsspezifische Inferenzmaschine zielgerichtet arbeitet und Rechenaufwände reduziert werden. Die weitere Umsetzung der fabrikplanungsspezifischen Inferenzmaschine erfolgt im Rahmen der software-technischen Implementierung, die im folgenden Unterkapitel erläutert wird.

5.3 Software-technische Implementierung

Das für die Kapazitätsplanung ausgearbeitete regelbasierte Expertensystem wird software-technisch implementiert, um eine funktionsfähige Iteration des Lösungsartefakts zu schaffen, die zur Evaluierung der regelbasierten Planungsautomatisierung genutzt werden kann. Zur software-technischen Implementierung wird gemäß dem Unified Software Development Process[539] zu Beginn das Lösungssystem ausgewählt. Das Lösungssystem umfasst u.a. geeignete Programmiersprachen und Software-Architekturen, mit denen die Funktionalitäten des regelbasierten Expertensystems realisiert werden können. Daher werden eingangs die erforderlichen Funktionalitäten des Lösungssystems als Anforderungen definiert. Die zugehörige Bewertungssystematik wird mithilfe software-technischer- und lösungsartefakt-bezogener Anforderungen in Unterkapitel 5.3.1 definiert. Anhand dessen werden bestehende Lösungssysteme bei deren software-technischer Implementierung verglichen, wozu das Vorgehen in Abbildung 5-23 dargestellt ist.

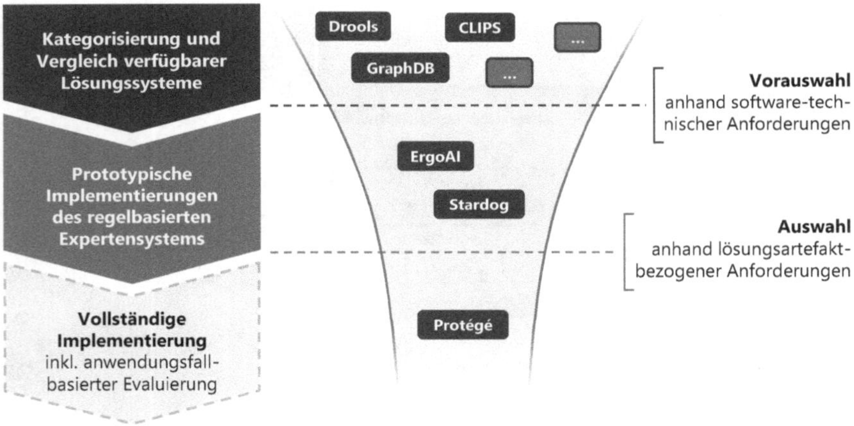

Abbildung 5-23: Vorgehen der software-technischen Implementierung

Im Vergleich der verfügbaren, potenziell geeigneten Lösungssysteme erfolgt anhand der software-technischen Anforderungen eine Vorauswahl, zu der die Lösungssysteme ErgoAI, Stardog und Protégé gehören (Unterkapitel 5.3.2). Für die vorausgewählten Lösungssysteme werden Prototypen implementiert (Unterkapitel 5.3.3), um anschließend anhand der lösungsartefakt-bezogenen Anforderungen eine endgültige Auswahl zu treffen. Hierbei wird Protégé als Lösungssystem ausgewählt, in dessen Entwicklungsumgebung das regelbasierte Expertensystem vollständig implementiert

[539] Vgl. Jacobson et al. (1999), The unified software development process.

wird. Diese Implementation wird in Unterkapitel 5.3.4 präsentiert und nachfolgend in Kapitel 1 zur anwendungsfallbasierten Evaluierung genutzt.

5.3.1 Anforderungen an das auszuwählende Lösungssystem

Die Bewertungssystematik in Abbildung 5-24 legt die Anforderungen an das auszuwählende Lösungssystem fest. Dabei werden mit den software-technischen Anforderungen der Funktionsumfang und weitere Eigenschaften der Lösungssysteme bewertet. Innerhalb von vier Anforderungskategorien werden insgesamt zehn Ausschlusskriterien formuliert, die für eine Vorauswahl zu 100 % erfüllt werden müssen. Bspw. wird für die Benutzerfreundlichkeit ersucht, dass eine grafische Benutzeroberfläche als Entwicklungsschnittstelle zur Verfügung steht. Zusätzlich sind ausreichende Dokumentationen oder Trainings zur Einarbeitung in das Lösungssystem sowie Anwendungsmöglichkeiten der Low-Code-Programmierung gefordert.

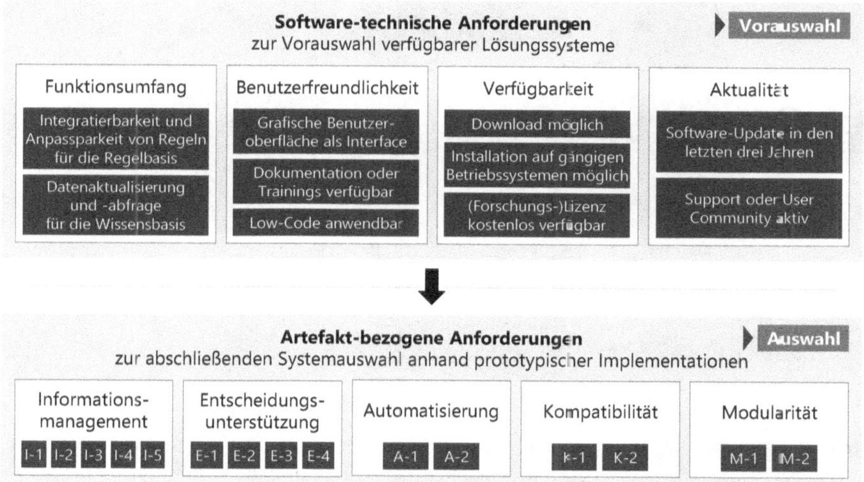

Abbildung 5-24: Bewertungssystematik der software-technischen und artefakt-bezogenen Anforderungen[540] an das auszuwählende Lösungssystem

Die artefakt-bezogenen Anforderungen entsprechen den inhaltlichen Anforderungen an das regelbasierte Expertensystem und können daher nur anhand einer prototypischen Implementation bewertet werden. Bspw. wird anhand der Anforderung A-1 die automatisierte Entscheidungsunter-

---

540 Gemäß den abgeleiteten Anforderungen an das Lösungsartefakt, vgl. Kap. 4.1.3.

stützung geprüft, wozu eine Reduzierung manuell durchgeführter Fabrikplanungsprozesse nachgewiesen werden soll. Für die prototypische Implementierung wird ein vereinfachter Anwendungsfall genutzt, bei dem eine im Umfang reduzierte Ontologie und wenige Regeln verwendet werden. Das Ergebnis stellt somit die Auswahl des Lösungssystems dar, das im vollständigen Umfang implementiert wird.

5.3.2 Vorauswahl verfügbarer Lösungssysteme

Zur Vorauswahl geeigneter Lösungssysteme wurden verschiedene Lösungssysteme identifiziert, die basierend auf Literaturquellen[541] und allgemeinen Marktübersichten[542] als potenziell passend für die Implementierung des regelbasierten Expertensystems betrachtet werden können. Die verfügbaren Lösungssysteme wurden vom Autor in vier Systemarten kategorisiert, die in Abbildung 5-25 als Übersicht dargestellt sind.

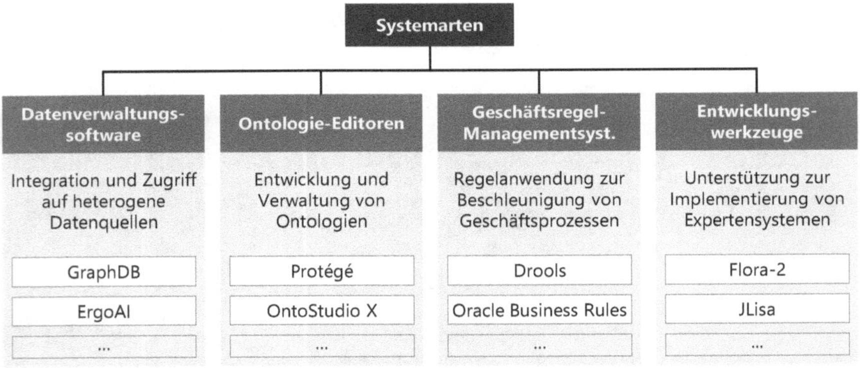

Abbildung 5-25: Kategorisierung der Systemarten inkl. Beispielen

Datenverwaltungssoftware umfasst dabei Softwarelösungen, die sich auf die Integration und den Zugriff auf heterogene Datenquellen spezialisieren. Durch die Verwaltung großer und konsistenten Datenmengen wird die Grundlage für zusätzliche Funktionalitäten zum regelbasierten Schließen geschaffen. Ein Beispiel hierfür ist die semantische Datenbanksoftware GraphDB, die sich durch die Möglichkeit komplexer Abfragen auszeichnet. Dahingegen sind Ontologie-Editoren Werkzeuge zur

---

541 Vgl. Kap. 3.2 „Ansätze innerhalb der Fabrikplanung".

542 U.a. dienten folgende Marktübersichten als Referenz: Lämmel et al. (2007), Business Rules: Einsatzmöglichkeiten und Marktübersicht; Sahin et al. (2012), Hybrid expert systems: Current approaches and applications; Nehemiah (2018), Market Analysis Report (Knowledge-Based Systems).

Entwicklung von Ontologien und unterstützen neben der Modellierung teilweise auch die semantische Wissensverarbeitung. Ein Beispiel ist Protégé, das eine flexible Umgebung für die Ontologie-Entwicklung bietet und weit verbreitet in der Forschung und Praxis genutzt wird, um komplexe Wissensstrukturen abzubilden. Weiterhin existieren Geschäftsregelmanagementsysteme (engl.: Business Rule Management Systems, kurz: BRMS), die zur Automatisierung und Verwaltung von Geschäftsregeln entwickelt wurden. Diese Systeme ermöglichen die Implementierung von regelbasierten Logiken, die Geschäftsprozesse steuern und optimieren, ohne dass tiefgehende Programmierkenntnisse erforderlich sind. Drools ist ein solches System, das besonders für die Implementierung von regelbasierten Systemen geeignet ist.

Als letzte Kategorie relevanter Systemarten werden Entwicklungswerkzeuge als Software definiert, die Entwickler:innen zur Implementierung von Expertensystemen spezialisierte Werkzeuge zur Verfügung stellen. Bspw. ermöglicht Flora-2 die Entwicklung von Expertensystemen auf Basis von Logikprogrammen und bietet eine flexible Plattform für die Implementierung komplexer Regelwerke. Berücksichtigt werden jedoch nur Entwicklungswerkzeuge, die eine endanwender-freundliche Bedienung ermöglichen. Daher werden „Low-Code"-Lösungen bevorzugt und umfangreiche Entwicklungsumgebungen, die eine vollständige Systementwicklung unter Anwendung komplexer objektorientierter Programmierung ermöglichen, ausgeschlossen. Abschließend ist anzumerken, dass die Zuteilung zu den definierten Systemarten ist nicht immer eindeutig ist, da einige Lösungssysteme in unterschiedlichen Kontexten verschiedene Funktionen erfüllen können.

Die Vorauswahl der Lösungssysteme erfolgt auf Grundlage der Evaluierung ihrer Implementierbarkeit als regelbasiertes Expertensystems, die durch Erfüllung der software-technischen Anforderungen nachgewiesen wird. Insgesamt wurden 73 Systeme bewertet, wobei ein Ausschnitt des Ergebnisses in Abbildung 5-26 präsentiert wird. Allgemein wurde nicht jedes verfügbare Lösungssystem in allen Anforderungskriterien geprüft, da durch die Nicht-Erfüllung der Ausschlusskriterien eine weitere Betrachtung hinfällig ist.

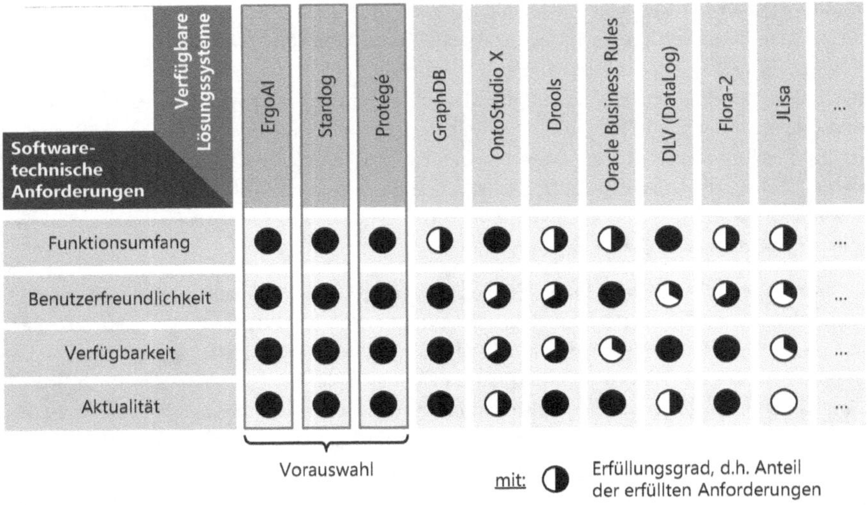

Abbildung 5-26: Bewertung der verfügbaren Lösungssysteme

Generell erfüllen Lösungssysteme aus der Kategorie der Datenverwaltungssoftware vorwiegend die gestellten Anforderungen, sind jedoch oft nur kommerziell lizenzierbar, sodass keine ausreichende Verfügbarkeit gegeben ist. Allerdings sind kostenfreie, akademische Lizenzen für ErgoAI und Stardog auf Anfrage erhältlich. ErgoAI ist dabei eine Weiterentwicklung der Open-Source-Software Flora-2, die mit Windows-Kommandozeile als Programmier-Interface aufgrund der resultierenden geringen Benutzerfreundlichkeit ausgeschlossen wird. Neben ErgoAI erfüllt auch Stardog alle software-technischen Anforderungen, insbesondere aufgrund der Benutzerfreundlichkeit durch konfigurierbare Interfaces, umfangreicher Dokumentation und verfügbarem Kundensupport. In der Kategorie der Ontologie-Editoren stellt Protégé den bekanntesten Vertreter dar und weist aufgrund der aktiven User Community viele Erweiterungsmöglichkeiten auf. Weitere Lösungssysteme wie OntoStudio X bieten jedoch keine kostenfreien Forschungslizenzen an. Geschäftsregelmanagementsysteme (BRMS) wurden ausnahmslos aus der weiteren Betrachtung ausgeschlossen, weil mit den angebotenen Funktionsumfängen keine Anpassungen an die spezifischen Anforderungen zur Automatisierung von Fabrikplanungsprozessen möglich sind. Ein Beispiel hierfür ist das Softwaresystem DLV, das die Implementierung der Regelsprache DataLog unterstützt, aber keine Möglichkeit zur Rückführung von Planungsergebnissen in das Informationssystem bietet. Ebenso wurden die Entwicklungswerkzeuge ausgeschlossen, da die öffentliche Verfügbarkeit eingeschränkt ist oder spezialisierte Programmierkenntnisse zur Bedienung erforderlich sind. Bspw. erhält JLisa keine Update mehr und wurde daher aufgrund mangelnder Aktualität ausgeschlossen. Gemäß der erfüllten software-technischen Anforderungen wurden somit die Lösungssysteme ErgoAI, Stardog und Protégé für die prototypische Implementierung ausgewählt.

5.3.3 Prototypische Implementationen

Die drei vorausgewählten Lösungssysteme werden über eine Beurteilung anhand der lösungsartefakt-bezogenen Anforderungen verglichen. Im Folgenden wird daher für ErgoAI, Stardog und Protégé beschrieben, wie jeweils ein regelbasiertes Expertensystem zur Automatisierung der Fabrikplanungsprozesse prototypisch implementiert wurde. Dazu wird jeweils ein Workflow präsentiert, der die Aktivitäten vom Aufbau bis zur Anwendung des regelbasierten Expertensystems umfasst. Zunächst muss die Ontologie für das Informationssystem umgesetzt werden und mit den Fabrikplanungsinformationen des Anwendungsfalls instanziiert werden. Das Regelverzeichnis ist mit dem Übertrag der Regeln in das erforderliche Zielformat zu erstellen. Abschließend ist die fabrikplanungsspezifische Inferenzmaschine umzusetzen, um Planungsergebnisse regelbasiert zu berechnen. Im Rahmen dieser Evaluierung wird ein beschränkter Anwendungsfall der Betriebsmittelplanung genutzt. Dabei steht die Berechnung der Maschinenanzahl im Vordergrund, die auf Basis der zu bestimmenden Kapazitätsbedarfe und -angebote erfolgt.

Implementation 1: ErgoAI

Zur ersten prototypischen Implementation wurde ErgoAI genutzt. ErgoAI ist eine kommerzielle Erweiterung der Open-Source-Software Flora-2 und wird als eine der fortschrittlichsten Plattformen für Semantik und regelbasiertes Schließen beschrieben. Zum Erstellen, Bearbeiten und Abfragen von Wissen stehen unterschiedliche Interfaces zur Verfügung. Mit dem Basis-Interface des sogenannten Ergo-Listener werden zunächst neue Projekte erstellt oder geladen. Zusätzlich können anwendungsfallspezifische Informationen als sogenannte Modul hinzugefügt werden. Außerdem stellt das Basis-Interface den Ausgangspunkt für die weiteren Schritte im Workflow dar, der in Abbildung 5-27 im Überblick präsentiert wird.

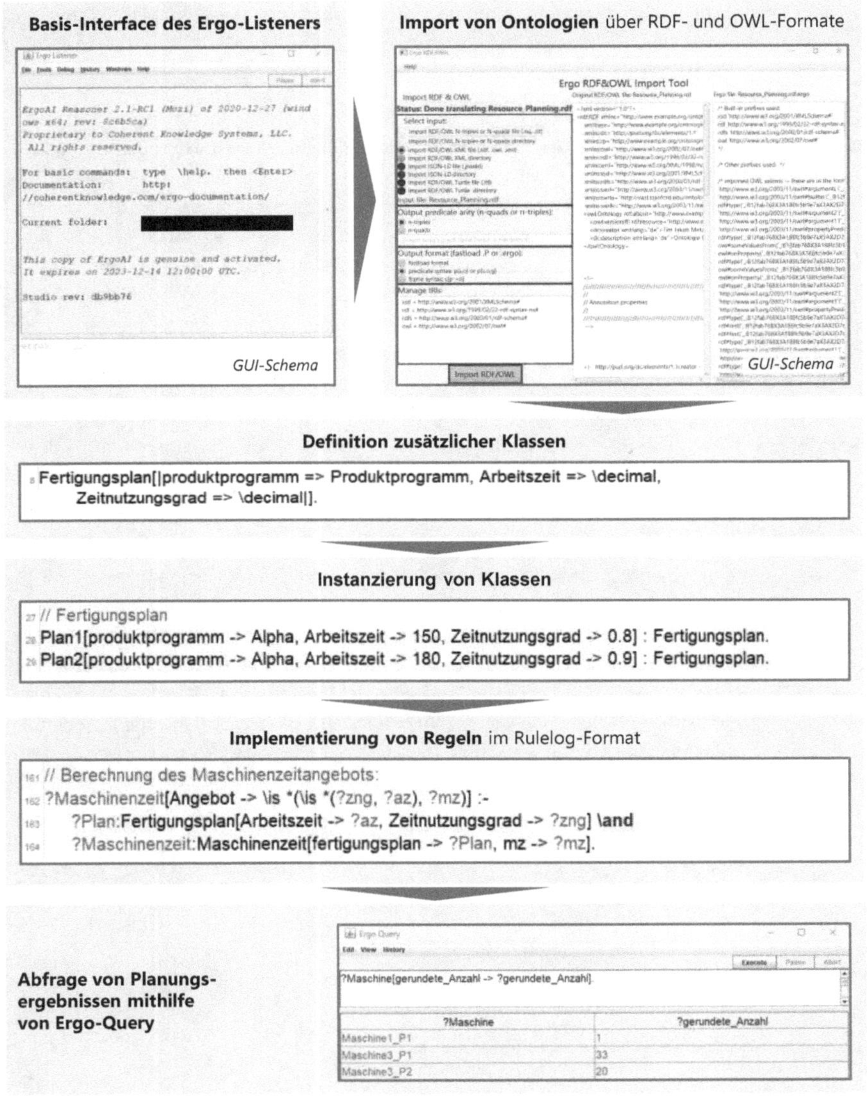

Abbildung 5-27: Workflow von ErgoAI

Ontologien können als RDF- und OWL-Dateien über das Ergo-to-OWL-Tool importiert werden, sodass bereits erstellte Ontologien nutzbar sind. Nachteilig ist jedoch, dass weitere Änderungen an der Ontologie nicht mehr möglich sind. Alternativ kann die Ontologie manuell im Ergo-Editor erstellt werden, wozu Klassen und deren Eigenschaften ohne visuelle Tools rein textuell definiert werden. Dafür wird eine ErgoAI-eigene Syntax verwendet. Daher ergeben sich in jedem Fall erhöhte Implementierungsaufwände für das Informationssystem. Ebenso werden die Klassen mit den Planungsinformationen des Anwendungsfalls im gleichen Editor instanziiert. Neben dieser manuellen Definition können CSV-Dateien mit über das Ergo-Listener-Interface importiert werden. Dabei gestaltet sich die Verknüpfung dieser Daten mit den Klassen der Ontologie zur korrekten Instanziierung jedoch als komplizierter Prozess.

Die Definition und Instanziierung von Klassen in ErgoAI wird exemplarisch für die Klasse *Fertigungsplan* in Abbildung 5-27 demonstriert. Diese Klasse besitzt die Beziehung zu einer anderen Klasse *Produktprogramm* sowie die Attribute *Arbeitszeit* und *Zeitnutzungsgrad*, bei denen es sich um dezimale Zahlenwerte handelt. Diese Beziehungen und Attribute werden mit dem Operator „=>" festgelegt und gelten entsprechend auch für alle Unterklassen. Nachfolgend werden zwei Fertigungspläne *Plan1* und *Plan2* instanziiert. Dabei werden mit dem Operator „->" die zugehörigen Beziehungen und Attribute zugewiesen.

Die Implementierung der Regeln erfolgt mittels des Rulelog-Formats, das eine flexible und leistungsfähige Formulierung von Regeln ermöglicht. Die Regeln werden ebenfalls textuell definiert. Dabei handelt es sich bei den ausgegrauten Zeichenfolgen in Rulelog um Variablen, welche durch entsprechende Instanzen und Werte zur Regelausführung ersetzt werden. Bspw. wurde die Regel zur Berechnung des Kapazitätsangebots der Betriebsmittel bzw. des Maschinenzeitangebots direkt in die Wissensbasis integriert, sodass in ErgoAI entsprechende Planungsinformationen automatisch berechnet werden können. Für den beschränkten Anwendungsfall wurden insgesamt neun Regeln in das Zielformat transformiert, einschließlich der automatischen Aufrundung der Maschinenanzahl auf die nächstgrößere Ganzzahl. Bei der Regeltransformation zeigte sich, dass abhängig vom Zielformat des Lösungssystems die modellierten Regeln nicht immer eins-zu-eins überführt werden können, sondern zielformat-spezifische Anpassungen erforderlich sein können.

Die Ausführung der Regeln erfolgt unabhängig von der Implementierungsreihenfolge der Regeln. Die Berechnungsergebnisse werden in die Wissensbasis aufgenommen und können anschließend weiterverarbeitet werden. In Bezug auf die fabrikplanungsspezifische Inferenzmachine wird festgestellt, dass eine separate Ausführung von Regeln nicht möglich ist und die strukturierten Planungsabläufe somit nicht implementierbar sind. Da die Berechnungsergebnisse in ErgoAI nicht direkt angezeigt werden, ist eine anschließende Abfrage über das Ergo-Query-Interface erforderlich. Im beschränkten Anwendung konnte gezeigt werden, dass die Berechnungsergebnisse korrekt und mit manuell berechneten Werten übereinstimmten.

Zusammenfassend bietet ErgoAI leistungsstarke Funktionalitäten zur Implementierung regelbasierter Systeme und zur effizienten Verarbeitung komplexer Daten. Herausforderungen bei der Ontologie-Implementierung mindern jedoch den Nutzen für spezifische Anwendungsfälle in der Fabrikplanung. Zudem sind allgemeingültige und projektspezifische Informationen im Editor nicht explizit trennbar. Die Anforderungen an die Umsetzung der fabrikplanungsspezifischen Inferenzmaschine können ebenfalls nicht erreicht werden. Zuletzt wird die Benutzerfreundlichkeit herabgestuft, da die effiziente und Transparenz schaffende Bedienung in ErgoAI durch die textuelle Implementierung eingeschränkt ist.

Implementation 2: Stardog

Zur zweiten prototypischen Implementierung wurde Stardog genutzt. Stardog ist eine cloudbasierte Plattform zur Erstellung von Wissensgraphen und deren Verarbeitung. Innerhalb der Plattform stehen dazu drei Interfaces zur Verfügung: Stardog Explorer, Stardog Designer und Stardog Studio. Stardog Explorer dient vorwiegend der visuellen Erkundung der Wissensbasis, während Stardog Designer als visuelles Interface und Stardog Studio als textbasiertes Interface für die weitere Implementierung gemäß des lösungssystem-spezifischen Workflows, der in Abbildung 5-28 dargestellt ist, von zentraler Bedeutung sind.

Für das Informationssystem kann die zugrundeliegende Ontologie des Wissensgraphen entweder durch eine bestehende Ontologie importiert oder manuell erstellt werden. Über das Studio-Interface ist die Bearbeitung der Ontologie in den Kategorien „Classes", „Relationships" und „Attributes" möglich. Dort werden Klassen sowie Objekt- und Dateneigenschaften als Beziehungen respektive Attribute direkt im Texteditor modelliert. Dabei wird ein XML-basiertes Datenformat genutzt. Nachfolgend kann über das Designer-Interface das Mapping von externen Datenquellen, wie z.B. CSV-Dateien, auf die Ontologieklassen zur Instanziierung durchgeführt werden. Ein Beispiel ist anhand der Klasse *Fertigungsplan* in Abbildung 5-28 gegeben. Die Spalten der CSV-Datei werden auf die Klasse sowie deren Objekt- und Dateneigenschaften gemappt. Für das Mapping werden auch datenbasiert Vorschläge zur Verknüpfung der vorliegenden Informationen mit der Ontologie angeboten. Beim Mapping der Planungsinformationen aus dem beschränkten Anwendungsfall traten jedoch Fehler bei der Datenkonvertierung auf, die zusätzliche manuelle Arbeitsaufwände verursachten.

Parallel zur Ontologie-Implementierung kann das Regelverzeichnis umgesetzt werden. Die Regeltransformation in das Stardog-Zielformat wird durch das Designer-Interface unterstützt, bei der eine visuelle Implementierung der Regeln möglich ist. Anhand der bestehenden Inhalte der Wissensbasis können die Antezedenz-Bedingungen und Schlussfolgerungen per Dropdown ausgewählt werden. Anhand der Eingaben werden die resultierenden Regeln automatisch in das SPARQL-basierte Zielformat überführt. Die Regeln können somit nachfolgend über das Studio-Interface textbasiert angepasst oder detailliert werden. Auf diese Weise können auch komplexere Regeln manuell implementiert werden, die aufgrund von Größenbeschränkungen und auch einer limitierten Ausdrucksstärke im Designer-Interface nicht visuell zu modellieren sind. Ebenfalls sind Summenbildungen nicht über Regeln abbildbar, sondern müssen auf Abfragen im letzten Schritt des Workflows ausgelagert werden. Insgesamt wurden in Stardog für die Planungsautomatisierung im beschränkten Anwendungsfall sechs Regeln implementiert.

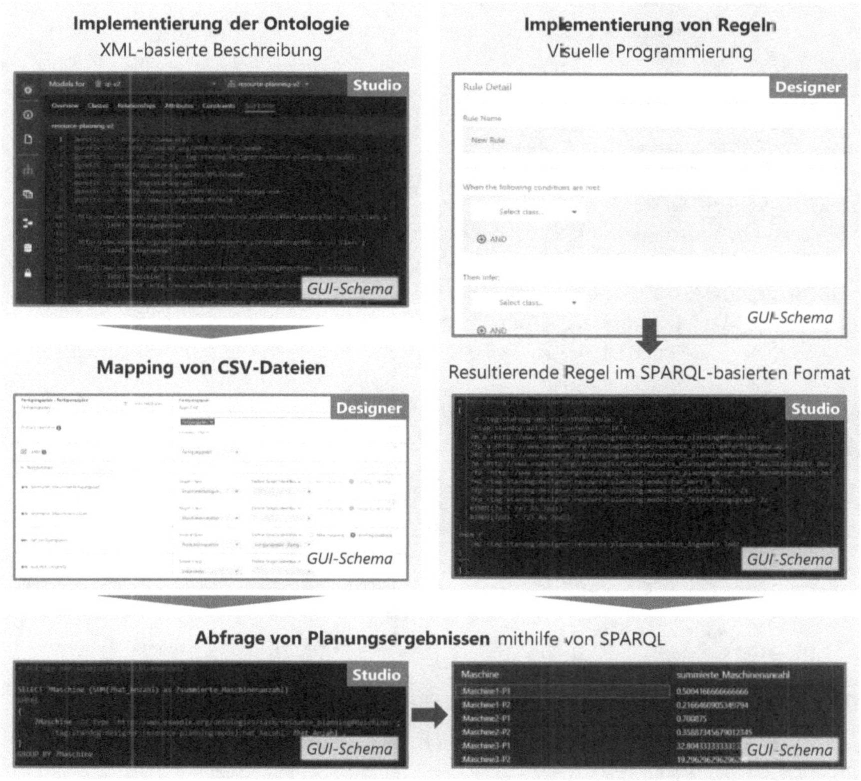

Abbildung 5-28: **Workflow von Stardog**

In Stardog sind die Regeln als Teil der Wissensbasis gespeichert, werden jedoch erst bei Informationsabfragen nach Bedarf ausgeführt. Dabei kann kein Einfluss auf die Reihenfolge der ausgeführten Regeln genommen werden, sodass die strukturierten Planungsabläufe als dritte Komponente des regelbasierten Expertensystems nicht explizit implementiert werden können. Planungsergebnisse werden also berechnet, wenn mit der Abfragesprache SPARQL im Studio-Interface formulierte Abfragen gestellt werden. Es konnte gezeigt werden, dass im vorliegenden Anwendungsfall die Abfrage der Maschinenanzahl zu korrekten Planungsergebnissen führte. Als Vorteil der SPARQL-Nutzung ist daher die Möglichkeit komplexer und exakter Abfragen zu sehen, bei denen jedoch die zuvor genannten Einschränkungen in der Regeltransformation kompensiert werden müssen.

Zusätzlich zu den grundlegenden Funktionalitäten zur Implementierung des regelbasierten Expertensystems bietet Stardog die Möglichkeit, regelbasiertes Maschinelles Lernen zu integrieren, um Prognosen auf Basis bereits in der Wissensbasis gespeicherter Daten zu treffen. Dazu ist zunächst das Prognosemodell als Klassifikations-, Regressions- oder Ähnlichkeitsmodell zu erlernen, um anschließend mit der SPARQL-basierten Abfrage die Prognosewerte zu ermitteln. Die Prognose umfasst daher Beziehungen und Attribute von instanziierten Klassen, die vorher der Wissensbasis hinzugefügt wurden. So kann bspw. vorhergesagt werden, welches Produkt einer Maschine im Fertigungsplan zugeordnet werden sollte (Klassifikation, vgl. Abbildung 5-29) oder wie sich die Stückzahl von Produkten entwickelt (Regression, nicht dargestellt). Das Ähnlichkeitsmodell kann eine Vorhersage über die Ähnlichkeiten zwischen zwei Objekten treffen. Dieses wurde jedoch im Rahmen der prototypischen Implementierung nicht erprobt. Im Kontext des beschränkten Anwendungsfalls der Betriebsmittelplanung wurden das Klassifikations- und das Regressionsmodell getestet, da eine Anwendung zur Berechnung der Kapazitätsbedarfe der Ressourcen möglich ist.

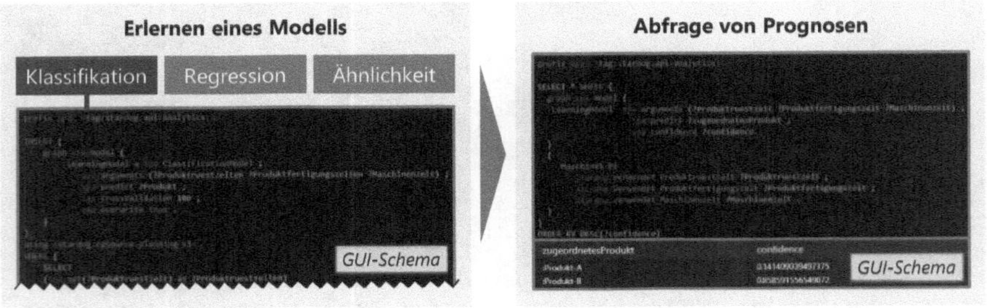

Abbildung 5-29: Maschinelles Lernen mit SPARQL-basierter Syntax in Stardog

Im dargestellten ML-Anwendungsfall wurde ein Klassifikationsmodell erlernt, dass Instanzen der Klasse *Produkt* anderen Instanzen der Klasse *Maschine* zuordnet. Als Trainingsdaten wurden mehrere Instanzen der beiden Klassen mit entsprechenden Beziehungen untereinander und den zugehörigen Attributen in der Wissensbasis manuell implementiert. Darauf soll die Instanz *Maschine1-P1* mit einer der verfügbaren Instanzen *Produkt-A* oder *Produkt-B* auf Basis bekannter Rüst-, Fertigungs- und Maschinenzeiten verknüpft werden. Aufgrund der vorhergesagten Wahrscheinlichkeiten kann die Beziehung *realisiert_Produkt* zwischen den entsprechenden Instanzen erstellt werden, die in der Wissensbasis bisher nicht besteht. Anhand der Trainingsdaten wird die erkannte Beziehung als plausibel eingestuft. Jedoch sind in Stardog die zugrundeliegenden Regeln der erlernten Prognosemodelle undurchsichtig, sodass die Nachvollziehbarkeit erschwert wird.

Zusammenfassend bietet Stardog eine umfangreiche Plattform für die Erstellung und Verarbeitung von Wissensgraphen, die zur prototypischen Implementierung des regelbasierten Expertensystems genutzt werden konnte. Die Stärken der Implementation liegen in der unkomplizierten Ontologie-Implementierung und einem unterstützten Mapping von Fabrikplanungsinformationen. Als nachteilig zu bewerten ist jedoch die mangelnde Gestaltungsfreiheit bei der visuellen Regeltransformation, wobei Regeln teilweise nur als SPARQL-Abfragen formuliert werden können. Ebenfalls ist die Umsetzung der fabrikplanungsspezifischen Inferenzmaschine nicht möglich, da die Regelausführung nicht gesteuert werden kann. Die Funktionalitäten in Bezug auf die direkte Integration des Maschinellen Lernens bieten zusätzliche Potentiale, die jedoch aufgrund der mangelnde Nachvollziehbarkeit der erlernten Prognosemodelle beschränkt sind.

Implementation 3: Protégé

Zur dritten prototypischen Implementierung wurde Protégé genutzt. Protégé ist ein Ontologie-Editor, der mit einer großen Nutzeranzahl[543] zur Entwicklung intelligenter und regelbasierter Systeme etabliert ist. Die prototypische Implementation wurde zum Vergleich mit ErgoAI und Stardog bewertet und aufgrund der Bewertungsergebnisse für die Weiterentwicklung ausgewählt. Daher wird die resultierende Implementation der jüngsten Entwicklungsiteration im folgenden Unterkapitel 5.3.4 präsentiert. Zuvor folgt die Zusammenfassung der Bewertung der drei prototypischen Implementationen anhand der Erfüllung der lösungsartefakt-bezogenen Anforderungen[544], deren Übersicht in Abbildung 5-30 dargestellt ist.

[543] Stand Mitte 2024 zählt Protégé über 350.000 Nutzer:innen, vgl. Stanford University (2024), Protégé - free, open-source ontology editor, Link: https://protege.stanford.edu/.

[544] Die artefakt-bezogenen Anforderungen von Protégé wurden ebenfalls anhand der prototypischen Implementation bewertet. Die umfangreichere Evaluierung folgt in Kap. 6.3.1.

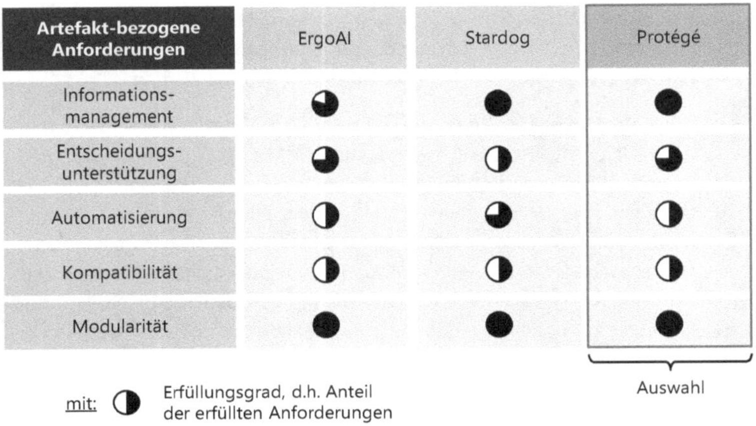

Abbildung 5-30: Bewertungsübersicht der prototypischen Implementationen

Allgemein konnten alle Lösungssysteme die Mehrheit der lösungsartefakt-bezogenen Anforderungen erfüllen. Bezüglich des Informationsmanagements erreichen alle Lösungssysteme hohe Bewertungen. Jedoch erfüllt ErgoAI nicht die Anforderung I-5 zur Trennung allgemeingültiger und projektspezifischer Informationen, da bei der Ontologie-Implementierung die Definition von Klassen und deren Instanziierung nicht explizit getrennt ist. Anzumerken ist jedoch, dass bei ErgoAI und Stardog Schwierigkeiten beim Mapping von projektspezifischen Informationen verzeichnet wurden. Für die vollständige Erfüllung der Anforderungen in der Entscheidungsunterstützung weist kein Lösungssystem ausreichende Funktionalitäten zur Umsetzung der fabrikplanungsspezifischen Inferenzmaschine auf, sodass die Anforderung E-3 zum situationsabhängigen Planungsablauf nicht erfüllt wird. Zusätzlich werden Berechnungsergebnisse in Stardog ohne zusätzliche Abfrage nicht in die Wissensbasis zurückgeschrieben, sodass die Anforderung E-1 zur eindeutigen Berechnung nicht erfüllt wird. In Hinblick auf die Anforderung A-2 kann kein Lösungssystem die Anforderung erfüllen, dass die automatisierte Erzeugung der anzuwendenden Regeln unterstützt werden muss. Ausschließlich Stardog bietet hierzu Funktionalitäten an, bei denen jedoch die den erlernten Prognosemodellen zugrundeliegenden Regeln nicht nachvollziehbar dargestellt werden können. Daher wurde diese Anforderung für Stardog als halb-erfüllt gewertet. Bezüglich der Kompatibilität erfüllen alle Lösungssysteme nicht die Anforderung K-2 an die Umsetzbarkeit einer Softwareschnittstelle, insb. auch da bereits bei dem Import von bestehenden Ontologien Herausforderungen auftraten, die zu manuellen Zusatzaufwänden führten. Die Modularitätsanforderungen hingegen wurden von allen drei Lösungssystemen vollständig erfüllt.

Im Rahmen der prototypischen Implementierungen wurden allgemeine Erkenntnisse zu bestehender Softwarelösungen als mögliche Lösungssysteme für regelbasierte Expertensysteme gewonnen.

Generell wurde erkannt, dass nicht alle Arten von Regeln, die mit der zuvor definierten Modellierungsmethode mittels Prädikatenlogik beschreibbar sind, mit den zur Verfügung stehenden Regelsprachen der Lösungssysteme vollständig implementiert werden können. Ebenso wurde ein übergreifend bestehender Bedarf erkannt, vorhandene Softwarelösungen durch die Integration zusätzlicher Ansätze wie z.B. aus dem Bereich des Maschinellen Lernens zu erweitern. Damit würde die Umsetzbarkeit domänenspezifischer Anforderungen wie z.B. aus der Fabrikplanung erhöht werden. Die Workflows der prototypisch implementierten Lösungssysteme weisen ähnliche Strukturen auf. Dennoch ergeben sich spezifische Abweichungen je Lösungssystem, die zu unterschiedlichen Herausforderungen führen. Die gestellten artefakt-bezogenen Anforderungen werden am besten mit der prototypischen Implementation durch Nutzung von Protégé am besten erfüllt, sodass Protégé für die Weiterentwicklung ausgewählt wird und die resultierende Implementation im Folgenden präsentiert wird.

5.3.4 Vollständige Implementation im Ontologie-Editor Protégé

Die vollständige software-technische Implementation des regelbasierten Expertensystems wurde in der Entwicklungsumgebung des Ontologie-Editors Protégé realisiert. Diese software-technische Implementation stellt das Ergebnis mehrerer Entwicklungsiterationen dar[545], wobei die abschließende Iteration als Umsetzung des für die Kapazitätsplanung ausgearbeiteten regelbasierten Expertensystems präsentiert wird.

Abbildung 5-31 bietet eine Übersicht über die software-technische Implementation und definiert die gewählte Software-Architektur aus Umsetzungsperspektive in Bezug zur konzeptuellen Struktur des regelbasierten Expertensystems. Für das Informationssystem wurde die zugrundeliegende Ontologie mithilfe von OWL implementiert, während das Regelverzeichnis und die fabrikplanungsspezifische Inferenzmaschine durch die Implementierung der Regeln in der Regelsprache SWRL sowie der Abfragesprache SQWRL realisiert wurden. Im Ergebnis steht eine Softwarelösung, die mit etablierten Standards der Semantic-Web-Technologien aus der IT-Domäne entwickelt wurde.

[545] Vorherige Entwicklungsiteration des regelbasierten Expertensystems unter Nutzung von Protégé wurden vom Autor bereits in der Forschungscommunity präsentiert. Die Diskussionsergebnisse beeinflussten dabei die weitere software-technische Implementierung, vgl. Schäfer (2022), Semantic Reasoning for Automated Factory.

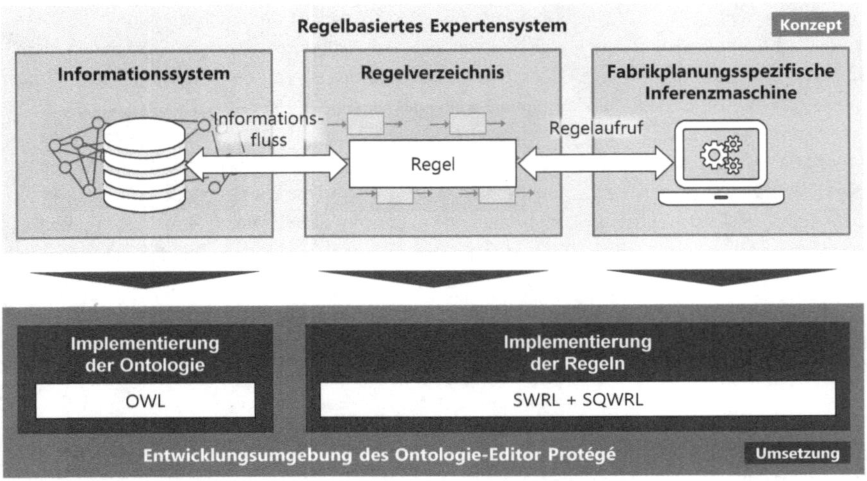

Abbildung 5-31: Software-Architektur des regelbasierten Expertensystems in Protégé

Die software-technische Implementierung basiert in Protégé auf der Ontologie-Implementierung, die in Abbildung 5-32 als erster Schritt im Workflow präsentiert wird. Zur Ontologie-Implementierung stehen vier grundsätzliche Interfaces zur Verfügung, mit denen Klassen definiert, deren Beziehungen und Attribute festgelegt und anschließend die resultierende Ontologie visualisiert wird. Die Instanziierung der Klassen wird über das Mapping von CSV-Dateien unterstützt, sodass das Informationssystem um die projektspezifischen Planungsinformationen erweitert wird. Das Regelverzeichnis wird durch die Implementierung von Regeln im SWRL- und SQWRL-Format umgesetzt. Im letzten Schritt können neue Planungsinformationen regelbasierte geschlussfolgert und abgefragt werden. Dabei kann im Sinne der fabrikplanungsspezifischen Inferenzmaschine die Steuerung des Regelaufrufs über den Regeleditor gesteuert werden. Die resultierenden Berechnungsergebnisse werden entweder direkt in die Wissensbasis des Informationssystems aufgenommen oder im Regeleditor angezeigt. Die Umsetzung der Schritte dieses Workflows für die resultierende Implementation wird nachfolgend näher betrachtet.

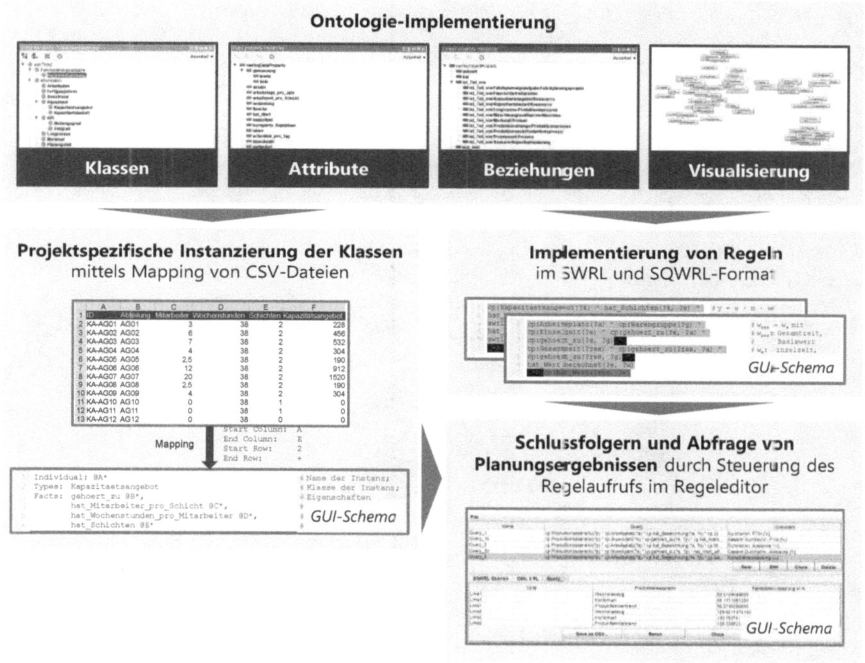

Abbildung 5-32: Workflow in Protégé

Implementierung der Ontologie

Zu Beginn der Ontologiemodellierung muss ein IRI festgelegt werden, mit dem alle erstellten Elemente der Ontologie eindeutig identifiziert werden können. Daher wurden für die Basis-Ontologie der Fabrikplanung und die Domänen-Ontologie der Kapazitätsplanung IRI zugewiesen[546], denen zur Gewährleistung der Übersichtlichkeit die Präfixe `fp` und `kap` vergeben wurden, wodurch die absoluten Pfade automatisch ersetzt werden können. Zusätzlich wurden Metadaten zur Ontologiemodellierung definiert. Bspw. wurden mit den Attributen `dc:creator` und `dc:description` der Autor und ein Kurztitel der Ontologie hinterlegt.

[546] Als IRI werden http://www.semanticweb.org/factory-planning/FP und http://www.semanticweb.org/factory-planning/KAP definiert.

Anschließend wurden die Klassen, Objekt- und Dateneigenschaften anhand der UML-Modellierung in die Ontologien im OWL-Format überführt. Insgesamt sind neben den sechs Klassen der Basis-Ontologie weitere 71 Klassen für die Domänen-Ontologie definiert, die über die Beziehung `subClassOf` miteinander in Verbindung stehen. Zusätzlich wurden 28 weitere Beziehungen zwischen den Klassen aufgenommen. Schließlich wurden den Klassen 19 eindeutige Attribute zugewiesen. Die Visualisierung der resultierenden Ontologie ist mithilfe des Plug-ins OntoGraf möglich. Das Ergebnis der integrierten Visualisierung von Basis- und Domänenontologie wird in Abbildung 5-33 dargestellt. Neben den Klassen und deren Beziehungen können die Attribute als als Tooltip angezeigt werden. Ebenso sind die anzuzeigenden Klassen und Beziehungen für einen fokussierten Betrachtungsbereich filterbar.

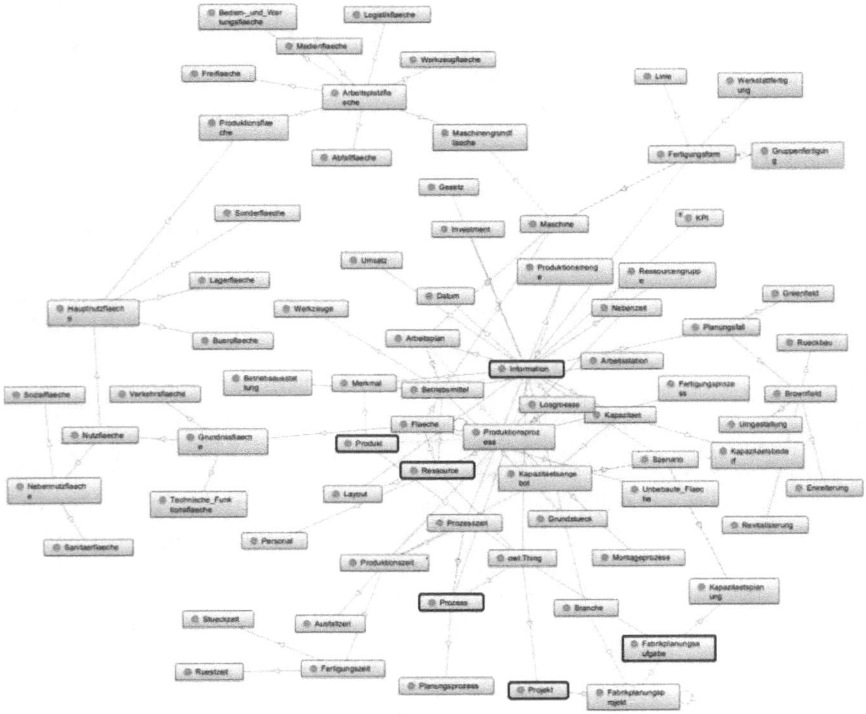

Abbildung 5-33: **Ontologie der Kapazitätsplanung visualisiert mit OntoGraf**

Die Ontologie-Implementierung erfolgte in Protégé manuell. Der Implementierungs-prozesses kann jedoch ausblickend durch visuelle Modellierungsinterfaces unterstützt werden werden[547], um auch Weiterentwicklungen der Ontologie zu vereinfachen. Ebenfalls ist hervorzuheben, dass die in Protégé entwickelten Ontologien in Formaten exportierbar sind, die während der prototypischen Implementierungen in den anderen Lösungssystemen genutzt wurden. Aus diesen Gründen ist die Ontologie-Implementierung in Protégé als bewährte Vorgehensweise zu betrachten.

Projektspezifische Instanzierung der Klassen

Die projektspezifische Instanzierung der Klassen kann in Protégé manuell durchgeführt werden. Zur Reduzierung manueller Arbeiten, die über ein Mapping die Daten aus verschiedenen Quellen, zu denen insbesondere die relationalen Datenbanken der konventionellen Tabellenkalkulationsprogramme gehören, den Zielelementen der Ontologie zuordnen können. Im Ergebnis sollen die Planungsinformationen schließlich als RDF-Tripel vorliegen und somit mit der Ontologie vernetzt sein.

Zunächst wurde das Plug-in Ontop getestet, mit dem eine Datenintegration gemäß Ontology-Based Data Access (OBDA)[548] realisiert werden kann. Dadurch können Informationen virtuell integriert werden, imdem die Datenquellen lediglich verknüpft werden. Im Gegensatz zur SPARQL-Abfragen wird die anschließende Wissensverarbeitung mittels SWRL-Regeln jedoch nur experimentell unterstützt[549]. Deshalb wird als Gegenstück des OBDA die Materialisierung untersucht, bei der die Informationen in die Wissensbasis übernommen werden. Dazu wurde auf das Plug-in Cellfie zurückgegriffen. Cellfie verwendet dabei MappingMaster[550] als anwendungsspezifische Sprache (engl.: domain-specific language, kurz: DSL). Bei der Datenaufbereitung von Excel-Dateien ist zu beachten, dass Cellfie enthaltenen Formeln nicht verarbeitet und daher nur Text- und Zahlenwert berücksichtigt werden.

Exemplarisch ist ein Mapping von Projektinformationen in Abbildung 5-34 dargestellt. Im ersten Schritt werden die gewünschten Daten aus der Tabellenkalkulation ausgewählt und vorbereitet. Mit den Rahmenbedingungen wird der relevante Zellenbereich angegeben. Das Mapping-Skript legt

---

[547] Im Rahmen der Forschungsarbeiten im Exzellenzcluster „Internet of Production" untersuchte der Autor das Mapping von heterogenen Datenformaten wie UML-Klassendiagrammen in das RDF-Format, welches direkt in das OWL-Format überführbar ist, vgl. Johannes Theissen-Lipp et al. (2024), Extending Semantic RML Mappings. Mithilfe des Mappings könnte die UML-basierte Ontologiemodellierung daher automatisiert in Protégé implementiert werden. Auch wird in der Literatur bestätigt, dass UML-basierte Notationen mit nur wenigen Einschränkungen in OWL-Dateien überführt werden können, vgl. Zedlitz (2013), Konzeptuelle Modellierung mit UML und OWL.

[548] Vgl. Poggi et al. (2008), Linking Data to Ontologies, S. 133.

[549] Vgl. Calvanese et al. (2016), Ontop: Queries over Relational Databases, S. 473.

[550] Vgl. O'Connor (2020), MappingMaster Documentation.

fest, wie diese Daten in die Wissensbasis zu mappen sind. Im Beispiel wird für jede Zelle aus Spalte A ein Objekt der Klasse *Kapazitaetsangebot* instanziert. Über den Abschnitt „Facts" werden im Mapping-Skript die Beziehungen und Attribute festegelegt, wie z.B. aus Spalte B die Zugehörigkeit zu einer Produktionslinie bzw. Abteilung als *gehoert_zu*-Beziehung und aus den Spalten C bis E der Zahlenwerte für die jeweiligen Attribute.

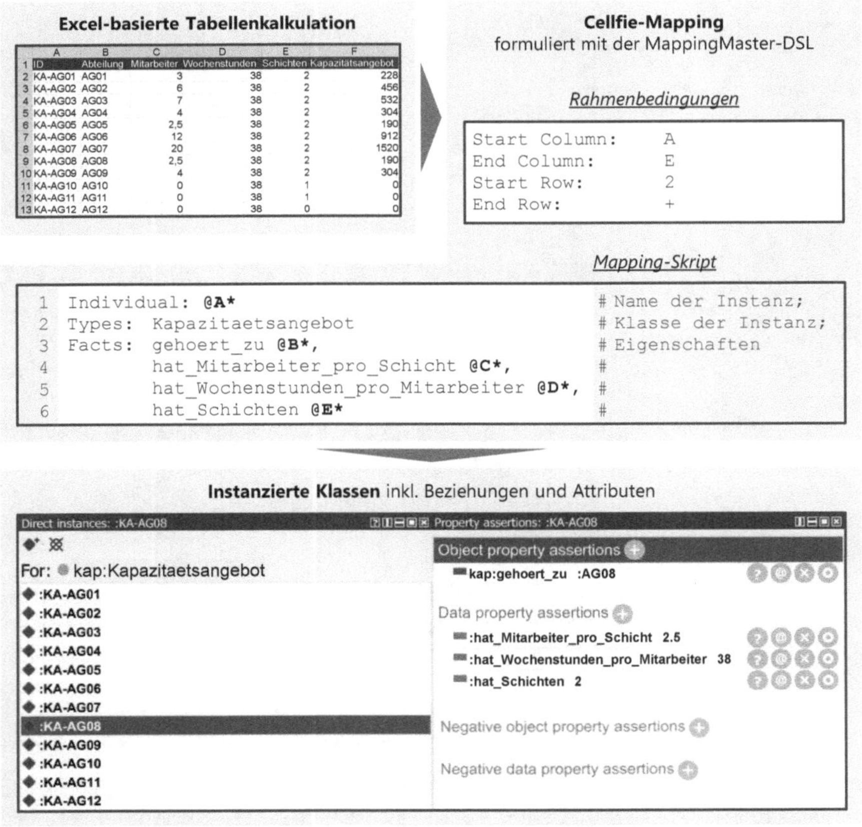

Abbildung 5-34: Mapping von Planungsinformationen mit dem Plug-in Cellfie

Durch die Mappings werden auch bei zunehmenden Größen der zu importierenden Daten die manuellen Aufwände geringgehalten. Allgemein können jedoch mehrere Mappings erforderlich sein, um alle relevante Planungsinformationen zu überführen. Die Instanzen als ABox sind mit der Ontologie als TBox vernetzt und bilden somit gemeinsam den Wissensgraphen des Informationssystems, der für die nachfolgende Wissensverarbeitung verwendet wird.

Das Informationssystem der software-technischen Implementation bietet neben dem Mapping von Excel- und CSV-Dateien auch eine Kompatibilität zu weiteren Datenformaten, die mit den in der Fabrikplanung typischen Informationsquellen in Verbindung stehen. XML-basierte Dateiformate wie AML unterstützen die Konvertierung in RDF- und OWL-Formate als klassische Datenformate des Semantic Webs nativ. Auch Dateiformate wie IFC können über spezielle Mappings in Semantic-Web-Formate umgewandelt werden[551]. Daher passen die definierten Schnittstellen zu der aktuellen Entwicklungen digitaler Planungssoftware, sodass auch die zukünftige Anwendbarkeit des regelbasierten Expertensystems sichergestellt ist.

Implementierung von Regeln

Das Regelverzeichnis und die zugehörigen Regeln werden mit der Regelsprache SWRL und der Abfragesprache SQWRL implementiert. Im Folgenden wird daher die Regeltransformation, also der Übertrag der IDEF0- und Aussagenlogik-basierten Regelmodellierung in das Zielformat des regelbasierten Expertensystems, beschrieben.

Allgemein sind im SWRL-Format das Antezedenz und die Konsequenz durch den Operator -> voneinander getrennt. Sowohl das Antezedenz als auch die Konsequenz können sich aus mehreren Bedingungen zusammensetzen, die jeweils durch den Operator ^ separiert werden. Die Bedingungen können Klassenzugehörigkeiten, Objekt-, Dateneigenschaften oder eingebaute Bedingungen (genannt „Built-in") betreffen. Innerhalb der Bedingungen werden mit dem Operator ? Variablen deklariert, die sich auf Elemente im Wissensgraphen beziehen.

Exemplarisch wird eine SWRL-Regel zur direkten Berechnung des Kapazitätsangebots von Betriebsmitteln in Abbildung 5-35 dargestellt. In natürlicher Sprache ausgedrückt, beschreibt die Regel, dass szenariobasiert für jede Instanz der Klasse *Kapazitaetsangebot* die Anzahl der Schichten und Mitarbeiter pro Schicht miteinander multipliziert und in einer Variablen zwischengespeichert wird. In einer zweiten Multiplikation wird das Produkt der Variablen und der Wochenstunden pro Mitarbeiter gebildet und als Attribut *kapazitaet* in die jeweilige Instanz zurückgeschrieben wird. Konkret bedeutet bspw. die Bedingung `kapazitaet(?k, ?y)`, dass das Element `k` das Attribut *kapazitaet* mit dem Wert `y` besitzt. Das Element `k` ist zwangsläufig eine Instanz der Klasse *Kapazitaetsangebot*, da im Antezedenz die Bedingung `kap:Kapazitaetsangebot(?k)` definiert wird. Auch werden im

[551] Das Mapping von heterogenen Datenformaten in das RDF-Format wurde insb. für IFC als Quellformat demonstriert, vgl. Johannes Theissen-Lipp et al. (2024), Extending Semantic RML Mappings.

Beispiel die Built-ins zur Multiplikation von Zahlenwerten verwendet, z.B. **`swrlb:multiply(?x, ?a, ?b)`**.

```
kap:Kapazitaetsangebot(?k) ^
ist_Teil_von/Kapazitaetsangebot:Szenario(?k, ?s) ^
arbeitstage_pro_Jahr(?s, ?a) ^
schichten_pro_Tag(?s, ?b) ^
arbeitszeit_pro_Schicht(?s, ?c) ^
swrlb:multiply(?x, ?a, ?b) ^
swrlb:multiply(?y, x?, ?c)
-> kapazitaet(?k, ?y)
```

```
# y = a * b * c
# mit
# y: Kapazität
# a: Arbeitstage
# b: Schichten
# c: Arbeitszeit
```

Abbildung 5-35: SWRL-Regel zur direkten Berechnung des Kapazitätsangebots von Betriebsmitteln

Je definierter Regel im Regelverzeichnis existieren mehrere Implementierungsmöglichkeiten, da sich der Bezugspunkt unterscheiden kann. Im vorliegenden Beispiel bezieht sich die Berechnung des Kapazitätsangebots auf ein Szenario, sodass bei Vorliegen unterschiedlicher Szenarien auch verschiedene Kapazitätsangebote berechnet werden. Dies setzt jedoch voraus, dass die Instanzen der Klasse *Kapazitaetsangebot* über die Beziehung *ist_Teil_von* mit Instanzen der Klasse *Szenario* verknüpft sind. Bei einem geänderten Bezugspunkt, bspw. einem Kapazitätsangebot je Linie, ist eine weitere SWRL-Regel erforderlich. Bei kombinierter Betrachtung verschiedener Bezugspunkte ergibt sich daher ein erhöhter Bedarf an SWRL-Regeln, um die Flexibilität eines situationsabhängigen Planungsablaufs zu gewährleisten.

Eine weitere Einschränkung bei der Regel-Implementierung ergibt sich durch die Open World Assumption (OWA), die besagt, dass nicht explizit beschriebenes Wissen auch als wahr angenommen werden kann[552]. Als Implikation ist es nicht möglich, Zwischensummen zu berechnen, da hierfür eine abgeschlossene Liste von Zahlenwerten vorliegen muss, was jedoch der OWA widerspricht[553]. Multiplikationen hingegen stellen eine Skalierung dar und sind somit kein Widerspruch zur OWA. Das Gegenstück zur OWA ist die Closed World Assumption (CWA), die von der Abgeschlossenheit des Betrachtungsgegenstands ausgeht. Die CWA gilt bei Datenabfragen und ermöglicht somit Aggregationen und Gruppierungen der Ergebnisse unter Verwendung der Abfragesprache SQWRL. Im Gegensatz zur SWRL-Regeln werden die Ergebnisse der SQWRL-Abfragen jedoch nicht in das Informationssystem zurückgeschrieben. Als erläuterndes Beispiel dient eine Abfrage zur Berechnung der Ausbeute, die in Abbildung 5-36 dargestellt ist.

[552] Vgl. Biffl et al. (2016), Technologies for intelligent engineering applications, S. 333–334.

[553] Vgl. O'Connor et al. (2009), SQWRL: a Query Language for OWL, S. 4.

```
kap:Szenario(?s) ^
Produktionsmenge(?p) ^ hat_Wert(?p, ?x1) ^
Ausschuss(?a) ^ hat_Wert(?a, ?x2) ^
ist_Teil_von/Produktionsmenge:Szenario(?p, ?s) ^
ist_Teil_von/Ausschuss:Szenario(?a, ?s) ^
sqwrl:makeBag(?bag1, ?x1) ^
sqwrl:groupBy(?bag1, ?s) ^ sqwrl:sum(?sum1, ?bag1) ^
sqwrl:makeBag(?bag2, ?x2) ^
sqwrl:groupBy(?bag2, ?s) ^ sqwrl:sum(?sum2, ?bag2) ^
swrlb:add(?sum3, ?sum1, ?sum2) ^
swrlb:divide(?z, ?sum1, ?sum3) ^
swrlb:multiply(?result, ?z, 100)
-> sqwrl:select(?p, ?result) ^ sqwrl:orderBy(?p)
^ sqwrl:columnNames(„Szenario", „durchschn.
Ausbeute (in %)")

# result = sum1 /
#     (sum1 - sum2)
#       * 100 %
# mit
# result: Ausbeute
# [und je Szenario]
# sum1: Effektive
#     Produktions-
#     menge
# sum2: Gesamter
#     Ausschuss
```

Abbildung 5-36: SQWRL-Abfrage zur Berechnung der Ausbeute (je Szenario)

Die Abfrage berechnet für jedes Szenario die durchschnittliche Ausbeute, die über das Verhältnis aus effektiver Produktionsmenge und der gesamten Produktionsmenge inkl. Ausschuss angegeben wird. Zur Implementierung der Regel im SQWRL-Format werden zunächst alle Instanzen von der Klassen *Produktionsmenge* und *Ausschuss* erfasst, die jeweils den Produktionsszenarien zugeordnet sind. Aufgrund der Aggregation mehrerer Werte müssen sogenannte Bags mit dem Befehl **`sqwrl:makeBag(?bag, ?x)`** erstellt werden. Bags sind Listen, die Instanzen der Datenabfrage aufnehmen und somit einen Mechanismus zum Schließen der OWA darstellen. Durch den weiteren Befehl **`sqwrl:groupBy(?bag, s?)`** werden die Inhalte der Bags nach deren zugeordnetem Szenario gruppiert. Mittels **`sqwrl:sum(?sum, ?bag)`** werden alle Inhalte des Bags als Zwischenergebnis festgehalten. Anschließend kann die jeweilige Ausbeute als Berechnungsergebnis über die SWRL-Built-ins ermittelt werden. Als Abfrageergebnis wird eine zweispaltige Tabelle zurückgegeben, die für jedes Szenario in der ersten Spalte die durchschnittliche Ausbeute in der zweiten Spalte auflistet. Ähnlich wie bei der vorherigen Regel wurde bei dieser Abfrage auch ein Bezugspunkt auf die Szenarien gesetzt. Alternativ wäre es auch möglich, diesen z.B. auf Produktionslinien bzw. -gruppen zu legen oder ohne speziellen Bezugspunkt die Ausbeute übergreifend für das gesamte Fabrikplanungsprojekt zu berechnen. In diesen Fällen müssten ebenfalls die notwendigen Beziehungen zwischen betroffenen Klassen hinterlegt sein und die Abfragen angepasst werden.

Als weiteres Beispiel dient die Abfrage zur Berechnung der durchschnittlichen Kapazitätsauslastung von Betriebsmitteln als Ressource, die in Abbildung 5-37 dargestellt ist. Da sich die Kapazitätsauslastung durch das Verhältnis vom Kapazitätsbedarf zum -angebot berechnet, werden jeweils die beiden Instanzen der Klasse *Kapazitaetsbedarf* und *Kapazitaetsangebot* identifiziert, die der gleichen Ressource zugeordnet sind. Der Kapazitätsbedarf ist ebenfalls Szenarien zugeordnet, damit die erwartete Kapazitätsauslastung für verschiedene Planungsszenarien vergleichen werden kann. Beim Kapazitätsangebot wird davon ausgegangen, dass eine Unabhängigkeit vom Szenario besteht. Die notwendigen Berechnungen werden mithilfe der SWRL-Built-ins durchgeführt. Das Ergebnis der Abfrage ist eine dreispaltige Tabelle, die die Kapazitätsauslastung für jede Kombination von Szenarien und Ressourcen angibt.

```
kap:Ressource(?r) ^
ist_Teil_von/Kapazitaetsbedarf:Ressource(?x, ?r) ^
ist_Teil_von/Kapazitaetsbedarf:Szenario(?x, ?s) ^
ist_Teil_von/Kapazitaetsangebot:Ressource(?y, ?r) ^
kapazitaet(?x, ?x_wert) ^ kapazitaet(?y, ?y_wert) ^
swrlb:divide(?z, ?x_wert, ?y_wert) ^
swrlb:multiply(?a, ?z, 100)
-> sqwrl:select(?s, ?r, ?a) ^ sqwrl:orderBy(?s, ?r)
^ sqwrl:columnNames(„Szenario", „Ressource",
    „durchschn. Auslastung (in %)"
```

```
# a = x_wert /
#       y_wert
#       * 100 %
# mit
# a: Auslastung
# x_wert: Kap.-
#         bedarf
# y_wert: Kap.-
#         angebot
```

Abbildung 5-37: SQWRL-Abfrage zur Berechnung der durchschnittlichen Kapazitätsauslastung von Betriebsmitteln (je Szenario und Ressource)

Schlussfolgern und Abfrage von Planungsergebnissen

In Protégé wird das Schlussfolgern und die Abfrage von Planungsergebnissen über die SWRL- und SQWRL-Tabs im Interface des Regeleditors gesteuert. Generell können die SWRL-Regeln als Bestandteile des Regelverzeichnisses gemeinsam oder separat aufgerufen werden. Bei dem Aufruf von Regeln werden die notwendigen Antezedenz-Bedingungen mithilfe eines sogenannten Reasoners mit den Inhalten der Wissensbasis abgeglichen. Werden die Antezedenz-Bedingungen erfüllt, wird die Regel vom Reasoner ausgeführt, sodass die Konsequenz-Bedingung als Schlussfolgerung in die Wissensbasis übernommen wird. Als Reasoner stehen verschiedene Implementierungen zur Verfügung, wobei Pellet ausgewählt wurde.

Mit der Ausführung einzelner Regeln ist es möglich, den strukturierten Planungsablauf manuell zu simulieren. Aufgrund dessen ist die fabrikplanungsspezifische Inferenzmaschine als dritte Komponente des regelbasierten Expertensystems in Protégé nicht vollumfänglich implementierbar. Eine weitere Einschränkung liegt darin, dass ein Teil der Regeln nur als Abfrage formulierbar ist und somit keine automatische Rückführung der Berechnungsergebnisse in die Wissensbasis des Informationssystems erreicht wird.

Bei der Ausführung von Regeln werden die geschlussfolgerten Ergebnisse als zusätzliche Attribute und Beziehungen im Ontologie-Editor hinterlegt. Geschlussfolgertes Wissen lässt sich anhand der gelben Markierung erkennen. So demonstriert die Abbildung 5-34 auf S. 186, dass der Zahlenwert des Attributs *kapazitaet* nicht explizit deklariert, sondern vom Reasoner regelbasiert geschlussfolgert wurde. Über das Fragezeichen-Symbol können Details über den Ursprung der neuen Eigenschaft eingeblendet werden, bspw. unter Anwendung welcher SWRL-Regel dieses Kapazitätsangebot berechnet wurde. Im Gegensatz dazu werden die Ergebnisse der Abfragen im SQWRL-Tab tabellarisch präsentiert. Für die weitere Verwendung können die Abfrageergebnisse als CSV-Datei gespeichert werden.

5.4 Zwischenfazit zur Lösungsumsetzung

In diesem Kapitel wurde das Konzept des regelbasierten Expertensystems, das eine Automatisierung von Fabrikplanungsprozessen zur Weiterentwicklung der intelligenten Entscheidungsunterstützung in der Digitalen Fabrik anstrebt, für die Kapazitätsplanung umgesetzt. Dafür wurde die Kapazitätsplanung als Planungsaufgabe systematisiert, indem die zugehörigen Planungsmethoden der Betriebsmittel-, Personal- und Flächenbedarfsplanung zugeordnet und analysiert wurden. Auf dieser Grundlage wurden die Methoden zur Ausarbeitung des regelbasierten Expertensystems angewandt, sodass die dritte Unterforschungsfrage beantwortet werden kann:

> *Wie können die Fabrikplanungsprozesse der Kapazitätsplanung modelliert werden, um zur Umsetzung der regelbasierten Planungsautomatisierung nutzbar zu sein?*

Das regelbasierte Expertensystem wurde anhand ihrer drei Komponenten für die Kapazitätsplanung modelliert. Bei der Entwicklung der Ontologien für das Informationssystem wurde die Herausforderung, komplexe Beziehungen innerhalb der Fabrikplanung zu beschreiben, mit dem Knowledge Meta Process für die Ontologie-Entwicklung adressiert. Die entwickelte Basis- und Domänen-Ontologien definieren ein breit anwendbares Vokabular, sodass ein Beitrag zur Begriffsvereinheitlichung geleistet wird. Die Modellierung erfolgte UML-basiert, um eine anforderungsgerechte und zielgruppenorientierte Unterstützung zu ermöglichen. Die Regelmodellierung zur Erstellung des Regelverzeichnisses wurde für die Regeln der relevanten Planungsmethoden demonstriert. Als Ergebnis kann ein umfassendes Regelverzeichnis präsentiert werden, das die Berechnungszusammenhänge von Planungsinformationen explizit abbildet. Neben dem wissensbasierten Ansatz wurde zusätzlich der datenbasierte Ansatz angewandt, um Regeln mithilfe von Maschinellem Lernen herzuleiten. Zur zielgerichteten Auswahl der Regeln wurde der Planungsablauf in der Kapazitätsplanung strukturiert, indem Bedingungen festgelegt wurden, unter denen die Ausführungsbedingungen bestimmter Regeln heuristisch überprüft werden. Insgesamt wird somit das prozessuale Domänenwissen der Kapazitätsplanung spezifisch modelliert, um eine effiziente Wissensverarbeitung für die regelbasierte Planungsautomatisierung zu erreichen.

Die Ausarbeitung des regelbasierten Expertensystems ist zugleich Vorarbeit für dessen software-technische Implementierung, für die ein geeignetes Lösungssystem ausgewählt wird. Entsprechend kann die vierte Unterforschungsfrage beantwortet werden:

Welches software-technische Lösungssystem kann genutzt werden, um Planungsergebnissen automatisch zu ermitteln?

Als Ergebnis des zweistufigen, systematischen Vergleichsprozesses wurde Protégé als bestgeeignetes Lösungssystem für die software-technische Implementierung ausgewählt. Als weitverbreiteter Ontologie-Editor bietet Protégé eine Entwicklungsumgebung, mit der die konzeptuelle Struktur des regelbasierten Expertensystems umgesetzt werden kann. In der festgelegten Software-Architektur wird die dem Informationssystem zugrundeliegende Ontologie mit der Standard-Ontologiesprache OWL implementiert. Für die Nutzung von OWL konnte gezeigt werden, dass die Kompatibilität zu den fabrikplanungstypischen Dateiformaten sichergestellt und Schnittstellen zur unterstützten Ontologiemodellierung eröffnet werden. Die projektspezifische Instanziierung wird über geeignete Mappings unterstützt. Für das Regelverzeichnis wurde die Regeltransformation in die Zielformate SWRL und SQWRL beschrieben. Bei den Regelimplementierungen wurde erkannt, dass die Regeln aufgrund ihrer Komplexität eine effiziente Umsetzung einschränken können. Die fabrikplanungsspezifische Inferenzmaschine wird mit dem Reasoner Pellet umgesetzt. Im zugehörigen Interface des Regeleditors können Regeln individuell ausgeführt werden. Als Heuristik für die Auswahl der auszuführenden Regeln können die strukturierten Planungsabläufe in Protégé jedoch nicht automatisierbar implementiert werden. Weitere Limitationen ergeben sich in der begrenzten Automatisierbarkeit strukturierter Planungsabläufe. Die Herausforderungen bei der effizienten Verarbeitung komplexer Regeln machen deutlich, dass Protégé in Aspekten wie simulationsbasierter Validierung oder Echtzeit-Inferenzprozessen kein optimales Lösungssystem darstellt. Für weitergehende Anforderungen könnte daher eine Kombination mit spezialisierten Tools oder die Entwicklung zusätzlicher Erweiterungen notwendig sein. Während die Anwendung des regelbasierten Expertensystems anhand des Workflows in Protégé bereits aufgezeigt wurde, wird eine über den begrenzten Anwendungsfall zur Auswahl des Lösungssystems hinausgehende Evaluierung im folgenden Kapitel durchgeführt.

6 Anwendungsfallbasierte Evaluierung des regelbasierten Expertensystems

Gemäß der linearisierten Struktur der Design-Science-Forschung nach PEFFERS[554] dient die Evaluierung des regelbasierten Expertensystems der Demonstrierung, Bewertung und Kommunikation des Lösungsartefakts. Um eine praxisnahe Evaluierung zu ermöglichen, fokussiert das Vorgehen die Anwendung des regelbasierten Expertensystems in zwei ausgewählten Projekten. Dieses Vorgehen zur Evaluierung ist in Abbildung 6-1 in der Übersicht dargestellt.

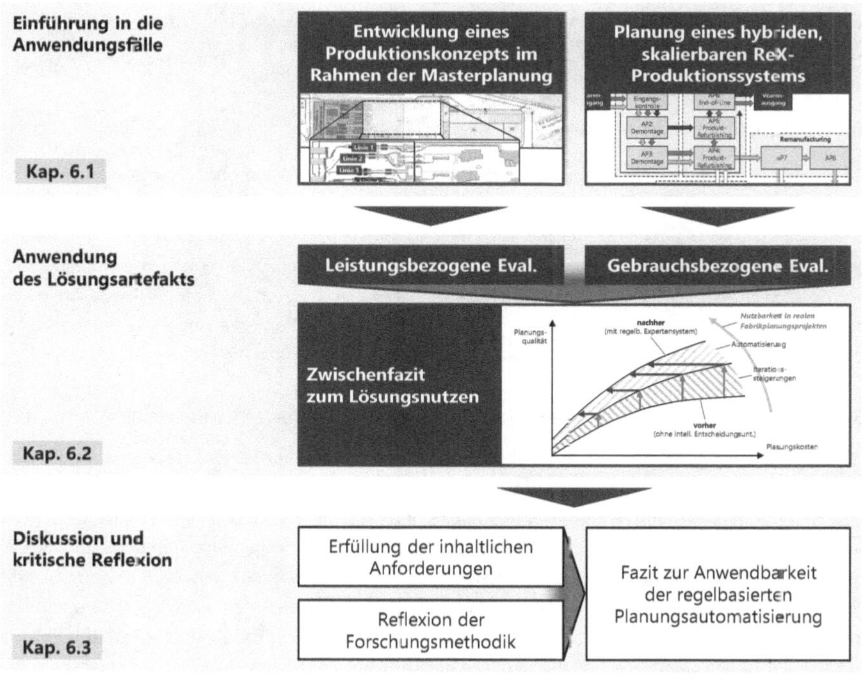

Abbildung 6-1: Vorgehen zur Evaluierung des regelbasierten Expertensystems

Ziel der Evaluierung ist es, die Anwendbarkeit der regelbasierten Planungsautomatisierung im Kontext der intelligenten Entscheidungsunterstützung innerhalb der Digitalen Fabrik zu bewerten. Dazu

[554] Vgl. Kap. 1.3 „Aufbau der Arbeit".

werden in Kapitel 6.1 zunächst die beiden ausgewählten Fabrikplanungsprojekte als reale Anwendungsfälle vorgestellt. Die Projekte fokussieren bei der Anwendung in Kapitel 6.2 unterschiedliche Evaluierungsperspektiven, da das Lösungsartefakt anhand entsprechender Kriterien sowohl leistungsbezogen als auch gebrauchsbezogen bewertet wird. Daher wird gemäß CLEVEN et al.[555] methodisch von einer Fallstudie gesprochen, die eine Kombination von qualitativen und quantitativen Bewertungsansätzen erlaubt. Darüber kann anschließend das Zwischenfazit zum Lösungsnutzen des regelbasierten Expertensystems hergeleitet. Dieses Evaluierungsvorgehen stellt die Grundlage für die anschließende Diskussion und kritische Reflexion in Kapitel 6.3 dar, bei der überprüft wird, inwiefern das finale Lösungsartefakt die gestellten inhaltlichen Anforderungen erfüllt. Auch werden die methodischen Anforderungen im Kontext der angewendeten Forschungsmethodik reflektiert. Zum Schluss wird die der Arbeit zugrundeliegende Hauptforschungsfrage im Fazit zur Anwendbarkeit der regelbasierten Planungsautomatisierung beantwortet.

6.1 Einführung in die Anwendungsfälle

Das regelbasierte Expertensystem wird im Rahmen von zwei Fabrikplanungsprojekten angewandt, die während der Lehrstuhlzugehörigkeit des Autors bearbeitet wurden. Die gewählten Projekte repräsentieren unterschiedliche, aber dennoch für die Fabrikplanung typische Situationen und bieten somit die Rahmenbedingungen, um die Eignung des regelbasierten Expertensystems im industriellen Kontext praxisnah zu evaluieren. Durch den Vergleich soll die projektübergreifende Anwendbarkeit der regelbasierten Planungsautomatisierung demonstriert und die Umsetzung einer intelligenten Entscheidungsunterstützung bewertet werden.

6.1.1 Entwicklung eines Produktionskonzepts für die Masterplanung einer Glashütte

Im ersten Projekt wird ein Produktionskonzept für einen Hersteller von Verpackungsmitteln aus Glas entwickelt. Der Kunde des Industrieberatungsprojekts ist ein Produzent von weißen und braunen Glasflaschen, die in der Pharma-, Kosmetik- und Getränkeindustrie eingesetzt werden. Aufgrund der gealterten baulichen Infrastruktur am Produktionsstandort ist eine Erneuerung notwendig. Zusätzlich beginnen die Planungen für eine neue Braunglas-Wanne, um Kapazitätsgrenzen aufgrund von Platzknappheit und wachsendem Produktionsvolumen aufzulösen. Gleichzeitig sollen ineffiziente Lager- und Logistikprozesse im Zielkonflikt zwischen Produktivitätserhöhungen und Flexibilitätssteigerungen überholt werden. Die angeführten Gründe motivieren die Entwicklung eines Masterplans für den Standort, der sowohl um bis zu 30 % wachsende Produktionsmengen innerhalb von fünf Jahren als auch den Anforderungen an eine flexible Produktion gerecht wird. Im

[555] Vgl. Cleven et al. (2009), Design alternatives for DSR evaluation, S. 3.

Sinne eines systematischen Planungsvorgehens wird das gesamte Projekt wird in drei Arbeitspakete aufgeteilt, die in Abbildung 6-2 dargestellt sind.

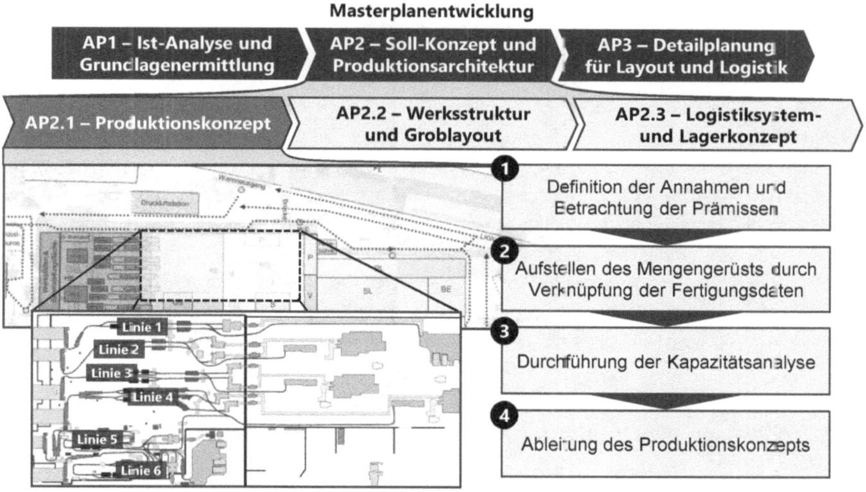

Abbildung 6-2: Einordnung der Kapazitätsplanung in den Kontext des Fabrikplanungsprojekt zur Masterplanung[556]

Zunächst werden die aktuellen Produktionsherausforderungen und Grundlagen für die folgenden Arbeitspakete im ersten Arbeitspaket ermittelt. Im zweiten Arbeitspaket wird das Soll-Konzept und die Produktionsarchitektur definiert. Dazu wird im ersten Unterarbeitspaket das Produktionskonzept entwickelt, welches den Anwendungsfall für das regelbasierte Expertensystem umfasst. Zur Definition der Annahmen und Betrachtung der Prämissen werden die relevanten Produkt- und Produktionsdaten zusammengestellt und die zukünftigen Produktionsszenarien festgelegt. Diese Planungsinformationen werden auf Basis der Fertigungsdaten zum Mengengerüsts aufgestellt, welches die Grundlage der Kapazitätsplanung bietet, bei der die kapazitiven Engpässe durch Abgleich der Materialdurchsätze mit den Maschinenkapazitäten identifiziert werden. Im Ergebnis lässt sich das Produktionskonzept ableiten, indem das zukünftig notwendige Produktionsequipment gefolgert und die erforderlichen Gestaltungsmaßnahmen zusammengefasst werden.

[556] Das dargestellte Projekt als auch die genutzten Datenquellen wurden anonymisiert und für die Anwendung des regelbasierten Expertensystems angepasst, um Kundeninformationen zu schützen.

Mit dem Produktionskonzept als Grundlage soll anschließend die Werksstruktur und das optimierte Produktionslayout entwickelt sowie mit einem integrierten Lager- und Logistikkonzept kombiniert werden. Um die Entwicklungsziele zu erreichen, die Effizienz der Logistikprozesse zu steigern, die Laufwege für die Mitarbeitenden zu verkürzen und die Ergonomie zu verbessern, wird im letzten Arbeitspaket die Detailplanung für Layout und Logistik behandelt, womit die Effizienzpotenziale im entwickelten Masterplan des Standorts aufgezeigt werden.

Insgesamt kennzeichnet sich das Projekt durch die langfristige Optimierung von Produktionsprozesse und stellt ein klassisches Fabrikplanungsprojekt dar, in dem die Kapazitätsplanung eine zentrale Rolle spielt. Der Anwendungsfall stellt Anforderungen an das regelbasierte Expertensystem, insbesondere in Bezug auf die Berücksichtigung unterschiedlichen Produktionsszenarien und die Anpassung des Produktionsprogramms an veränderte Rahmenbedingungen. Beispielsweise sollen unterschiedliche Modelle der Schichtplanung verglichen werden und die Kapazitätsplanung hinsichtlich erwarteter Verschwendungen optimiert werden. Bei der Anwendung des regelbasierten Expertensystems werden leistungsbezogene Evaluierungskriterien wie die Korrektheit der berechneten Planungsergebnisse, Rechendauern und die Automatisierbarkeit des Planungsprozesses fokussiert.

6.1.2 Planung eines hybriden, skalierbaren ReX-Produktionssystems für weiße Ware

Der zweite Anwendungsfall wird durch das Forschungsprojekt DiCES[557] bereitgestellt. Motiviert wird das Projekt durch das Spannungsfeld zwischen Wirtschaftswachstum und der Reduzierung des Primärressourcenverbrauchs in der industriellen Produktion. In diesem Kontext verspricht die kreislauffähige Produktion, diese beiden Ziele miteinander in Einklang zu bringen, wozu ein besonderes Augenmerk auf die kombinierte Anwendung von ReX-Strategien[558] wie Remanufacturing und Refurbishment gelegt wird. Während beim Remanufacturing Bauteile und -gruppen aus ausgemusterten Produkten für die gleiche Funktion bei neuwertigen Produkten wiederverwendet werden, zielt das Refurbishment darauf ab, alte Produkte wiederherzustellen. Um die Anwendung der ReX-Strategien auf industriellem Niveau zu erschließen, ist das hybride, skalierbare ReX-Produktionssystem zu erforschen, das im DiCES-Projekt für die Waschmaschinenproduktion geplant wird[559].

---

[557] Übergeordnetes Ziel des Forschungsprojekts ist die Entwicklung eines datenbasierten integrierten Wertschöpfungssystems der multidimensionalen Kreislaufwirtschaft für produzierende Unternehmen: https://project-dices.de/.

[558] Je nach Literaturquelle werden bis zu neun ReX-Strategien („circularity strategies“) unterschieden, vgl. Potting et al. (2017), Circular Economy: Measuring Innovation, S. 15.

[559] In einer ersten Veröffentlichung wurde die Einordnung des hybriden, skalierbaren Produktionssystems in das Zielbild des multizirkulären Wertschöpfungssystems als Korrespondenzautor beschrieben, vgl. Riesener et al. (2024), Die kreislauffähige Produktion, S. 137–139.

Abbildung 6-3 präsentiert das Fabrikplanungsvorgehen im DiCES-Projekt, das anhand von Modulen des Aachener Fabrikplanungsvorgehens abgeleitet wurde. Im iterativen Vorgehen soll der Planungsreifegrad schrittweise gesteigert werden und flexibel auf die Unsicherheiten, die mit den unterschiedlichen ReX-Fällen einhergehen, reagiert werden. Dadurch erfordert die Zuordnung der Demontageprozesse zu den Arbeitsplätz eine dynamische Prozessplanung, der ein lineares Fabrikplanungsvorgehen nicht gerecht werden kann.

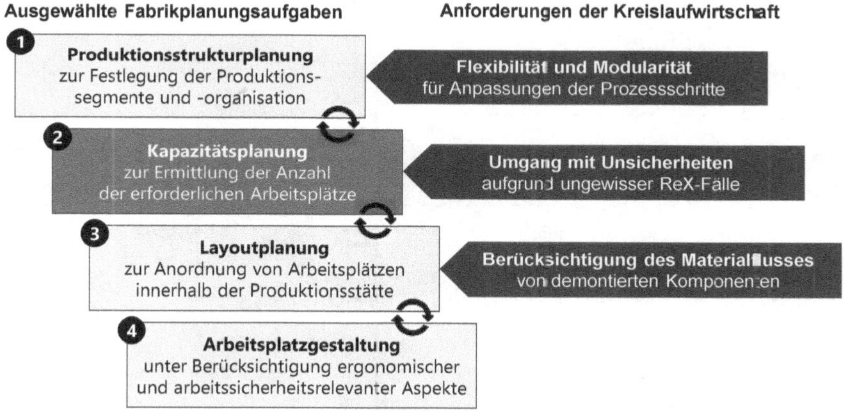

Abbildung 6-3: Übergeordnetes Fabrikplanungsvorgehen im DiCES-Projekt[560]

Unter Anwendung der ausgewählten Planungsaufgaben wurde in der Grobplanung bereits ein initialer Planungsstand des ReX-Produktionssystems im Forschungskonsortium erarbeitet, der in Abbildung 6-4 dargestellt wird. Zunächst wurden zwei Refurbishment-Varianten und das Remanufacturing als drei mögliche ReX-Fälle betrachtet. Die Arbeitsplätze im Demontage- und Refurbishingbereich definieren im Kern die ReX-Linie, die durch weitere Arbeitsplätze zum dedizierten Remanufacturing und zum Baugruppen-Refurbishing ergänzt wird. In den weiteren Planungsiterationen soll insbesondere die Kapazitätsplanung detaillierter durchgeführt werden, um die erwartete Auslastung der Arbeitsplätze in der ReX-Linie zu nivellieren und somit ein ReX-Produktionssystem zu planen, dass ökologisch und ökonomisch nachhaltig betrieben werden kann.

[560] In einer zweiten Veröffentlichung wurde das Fabrikplanungsvorgehen im Kontext der zirkulären Produktion hergeleitet sowie die initialen Planungsergebnisse beschrieben. Die Veröffentlichung erfolgte als Korrespondenzautor, vgl. Schuh et al. (2025), How to design production systems for circular economy.

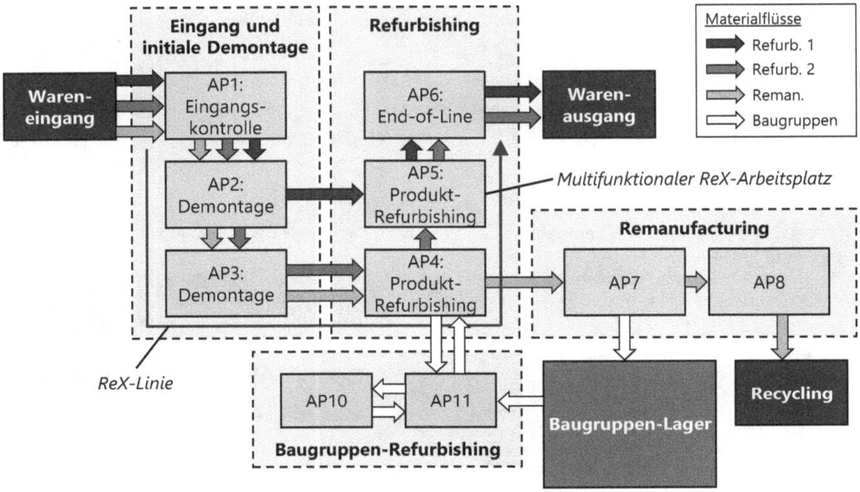

Abbildung 6-4: Initialer Planungsstand des ReX-Produktionssystems

Zur Unterstützung der Fabrikplanungsprozesse der Kapazitätsplanung soll das regelbasierte Expertensystem eingesetzt werden. Dabei müssen die projektspezifischen Anforderungen berücksichtigt werden, um die Skalierbarkeit der Produktion zu gewährleisten und auf unsichere und sich ändernde Planungsinformationen flexibel zu reagieren. Außerdem ist eine Integration in digitale Planungsprozesse vorgesehen, für die ein digitales Fabrikmodell zur Layoutplanung verwendet und die Arbeitsplatzgestaltung durch Virtual-Reality-Technologien validiert wird. Deshalb werden in diesem Anwendungsfall gebrauchsbezogene Evaluierungskriterien wie Benutzerfreundlichkeit und Integrierbarkeit in bestehende Prozesse fokussiert.

6.2 Anwendung des Lösungsartefakts

Die Anwendung des regelbasierten Expertensystems erfolgte in den beiden Fabrikplanungsprojekten durch die Integration projektspezifischer Planungsinformationen. Dazu wurden die erforderlichen Datensätze aufbereitet und das regelbasierte Expertensystem nach Bedarf projektspezifisch erweitert, insbesondere in Hinblick auf die Ontologie des Informationssystems und zusätzliche Regeln des Regelverzeichnisses. Durch iterative Anwendung wurden fehlende Funktionalitäten identifiziert, die anschließend implementiert wurden. Mit der schrittweisen Weiterentwicklung und Evaluierung des Lösungsartefakts wird folglich der Design-Zyklus im Design-Science-Forschungsprozess dieser Arbeit abgeschlossen.

6.2.1 Leistungsbezogener Evaluierungsfokus

Im ersten Projekt wurden die Planungsinformationen anonymisiert und der Datenumfang reduziert, um die Evaluierung zu vereinfachen und gleichzeitig die wesentlichen Merkmale eines typischen Fabrikplanungsprojekts zu erhalten. Insgesamt umfassten die Produktdaten 112 verschiedene Artikel, die einer von fünf Warengruppen zugeordnet wurden. Durch das geforderte Produktionsprogramm in drei definierten Produktionsszenarien wurde das Mengengerüst definiert. Je Warengruppe wurden Vorgabezeiten definiert, die an den Produktionsressourcen anfallen. Es wurden insgesamt 24 Maschinen als Produktionsressourcen betrachtet, die sich gleichmäßig auf sechs Linien aufteilten.

Um die aufbereiteten Planungsinformationen vollständig abzubilden, wurde die Basis- und Domänenontologie erweitert, wozu die Klasse *Warengruppe* modelliert wurde. Anschließend wurden die Planungsinformationen mit geeigneten Mappings in den Ontologie-Editor übertragen. Nach Instanziierung aller benötigten Objekte und Eigenschaften, bestand die Ontologie aus 1.245 Individuen, die über 6.018 Axiome als Tripel miteinander vernetzt waren.

Die resultierende Wissensbasis wurde vom Reasoner auf die Ausführbarkeit der SWRL-Regeln überprüft. So wurden die Kapazitätsangebote je Produktionsressource geschlussfolgert und die Kapazitätsbedarfe aus den Vorgabezeiten des Produktionsprogramme szenarienspezifisch regelbasiert berechnet. Die geschlussfolgerten Planungsinformationen konnten als Planungsergebnisse im Ontologie-Editor eingesehen werden. Abbildung 6-5 zeigt exemplarisch für das Kapazitätsangebot der Produktionsressource L2-M4, dass die Zugehörigkeit zu der Linie L2 als zusätzliche Beziehung und das Kapazitätsangebot mit 157,5 Wochenstunden als Attribut ermittelt wurden. Alle mit SWRL-Regeln geschlussfolgerten Planungsinformationen sind an dem gelben Hintergrund erkennbar. Über das "?"-Symbol lassen sich die dafür angewandten Regeln nachverfolgen.

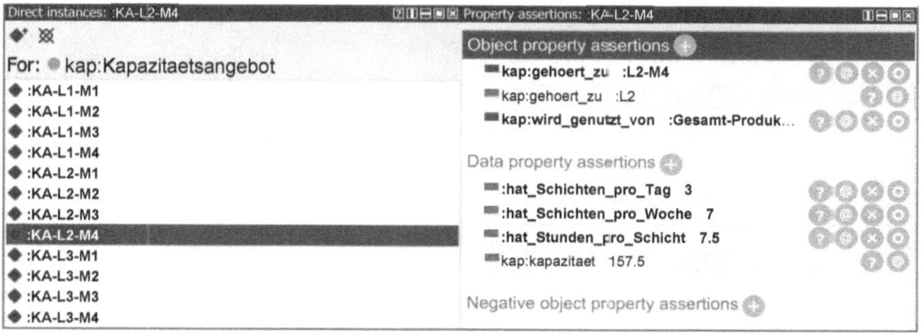

Abbildung 6-5: Geschlussfolgerte Planungsinformationen im Ontologie-Editor

Zur Berechnung der Kapazitätsauslastung wurden die SQWRL-Abfragen ausgeführt. Über das Interface des Regeleditors konnten die Abfragen individuell ausgewählt werden. Abbildung 6-6 zeigt, dass mit unterschiedlichen SQWRL-Abfragen die Kapazitätsauslastung für unterschiedliche Aggregationslevel berechnet werden konnte. Bspw. konnte die Kapazitätsauslastung je Linie je Produktionsszenario und auch aggregiert je Produktionsszenario ermittelt werden. Bei der Aggregation über die Linien wurden zunächst alle Kapazitätsangebote und -bedarfe addiert, bevor die Kapazitätsauslastung aus dem Summerverhältnis berechnet wurde. Aufgrund dieser Summenbildung muss die OWA vernachlässigt werden und folglich ist die Implementierung nur als SQWRL-Abfrage und nicht als SWRL-Regel möglich[561]. Demnach werden die Planungsergebnisse nicht automatisch in die Wissensbasis übernommen, sondern tabellarisch ausgegeben. Zur Präsentation wurden die Planungsergebnisse im letzten Schritt in Säulendiagrammen visualisiert.

Insgesamt wurde gezeigt, dass das regelbasierte Expertensystem Kapazitätsauslastungen berechnen kann und die Planungsergebnisse im Ontologie-Editor einsehbar oder über das Regeleditor-Interface abfragbar sind. Im Vergleich mit der im Tabellenkalkulationsprogramm manuell durchgeführten Kapazitätsplanung kann bestätigt werden, dass die Planungsergebnisse korrekt berechnet wurden. Anzumerken ist jedoch, dass Berechnungen von Attributen mit vielen Nachkommastellen zu Rundungsfehlern führten, was auf numerische Annäherungen der verwendeten Datentypen zurückgeführt wurde. Neben der Korrektheit der berechneten Planungsergebnisse als erstes Evaluierungskriterium wurden die Rechendauern bewertet, die mit einem durchschnittlichen Business-Notebook erzielt wurden. Je nach Abfragen wurden Laufzeiten von bis zu zehn Sekunden festgestellt. In vorherigen Evaluierungsiterationen mit größeren Datensätzen wurden auch längere Laufzeiten verursacht, die sogar teilweise zum Absturz des Reasoners führten. Diese Nachteile ergeben sich u.a. durch die eingeschränkte Implementierung der fabrikplanungsspezifischen Inferenzmaschine. Im Vergleich zu vergleichbaren Berechnungen mit Tabellenkalkulationsprogrammen wird demzufolge eine schwache Leistungsfähigkeit konstatiert. In Hinblick auf die Automatisierbarkeit des Planungsprozesses als weiteres leistungsbezogenes Evaluierungskriterium kann hingegen ein positiveres Fazit gezogen werden. Durch automatisierte Verkettung der ausgeführten Regeln können manuelle Aufwände repetitiver Planungsaufgaben vermieden und Fabrikplanende bei der datenbasierten Entscheidungsfindung im Planungsprozess unterstützt werden. Zusammenfassend konnte die Anwendung des regelbasierten Expertensystems zur Entwicklung des Produktionskonzepts demonstriert werden, womit die Masterplanung entscheidend unterstützt werden kann.

[561] Die Problematik bzgl. der Summenbildung mit SWRL-Regeln wurde bereits in Kap. 5.3.4 „Vollständige Implementation im Ontologie-Editor Protégé" erläutert.

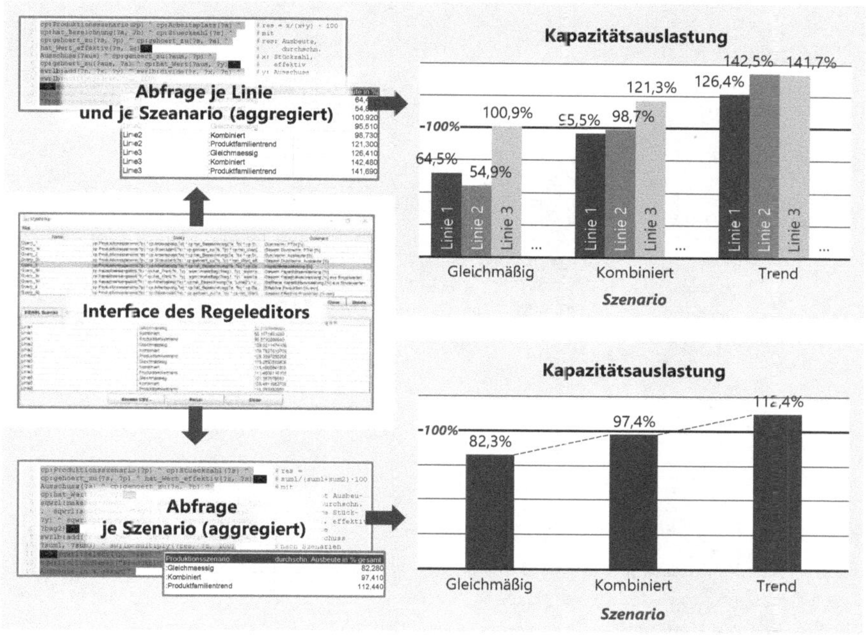

Abbildung 6-6: Abfrage und Visualisierung der Planungsergebnisse

6.2.2 Gebrauchsbezogener Evaluierungsfokus

Im zweiten Projekt wurde das regelbasierte Expertensystem ohne projektspezifische Modifikationen angewandt. Im Kontext der gebrauchsbezogenen Evaluierung wurde die Integration in den planungsaufgaben-übergreifenden Planungsprozess untersucht. Dazu wurden die wesentlichen Informationsflüsse zwischen den vier wesentlichen Planungsaufgaben definiert, wie Abbildung 6-7 darstellt.

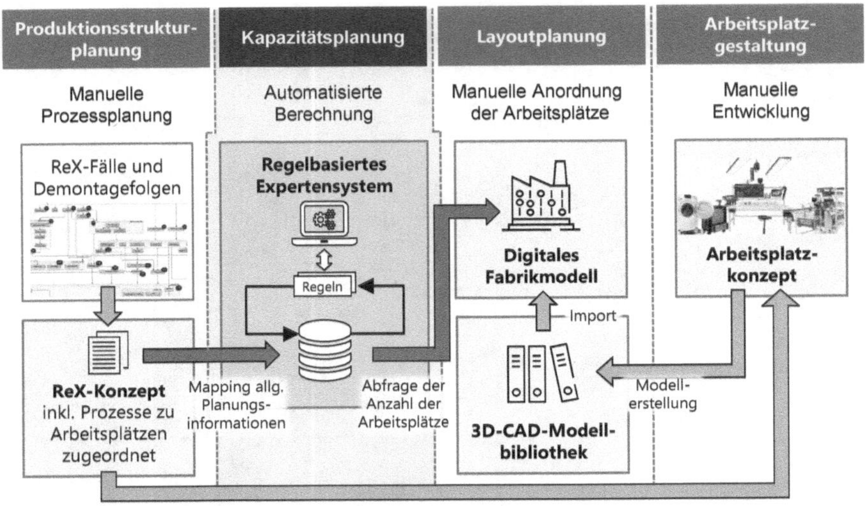

Abbildung 6-7: Integration des regelbasierten Expertensystems im Planungsprozess

In der Produktionsstrukturplanung wird mit aktuellen Annahmen zu den ReX-Fällen inkl. deren Produktionsmengen sowie den Abhängigkeiten der Demontagefolgen das ReX-Konzept hergeleitet. Das ReX-Konzept bestimmt insbesondere, wie die erforderlichen Prozesse den Arbeitsplätzen zugeordnet werden. U.a. diese Planungsinformationen werden mittels Mapping in das Informationssystem des regelbasierten Expertensystems übertragen, welches die Berechnungen der Kapazitätsplanung automatisiert. Die erforderliche Anzahl der Arbeitsplätze wird per Abfrage an die Layoutplanung übergeben, für die im digitalen Fabrikmodell die Produktionsressourcen manuell angeordnet werden können. Die entsprechenden 3D-CAD-Modelle werden der Modellbibliothek entnommen, für die die Arbeitsplatzkonzepte für das zuvor festgelegte ReX-Konzept modelliert wurden.

Für die gebrauchsbezogene Evaluierung des regelbasierten Expertensystems wurden weitere Evaluierungskriterien genutzt. Zunächst konnte die Korrektheit der Planungsergebnisse analog zum ersten Projekt durch den Vergleich mit einem parallel entwickelten tabellenkalkulations-basiertem Planungstool bestätigt werden. Zusätzlich wurde eine Verbesserung der Planungsqualität erreicht, da die Anzahl der durchgeführten Planungsiterationen ohne zusätzliche manuelle Aufwände gesteigert werden konnte. Dadurch wurden bei Änderungen am ReX-Konzept für verschiedene Stückzahlszenarien die erwarteten Kapazitätsauslastungen und erforderlichen Arbeitsplätze automatisiert berechnet. Mit einem weiteren Evaluierungskriterium wurde Anpassungsfähigkeit des regelbasierten Expertensystems an den Informationsreifegrad bewertet. Diese Anpassungsfähigkeit wurde nur begrenzt nachgewiesen, da die Anwendung der ML-basierten Regel zur Schätzung des

Personalbedarfs in einer frühen Planungsphase nicht möglich war. Im vorliegenden Fabrikplanungsprojekt sollen Investitionen in neue Produktionsressourcen minimal gehalten werden, sodass keine Investitionssummen bekannt waren, anhand derer das zusätzlich erforderliche Personal abgeschätzt wurde. Dahingegen wurden in den späteren Planungsphasen sich verändernde Planungsinformationen, die aus dem ReX-Konzept entstammten, flexibel berücksichtigt.

Als letztes gebrauchsbezogenes Evaluierungskriterium wurde die Praktikabilität des regelbasierten Expertensystems hinsichtlich der Integrierbarkeit und Unterstützung der planungsaufgaben-übergreifenden Fabrikplanungsprozesse bewertet. Obwohl das regelbasierte Expertensystem die Automatisierung der Kapazitätsplanung ermöglichte, waren die Schnittstellen zur Integration mit den anderen Planungswerkzeugen noch weitgehend manuell umgesetzt. Dies beeinträchtigte die Praktikabilität und Benutzerfreundlichkeit des Systems. Eine Verbesserung wäre durch die softwaretechnische Integration der Produktionsstruktur- und Kapazitätsplanung in das 3D-Modellierungsprogramm der Layoutplanung möglich. So könnte sich die Anzahl der Arbeitsplätze bei geänderten Planungsprämissen automatisch aktualisieren und im Produktionslayout berücksichtigt werden. In Kombination mit regelbasierten Algorithmen für Layoutplanung und Arbeitsplatzgestaltung könnte der Fabrikplanungsprozess im vorliegenden Anwendungsfall umfassend automatisiert werden.

Zusammenfassend wurde mit der gebrauchsbezogenen Evaluierung demonstriert, dass das regelbasierte Expertensystem auch die Planung von ReX-Produktionssystemen mit einer automatisierten Kapazitätsplanung unterstützen kann. Es wurde erkannt, dass neben der Reduzierung von manuellen Aufwänden auch eine Steigerung der Planungsqualität möglich ist. Gleichzeitig bedarf es zusätzlichen Verbesserungen in der Schnittstellen- und Prozessintegration, um das volle Potenzial des regelbasierten Expertensystems auszuschöpfen.

6.2.3 Zwischenfazit zum Lösungsnutzen

Die Evaluierung des regelbasierten Expertensystems zeigt in den betrachteten Fabrikplanungsprojekten sowohl eine Aufwandsreduktion als auch eine Qualitätssteigerung durch die Automatisierung von Fabrikplanungsprozessen. Anhand der angeführten Evaluierungskriterien soll der praktische Nutzen dieses Lösungsartefakts hergeleitet werden. Dazu wurde das Kosten-Qualität-Modell definiert, welches bereits in Kapitel 4.4 eingeführt wurde und in Abbildung 6-8 erneut präsentiert wird.

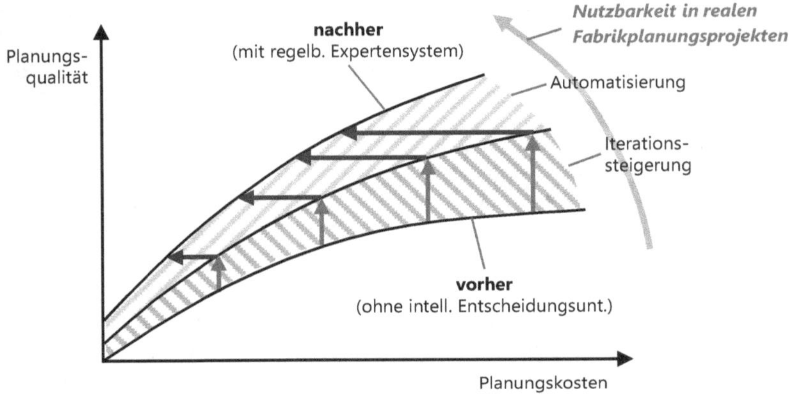

Abbildung 6-8: Bewertung des Lösungsnutzens im Kosten-Qualität-Modell

Mit der Anwendung des regelbasierten Expertensystems in den beiden Anwendungsfällen wurde demonstriert, dass die erzielte Planungsqualität degressiv mit einer Erhöhung der Planungskosten ansteigt. Die resultierende Kurve verschiebt sich durch den Einsatz des regelbasierten Expertensystems. Wie bei der Evaluierung gezeigt, kann mithilfe des regelbasierten Expertensystems die Anzahl der Planungsiterationen ohne zusätzliche Aufwände gesteigert werden. Unter der Prämisse, dass Entwicklungskosten nicht in die projektspezifischen Planungskosten einfließen, wird also aufgrund der Iterationssteigerung die Planungsqualität bei gleichbleibenden Planungskosten verbessert. Darüber hinaus wird durch die Automatisierung des Fabrikplanungsprozesses eine Senkung der Planungskosten erwirkt, indem manuelle Planungsarbeit reduziert wird. Somit können bei gleichem Planungsergebnis und somit konstanter Planungsqualität die Planungskosten gesenkt werden. Diese Annahme basiert auf der Prämisse, dass optimierte Schnittstellen geschaffen wurden, mit denen das regelbasierte Expertensystems ohne zusätzliche Bedienungsaufwände in den Fabrikplanungsprozess integriert wird. Folglich wird mit steigendem Automatisierungsgrad und zusätzlich ermöglichten Iterationen insbesondere bei sich ändernden Planungsinformationen die Nutzbarkeit des regelbasierten Expertensystems in realen Fabrikplanungsprojekten gesteigert. Somit kann die fünfte Unterforschungsfrage bzgl. der Validierung des Lösungsartefakts beantwortet werden:

Wie kann der praktische Nutzen des regelbasierten Expertensystems zur Entscheidungsunterstützung in Fabrikplanungsprojekten bewertet werden?

Die anwendungsfallbasierte Evaluierung des regelbasierten Expertensystems hat dessen praktischen Gebrauch demonstriert und darüber hinaus gezeigt, dass der Fabrikplanungsprozess verbessert werden kann. Je nach Anwendungsfall werden die erzielbare Planungsqualität erhöht oder die zugehörigen Planungskosten reduziert. Zusätzlich wurden die Nutzenpotenziale durch Integration in bestehende Prozesse und Planungswerkzeuge unterstrichen. Insgesamt kann die regelbasierte Planungsautomatisierung, die in Form des Softwaresystems des regelbasierten Expertensystems auftritt, also zu Effizienzsteigerung und Qualitätsverbesserung in Fabrikplanungsprojekten genutzt werden.

Der praktische Nutzen des regelbasierten Expertensystems ist somit belegt, auch wenn in der Umsetzung mit dem ausgewählten Lösungssystem noch Herausforderungen zu bewältigen sind. In der Entwicklungsumgebung des Ontologie-Editors Protégé erfordern komplexere Regeln und Abfragen längere Laufzeiten, sodass die Skalierbarkeit aktuell noch eingeschränkt ist. Weitere Einschränkungen bei der Summenbildung begründen sich mit der OWA die OWL und SWRL als Ontologie- und Regelsprachen zugrunde liegt. Potentiale zur zukünftigen Verbesserung der Leistungsfähigkeit bietet die vollständige Implementierung der fabrikplanungsspezifischen Inferenzmaschine. Zuletzt ist die Regelerstellung arbeitsintensiv, während sich auch nicht alle Planungsmethoden vollständig regelbasiert abbilden lassen. Dies bestätigt die Erkenntnis von BEIERLE & KERN-ISBERNER, dass „Expertenwissen oft nicht als solches […] formalisiert werden kann"[562].

6.3 Diskussion und kritische Reflexion

Abschließend wird der gesamte Entwicklungsprozess des regelbasierten Expertensystems diskutiert, indem die Erfüllung der inhaltlichen Anforderungen letztlich überprüft und die angewandte Forschungsmethodik reflektiert wird. Daraufhin endet das Kapitel mit dem Fazit zur Anwendbarkeit der regelbasierten Planungsautomatisierung.

6.3.1 Erfüllung der inhaltlichen Anforderungen

Die Erfüllung der in Kapitel 4.1.3 abgeleiteten Anforderungen an Lösungskonzept und -umsetzung wurde anhand des regelbasierten Expertensystems in der aktuellen Entwicklungsiteration überprüft. Dazu stellt Abbildung 6-9 eine Übersicht der Bewertung dar. Über die fünf Anforderungskategorien wurden insgesamt 12 von 15 Anforderungen erfüllt, sodass das regelbasierte Expertensystem den Großteil der bereitzustellenden Funktionalitäten aufweist. Nachfolgend wird erläutert, weshalb nicht alle Anforderungen ganzheitlich erfüllt werden.

[562] Beierle et al. (2019), Methoden wissensbasierter Systeme, S. 12.

Informationsmanagement		**Semantisch korrekte Informationsbeschreibung**
I-1: Vollständigkeit der Planungsinformat.	✓	Alle relevanten Planungsinformationen unterstützt
I-2: Verschiedene Datentypen	✓	Alle erforderlichen Datentypen unterstützt
I-3: Maschineninterpretierbarkeit	✓	Semantische Wissensrepräsentation inhärent
I-4: Projektübergreif. Informationsmodell	✓	Über TBox der Ontologie definiert
I-5: Trennung allg. u. projektspez. Informat.	✓	Informationstrennung über TBox und ABox
Entscheidungsunterstützung		**Regelbasierte Abbildung geeigneter Planungsmethoden**
E-1: Eindeutige Berechnung	✓	Regelbasierte Ermittlung von Planungserg. eindeutig
E-2: Datengetriebene Inferenz	✓	Vorwärtsverkettung ausgeführter Regeln
E-3: Situationsabhängiger Planungsablauf	?	Einschränkung des situationsabhängigen Planungsablaufs
E-4: Nachvollziehbarkeit	✓	Explizite und interpretierbare Regelmodellierung
Automatisierung		**Vermeidung manueller Aufwände**
A-1: Automatisierte Entscheidungsunterst.	✓	Regelbasierte Ermittlung von Planungserg. automatisiert
A-2: Automatisierte Regelerzeugung	?	Aufwändige Regelerstellung mit limitierter ML-Anwendung
Kompatibilität		**Bereitstellung geeigneter Schnittstellen**
K-1: Benutzerschnittstelle für Fabrikplanende	✓	Grafische Benutzeroberfläche verfügbar
K-2: Umsetzbarkeit einer Softwareschnittst.	?	Manuelle Schnittstellen zu weiteren Planungswerkzeugen
Modularität		**Sicherstellung der Modifizierbarkeit und Erweiterbarkeit**
M-1: Modulares Informationssystem	✓	Projektspezifische Erweiterung der Ontologien möglich
M-2: Modulares Regelverzeichnis	✓	Regelverzeichnis und fabrikpl. Inferenzmaschine getrennt

Abbildung 6-9: Bewertung der Anforderungserfüllung durch das Lösungsartefakt

Die gewünschten Funktionalitäten für das Informationsmanagement wurden vollständig umgesetzt, indem in Protégé die verfügbaren Möglichkeiten der Ontologiemodellierung genutzt wurden. Im Resultat liegt eine semantisch korrekte Informationsbeschreibung vor, die grundlegend für die Entscheidungsunterstützung ist. Dazu wird mithilfe des Regelverzeichnisses und der fabrikplanungsspezifischen Inferenzmaschine die automatisierte Berechnung von Planungsergebnissen ermöglicht. In der anwendungsfallbasierten Evaluierung wurde die Korrektheit der Planungsergebnisse, die über eine verkettete Ausführung der Regeln ermittelt werden, nachgewiesen. In Protégé kann die Überprüfung der Ausführbarkeit von Regeln jedoch nicht gesteuert werden, weil die Regeln manuell ausgewählt werden. Eine software-technische Implementierung der strukturierten, modellierten Planungsabläufe ist somit nicht möglich. Aufgrund dieser beschränkten Umsetzbarkeit der fabrikplanungsspezifischen Inferenzmaschine kann die Anforderung E-3 zum situationsabhängigen Planungsablauf nicht als erfüllt betrachtet werden. Insgesamt resultieren dadurch Ineffizienzen und lange Laufzeiten, die eine Anwendung des regelbasierten Expertensystems für umfangreiche Planungsdaten behindern. Weiterhin wurde die Anforderung A-2 zur automatisierten Regelerzeugung nicht vollständig erfüllt. Während im datenbasierten Ansatz ein Teil der Regeln ML-unterstützt erzeugt werden konnte, ist die Regelvalidierung und -transformation weiterhin durch manuelle Aufwände geprägt. Außerdem sind dazu spezialisierte Kenntnisse der Regelsprache SWRL erforderlich, um die Menge der notwendigen Regeln zu implementieren. Zuletzt wird die Anforderung K-2 zur Umsetzbarkeit einer Softwareschnittstelle als unerfüllt bewertet, da die Schnittstellen zur Informationsintegration und -abfrage vorwiegend manuell bedient werden müssen. Um Planungsinformationen in das Informationssystem zu übertragen, werden Mappings genutzt, die jedoch textuell formuliert werden müssen. Zur Abfrage von Planungsergebnissen existiert in Protégé keine Schnittstelle, mit der ein automatisierter Informationsfluss in weitere Planungswerkzeuge realisierbar ist. Abschließend werden die Modularitätsanforderungen erfüllt, da Modifizierungen und Erweiterungen am Informationssystem und dem Regelverzeichnis unkompliziert vorgenommen werden können.

Insgesamt wird die Nicht-Erfüllung dieser drei Anforderungen also mit der software-technischen Implementierung mit den Funktionalitäten von Protégé begründet. Durch zukünftige Weiterentwicklungen Ontologie-Editor sind bspw. Mechanismen zur Steuerung der Regelausführung oder verbesserte Softwareschnittstellen umsetzbar. Daher wird die Ausarbeitung des regelbasierten Expertensystems für die Kapazitätsplanung unabhängig vom gewählten Lösungssystem Protégé als valide betrachtet. In der anwendungsfallbasierten Evaluierung konnte schließlich gezeigt werden, dass das regelbasierte Expertensysteme durch die Automatisierung der Fabrikplanungsprozesse eine intelligente Entscheidungsunterstützung realisiert.

Die Nutzbarkeit des regelbasierten Expertensystems in realen Fabrikplanungsprozessen wird insbesondere bei sich ändernden Planungsinformationen durch den gesteigerten Automatisierungsgrad und die zusätzlich ermöglichten Iterationen erhöht, während manuelle Aufwände reduziert werden. Je nach Anwendungsfall können sowohl die erzielbare Planungsqualität verbessert als auch die zugehörigen Planungskosten reduziert werden. Die Integrierbarkeit in bestehende Prozesse und Werkzeuge der Fabrikplanung unterstreicht den praktischen Nutzen zusätzlich. Insgesamt trägt die regelbasierte Planungsautomatisierung somit wesentlich zur Steigerung der Effizienz und Planungsqualität bei, auch wenn die Skalierbarkeit und Automatisierung bestimmter Planungsmethoden durch die Implementierung mit Protégé derzeit noch eingeschränkt sind. Daher wird abschließend bestätigt, dass die praktischen Herausforderungen in der Digitalen Fabrik mit dem regelbasierten Expertensystem als Lösungsartefakt adressiert werden.

6.3.2 Reflexion der Forschungsmethodik

Neben der Bewertung der inhaltlichen Anforderungserfüllung soll die Entwicklung des Lösungsartefakts im Kontext des forschungsmethodischen Vorgehens, welches aus dem gewählten Design-Science-Forschungsansatz hergeleitet wurde, reflektiert werden. Daher ist zu bewerten, inwiefern die methodischen Anforderungen an den Entwicklungsprozess über die iterativ angewandten Forschungszyklen hinweg eingehalten wurden.

Über den Relevanzzyklus wurden die inhaltlichen Anforderungen an das Lösungsartefakt aus den Herausforderungen des praktischen Anwendungsumfelds abgeleitet. Als zentrales Zielbild wurde die Etablierung einer intelligenten Entscheidungsunterstützung in der Digitalen Fabrik identifiziert, mit der übergeordnet eine Automatisierung der Fabrikplanung angestrebt wird. Über die Evaluierung des Lösungsartefakts anhand von realen Fabrikplanungsprojekten aus diesem Anwendungsumfeld wird der Relevanzzyklus geschlossen. Über den Rigorzyklus wurde ein interdisziplinärer Theoriebezug sichergestellt, da sowohl bestehende Ansätze aus der Fabrikplanung als auch zusätzliche Methoden zur Weiterentwicklung der regelbasierten Planungsautomatisierung als tragfähige Vorarbeiten eingebracht wurden. Somit konnten zur Konstruktion des Lösungsartefakts im Designzyklus relevante Methoden aus Semantic-Web-Technologien, regelbasierten Systemen, Expertensystemen und Maschinellem Lernen kombiniert werden. Über begleitende Bewertung des Lösungsartefakts anhand der anwendungsfallbasierten Evaluierung wurde der iterative Entwicklungsprozess unterstützt. Dabei wurden Limitationen des Anwendungsfalls und des gewählten Lösungssystem identifiziert und im Kontext des gefolgerten Lösungsnutzens diskutiert.

Insgesamt erlaubte der Forschungsansatz daher einen strukturierten Problemlöseprozess, der sich auf die Systemgestaltung des Lösungsartefakts im Sinne des Systems Engineering konzentriert und die methodischen Anforderungen gemäß der Konstruktionsstrategie der empirischen Forschung nach KUBICEK erfüllt. Weil der Anwendungszusammenhang ausdrücklich im gesamten Forschungsprozess im Vordergrund steht, wird der Forschungsprozess den Bedingungen der angewandten Forschungsstrategie nach ULRICH gerecht. Schließlich endet der Forschungsprozess in der Praxis, da das regelbasierte Expertensystem anhand der Anwendungsfälle evaluiert wurde. Weiterhin dienen die Forschungsergebnisse der Beratung der Praxis, wozu das abschließende Fazit zur Anwendbarkeit der regelbasierten Planungsautomatisierung in der Digitalen Fabrik im folgenden Unterkapitel gefolgert wird.

6.3.3 Fazit zur Anwendbarkeit der regelbasierten Planungsautomatisierung

Mit der anwendungsfallbasierten Evaluierung wurde die Anwendbarkeit des regelbasierten Expertensystems bestätigt und die Nutzbarkeit in Fabrikplanungsprojekten nachgewiesen. Dies verdeutlicht, dass eine intelligente Entscheidungsunterstützung durch die regelbasierte Planungsautomatisierung möglich ist. Mit der regelbasierten Planungsautomatisierung, die mit dem regelbasierten

Expertensystem für die Kapazitätsplanung umgesetzt wurde, wird somit die übergeordnete Forschungsfrage beantwortet:

> *Wie kann das prozessuale Domänenwissen der Fabrikplanung maschineninterpretierbar abgebildet werden, um Planungsergebnisse automatisch zu bestimmen?*

Um die Vision der automatisierten Fabrikplanung zu erreichen, wurde das regelbasierte Experten als Lösungskonzept hergeleitet, welches sich in drei Komponenten strukturiert: das Informationssystem als semantische und folglich maschineninterpretierbare Wissensbasis, das Regelverzeichnis mit den beinhalteten Regeln und die fabrikplanungsspezifische Interferenzmaschine zur Steuerung des Regelaufrufs. Je Komponente des regelbasierten Expertensystems wurden Methoden entwickelt, mit denen eine spezifische Ausarbeitung für Fabrikplanungsaufgaben möglich ist. Das Kernergebnis der Ausarbeitung, welche für die Kapazitätsplanung vorgenommen wurde, ist die explizite Repräsentation des prozessualen Domänenwissens, welches zur Automatisierung von Fabrikplanungsprozessen mittels regelbasierten Schließens genutzt wird. Die software-technische Implementierung des regelbasierten Expertensystems in der Entwicklungsumgebung des Ontologie-Editors Protégé ermöglicht die praxisnahe Evaluierung des regelbasierten Expertensystems für die Kapazitätsplanung. Demnach wird vom praktischen Nutzen des regelbasierten Expertensystems in den Anwendungsfällen *Entwicklung eines Produktionskonzepts für die Masterplanung einer Glashütte* und *Planung eines hybriden, skalierbaren ReX-Produktionssystems für weiße Ware* auf die Vorteile der regelbasierten Planungsautomatisierung im Allgemeinen geschlossen.

Mithilfe der regelbasierten Planungsautomatisierung kann für Planungswerkzeuge über eine prozedurale Programmierung hinaus als auch ergänzt durch Maschinelles Lernen eine intelligente Entscheidungsunterstützung umgesetzt werden, womit durch Automatisierung von Fabrikplanungsprozessen manuelle Aufwände reduziert werden. Mit der Aufgliederung von Planungsmethoden in Regeln wird die weitere Systematisierung von Planungsaufgaben im Aachener Fabrikplanungsvorgehen unterstützt. Dadurch wird ebenfalls die Kompatibilität mit bestehenden Vorgehensweisen in Fabrikplanungsprojekten sichergestellt. Die regelbasierte Planungsautomatisierung steigert die Planungsqualität besonders bei unsicheren und sich ändernden Planungsprämissen, wie am Anwendungsfall des DiCES-Forschungsprojekts zur Planung eines skalierbaren Produktionssystems demonstriert. Mit der semantisch korrekten Informationsbeschreibung, die der regelbasierten Planungsautomatisierung zugrundliegt und mit Semantic-Web-Technologien umgesetzt ist, wird die Vision eines zentralen Wissensgraphen, mit dem könnten Fabrikdaten wie in einer Suchmaschine durchsucht werden, verfolgt. Dies schafft auch die Grundlage für weiterführende KI-Anwendungen des Maschinellen Lernens mit zB. Sprachmodellen (engl.: Large Language Models, kurz: LLM) oder auch Generativem Design, die sich für eine erweiterte Entscheidungsunterstützung integrieren lassen. Somit bietet das Lösungskonzept des regelbasierten Expertensystems einen aussichtsreichen

Ansatz für die Entwicklung einer generellen Planungsassistenz, die fortgeschrittene Interaktions- und Kooperationsmöglichkeiten ähnlichem einem menschlichen Fabrikplanendem bietet.

Zur Weiterentwicklung der regelbasierten Planungsautomatisierung ergeben sich daher mehrere Handlungsfelder, die für technologie- und management-orientierte Zielgruppen von Interesse sind. Zur Steigerung der Modellintelligenz sollten die Regeln mit Algorithmik, Heuristiken oder Simulationen ergänzt werden, sodass ein hybrides Expertensystem als umfassendes Planungswerkzeug für die Digitale Fabrik geschaffen wird. Für diese Weiterentwicklung muss eine Softwarelösung gefunden werden, die über den Funktionsumfang des Ontologie-Editors Protégé hinaus den Anforderungen der software-technischen Implementierung genügt. Möglicherweise können objektorientierte Programmiersprachen wie Java oder Python verwendet werden, da bereits existierende Bibliotheken wie z.B. OWL 2.0 Ontologies oder Owlready2 zur Implementierung einer semantischen, leistungsfähigeren Wissensbasis genutzt werden können. Zu beachten ist, dass den funktionalen Vorteilen deutlich erhöhte Entwicklungskosten gegenüberstehen. Gleichzeitig bietet eine solche Weiterentwicklung Potentiale zur Verbesserung der Schnittstellen. Die Praxistauglichkeit des regelbasierten Expertensystems kann bspw. durch natürlich-sprachliche und anschaulichere Benutzeroberflächen gesteigert werden. Neben einer höheren Benutzerfreundlichkeit in der operativen Bedienung sollten auch Entwicklungsschnittstellen, wie z.B. Low-Code-Interfaces zur Regelvalidierung und -transformation, geschaffen werden. Softwareschnittstellen müssen die Kompatibilität mit offenen als auch proprietären Dateiformaten anderer Planungswerkzeuge berücksichtigen und eine direkte Integration unterstützen. Ein exemplarischer Anwendungsfall ist die Integration des regelbasierten Expertensystems in eine Virtual-Reality-Umgebung, in der Planungsprämissen angepasst und Planungsergebnisse in Echtzeit visualisiert werden.

Insgesamt präsentiert der Lösungsansatz der regelbasierten Planungsautomatisierung somit, wie prozessuales Domänenwissen der Fabrikplanung maschineninterpretierbar abgebildet werden muss, um Planungsergebnisse automatisch zu bestimmen. Mit der Entwicklung des regelbasierten Expertensystems wurde der Lösungsansatz anhand der anwendungsfallbasierten Evaluierung demonstriert und dessen Nutzbarkeit für die Fabrikplanung validiert.

7 Zusammenfassung und Ausblick

In dieser Arbeit wurde die regelbasierte Planungsautomatisierung als Lösungsansatz der Digitalen Fabrik für die Weiterentwicklung einer intelligenten Entscheidungsunterstützung erarbeitet. Im Mittelpunkt der Design-Science-orientierten Forschung steht die Entwicklung eines regelbasierten Expertensystems, das als Realisierung des Lösungsansatzes die Automatisierung von Fabrikplanungsprozessen befähigt.

Zusammenfassung von Forschungsvorgehen und -ergebnissen

Die Herausforderungen in der Digitalen Fabrik liegen neben der Integration heterogener Datenquellen und mangelnder Interoperabilität von Planungswerkzeugen vorrangig in der Etablierung einer intelligenten Entscheidungsunterstützung, um Potenziale für Effizienzsteigerungen zu heben und im praktischen Einsatz einen ausreichenden Nutzeneffekt zu erzielen. Zur Erreichung einer intelligenten Entscheidungsunterstützung wurde innerhalb der bestehenden Ansätze in der Fabrikplanung die regelbasierte Planungsautomatisierung als aktuelle Entwicklungsrichtung identifiziert. Zusätzlich wurden weitere Ansätze zur Weiterentwicklung der regelbasierten Planungsautomatisierung aus den Bereichen der Semantic-Web-Technologien, regelbasierten Systemen, Expertensystemen und Maschinellem Lernen untersucht. Aufbauend auf diesen Grundlagen wurde das regelbasierte Expertensystem konzipiert, für die Kapazitätsplanung ausgearbeitet und software-technisch umgesetzt.

Das Lösungskonzept des regelbasierten Expertensystems wurde von der Struktur regelbasierter Expertensysteme abgeleitet. Demnach besteht das regelbasierte Expertensystem aus dem Informationssystem zur Bereitstellung der Planungsinformationen, dem Regelverzeichnis mit den Regeln zur Berechnung der Planungsergebnisse und der fabrikplanungsspezifischen Inferenzmaschine zur Überprüfung der Ausführungsbedingungen der Regeln. Für die drei Komponenten wurden Methoden entwickelt, mit denen das regelbasierte Expertensystem für konkrete Planungsaufgaben ausgearbeitet werden kann. Demgemäß folgte die Ausarbeitung für die Planungsaufgabe der Kapazitätsplanung. Dazu wurden die relevanten Planungsmethoden systematisch aufgegliedert, wobei die Kompatibilität mit dem Aachener Fabrikplanungsvorgehen berücksichtigt wird. Ebenso wurde die Anwendung des Maschinellen Lernens zur automatisierten Regelerzeugung hervorgehoben und als wesentlicher Lösungsbaustein zur Effizienzsteigerung bei der domänenspezifischen Wissensakquisition beschrieben. Anschließend erfolgte die software-technische Implementierung für die Kapazitätsplanung in der Entwicklungsumgebung des Ontologie-Editors Protégé. Die Lösungsumsetzung weist eine hohe Flexibilität auf, da durch die Trennung von Wissensbasis und -verarbeitung eine kontinuierliche Erweiterbarkeit ermöglicht wird, die in der Fabrikplanung gefordert ist. Gleichzeitig zeigt die software-technische Implementierung in Protégé jedoch auch technische Grenzen auf, weshalb zukünftig leistungsfähigere Softwareumgebungen als alternative Lösungssysteme in Betracht gezogen werden sollten.

Die Evaluierung des regelbasierten Expertensystems erfolgte anhand der Anwendungsfälle aus zwei realen Fabrikplanungsprojekten. Dabei wurde das System in unterschiedlichen Planungsszenarien angewandt, um die Nutzbarkeit in Fabrikplanungsprojekten im industriellen Kontext zu bewerten. Für das regelbasierte Expertensystem wurde nachgewiesen, dass die Planungsqualität gesteigert und die Planungskosten reduziert werden. Dies gilt insbesondere bei der Erhöhung der Anzahl von Planungsiterationen sowie der Automatisierung repetitiver Aufgaben. Die Vorteile wurden auch über die Integration in die projektspezifischen Prozesse demonstriert. Somit wird bestätigt, dass das regelbasierte Expertensystem ein zweckmäßiges Planungswerkzeug zur Automatisierung von Fabrikplanungsprozessen darstellt. Zukünftige Weiterentwicklungen, wie die Integration eines hybriden Expertensystems mit zusätzlichen Algorithmen, Heuristiken oder Simulationen, versprechen weiteres Potenzial, um eine noch umfassendere Planungsassistenz für die Digitale Fabrik zu realisieren.

Zusammenfassend zeigen die Forschungsergebnisse dieser Arbeit auf, wie prozessuales Domänenwissen der Fabrikplanung maschineninterpretierbar abgebildet werden kann, um Planungsergebnisse automatisch zu bestimmen. Die erfolgreiche Evaluierung des regelbasierten Expertensystems belegt seine Nutzbarkeit für die Fabrikplanung und legt den Grundstein für zukünftige Erweiterungen. Schließlich kann auf diese Weise der Nutzeneffekt der Digitalen Fabrik gesteigert werden, sodass Produktionssysteme effizienter geplant werden können. Damit trägt die regelbasierte Planungsautomatisierung übergreifend zur nachhaltigen Transformation industrieller Wertschöpfungssysteme im Kontext der aktuellen, globalen Herausforderungen bei.

Ausblick auf zukünftige Forschungsvorhaben

Im Hinblick auf die Weiterentwicklung der regelbasierten Planungsautomatisierung ergeben sich mehrere Handlungsfelder, auf die zukünftige Forschungsvorhaben ausgerichtet werden sollten. Zunächst sollte der Lösungsansatz der regelbasierten Planungsautomatisierung ausgeweitet werden, indem weitere Fabrikplanungsaufgaben für das regelbasierte Expertensystem ausgearbeitet werden. Dabei ist von zentralem Interesse, wie die Automatisierbarkeit der Fabrikplanungsprozesse beeinflusst wird und um welche Anwendungsmöglichkeiten das regelbasierte Expertensystems erweitert werden kann. Darüber hinaus sollte die Wissensverarbeitung von unscharfen Informationen mit Fuzzy Logic im Kontext des regelbasierten Schließens erforscht werden, um die Repräsentation und Verarbeitung unsicherer Planungsinformationen zu ermöglichen. Weiterhin sollte die automatische Wissensakquisition zur Erstellung der Regeln optimiert werden, damit das regelbasierte Expertensystem effizienter Domänenwissen erfassen und in die Wissensbasis integrieren kann. Somit kann die Aktualität und Relevanz der angewandten Planungsmethoden sichergestellt werden. In diesem Zusammenhang bietet sich die Vertiefung der angewandten KI-Methoden als auch die Integration zusätzlicher Ansätze wie LLMs an, um den möglichen Automatisierungsumfang zu steigern und ausblickend eine umfassende Planungsassistenz zu erschaffen. Zuletzt wird es wichtig sein, den Nutzen der regelbasierten Planungsautomatisierung quantitativ zu bewerten, um gegenüber den notwendigen Entwicklungskosten den erzielten Mehrwert in der Digitalen Fabrik präzise darzulegen.

8 Literaturverzeichnis

acatech (Technikwissenschaften):
Technikwissenschaften. Erkennen – Gestalten – Verantworten. acatech - Deutsche Akademie der Technikwissenschaften. Berlin: Springer, 2013

Adler, Simon; Masik, Steffen (Der digitale Zwilling für virtuelle Fabrikplanung und -betrieb):
Der digitale Zwilling für virtuelle Fabrikplanung und -betrieb. In: Orsolits, H.; Lackner, M. (Hrsg.): Virtual Reality und Augmented Reality in der Digitalen Produktion. Wiesbaden: Springer Fachmedien Wiesbaden, 2020, S. 191–215

Aggteleky, Béla (Fabrikplanung):
Fabrikplanung. Optimale Projektierung, Planung und Ausführung von Industrieanlagen. München: Carl Hanser Verlag, 1970

Al-Geddawy, Tarek (Digital twin creation method):
A Digital Twin Creation Method for an Opensource Low-cost Changeable Learning Factory. In: Procedia Manufacturing. 51. Jg., 2020, S. 1799–1805

Al-Safi, Yazen; Vyatkin, Valeriy (Ontology-based reconfiguration agent):
An Ontology-Based Reconfiguration Agent for Intelligent Mechatronic Systems. In: Mařík, V.; Vyatkin, V.; Colombo, A. W. (Hrsg.): Holonic and Multi-Agent Systems for Manufacturing. Reihe: Lecture Notes in Computer Science, Bd. 4659. Berlin, Heidelberg: Springer Berlin Heidelberg, 2007, S. 114–126

Altenkrüger, Doris; Büttner, Winfried (Wissensbasierte Systeme):
Wissensbasierte Systeme. Architektur, Entwicklung, Echtzeitanwendungen - Eine praxisgerechte Einführung. Vieweg, 1992

Auer-Srnka, Katharina J. (Mixed methods):
Mixed Methods. In: Baumgarth, C.; Eisend, M.; Evanschitzky, H. (Hrsg.): Empirische Mastertechniken. Wiesbaden: Gabler Verlag, 2009, S. 457–490

Balzert, Helmut (Softwaretechnik):
Lehrbuch der Softwaretechnik. Basiskonzepte und Requirements Engineering. 2. Aufl., Springer, 2009

Bauernhansl, Thomas; Hompel, Michael ten; Vogel-Heuser, Birgit (Industrie 4.0 in Produktion, Automatisierung und Logistik):
Industrie 4.0 in Produktion, Automatisierung und Logistik. Anwendung · Technologien · Migration. 2014

Bauernhansl, Thomas; Krüger, Jörg; Reinhart, Gunther; Schuh, Günther (WGP-Standpunkt Industrie 4.0):
WGP-Standpunkt Industrie 4.0. Wissenschaftliche Gesellschaft für Produktionstechnik WGP e. V. 2016

Becker, Fabian; Bibow, Pascal; Dalibor, Manuela; Gannouni, Aymen; Hahn, Viviane; Hopmann, Christian; Jarke, Matthias; Koren, István; Kröger, Moritz; Lipp, Johannes; Maibaum, Judith; Michael, Judith; Rumpe, Bernhard; Sapel, Patrick; Schäfer, Niklas; Schmitz, Georg J.; Schuh, Günther; Wortmann, Andreas (Conceptual Model for Digital Shadows):
A Conceptual Model for Digital Shadows in Industry and Its Application. Cham: Springer International Publishing, 2021, S. 271–281

Beierle, Christoph; Kern-Isberner, Gabriele (Methoden wissensbasierter Systeme):
Methoden wissensbasierter Systeme. Grundlagen, Algorithmen, Anwendungen. 6., überarbeitete Auflage., Springer Fachmedien Wiesbaden. Wiesbaden, Heidelberg: Springer Vieweg, 2019

Bejjani, Chadi; Utsch, Julian; Thiele, Thomas; Meisen, Tobias; Jeschke, Sabina; Burggräf, Peter (Flow-chart-based information modeling):
Flow Chart Based Information Modeling for Factory Planning. In: Procedia CIRP. 72. Jg., 2018, S. 410–415

Bergholz, Markus A. (Objektorientierte Fabrikplanung):
Objektorientierte Fabrikplanung. Rheinisch-Westfälische Technische Hochschule Aachen. Aachen: Apprimus Verlag, 2005

Berners-Lee, T.; Fielding, R.; Masinter, L. (Uniform Resource Identifier (URI)):
Uniform Resource Identifier (URI): Generic Syntax, 2005

Berners-Lee, Tim (Semantic Web - XML2000):
Semantic Web - XML2000, 2000

Berners-Lee, Tim; Hendler, James; Lassila, Ora (The Semantic Web):
The Semantic Web. A new form of Web content that is meaningful to computers will unleash a revolution of new possibilities. In: Scientific American. 284. Jg., Nr. 5. 2001, S. 34–43

Biffl, Stefan; Aurum, Aybüke; Boehm, Barry; Erdogmus, Hakan; Grünbacher, Paul (Value-Based Software Engineering):
Value-Based Software Engineering. Berlin: Springer, 2006

Biffl, Stefan; Sabou, Marta (Technologies for intelligent engineering applications):
Semantic Web Technologies for Intelligent Engineering Applications. Cham: Springer International Publishing, 2016

Bley, Helmut; Fritz, Jürgen; Zenner, Christian (Zwei Seiten der Digitalen Fabrik):
Die zwei Seiten der Digitalen Fabrik. Software-Werkzeug und Methode. In: Zeitschrift für wirtschaftlichen Fabrikbetrieb. 101. Jg., Nr. 1-2. 2006, S. 19–23

Block, Christian; Kuhlenkötter, Bernd (Digital factory implementation approach):
Digital Factory Implementation Approach Starting from the Macroscopic Perspective with an Example for Holistic Planning in Assembly Systems. In: Schmitt, R.; Schuh, G. (Hrsg.): Advances in Production Research. Cham: Springer International Publishing, 2019, S. 178–187

BMW Group (Virtual factory planning with Omniverse):
BMW Group and NVIDIA take virtual factory planning to the next level. Corporate Communications, 2021

Bogner, Alexander; Littig, Beate; Menz, Wolfgang (Interviews mit Experten):
Interviews mit Experten. Eine praxisorientierte Einführung. Wiesbaden: Springer VS, 2014

Booth, Andrew (Brimful of STARLITE):
"Brimful of STARLITE": toward standards for reporting literature searches. In: Journal of the Medical Library Association: JMLA. 94. Jg., Nr. 4. 2006, S. 421

Borrmann, André; König, Markus; Koch, Christian; Beetz, Jakob (Building Information Modeling):
Building Information Modeling. Technologische Grundlagen und industrielle Praxis. Wiesbaden: Springer Vieweg, 2015

Bosch, J.; Olsson, H. H.; Crnkovic, I. (Requirement, outcome/data, and AI-driven development):
It takes three to tango: Requirement, outcome/data, and AI driven development. In: Workshop on Software-intensive Business, 2018, S. 177–192

Boschert, S.; Rosen, R. (Digital twin – simulation aspect):
Digital Twin—The Simulation Aspect. 2016, S. 59–74

Bracht, Uwe; Geckler, Dieter; Wenzel, Sigrid (Digitale Fabrik):
Digitale Fabrik. Methoden und Praxisbeispiele. 2., aktualisierte und erweiterte Auflage., Berlin: Springer Vieweg, 2018

Bracht, Uwe; Schlegel, Marc; Özkul, Felix (Fabrikplanung 5.0):
Fabrikplanung 5.0. Komplett virtuell zum Ziel. In: Zeitschrift für wirtschaftlichen Fabrikbetrieb. 114. Jg., Nr. 4. 2019, S. 208–212

Bracht, Uwe; Spillner, Andrea (Die Digitale Fabrik ist Realität):
Die Digitale Fabrik ist Realität. In: Zeitschrift für wirtschaftlichen Fabrikbetrieb. 104. Jg., Nr. 7-8. 2009, S. 648–665

Brambring, Felix (Steigerung der Datenintegrität in der Produktionssteuerung):
Steigerung der Datenintegrität in der Produktionssteuerung. Rheinisch-Westfälische Technische Hochschule Aachen. Aachen: Apprimus Verlag, 2017

Buchgeher, Georg; Gabauer, David; Martinez-Gil, Jorge; Ehrlinger, Lisa (Knowledge graphs in manufacturing and production):
Knowledge Graphs in Manufacturing and Production: A Systematic Literature Review, 2020

Bühler, Peter; Schlaich, Patrick; Sinner, Dominik (Datenmanagement):
Datenmanagement. Berlin, Heidelberg: Springer Berlin Heidelberg, 2019

Burggräf, Peter (Wertorientierte Fabrikplanung):
Wertorientierte Fabrikplanung. Rheinisch-Westfälische Technische Hochschule Aachen. Aachen: Apprimus Verlag, 2012

Burggräf, Peter; Adlon, Tobias; Schäfer, Niklas (Der digitale Fabrikzwilling):
Der digitale Fabrikzwilling. In: Zeitschrift für wirtschaftlichen Fabrikbetrieb. 118. Jg., Nr. 3. 2023, S. 178–182

Burggräf, Peter; Adlon, Tobias; Schäfer, Niklas (Rule-based expert system for capacity planning):
Paving the Way for Automated Factory Planning – Applying Rule-Based Expert Systems to Capacity Planning. In: Procedia CIRP. 126. Jg., 2023, S. 254–259

Burggräf, Peter; Adlon, Tobias; Schäfer, Niklas (Digital-Twin-Driven Factory Planning):
Towards Digital-Twin-Driven Factory Planning – A Systematic Review. In: Procedia CIRP. 126. Jg., 2023, S. 248–253

Burggräf, Peter; Adlon, Tobias; Schupp, Steffen; Fölling, Carsten; Dannapfel, Heinrich M. (Modullandkarte des Aachener Fabrikplanungsvorgehens):
Die Modullandkarte des Aachener Fabrikplanungsvorgehens. Ganzheitliche, informatorische Vernetzung als Grundlage spezifischer Projektkonfigurationen. In: Zeitschrift für wirtschaftlichen Fabrikbetrieb. 116. Jg., Nr. 12. 2021, S. 866–871

Burggräf, Peter; Bergs, Thomas; Dannapfel, Matthias; Korff, Andreas; Ebade Esfahani, Matthias; Splettstoesser, Antonia; Steinlein, Julius (Parametric transparency in model-based factory planning):
Achieving parametric transparency in model-based factory planning. In: Production Engineering. 15. Jg., Nr. 1. 2021, S. 57–67

Burggräf, Peter; Dannapfel, Heinrich M.; Schneidermann, Dennis; Ebade Esfahani, Matthias (Paradigmenwechsel im Fabrikplanungsdatenmanagement):
Paradigmenwechsel im Fabrikplanungsdatenmanagement. Wie BIM Daten verknüpft, Fabrikplaner verbindet und Potenziale schafft. In: wt Werkstattstechnik. 109. Jg., Nr. 4. 2019, S. 260–267

Burggräf, Peter; Dannapfel, Heinrich M.; Utsch, Julian; Uelpenich, Jérôme; Kasalo, Mateo (Schnittstellenanalyse in der integrierten Fabrikplanung):
Schnittstellenanalyse in der integrierten Fabrikplanung. Schnittstellen zwischen Produktions- und Energiesystemplanung. In: Zeitschrift für wirtschaftlichen Fabrikbetrieb. 112. Jg., Nr. 5. 2017, S. 1–5

Burggräf, Peter; Dannapfel, Heinrich M.; Utsch, Julian; Uelpenich, Jérôme; Rojacher, Cornelia (Energy Demand Planning and Energy Technology Planning):
Energy Demand Planning and Energy Technology Planning in the Condition Based Factory Planning Approach. Aachen, 2017, S. 601–608

Burggräf, Peter; Dannapfel, Matthias; Adlon, Tobias; Fölling, Carsten (Hybrid approach to agile assembly planning):
Hybrid approach to agile assembly planning – Empirical evaluation of the industrial practice. Procedia CIRP. 2020, S. 1170–1175

Burggräf, Peter; Dannapfel, Matthias; Schneidermann, Dennis; Ebade Esfahani, Matthias; Schwamborn, Nora N. (Using BIM in Factory Planning):
Integrated Factory Modelling: Using BIM to disrupt the interface between manufacturing and construction in factory planning. In: Tagungsband zur BIM 2019. Seville, Spain, WIT PressSouthampton UK, 2019, S. 143–155

Burggräf, Peter; Schuh, Günther (Fabrikplanung):
Fabrikplanung. Berlin, Heidelberg: Springer Berlin Heidelberg, 2021

Büscher, Christian (Ontologiebasierte Kennzahlenentwicklung für VPI):
Ontologiebasierte Kennzahlenentwicklung für Virtual Production Intelligence. 2015

Büscher, Christian; Hoffmann, Max; Reinhard, Rudolf; Schilberg, Daniel; Jeschke, Sabina (Performance indicators for factory planning):
Performance Indicators for Factory Planning on the Basis of the Virtual Production Intelligence Approach. In: Jeschke, S.; Isenhardt, I.; Hees, F.; Henning, K. (Hrsg.): Automation, Communication and Cybernetics in Science and Engineering 2013/2014. Cham: Springer International Publishing, 2014, S. 829–844

Büscher, Christian; Meisen, Tobias; Schilberg, Daniel; Jeschke, Sabina (VPI-FP – integrative information system):
VPI-FP: an integrative information system for factory planning. In: Int J Prod Res. 54. Jg., Nr. 8. 2016, S. 2215–2226

Büscher, Christian; Voet, Hanno; Krunke, Moritz; Burggräf, Peter; Meisen, Tobias; Jeschke, Sabina (Semantic information modelling for factory planning projects):
Semantic Information Modelling for Factory Planning Projects. In: Procedia CIRP. 41. Jg., 2016, S. 478–483

Büscher, Christian; Voet, Hanno; Meisen, Tobias; Krunke, Moritz; Kreisköther, Kai; Kampker, Achim; Schilberg, Daniel; Jeschke, Sabina (Improving Factory Planning):
Improving Factory Planning by Analyzing Process Dependencies. In: Procedia CIRP. 17. Jg., 2014, S. 38–43

Calvanese, Diego; Cogrel, Benjamin; Komla-Ebri, Sarah; Kontchakov, Roman; Lanti, Davide; Rezk, Martin; Rodriguez-Muro, Mariano; Xiao, Guohui (Ontop: Queries over Relational Databases):
Ontop: Answering SPARQL queries over relational databases. In: Semantic Web. 8. Jg., Nr. 3. 2016, S. 471–487

Carbonell, Jaime G.; Michalski, Ryszard S.; Mitchell, Tom M. (An Overview of Machine Learning):
An Overview of Machine Learning. In: Michalski, R. S.; Carbonell, J. G.; Mitchell, T. M. (Hrsg.): Machine Learning. Reihe: Symbolic Computation. Berlin, Heidelberg: Springer, 1983, S. 3–23

Carnap, Rudolf (Formalwissenschaft und Realwissenschaft):
Formalwissenschaft und Realwissenschaft. In: Erkenntnis. 5. Jg., Nr. 1. 1935, S. 30–37

Chen, Danfang (Information Management for Factory Planning and Design):
Information Management for Factory Planning and Design. Royal Institute of Technology. 2012

Chin, Gary (Agile project management):
Agile Project Management. New York: AMACOM, 2004

Chung, Lawrence; Sampaio do Prado Leite, Julio Cesar (Non-functional requirements):
On Non-Functional Requirements in Software Engineering. In: Borgida, A. T.; Chaudhri, V. K.; Giorgini, P.; Yu, E. S. (Hrsg.): Conceptual Modeling. Reihe: Lecture Notes in Computer Science, Bd. 5600. Berlin, Heidelberg: Springer, 2009, S 363–379

Cimino, Chiara; Negri, Elisa; Fumagalli, Luca (Digital twin applications in manufacturing):
Review of digital twin applications in manufacturing. In: Computers in Industry 113. Jg., 2019, S. 103130

Claussen, Peter (Die Fabrik als soziales System):
Die Fabrik als soziales System. Wandlungsfähigkeit durch systemische Fabrikplanung und Organisationsentwicklung: ein Beispiel aus der Automobilindustrie. Wiesbaden: Springer-Gabler, 2012

Cleven, Anne; Gubler, Philipp; Hüner, Kai M. (Design alternatives for DSR evaluation):
Design alternatives for the evaluation of design science research artifacts. In: Tagungsband zur the 4th International Conference. Philadelphia, Pennsylvania, 07.05.2009 - 08.05.2009. New York, New York, USA: ACM Press, 2009, S. 1–8

Colledani, Marcello; Pedrielli, Giulia; Terkaj, Walter; Urgo, Marcello (Integrated virtual platform for manufacturing systems design):
Integrated Virtual Platform for Manufacturing Systems Design. In: Procedia CIRP. 7. Jg., 2013, S. 425–430

Construction Users Roundtable (Collaboration, Integrated Information and Project Lifecycle in Building Design, Construction and Operation):
Collaboration, Integrated Information and the Project Lifecycle in Building Design, Construction and Operation. Construction Users Roundtable, 2004

Cooper, Harris M. (Organizing knowledge syntheses – taxonomy):
Organizing knowledge syntheses: A taxonomy of literature reviews. In: Knowledge in Society. 1. Jg., Nr. 1. 1988, S. 104–126

Curiel-Ramirez, Luis A.; Schäfer, Niklas C.; Schukat, Esben (Aufbau digitaler Fabrikzwillinge mittels VR-Entwicklungsumgebung):
Aufbau digitaler Fabrikzwillinge mittels VR-Entwicklungsumgebung. In: Industrieanzeiger. 2024. Jg., Nr. 5. 2024, S. 16–17

Cyganiak, Richard; Wood, David; Lanthaler, Markus (Ressource Description Framework):
RDF 1.1 Concepts and Abstract Syntax. https://www.w3.org/TR/rdf11-concepts/, Abruf 24.03.2024

Davies, J.; Studer, Rudi; Warren, Paul (Semantic web technologies):
Semantic Web technologies. Trends and research in ontology-based systems. Chichester England, Hoboken NJ: John Wiley & Sons, 2006

Debellis, Michael (Practical Guide to Building Ontologies):
A Practical Guide to Building OWL Ontologies Using Protégé 5.5 and Plugins, 2021

Denkena, Berend; Dittrich, Marc-André; Stobrawa, Sebastian; Stjepandić, Josip (Digital twin generation):
Efficient Generation of a Digital Twin Using Object Detection for Data Acquisition and XML-Interface for Model Creation. In: Procedia CIRP. 93. Jg., 2020, S. 274–279

Djurić, Dragan; Gašević, Dragan; Devedžić, Vladan; Damjanović, Violeta (UML profile for OWL ontologies):
A UML Profile for OWL Ontologies. In: Hutchison, D.; Kanade, T.; Kittler, J.; Kleinberg, J. M.; Mattern, F.; Mitchell, J. C.; Naor, M.; Nierstrasz, O.; Pandu Rangan, C.; Steffen, B.; Sudan, M.; Terzopoulos, D.; Tygar, D.; Vardi, M. Y.; Weikum, G.; Aßmann, U.; Aksit, M.; Rensink, A. (Hrsg.): Model Driven Architecture. Reihe: Lecture Notes in Computer Science. Berlin, Heidelberg: Springer, 2005, S. 204–219

Döbel, Inga; Leis, Miriam; Vogelsang, Manuel M.; Neustroev, Dmitry; Petzka, Henning; Riemer, Annamaria; Rüping, Stefan; Voss, Angelika; Wegele, Martin; Welz, Juliane (Maschinelles Lernen):
Maschinelles Lernen. Eine Analyse zu Kompetenzen, Forschung und Anwendung. München, 2018

Dombrowski, Uwe; Imdahl, Christoph; Karl, Alexander (Active role-based database system for factory planning):
Active Role-Based Database System for Factory Planning. In: Moon, I.; Lee, G. M.; Park, J.; Kiritsis, D.; Cieminski, G. von (Hrsg.): Advances in Production Management Systems. Smart Manufacturing for Industry 4.0. Reihe: IFIP Advances in Information and Communication Technology. Cham: Springer International Publishing, 2018, S. 422–430

Dombrowski, Uwe; Karl, Alexander; Ruping, Lars (Herausforderungen der Digitalen Fabrik):
Herausforderungen der Digitalen Fabrik im Kontext von Industrie 4.0. In: Zeitschrift für wirtschaftlichen Fabrikbetrieb. 113. Jg., Nr. 12. 2018, S. 845–849

Dombrowski, Uwe; Krenkel, Philipp (Ganzheitliches Produktionsmanagement):
Ganzheitliches Produktionsmanagement. Berlin, Heidelberg: Springer, 2021

Dombrowski, Uwe; Reiswich, Alexander; Alexander, Karl (Designing digital tools for factory planning):
Designing digital tools for factory planning: Integrating requirements for usability on a meta-level. In: Tagungsband zur 2018 IEEE 23rd International Conference on Emerging Technologies and Factory Automation (ETFA). 2018, S. 99–106

Dombrowski, Uwe; Reiswich, Alexander; Imdahl, Christoph (Automated Information Provision):
Knowledge Graphs for an Automated Information Provision in the Factory Planning. In: IEEE International Conference on Industrial Engineering and Engineering Management, 2019, S. 1074–1078

Dorador, J. M.; Young, R. I. M. (Application of IDEF0, IDEF3 and UML methodologies):
Application of IDEF0, IDEF3 and UML methodologies in the creation of information models. In: International Journal of Computer Integrated Manufacturing. 13. Jg., Nr. 5. 2000, S. 430–445

Döring, Nicola; Bortz, Jürgen (Forschungsmethoden und Evaluation):
Forschungsmethoden und Evaluation in den Sozial- und Humanwissenschaften. Berlin, Heidelberg: Springer, 2016

Duerst, M.; Suignard, M. (Internationalized Resource Identifiers (IRIs)):
Internationalized Resource Identifiers (IRIs), 2005

Ebade Esfahani, Matthias (Ontologie der Fabrikplanung mit BIM):
Ontologie der Fabrikplanung mit Hilfe von Building Information Modeling (BIM). Rheinisch-Westfälische Technische Hochschule Aachen. Aachen: Apprimus Verlag, 2022

Efthymiou, K.; Sipsas, K.; Mourtzis, D.; Chryssolouris, G. (Integrated knowledge-based framework):
On an Integrated Knowledge based Framework for Manufacturing Systems Early Design Phase. In: Procedia CIRP. 9. Jg., 2013, S. 121–126

Ege, Börteçin; Paschke, Adrian (Semantische Datenintelligenz im Einsatz):
Semantische Datenintelligenz im Einsatz. Wiesbaden: Springer Fachmedien, 202[illegible]

Eggers, Olaf (Funktionen und Management der Forschung):
Funktionen und Management der Forschung in Unternehmen. Wiesbaden, s.l.: Deutscher Universitätsverlag, 1997

Ehrenmann, Frank (Kosten- und zeiteffizienter Wandel von Produktionssystemen):
Kosten- und zeiteffizienter Wandel von Produktionssystemen. Ein Ansatz für ein ausgewogenes Change Management von Produktionsnetzwerken. Wiesbaden: Springer Gabler, 2015

ERP Research (SAP S/4 HANA: MRP-Modul):
SAP S/4 HANA Material Requirements Planning (MRP). Features & FAQ. https://www.erpresearch.com/en-us/sap-s4-hana-mrp-material-requirements-planning, Abruf 10.01.2025

Ertel, Wolfgang (Grundkurs Künstliche Intelligenz):
Grundkurs Künstliche Intelligenz. Wiesbaden: Vieweg+Teubner, 2009

Ertel, Wolfgang (Introduction to Artificial Intelligence):
Introduction to Artificial Intelligence. 2nd ed. 2017., Cham: Springer International Publishing; Imprint: Springer, 2017

Eversheim, Walter; Schuh, Günther (Gestaltung von Produktionssystemen):
Gestaltung von Produktionssystemen. Berlin: Springer, 1999

Fayyad, U., et al. (Advances in Knowledge Discovery and Data Mining):
Advances in Knowledge Discovery and Data Mining. 5. print., Menlo Park, Calif.: AAAI Press, 1996

fdi Markets (Datenbank (online)):
Datenbank (online). Globale Investments 2004-2019, 2024

Feigenbaum, Edward A. (Knowledge Engineering for the 1980s):
Knowledge Engineering for the 1980s. Stanford University. Standford, California, USA: 1982

Fett, Michel; Wilking, Fabian; Goetz, Stefan; Kirchner, Eckhard; Wartzack, Sandro (Literature Review on DT, CPS, and PSS):
A Literature Review on the Development and Creation of Digital Twins, Cyber-Physical Systems, and Product-Service Systems. In: Sensors (Basel, Switzerland). 23. Jg., Nr. 24. 2023, S. 1–30

Fettke, Peter (Empirisches Business Engineering):
Empirisches Business Engineering. Grundlegung und ausgewählte Ergebnisse. Universität des Saarlandes. 2008

Feyerabend, Paul (Erkenntnis für freie Menschen):
Erkenntnis für freie Menschen. Frankfurt: Suhrkamp, 1979

Fischer, J.; Rosen, R.; Listl, F. G.; Sohr, A.; Wehrstedt, J. C. (Assistenzsysteme der nächsten Generation für Produktionssysteme):
Assistenzsysteme der nächsten Generation für Produktionssysteme. Automation 2021. VDI Verlag, 2021, S. 461–476

Frauchiger, Daniel (Anwendungen von Design Science Research):
Anwendungen von Design Science Research in der Praxis. In: Portmann, E. (Hrsg.): Wirtschaftsinformatik in Theorie und Praxis. Wiesbaden: Springer Fachmedien, 2017, S. 107–118

Gandon, Fabien L. (Research on Semantic Web and Linked Data):
A Survey of the First 20 Years of Research on Semantic Web and Linked Data. In: Ingénierie des systèmes d'information. 23. Jg., Nr. 3-4. 2018, S. 11–38

Gebhardt, Karl F. (Datenbanken):
Datenbanken. DHBW Stuttgart. 2017

Ghisellini, Patrizia; Cialani, Catia; Ulgiati, Sergio (A review on circular economy):
A review on circular economy: the expected transition to a balanced interplay of environmental and economic systems. In: Journal of Cleaner Production. 114. Jg., 2016, S. 11–32

Giarratano, Joseph C.; Riley, Gary (Expert Systems):
Expert Systems. Principles and Programming. 3. Aufl., PWS Publishing Company, 2002

Gläser, Jochen; Laudel, Grit (Experteninterviews und qualitative Inhaltsanalyse):
Experteninterviews und qualitative Inhaltsanalyse als Instrumente rekonstruierender Untersuchungen. 3., überarb. Aufl., Wiesbaden: VS Verlag für Sozialwissenschaften, 2009

Göppert, Amon; Grahn, Lea; Rachner, Jonas; Grunert, Dennis; Hort, Simon; Schmitt, Robert H. (Pipeline for ontology-based modeling and automated deployment of digital twins for planning and control of manufacturing systems):
Pipeline for ontology-based modeling and automated deployment of digital twins for planning and control of manufacturing systems. In: Journal of Intelligent Manufacturing, Nr. 34. 2021, S. 2133–2152

Graefenstein, Julian (Methodik zur aufgabenorientierten Fabrikplanung):
Methodik zur aufgabenorientierten Fabrikplanung. Technische Universität Dortmund. Dortmund: Praxiswissen Verlag, 2019

Graefenstein, Julian; Scholz, David; Henke, Michael; Winkels, Jan; Rehof, Jakob (Intelligente Orchestrierung von Planungsprozessen):
Intelligente Orchestrierung von Planungsprozessen. Anwendung von logikbasiertem Constraintsolving in der Fabrikplanung. In: Zeitschrift für wirtschaftlichen Fabrikbetrieb. 112. Jg., Nr. 4. 2017, S. 209–213

Grieves, Michael (Digital Twin: Manufacturing Excellence):
Digital Twin: Manufacturing Excellence through Virtual Factory Replication, 2015

Grieves, Michael; Vickers, John (Digital Twin: Behavior in Complex Systems):
Digital Twin: Mitigating Unpredictable, Undesirable Emergent Behavior in Complex Systems. In: Kahlen, F.-J.; Flumerfelt, S.; Alves, A. C. (Hrsg.): Transdisciplinary perspectives on complex systems. Cham: Springer, 2016, S. 85–113

Grosof, Benjamin; Kifer, Michael (Rulelog: Syntax and Semantics):
Rulelog: Syntax and Semantics, 2013

Gruber, Thomas R. (Portable Ontology Specifications):
A translation approach to portable ontology specifications. In: Knowledge Acquisition. 5. Jg., Nr. 2. 1993, S. 199–220

Gruber, Thomas R. (Toward principles for the design):
Toward principles for the design of ontologies used for knowledge sharing? In: International Journal of Human-Computer Studies. 43. Jg., Nr. 5-6. 1995, S. 907–928

Grundig, Claus-Gerold (Fabrikplanung):
Fabrikplanung, Planungssystematik – Methoden – Anwendungen. 7. Aufl., München: Carl Hanser Verlag, 2021

Guimaraes, Tor (Comparing Expert Systems and Agent Technology):
Comparing Expert Systems and Agent Technology for KM. In: Khosrow-Pour, D. (Hrsg.): Emerging Information Resources Management and Technologies. Reihe: Advances in Information Resources Management. IGI Global, 2007, S. 321–343

Guo, Jiapeng; Zhao, Ning; Sun, Lin; Zhang, Saipeng (Modular based flexible digital twin):
Modular based flexible digital twin for factory design. In: Journal of Ambient Intelligence and Humanized Computing. 10. Jg., Nr. 3. 2019, S. 1189–1200

Harmon, Paul (Expert Systems Business):
The Expert Systems Business: How It Grew and Died. In: IEEE Annals of the History of Computing. 44. Jg., Nr. 1. 2022, S. 31–43

Hayes-Roth, Frederick (Rule-based systems):
Rule-based systems. In: Communications of the ACM. 28. Jg., Nr. 9. 1985, S. 921–932

Heinsohn, Jochen; Socher-Ambrosius, Rolf (Wissensverarbeitung):
Wissensverarbeitung. Eine Einführung. Heidelberg, Berlin: Spektrum Akad. Verl., 1999

Hesse, Wolfgang; Keutgen, Hans; Luft, Alfred L.; Rombach, H. D. (Begriffsystem für die Softwaretechnik):
Ein Begriffsystem für die Softwaretechnik. Vorschlag zur Terminologie. In: Informatik Spektrum. 7. Jg., Nr. 4. 1984, S. 200–213

Hevner, Alan R. (A Three Cycle View of Design Science Research):
A Three Cycle View of Design Science Research. In: Scandinavian Journal of Information Systems. 19. Jg., Nr. 2. 2007, S. 87–92

Hevner, Alan R.; Chatterjee, Samir (Design Research in Information Systems):
Design Research in Information Systems. Boston, MA: Springer US, 2010

Hevner, Alan R.; March, Salvatore T.; Park, Jinsoo; Ram, Sudha (Design Science in Information Systems):
Design Science in Information Systems Research. In: MIS Quarterly. 28. Jg., Nr. 1. 2004, S. 75–105

Himmler, Florian; Amberg, Michael (Digitale Fabrik (Literaturanalyse)):
Digitale Fabrik (Literaturanalyse). In: Wirtschaftsinformatik Proceedings. 11. Jg. 2013, S. 165–179

Hirsch, Benjamin; Klemke, Tim; Wulf, Serjosha; Nyhuis, Peter (Digitale Werkzeuge in der Fabrikplanung):
Digitale Werkzeuge in der Fabrikplanung. Bewertung und Auswahl. In: Zeitschrift für wirtschaftlichen Fabrikbetrieb. 105. Jg., Nr. 3. 2010, S. 151–156

Horrocks, Ian; Patel-Schneider, Peter F.; Boley, Harold; Tabet, Said; Grosof, Benjamin; Dean, Mike (Semantic Web Rule Language):
SWRL: A Semantic Web Rule Language Combining OWL and RuleML. https://www.w3.org/submissions/SWRL/, Abruf 26.03.2024

Jabla, Roua; Khemaja, Maha; Buendia, Félix; Faiz, Sami (Automatic Rule Generation for Decision-Making):
Automatic Rule Generation for Decision-Making in Context-Aware Systems Using Machine Learning. In: Computational intelligence and neuroscience, 2022, S. 1–13

Jacobson, Ivar; Booch, Grady; Rumbaugh, James (The unified software development process):
The unified software development process. The complete guide to the unified process from the original designers. Reading, Bonn: Addison-Wesley, 1999

Johannes Theissen-Lipp; Niklas Schäfer; Max Kocher; Philipp Hochmann; Michael Riesener; Stefan Decker (Extending Semantic RML Mappings):
Extending Semantic RML Mappings with Additional Source Formats. In: Tagungsband zur 26th International Conference on Enterprise Information Systems. Setúbal: Scitepress, 2024, S. 201–208

Jung, Hans (Allgemeine Betriebswirtschaftslehre):
Allgemeine Betriebswirtschaftslehre. 13., aktualisierte Auflage., Berlin, Boston: De Gruyter Oldenbourg, 2016

Kádár, Botond; Terkaj, Walter; Sacco, Marco (Semantic Virtual Factory):
Semantic Virtual Factory supporting interoperable modelling and evaluation of production systems. In: CIRP Annals. 62. Jg., Nr. 1. 2013, S. 443–446

Kainz, Boris; Jursch, Sebastian (How to design a production system with maximum ESG impact):
How to design a production system with maximum ESG impact. https://www.strategyand.pwc.com/de/en/industries/automotive/production-system-with-esg-impact.html, Abruf 13.11.2023

Kampker, Achim; Burggräf, Peter; Voet, Hanno A.; Backs, Matthias; Kreisköther, Kai D.; Krunke, Moritz (Aachener Fabrikplanungsvorgehen: Agile Fabrikplanung):
Das Aachener Fabrikplanungsvorgehen: Agile Fabrikplanung im turbulenten Umfeld. In: wt Werkstattstechnik online. 104. Jg., Nr. 4. 2014, S. 192–196

Karafyllis, Nicole C. (Soziotechnisches System):
Soziotechnisches System. In: Liggieri, K.; Müller, O. (Hrsg.): Mensch-Maschine-Interaktion. Stuttgart: J.B. Metzler, 2019, S. 300–303

Karras, Detlef; Kredel, Lutz; Pape, Uwe (Entwicklungsumgebungen für Expertensysteme):
Entwicklungsumgebungen für Expertensysteme. Vergleichende Darstellung ausgewählter Systeme. Berlin, New York: Walter de Gruyter, 1987

Keen, Peter G. W. (Decision support systems):
Decision support systems. A research perspective. Alfred P. Sloan School of Management. Massachusetts: Massachusetts Institute of Technology, 1980

Kerkenberg, Thorben (Digitale Fabrikplanung für zukunftssichere Produktionssysteme):
Digitale Fabrikplanung für zukunftssichere und Industrie 4.0-fähige Produktionssysteme. In: Zeitschrift für wirtschaftlichen Fabrikbetrieb. 111. Jg., Nr. 3. 2016, S. 104–108

Kettner, Hans; Schmidt, Jürgen; Greim, Hans-Robert (Leitfaden der systematischen Fabrikplanung):
Leitfaden der systematischen Fabrikplanung. Mit zahlreichen Checklisten. Unveränd. Nachdr., München, Norderstedt: Hanser; Books on Demand, 2010

Kiko, Kilian; Atkinson, Colin (A Detailed Comparison of UML and OWL):
A Detailed Comparison of UML and OWL. 2008

Koren, Y.; Heisel, U.; Jovane, F.; Moriwaki, T.; Pritschow, G.; Ulsoy, G.; van Brussel, H. (Reconfigurable Manufacturing Systems):
Reconfigurable Manufacturing Systems. In: CIRP Annals. 48. Jg., Nr. 2. 1999, S. 527–540

Kovalenko, Olga; Wimmer, Manuel; Sabou, Marta; Lüder, Arndt; Ekaputra, Fajar J.; Biffl, Stefan (Modeling AutomationML: Semantic Web Technologies):
Modeling AutomationML: Semantic Web Technologies vs. Model-Driven Engineering. Institute of Electrical and Electronics Engineers. Piscataway, NJ: IEEE, 2015

Kraus, Matthias; Ludwig, Bernd; Minker, Wolfgang; Wagner, Nicolas (Assistenzsysteme):
Assistenzsysteme. In: Görz, G.; Schmid, U.; Braun, T. (Hrsg.): Handbuch der Künstlichen Intelligenz. De Gruyter, 2020, S. 859–906

Krcmar, Helmut (Informationsmanagement):
Informationsmanagement. 6. Aufl., Berlin, Heidelberg: Springer Gabler, 2015

Kreß, Antonio; Mittenzwei, Björn; Knöß, Martin; Metternich, Joachim (Algorithmenbasierte Fabrikplanung):
Algorithmenbasierte Fabrikplanung. Am Beispiel der SMC Deutschland GmbH. In: Zeitschrift für wirtschaftlichen Fabrikbetrieb. 116. Jg., Nr. 3. 2021, S. 120–123

Kritzinger, Werner; Karner, Matthias; Traar, Georg; Henjes, Jan; Sihn, Wilfried (Digital Twin in manufacturing):
Digital Twin in manufacturing: A categorical literature review and classification. In: IFAC-PapersOnLine. 51. Jg., Nr. 11. 2018, S. 1016–1022

Krunke, Moritz (Reifegradmanagement in der Fabrikplanung):
Reifegradmanagement in der Fabrikplanung. Rheinisch-Westfälische Technische Hochschule Aachen. Aachen: Apprimus Verlag, 2017

Kubicek, Herbert (Konstruktionsstrategie empirischer Forschung):
Heuristische Bezugsrahmen und heuristisch angelegte Forschungsdesigns als Elemente einer Konstruktionsstrategie empirischer Forschung. In: Köhler, R. (Hrsg.): Empirische und handlungstheoretische Forschungskonzeption in der Betriebswirtschaftslehre. Stuttgart: C. E. Poeschel, 1977

Kuhn, Thomas (The structure of scientific revolutions):
The structure of scientific revolutions. Chicago: University of Chicago Press, 1962

Kuhnen, Andreas (Definition und Einordnung von wissensbasierten Systemen):
Definition und Einordnung von wissensbasierten Systemen. Die Erklärungsfähigkeit wissensbasierter Systeme und die daraus resultierenden Anforderungen an das abzubildende Wissen, Abruf 18.01.2023

Kunath, Martin; Winkler, Herwig (Adaptive Assistenzsysteme zur Entscheidungsunterstützung):
Adaptive Assistenzsysteme zur Entscheidungsunterstützung für die dynamische Auftragsabwicklung: Konzeptionelle Überlegungen und Anwendungsszenarien unter Berücksichtigung des Digitalen Zwillings des Produktionssystems. In: Obermaier, R. (Hrsg.): Handbuch Industrie 4.0 und digitale Transformation. WiesbadenHeidelberg: Springer Gabler, 2019, S. 269–294

Kurbel, K. (Entwicklung und Einsatz von Expertensystemen):
Entwicklung und Einsatz von Expertensystemen. Eine anwendungsorientierte Einführung in wissensbasierte Systeme. 2. Aufl., Berlin, Heidelberg: Springer, 1992

Kurbel, Karl (Wissensbasierte Systeme):
Wissensbasierte Systeme. In: Kurbel, K. (Hrsg.): Entwicklung und Einsatz von Expertensystemen. Reihe: Springer eBook Collection Business and Economics. 2. Aufl. Berlin, Heidelberg: Springer, 1992, S. 17–63

Lakatos, Imre (The methodology of scientific research):
The methodology of scientific research programmes. Cambridge: Cambridge University Press, 1977

Lämmel, Uwe; Beifert, Anatoli; Brätz, Marcel; Brandenburg, Stefan; Buse, Matthias; Höhn, Christian; Mannheimer, Gert; Rehfeld, Michael; Richter, Alexander; Wissuwa, Stefan (Business Rules: Einsatzmöglichkeiten und Marktübersicht):
Business Rules. Die Wissensverarbeitung erreicht die Betriebswirtschaft. Wismar: Hochschule Fakultät für Wirtschaftswissenschaften, 2007

Leng, Jiewu; Liu, Qiang; Ye, Shide; Jing, Jianbo; Wang, Yan; Zhang, Chaoyang; Zhang, Ding; Chen, Xin (Digital twin-driven rapid reconfiguration):
Digital twin-driven rapid reconfiguration of the automated manufacturing system via an open architecture model. In: Robotics and Computer-Integrated Manufacturing 63. Jg., 2020, S. 895–907

Lenz, Lisa T.; Graefenstein, Julian; Winkels, Jan; Gralla, Mike (Smart Factory Adaptation Planning by means of BIM):
Smart Factory Adaptation Planning by means of BIM in Combination of Constraint Solving techniques. CIB World Building Congress 2019, Constructing Smart Cities, S. 1–10

Leo Kumar, S. P. (Knowledge-based expert system in manufacturing planning):
Knowledge-based expert system in manufacturing planning: state-of-the-art review. In: International Journal of Production Research. 57. Jg., Nr. 15-16. 2019, S. 4766–4790

Leser, Ulf; Naumann, Felix (Informationsintegration):
Informationsintegration. Architekturen und Methoden zur Integration verteilter und heterogener Datenquellen. 1. Aufl., Heidelberg: dpunkt.verlag, 2007

Liu, Han; Gegov, Alexander; Stahl, Frederic (Categorization and Construction of Rule-Based):
Categorization and Construction of Rule-Based Systems. In: Mladenov, V.; Jayne C.; Iliadis, L. (Hrsg.): Engineering Applications of Neural Networks. Reihe: Communications in Computer and Information Science. Cham: Springer International Publishing, 2014, S. 183–194

Liu, Mengnan; Fang, Shuiliang; Dong, Huiyue; Xu, Cunzhi (Review of digital twin):
Review of digital twin about concepts, technologies, and industrial applications. In: J Man Sys. 58. Jg., 2021, S. 346–361

Loucopoulos, Peri; Karakostas, V. (Systems Requirements Engineering):
Systems Requirements Engineering. 1. Aufl., McGraw Hill: 1995

Lüder, Arndt; Schmidt, Nicole (AutomationML in a Nutshell):
AutomationML in a Nutshell. In: Vogel-Heuser, B.; Bauernhansl, T.; Hompel, M. ten (Hrsg.): Handbuch Industrie 4.0. Reihe: VDI Springer Reference, Bd. 2. 2. Aufl. Berlin, Heidelberg: Springer, 2017, S. 213–258

Lumsakul, P.; Sheldrick, L.; Rahimifard, S. (The Sustainable Co-Design of Products):
The Sustainable Co-Design of Products and Production Systems. In: Procedia Manufacturing. 21. Jg., 2018, S. 854–861

Lunze, Jan (Regelbasierte Wissensverarbeitung):
Regelbasierte Wissensverarbeitung. In: Lunze, J. (Hrsg.): Künstliche Intelligenz für Ingenieure. Reihe: De Gruyter eBook-Paket Technik, Informatik. 3. Aufl. Berlin, Boston: De Gruyter Oldenbourg, 2016, S. 93–131

Maglogiannis, I., et al. (Emerging Artificial Intelligence Applications):
Emerging Artificial Intelligence Applications in Computer Engineering. Real Word AI Systems with Applications in eHealth, HCI, Information Retrieval and Pervasive Technologies. IOS Press, 2007

Marca, David A. (SADT/IDEF0 for Augmenting UML):
SADT/IDEF0 for Augmenting UML, Agile and Usability Engineering Methods. In: Escalona, M. José; Cordeiro, J.; Shishkov, B. (Hrsg.): Software and data technologies. Reihe: Communications in Computer and Information Science, Bd. 303. Heidelberg, Berlin: Springer, 2013, S. 38–55

Meckelnborg, Alexander (Integrative Fabrikplanung durch effiz. Koordinationsmodelle):
Integrative Fabrikplanung durch effiziente Koordinationsmodelle. Rheinisch-Westfälische Technische Hochschule Aachen. Aachen: Apprimus Verlag, 2015

Melcher, Dominik; Küster, Benjamin; Stonis, Malte; Overmeyer, Ludger (Fabrik- und Produktionsplanung im digitalen Modell):
Fabrik- und Produktionsplanung im digitalen Modell durch automatisierte Punktwolkenverarbeitung. Factory and production planning in the digital model through automated point cloud processing. IPH – Institut für Integrierte Produktion. 2019

Meyer, Albin (Softwareentwicklung):
Softwareentwicklung. Ein Kompass für die Praxis. Oldenburg: De Gruyter, 2018

Michael, Judith; Koren, István; Dimitriadis, Iraklis; Fulterer, Judith; Gannouni, Aymen; Heithoff, Malte; Hermann, Annkristin; Hornberg, Katharina; Kröger, Moritz; Sapel, Patrick; Schäfer, Niklas; Theissen-Lipp, Johannes; Decker, Stefan; Hopmann, Christian; Jarke, Matthias; Rumpe, Bernhard; Schmitt, Robert H.; Schuh, Günther (Digital Shadow Reference Model):
A Digital Shadow Reference Model for Worldwide Production Labs. In: Internet of Production, 2023, S. 1–29

Milberg, J.; Amann, W.; Zetlmayer, H. (Wissensbasierte Simulation und Regelung von Produktionssystemen):
Wissensbasierte Simulation und Regelung von Produktionssystemen. In: CIM Management. 6. Jg., 1991, S. 4–9

Modoni, Gianfranco E.; Caldarola, Enrico G.; Sacco, Marco; Terkaj, Walter (Synchronizing physical and digital factory):
Synchronizing physical and digital factory: benefits and technical challenges. In: Procedia CIRP. 79. Jg., 2019, S. 472–477

Moher, David; Liberati, Alessandro; Tetzlaff, Jennifer; Altman, Douglas G. (PRISMA statement):
Preferred reporting items for systematic reviews and meta-analyses: the PRISMA statement. In: BMJ (Clinical research ed.). 339. Jg., 2009

Nåfors, Daniel; Berglund, Jonatan; Gong, Liang; Johansson, Björn; Sandberg, Thomas; Birberg, Jesper (Application of Hybrid Digital Twins):
Application of a Hybrid Digital Twin Concept for Factory Layout Planning. In: Smart and Sustainable Manufacturing Systems. 4. Jg., Nr. 2. 2020, S. 231–244

Nåfors, Daniel; Johansson, Bjorn; Gullander, Per; Erixon, Sven (Simulation in Hybrid Digital Twins):
Simulation in Hybrid Digital Twins for Factory Layout Planning. In: Tagungsband zur 2020 Winter Simulation Conference (WSC). Orlando, FL, USA, 14.12.2020 - 18.12.2020. IEEE, 2020, S. 1619–1630

Nehemiah, Liu (Market Analysis Report (Knowledge-Based Systems)):
Market Analysis Report on Potential Resources for Knowledge-Based Systems, 2018

Nizamis, Alexandros; Nikolaos, Vakakis; Christos, Ntinas; Nikolaos, Alexopoulos; Axling, Mathias, Pacelli, Giuseppe; Ioannidis, Dimosthenis (Collaborative manufacturing services ontology and language):
D6.8 Collaborative manufacturing services ontology and language II. 1. Aufl, 2019

Nöcker, Jan C. (Zustandsbasierte Fabrikplanung):
Zustandsbasierte Fabrikplanung. Rheinisch-Westfälische Technische Hochschule Aachen. Aachen: Apprimus Verlag, 2012

Noy, Natalya F.; McGuinness, Deborah L. (Ontology Development):
Ontology Development 101. A Guide to Creating Your First Ontology, 2001

Obiniyi, Afolayan A.; Olaide, Oyelade; Junaidu, Sahalu (Enhancing Reasoning and Retrieval Performance):
Enhancing Reasoning and Retrieval Performance on OWL using SQWRL. In: International Journal of Engineering Research & Technology (IJERT). 3. Jg., Nr. 2. 2014, S. 2758–2764

O'Connor, Martin (MappingMaster Documentation):
MappingMaster Documentation. https://github.com/protegeproject/mapping-master/wiki, Abruf 03.09.2024

O'Connor, Martin; Das, Amar (SQWRL: a Query Language for OWL):
SQWRL: a Query Language for OWL. In: Patel-Schneider, P. F.; Hoekstra, R. (Hrsg.): Proceedings of the 5th International Workshop on OWL: Experiences and Directions (OWLED 2009). Reihe: CEUR Workshop Proceedings, Bd. 529. 2009

OPC Foundation (Unified Architecture):
Unified Architecture - OPC Foundation. https://opcfoundation.org/about/opc-technologies/opc-ua/, Abruf 22.01.2024

Park, Yangho; Woo, Jungyub; Choi, SangSu (Cloud-based Digital Twin Manufacturing System):
A Cloud-based Digital Twin Manufacturing System based on an Interoperable Data Schema for Smart Manufacturing. In: International Journal of Computer Integrated Manufacturing. 33. Jg., Nr. 12. 2020, S. 1259–1276

Pawellek, Günther (Ganzheitliche Fabrikplanung):
Ganzheitliche Fabrikplanung. Grundlagen, Vorgehensweise, EDV-Unterstützung. 2. Aufl., Berlin, Heidelberg: Springer-Verlag; Springer Vieweg, 2014

Peffers, Ken; Tuunanen, Tuure; Rothenberger, Marcus; Chatterjee, S. (A design science research methodology):
A design science research methodology for information systems research. In: Journal of Management Information Systems. 24. Jg., 2007, S. 45–77

Petersen, Niklas; Galkin, Michael; Lange, Christoph; Lohmann, Steffen; Auer, Sören (Monitoring and Automating Factories Using Semantic Models):
Monitoring and Automating Factories Using Semantic Models. In: Li, Y.-F.; Hu, W.; Dong, J. Song; Antoniou, G.; Wang, Z.; Sun, J.; Liu, Y. (Hrsg.): Semantic Technology. Reihe: Lecture Notes in Computer Science. Cham: Springer International Publishing, 2016, S. 315–330

Piller, Frank T.; Nitsch, Verena; Lüttgens, Dirk; Mertens, Alexander; Pütz, Sebastian; van Dyck, Marc (Forecasting Next Generation Manufacturing):
Forecasting Next Generation Manufacturing. New Forms of Human Machine Collaboration and Data-Driven Business Model in the Internet of Production, 2022

Plattform Industrie 4.0 (Resilienz im Kontext von Industrie 4.0):
Resilienz im Kontext von Industrie 4.0. Bundesministerium für Wirtschaft und Klimaschutz (BMWK). Berlin: 2022

Poggi, Antonella; Lembo, Domenico; Calvanese, Diego; Giacomo, Giuseppe de; Lenzerini, Maurizio; Rosati, Riccardo (Linking Data to Ontologies):
Linking Data to Ontologies. In: Hutchison, D.; Kanade, T.; Kittler, J.; Kleinberg, J. M.; Mattern, F.; Mitchell, J. C.; Naor, M.; Nierstrasz, O.; Pandu Rangan, C.; Steffen, B.; Sudan, M.; Terzopoulos, D.; Tygar, D.; Vardi, M. Y.; Weikum, G.; Spaccapietra, S. (Hrsg.): Journal on data semantics. Reihe: Lecture notes in computer science Journal subline, Bd. 4900. Berlin: Springer, 2008, S. 133–173

Pohl, Klaus (Requirements Engineering):
Requirements Engineering. Heidelberg: dpunkt.verlag, 2007

Popper, Karl (Logik der Forschung):
Logik der Forschung. Zur Erkenntnistheorie der modernen Naturwissenschaft. 1934

Potting, José; Hekkert, Marko; Worrell, Ernst; Hanemaaijer, Aldert (Circular Economy: Measuring Innovation):
Circular Economy: Measuring Innovation in the Product Chain. Policy Report. The Hague, 2017

Prechelt, Lutz (Softwaretechnik-Forschung):
Softwaretechnik-Forschung. 3.1 Einordnung und Ziele. Vorlesung, 13.04.1999

Prud'hommeaux, Eric; Seaborne, Andy (SPARQL Query Language for RDF):
SPARQL Query Language for RDF. W3C Recommendation. https://www.w3.org/TR/rdf-sparql-query/, Abruf 26.03.2024

Ramani, Karthik; Ramanujan, Devarajan; Bernstein, William Z.; Zhao, Fu; Sutherland, John; Handwerker, Carol; Choi, Jun-Ki; Kim, Harrison; Thurston, Deborah (Integrated Sustainable Life Cycle Design):
Integrated Sustainable Life Cycle Design: A Review. In: Journal of Mechanical Design. 132. Jg., Nr. 9. 2010

RDF Working Group (Resource Description Framework (RDF)):
Resource Description Framework (RDF). Semantic Web Standards. https://www.w3.org/RDF/, Abruf 24.03.2024

Reinema, Christian; Pompe, Andre; Nyhuis, Peter (Agiles Projektmanagement in der Fabrikplanung):
Agiles Projektmanagement. In: Zeitschrift für wirtschaftlichen Fabrikbetrieb. 108. Jg., Nr. 3. 2013, S. 113–117

Reinhard, Rudolf; Büscher, Christian; Meisen, Tobias; Schilberg, Daniel; Jeschke, Sabina (Virtual Production Intelligence (concept)):
Virtual Production Intelligence – A Contribution to the Digital Factory. In: Jeschke, S.; Isenhardt, I.; Hees, F.; Henning, K. (Hrsg.): Automation, Communication and Cybernetics in Science and Engineering 2013/2014. Cham: Springer International Publishing, 2014, S. 913–922

Reinhart, Gunther (Handbuch Industrie 4.0):
Handbuch Industrie 4.0. Geschäftsmodelle, Prozesse, Technik. München: Carl Hanser Verlag; Ciando, 2017

Rejeb, Abderahman; Keogh, John G.; Martindale, Wayne; Dooley, Damion; Smart, Edward; Simske, Steven; Wamba, Samuel F.; Breslin, John G.; Bandara, Kosala Y.; Thakur, Subhasis; Liu, Kelly; Crowley, Bridgette; Desaraju, Sowmya; Ospina, Angela; Bradau, Horia (Semantic Web and Interoperability):
Charting Past, Present, and Future Research in the Semantic Web and Interoperability. In: Future Internet. 14. Jg., Nr. 161. 2022, S. 1–32

Riedel, Oliver (Wir brauchen die Digitale Fabrik):
Wir brauchen die Digitale Fabrik! In: Zeitschrift für wirtschaftlichen Fabrikbetrieb. 119. Jg., Nr. 3. 2024, S. 109

Riesener, Michael; Schukat, Esben; Adlon, Tobias; Vierschilling, Sebastian P.; Schäfer, Niklas (Integrated Factory Modeling):
Integrated Factory Modeling. Paving the way from Building Information Modeling to integrated factory design from a production perspective. Whitepaper. RWTH Aachen: Center Factory Planning. Aachen, 2025

Riesener, Michael; Schukat, Esben; Schäfer, Niklas; Obladen, Alexander; Göppert, Amon; Kaven, Lea; Gaillard, Antoine; Perau, Martin (Die kreislauffähige Produktion)
Die kreislauffähige Produktion. Wie können hybride Produktionssysteme schon heute gestaltet werden? In: Zeitschrift für wirtschaftlichen Fabrikbetrieb. 119. Jg., Nr. 3. 2024, S. 136–140

Ruf, Walter; Biethahn, Jörg (Ganzheitliches Informationsmanagement):
Ganzheitliches Informationsmanagement. Band II: Entwicklungsmanagement. 4. Aufl., München: De Gruyter Oldenbourg, 2007

Russell, Stuart; Norvig, Peter (Artificial Intelligence):
Artificial Intelligence. A Modern Approach. 3. Aufl., Pearson Education, 2016

Sabou, Marta; Ekaputra, Fajar J.; Biffl, Stefan (Semantic Web Technologies for Data Integration):
Semantic Web Technologies for Data Integration in Multi-Disciplinary Engineering. In: Biffl, S.; Lüder, A.; Gerhard, D. (Hrsg.): Multi-Disciplinary Engineering for Cyber-Physical Production Systems. Cham: Springer International Publishing, 2017, S. 301–330

Sahin, S.; Tolun, M. R.; Hassanpour, R. (Hybrid expert systems: Current approaches and applications):
Hybrid expert systems: A survey of current approaches and applications. In: Expert Systems with Applications. 39. Jg., Nr. 4. 2012, S. 4609–4617

Salvendy, Gavriel (Handbook of industrial engineering):
Handbook of industrial engineering. Technology and operations management. 3. ed., completely revised and updated., New York, Weinheim: Wiley, 2001

Schaal, Stefan (Integrierte Wissensverarbeitung):
Integrierte Wissensverarbeitung mit CAD am Beispiel der konstruktionsbegleitenden Kalkulation. Ways to smarter CAD Systems. TU München. München: Hanser, 1992

Schady, Rico (Wissensorientierte Fabrikmodellierung):
Methode und Anwendungen einer wissensorientierten Fabrikmodellierung. Otto-von-Guericke-Universität Magdeburg. 2008

Schäfer, Niklas C. (Semantic Reasoning for Automated Factory):
Semantic Reasoning for Automated Factory Planning. Modellierung 2022 Satellite Events. 2022, S. 123–126

Schenk, Michael; Wirth, Siegfried; Müller, Egon (Fabrikplanung und Fabrikbetrieb):
Fabrikplanung und Fabrikbetrieb. Methoden für die wandlungsfähige, vernetzte und ressourceneffiziente Fabrik. 2. Aufl. 2014., Berlin, Heidelberg: Springer, 2014

Schmigalla, Hans (Fabrikplanung):
Fabrikplanung. Begriffe und Zusammenhänge. 1. Aufl., München: Carl Hanser Verlag, 1995

Schreiber, Guus; Akkermans, Hans; Anjewierden, Anjo; Hoog, Robert de; Shadbolt, Nigel R.; van de Velde, Walter; Wielinga, B. J. (The CommonKADS methodology):
Knowledge engineering and management. The CommonKADS methodology. Cambridge, Mass.: MIT Press, 2000

Schuh, G.; Franzkoch, B.; Burggräf, P.; Nöcker, J.; Wesch-Potente, C. (Frei konfigurierbare Planungsprozesse in der Fabrikplanung):
Frei konfigurierbare Planungsprozesse in der Fabrikplanung. In: wt Werkstattstechnik online. 99. Jg., Nr. 4. 2009, S. 193–198

Schuh, Günther; Burggräf, Peter; Wesch-Potente, C.; Nöcker, Jan C. (Digitale Fabrik im Fokus der Forschung):
Die Digitale Fabrik im Fokus der Forschung. Studie und Experteninterviews liefern erste Ergebnisse. In: VDIZ März 2009, 2009, S. 10

Schuh, Günther; Gottschalk, Sebastian; Nöcker, Jan C.; Wesch-Potente, C. (Flexible Vernetzung statt starrer Integration):
Flexible Vernetzung statt starrer Integration - die Zukunft der digitalen Fabrik. In: wt Werkstattstechnik online. 98. Jg., Nr. 3. 2008, S. 127–131

Schuh, Günther; Kampker, Achim; Wesch-Potente, C. (Condition based factory planning):
Condition based factory planning. In: Production Engineering. 5. Jg., Nr. 1. 2011, S. 89–94

Schuh, Günther; Schukat, Esben; Schäfer, Niklas (How to design production systems for circular economy):
How to design production systems for circular economy – applying the modular Aachen factory planning approach to a white goods manufacturer. Proceedings of the International Conference on Remanufacturing (ICoR). 2025, S. 1–12

Scott-Morton, Michael S. (Management Decision Systems):
Management Decision Systems. In: Soelberg, P. O. (Hrsg.): Unprogrammed Decision Making. Reihe: Industrial Management Review. 1967, S. 19–30

Senington, Richard; Baumeister, Fabian; Ng, Amos; Oscarsson, Jan (Connection of production simulation models):
A linked data approach for the connection of manufacturing processes with production simulation models. In: Procedia CIRP. 70. Jg., 2018, S. 440–445

Shannon, Claude E. (The mathematical theory of communication):
The mathematical theory of communication. Urbana: Univ. of Illinois Press, 1998

Shilov, Nikolay; Smirnov, Alexander; Ansari, Fazel (Ontologies in Smart Manufacturing: Approaches):
Ontologies in Smart Manufacturing: Approaches and Research Framework. In: Tagungsband zur 2020 26th Conference of Open Innovations Association (FRUCT). Yaroslavl, Russia, 20.04.2020 - 24.04.2020. IEEE, 2020, S. 408–414

Siemens Digital Industries Software (Opcenter – Manufacturing operations management):
Opcenter – Manufacturing operations management. https://plm.sw.siemens.com/en-US/opcenter/, Abruf 10.01.2025

Simon, Herbert A. (The sciences of the artificial):
The sciences of the artificial. Cambridge, MA: MIT Press, 1969

Sjarov, Martin; Lechler, Tobias; Fuchs, Jonathan; Brossog, Matthias; Selmaier, Andreas; Faltus, Florian; Donhauser, Toni; Franke, Jörg (Digital Twin Concept):
The Digital Twin Concept in Industry – A Review and Systematization. Piscataway, NJ: IEEE, 2020

Skoogh, A.; Perera, T.; Johansson, B. (Input data management in simulation):
Input data management in simulation – Industrial practices and future trends. In: Simulation Modelling Practice and Theory. 29. Jg., 2012, S. 181–192

Smith, Michael K.; Welty, Chris; McGuinness, Deborah L. (Web Ontology Language Guide):
OWL Web Ontology Language Guide. https://www.w3.org/TR/owl-guide/, Abruf 25.03.2024

Sommer, Markus; Stjepandić, Josip; Stobrawa, Sebastian; Soden, Moritz von (Improvement of Factory Planning by Automated Generation of a Digital Twin):
Improvement of Factory Planning by Automated Generation of a Digital Twin. In: Pokojski, J.; Gil, M.; Newnes, L.; Stjepandić, J.; Wognum, N. (Hrsg.): Transdisciplinary Engineering for Complex Socio-technical Systems – Real-life Applications. Reihe: Advances in Transdisciplinary Engineering. IOS Press, 2020

Sonnenberg, Christian; vom Brocke, Jan (Evaluation Patterns for Design Science):
Evaluation Patterns for Design Science Research Artefacts. In: Tagungsband zur European Design Science Symposium. BerlinHeidelberg: Springer, 2012, S. 71–83

Spengler, Thomas; Metzger, Olga; Volkmer, Tobias (Ermittlungsmodelle der Personalplanung):
Ermittlungsmodelle der Personalplanung. In: Spengler, T.; Metzger, O.; Volkmer, T. (Hrsg.): Moderne Personalplanung. Reihe: Lehrbuch. Wiesbaden: Springer Gabler, 2019, S. 119–137

Staab, S., et al. (Handbook on Ontologies):
Handbook on Ontologies. Berlin, Heidelberg: Springer, 2009

Stanford University (Protégé - free, open-source ontology editor):
Protégé - free, open-source ontology editor. https://protege.stanford.edu/, Abruf 02.09.2024

Stark, Rainer; Damerau, Thomas (Digital Twin):
Digital Twin. In: Chatti, S.; Tolio, T. (Hrsg.): CIRP Encyclopedia of Production Engineering. Berlin, Heidelberg: Springer Berlin Heidelberg, 2019, S. 1–8

Stobrawa, Sebastian; Denkena, Berend; Dittrich, Marc-André; Soden, Moritz von (Optimization Using Digital Twin):
Requirements for the Optimization of Processes Using a Digital Twin of Production Systems. In: Stjepandić, J.; Sommer, M.; Denkena, B. (Hrsg.): DigiTwin: An Approach for Production Process Optimization in a Built Environment. Reihe: Springer Series in Advanced Manufacturing. Cham: Springer International Publishing, 2022, S. 13–30

Suárez-Figueroa, Mari C.; Gómez-Pérez, Asunción; Villazón-Terrazas, Boris (ORSD (How-to)):
How to Write and Use the Ontology Requirements Specification Document. In: Tagungsband zur OTM Confederated International Conferences. Berlin: Springer, 2009, S. 966–982

Sure, York; Staab, Steffen; Studer, Rudi (Ontology Engineering Methodology):
Ontology Engineering Methodology. In: Staab, S.; Studer, R. (Hrsg.): Handbook on Ontologies. Berlin, Heidelberg: Springer, 2009, S. 135–152

Szyperski, Norbert (Objekte und Strukturen wissenschaftlicher Forschung):
MIS — Konsequenzen für Objekte und Strukturen wissenschaftlicher Forschung. In: Grochla, E.; Szyperski, N. (Hrsg.): Management-Informationssysteme. Wiesbadens.l.: Gabler Verlag, 1971, S. 171–184

Tan, Haocheng (History and review of expert systems research):
A brief history and technical review of the expert system research. In: IOP Conference Series: Materials Science and Engineering. 242. Jg., 2017

Tao, Fei; Zhang, He; Liu, Ang; Nee, A. Y. C. (Digital Twin in Industry):
Digital Twin in Industry: State-of-the-Art. In: IEEE Transactions on Industrial Informatics. 15. Jg., Nr. 4. 2019, S. 2405–2415

Terkaj, Walter; Urgo, Marcello (Ontology-based Modeling of Production Systems):
Ontology-based Modeling of Production Systems for Design and Performance Evaluation. Porto Alegre - RS, Brazil, 27 - 30 July 2014. 2014

Thamm, Alexander (Regelbasiertes System):
Regelbasiertes System. https://www.alexanderthamm.com/de/data-science-glossar/regelbasiertes-system/, Abruf 27.03.2024

Trepper, Tobias (Fundierung der Konstruktion agiler Methoden):
Fundierung der Konstruktion agiler Methoden. Wiesbaden: Springer Fachmedien, 2015

Ulrich, Hans (Die Unternehmung als produktives soziales System):
Die Unternehmung als produktives soziales System. Grundlagen der allgemeinen Unternehmungslehre. Haupt, 1968

Ulrich, Hans (Management):
Management. Institut für Betriebswirtschaft an der Hochschule St. Gallen. Haupt, 1984

Ulrich, Peter; Hill, Wilhelm (Wissenschaftstheoretische Grundlagen (Teil I)):
Wissenschaftstheoretische Grundlagen der Betriebswirtschaftslehre (Teil I). In: WiSt Wirtschaftswissenschaftliches Studium. 5. Jg., Nr. 7. 1976, S. 304–309

Ulrich, Peter; Hill, Wilhelm (Wissenschaftstheoretische Grundlagen (Teil II)):
Wissenschaftstheoretische Grundlagen der Betriebswirtschaftslehre (Teil II). In: WiSt Wirtschaftswissenschaftliches Studium. 5. Jg., Nr. 8. 1976, S. 345–350

Umweltbundesamt (Entwicklung der energiebedingten Emissionen):
Übersicht zur Entwicklung der energiebedingten Emissionen und Brennstoffeinsätze in Deutschland 1990 – 2021. Dessau-Roßlau: 2023

United Nations (The Sustainable Development Goals Report):
The Sustainable Development Goals Report. Towards a Rescue Plan for People and Planet. 2023

Unzeitig, Wolfgang (Methodik zur frühen Fabrikplanung bei Unsicherheiten):
Methodik zur frühen Fabrikplanung bei Unsicherheiten. Technische Universität Graz. 2014

van Erp, Tim; Davidsen, Emil E.; Grondahl, Oskar W.; Petersen, Alexander N. (Factory planning and design framework):
A factory planning and design framework for integrating the Digital Twin in Industry 4.0. In: Tagungsband zur 2022 IEEE 27th International Conference on Emerging Technologies and Factory Automation (ETFA). Stuttgart, Germany, 06.09.2022 - 09.09.2022. IEEE, 2022, S. 1–8

Vandenbussche, Pierre-Yves; Atemezing, Ghislain A.; Poveda-Villalón, María; Vatant, Bernard (Linked Open Vocabularies (LOV)):
Linked Open Vocabularies (LOV). a gateway to reusable semantic vocabularies on the Web. In: Semantic Web. 1. Jg., Nr. 1-5. 2014, S. 1–17

VDI/VDE-Gesellschaft Mess- und Automatisierungstechnik (Cyber-Physical Systems):
Cyber-Physical Systems. Chancen und Nutzen aus Sicht der Automation, 2013

Venable, John R.; Pries-Heje, Jan; Baskerville, Richard L. (Choosing a Design Science Research Methodology):
Choosing a Design Science Research Methodology. In: ACIS 2017 Proceedings, 2017

Verein Deutscher Ingenieure e.V. (VDI-Richtlinie 4499):
Digitale Fabrik. Grundlagen. Düsseldorf: VDI-Gesellschaft Produktion und Logistik (GPL), 2008

Verein Deutscher Ingenieure e.V. (VDI-Richtlinie 5200):
Fabrikplanung - Factory Planning. Planungsvorgehen - Planning Procedures. Düsseldorf: VDI-Gesellschaft Produktion und Logistik (GPL), 2011

Villazon-Terrazas, Boris; Garcia-Santa, Nuria; Ren, Yuan; Faraotti, Alessandro; Wu, Honghan; Zhao, Yuting; Vetere, Guido; Pan, Jeff Z. (Knowledge Graph Foundations):
Knowledge Graph Foundations. In: Vetere, G.; Gomez-Perez, J. Manuel; Wu, H. (Hrsg.): Exploiting Linked Data and Knowledge Graphs in Large Organisations. Cham: Springer International Publishing, 2017, S. 17–55

Vogel-Heuser, B., et al. (Handbuch Industrie 4.0):
Handbuch Industrie 4.0. Automatisierung. 2. Aufl., Berlin, Heidelberg: Springer, 2017

vom Brocke, Jan; Hevner, Alan; Maedche, Alexander (Introduction to Design Science Research):
Introduction to Design Science Research. In: vom Brocke, J.; Hevner, A.; Maedche, A. (Hrsg.): Design Science Research. Cases. Reihe: Progress in IS. Cham: Springer International Publishing, 2020, S. 1–13

vom Brocke, Jan; Simons, Alexander (Reconstructing the Giant):
Reconstructing the Giant. On the Importance of Rigour in Documenting the Literature Search Process. In: AIS Electronic Library (AISeL), 2009

Walker, M. J. (Hype Cycle for Emerging Technologies):
Hype Cycle for Emerging Technologies. München: Gartner, 2017

Watzka, Klaus (Personalmanagement für Führungskräfte):
Personalmanagement für Führungskräfte. Elf zentrale Handlungsfelder. Wiesbaden: Springer Fachmedien, 2014

Wickel-Kirsch, Silke (Personalwirtschaft):
Personalwirtschaft. Grundlagen der Personalarbeit in Unternehmen. 1. Aufl., Wiesbaden: Betriebswirtschaftlicher Verlag Gabler, 2008

Wiendahl, Hans-Peter (Auf dem Weg zur Digitalen Fabrik):
Auf dem Weg zur "Digitalen Fabrik". In: wt Werkstattstechnik online. 92. Jg., Nr. 4. 2002, S. 122–127

Wiendahl, Hans-Peter; Reichardt, Jürgen; Nyhuis, Peter (Handbuch Fabrikplanung):
Handbuch Fabrikplanung. Konzept, Gestaltung und Umsetzung wandlungsfähiger Produktionsstätten. 2. Aufl., München, Wien: Carl Hanser Verlag, 2014

Winkels, Jan (Automatisierte Komposition und Konfiguration von Workflows):
Automatisierte Komposition und Konfiguration von Workflows zur Planung mittels kombinatorischer Logik. Technische Universität Dortmund. 2019

Wöhe, Günter; Döring, Ulrich (Einführung in die allgemeine Betriebswirtschaftslehre):
Einführung in die allgemeine Betriebswirtschaftslehre. 25. Aufl., München: Verlag Franz Vahlen, 2013

Wooldridge, Michael; Jennings, Nicolas R. (Intelligent agents):
Intelligent agents. Theory and practice. In: The Knowledge Engineering Review. 10. Jg., Nr. 2. 1995, S. 115–152

Wortmann, Andreas; Barais, Olivier; Combemale, Benoit; Wimmer, Manuel (Modeling languages in Industry 4.0):
Modeling languages in Industry 4.0: an extended systematic mapping study. In Software and Systems Modeling. 19. Jg., Nr. 1. 2020, S. 67–94

Xia, Luyao; Lu, Jianfeng; Zhang, Hao; Xu, Mengying; Li, Zhaojia (Smart factory digital twin system):
Construction and application of smart factory digital twin system based on DTME. In: The International Journal of Advanced Manufacturing Technology. 120. Jg., Nr. 5-6. 2022, S. 4159–4178

Xu, Lai; Vrieze, Paul de; Yu, Hongnian; Phalp, Keith; Bai, Yuewei (Interoperability of the future factory):
Interoperability of the future factory: an overview of concepts and research challenges. In: International Journal of Mechatronics and Manufacturing Systems. 13. Jg., Nr. 1. 2020, S. 3–27

Yahya, Muhammad; Breslin, John G.; Ali, Muhammad I. (Semantic Web and Knowledge Graphs):
Semantic Web and Knowledge Graphs for Industry 4.0. In: Applied Sciences. 11. Jg., Nr. 5110. 2021

Zedlitz, Jesper (Konzeptuelle Modellierung mit UML und OWL):
Konzeptuelle Modellierung mit UML und OWL – Untersuchung der Gemeinsamkeiten und Unterschiede mit Hilfe von Modelltransformationen. Christian-Albrechts-Universität zu Kiel. 2013

Zhang, Chenyuan; Xu, Wenjun; Liu, Jiayi; Liu, Zhihao; Zhou, Zude; Pham, Duc T. (Reconfigurable Modeling Approach):
A Reconfigurable Modeling Approach for Digital Twin-based Manufacturing System. In: Procedia CIRP. 83. Jg., 2019, S. 118–125

Zhang, J.; Agyapong-Kodua, K. (Integrated Ontologies in Support of Factory Systems Design):
Integrated Ontologies in Support of Factory Systems Design. In: IFAC-PapersOnLine. 48. Jg., Nr. 3. 2015, S. 2095–2102

Zhu, Junming; Ruth, Matthias (Exploring the resilience of industrial management):
Exploring the resilience of industrial ecosystems. In: Journal of environmental management. 122. Jg., 2013, S. 65–75

In der Reihe **Ergebnisse aus der Produktionstechnik** zuletzt erschienen:

Lossie, Karl:
Decision Model for Performance-Driven Prioritization of Operational Decisions on the Manufacturing Shop Floor
ISBN: 978-3-98555-305-1
Erscheinungsdatum: 29.09.2025

Klee, Lukas:
Auslegung des Druckprozesses beim Binder Jetting zur Herstellung von Verzahnungen mit hoher Zahnfußtragfähigkeit
ISBN: 978-3-98555-299-3
Erscheinungsdatum: 02.09.2025

Lee, Tae Hun:
Messung und Modellierung der thermo-elastischen Abweichungen von fünfachsigen Werkzeugmaschinen
ISBN: 978-3-98555-294-8
Erscheinungsdatum: 12.08.2025

Welschof, Lukas:
Ermüdungsfestigkeit drahtfunkenerodierter Nickelbasiswerkstoffe für Triebwerksanwendungen
ISBN: 978-3-98555-287-0
Erscheinungsdatum: 10.06.2025

Chhor, Jimmy:
Cyclic Procedure Model for the Continuous Optimization of Digital Business Processes
ISBN: 978-3-98555-271-9
Erscheinungsdatum: 24.03.2025

Pullen, Thomas Wilhelm:
Überwachung des Verschleißzustandes von Bohrwerkzeugen mithilfe von Körperschallsignalen
ISBN: 978-3-98555-268-9
Erscheinungsdatum: 04.03.2025

Schäfer, Niklas:
Regelbasierte Planungsautomatisierung für die Digitale Fabrik
ISBN: 978-3-98555-304-4
Erscheinungsdatum: 29.09.2025

Trisjono, Julian Andreas:
Methodik zur Einführung datengetriebener Geschäftsmodelle im Werkzeugbau
ISBN: 978-3-98555-298-6
Erscheinungsdatum: 02.09.2025

Schollemann, Alexander:
Strategische Ausrichtung nachhaltiger Produktionsnetzwerke
ISBN: 978-3-98555-293-1
Erscheinungsdatum: 15.07.2025

Spindler, Sarah:
Multi-Source Energy Harvesting for Wireless IIoT Sensors
ISBN: 978-3-98555-285-6
Erscheinungsdatum: 02.06.2025

Mendl-Heinisch, Michael:
Bewertung technischer Produktänderungen mittels prädiktiver Datenanalyse
ISBN: 978-3-98555-267-2
Erscheinungsdatum: 24.03.2025

Lauf, Hendrik:
Identifizierung von Innovationspotenzialen durch die semantische Modellierung des Produktumfelds
ISBN: 978-3-98555-251-1
Erscheinungsdatum: 24.02.2025

Edition Wissenschaft
Apprimus

Adlon, Katharina:
Montageplanung für Verlagerungen unter Berücksichtigung kulturbedingter Unterschiede
ISBN: 978-3-98555-256-6
Erscheinungsdatum: 03.02.2025

Kunze, Rouwen Elia:
Low Coherence Interferometry for Depth Monitoring in Water Jet Guided Laser Micro Machining
ISBN: 978-3-98555-247-4
Erscheinungsdatum: 27.01.2025

Haase, Bernd:
Datenbasierte Werkzeuglebenszykluskostenanalyse
ISBN: 978-3-98555-255-9
Erscheinungsdatum: 20.01.2025

Ruschitzka, Christina:
Funktionsorientierte Ökologieanalyse im Maschinen- und Anlagenbau
ISBN: 978-3-98555-252-8
Erscheinungsdatum: 08.01.2025

Steinert, Alexander:
Modellprädiktive Regelung aktiver Kühlsysteme von Werkzeugmaschinen zur Kompensation thermo-elastischer Verlagerungen
ISBN: 978-3-98555-245-0
Erscheinungsdatum: 26.11.2024

Voet, Henning:
Ermittlung der Qualitätskosten bei Bauteilen mit unsicherheitsbehafteten geometrischen Merkmalen durch additiv gefertigte Prozessprototypen in Kleinserien
ISBN: 978-3-98555-242-9
Erscheinungsdatum: 17.10.2024

Sohnius, Felix:
Integriertes Qualitäts- und Nachhaltigkeitsmanagement im Aachener Qualitätsmanagement Modell
ISBN: 978-3-98555-257-3
Erscheinungsdatum: 03.02.2025

Küpper, Ugur:
Data-driven Model for Process Evaluation in Wire EDM
ISBN: 978-3-98555-260-3
Erscheinungsdatum: 27.01.2025

Krug, Marius:
Reduzierung der Fertigungs-programmvarianz mittels datenbasierter Ähnlichkeitsanalyse
ISBN: 978-3-98555-253-5
Erscheinungsdatum: 20.01.2025

Schlosser, Tino X.:
Gestaltung des Zentralisierungsgrads im Produktionsmanagement globaler Produktionsnetzwerke
ISBN: 978-3-98555-248-1
Erscheinungsdatum: 17.12.2024

Mueller, Aleksandra:
Assistenzsystem zur wissensbasierten Steuerungsrekonfiguration für robotergestützte Automatisierungsprozesse
ISBN: 978-3-98555-244-3
Erscheinungsdatum: 28.10.2024

Latz, Tim:
Methodik zur Förderung von Deep-Tech im Maschinenbau
ISBN: 978-3-98555-243-6
Erscheinungsdatum: 14.10.2024

Edition Wissenschaft
Apprimus

FSC
www.fsc.org
MIX
Papier | Fördert gute Waldnutzung
FSC® C083411

Kolibri 360 GmbH
Ferdinand-Jühlke-Straße 7
99095 Erfurt, Deutschland
produktsicherheit@kolibri360.de

Modèles du discours en confrontation

SCIENCES POUR LA COMMUNICATION

61

Collection publiée sous la direction de
Alain Berrendonner, Denis Miéville et Danièle Dubois

Modèles du discours en confrontation

Textes recueillis et édités par
Anne-Claude Berthoud et Lorenza Mondada

PETER LANG

Die Deutsche Bibliothek - CIP-Einheitsaufnahme

Modèles du discours en confrontation / textes recueillis et éd. par Anne-Claude Berthoud et Lorenza Mondada. - Bern ; Berlin ; Bruxelles ; Frankfurt/M. ; New York ; Oxford ; Wien : Lang, 2000
(Sciences pour la communication ; 61)
ISBN 3-906758-29-X

Ouvrage publié avec le soutien de l'Université de Lausanne

ISBN 3-906758-29-X
ISSN 0933-6079

Edition scientifiques européennes,
Jupiterstr. 15, Case postale, CH-3000 Bern 15; info@peterlang.com
Bern, Berlin, Bruxelles, Frankfurt/M., New York, Oxford, Wien, 2000

Graphisme: Gilbert Ummel - Neuchâtel

Imprimé en Allemagne

Table des matières

Introduction

Anne-Claude BERTHOUD & Lorenza MONDADA

Ce livre réunit les contributions issues du colloque «Modèles du discours en confrontation», tenu à l'Université de Lausanne en novembre 1998. L'idée de ce colloque germait depuis longtemps dans l'esprit des organisatrices. Il a pris forme progressivement au travers de maintes discussions et prises de positions théoriques issues des nombreux colloques sur l'interaction auxquels nous avons participé. Il marque également la volonté de poursuivre un dialogue privilégié entre les organisatrices, travaillant hier dans la même équipe de recherche et aujourd'hui responsables de leurs équipes respectives à l'Université de Bâle et à l'Université de Lausanne. Mais il résulte surtout de l'envie de réunir des collègues que nous apprécions et estimons, avec lesquels nous avons progressivement établi le dialogue, sans toujours partager les mêmes présupposés théoriques et méthodologiques.

Nous voulions donc avant tout provoquer le débat entre des conceptions relativement différentes, sinon antagonistes, de l'interaction verbale, dans la mesure où nous avons l'intime conviction que c'est des débats contradictoires et des controverses que naît l'essentiel du développement scientifique. Il s'agissait en quelques sorte de mettre en pratique ce que nous voulions défendre en théorie, à savoir que la construction, ou plus précisément la co-construction des connaissances, se joue sur les négociations, les ajustements constants des protagonistes dans le fil du discours, rendus particulièrement manifestes dans la résolution des conflits effectifs ou potentiels.

La forme du colloque était relativement contraignante pour les participants, au sens où les interventions ont été organisées autour de questions précises posées préalablement par les organisatrices, contrainte à laquelle les intervenants se sont remarquablement soumis. Le programme du colloque a par ailleurs laissé une large part aux discussions, discussions locales et générales, dont les éléments essentiels ont été repris par les auteurs dans le texte de leurs communications.

Le but de la rencontre de Lausanne et de cette publication a donc été de contribuer à la réflexion sur la pluralité des modèles pour l'analyse des discours, afin de mieux comprendre leur présupposés, leurs fondements et leur originalité et afin de ne pas réduire ou banaliser leur diversité. Pour ce faire, nous avons proposé une démarche collective consistant à dresser un état des postures théoriques et méthodologiques, en insistant sur les pratiques de recherche dans lesquelles elles s'incarnent: il ne s'agissait en effet pas de discuter de modèles en termes abstraits mais de montrer leur fonctionnement sur des données empiriques, en précisant les enjeux qu'elles permettent de poser.

Dans ce souci d'une continuité entre constitution de modèles et monstration des matériaux empiriques auxquels ils se confrontent, nous avons défini quatre «portes d'entrées» plus ou moins solidaires entre elles que nous avons proposées à tous les participants afin de faciliter la confrontation explicite de leurs modèles: elles concernent la relation entre niveaux d'analyse, la définition d'unités pertinentes, l'identification d'observables dans les données et le type de corpus utilisé. Nous allons brièvement rappeler les enjeux posés par chacune de ces questions.

1) La question des niveaux d'analyse pose un double problème. D'une part celui de leur identification et dénomination: dès que l'on va au-delà de la triade classique «syntaxe-sémantique-pragmatique», des termes hétérogènes sont présents dans la littérature (dimension thématique, argumentative, énonciative, séquentielle, prosodique...) qui traversent souvent des niveaux traditionnellement séparés et qui introduisent de nouvelles pertinences. D'autre part, les modes d'interrelation de ces niveaux ont été variablement conçus en recherchant leur autonomisation ou en les situant sur des continuums perméables, au sein de modèles modulaires ou de modèles intégrés, régis par des hiérarchies plus ou moins linéaires, des relations en forme de réseau ou des formes plus ou moins rhizomatiques...

   Par ailleurs la notion même de «niveau» est probablement à mettre en cause: notion métaphorique, elle implique déjà un modèle organisé d'une façon stratifiée, privilégiant donc des compositions ordonnées verticalement, avec des niveaux plus ou moins «hauts» ou «bas», qui rappellent d'autres métaphores spatiales, comme celle de la «profondeur» et de la «surface», relevant souvent d'une linguistique qui distingue des «noyaux» plus ou moins «durs» et leurs «entours».

2) La question des unités pose le problème de savoir quelles sont les unités pertinentes pour l'analyse – et avec elles les catégories du modèle – : comment définir ces unités, comment les identifier et les délimiter dans des occurrences empiriques? Du point de vue d'une histoire épistémologique de la linguistique, l'analyse du discours se présente à ce propos comme un terrain intéressant: elle a vu surgir de nouvelles catégories (le tours de parole, l'intervention, la séquence, etc.), souvent entendues de façon polysémique, et a participé de la critique de catégories traditionnelles (comme la phrase).
   En outre, c'est dans ce domaine, en particulier grâce à la reprise de l'opposition entre *étique* et *émique* de Pike à travers l'anthropologie et grâce aux distinctions de l'analyse conversationnelle, qu'une distinction entre les unités définies par les chercheurs et les unités définies par les locuteurs a vu le jour, contribuant à redéfinir et à complexifier l'objet de l'analyse.

3) La question des observables pose le problème de savoir sur quoi se focalise l'attention du chercheur lorsqu'il est confronté à des corpus de données. Ceci permet notamment de poser la question de la façon dont ce qu'on nommera variablement des marques, des marqueurs ou des traces renvoie à des fonctions, à des processus, à des opérations, à des procédés... Là encore, notamment par rapport à une linguistique basée sur l'introspection, le travail sur les discours a permi de montrer la pertinence d'observables tels que les bribes, les hésitations, les formes inachevées, les aspirations, les «euh» et les «mhm» – autant de phénomènes qui n'existent que depuis peu pour les linguistes et dont l'existence et la reconnaissance continue à dépendre crucialement de la finesse des transcriptions. La question des observables se pose méthodologiquement dans la pratique de l'analyse, elle incarne aussi le modèle auquel celle-ci renvoie et ses présupposés.

4) La question des corpus et des types de données analysés est liée de façon pratique et constitutive aux problèmes de modèles. La question du corpus intervient de façon pratique parce qu'elle concerne la démarche empirique du linguiste: quels terrains arpenter? faut-il des corpus spécifiques et adéquats pour les questions qu'on se pose? ou se pose-t-on ces questions parce qu'on a accès à certains corpus et non à d'autres? Le rapport entre données et modèles peut être vu selon différentes formes de détermination univoque ou réciproque. En outre le passage du terrain au recueil de données, à leur transcription, à leur archivage et à leur circulation comporte de nombreuses opérations pratiques qui incarnent, parfois implicitement, des choix théoriques fondamentaux, jouant un rôle déterminant dans les processus de construction des matériaux et des savoirs du linguiste. Dans ce sens la question des corpus est constitutive pour la démarche théorique.

Les auteurs des articles réunis dans ce volume ont répondu à ces formes de questionnement en se focalisant sur l'une ou l'autre dimension et en montrant le lien possible avec les autres. Ils ont été ainsi amenés à expliciter leurs positions – d'où l'adoption parfois d'un ton de manifeste, ou d'un style biographique, ou d'une perspective rétrospective sur des trajectoires de recherche. Cette explicitation est d'autant plus nécessaire que le domaine de l'analyse des discours se présente aujourd'hui de manière particulièrement touffue, avec des croisements et des interférences qui peuvent être fertiles mais qui peuvent aussi porter à la confusion de positions aux présupposés incompatibles. Dans ce cadre, il apparaît bénéfique de thématiser la pluralité des apports, afin de garantir un véritable débat intellectuel et de penser une histoire de la linguistique en train de se faire qui tienne compte des spécificités et des originalités des différents courants qui l'animent.

Enoncé, tour de parole et projection discursive

Eddy ROULET

Plutôt que de présenter une nouvelle fois la dernière version du modèle genevois (voir Roulet 1999, à paraître a et b), j'aimerais saisir l'occasion de la parution de deux ouvrages récents sur le discours: Reboul et Moeschler (1998) et Clark (1996), qui adoptent comme unité discursive de référence, l'un l'énoncé et l'autre le tour de parole, pour réexaminer les problèmes soulevés par la définition et l'emploi de celles-ci dans la description des discours. Je montrerai ensuite que ni l'une ni l'autre de ces unités ne permet de traiter de manière satisfaisante le problème de la projection discursive posé par Selting (1996, 375).

L'énoncé

L'ouvrage de Reboul et Moeschler (1998) présente une critique radicale de ce que les auteurs appellent l'ANALYSE DE DISCOURS et il propose un modèle alternatif, fondé sur le concept d'énoncé: la PRAGMATIQUE DU DISCOURS.[1]

Pour la critique de l'ANALYSE DE DISCOURS, qui a surpris de nombreux lecteurs par son ton suffisant et sentencieux, elle appelle au moins deux remarques et une mise au point. Tout d'abord, on regrettera l'inélégance du procédé (déjà utilisé par Luscher in Moeschler *et al.*, 1994) consistant à critiquer des positions considérées comme dépassées même par leurs auteurs (par exemple, le traitement des connecteurs dans Roulet *et al.* 1985) et à ignorer les travaux récents (Roulet 1990 et

---

[1] Il est intéressant de noter que le terme de *discours* a été conservé dans le titre de l'ouvrage, alors qu'il aurait été plus logique de parler de pragmatique des énoncés.

1997b). On regrettera aussi l'ambiguïté d'un discours qui a été interprété par de nombreux lecteurs comme une critique du modèle genevois actuel (parmi d'autres), alors que les auteurs se défendent aujourd'hui d'en avoir eu la moindre intention! Pour lever les malentendus ainsi créés, précisons que le modèle genevois actuel.

a) ne considère pas le discours comme une unité linguistique, puisqu'il est défini, dès Roulet (1991) par la combinaison d'informations linguistiques, textuelles et situationnelles[2] ; d'ailleurs, la plus grande unité linguistique qu'il reconnaît est la proposition dite maximale (*cf.* Roulet 1994);
b) ne réduit pas l'interprétation d'un discours aux seules informations linguistiques fournies dans le discours, comme l'affirme la note 19, p. 89, puisque l'organisation inférentielle repose sur le couplage d'informations linguistiques et référentielles (*cf.* Roulet 1997b);
c) ne retient pas comme unité textuelle minimale l'acte de langage, de forme propositionnelle, tel qu'il est défini par Searle, mais l'acte, correspondant à l'énonciation de Berrendonner (1990), qui n'est pas défini en référence à une unité linguistique (voir Roulet 1990 et 1991);
d) ne pose pas que les connecteurs et les anaphores enchaînent sur des constituants linguistiques (voir Roulet 1990 et 1991[3]);
e) ne repose pas sur la notion de cohérence (qui est au cœur des critiques de Reboul et Moeschler), sauf dans la conception développée, faut-il le rappeler, par Moeschler (1985)!

Quant aux affirmations selon lesquelles le modèle genevois actuel relève d'une stratégie scientifique fermée (Reboul et Moeschler 1998, 87, note 16, et 89, note 19), elle est aisément démentie par les travaux récents de Filliettaz (1996, 1997 et 1999) sur le rôle des structures et des représentations praxéologiques et conceptuelles dans l'organisation du discours. Si un élargissement du modèle genevois est sans doute

[2] Il n'est peut-être pas inutile de rappeler que Bally affirmait déjà il y a soixante ans: «Le contexte évoque des mots, et la situation des représentations; mais, encore une fois, *les uns et les autres jouent le même rôle dans le discours*» (1944, 44; c'est moi qui souligne).

[3] Rappelons que Berrendonner (1983) avait montré, bien avant les auteurs, que les connecteurs et les anaphores enchaînent sur des informations en mémoire discursive.

nécessaire, ce ne peut être que dans la perspective d'une PRAGMATIQUE EXPERIENTIELLE, telle qu'elle est esquissée par Auchlin (1998).

Quant aux propositions de la PRAGMATIQUE DU DISCOURS, disons d'emblée qu'on voit mal comment un programme de recherche qui réduit la communication à la transmission d'informations, qui s'en tient au cadre étroit du solipsisme méthodologique fodorien et qui ignore les efforts récents des sciences cognitives pour prendre en compte une action et un sujet situés peut prétendre offrir une alternative aux modèles du discours comme interaction/négociation (*cf.* Ghiglione et Trognon 1993, Caron 1997, Bechtel et Graham 1998, 86-88, Auchlin 1998).

Ceci dit, j'aimerais m'arrêter plus longuement à ce qui constitue l'apport le plus intéressant de la PRAGMATIQUE DU DISCOURS, à savoir la description des processus d'interprétation des énoncés, puisque cette question directement le thème de ce recueil: la définition des unités discursives. J'aimerais montrer que l'hypothèse de base de la PRAGMATIQUE DU DISCOURS, selon laquelle il est possible de rendre compte du discours à partir de l'énoncé, est très difficile à appliquer, tant la notion d'énoncé est difficile à saisir.

La PRAGMATIQUE DU DISCOURS définit l'énoncé comme une «phrase en usage» (Reboul et Moeschler 1998, 41). Cette définition, qui se donne pour évidente, est-elle claire et satisfaisante? On rappellera tout d'abord que la phrase n'est pas une unité syntaxique bien définie (*cf.* Berrendonner 1990 et Selting 1996) et que, au mieux, elle se confond avec la proposition (*cf.* Milner 1989, Roulet 1994).

Suffit-il alors de définir l'énoncé comme une «proposition en usage»? Encore faut-il préciser de quelle proposition il s'agit. S'ils pensaient à la proposition simple, les tenants de la PRAGMATIQUE DU DISCOURS auraient probablement utilisé le terme de proposition. S'ils ont utilisé le terme de phrase, c'est donc qu'ils ont sans doute en tête une proposition maximale (voir Roulet 1994), qui peut être formée de plusieurs propositions coordonnées et/ou subordonnées. Mais cela pose alors deux autres questions. Tout d'abord, peut-on définir avec précision la proposition maximale et, à partir de celle-ci, l'énoncé? Les générativistes ont proposé une approche intéressante en terme de projection (*cf.* Haegeman 1994), mais on peut s'interroger sur la limite de celle-ci;

ainsi, je ne vois pas d'argument convaincant permettant d'intégrer dans la projection maximale de C les dislocations à gauche sans rection, du type *Ce film, c'est bien la première fois que je t'entends parler de ce navet*. Même si on admet qu'il est possible de définir avec précision la proposition maximale et, partant, l'énoncé, celui-ci ne peut constituer l'unité discursive ou pragmatique minimale. D'où la deuxième question: comment définir cette unité minimale? En termes de proposition simple? Mais cela aboutirait à des résultats contre-intuitifs, par exemple à analyser *Je veux qu'elle sorte*, qui est une proposition complexe, en deux énoncés.

Ces hésitations ont des conséquences fâcheuses sur le traitement inférentiel. Pour la PRAGMATIQUE DU DISCOURS, les formes logiques (FL) des énoncés, qui sont la sortie de la composante sémantique de la grammaire générative transformationnelle, constituent l'entrée des processus d'inférence pragmatique (*cf.* Reboul et Moeschler 1998, 49). On observera tout d'abord que, à ma connaissance, personne n'a pris la peine de décrire le parcours complet allant de la description de la structure syntaxique d'une proposition maximale à la FL et à l'interprétation d'un énoncé[4]. Les générativistes s'arrêtent, dans le meilleur des cas, à la FL; les tenants de la pragmatique du discours partent, dans le meilleur des cas, d'une FL, sans qu'il y ait correspondance entre le format et le contenu de l'une et de l'autre, comme le note Haegeman (1994, 492).

Bref, si la FL, au statut encore peu clair, qui sert de point de départ au calcul inférentiel est celle de l'énoncé, et que l'énoncé est une unité mal définie, on conviendra, pour s'exprimer comme Reboul et Moeschler, que la PRAGMATIQUE DU DISCOURS repose en l'état sur des fondements pour le moins fragiles.

Pour répondre aux objections concernant l'identification d'énoncé, Moeschler (communication personnelle) précise qu'il ne faut pas prendre en compte la FL de la proposition maximale achevée, mais adopter une

---

[4] Je n'aborderai pas ici le problème délicat de la distinction entre énoncé-type et énoncé-occurrence. Pour Reboul et Moeschler (1994, 23), c'est l'énoncé-type qui est l'objet de la pragmatique; pourtant, l'interprétation d'un énoncé fait bien intervenir le contexte propre à l'occurrence!

perspective dynamique de traitement du discours dans le temps. Selon lui, le destinataire interprète le discours par étapes et il s'arrête après chaque séquence correspondant à une projection maximale, qu'il considère dès lors comme un énoncé. Ainsi, il traitera successivement les deux énoncés *Il fait beau,* et *mais je n'ai pas envie de sortir*, et partira, dans le calcul inférentiel, de la FL de chacun. Mais qu'en est-il d'une séquence comme *Bien qu'il fasse beau, je n'ai pas envie de sortir*, où la première proposition est présentée d'emblée comme non maximale?

S'il est possible d'appliquer cette approche à des exemples fabriqués aussi élémentaires que ceux utilisés en PRAGMATIQUE DU DISCOURS, on bute sur de sérieux problèmes dès qu'on cherche à l'appliquer à des discours authentiques (c'est-à-dire non fabriqués pour les besoins de la démonstration de l'analyste). En l'absence de définition et de description plus précises respectivement de l'énoncé et du traitement séquentiel, on est réduit à chercher dans les multiples publications de Reboul et Moeschler un exemple détaillé d'analyse de l'interprétation d'un fragment de discours authentique. Malheureusement, on ne trouve que des analyses précises de courts exemples fabriqués (du type *Paul est tombé. Max l'a poussé*, *cf.* Reboul et Moeschler 1998, 117) ou des commentaires très généraux de discours authentiques comme le bref récit de Stendhal qu'ils citent fréquemment (*cf.* Reboul et Moeschler 1998, 166; voir aussi leur contribution à ce recueil); seule exception, à ma connaissance, la description d'un fragment de traduction d'un roman de Patricia Cornwell dans Moeschler (1996), qui, à défaut de proposer des réponses à mes interrogations, permet de mieux cerner les problèmes soulevés par l'analyse en énoncés.

Je m'arrêterai à deux extraits de l'analyse de ce fragment en «unités de discours représentant chacune une éventualité» proposée par Moeschler (1996, 311):

(3) [Une fois dans mon bureau, je préparai du café] [et me penchai sur les papiers [que m'avait laissés Fielding], curieuse de savoir ce [que contenait l'enveloppe trouvée dans la poche arrière de Waddell].

(4) [A ma grande surprise, ce [que Waddell avait considéré comme «ultra confidentiel»] [et demandé à emporter dans sa tombe] se résumait à quelques tickets de caisse: cinq certificats de péage et trois factures de restaurant, dont l'une pour un poulet rôti commandé dans un Shoney deux semaines plus tôt].

On observe tout d'abord que chacun de ces deux exemples est formé d'une phrase et analysé en plusieurs énoncés, ce qui exclut une première lecture de la définition proposée par Reboul et Moeschler de l'énoncé comme «phrase en usage», qui serait fondée sur la phrase achevée, sur la proposition maximale indépendante. Compte tenu de la définition du discours qui est donnée au début de l'article (Moeschler 1996, 301) «comme une suite non arbitraire d'énoncés», on doit admettre que les «unités de discours représentant chacune une éventualité» (310) décrites entre crochets droits sont des énoncés (c'est d'ailleurs bien le terme utilisé plus loin pour désigner ces unités, 322-323). Or, même si l'on envisage un traitement dynamique, on peine à saisir les critères motivant le découpage proposé (comment fixer une clôture de projection maximale et donc d'énoncé, si l'on suit Moeschler, juste avant une complétive ou une relative déterminative?); ensuite, on se demande quel est le statut des énoncés enchâssés; enfin, on voit mal comment les FL des énoncés ainsi repérés peuvent servir de point de départ au traitement inférentiel de ces deux fragments de discours. Ou alors, si le critère est donné par l'information «représentant chacune une éventualité», faut-il admettre que la définition de l'énoncé est à géométrie variable et que le découpage d'une séquence en énoncés peut varier selon qu'on travaille sur les dimensions temporelle, relationnelle ou topicale? Je doute que ce soit là la position de l'auteur, d'autant qu'elle compliquerait sérieusement les calculs inférentiels impliqués à ces différents niveaux par l'interprétation de la séquence. Pour ne prendre qu'un exemple, le découpage de la séquence suivante en un seul énoncé: [*se résumait à quelques tickets de caisse: cinq certificats de péage et trois factures de restaurant, dont l'une pour un poulet rôti commandé dans un Shoney deux semaines plus tôt*], ne permet guère de traiter les relations de pointage entre *tickets de caisse* et *certificats de péages et factures de restaurant,* ou entre *trois factures de restaurant* et *dont l'une.*

Devant les obstacles rencontrés dans la définition de l'énoncé, on peut penser qu'il vaut mieux prendre le problème de la définition des unités discursives par un autre bout. Qu'est-ce qui peut bien justifier une définition de l'unité discursive ou pragmatique à partir d'une unité linguistique (énoncé = «phrase en usage»), dans une perspective manifestement *bottom-up* (du phonème à l'énoncé), alors qu'on sait qu'il existe des unités discursives non verbales? Ne faut-il pas adopter plutôt, comme le suggérait Bakhtine dès 1930, une perspective *top-down*, de l'interaction verbale à l'énonciation (1981, 289)?

Le tour de parole

Le modèle présenté par H. Clark (1996), qui se situe aussi dans un cadre cognitif, mais interactionniste, et qui tient compte des résultats des recherches empiriques en analyse conversationnelle, apporte une contribution plus substantielle à l'analyse du discours comme interaction. Lorsque du colloque organisé à Paris en 1997 autour du psychologue et de l'ouvrage *Using Language*, j'ai relevé avec intérêt les convergences entre l'approche du dialogue qu'il présente et les modèles genevois (voir Roulet 1997a, 1999 et à paraître a et b) et nancéen (voir Ghiglione et Trognon 1993) sur plusieurs points cruciaux: la conception du discours comme activité conjointe (Clark 1996, 29), la notion de hiérarchie d'actions conjointes (36) et, surtout, la reconnaissance d'une structure hiérarchique du dialogue conçue comme une propriété émergente de l'interaction (319).

Ceci dit, j'ai relevé une différence importante entre l'approche de Clark et les approches genevoise et nancéenne: à savoir l'absence du concept de négociation, qui, pour nous comme pour Trognon (*cf.* Ghiglione et Trognon 1993, 219ss), constitue le fondement de la structure hiérarchique. J'ai montré dans Roulet *et al.* (1985) et Roulet (1992), et le travail de Filliettaz (1997) a confirmé, que la structure hiérarchique de l'échange était une propriété émergente de l'activité récursive de négociation à différents niveaux qui est sous-jacente à tout dialogue, et je ne vois pas comment on peut décrire celle-là sans se référer à celle-ci (pourtant souvent occultée dans les présentations ou les critiques du modèle genevois).

Mais la principale divergence entre la conception de Clark et les modèles genevois et nancéen tient dans la définition du tour de parole (*turn*) comme unité de base de cette structure hiérarchique du dialogue. Clark écrit en effet: «Viewed as a whole, the conversation consists of a hierarchy of parts: conversation, sections, adjacency pairs, and turns» (1996, 319). Cette conception du tour de parole comme unité de base de la structure hiérarchique du dialogue, qui, le concept de structure hiérarchique mis à part, s'inspire manifestement de l'ANALYSE CONVERSATIONNELLE anglo-saxonne (voir Schegloff 1992), et qui a été reprise en France par Bange (1992), n'est pas seulement inacceptable, comme plusieurs chercheurs l'ont montré (voir Searle 1992, Ghiglione et Trognon 1993, Roulet 1992 and 1997a, 115), mais elle n'est pas compatible avec l'approche même développée par Clark (1996).

Tout d'abord, on sait que la définition du tour de parole soulève de nombreux problèmes, qui ont été discutés en particulier par Kerbrat-Orecchioni (1990, 186ss) et par Jeanneret (à paraître). Si l'on examine la définition proposée par Goodwin (1981, 2): «The talk of one party bounded by the talk of others constitutes a turn [...]», on observe qu'elle combine deux traits contradictoires, évidents dans les cas de chevauchements. Ainsi, dans l'examen de l'exemple suivant (où les paroles qui se chevauchent sont soulignées):

(1)

G ah \ . de quoi s'agit-il Monsieur //

C j'ai . p't'être des / enfin . je pense avoir une cervicale \ ou une dorsale \ de déplacée \\

G ah bon \\ . <u>et vous vous êtes</u> fait ça quand // ..

C <u>pas grand chose</u> euh j'sais pas trop \

(exemple repris, en adaptant la transcription, de Schmale-Buton et Schmale 1984, 229).

ou l'on prend au sérieux la première partie de la définition: «the talk of one party», et on aboutit à un segment, *pas grande chose*, qui n'est pas délimité par les paroles de l'autre, ou l'on prend au sérieux la seconde partie de la définition: «the part of the talk of one party which is bounded by the talk of others», et on aboutit à un fragment *fait ça quand*, qui ne correspond à aucune unité de nature syntaxique, prosodique, textuelle ou interactionnelle, et qui ne présente guère d'intérêt.

Ensuite, si l'on s'en tient à la définition du tour de parole comme «continuous talk of one party», il est impossible de considérer celui-ci comme une unité de la structure hiérarchique du dialogue. On constate en effet que cette définition amalgame des constituants qui peuvent relever de branches différentes dans la structure hiérarchique (si l'on définit celle-ci comme la face émergente du processus de négociation sous-jacent à tout dialogue, selon Roulet 1992 et Filliettaz 1997). Dans l'analyse de l'exemple ci-dessus, on constate que le tour de parole constitué par la séquence *ah bon \\ . et vous vous êtes fait ça quand //.* juxtapose deux activités illocutoires, une ratification et une question, qui relèvent de niveaux de négociation différents, comme le montre le schéma ci-dessous:

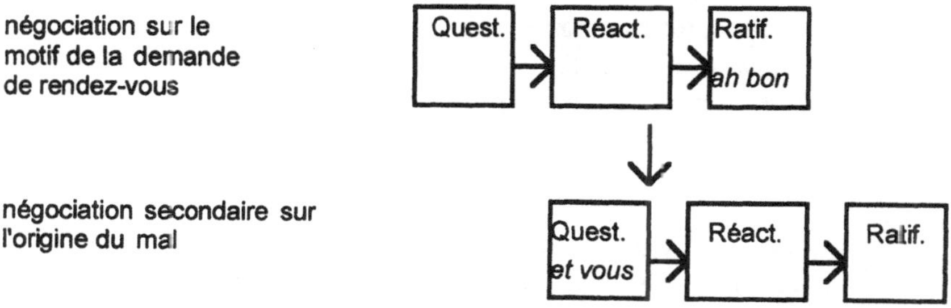

Il faut donc admettre que *ah bon* constitue l'intervention de ratification qui clôt le premier échange alors que *vous vous êtes fait ça quand* constitue l'intervention de question qui ouvre le second. Clark a d'ailleurs admis cet argument dans la discussion et il a reconnu que sa définition de la structure hiérarchique était malheureuse.

En fait, si, avec Clark et les tenants de l'ANALYSE CONVERSATIONNELLE, on accepte une conception du dialogue comme développement d'activités conjointes, la propriété constitutive d'une activité n'est pas d'être le produit continu d'un interlocuteur. Comme je le notais dans Roulet (1997a, 115), il est évident que, dans une interaction verbale comme un dialogue ou non verbale comme le montage d'une antenne, une séquence définie seulement par l'activité continue d'un individu ne forme pas nécessairement une étape ou un constituant actionnel homogène: le *ah bon* qui clôt le premier échange de l'exemple ci-dessus et la question qui ouvre l'échange suivant constituent des activités distinctes, de même que les gestes d'extraire l'antenne de sa boîte et d'allumer une cigarette, bien qu'elles soient exécutées en continu par la même personne.

Clark est conscient des problèmes soulevés par la notion de tour de parole (1996, 323-327), et il montre de manière convaincante que le tour de parole est la face émergente, le produit, des activités conjointes (330). Mais cette conception n'est pas compatible avec sa définition du tour de parole comme unité de base de la structure hiérarchique. Il est d'ailleurs intéressant d'observer que, lorsqu'il décrit l'organisation de la conversation en termes d'actions (338ss), en particulier la conduite de ce qu'il appelle un projet conjoint minimal, il ne se réfère pas au tour de parole, mais, comme le feraient Ghiglione et Trognon ou nous-même, à des activités illocutoires comme «make an assertion», «ask a question», «offer thanks» (343). Cela confirme le jugement selon lequel la définition que donne Clark du tour de parole comme unité discursive de base du dialogue n'est pas compatible avec sa conception du dialogue comme ensemble d'activités illocutoires conjointes (*joint illocutionary activities*).

Les travaux de Searle (1992) et de Ghiglione et Trognon (1993) montrent bien que l'alternance des tours de parole est un phénomène accessoire ou un *by-product*, qui ne doit pas être confondu avec la négociation des activités illocutoires.

La notion de tour de parole soulève d'ailleurs un problème supplémentaire, qui a fait l'objet de nouvelles discussions dans des travaux récents (voir Ochs, Schegloff et Thompson 1996 et Ford et Wagner 1996), en relation avec la question: «What are the basic units of talk-in-conversation?» (Ford, Fox et Thompson 1996, 427), qui est au cœur de ce recueil. Il s'agit de l'analyse du tour de parole en unités minimales, appelées généralement, à la suite de Sacks (1974): *turn constructional units (TCU)*. La plupart des commentateurs admettent que cette analyse fait intervenir des informations de natures syntaxique, prosodique, sémantique, discursive-pragmatique et gestuelle (*cf.* Schegloff 1996, Ford, Fox et Thompson 1996 et Selting 1996), mais ils ne définissent pas clairement les facteurs discursifs-pragmatiques. Ainsi, Selting (1996, 375) introduit bien, à côté des notions de projections syntaxique et prosodique celle, très intéressante et assurément importante, de *projection discursive-pragmatique*, en se référant aux structures de la description et du récit et à des constituants de ceux-ci comme l'annonce ou la préface, mais elle est manifestement démunie pour traiter de celles-ci. Aussi ces réflexions sur les unités constitutives des tours de paroles aboutissent-elles de manière non surprenante à des conclusions peu satisfaisantes, comme le reconnaissent Ford, Fox et Thompson (1996, 334): «we find that neither linguistic studies nor conversation analytic research has resulted in a specification of the TCU; none of these studies has placed a primary focus on examining the viability of the notion of TCU itself».

Justifier ce résultat peu satisfaisant par la nécessité de respecter les points de vue et activités pratiques des «membres», c'est-à-dire des participants de l'interaction, comme l'affirment les tenants de l'ANALYSE CONVERSATIONNELLE, c'est se contenter d'un relativisme étique[5] peu satisfaisant du point de vue scientifique. N'oublions pas que, pour Pike, le point de vue émique correspond à la description du système par un observateur, mais tel que ce système est perçu par les membres de la communauté. On ne peut donc se satisfaire d'une opposition radicale et simpliste entre les catégories ou unités préétablies de l'analyste et les catégories ou unités construites hic et nunc par les membres. Ces dernières sont la face émergente des représentations émiques, partagées par les membres de la communauté, que l'analyste s'efforce de décrire.

Ceci dit, le fait que le tour de parole ne puisse être un constituant de la structure hiérarchique et qu'il résiste à toute analyse en TCU ne signifie pas qu'il n'est pas une unité constitutive du dialogue; on peut

---

[5] Rappelons que Pike utilise l'adjectif *étique* non seulement pour qualifier le point de vue de l'observateur extérieur, mais aussi pour désigner les multiples réalisations et variantes d'une unité émique (*cf.* Roulet 1974).

montrer aisément que la notion interactionnelle de tour de parole, définie comme *talk by one party*, est indispensable pour décrire les phénomènes de co-énonciation (voir Jeanneret à paraître et Roulet à paraître c). Le problème central de l'analyse du discours (ou du dialogue) n'est donc pas, comme on le présente souvent, de définir l'unité discursive (ou l'échelle d'unités) et de choisir entre tour de parole, intervention, mouvement discursif, contour intonatif, proposition maximale, etc. Comme je l'ai montré au colloque de Paris (*cf.* Roulet à paraître c), toutes ces unités sont nécessaires pour rendre compte de la complexité de l'organisation du discours (ou du dialogue) et le problème principal est de concevoir un modèle permettant d'articuler ces différentes formes d'organisation (voir Roulet 1999, à paraître a et b).

La notion de projection discursive

Selting (1996, 374-375) montre bien que si les notions de projections syntaxique et prosodique permettent de rendre compte de la construction ou de la co-énonciation de brèves séquences monologiques, il faut faire intervenir la notion de projection discursive-pragmatique pour rendre compte de la construction de séquences monologiques comme les récits ou les descriptions ou de séquences dialogiques correspondant à un type d'activité spécifique, comme l'achat d'un livre ou une demande de rendez-vous par téléphone

La notion de projection discursive repose nécessairement, comme celles de projections syntaxique et prosodique, sur des représentations (ou des schématisations ou des routines) qui font partie des connaissances des interlocuteurs. Dans le modèle genevois, on distingue les représentations praxéologiques prototypiques des activités dans le monde (appelées parfois scénarios ou schémas d'action), qui se réalisent dans des interactions particulières sous la forme de structures praxéologiques, du schéma de négociation sous-jacent aux structures hiérarchiques textuelles (échange, intervention et acte) (*cf.* Filliettaz 1999). On peut donc définir la notion de projection discursive en couplant ces deux types de représentations.

Pour montrer brièvement le rôle de ces schémas dans la construction du discours, on peut se référer à la scène bien connue du *Don Juan* de Molière (acte IV, scène III) où le personnage principal réussit le tour de force de recevoir et de reconduire un créancier, Monsieur Dimanche, sans lui laisser la possibilité d'aborder l'objet de sa visite, à savoir le remboursement d'une dette. Comme je le montre de manière plus détaillée dans Roulet (à paraître d, chapitre 6), toute la stratégie de Don Juan repose sur l'exploitation de deux schémas d'action: la représentation praxéologique prototypique de la visite et le schéma de négociation sous-jacent à tout échange. Il exploite le premier d'une part en faisant durer longuement les phases rituelles d'entrée, d'installation et de prise de nouvelles de la famille du visiteur et d'autre part en faisant l'impasse sur la phase centrale, à savoir le traitement de l'objet de la visite, pour passer directement à la phase rituelle finale de prise de congé. Il exploite le second aussi de deux manières différentes: d'abord en multipliant les compliments qui, comme Kerbrat-Orecchioni (1994, chap. 5) l'a bien montré, appellent généralement des réactions négatives ayant pour effet de prolonger les échanges complimenteurs et de retarder d'autant le traitement de l'objet de la visite; ensuite, en adressant à son visiteur une invitation inacceptable, afin d'obliger celui-ci non seulement à refuser, mais à justifier son refus en disant qu'il a une autre obligation antérieure: Don Juan n'a plus qu'à enchaîner sur cette réponse, et donc sur un échange subordonné qui n'avait qu'une fonction de préparation, pour en dégager la conclusion qu'il visait et reconduire sur le champ son visiteur sans lui avoir laissé la possibilité de réclamer le remboursement de sa dette. Toute la construction de ce dialogue est fondée sur l'exploitation des projections, de nature discursive, des schémas mentionnés.

Le rôle des représentations praxéologiques est aujourd'hui reconnu, tant en ANALYSE CONVERSATIONNELLE qu'en PRAGMATIQUE DU DISCOURS, mais il manque à celles-ci une conception du discours comme négociation, et corollairement, une conception de l'échange et de l'intervention comme structures émergentes, qui permettent de caractériser une composante importante de la notion de projection discursive. L'intuition d'une structure interne apparaît bien en filigrane de manière ponctuelle, dès les tout premiers travaux d'ANALYSE CONVERSATIONNELLE, derrière des notions comme celle de *pre-pre* (*cf.* Schegloff 1980), par exemple, mais elle n'a pas, à ma connaissance, fait l'objet de description systématique. D'où l'intérêt des travaux genevois et nancéen, qui montrent que le fait de considérer la structure hiérarchique de l'échange comme la face émergente d'un processus de négociation permet de caractériser la notion de projection discursive.

La PRAGMATIQUE DU DISCOURS, comme L'ANALYSE CONVERSATIONNELLE, ignorent les structures ou représentations hiérarchiques, qu'elles considèrent comme des artefacts de l'analyse. Or, il suffit de se référer aux travaux de psycholinguistes pour constater que celles-ci jouent un rôle important dans le traitement du discours, comme le rappellent Fonteneau, Frauenfelder et Rizzi (1998, 113): «listeners are assumed to use a variety of strategies to understand the incoming discourse. The result of the application of theses strategies is a representation of the discourse in memory in a hierarchical form with both higher and lower level propositions».

En conclusion, le seul moyen de sortir de l'impasse des approches conversationnelle et pragmatique dans la définition des unités conversationnelles ou discursives et dans la tentative de caractériser la notion de projection discursive qui, avec celles de projections syntaxique, prosodique et praxéologique, joue un rôle déterminant dans la construction du discours et du dialogue, est de prendre en compte, outre les représentations et structures praxéologiques, le schéma de négociation sous-jacent à toute interaction et la structure hiérarchique textuelle qui en constitue la face émergente.

Références bibliographiques

AUCHLIN, A. (1998). Les dimensions de l'analyse pragmatique du discours dans une approche expérientielle et systémique de la compétence discursive In J. VERSCHUREN (Ed.), *Pragmatics in 1998:*

Selected papers from the 6th International Pragmatics Conference. Anvers: International Pragmatics Association, vol. 2.

BAKHTINE, M. (1981). La structure de l'énoncé. In TODOROV T, *Mikhaïl Bakhtine, le principe dialogique*. Paris: Seuil, 287-316.

BALLY, C. (1944). *Linguistique générale et linguistique française.* Berne: Francke, 4ème éd. rev. et corr., 1965.

BANGE, P. (1992). *Analyse conversationnelle et théorie de l'action.* Paris: Hatier-Didier.

BECHTEL, W. & GRAHAM, G. (Eds.) (1998). *A companion to cognitive sciences*. Malden: Blackwell.

BERRENDONNER, A. (1983). 'Connecteurs pragmatiques' et anaphore. *Cahiers de linguistique française, 5*, 215-246.

–, (1990). Pour une macro-syntaxe. *Travaux de linguistique, 21*, 25-36.

CARON, J. (1997). Psychologie cognitive et interactions conversationnelles. In J. BERNICOT, J. CARON-PRAGUE, & A. TROGNON (Eds.), *Conversation, interaction et fonctionnement cognitif.* Nancy: PUN, 221-237.

CLARK, H. H. (1996). *Using Language*. Cambridge: Cambridge University Press.

FILLIETTAZ, L. (1996). Vers une approche interactionniste de la dimension référentielle du discours. *Cahiers de linguistique française, 18*, 33-64.

–, (1997). Des enjeux actionnels dans les interactions verbales: une définition de la dimension référentielle du discours. *Cahiers de linguistique française, 19*, 47-82.

–, (1999). La structure actionnelle et la structure textuelle des interactions verbales. *Cahiers de linguistique française, 21.*

FONTENEAU, E., FRAUENFELDER, U. H. & RIZZI, L. (1998). On the contribution of ERP's to the study of language comprehension. *Bulletin suisse de linguistique appliquée, 68*, 111-124.

FORD, C. E, FOX, B. A. & THOMPSON, S. A. (1996). Practices in the construction of turns: The 'TCU' revisited. *Pragmatics, 6*/3, 427-454.

FORD, C. & WAGNER, J. (1996). Interaction-based studies of language. *Pragmatics, 6*/3.

GHIGLIONE, R. & TROGNON, A. (1993). *Où va la pragmatique?* Grenoble: Presses universitaires.

GOODWIN, C. (1981). *Conversational Organization. Interaction Between Speakers and Hearers*. New York: Academic Press.

HAEGEMAN, L. (1994). *Introduction to Government and Binding Theory.* Londres: Blackwell, 2ème éd.

JEANNERET, Th. (à paraître). *La co-énonciation en français: approches discursive, conversationnelle et syntaxique*. Berne: P. Lang.

KERBRAT-ORECCHIONI, C. (1990). *Les interactions verbales*. Paris: Colin, t.I.

MILNER, J.-C. (1989): *Introduction à une science du langage*. Paris: Seuil.

MOESCHLER, J. (1985). *Argumentation et conversation*. Paris: Didier.

–, (1996). Ordre temporel, narration et analyse du discours. *Cahiers de linguistique française, 18*, 299-328.

MOESCHLER, J. & REBOUL, A. (1994). *Dictionnaire encyclopédique de pragmatique*. Paris: Seuil.

MOESCHLER, J. *et al.* (1994). *Langage et pertinence*. Nancy: PUN.

OCHS, E., SCHEGLOFF, E. & THOMPSON, S. (1996). *Interaction and Grammar.* Cambridge: C.U.P.

REBOUL, A & MOESCHLER, J. (1998). *Pragmatique du discours*. Paris: Colin.

–, (1974). *Linguistique et comportement humain - L'analyse tagmémique de Pike*. Neuchâtel: Delachaux et Niestlé.

–, (1989). De la structure de la conversation à la structure d'autres types de discours. In *Modèles du discours. Recherches actuelles en Suisse romande*. Berne: Lang, 35-60.

–, (1990). Et si, *après tout*, ce connecteur n'était pas un marqueur d'argument ou de prémisse impliquée? *Cahiers de linguistique française, 11*, 329-343.

–, (1991). Vers une approche modulaire de l'analyse du discours. *Cahiers de linguistique française, 12*, 53-81.

–, (1992). On the structure of conversation as negociation. In J. SEARLE *et al.* , 91-99.

–, (1994). La phrase: unité de langue ou unité de discours. In J. CERQUIGLINI-TOULET et O. COLLET (Eds.), *Mélanges de philologie et de littérature médiévales offerts à Michel Burger*. Genève: Droz, 101-110.

–, (1997a). L'analyse du dialogue comme forme et comme activité discursives. In D. LUZZATI *et al.* (Eds.), *Le dialogique*. Berne: Lang, 97-122.

–, (1997b). L'organisation polyphonique et l'organisation inférentielle d'un dialogue romanesque. *Cahiers de linguistique française, 19*, 149-179.

–, (1999). Um modelo e um instrumento de analise sobre a organizaçao do discurso. In H. MARI *et al.* (Eds.). *Fundamentos e dimensoes da analise do discurso*. Belo Horizonte: Carol Borges, 139-171.

–, (à paraître a). Une approche modulaire de la complexité de l'organisation du discours. In J.-M. ADAM et H. NØLKE (Eds.), *Approches modulaires: de la langue au discours*. Lausanne: Delachaux et Niestlé.

–, (à paraître b). Un modelo y un instrumento de analisis de la complejidad de la organizacion del discurso. *In Actes du I Simposio Internacional de Analisis del Discurso*. Madrid.

–, (à paraître c). Co-enunciation and the definition of dialogue units.

–, (à paraître d). *La description et l'enseignement-apprentissage de l'organisation du discours.*

SACKS, H. (1992). *Lectures on conversation*. Cambridge: Blackwell.

SCHEGLOFF, E. A. (1980). Preliminaries to preliminaries: Can I ask you a question? *Sociological inquiry, 50*, 104-152.

–, (1992). To Searle on conversation. In J. SEARLE *et al.*, 113-128.

–, (1996). Turn organization: one intersection of grammar and interaction. In E. OCHS, E. A. SCHEGLOFF & S. A. THOMPSON (Eds.), 52-133.

SCHMALE-BUTON, E. & SCHMALE, G. (1984). *Conversations téléphoniques*. Bielefeld.

SEARLE, J. (1992). Conversation reconsidered. In J. SEARLE *et al.*, 137-147.

SEARLE, J. *et al.* (1992). *(On) Searle on conversation.* Amsterdam: J. Benjamins.

SELTING, M. (1996). On the interplay of syntax and prosody in the constitution of turn-constructional units and turns in conversation. *Pragmatics, 6*/3, 371-388.

Analyse conversationnelle et «grammaire-pour-l'interaction»

Lorenza MONDADA

Le projet

Cet article vise à expliciter une réflexion sur les conditions de possibilité d'un lien entre linguistique et analyse conversationnelle (AC), ainsi que sur ses enjeux et conséquences pour une *linguistique interactionnelle*. Un des visées majeures de celle-ci est la formulation de l'articulation entre ressources linguistiques, organisation séquentielle et activités conversationnelles, qui se matérialise dans la description d'une «grammaire-pour-l'interaction». Nous indiquerons quelques pistes de recherche à ce sujet, en soulignant l'importance fondamentale de l'analyse de données enregistrées et soigneusement transcrites.

Issue à l'origine du courant ethnométhodologique et de ses rapports conflictuels avec la sociologie, l'AC a été reçue par la linguistique de façon à la fois tourmentée et fascinée[1]. Les rapports établis dans la littérature entre linguistique et AC, en effet, semblent à la fois banaliser les convergences entre les deux disciplines et souligner les divergences jusqu'à les rendre insurmontables. Ce paradoxe apparent est dû au fait que l'AC tend à être utilisée comme une technique d'analyse par certains, alors que pour d'autres elle implique beaucoup plus que cela, une «mentalité analytique» particulière (Sacks, 1984), qui n'est pas sans radicalement mettre en question un certain nombre de présupposés cardinaux de la linguistique classique. En soutenant cette dernière

---

[1] Pour des éléments d'une histoire de la réception, voir Streeck (1983), Gülich (1990), Gülich & Mondada (à paraître).

perspective, nous nous intéressons au renouvellement que cette mentalité peut apporter à des problématiques fondamentales pour la linguistique.

La conception du lien entre ressources linguistiques et organisation de la parole-en-interaction occupe de ce point de vue une place centrale qui permet de nous situer dans le courant récent de travaux américains et allemands sur les liens entre grammaire et interaction (Ochs, Thompson, Schegloff, 1996; Selting, 1996; Auer & Couper-Kuhlen & Müller, 1999)[2].

On peut situer notre position en formulant deux hypothèses, l'une faible et l'autre forte:

- la première considère que si la conversation est un des lieux sociaux prototypiques d'usage de la langue, il doit y avoir une convergence entre les propriétés de la grammaire et les propriétés de l'organisation conversationnelle. En particulier, on s'intéressera à la façon dont certaines formes grammaticales sont exploitées dans certains environnements séquentiels;
- la seconde considère que les ressources linguistiques sont configurées par l'interaction et que la grammaire est le résultat d'une sédimentation d'usages répétés de formes dans un environnement séquentiel particulier. Cette hypothèse englobe la précédente, mais considère plus radicalement que les ressources linguistiques ne sont pas simplement exploitées de la façon la plus pertinente et efficace pour l'organisation de l'interaction, mais que leurs propriétés et leurs formes sont configurées par des principes interactionnels.

Cette seconde hypothèse, qui constitue l'horizon conceptuel de notre travail, nous permet de concevoir les ressources linguistiques au sein d'une «grammaire-pour-l'interaction» fondée sur la primauté des activités langagières des interactants (Mondada, 1998, 1999b). Les formes linguistiques sont élaborées, bricolées, transformées, appropriées dans et par l'interaction. Elles sont donc fondamentalement indexicales et émergentes: ce sur quoi se focalise l'analyse ce sont d'ailleurs moins les formes elles-mêmes et leurs propriétés structurales que les procédures

---

2 Cette réflexion relève d'un travail en cours esquissé dans quelques articles en 1995 (1995a, 1995b, 1995c) et continué dans des textes plus récents (notamment 1998, 1999a, 1999b, à paraître).

par lesquelles les locuteurs se les approprient, en les ajustant au contexte, à l'organisation séquentielle et à leurs interlocuteurs. Ces procédures peuvent traiter les ressources linguistiques comme un matériau à bricoler aussi bien que comme des formes disponibles, des «pré-fabriqués» (Gülich & Krafft, 1997). En effet, affirmer l'indexicalité et l'émergence des formes ne signifie pas que celles-ci soient constamment réinventées *ex nihilo* dans l'interaction: les locuteurs peuvent les traiter comme normées, figées, convenues, routinières, soumises à des règles d'usage partagées, ou bien comme adaptables plastiquement, pliables aux contraintes interactionnelles, voire réinventables. En les catégorisant ainsi et en les utilisant de façon correspondante, ils les accomplissent réflexivement en tant que formes stabilisées ou en tant que formes changeantes.

La «grammaire-pour-l'interaction» est ainsi conçue comme une description des ressources linguistiques qui intègre radicalement leur configuration par les procédés situés et pratiques des locuteurs organisant et coordonnant leurs contributions à l'interaction. Autrement dit, les ressources linguistiques sont examinées à travers le «travail» que les participants font avec et sur elles dans l'interaction (Mondada, 1998, 1999b) ainsi qu'à travers le regard catégorisant qu'ils portent sur elles dans le cours de leurs activités (Mondada, 1999a, à paraître).

Afin de préciser un aspect de cette «grammaire-pour-l'interaction» qui reste à construire, nous nous focaliserons ici sur une question qui est au coeur de cette démarche et qui interroge la façon dont les participants s'orientent vers l'organisation du tour en en produisant une interprétation située et à toutes fins pratiques au cours de son déploiement. Nous nous baserons pour cela sur les traces que laisse cette activité interprétative des interlocuteurs, par ailleurs imbriquée dans leur activité de production conversationnelle synchronisée et coordonnée avec celle des autres participants.

La question se pose en particulier de savoir si les interlocuteurs conçoivent leur activité en termes d'«unités», comment ils les identifient et à quelles fins pratiques ils les traitent. La question des unités se trouve ainsi respécifiée, pour être abordée non pas comme un concept au sein d'un modèle élaboré par le linguiste indépendamment de ses terrains empiriques, mais comme une catégorie des membres, pertinente pour l'organisation de leurs activités. Nous rejoignons ainsi un ensemble de travaux qui portent sur les unités de construction du tour (*turn constructional units TCUs*[3]) comme unités émergeantes des activités de configuration du tour par les participants (Schegloff, 1996; Ford, Fox & Thompson, 1996; Selting, 1998).

Pour ce faire, notre point de départ sera l'organisation des tours de parole, au fondement de l'organisation de l'interaction en général (2.). Nous en développerons quelques aspects sur la base d'analyses empiriques, centrées sur des phénomènes de chevauchement, emblématiques du travail de coordination entre interactants (3.), ainsi que sur les activités de réception et d'évaluation propres au récipiendaire d'un tour (4.), qui nous permettront de réfléchir à l'observabilité de sa «lecture» en temps réel du déploiement du tour. Les tentatives de prise de parole de la part de ce récipiendaire lorsqu'il quitte une posture d'écoute pour adopter une posture de prochain locuteur sont de même significatives à cet égard (5.). Ces phénomènes concernent donc la coordination des participants, de la façon dont ils rendent observable, publique, *accountable* leur compréhension active et réflexivement configurante du tour de l'autre.

L'alternance des tours de parole et l'émergence des unités

Dans leur article *princeps*, Sacks, Schegloff & Jefferson (1974) décrivent le fonctionnement des tours de parole comme une «machinerie» à la base de l'organisation de l'interaction. En effet le problème fondamental que les interactants ont à résoudre est celui de l'alternance de leurs tours de parole, de sorte à minimiser les chevauchements et les pauses et à rendre manifestes les droits et obligations mutuels des participants, définissant leur posture de *current speaker, incipient speaker, candidate speaker*, etc. La machinerie des tours répond donc aux problèmes de coordination

---

3 Notion déjà présente chez Sacks, Schegloff & Jefferson (1974, 702) reprise surtout dans la littérature de l'AC de ces dernières années.

et de synchronisation des participants. Leur résolution articule deux composantes, l'une concernant les techniques d'allocation de la parole, par auto-sélection, par hétéro-sélection ou par maintien du tour, et les techniques d'identification des points de transition potentiels entre un tour et l'autre, où le locuteur peut intervenir. Ce deuxième aspect constitue un point de départ essentiel pour le développement d'une «grammaire-pour-l'interaction» et pour une réflexion sur les unités pertinentes de la conversation.

En effet l'identification des points de transition possibles est à la base d'une première démarche, de la part des interactants avant que de leur analyste, d'interprétation du déroulement du tour en termes d'unités potentielles et praxéologiques, c'est-à-dire liées à l'activité de gestion du tour, aux possibilités et occasions qui se présentent à elle de façon située et contingente, et aux décisions et réalisations qui sont un accomplissement collectif des participants. Chaque participant en effet scrute le déroulement du tour en identifiant, voire en anticipant, d'une part des points de transition possibles, où sa prise de parole sera légitime et *accountable* et d'autre part d'autres délimitations d'unités ou d'épisodes qui permettent de structurer la compréhension du tour en cours.

C'est dans ce cadre que l'on peut parler de dégagement d'unités dans la conversation, les TCUs, dont la délimitation et la définition se fait relativement à l'activité et aux finalités pratiques des locuteurs – comme la prise, le maintien et le passage de la parole, le déploiement de l'attention, l'évaluation du tour en train d'être énoncé, l'intérêt et la nouveauté du topic développé, etc. – définies de façon émergente au fur et à mesure que le tour se déploie et est configuré de façon réflexive par tous les participants.

Le tour de parole n'est donc pas une unité de base[4], contrairement à ce qui est parfois affirmé: c'est un accomplissement pratique en train de

4 La réification de la notion de tour de parole comme unité de base de la conversation dans une certaine littérature linguistique porte à ignorer sa définition dynamique par l'action des participants. De même, la question de savoir comment délimiter un tour et comment distinguer des «grands» et des «petits» tours, des tours et des «back-channels» relève d'une vision structurale et non pas praxéologique du tour. Au contraire, dans cette deuxième perspective le tour se définit dans son

se faire collectivement, où interviennent tous les participants engagés dans un travail réflexif de production reconnaissable et d'identification reconnaissante de TCUs. En tant que tel il est produit par les procédures (les «méthodes») des participants exploitant des potentialités, des occasions, des possibilités qui émergent de la contingence de son développement et que les locuteurs peuvent saisir ou non. Les unités de construction du tour dans lesquelles il s'articule ne sont donc pas à comprendre comme les unités traditionnelles des linguistes, définies et délimitées par une série de critères formels a priori; elles sont à considérer comme des formes en devenir, virtuelles et projetables, qui se définissent plastiquement et progressivement comme telles au fil des activités des participants, qui les catégorisent, les délimitent et les négocient en cas de divergence. La dimension temporelle est donc constitutive: prospectivement elle s'incarne dans la potentialité[5] des projections et anticipations que les locuteurs effectuent constamment, rétrospectivement elle se manifeste dans les opérations de recatégorisation et redéfinition des unités à toutes fins pratiques.

Dès lors, la démarche analytique qui veut en rendre compte se donnera comme objet, dans une perspective émique centrée sur les activités des participants ainsi que sur les points de vue et les procédés qui les soutiennent, ces opérations d'utilisation et de configuration située des ressources par lesquelles les participants se rendent mutuellement reconnaissable leur façon d'appréhender ces unités.

Dans ce cadre, on se demandera quelles sont les manifestations publiques, i.e. mutuellement accessibles et intelligibles pour les participants eux-mêmes, par lesquelles ils manifestent leurs interprétations immédiatement finalisées et imbriquées dans des actions. Nous avons travaillé ailleurs sur les manifestations du travail des

---

accomplissement pratique par les participants, qui rendent manifeste le statut de ce qui est produit comme un tour complet ou non, comme un continuateur n'interrompant pas le tour, comme un enchaînement collaboratif, etc. D'où la nécessité de décrire le travail en cours des participants, qui seul peut définir les unités pratiques (i.e. relevant à la fois de leurs pratiques interactionnelles et de leurs fins pratiques) pertinentes.

[5] C'est cette dimension fondamentale que l'on retrouve dans la notion de «möglische Satz» de Selting (1995).

participants autour du topic, reposant sur une gestion collaborative du tour (Mondada, 1995b; 1999b); nous allons nous arrêter ici sur les manifestations qui caractérisent la réception en train de se faire du tour, telle qu'elle contribue à le configurer et telle qu'elle relève de ses récipiendaires, qu'ils adoptent une position de récepteur soutenant la production du tour en cours ou bien une position de candidat à la prise de parole. Nous monterons l'intérêt d'un certain nombre de phénomènes pour cette analyse, en commençant par les phénomènes de chevauchement, en continuant avec des activités de réception, de continuation, d'évaluation voire de projection et d'anticipation – scrutant le tour pour voir s'il y a quelque chose de plus à venir, si ce quelque chose est du même ordre ou est en rupture avec ce qui précède, etc. Ces phénomènes exhibent un caractère ordonné et configurant qui montre que les participants sont constamment attentifs aux détails de la conversation – des détails «seen but unnoticed» – dont ils tiennent compte pour son organisation finement cisaillée; pour l'analyste ceci signifie reconnaître la «pertinence du détail» telle qu'elle émerge in situ des activités conversationnelles et telle qu'elle est rendue disponible dans une transcription soigneuse des données enregistrées.

Le caractère ordonné des chevauchements

La tendance à la minimisation des chevauchements dans la gestion de l'alternance des prises de parole ne signifie pas pour autant que les chevauchements observables dans la conversation soient des «ratés» interactionnels: au contraire, ils montrent la façon dont les participants s'orientent et gèrent leur minimisation, dont ils résolvent des problèmes de non convergence dans l'alternance ou bien dont ils anticipent cette alternance.

Les chevauchements sont donc un phénomène ordonné et systématique de la conversation, bien souligné notamment par les travaux de Jefferson, montrant qu'ils sont étroitement liés à l'interprétation distribuée, à la définition située et au traitement pratique des points de complétude et de transition et à l'adoption de postures interactionnelles conséquentes (p.ex. 1973, 1983).

La façon dont les participants contrôlent et gèrent la production respective du tour peut être décrite à partir de l'extrait suivant:

Extrait 1 (tc11127v/str/st-a/B10) (réunion de concertation entre médecins)

	1	LEL	c'est pour ça qu'on a be[soin d'un e- d'un expert&
	2	PAG	[<alors ça c'est ((bas))>
	3	LEL	&hein/ t'est payé pour ça/ . [alors/ . [le roi du&
->	4	PAG	[mais [alors c'est
	5	LEL	&kyste/
	6	PAG	si peu: si peu:
	7	((rires))	
	8	PAG	alors c'est: c'est complètement incompréhensible/ .
	9		c'est complètement incompréhensible/ . la PONCtion/
	10		elle a été faite:/ . comment/ en transhépatique/
	11		est-ce qu'il y a un RISque que le ponction puisse
	12		être impliquée ou pas sur le plan technique\ .
	13		j'veux dire/ sans faire de procès d'intention
	14		hein/ . mais pour essayer de comprendre\
	15	(2.5 s)	
->	16	PAG	[est-ce que la ponction] a été faite &
->	17	EVE	[c'est totalement]
->	18	PAG	&par .. par [voie transhépatique]
->	19	EVE	[elle a été très bien faite] .. ((rit))
	20		non non/ on a: quand on y a une un gros kyste
	21		comme ça:/ y a aucun problème euh:/ on passe à
	22		travers la paroi/ et j'étais très loin du foie/

Ce fragment permet de souligner plusieurs phénomènes.

D'abord, le début de l'extrait (1-5) montre la façon dont les tentatives de prise de tour exhibent une interprétation de la complétude possible du tour précédent. Dans cette interaction entre médecins, LEL est en train de solliciter l'avis thérapeutique de PAG par rapport à un cas clinique difficile: son tour de parole est littéralement segmenté par PAG à la ligne 4 de la transcription en unités qui identifient successivement des points de transition possibles (alors que l'intervention à voix basse de PAG (2) n'exhibe pas la visée de prendre le tour). La délimitation successive de ces unités correspond à l'énonciation d'un tour qui consiste en une série d'injonctions, composant des segments délimités prosodiquement par une intonation montante et une brève pause, comportant donc des indices de passage de la parole en même temps que des ajouts en post-position. Les chevauchements de PAG rendent ainsi observable le mode de construction du tour de LEL.

Ensuite, dans la deuxième partie de l'extrait (14sv.), PAG pose une question à EVE, la radiologue. En s'adressant à elle, il la sélectionne comme prochaine locutrice; toutefois le transfert de la parole n'est pas sans poser problème, car une pause de 2.5 s se produit entre la fin du tour précédent (14) et la prise de parole simultanée de EVE qui y répond et de PAG qui se resélectionne pour redire sa question. Ce laps de temps anormalement long pour une conversation en face à face s'explique par le fait que cette interaction a lieu par visioconférence: alors que PAG y participe «à micro ouvert», EVE doit d'abord allumer son micro avant de répondre, ce qui peut rendre compte d'un délai plus ou moins grand. Au-delà de la spécificité de cette médiation technologique, la pause crée une situation qui est traitée par des procédés communs à toute interaction, servant à résoudre un problème de chevauchement. EVE s'interrompt avant PAG qui toutefois ne complète pas sa reformulation de la question mais l'interrompt (18: «par ..»). Cette interruption donne lieu à une pause qui est à de nouveau interprétée comme EVE comme une occasion de répondre et par PAG comme une occasion de reprendre et de terminer sa formulation. On a donc deux lectures du déroulement du tour qui tout en reposant sur ce que fait l'autre et en tenant compte, aboutissent à des conduites concurrentielles. La réponse de EVE sera finalement donnée en clair, après le rire, dans une toute autre forme syntaxique.

Ce que cet extrait rend visible ce sont les façons mutuellement descriptibles dont les participants interprètent leur conduite respective et les pauses qu'elle génère: les chevauchements sont produits par des activités interactionnelles coordonnées et ordonnées.

Marqueurs d'écoute, d'attention, d'intérêt et dégagement d'unités à toutes fins pratiques: le cas d'une «phrase»

Alors que dans l'extrait précédemment analysé le deuxième locuteur (PAG à la ligne 4, EVE aux lignes 17 et 19) adopte une posture de prochain locuteur en attente de prendre la parole, d'autres catégorisations de l'interlocuteur sont possibles, permettant de préciser sa posture d'«auditeur». Celle-ci est fondamentale dès que l'on veut décrire l'organisation réflexive de la parole du locuteur sensible à ce que l'auditeur fait ou ne fait pas, modifiant la structure émergente de ce qu'il dit en rapport à l'orientation vers le destinataire, à sa conduite en tant que destinataire, à l'espace de participation que les deux créent ainsi.

De ce point de vue, la notion de «back channel» souvent utilisée dans la littérature est largement insuffisante, parce qu'elle réduit à une classe homogène des phénomènes très divers. Une autre démarche consiste plutôt à procéder à une description plus fine des activités de réception, de leurs marques et de leurs placements séquentiels. Schegloff (1982) distingue à ce propos entre «continuateurs» (*continuers*, comme «uh huh» en anglais) et «évaluateurs» (*assessments*, comme «oh: wohw»). Alors que les premiers déploient la compréhension située de l'auditeur, contribuant à l'achèvement d'un tour composé de plusieurs unités sans vouloir prendre la parole, les seconds ne manifestent pas uniquement sa compréhension mais aussi le fait que quelque chose de remarquable a été dit. Leur placement séquentiel est aussi différent: alors que les premiers se placent à la frontière entre deux unités de construction du tour, entre la première unité reçue et la seconde à venir, les seconds se placent à l'intérieur de l'unité en cours, quitte à ce que le locuteur qui a la parole retarde le passage à la suivante, dans la co-production du statut évalué de cette unité en même temps qu'elle est énoncée (voir Goodwin, 1986).

La description des activités de réception dans leur diversité est donc étroitement liée à la description de la façon dont les interlocuteurs co-produisent l'organisation articulée en unités du tour.

Dans les limites de la place disponible dans cet article, un seul exemple sera analysé:

Extrait 2 (eib999bs) (émission de radio; V est l'animateur, R est un auditeur qui a appelé pour confier un problème)

1 R aujourd'hui/ qu'est-ce qu'on entend\ [l'école/ &
2 V [mhm
3 R &qu'est-ce que c'est/ l'institutio[n/ elle est &
4 V [je crois qu'on xxx
5 R &elle est très dangeureus[e\ les les . on entend des&
6 V [mhm mhm\ mhm mhm
7 R &des des pédophiles [dans dans des écoles et dans des&
8 V [mhm
9 R &gymnase[s\ vous voyez[/ on entend des des des &
10 V [mhm mhm [(h)
11 R &lesbiennes/ chez les les le la le les assistantes
12 soci[ales/ (h) on entend on entend des choses&
13 V [mhm mhm\ (ici aussi)
14 R &un peu part[out/ (h) et bien sûr que j'ai pas de &
15 V [mhm
16 R &confiance/ [et: et c'est ça le problèm[e\ est-ce que&
17 V [(h [mhm\
18 R &c'est une raison qu'on pourrait remonter une
19 fille/ contre son pè[re/ et de lui dire que[ce &
20 V [mhm [(h)
21 R &ce (h) euh on a oublié [que depuis vi:[ngt ans/ de:&
22 V [mhm (h) [on va
23 R &euh c- c'était moi qui lui donnait des bibe[rons/ &
24 V [mhm mhm
25 R &qui la lavait/ qui s'affa- et à aujourd'
26 hui [-fin\ (h) et c'est moi [xxx je vous affirme&
27 V [je je je vous l'accorde/ et [nous sommes&&
28 R &monsieur euh .. euh seulement un: un une phrase que&
29 V &&nombreux (h) on va en rester là Rachid/
30 R &je veux . [dire/ une dernière/ c'est que . (h) ces ces &
31 V [une dernière
32 R &enfants ils doivent avoir honte/ qu'ils téléphonent
33 pour se plaindre de [leurs parents/ parce que . (h) &

34 V [mhm
35 R & c'est les parents qui doivent se plaindre\ (h)
36 V [alors on voilà\ [c'était la dernière &
37 R [ils ils ils ont donné donné et [ils ne reçoi- ils ne &&
38 V &phrase j'ai bien compris/ nous avons tous bien &
39 R &&reçoivent rien du tout\
40 V &compris quelle était votre [votre opinion euh
41 R [((soupir))

Cet extrait permet de faire une remarque générale sur l'activité d'écoute et de préciser le lien avec la question des unités. R est en train d'exposer les conflits qu'il vit avec sa fille, dans un long tour de parole (qui commence avant l'extrait cité). V déploie une écoute qui guette la fin de l'intervention, dans le souci moins de la reprendre que de ne pas donner trop d'espace au même intervenant. Cette écoute particulière est rendue publique par sa ponctuation du tour par des formes («mhm», «mhm mhm», «(h)») dont le placement se situe généralement à la fin d'unités de construction du tour, occupant l'espace entre une unité et l'autre. Ces formes ne sont pas uniquement des continuateurs, la plupart d'entre elles manifestent une orientation vers la fin possible du tour, comme le montrent surtout les aspirations («(h)») et les tentatives d'intervention (4, 22, 27, comportant *in nuce* la même forme, finalement complétée en 27: «on va en rester là»). La dernière est une prise de parole qui commence à la fin de l'énumération de R (26, 28); malgré cette fin observable du tour, R garde la parole, provoquant un long chevauchement au fil duquel est négocié son droit à continuer.

Ce passage est intéressant parce qu'il invoque explicitement une unité pratique: face à V qui marque la fin de son intervention, R obtient un prolongement qui se mesure en terme de «phrase» («seulement un: un une phrase» 28-9), caractérisée en outre par V comme occupant la position finale dans une série initiée précédemment («une dernière» 31). La mention explicite de cette unité permet d'en observer le maniement à toutes fins pratiques dans une activité conversationnelle où elle rend quasiment quantifiable la portée du droit ultime à la parole d'un intervenant. Dès lors il devient possible d'observer comment V délimite la phrase ainsi octroyée: il la ponctue d'un continuateur à la fin de sa première partie (34), il n'intervient pas après l'introduction de la seconde même si R fait une pause («parce que . (h)» 33) mais intervient par contre avec précision à la fin de celle-ci («se plaindre\ (h)» 35), rendant ainsi observable la fin de l'unité considérée. Le déploiement de cette unité permet aussi d'observer comment R gère le temps-parole qui lui reste, en produisant une «phrase» complexe, caractérisée par deux parties formant un chiasme, où la première thématise les enfants et la seconde focalise les parents, successivement objet et sujet de la plainte. Cette forme complexe dessine ainsi une complétude formelle qui est reconnaissable en tant que telle par les deux participants. Lorsque R essaie malgré tout d'ajouter un nouveau segment, celui-ci est chevauché par V qui le catégorise ainsi pratiquement – c'est-à-dire dans et par son action – comme une nouvelle «phrase» illégitime (38, 40). On peut dire que dans un cas comme celui-ci les interlocuteurs se donnent explicitement une unité qui permet d'organiser leur interaction en se reconnaissant des droits et des devoirs mutuels et qui est invoquée aux fins pratiques de la gestion de l'émission. Cette unité est constituée dans son usage et son évaluation par les deux parties, au fur et à mesure de son déploiement temporel et séquentiel.

D'autres unités peuvent être considérées, toujours en relation avec l'activité en cours et ses pertinences propres:

Extrait 3 (rat99par) (conversation entre amis)

1 G	seulement ben tiens vas faire un petit tour/ à cora'
2	tu va voir y a des gars qui [font leur leur marché&
3 N	[je sais bien
4 G	&avec leur téléphone à la [main/ pour dire à sa&
5 N	[c'est ridicule
6 G	& femme/ je passe [devant tel euh rayon/ est-ce qu'il&
7 N	[je sais je sais
8 G	&faut que je prenne de ça/ est- [. c'est courant tu vois&
9 N	[ouais je sais/ je sais
10 G	&ça\ . [quand tu vas payer la note [à la fin du mois/
11 B	[xxxxx
12 N	[oui oui je sais

13 B xxxx
14 G hein il va se faire un nez comme ça le gars
15 ((petit rire))

Dans cet extrait, G donne un exemple pour appuyer son argumentation sur les téléphones portables. Cet exemple est ponctué par les réactions de N, qui répète à plusieurs reprises «je sais je sais» ou «je sais bien» ou «oui oui je sais». Le placement de ces formes se situe systématiquement dans une relation de chevauchement et d'anticipation par rapport à façon dont G construit son tour: en 3 N chevauche la relative qui précise de quels gars il s'agit; en 5 elle chevauche l'énoncé en cours de G avant sa fin; en 7 elle chevauche le début du discours rapporté mis en scène par G; en 9 sa première conclusion, en 12 le circonstanciel de la première partie de sa seconde conclusion. La forme («je sais») et la position de ces chevauchements est pertinente par rapport à l'orientation que N déploie envers le tour de G: elles exhibent le caractère connu de l'histoire pour N, qui en anticipe non seulement les unités de construction du tour mais aussi les unités topicales. C'est par leur positionnement qu'ils prennent pleinement leur valeur de marqueurs signalant un état des connaissances qui minimise l'importance et l'intérêt du récit de G.

De l'écoute à la prise de parole

Comme nous l'avons vu dans la section précédente, les ponctuations effectuées par l'interlocuteur du tour d'un intervenant obéissent à des finalités diverses et rendent descriptible la posture que ce dernier prend par rapport à la gestion du tour. Les chevauchements peuvent manifester le fait que celui-ci se situe comme candidat à la parole, comme dans l'extrait suivant:

Extrait 4 (Débat télévisé «Demain la guerre», TF1, janvier 1991)
(P et L sont des politiques, J est un des journalistes)
((P est en train de parler depuis un long moment))
1 J alors juste[ment
2 P [et je voudrais poser une question tout

3 de même si vous le permettez/ à monsieur L\ . bien qu'
4 il ne soit plus en fonction de gouvernement de son
5 parti\ il semblait avoir attaché euh au sort du
6 liban/ . une partie de ses convictions\ . puisqu'il
7 était allé euh revêtu de de son écharpe tricolore
8 P [.. dans le camp du général Aoun\ . est-ce qu'à ce&
9 L [sans écha-
10 &moment-là euh monsieur L/ n'a-t-il pas ressenti la

---

11 P nécessité d'une action de l'ONU/[.. et de la&
12 L [mais bien sûr

---

13 P &France/[.. pour défendre le Liban/ [.. auquel nous&
14 L [mais bien sûr monsi- [bien sûr mons-

---

15 P &étions li[és/ depuis des siècles/ [.. PUISque vous ne&
16 L [bien sûr monsieur P [mais bien sûr

---

17 P &l'avez pas fait/[. vous avez accepté l'invasion&
18 L [mais pas du t-

---

19 P [&de Chypre par la Turquie/&
20 L [mais si y a que lui qui parle

---

21 P [&vous avez accepté les territoires occupés/ .. ah&
22 L [monsieur P vous lui posez une question laissez-le&&

---

23 P &ben laissez-moi parler/
24 J &&répondre

Les chevauchements rendent manifestes les méthodes systématiquement utilisées par les l'un, P, pour garder la parole ou par l'autre, L, pour s'auto-sélectionner. L'organisation mutuellement coordonnée de cet échange – alors même qu'il est dénoncé comme déviant par les remarques terminales des participants – est manifestée par les placements des chevauchements: d'une part P prend la parole en 2 en annonçant qu'il va la céder à L, en projetant la paire adjacente question/réponse. Son propos se structure de sorte qu'il puisse garder la parole le plus longtemps possible, grâce au cumul d'une série d'unités syntaxiques et prosodiques délimitées par des intonations continuatives montantes, qui prolongent indéfiniment la question. P exploite interactionnellement la possibilité d'aligner des syntagmes afin de réaliser une expansion du tour vers la droite, en minimisant la pertinence des points posibles de transition. Les interventions en chevauchement de L se situent à la frontière de chaque unité du tour de P, montrant la pertinence de leur découpage aux fins des tentatives de prise de parole. Ce n'est pas un hasard que les protestations de L et de J interviennent à partir de la ligne 18, après que P ait modifié la relation d'interlocution (passage de «il» à «vous» en 15) en s'adressant directement à L et donc en abandonnant la posture de questionneur adoptée jusque là, sans laisser toutefois d'espace interactionnel pour la réponse.

Cet extrait montre la plasticité du tour de parole tel qu'accompli par les interlocuteurs, qui se configure de façon dynamique et émergente au fil des conduites de tous les participants, par ajustements successifs par rapport à elles. Il montre comment l'attention des interlocuteurs est finement orientée vers les détails du déploiement du tour, aux fins pratiques de la prise ou du maintien de la parole.

Conclusion

Les extraits analysés jusqu'ici permettent de mieux définir les dimensions en jeu lorsqu'on veut articuler organisation conversationnelle et organisation des ressources linguistiques pour en rendre compte au sein d'une «grammaire-pour-l'interaction»:

- *la primauté de l'action*: cette articulation se centre avant tout sur les *activités* des participants: celles-ci sont situées, occasionnées, contingentes, s'organisant non pas selon des plans qui leur seraient préalables mais au fil des ajustements réciproques, des adéquations au contexte, des prises en compte des finalités locales et pratiques.

L'action est en effet collective, impliquant un travail de coordination et de synchronisation crucial pour l'organisation conversationnelle;

- *l'organisation séquentielle*: ce qui caractérise l'interaction définie par ces activités est le fait qu'elle se déploie temporellement en s'organisant de façon séquentielle, i.e. par des dynamiques qui ont des effets à la fois prospectifs et rétrospectifs et où le positionnement des matériaux linguistiques joue un rôle fondamental;
- *l'articulation en unités pratiques*: les activités interactionnelles sont organisées en «unités» définies au fil de leur émergence comme des accomplissements situés des participants, circonscrites et catégorisées par la perspective et les conduites correspondantes qu'ils adoptent sur elles dans l'action. Les unités ainsi définies sont émiques, praxéologiques, dynamiques, émergentes et à toutes fins pratiques.
- *la plasticité des ressources*: les ressources linguistiques se définissent par les usages configurants qu'en font les participants dans l'accomplissement de l'organisation de la parole en interaction: elles ne préexistent pas comme telles dans un système mais elles peuvent être traitées tout aussi bien comme des matériaux disponibles et stabilisés ou comme des formes à informer et à transformer. Leur forme et leur valeur sont indexicales, dépendant de leur positionnement dans des séquences.

Ces dimensions invitent ainsi à une respécification des «unités» en jeu dans l'interaction, entendues comme une dimension pertinente pour les participants, qui les catégorisent à la fois explicitement lorsqu'elles sont thématisées (c'est le cas de la «phrase» de l'exemple 2) et implicitement lors de leur utilisation et configuration spécifique dans et par l'action (Mondada, 1999a, à paraître).

Une telle respécification des ressources linguistiques organisées dans la «grammaire-pour-l'interaction» va de pair avec une exigence spécifique envers le type de données sur lesquelles est menée l'analyse. Celle-ci n'est en effet possible qu'en accordant une attention particulière à la pertinence des détails de l'organisation de la parole-en-interaction: puisque c'est la perspective des participants dans l'action que l'on essaie de décrire, et que celle-ci s'organise en exploitant les détails observables mais non nécessairement remarqués et thématisés par les participants eux-mêmes (ni, par conséquent, par l'analyste, pour qui elles sont descriptibles sur la base de leur observation empirique mais non imaginables par introspection), une telle démarche est indissociable d'un travail empirique détaillé sur des *données enregistrées dans leurs contextes sociaux de production, indéfiniment réécoutées par l'analyste et soigneusement transcrites de première main*[6].

C'est à ce prix qu'un renouveau de la linguistique est possible, qui évite une réification et une idéalisation des données et qui s'ouvre à la prise en compte de l'importance constitutive de la dimension interactionnelle, qui jusqu'ici n'a joué qu'un rôle marginal. La prise au sérieux de cette dimension dans les analyses – et non seulement dans les déclarations d'intention – est susceptible de réintégrer un principe non seulement intersubjectif et collectif mais plus généralement social dans la description linguistique.

Conventions de transcription

[	chevauchement	xxx	segment incompréhensible
/ vs \	intonation montante vs descendante	:	allongement syllabique
((rire))	commentaire du transcripteur	< >	délimitation du phénomène faisant l'objet du commentaire
(1 s)	pauses en secondes		
. .. ...	pauses	RAre	prononciation appuyée
&	continuation du tour	=	enchaînement rapide
écha-	mot tronqué	(h)	aspiration

---

6 Nos corpus comportent en l'occurrence des données interactionnelles en face-à-face, par téléphone ou médiées par les nouvelles technologies, notamment la visioconférence; ils comportent des conversations enregistrées dans des situations quotidiennes, aussi bien que des interactions institutionnelles et professionnelles. L'exigence de travailler sur des données enregistrées dans leur site de production et non provoquées par l'enquêteur nous amène à adopter une approche ethnographique des terrains où est effectué leur recueil.

Bibliographie

AUER, P., COUPER-KUHLEN, E., & MÜLLER, F. (1999). *Language in Time. The Rhythm and Tempo of Spoken Interaction*. Oxford: Oxford University Press.

FORD, C. E, FOX, B., & THOMPSON, S. A. (1996). Practice in the construction of turns: the 'TCU' revisited. *Pragmatics, 6*(3), 427-454.

GOODWIN, C. (1986). Between and within: alternative treatments of continuers and assessments. *Human Studies, 9*, 205-217.

GÜLICH, E. (1990). Pour une ethnométhodologie linguistique. Description de séquences conversationnelles explicatives. In M. CHAROLLES, S. FISHER, & J. JAYEZ (Eds.), *Le Discours: représentations et interprétations*. Nancy: Presses Universitaires de Nancy, 71-109.

GÜLICH, E., & KRAFFT, U. (1997). Le role du préfabriqué dans les processus de production discursive. In M. MARTINS-BALTAR (Ed.), *La locution entre langue et usages*. Paris: ENS Editions.

GÜLICH, E., & MONDADA, L. (à paraître). Analyse conversationnelle. In G. HOLTUS, M. METZLELTIN, C. SCHMITT (Eds.), *Lexikon der romanistischen Linguistik*, Tübingen : Niemeyer.

JEFFERSON, G. (1973). A case of precision timing in ordinary conversation. *Semiotica, 9*, 47-96.

–, (1983). Notes on some orderlinesses of overlap onset. *Tilburg Papers in Language and Literature, 28*.

MONDADA, L. (1995a). Introduction: pour une approche des formes linguistiques dans les dynamiques interactionnelles. In L. MONDADA (Ed.), *Formes linguistiques et dynamiques interactionnelles, Actes du colloque de Lausanne, Cahiers de l'ILSL, 7*, 1-18.

–, (1995b). La construction interactionnelle du topic. In L. MONDADA (Ed.), *Formes linguistiques et dynamiques interactionnelles, Actes du colloque de Lausanne, Cahiers de l'ILSL, 7*, 111-135.

–, (1995c). Planification des énoncés et séquences interactionnelles. *Problèmes de sémantique et de relations entre micro- et macro-syntaxe, SCOLIA, 5*, 319-342.

–, (1998). Pour une linguistique interactionnelle. *ARBA (Acta Romanica Basiliensa), 8*, 113-130.

–, (1999a). L'accomplissement de l''étrangéité' dans et par l'interaction: procédures de catégorisation des locuteurs. *Langage*, 134, 20-34.

–, (1999b). L'organisation séquentielle des ressources linguistiques dans l'élaboration collective des descriptions. *Langage et société, 89*, 9-36.

–, (à paraître). La compétence de catégorisation: procédés situés de catégorisation des ressources linguistiques. In P. MARTINEZ & S. PEKAREK (Eds.), *Actes de la Journée d'Etude «Notions en question: les contacts de langues en didactique»*. Paris: Didier Erudition.

SACKS, H. (1984). Notes on Methodology. In J. M. ATKINSON & J. HERITAGE (Eds.), *Structures of Social Action*. Cambridge: Cambridge University Press, 21-27.

SACKS, H., SCHEGLOFF, E. A., & JEFFERSON, G. (1974). A simplest systematics for the organization of turn-taking for conversation. *Language, 50*, 696-735.

SCHEGLOFF, E. A. (1982). Discourse as an interactional achievement: some uses of 'uh huh' and other things that come between sentences. In D. TANNEN (Ed.), *Analyzing Discourse: Text and Talk. Georgetown University Roundtable on Languages and Linguistics*. Washington D.C.: Georgetown University Press, 71-93.

–, (1996). Turn organization: One intersection of grammar and interaction. In E. OCHS, E. A. SCHEGLOFF, & S. A. THOMPSON (Eds.), *Grammar and Interaction*. Cambridge: Cambridge University Press, 52-133.

SELTING, M. (1995). Der «möglische Satz» als interaktiv relevante syntaktische Kategorie. *Linguistische Berichte, 158*, 298-325.

–, (1996). On the interplay of syntax and prosody in the constitution of turn-constructional units and turns in conversation. *Pragmatics, 6*(3), 371-389.

–, (1998). TCUs and TRPs: the construction of units in conversational talk. *Interaction and Linguistic Structures, 4*, 1-48.

STREECK, J. (1983). Konversationsanalyse. Ein Reparaturversuch. *Zeitschrift für Sprachwissenschaft, 2*, 72-104.

Fonctions des unités pratiques dans la conversation

Thérèse JEANNERET

Les locuteurs n'ont pas attendu les linguistes pour s'occuper du langage. Ils ont, au fur et à mesure de leurs besoins communicatifs et métacommunicatifs, été amenés à élaborer des schématisations spontanées et naturelles qui leur permettent, notamment, d'identifier un segment de la chaîne parlée comme formant un tout: le mot, la phrase, etc., sont des exemples de ces unités pratiques[1]. On trouve, dans la littérature, différentes manières de distinguer ce genre de structurations pratiques opérées par les utilisateurs des constructions scientifiques faites par les linguistes en fonction d'un modèle linguistique. Berrendonner & Reichler-Béguelin (1989) opposent unité pratique et unité fonctionnelle. Schutz (1987) distingue, pour sa part, entre construction de sens commun et construction scientifique.

Dans Jeanneret (1998), j'ai proposé de considérer l'unité clé de l'analyse conversationnelle, le tour de parole, comme une unité pratique en vertu, principalement, des deux arguments suivants:

– d'abord le tour de parole catégorise pour chaque locuteur «ce que l'autre (un autre) vient de dire», quelle qu'en soit la forme ou la longueur. Dans une vision graphique de la langue, le tour de parole est l'équivalent de la réplique: ce qui suit un tiret ou est, dans le cas du théâtre, étiqueté d'un nom de personnage. Le tour de parole s'est

[1] Voir Berrendonner & Reichler-Béguelin (1989) pour une discussion de cette distinction entre unité pratique et unité fonctionnelle. A mon sens, il serait intéressant de réfléchir aux rôles joués par le métalangage scolaire dans la constitution et la modification de ces unités pratiques: il me semble, en effet, que le métalangage scolaire est parfois, pour cause de recherche de consensus, le résultat d'une addition d'attributs provenant pour une part d'unités de sens commun et pour une autre part d'unités établies scientifiquement: le cas de la notion de *phrase* serait probablement exemplaire de ces négociations difficiles entre savoir pratique et savoir scientifique.

ainsi structuré pratiquement également en référence implicite à des analyses de traces visuelles (comme le mot et la phrase);

- on constate, à propos du tour de parole, le même type de décalages que ceux observés dans le cas du mot ou de la phrase: certaines analyses mettent en évidence la nécessité de segmenter le tour de parole (par exemple, l'analyse en paire adossée (voir Goffman, 1987), d'autres analyses proposent de réunir certains tours de parole (par exemple l'analyse en paire adjacente, voir Schegloff & Sacks, 1973 ou la coénonciation, voir Jeanneret, 1999).

Or le tour de parole n'est pas la seule unité pratique que l'on peut identifier quand on se penche sur la conversation. Il apparaît en effet que les participants à une conversation sont amenés assez régulièrement à isoler dans les productions linguistiques (les leurs ou celles des autres) des segments de tour de parole et à définir ainsi de manière conjoncturelle des unités pratiques. Le repérage de ces unités se fait en considérant les participants à une conversation comme des «linguistes à l'état pratique» (en adaptant l'expression de Schutz qui parle de *sociologues à l'état pratique*) qui sont amenés à traiter des segments de tour de parole pour se les approprier, les reformuler, les réfuter, les modifier, etc. et qui, ce faisant, accomplissent pratiquement une opération linguistique de segmentation, de délimitation, d'exhibition d'un segment de tour de parole[2].

Mon objectif ici sera d'étudier dans quels contextes surviennent ces exhibitions de segments de tour de parole, de déterminer éventuellement ce que ces contextes ont en commun, d'examiner dans quelle mesure ils sont des méthodes mises en oeuvre par les participants et dans ce cas de quel(s) problème(s) ils représentent la solution.

On peut repérer cinq contextes différents dans lesquels émergent ces unités de catégorisation pratiques.

1) Elles résultent de procédures de traitement et /ou de qualification à la Gülich & Kotschi (1995):

[2] Il y a, me semble-t-il, un lien entre les processus d'exhibition de ces unités pratiques et ceux sous-tendant la décontextualisation d'un élément de la chaîne parlée telle qu'elle est envisagée dans les études sur l'acquisition en interaction (voir, par exemple Py, 1995).

(1) souligné=accentué

1PB [...] je pars tout simplement d'un travail qui est basé sur une conviction que cette pièce là parle d'une manière très forte et très intense à nous aujourd'hui j'ai vu la Oh Les Beaux Jours dans sa forme Happy Days à New York . pendant les années soixante alors je trouvais à cette époque que c'était une pièce très forte et très immédiate et de ce point de vue je trouve que la pièce n'a jamais disparu n'a jamais été moins à propos mais peut-être aujourd'hui il y a quelque chose de plus je crois que dans des moments où la société vit un rêve que tout va bien et dans les années soixante, dans les années soixante-dix il y avait .. une certaine sécurité même si elle était complètement fausse mais il y avait une espèce d'optimisme facile qui régnait parce que dans l'ensemble les affaires allaient bien on n'avait pas les crises qu'on a aujourd'hui dans une période comme ça un point de vue <u>dangereusement</u> e= négatif quelque chose qui secoue cette suffisance de de beaucoup de gens malheureusement qui sont là dans la salle

2J (coup de glotte) utilement négatif quand vous dites dangereusement négatif vous entendez utilement négatif

3PB utilement et et euh oui poussé jusqu'au danger est une chose très très saine aujourd'hui je crois que le besoin va encore dans une autre direction [...]

(Corpus Jeanneret, 1999)

Dans cet exemple, le segment *dangereusement négatif* émerge progressivement et interactionnellement en tant qu'unité pratique: il est dans un premier temps formulé par PB avec un accent d'insistance et une hésitation: *<u>dangereusement</u> e= négatif*. Le syntagme adjectival ainsi fabriqué fait dans un second temps l'objet d'une correction de J.: *dangereusement* est corrigé par *utilement*. Cette correction est, dans un troisième temps, explicitée par J. à travers une procédure de qualification: *quand vous dites dangereusement négatif vous entendez utilement négatif*. Enfin PB intègre dans sa formulation *à la fois* la proposition de J. et sa formulation antérieure: *utilement et et euh oui poussé jusqu'au danger*.

Au terme de ce parcours le sens du segment *dangereusement négatif* s'est enrichi grâce au travail des deux participants.

2) Ces unités de catégorisation pratiques émergent à travers la répétition d'un segment du tour de parole précédent:

(2)

1Lf1	c'est vrai que enfin en moyenne il y a une grosse moyenne quand même qui
2Lf2	qui fait attention
3Lf1	qui fait attention je pense qu'on fait beaucoup plus attention à notre apparence c'est beaucoup plus cultivé

(Corpus Perrefort, 1996)

Dans ce cas le segment *qui fait attention* est proposé par Lf2 comme susceptible de s'adapter au tour de parole précédent (*blend back*, dirait Schegloff, 1979). Il est dans un deuxième temps répété par Lf1 puis dans un troisième temps intégré et modalisé: *je pense qu'on fait beaucoup plus attention.*

3) Ces unités de catégorisation pratiques peuvent se réduire à un mot dont on peut observer la circulation. Dans l'exemple suivant il s'agit de l'adjectif *monotone:*

(3)

1L1	(aspiration) et: fff. mais c'est pas assez/ c'est c'est pas assez vivant/ je ne sais pas
2L2	oui oui
3L1	c'est un peu monotone/ et puis c'est la confection hein de toute façon
4L2	mm
5L1	c'est une entreprise avec plein de machines
6L2	oui
7L1	avec la coupe/ et puis une finition (?) et
8L2	oui
9L1	plein de choses (aspiration) mais: et puis c'est un travail que j'aime
10L2	bien qu'il soit un peu monotone
11L1	oui c'est un peu monotone/ mais finalement on sort tellement de collections dans l'année que ... c'est moins monotone maintenant qu'il y a quelques années [...]

(Corpus Le français des années quatre-vingts 152-159)

qui est employé par L1 pour qualifier son travail. Dans un deuxième temps, il est réutilisé par L2 en 10 pour nuancer les propos tenus par L1 en 9 *et puis c'est un travail que j'aime*. Il paraît clair que L2 s'appuie sur la première formulation de L1 pour formuler ce mouvement concessif qui semble, de ce fait, être formulé à partir de la perspective de L1: nous avons là un cas de coénonciation (Jeanneret, 1999).

4) Dans les cas de réparation (au sens des ethnométhodologues) on peut considérer également, me semble-t-il, que l'on se trouve devant une unité de catégorisation pratique par le fait qu'il y a diagnostique d'un problème, repérage du segment de tour de parole en cause, puis réparation:

(4)

1L1 bon\ et pour terminer/ quand ils font de la reproduction sexuée/ _ce qui est le rôle de tous les êtres un peu: é:- é:- éli:- é:-

2L2 évolués

3L1 évolués/ | alors ils la font pas comme tout l(e) monde\

(Corpus F. Zay, Pelt-a10)

Ici se serait l'adjectif *évolué* qui est le résultat d'une hétéro-réparation de L2, répétée par L1.

5) Plus généralement il y a unité de catégorisation pratique dans l'ensemble des cas où il y a travail de formulation et traces du caractère interactionnel des procédures de verbalisation. Dans l'exemple ci-dessous il s'agit du segment *le délégué de classe*, troisième terme d'un paradigme en bribes (Blanche-Benveniste, 1991), proposé par M. en 4 et intégré par P. en 5.

(5)

1P (bas) alors encore quelque chose de spécial + parce que . on a oublié jusqu'à maintenant + . on a pas eu le temps pas une minute pour le faire + . donc on tient à le faire aujourd'hui + . c'est euh c'est Christiane . qui e:st comment est-ce qu'on dit là le:

2F l'élève principal le responsable

3P oui oui

4M délégué de classe

5P le délégué de: des deux classes + . là - . et elle a un petit cadeau qu'elle voud= qu'elle veut donner . aux élèves français - . c'est justement la photo eu:h du Niederwalddenkmale + ..

(Corpus Gülich, 1986)

Si l'on examine de près la forme de ces unités pratiques, on constate qu'elles ne sont pas délimitables formellement: pour l'exemple (1), dans un premier temps, c'est *dangereusement négatif* qui est isolé, puis cette unité pratique est reformulée en *poussé jusqu'au danger*; de même le *qui fait attention* de l'exemple 2, après une répétition, est intégré dans la formulation *on fait beaucoup plus attention*, etc. Mais ce caractère évolutif de l'unité pratique est une propriété souvent relevée, par exemple par Berrendonner & Reichler-Béguelin (1989) qui soulignent également le fait que ces entités pratiques sont souvent indécidables.

C'est donc plutôt en tant qu'on peut les identifier comme des ressources pour une nouvelle formulation que l'on est amené à les désigner comme unités pratiques. Dans l'exemple (3) la coénonciation de L2 en 10 s'appuie sur la première occurrence de *monotone*. Cet exemple met en évidence l'importance, parfois un peu négligée dans Jeanneret (1999), du contexte conversationnel dans la coénonciation. La construction conjointe en cours ici s'effectue à trois niveaux en même temps: du point de vue du sens, les participants construisent progressivement une caractérisation du travail de L1 (*pas assez vivant; monotone; que j'aime bien qu'il soit monotone*); du point de vue syntaxique, il y a entre 9L1 et 10L2 continuité par le branchement d'une subordonnée concessive; du point de vue conversationnel il y a attachement (Sacks 1992,I) de 10L2 à 9L1. La construction conjointe s'ancre à la fois sémantiquement, syntaxiquement et conversationnellement grâce à cette unité pratique constituée ici d'un mot, le mot *monotone*. On voit donc le rôle que joue ce segment dans la progression conversationnelle.

Les processus de reconnaissance d'une unité pratique reposent donc sur l'identification de segments de tour de parole qui circulent d'un participant à l'autre, dont les significations s'enrichissent ou se limitent, qui servent de ressources pour la construction de tours de parole attachés, etc. Ils reposent aussi sur l'identification des topics conversationnels au sens de Mondada (1995) même s'il est clair que le maintien ou la transformation du topic dans la conversation ne repose pas uniquement sur la manière dont il est formulé.

Parlant des corrections, hésitations, amorces, bribes tels qu'ils apparaissent par exemple dans l'exemple (5), Blanche-Benveniste (1997) oppose syntaxe de la langue et mode de production de la langue parlée, mode qu'elle estime non justifiable d'une syntaxe. Il me semble que ce qu'elle cherche à exclure est plutôt une analyse étroitement linéaire de ces productions qu'une syntaxe proprement dite. En effet, ces piétinements sur l'axe paradigmatique contribuent à délimiter des unités pratiques qui serviront aux participants à la conversation de ressource pour leurs futures formulations. Dans le cas de l'exemple (5) P. non seulement reprend le terme de *délégué de classes* mais également se l'approprie en le modifiant: *le délégué de: des deux classes*. C'est une forme de ce que De Pietro, Matthey & Py (1989) appelle *prise*. Cette intégration a été rendue possible par le balayage paradigmatique auquel F. et M. se sont livrés. Ceci justifie à mes yeux de considérer ces phénomènes de segmentation dans la chaîne parlée et d'exhibition du segment isolé comme absolument centraux pour élaborer une syntaxe de l'oral interactionnel[3].

Ceci admis, on peut se demander quelle place donner dans un modèle à ce que l'on pourrait appeler ces *ethno-unités*? Si l'on se penche sur le cas du tour de parole et sur son statut en ethnométhodologie, il semble évident que son caractère d'unité de catégorisation pratique est centralement important dans la définition qu'on en fait. En effet, on met

---

3 Notons que l'ensemble de ces contextes d'exhibition de segments de tours de parole peuvent être considérés comme diaphoniques ou plus généralement polyphoniques. Les observations faites ici ont aussi une pertinence dans une conception conversationnelle de la diaphonie à la fois comme ressource conversationnelle (voir Jeanneret, 1999) et dans les problèmes d'unités que ces notions posent: qu'est-ce qui reste dans le discours diaphonique du discours-source? Y a-t-il un segment qui est repris (comme le *dangereusement négatif de* l'exemple (1)? Faut-il limiter la diaphonie au cas où l'on identifie le segment?

en parallèle phénomènes sociaux et phénomènes conversationnels et on fait ainsi l'hypothèse (implicite) qu'une démarche compréhensive des phénomènes sociaux implique une démarche compréhensive des phénomènes linguistiques.

Cela conduit à une définition écologique (parce qu'émergeant dans le milieu conversationnel) du tour de parole comme parole bornée à gauche et à droite par la parole d'un autre (d'autres) locuteur(s).

En revanche, toute réflexion sur le tour de parole sous-tend immédiatement une conceptualisation après coup. Ceci me paraît flagrant par exemple dans l'étude sur la réparation de Schegloff *et al.* (1977). Ces auteurs y proposent ainsi implicitement une nouvelle unité que j'appelle le *tour de parole potentiel* et qui se définit comme la portion de production langagière existant entre deux places transitionnelles. En effet, leur hypothèse de la structure préférentielle de l'auto-réparation ne peut être démontrée que s'il apparaît que, bien que la perturbation (trouble-source turn) soit évidente pour l'autre (ou pour un autre) locuteur, celui-ci ne profite pas de la place transitionnelle suivante pour déclencher une réparation ou procéder à une réparation mais laisse l'auteur de la perturbation la réparer lui-même. L'observation de la séquence de réparation exige donc l'utilisation de l'unité tour de parole potentiel.

Le tour de parole potentiel devient ainsi une nouvelle unité constitutive du tour de parole. Il apparaît ainsi qu'une seule unité ne suffit pas au modèle de l'alternance des tours pour mettre en évidence des phénomènes d'organisation conversationnelle tels que la structure préférentielle de l'auto-réparation. Il faut compter sur un principe de composition du tour de parole en tours de parole potentiels.

Cette conceptualisation après coup qui, à partir des catégorisations pratiques, construit des catégories conceptuelles semble inhérente à toute réflexion linguistique sur les pratiques conversationnelles, comme le dit Schutz (1987:11): «Les constructions utilisées par le chercheur en sciences sociales sont, pour ainsi dire, des constructions au deuxième degré, notamment des constructions de constructions édifiées par les acteurs sur la scène sociale dont l'homme de science observe le comportement et essaie de l'expliquer tout en respectant les règles de procédures de sa science.»

En mettant en évidence le rôle que jouent les unités pratiques qui apparaissent dans les exemples (1) à (5) dans la coconstruction du sens, de la syntaxe et de la conversation, j'en ai fait des unités qui ne sont plus seulement pratiques. Elles ne sont néanmoins pas détachées ou libérées des données à partir desquelles elles ont été élaborées. En ceci elles sont à mon sens typiques d'une démarche ethnométhodologique: constructions de constructions elles ne sauraient prétendre au statut d'unité fonctionnelle, ce n'est pas là leur but donc cela ne peut être leur limite. Elles ne sont «que» le résultat de l'observation d'une méthode rationnelle des participants pour focaliser leur attention sur certains segments de tours de parole cruciaux à leurs yeux à un certain moment.

Bibliographie

BERRENDONNER, Alain & REICHLER-BEGUELIN, Marie-José (1989). Décalages: les niveaux de l'analyse linguistique. *Langue française, 81*, 99-125.

BLANCHE-BENVENISTE, Claire (Ed.) (1991). *Le français parlé. Etudes grammaticales*. Paris: Editions du CNRS.

–, (1997). *Approches de la langue parlée en français*. Paris Gap: Ophrys.

DE PIETRO, Jean-François, MATTHEY, Marinette & PY, Bernard (1989). Acquisition et contrat didactique: les séquences potentiellement acquisitionnelles de la conversation exolingue. In *Actes des troisièmes Rencontres régionales de linguistique, Université de Strasbourg*.

GOFFMAN, Erving (1987). *Façons de parler*. Paris: Minuit.

GÜLICH, Elisabeth (1986). L'organisation conversationnelle des énoncés inachevés et de leur achèvement interactif en 'situation de contact'. *DRLAV, 34-35*, 161-182.

GÜLICH, Elisabeth & KOTSCHI, Thomas (1995). Discourse production in oral communication. A study based on French. In Uta M. QUASTHOFF

(Ed.), *Aspects of Oral Communication*. Berlin; New York: Walter de Gruyter, 30-66.

JEANNERET, Thérèse (1998). Tour de parole: de l'unité de sens commun à l'unité formelle. In: Gustavo QUIROZ *et al.* (Ed.), *Les unités discursives dans l'analyse sémiotique*. Berne: P. Lang, 108-119.

–,(1999). *La coénonciation en français. Approches discursive, conversationnelle et syntaxique*. Berne: P. Lang.

MONDADA, Lorenza (1995a). La construction interactionnelle du topic. *Cahiers de l'Institut des Langues et des Sciences du Langage, 7*, 111-135.

PERREFORT, Marion (1996). Formes et fonctions du stéréotype dans des interactions en situation de contact. *Aile* 7, 139-154.

PY, Bernard (1995). Interaction exolingue et processus d'acquisition. *Cahiers de l'institut des langues et des sciences du langage* 7, 159-175.

SACKS, Harvey (1992). *Lectures on Conversation*. Cambridge: Blackwell, 2 vol.

SCHEGLOFF, Emmanuel A. (1979). The relevance of repair to syntax-for-conversation. In Talmy GIVON (Ed.), *Discourse and Syntax*. New York: Academic Press, 261-286.

SCHEGLOFF, Emanuel A. & Harvey, SACKS (1973). Opening up closings. *Semiotica 8*, 289-327.

SCHUTZ, A. (1987). *Le chercheur et le quotidien*. Paris: Méridiens Klincksieck.

Intonation / Coénonciation / Colocution / Formulation

Mary-Annick MOREL (en coll. avec Laurent DANON-BOILEAU)

Les hypothèses théoriques développées à Paris III pour l'analyse des corpus d'oral spontané sont le fruit d'une recherche pluridisciplinaire associant traitement informatique de la prosodie, analyse morphosyntaxique et lexicale, et théorie de l'énonciation. L'analyse est fondée sur des discours oraux relativement longs recueillis dans des situations de parole différentes: discussions à bâtons rompus, interviews, entretiens radiophoniques, dialogues argumentatifs, récits, interactions de service, consultations d'expert, exposés didactiques, etc.[1] La spécificité de la démarche réside dans la prise en compte prioritaire des indices intonatifs (variations de F0, de l'intensité et de la durée, position et longueur des pauses silencieuses).

Lecture des tracés mélodiques obtenus avec ANAPROZ (logiciel PC conçu par François Colombo, ingénieur en automatique, spécialisé dans le dialogue Homme-Machine)

La courbe du haut représente les variations d'intensité[2].

La courbe du milieu représente les variations de F0. La première ligne donne F0 à 50 Hertz, la ligne la plus haute est étalonnée en fonction des locuteurs, à 200 Hertz, 300 Hertz, 400 Hertz (et plus rarement à 500 Hertz). La plage de variation de F0 est calculée pour chaque locuteur sur une durée assez longue de parole (1 à 3 minutes).

---

1 Les enregistrements (environ 250 enregistrements différents de 30 minutes à une heure) ont tous été réalisés par les étudiants du séminaire sur l'oral de l'EA 1483 «Recherche sur le français contemporain» de Paris III. Qu'ils soient ici remerciés pour leur précieuse collaboration et pour leur enthousiasme constructif, depuis huit ans.

2 Codage des indices suprasegmentaux: F0 = fondamental de la voix (mélodie) / D = durée en centisecondes (cs) / I = intensité /]xx] = durée de la pause silence en cs

Le point le plus haut constitue le niveau 4 et le point le plus bas le niveau 1, les niveaux 2 et 3 sont déduits de ces points extrêmes.

La ligne la plus basse donne la durée. Les chiffres indiquent les secondes, et chaque trait de subdivision correspond à dix centisecondes (une déciseconde). Ces chiffres me serviront à repérer le segment de discours pris en considération dans les analyses, ex.: Tracé 1 (22-23) «j'hallucine moi».

Tracé 1

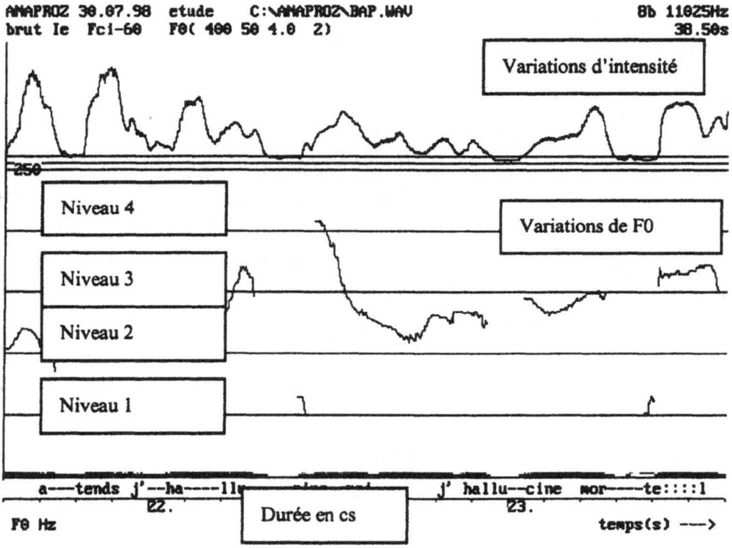

Les résultats actuels de certains acquis de cette recherche ont donné lieu à une publication (Morel et Danon-Boileau 1998). Je ne les reprendrai donc pas en détail ici. Mon objectif est plutôt de centrer sur certains points qui n'ont peut-être pas été suffisamment explicités dans cet ouvrage.

1. Principes généraux

La recherche repose sur deux postulats de base.

- Le français obéit à un principe général de *décondensation* des marques (*cf.* Weil 1844, Frei 1929, Damourette et Pichon 1927-1940, Bally 1932, Guiraud 1962). Ce principe explique entre autres la 'dislocation' (dans le «préambule») d'un certain nombre de constituants dissociés de la construction syntaxique réalisée par le verbe du rhème.
- Il n'y a pas redondance mais *complémentarité* entre les indices intonatifs et les marqueurs morphosyntaxiques et lexicaux.

Les marques segmentales et les marques suprasegmentales sont réparties de part et d'autre du lexème constructeur des segments successifs du discours oral. Les marqueurs morphosyntaxiques (déterminant pour les noms, préposition pour les groupes prépositionnels, pronom personnel sujet ou complément pour les verbes) se situent à l'initiale, explicitant ainsi l'identité du syntagme.

(1) donc c'est ***une*** nana ***elle*** prend ***l'***mé^{tro} {60} et ***elle*** a pas ***son*** bi$_{llet}$[3].

Les variations des indices intonatifs affectent au contraire la syllabe finale des segments, auxquels elles assignent une fonction spécifique dans l'explicitation des valeurs énonciatives et dans la construction générale des unités du discours.

---

[3] Conventions de transcription: , pause moyenne de 40 à 60 centisecondes / „ pause supérieure à 60 cs / x: ou x:: allongement de la durée de la voyelle / (h) reprise de respiration audible / e ou e:: 'euh' d'hésitation / °xxx° incise = décrochement intonatif en plage basse / § recouvrement de paroles / §m§ ou §mm§ marque d'assentiment de l'interlocuteur / syllabe en exposant = montée de F0 / syllabe en indice = chute de F0

Tracé 2

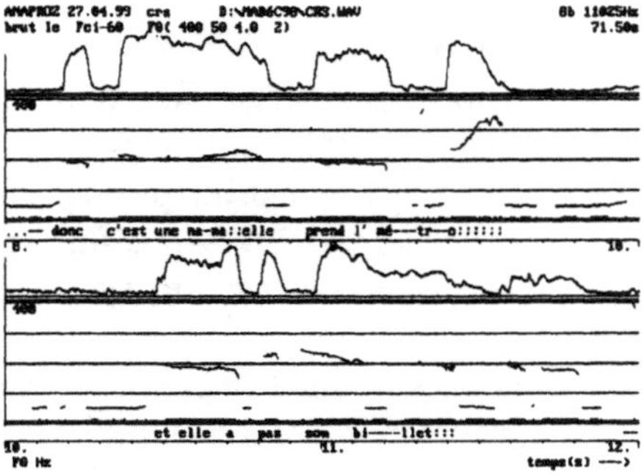

2. Valeurs des indices suprasegmentaux: Coénonciation / Colocution / Formulation

L'analyse de ces corpus recueillis en situation d'interlocution directe a nécessité le recours à une théorie énonciative qui permette de rendre compte des régularités rencontrées tant au plan segmental qu'au plan suprasegmental. A partir de la théorie d'Antoine Culioli et des aménagements apportés par Laurent Danon-Boileau sur les valeurs de la coénonciation, il a été possible de proposer des hypothèses sur la valeur *iconique* de base de chacun des indices suprasegmentaux et sur la valeur *conventionnelle* qu'ils acquièrent lorsqu'on regarde leur fonctionnement conjoint. Je ne veux pas m'attarder ici en détail sur les faits qui ont été présentés dans «Grammaire de l'intonation» (Morel et Danon-Boileau 1998). Je voudrais simplement préciser ici certains points de théorie concernant la valeur des indices intonatifs (à partir des données recensées dans le tableau récapitulatif ci-dessous) et la différence que L. Danon-Boileau et moi-même établissons en particulier entre coénonciation / colocution et consensus / égocentrage.

2.1. Colocution et coénonciation

Pour qu'un véritable dialogue s'instaure, il faut:

– un minimum de bases communes et de consensus sur l'objet de discours et sur ses enjeux,
– un minimum de différenciation ou de 'singularisation' sur le regard et le jugement qu'on se prépare à porter sur cet objet de discours.

Au plan segmental, la structure binaire 'préambule + rhème' reflète bien cette double exigence (ce constat n'a rien d'original en soi, mais je reviendrai plus loin sur les deux structures types du paragraphe français) . Mais ce sont surtout les indices du plan suprasegmental qui, de notre point de vue, servent à marquer les modulations dans le positionnement coénonciatif et colocutif. Une des hypothèses centrales de notre théorie est que les indices suprasegmentaux sont spécialisés et présentent chacun une fonction spécifique.

	Pause	F0+	F0-	I+	I-	D+	D-
Pause	***Homogéné-ise ce qui précède Donne relief à ce qui suit***	—	—	—	—	Valeur rhétorique Annule opération en cours	Pause-respiration
F0+	—	***Anticipe la pensée de l'autre Position coénoncia -tive***	—	Focalisa-tion = Sélection exclusive	Finale de préambule Finale de question totale	Exclama-tion	Focalisa-tion
F0-	—	—	***Repli sur soi Position en rupture***	hésitation euh	Fin de paragra-phe	Hésitation euh	Incise
I+	—	Focalisa-tion	Hésitation euh	***Gestion du tour de parole***	—	Exclama-tion	Prise de parole intem-pestive

I=	—	Modulation dans le rhème	Neutralité co-énonciative	—	—	Hésitation euh	Incise
I-	—	Finale de préambule Finale de Q totale	—	Fin de paragraphe	***Cession de la parole au 2nd énonciateur***	Hésitation	Incise
D+	Valeur rhétorique Formulation	Exclamation	Hésitation	Exclamation	Hésitation	***Evaluation de ce qu'il y a encore à dire***	—

Pour nous, la coénonciation et la colocution résultent du jeu d'anticipations que fait nécessairement celui qui parle à l'égard à celui auquel il s'adresse. De ce fait le coénonciateur et le colocuteur sont à considérer comme des entités abstraites, issues de la représentation mentale de celui qui parle. Ces anticipations sont de deux ordres différents.

La colocution

La prise en compte *du droit à la parole* de chacune des parties prenantes du dialogue et l'anticipation d'une éventuelle prise de parole du colocuteur sont gérées par les *variations d'intensité.* La gestion des tours de parole relève de la *colocution.* Deux positions sont alors possibles.

- *Soit le locuteur se situe dans la continuité.* Il assure son droit à la parole en réhaussant l'intensité. Ou bien, lorsqu'il souhaite céder ce droit à la parole (par exemple en fin de question, *cf.* Tracé 3 (8-10) ci-dessous «t'as jamais couru après des gar^{cons}?»), il va baisser l'intensité. Le locuteur peut aussi baisser l'intensité quand il ne se sent pas menacé dans son droit à la parole, ou bien lorsqu'il a par ailleurs fourni d'autres indices de son désir de continuer («euh» dit d'hésitation, montée de F0 ou allongement de la durée sur la syllabe finale).

Tracé 3

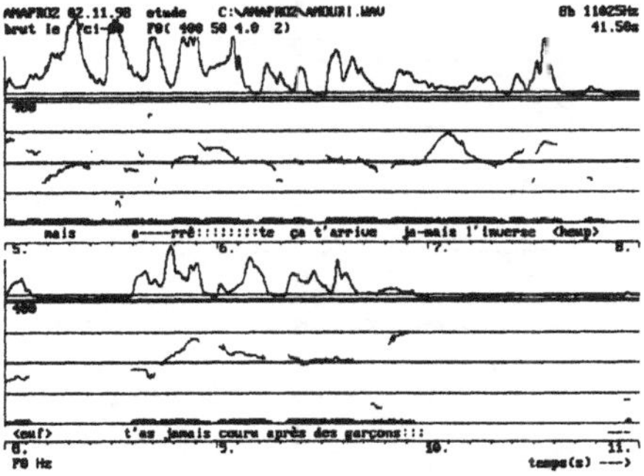

Une chute d'intensité est cependant toujours interprétable par celui auquel on s'adresse comme une autorisation à prendre la parole. C'est ce que montrent la plupart des corpus qui présentent des interventions intempestives aboutissant à des chevauchements de parole. Celui qui garde en définitive la parole est celui qui a le plus haussé l'intensité. On en voit un exemple dans le Tracé 4: la locutrice, Marie, est en train de parler de ses impressions lors de son voyage au Québec. N'anticipant de prise de parole de la colocutrice, elle a laissé beaucoup chuter l'intensité sur le segment «le ca:::lme:::::» (14-15). Christelle, qui n'est pas, elle, allée au Québec, en profite précisément pour intervenir, manifestant ainsi son intérêt pour la thématique en cours «i sont assez proches de la nature en plus au niveau [d'l'état d'esprit]» (15-17). L'intensité avec laquelle elle formule ce jugement est suffisamment forte pour que Marie lui laisse le tour de parole.

(4) Marie1- [par contre le Québec c'est vraiment magni§fique§

Christelle1- §ouais§ moi j'pense que ça m'plairait bien °aussi°

Marie2- quand j'y suis allée] §mm§ c'était euh le ca::: lme:::: pas d'pollu§tion l'air pu:::::r§

Christelle2- §i sont assez proches de la nature§ en plus au niveau [d'l'état d'esprit]

Tracé 4

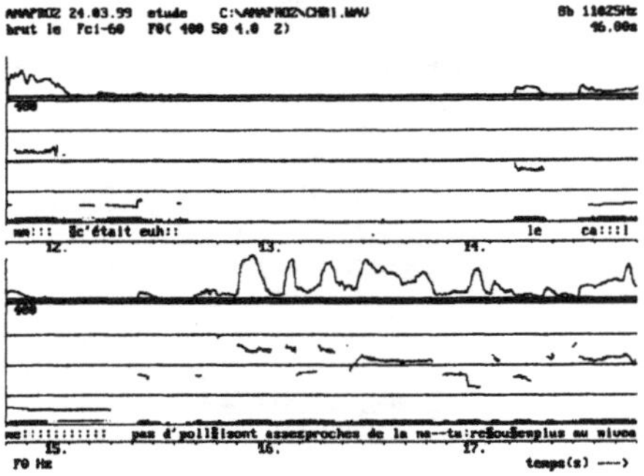

– Soit le locuteur est en rupture par rapport à la continuité préalable. Il a à gérer de l'inattendu par rapport aux attentes préalables. Par une interjection, une exclamation ou un impératif doté d'une forte intensité, il parvient alors à rétablir la continuité avec le colocuteur et à réinstaller la colocution (*cf.* les deux pics d'intensité dans Tracé 3 (5-6) sur «arrête» et Tracé 5 sur «attends» (21-22).

Tracé 5

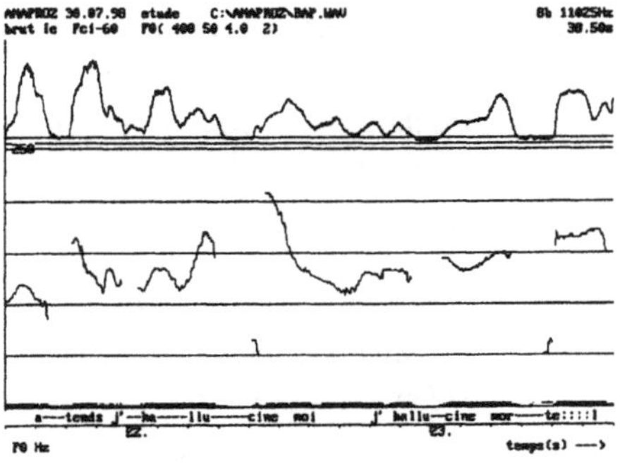

La coénonciation

La façon dont celui qui parle envisage *la réception de son discours* par celui auquel il s'adresse est explicitée par les *variations de hauteur mélodique*. L'articulation à la pensée prêtée à l'autre relève de la *coénonciation*.

L'énonciateur est bien celui qui se donne comme le support des constructions référentielles et des opérations modales manifestées au plan segmental par les constituants du discours. Mais pour ce faire, il se construit une représentation des réactions possibles du coénonciateur, de ses incompréhensions et des discordances potentielles. Cette représentation par anticipation constitue ce que nous appelons le *coénonciateur*. Ainsi énonciateur et coénonciateur forment une dyade, un couple indissociable, qui conditionne la forme du discours et infléchit le contenu référentiel et modal. La coénonciation peut prendre deux valeurs fondamentales, selon qu'on se situe à l'intérieur ou en rupture.

Le *positionnement à l'intérieur de la coénonciation* suppose la convergence des regards, mais présente aussi un double jeu entre

- la valeur de *consensualité*, lorsque l'énonciateur pense qu'il va s'établir un accord ou du moins qu'il a besoin, pour continuer, de croire que l'accord est établi,
- la valeur de *discordance*, lorsqu'il pense qu'il ne voit pas les choses exactement de la même manière que le coénonciateur. Il marque alors un écart par rapport au consensus préalablement établi.

Dans les deux cas, les modulations de F0 se font *vers le haut*. Les points hauts sur des segments successifs constituent autant de mise en attente de ce qui fait le véritable enjeu de l'échange.

Dans l'extrait de récit (Tracé 6 donné en annexe à la fin de l'article) à propos du comportement des CRS, à l'égard d'une jeune femme qui n'a pas son ticket de métro, les modulations vers le haut alternent avec les chutes de F0 vers le bas. Les montées assurent la cohésion interne de la séquence du récit en cours, alors que les descentes soulignent le passage à une autre séquence. Je reviendrai plus loin dans le §3 sur la structure en constituants discursifs de ce récit, me contentant ici de donner le découpage en séquences (ou plans narratifs) fourni par les variations de F0.

(6) Début du récit

[donc c'est une nana elle prend l'métro {60} §m§ et elle a pas son billet (*cf.* Tracé 2) donc elle est en fraude vis-à-vis de la législation de la RATP ° le truc logique quoi° donc elle se fait arrêter par les contrôleurs de la RATP {100} §m§ elle dit j'ai pas mon ticket]50] sur ce arrivent des CRS §mm§ (*cf.* Tracé 9) je sais pas si elle vraie cette histoire parce qu'elle paraît complètement euh::: {40} dingue {60} (*cf.* Tracé 8) §mm§]

<u>Tracé 6: épisode CRS</u>

CRS plan 1 = deux segments articulés par la montée de F0 sur a^{rrivent} + fin de plan marquée par la chute de F0 sur sui$_{\text{vez}}$

alors euh::: les CRS a^{rrivent}

ils disent ah bon vous n'avez pas votre ticket vous nous sui$_{\text{vez}}$ {40}

CRS plan 2 = neuf segments articulés par la montée de F0 sur $^{\text{suit / quoi /}}$ taba$^{\text{ssée::}}$ / commissa^{riat} / $^{\text{fou::}}$ / $^{\text{plain::te}}$ / ble^{ssures} / CR^{S} / ^{francs} + fin de plan marquée par la chute de F0 sur sur$_{\text{sis}}$

donc elle les ^{suit} {70}

ils l'emmènent dans une:: petite piè:::ce °j'suppose j'pense réservée aux CRS ou je ne sais pas ^{quoio} §m::§

ils l'ont taba$^{\text{ssée::}}$ {40} §ah bon§

alors: elle est allée au commissa^{riat} §m§

le truc $^{\text{fou::}}$ {40}

elle a porté $^{\text{plain::te}}$ §m:m:§ {40}

pour euh:: {30} §contre les CRS?§ coups et ble^{ssures}

contre les CR^{S} {60}

et en fait:: e::lle se retrouve avec une amende de six mille ^{francs} {50}

plu::sse:: de la: prison avec sur$_{\text{sis}}$

La *rupture de coénonciation* implique une absence totale d'anticipation de la pensée de l'autre et de la façon dont il peut réagir.

Cette absence d'anticipation peut être provoquée par la surprise ou par l'urgence: interjections et impératifs en témoignent. C'est alors l'intensité qui gère le retour à la co-locution, comme nous venons de le voir (Tracés 3 et 5). Elle peut aussi s'expliquer par le fait que l'on pense que celui auquel on s'adresse n'a pas accès à ce que l'on dit, que l'on est le seul à pouvoir l'asserter. C'est ce qui se passe parfois en début de récit, où les segments sont intonés en plage plus basse que la suite (cf. Tracé 7 qui présente un début de récit personnel à propos de la mythomanie (3-5) «j'avais une:::{30} une ancienne collègue d/ la môme elle était mythomane» est intoné à peine au dessus du niveau 2, témoignant de l'effort de remémoration de la locutrice, qui avait dit juste auparavant qu'elle n'avait jamais connu personnellement de mythomane. La suite de son récit (5-6) «mais il paraît que les enfants sont presque tous» présente au contraire des modulations de F0 qui dépassent le niveau 3, marquant ainsi son désir de voir s'installer un consensus sur cette vérité générale.

Tracé 7

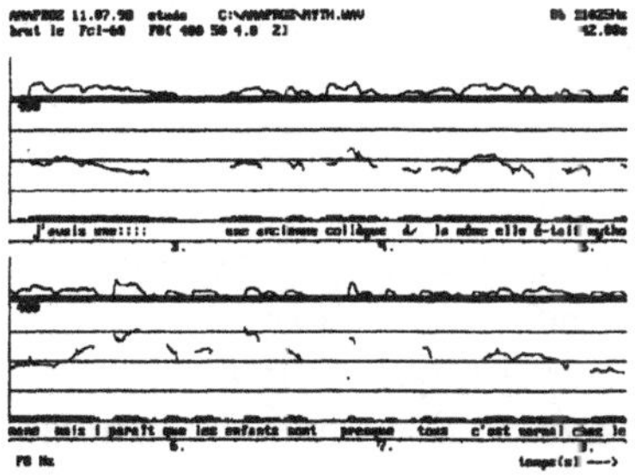

2.2. Les deux orientations de l'égocentrage

De cette analyse, il résulte qu'on doit distinguer deux formes de positionnement égocentré.

- Le premier type d'égocentrage se produit lorsqu'on souligne une discordance par rapport au consensus préalablement construit, c'est-à-dire lorsqu'on énonce une position différenciée, divergente de celle qu'on prête au coénonciateur. *L'égocentrage de discordance* se traduit par de fortes variations mélodiques vers le haut. La *plage haute de F0* marque que l'énonciateur continue à articuler sa pensée à celle qu'il prête au coénonciateur, tout en énonçant un désaccord, un rejet, un refus, ou en souhaitant un affrontement des points de vue en présence. *Cf.* les points hauts, dans le Tracé 3 (6-8), sur la finale de «jamais», «l'inverse», «jamais» et «garçons»

(3) ça t'arrive jamais l'inverse {60} t'as jamais couru après les garçons

– Le second type d'égocentrage relève du *repli sur soi*, de la *rupture* de la coénonciation. Il se manifeste par le passage à la *plage intonative basse* et par l'absence de modulation mélodique. Ce repli en plage basse accompagne un cheminement intérieur, la construction d'une cohérence pour soi-même, le retrait par rapport à ce que l'autre peut penser. *Cf.* la plage basse de F0 de toutes les syllabes de l'incise dans le Tracé 6 (donné en fin d'article) (38-40) «j'suppose j'pense réservée aux CRS ou je ne sais pas quoi». Seule la syllabe finale «quoi» reçoit une forte hauteur de F0 liée à la recatégorisation en préambule pour la suite (*cf.* §3 ci-dessous) de l'ensemble qu'elle vient clore.

2.3. L'énonciateur second

Pour éviter toute ambiguïté terminologique, Laurent Danon-Boileau a récemment proposé de désigner par le terme d'«énonciateur second» celui qui reçoit le message, qui interagit avec celui qui parle, qui réagit en produisant des marques d'écoute et d'assentiment (*mm, ouais, ah bon*, etc), qui s'octroie le droit de prendre la parole, qui intervient dans un mouvement de co-construction du discours.

Le corpus 6 (Tracé donné en annexe à la fin de l'article) nous en fournit un exemple clair. L'étudiante à qui est adressé le récit, et qui est donc pour nous l'énonciatrice seconde, jalonne son écoute des différents épisodes de marques sonores, tout particumièrement après certains segments marqués par une montée de F0. L'examen du contenu du récit montre que la nature des marques varie selon la fonction du segment dans la construction du récit, et aussi selon le degré d'inattendu du fait à l'intérieur du scénario général. La marque «mm» (40-41), (46-47) ou «m» (44-45) ponctue la narration d'une action, qui ne présente pas a priori d'anormalité dans la situation induite par le récit: «mm» ou «m» sont émis après l'évocation de la «nana» conduite par les CRS dans «une petite pièce», puis après le déplacement de ladite nana «au commissariat» et enfin après le dépôt de sa «plainte». La marque plus étoffée «ah bon» (42-43) survient au contraire après l'énoncé d'un événement hautement inattendu dans le scénario «ils l'ont tabassée».

L'énonciatrice seconde s'octroie également par deux fois le droit à la parole, précisément après des segments marqués par une chute conjointe de F0 et de l'intensité: d'abord sur l'indice d'hésitation «pour euh::» (47-48), puis sur la syllabe finale de «sursis» (55-56) qui marque la fin du récit proprement dit. La première de ces deux interventions «contre les CRS?» peut être interprétée comme un désir de venir en aide à l'énonciatrice qui semble hésiter sur la formulation du contenu de la plainte. La deuxième «et pour quel motif?» correspond davantage à une véritable question, manifestant sa curiosité aiguisée par cette fin pour le moins imprévisible.

Je ne peux résister au plaisir de donner au lecteur le fin mot de l'histoire.

Suite et fin du récit 6

ben parce que eux eux ils ont dit non non c'est pas nous qui l'avons tabassée c'est elle qui nous a tabassés {20} §ah§ tu vois quat(re) CRS §oui contre une§ contre une bonne femme {50} le truc euh:::

2.4. La gestion de la formulation

Il reste maintenant à évoquer la façon dont se marque le travail actif de gestion de la formulation, qui implique à la fois la neutralisation momentanée de la coénonciation et le maintien de la colocution, qui correspond donc à un égocentrage par repli sur soi. Ce sont les variations dans la durée qui sont requises pour ce faire. En effet, le français, qui se caractérise par l'isochronie des syllabes (il n'y a pas d'opposition entre voyelles longues et voyelles brèves), mobilise l'allongement de la durée de la syllabe finale pour accompagner la mise en forme d'une construction syntaxique, ou la recherche d'une qualification plus adéquate d'un référent déjà construit, sans courir pour autant le risque de se voir prendre son droit à la parole.

Le Tracé 6 nous en fournit un exemple clair (37-38) avec l'allongement de l'article «une» et du nom «pièce» («dans une:::: petite piè::::ce»), qui maruqe sans aucun doute la difficulté de la narratrice à trouver la qualification exacte du type de local dont il s'agissait. Elle explicite du reste cette difficulté immédiatement après, dans une incise «j'suppose j'pense réservée aux CRS ou je ne sais quoi».

L'occupation du canal sonore par l'allongement de la syllabe finale (ou par un «euh» d'hésitation) pour gérer la formulation explique, à mon avis, que la durée des pauses silencieuses – 40 à 60 centisecondes en général, *cf.* Tracé 6 (34-35 et 45-46) – soit sensiblement moins longue en français que dans d'autres langues (en anglais en particulier, où elles sont en général de 90 à 120 cs). Contrairement à ce qui se passe dans d'autres langues, la pause-silence n'est pas à elle seule en français un indice d'hésitation dans la formulation. Le travail de formulation est nécessairement lié à un allongement dans la durée de sons non signifiants en eux-mêmes (syllabe finale ou «euh»). En mesurant la durée des hésitations marquées par un allongement, un «euh» ou la répétition de mots-outils (couplés ou non à une pause), j'ai constaté que cette durée était équivalente à celle de la durée moyenne de la pause-silence en anglais. *Cf.* Tracé 6 (30-31) le «euh» occupe une durée de 100 cs et (47-48) le «euh» et la pause qui le suit occupent une durée de 90 cs.

L'examen de la fonctionnalité des indices suprasegmentaux corrobore donc le principe de non-redondance des différents ordres de marques de l'oral spontané en français. Chacun de ces indices se voit, en effet, dévolu un rôle spécifique – et irremplaçable – dans le bon fonctionnement de l'échange oral. Si les variations de F0 explicitent les modulations du positionnement coénonciatif de celui qui parle, les variations d'intensité servent pour leur part au contrôle colocutif du droit à la parole de chacun. Quant à la durée (allongement de la syllabe finale ou «euh»), elle est fondamentalement mobilisée (en français) pour la gestion de la formulation.

3. Les deux schémas types du paragraphe oral

Le dernier point sur lequel je voudrais revenir concerne l'unité fondamentale d'analyse que nous avons choisie, à savoir le «paragraphe».

3.1. Le terme «paragraphe»

Il a été maintes fois reconnu que, du point de vue structurel, l'agencement des segments de l'oral n'est interprétable ni comme une dislocation du schéma actanciel «Sujet - Verbe - Complément», ni comme une simple association de type «Thème - Rhème». Nous sommes pour notre part en mesure de défendre l'hypothèse que ce sont les *indices intonatifs* et eux seuls qui assurent la démarcation et la cohésion du «*paragraphe*».

Le choix du terme *paragraphe* se justifie d'une part par l'origine du mot «paragraphos», qui désignait une marque, en forme de gamma majuscule, mise dans la marge des textes sacrés pour délimiter un passage, généralement court, ayant une unité thématique et destiné à être commenté oralement. Il se justifie d'autre part par analogie avec les critères utilisés pour définir le paragraphe écrit. De même que celui-ci ne peut être défini que par des faits typographiques (alinéa au début et blanc à la fin), et donc extérieurs au plan morphosyntaxique, de même le paragraphe oral ne peut-il l'être que par des propriétés suprasegmentales codifiées. On peut noter tout particulièrement le réhaussement de l'intensité en début de paragraphe et le démarrage de l'intonation à un niveau neutre (le niveau 2), permettant des modulations de F0 à la fois vers le haut et vers le bas.

Je soulignerai, pour commencer, que *la pause silencieuse* ne constitue pas un indice suffisant de fin de paragraphe. En effet, sa fonction première est d'homogénéiser la séquence qu'elle vient clore et de laisser le temps à celui qui la reçoit de construire le sens. Il est tout à fait remarquable que le temps de 'réaction' du second énonciateur est régulièrement d'environ 40 cs.

Ainsi, dans le Tracé 6 on constate qu'une durée de 30 à 40 cs sépare la fin du segment de l'énonciateur et la marque d'assentiment qu'émet le second énonciateur:

> (41-42) tabassée {40} §ah bon§ / (46-47) porté plainte {30} §mm§ / (47-48) pour euh {30} §contre les CRS?§

La pause a ainsi souvent pour rôle de donner un relief particulier au segment qui la suit, en d'autres termes de le «rhématiser».

Le tracé 8 suivant nous montre que la pause peut très bien dissocier un adverbe d'intensité «complètement» de l'adjectif «dingue» qu'il vient modaliser. La pause anticipe du reste sur la valeur exclamative de cette appréciation (valeur marquée par le couplage de la hauteur de F0 et l'allongement de la durée sur la voyelle de «dingue»).

Tracé 8

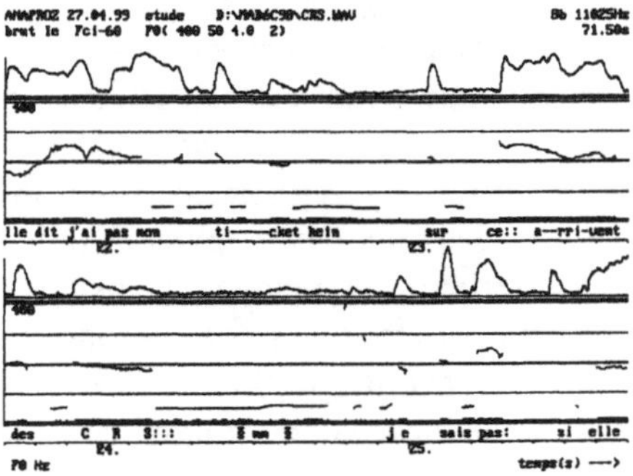

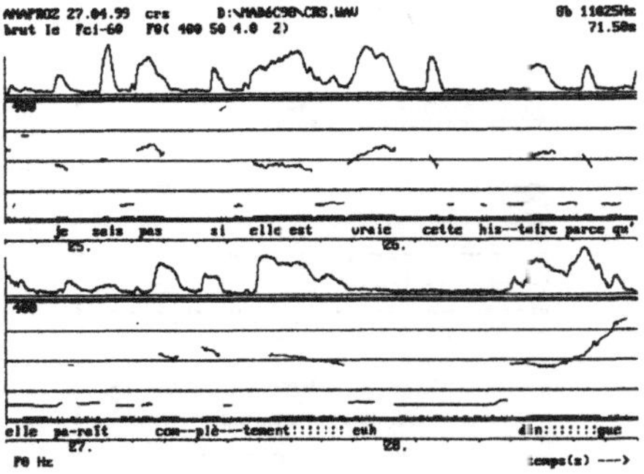

3.2. Les indices de démarcation du paragraphe oral

Les *variations de F0, de l'intensité et de la durée* constituent en revanche des indices fiables de démarcation et de cohésion du paragraphe oral. On peut ainsi dégager deux principes généraux:

- la chute conjointe et rapide (sans allongement de la durée) de l'intensité et de F0 à un niveau bas [F0- I- D=] représente l'indice le plus fiable de la fin d'un paragraphe. Celle-ci s'opère sur la dernière syllabe du dernier segment du paragraphe. *Cf.* Tracé 8 (22-23) elle dit j'ai pas mon ticket $_{\text{hein}}$ et (23-24) arrivent des CR$_{s}$
- la remontée rapide de F0 (à un niveau haut ou au niveau le plus haut) sur la syllabe finale d'un constituant ou d'un ensemble de constituants a pour effet rétroactif d'unifier cet ensemble et d'opérer une *recatégorisation* du segment qu'elle vient clore. Cette opération de recatégorisation par la montée de F0 à la finale nous semble être une des principales spécificités intonatives du français. *Cf.* le Tracé 9 qui montre une remontée considérable de F0 sur la finale «P» de «RATP» (21-22) du segment préalablement intoné au niveau 2.

Tracé 9

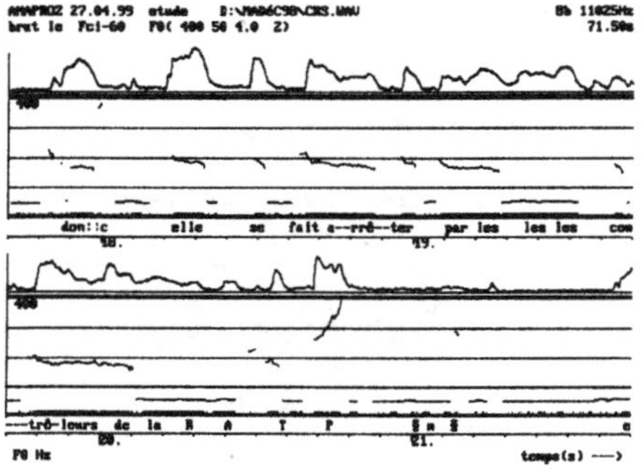

3.3. Le rhème

Le paragraphe pour exister doit présenter au moins un *rhème*. Nous définissons le *rhème* comme le constituant où l'énonciateur marque une position différenciée par rapport aux attentes et à la position qu'il prête au coénonciateur. De ce fait, la différenciation introduite dans le rhème n'est pas limitée à l'explicitation d'une discordance. Elle peut tout aussi bien traduire une convergence de points de vue, un accord total sur ce qui est en cours dans l'échange. *Cf.* §2.1. l'exemple (4) où Christelle 1 notifie dans son rhème «que ça m'plairait bien aussi» la convergence de son point de vue avec celui que Marie 1 vient d'exprimer «par contre le Québec c'est vraiment magnifique».

Vu la très forte décondensation du préambule, le rhème français est en général très bref (en durée et en mots). Il est parfois terminé par un ponctuant (*hein, quoi, bon, voilà*, etc.) qui vient spécifier a posteriori l'attitude de l'énonciateur à l'intérieur de la coénonciation.

3.4. Le paragraphe de type binaire

Mais en français, le rhème se rencontre rarement seul, notamment en début d'intervention. Aussi est-il est régulièrement précédé d'un *préambule*, ensemble à valeur non seulement thématique, mais aussi et surtout modale. D'où le schéma *binaire*: *'préambule + rhème'*, qui peut se complexifier par la réitération de chacun de ces deux constituants majeurs.

La *complexification du paragraphe binaire* se réalise en effet par la mise en oeuvre de la recatégorisation par la remontée de F0 sur la syllabe finale d'un segment. La cohésion entre les différents segments d'un même paragraphe est alors assurée à la fois

- par la remontée de F0 à la finale des constituants – remontée qui les recatégorise systématiquement en préambule pour la suite,
- et par le maintien du niveau haut (H4 ou H3) de F0 à la finale des constituants de même fonction à l'intérieur d'un même paragraphe.

Un *paragraphe de type binaire* peut en fait correspondre à un regroupement variable de préambules et de rhèmes. J'en donnerai pour exemple la structure en constituants discursifs que présente le Tracé 6.

préambule 1	préambule 2	rhème 1	rhème 2 - 3 … ou incise °xx°
§1 alors euh…….. ils disent………..	………………… ah bon…………	les CRS arrivent vous n'avez pas votre ticket………	 vous nous suivez
§2 donc	…………………	elle les suit………	ils l'emmènent dans une petite pièce °j'suppose j'pense réservées aux CRS ou je ne sais pas quoi° ils l'ont tabassée
alors…………….	…………………	elle est allée au commissariat……	 le truc fou elle a porté plainte pour euh coups et blessures contre les CRS
et en fait………..	…………………	elle se retrouve avec une amende de six mille francs plusse de la prison avec sursis	

3.5. Le paragraphe de type ternaire

Le rhème peut aussi, dans certaines conditions, être suivi d'un postrhème, ce qui donne lieu à un schéma *ternaire*: «préambule + rhème + postrhème».

Le paragraphe ternaire présente une structure fixe, à trois constituants et trois seulement '*préambule + rhème + postrhème*'. A la différence du paragraphe binaire, il se caractérise par la non-reduplication des constituants et par son autonomie vis-à-vis du contexte discursif qui le génère.

Le *postrhème*, pour sa part, se caractérise par un faisceau de traits: il vient immédiatement après le rhème, il n'en est jamais séparé par une pause, il est toujours en intonation basse et non modulée, il ne présente pas de remontée de F0 à la finale, il est constitué d'un nombre de syllabes inférieur à huit. Le postrhème a pour rôle d'expliciter *a posteriori* le référent d'un argument pronominal du rhème. Marqué intonativement par la chute conjointe de F0 et de l'intensité, le postrhème démarque toujours une fin de paragraphe. Loin de constituer une sorte de 'recharge sémantique' d'un référent déjà construit dans l'échange précédent, le postrhème apparaît toujours en situation de discordance coénonciative (c'est la valeur de la montée de F0 sur la finale du rhème), entraînant la rupture de la coénonciation (c'est ce que marque l'intonation basse et plate du postrhème lui-même). Il souligne une position fortement égocentrée sur un phénomène dont on pense qu'il a totalement échappé à la connaissance de l'autre et sur lequel on anticipe un désaccord. Il traduit le plus souvent une attitude très polémique de l'énonciateur, liée à l'intrusion d'une donnée inattendue dans la situation de l'échange, souvent déclenchée par l'énonciateur second.

Dans l'exemple suivant, deux jeunes gens discutent à propos du groupe rock auquel ils appartiennent. Brice vient de dire à Manu que leur concert prévu le dimanche suivant est annulé à cause de l'absence de leur batteur Gwar, qui va au baptême de sa filleule. Manu exprime alors la surprise désagréable que cette nouvelle provoque en lui, en recourant à l'interjection «quoi», à l'exclamation «j'hallucine mortel» et à deux structures ternaires.

Brice 1- … Gwar il sera pas là le concert il est annulé dimanche au Tom Pouce §on joue§ plus tard
Manu 1- §quoi§
Brice 2- parce que Gwar t'sais i(l) va à sa °en fin d'compte° i(l) va au baptême de sa filleule ça l'faisait §chier d/§
Manu 2- §attends§ j'hallucine °moi° j'hallucine morte:::l … le baptême mais elle est vieille °sa filleule°

préambule	rhème	postrhème
Tracé 5 attends	j'hallu^{cine}	moi
Tracé 10 <le baptême> mais	elle est ^{vieille}	sa filleule

Tracé 10

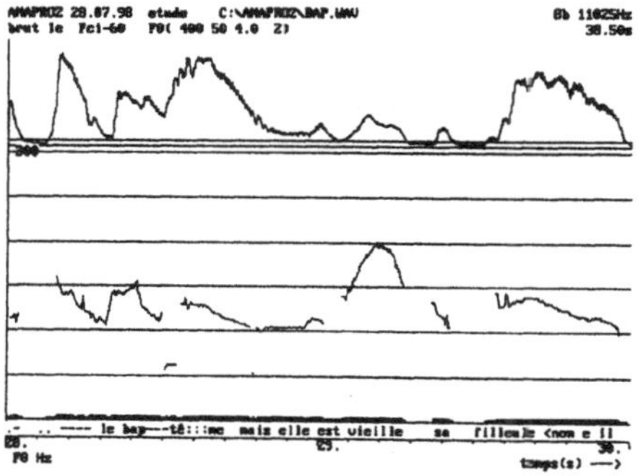

Conclusion

J'espère avoir atteint l'objectif de cet article, qui était de préciser un certain nombre de concepts clés exploités dans la «Grammaire de l'intonation» et sans doute insuffisamment définis. J'ai pu ainsi préciser la coénonciation en tant que jeu d'anticipations, oscillant entre consensus et discordance, convergence et différenciation, marquées par la brusque remontée de F0. La rupture de coénonciation – l'absence d'anticipation – se traduit à l'inverse par le repli en plage intonative basse. Distincte de la coénonciation, la colocution ne peut se définir que par rapport à la production effective du discours. La gestion de la colocution – du droit de chacun à la parole – est assurée par les variations d'intensité. Quant à la formulation et au travail qu'elle nécessite, j'ai souligné le rôle essentiel qu'y jouent l'allongement et l'occupation du canal sonore par des 'sons non signifiants', tel en particulier le «euh», en proposant une hypothèse nouvelle sur la valeur de la durée de 40 centisecondes dans la gestion du sens. Face à l'énonciateur - locuteur, origine du discours produit, j'ai été amenée (sur la suggestion de Laurent Danon-Boileau) à poser un 'énonciateur second'. Participant actif et réactif au discours, il balise les séquences de «mm» ou «m» ou autres marques plus étoffées, et il attend la première chute d'intensité un peu prolongée pour se saisir de la parole et manifester ainsi son intérêt coopératif au discours de l'autre.

Pour finir, j'ai pensé utile de souligner l'existence de deux types de paragraphes à l'oral, l'un binaire constitué d'un préambule et d'un rhème, constituants eux-mêmes réitérables, et l'autre ternaire, dont les trois composantes 'préambule+rhème+postrhème' ne sont pas réitérables, et qui traduit un positionnement éminemment égocentré, éminemment polémique à l'égard de l'énonciateur second.

Bibliographie

ARABYAN, M. (1994). *Le paragraphe narratif.* Paris: L'Harmattan.

BADER, F. (1986). Structure de l'énoncé indo-européen. *BSL LXXXI.*

BALLY, Ch. (1932). *Linguistique générale et linguistique française.* Paris: Leroux.

CANDEA, M. (1997). Peut-on définir la pause dans le discours comme un lieu d'absence de toute marque? *Travaux Linguistiques du CERLICO 10*, Presses Universitaires de Rennes II, 231-244.

DAMOURETTE, J. & PICHON, E. (1927-1940) *Des mots à la pensée. Essai de Grammaire de la Langue Française*, Rééd. 1969, Paris: d'Artrey.

DANON-BOILEAU, L. (1992). Ce que «ça» veut dire: les enseignements de l'observation clinique. In M.-A. MOREL & L. DANON-BOILEAU (Dir.), *La deixis. Colloque en Sorbonne*. Paris: PUF, 415-426.

ESQUENET-BERNAUDIN, M. (1986). Une grille pour transcrire le discours oral. *Le Français Moderne.*

FAGYAL, S. (1996). Stratégies d'hésitation propres aux locuteurs dans le français oral spontané médiatisé. Avignon: JEP, 167-170.

FREI, H. (1929). *La grammaire des fautes*. Genève: Slatkine Reprints, 1972.

GUIRAUD, P. (1962) *La syntaxe du français*. Paris: PUF (Que sais-je? n° 984).

LAUFER, R. (Ed.) (1985). *La notion de paragraphe, textes réunis par R. Laufer pour le groupe § <sic> (Université de Paris VIII)*. Paris: Ed. CNRS.

LADD, D.R. (1984). Declination: a review and some hypotheses. In EWEN C.J. & J.M.ANDERSON (Eds), *Phonology Yearbook, vol.1*, London: CUP, 53-74.

LAMBRECHT, K. (1994). *Information Structure and Sentence Form. Topic, focus and the mental representation of discourse referent*, Cambridge: Cambridge University Press.

MOREL, M.-A. & DANON-BOILEAU, L. (1998). *Grammaire de l'intonation. L'exemple du français*, Paris-Gap: Ophrys (Bibliothèque de Faits de Langues).

MOREL, M.-A. (Resp), CANDEA, M., JOUËT-PASTRE, G., LELEU, C., NAKAO, K., ORDOOBADI, N., SHIODA, A., TINOTHAI, K., TRAMBOULIS, T., URAS-YILMAS, A & YILMAS, S. (1998). Intonation, oral spontané, comparaison de langues. In CARON B. (Ed.), *CIL 16, Actes du Congrès International de Paris 1997*.

ROSSI, M. (1985). L'intonation et l'organisation de l'énoncé. *Phonetica* 42, 135-153.

VINCENT, D. (1993). *Les ponctuants de la langue et autres mots du discours*. Québec: Nuit Blanche Ed.

WEIL, H. (1844). *De l'ordre des mots dans les langues anciennes comparées aux langues modernes. Question de grammaire générale*. Paris: Didier Erudition (réédition 1991).

YULE, G. (1980). Speakers'topics and major paratones. *Lingua,* 52, 33-47.

Annexe

Tracé 6

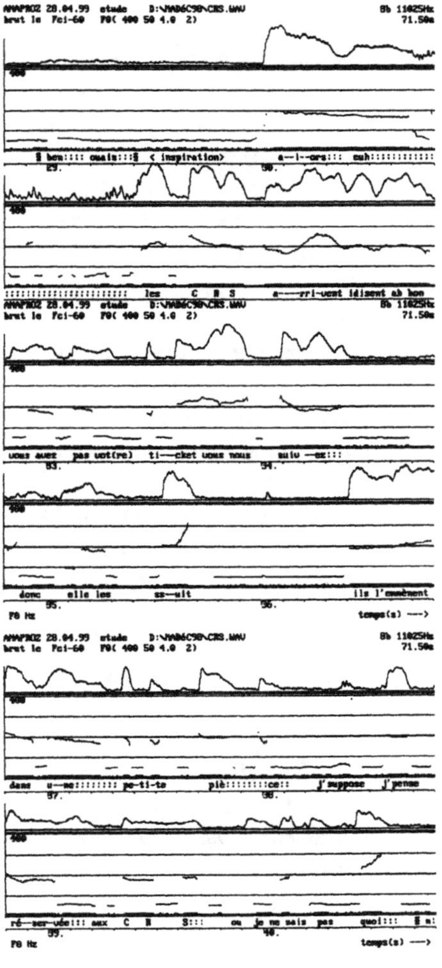

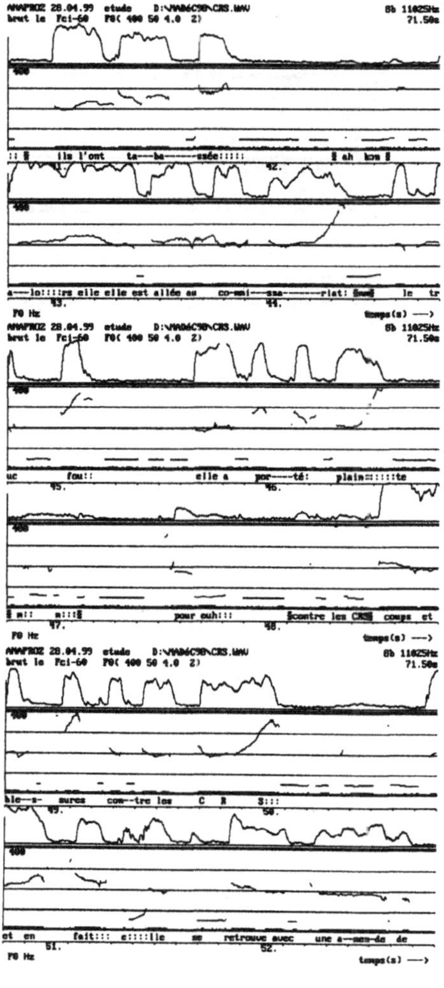

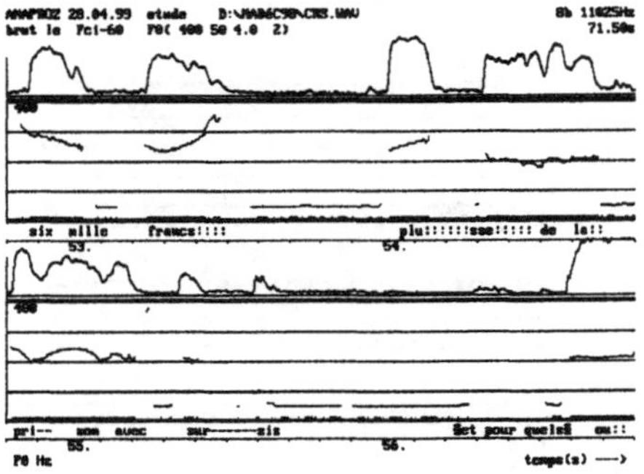
8b 11025Hz
71.50s
400
six mille francs::::
plu::::::sse::::: de la::
53.
54.
400
pri-- son avec sur-----six
55.
56.
F0 Hz
temps(s) --->

Processus de reformulation dans des tâches d'écriture collective

Le traitement linguistique des corpus longs

Marie-Madeleine DE GAULMYN

Introduction

La rencontre de Lausanne, «Modèles du discours en confrontation», proposait quatre thèmes de discussion: le degré d'intégration des différents niveaux d'analyse choisis, la définition et les critères de découpage des unités significatives, le type de données dont sont issues les hypothèses, la nature des observables analysés dans les corpus.

Pour illustrer ma position dans ce débat, j'ai retenu un objet d'étude, les processus de reformulation (de Gaulmyn, 1987b), observés dans une classe particulière de situations oralo-graphiques, dites rédactions conversationnelles ou productions coopératives de textes écrits (Bouchard et de Gaulmyn, 1997; Bouchard, de Gaulmyn et Sadni-Jallab, 1998). Les exemples que je commenterai, sauf les deux premiers, sont empruntés à ces situations. Ils pourront sembler longs. Ce ne sont pourtant que de courts extraits détachés de corpus dont la durée est comprise entre 30 minutes et trois heures.

Je ne me réfère pas à un modèle unique, mais à une conception dynamique du discours conçu comme un processus où se déploie l'activité conjointe des interlocuteurs. L'ensemble des discours forme un milieu vivant, mobile, plastique, évolutif, où naissent, croissent, s'alimentent, se reproduisent et meurent les flux de paroles échangées qui dessinent des courants instables, mouvants, mais déposent au fil du temps des strates d'usages stabilisés. Double stratification, opérée par l'écriture qui fixe et conserve paroles et textes et par la grammaire qui classe et règle les états de la langue.

Chaque mode de fonctionnement langagier met en jeu les deux propriétés constitutives et indissociables du langage naturel humain, propriétés générales que j'appelle *reformulation* et *réflexivité*. La reformulation prend les formes de la paraphrase, de la redite, de la reprise, de la mention, de l'allusion, de la citation, etc. Activité intradiscursive, interne au discours du locuteur, ou interdiscursive, d'un locuteur à l'autre (de Gaulmyn, 1987a), elle fonde le processus discursif, composé d'attendu et d'inattendu, du «toujours déjà dit» et du «encore à dire». La réflexivité recouvre toutes les activités métadiscursives. Elle permet au discours de se prendre comme objet et au locuteur de se distancier de son dire et de le commenter, de parler de plusieurs voix, de mentir, de plaisanter, de se dédire, donc de ne pas être réductible à l'une de ses paroles. La reformulation, envisagée comme processus dynamique et créatif d'engendrement du discours, est de nature paradoxale: à la fois répétition et altération, continuité et modification, cohésion et renouvellement, permanence et changement, reprise du même et incursion de l'autre, transition et soudure. La reformulation et la réflexivité, autrement dit l'altération du discours et l'altérité du sujet, résultent des propriétés fondamentales du langage naturel humain et reflètent le jeu (ou le travail) dialogal et dialogique de distanciation et de ré-appropriation du discours par les locuteurs et sont au centre de la conception dynamique du discours (de Gaulmyn, 1997a).

Diversité des reformulations

Ainsi définie la reformulation réunit des activités langagières de nature et de niveau très différents. Il existe de reformulations simples et complexes, immédiates et différées, locales et généralisées.

La comparaison des exemples 1 et 2 montre la distance entre la description d'une reformulation simple, limitée, locale, et l'analyse d'une reformulation complexe. La situation est, dans les deux cas, une conversation entre deux locuteurs inconnus l'un de l'autre avant cette rencontre. L'exemple 1 est une auto-reformulation immédiate à fonction explicative adressée par un expert en réponse à une demande de conseil.

Exemple 1. Conseil radio-téléphonique d'un expert. *Les boutures de laurier-rose.*

1.	M	alors on prélève sur des lauriers-rose
2.		bien sûr' qui sont déjà repartis en végétation'
3.	L	oui
4.	M	on regarde des beaux rameaux latéraux euh
5.		qui sont un petit peu jeunes **si vous voulez**
6.		qui sont pas encore devenus des rameaux en bois complètement hein'
7.	L	ah bien oui oui
8.	M	qui sont **comme on dit'** semi-aoûtés ou semi-ligneux'
9.	L	oui oui
10.	M	**c'est-à-dire** qui sont en cours de transformation en bois
11.		mais qui sont encore verts
12.	L	c'est ça

Les commentaires métadiscursifs qui servent de connecteurs de reformulation sont en gras. La séquence de reformulations est encadrée (*cf.* Gülich et Kotschi, 1983 et 1987). Elle comprend la formule-source (ligne 5) et les paraphrases qui forment un paradigme de subordonnées relatives mises en équivalence sémantique. L'unité d'analyse se limite pour cet exemple à l'élaboration d'une phrase par additions. La reprise d'une structure syntaxique identique sert à juxtaposer une série de paraphrases plus précises et plus correctement formulées que l'interlocutrice se contente de ponctuer. L'expert montre son savoir et joue un rôle pédagogique de vulgarisateur.

L'exemple 2 est un cas plus complexe de reformulations enchassées et enchaînées qui s'étendent sur plusieurs tours de parole et sont négociées par les deux locuteurs.

Exemple 2. Conversation. *La mode.*

1.	F	**c'est pas' qu'on peut** *classifier les gens* dès qu'on les' *voit*
2.		mais **on peut** essayer d=*voir* deviner un peu quels sont leurs intérêts
3.	H	**(moi) je pense'** que d'après les: d'après *les vêtements*:' on arrive à *classer les gens*:'

4.		dans certaines catégories **j=dis** pas sociales’ parc=que **faut quand =me pas**
5.	(F)	non
6.	H	être euh: sectaire ou: ou être aus/si rigoureux’/
7.	F	/non pis *en plus/* **j= crois qu=** *c'est faux' en plus*
8.	H	non *en plus c'est faux'*
9.		**m=enfin’ i m=semb=** que *ça donne* la personnalité: de: *des gen*
10.	F	oui
11.	H	en *voyant leurs vêt=ments:*’ /euh: leur leur/
12.	(F)	/(d’une certaine *façon*)/
13.	H	*façon leur façon* d=penser’
14.		*leur façon* de viv= sûr=ment,
15.	F	oui’ **j=crois’**
16.	H	**moi c’est mon’ avis**
17.	F	**j=crois** aussi’ *qu=ça donne* une in- *des indications* mais:/(seule)ment/
18.	(H)	*/des indications/*
19.	F	le danger c’est de: *de classifier les gens* comme ça
20.	H	on a trop l’habitude /de/
21.	(F)	/oui/
22.	H	*de classer les gens:*’ de fa- de par *la façon* qu’i *s'habi:llent'*/donc/
23.	F	/hm hm/
24.	H	*par la façon*: euh: tout *c=qu'i font:*’ quoi’ /tout/
25.	(F)	/oui’ je sais’/
26.	H	*c=qu'i font,*

Les initiales des locuteurs, H et F (pour Homme et Femme), identifient les tours de parole. L’initiale H ou F entre parenthèses signifie que l’émission verbale ou vocale superposée à la parole du locuteur principal ne l’interrompt pas, mais concourt à l’accomplissement du tour. Les chevauchements sont entre des barres obliques, les modalisations sont en caractères gras, les reprises des mêmes mots en italiques.Les paradigmes des expressions immédiatement reformulées sont alignés verticalement pour montrer l’élaboration progressive d’un segment qui occupe la même position syntaxique dans la construction d’un énoncé oral complexe.

La co-reformulation négociée entre les locuteurs vise la recherche du consensus. La reformulation principale qui traite de la facilité et du risque de juger les gens d'après leur façon de s'habiller (*classifier* selon F ou *classer* selon H) progresse par additions, corrections et retouches, au moyen d'auto-reformulations locales, de répliques en écho, d'achèvements interactifs. Le thème est exploité en commun, les mêmes mots sont repris avec des modalisations et des glissements de sens (comme le mot *façon* recyclé de trois façons différentes). Une hétéro-reformulation de H (lignes 3-4) corrige la proposition hésitante de F en la renforçant, mais H infléchit sa position, adopte un jugement catégorique de F (ligne 9) pour obtenir son assentiment (ligne 19) et finalement il s'aligne sur la même position de réserve que F et lui fait écho (lignes 21-22). La séquence peut s'analyser sur le mode de l'enchassement de micro-activités d'ajustements et de rapprochements dans une macro-activité de construction d'un consensus, elle-même comprise dans le jeu hésitant et réciproque de séduction et de retrait d'un premier entretien entre deux jeunes gens (de Gaulmyn, 1987a).

Le troisième exemple, provient d'une consultation, où le conseiller (Cons) rédige une lettre pour une dame (Dam) venue demander conseil pour se défendre de son propriétaire. Les locuteurs occupent des positions inégales, le savoir juridique et l'autorité relèvent de l'expert, les informations qui motivent la requête proviennent de la dame (de Gaulmyn, 1987b, Gülich et Kotschi, 1987).

Exemple 3. La dame de Caluire.

1.	Cons	DICTE par conséquent' j=vous d=mande par l=présent pli r=commandé' 0 heu 0
2.		par conséquent' j=vous d=mande 020 par le présent pli r=commandé'030
3.		le présent pli r=commandé' 00
4.		de: de bien vouloir' 030 m'indiquer' comment' vous payer mon loyer +
5.		c'est tout hein, c'est vous êtes couverte
6.		à partir du moment où vous lui d=mandez comment i faut l=payer, 00
7.		m'indiquer' 00 comment je dois acquitter mon loyer
8.	(Dam)	ouais bon alors
9.	Cons	DICTE je dois non attendez alors,
10.		je dois acquitter mon loyer'
11.	Dam	VITE du mois d'avril,

12.	Cons	je tiens cette somme à votre disposition, +
13.	(Dam)	oui
14.	Cons	voilà 0 on fait preuve de:
15.	Dam	parce qu'il est v=nu /trois f= oui mais/
16.	Cons	DICTE /je tiens cette / somme' 0 à votre disposition,+
17.		alors éventuellement'
18.		vous tenez une somme' à la disposition si i vient l=chercher 0
19.		DICTE ce: cette somme' à votre disposition,+

Les passages inscrits, dictés ou relus à haute voix sont notés en italiques pour les distinguer des commentaires (lignes 5-6) et de la reformulation orale adressée à la dame. L'activité de rédiger et d'écrire occupe totalement le conseiller qui n'entend pas les tentatives de la dame pour reprendre la parole (lignes 11 et 15). L'auto-reformulation est dans son cas une auto-dictée, auto-initiée et hétéro-adressée. Elle se déroule selon un double dispositif d'énonciation: dans la lettre écrite par Cons au nom de Dam à son propriétaire (où *je* est Dam, et *vous* le propriétaire) et dans l'entretien entre Cons et Dam (lignes 17-18 où *vous* est Dam et *il* le propriétaire). Le verbe *payer* employé dans la première formulation et dans le commentaire oral devient dans l'écrit *je dois acquitter*. Ce type de reformulation orale qui accompagne et redouble une activité parallèle d'écriture présente des analogies avec une situation de discours rapporté direct, spécialement la citation à haute voix d'un texte écrit insérée dans un discours oral. Les indices prosodiques de la dictée et de la lecture signalent l'écart entre le ton de l'échange adressé et celui de l'oralisation de l'écrit. Le passage d'un niveau d'énonciation à l'autre est évident pour les deux partenaires, alors que cette hétérogénéité rend l'analyse linguistique complexe (*cf.* Vion, 1995 a et b).

Les exemples 4 et 5 sont extraits de la même rédaction conversationnelle. Deux étudiants de français langue étrangère, Méïté et Paulo, doivent dans un texte argumentatif prendre position pour ou contre les devoirs à la maison imposés par les instituteurs aux écoliers. Les deux extraits correspondent aux deux étapes du processus de rédaction et à deux états du produit écrit. Dans l'exemple 4 les partenaires produisent l'un des éléments de la liste préalable d'arguments qui leur servira ensuite d'aide-mémoire pour la rédaction du texte. Dans l'exemple 5, ils reprennent l'expression élaborée dans l'exemple 4 et composent la phrase destinée au texte. Alors que l'exemple 4 correspond à la séquence entière de production, l'exemple 5 ne représente que le début de l'élaboration de la phrase, la rature du deuxième mot écrit, *entraîne*, et son remplacement par *engendre*.

Exemple 4. Méïté-Paulo. Les devoirs à la maison.

Formulation écrite: p. e meilleur entraînement pour les examens

1.	F	ECRIT travail' 000 + **on peut dire peut-être en plus' 0**
2.		**que:** ça entraîne un peu pour les examens
3.		pa=c= que 0 on travaille' euh: seul' 0 indépendante' 0
4.		sans quelqu'un qui euh: qui p (...) aider'
5.		donc 0 c'est un peu comme dans l'examen' /(...)/
6.	H	/**ouais ça serait/** un entraîn=ment' 0 pour étudier: pour un vrai examen'
7.	F	oui: /c'est un peu/
8.	/H/	/pa=c= qu'en fait les/
9.	F	flou pa=c= que
10.	H	non les /examens/
11.	/F/	/(mais ...)/
12.	H	ils sont toujours basés' sur les: les devoirs s= qu'on a à faire
13.	F	oui c'est la /meilleure/
14.	H	/**donc** (...)/ entraîn=ment' 0
15.	F	ouais meilleur /entraîn=ment/
16.	H	/pour les/ futurs examens' (4)
17.	F	ECRIT **c'est 0 plutôt** par exemple ici, de cet argument, 0
18.		par exemple meilleur entraîn=ment pour les 0 les examens, 000 + /(ASPIRÉ)oui/
19.	/H/	/hm/
20.	F	00 RESPIRATION voilà,

Sont notés en italiques les mots et expressions qui correspondent à l'écrit et en gras les commentaires et connecteurs à valeur métarédactionnelle.

Dans l'exemple 4, F suggère un argument positif pour les devoirs à la maison: «on peut dire peut-être en plus que ça entraîne un peu pour les examens», énoncé construit avec une subordination de discours rapporté indirect. Elle justifie ensuite ce qui n'est encore pour elle qu'une proposition. H produit une hétéro-reformulation qui nominalise le verbe, transforme la proposition et la rend propre à être inscrite: «ouais ça serait un entraîn=ment pour étudier: pour un vrai examen». Il donne à son tour une justification. Il s'ensuit une co-reformulation (lignes 13-16) et une dernière reformulation avec une addition par F. Les activités des partenaires sont conjointes et alternées, combinées de façon harmonieuse, mais l'enjeu du travail est réduit, cette formulation n'étant que provisoire.

Exemple 5. *Méïté-Paulo* (suite).

Brouillon: *Cela ~~entraîne~~ engendre de surcroît, un entraînement profond et régulier ~~pour~~ face aux examens.*

1.	F	entraîner pour euh 0 pour des RIT exa/mens +/
2.	H	/pour/ des examens oui,
3.	F	*ça entraîne*, en plus' (qui les met) à entraîner
4.	H	*c=la entraîne,*
5.	F	oui' *cela entraîne'*
6.	H	ECRIT (ah cela) + *cela entraîne* 0
7.		en plus ou aussi **qu'est-c= tu en dis**
8.	F	euh: *de surcroît*, 0 qui l'est euh:
9.	H	*de surcroît'* 0
10.		**ben j= crois pas qu'on** peut euh
11.		*cela entraîne de surcroît,*
12.	H	**on va on va mettre** de surcroît
13.	F	je n= sais pas (PETIT RIRE) **peut-être c'est faux'**
14.	H	**c'est pas trop: 0 euh: snobisme'**
15.	F	RIT oui' + (RIT) de surcroît 0 que: qu'il est meilleur 0 euh /m: 0/
16.	/H/	/hm 0/
17.	F	*entraîne'* /euh/
18.	/H/	/euh 0/
19.	F	pour les examens
20.	H	*c=la entraîne de surcroît'* ECRIT 0 + *un entraîn=ment* 00
21.	F	plus *profond*
22.	H	*un entraîn=ment* 00 euh:
23.	/F/	euh:

24.	H	intérieur' 0 et continu' 0 aux examens'
25.	F	oui quèqu= chose comme ça oui,
26.	H	*cela entraîne de surcroît' 0 un entraîn=ment* ECRIT (4) +
27.		cela entraîne ou un entraîn=ment' 0
28.	F	euh: oui, **qu'est-c= qu'on va faire,** 0
29.		*cela entraîne 0 de surcroît' un:*
30.	H	cela entr=
31.	F	**ah je n= sais 0 pas de synonyme** pour entraîn=ment,
32.	H	engendre, /engendrer,/
33.	/F/	/(euh)/
34.	H	*cela engendre'* ECRIT (3) + ouais
35.	F	**connais pas,**
36.	H	engendrer **ça veut dire,** 0
37.	F	entraîner,
38.	H	(dirait: ah') /(RIT)/
39.	/F/	/(RIT)/
40.	H	entraîner euh: 00 ah **je (connaissais)** entraîner engendrer euh: 0 procurer'
41.	F	procurer **c'est la même chose'** 0
42.	H	**euh pas tout à fait'**
43.	F	ah **mets** engendrer et: /pis voilà'/
44.	H	*/(engendre)/* ECRIT 000 *cela engendre,* 000 *de surcroît'* 0
45.		*un entraîn=ment* 000 euh: 000 + euh: *un entraîn=ment'* 0 consécutif' 00

Dans l'exemple 5 le travail de co-reformulation destiné au texte définitif pose un problème d'autant plus difficile à résoudre qu'il reste implicite ou inaperçu. La formule nominalisée du plan doit être transformée en phrase verbale. C'est l'opération inverse de celle que H avait effectuée aisément sur la proposition de F dans l'exemple 4 (*ça entraîne* devenu *ça serait un entraînement*). Dans l'exemple 5, F qui relit le plan transforme le substantif dérivé en infinitif et propose de nouveau *ça entraîne*, que H corrige pour le rendre conforme au bon usage écrit *cela entraîne*. Mais cette expression placée en début de phrase modifie le sens du verbe et devient un lien logique consécutif avec la phrase écrite précédente. Le travail qui s'engage ensuite concerne le choix et l'évaluation de l'adverbe accompagnateur. Ce n'est qu'une fois l'accord obtenu sur *cela entraîne de surcroît* et l'inscription commencée que surgit le problème de la duplication: *entraîne/entraînement*, une répétition jugée impossible à écrire. Les scripteurs ne semblent pas conscients du double sens qu'a pris le verbe *entraîner* et ne remettent pas en cause la structure de phrase déjà inscrite. H propose d'autres verbes à sens figuré, *engendrer, procurer*, mais en ajoutant l'adjectif *consécutif* il montre bien qu'il cherche à conserver la valeur logique de *cela entraîne*.

Ni l'un ni l'autre des rédacteurs n'a le français comme langue maternelle. La phrase finalement rédigée est maladroite. La fragmentation du travail d'écriture, la recherche d'un niveau de langue soutenu les réduisent à ne pouvoir évaluer leur production écrite que mot par mot, sans intégrer les mots dans la phrase en projet, ni la phrase dans le texte en gestation, sans contrôler le sens. Ils manquent de l'aisance qui leur permettrait, comme le conseiller de l'exemple 3, de passer d'un niveau local au commentaire du niveau plus général. Et l'acte d'écrire et de relire leur production, devenue sous leurs yeux un objet définitif, leur interdit les répétitions de mots, les glissements de sens et les recyclages d'expressions qui sont courants dans une conversation, comme le montre l'exemple 2.

On constate dans cet exemple 5 que l'intégration des niveaux d'analyse et le traitement simultané des unités significatives à ces différents niveaux entrent dans les tâches pratiques des locuteurs. La compétence discursive requise est aussi complexe à décrire pour le linguiste qu'elle est simple, souple et sûre dans son fonctionnement pour le locuteur. Comme locuteurs, Méïté et Paulo ont cette compétence. Comme locuteurs engagés dans une tâche d'écriture, ils savent parfaitement juxtaposer, sans les confondre, les énoncés conversationnels et ceux destinés à l'écrit. Cependant il leur manque une compétence discursive proprement rédactionnelle pour maîtriser tous les niveaux de construction du texte simultanément.

Cette séquence ne représente que le début du processus de rédaction de l'une des phrases du texte. La comparaison des deux états du produit écrit, la prise de notes pour le plan de l'exemple 4 et la phrase ébauchée dans l'exemple 5, ne dit rien du processus de reformulation intertextuel négocié dans la succession de reformulations locales complexes. Une modification opérée localement sur le texte est l'aboutissement d'une série d'échanges à divers moments de l'interaction. La décision prise sur une phrase est liée à la rédaction d'une autre phrase. L'unité d'analyse pertinente pour expliquer un événement local est alors l'interaction entière, et non plus seulement la séquence de travail coopératif sur un segment de phrase ou même une phrase entière. Le processus de reformulation, loin d'être limité à une séquence, occupe finalement toute l'interaction (démonstration sur un autre corpus, de Gaulmyn, 1999 à paraître). Ce type de résurgence à distance et de reformulation différée n'est pas propre à nos situations de travail de réécriture, même si elles y sont particulièrement visibles, mais il constitue un élément de structuration des échanges conversationnels à un niveau macrostructurel. On en voit les conséquences sur les choix des différents niveaux d'analyse, le découpage des unités significatives, et la nature des observables analysés dans les corpus, c'est-à-dire trois des thèmes proposés à la réflexion des linguistes réunis à Lausanne.

La critique génétique des textes littéraires compare aussi les états successifs d'un texte en cours de rédaction, les brouillons manuscrits, (Grésillon, 1994) ou les versions différentes de l'expression d'un même contenu par des auteurs ou à des époques ou dans des langues différentes (série, traductions, pastiches, intertexte). Dans ces analyses de discours, l'étude des reformulations tient évidemment une place centrale, mais elle se limite aux produits isolés des situations de production, et ignore le processus des reformulations. Au contraire, l'étude conduite sur l'enregistrement des interactions de travail permet de montrer que la critique des seules versions écrites ne peut qu'interpréter certaines traces du travail visibles sur le produit, sans reconstituer le processus de production qui a guidé les choix des scripteurs.

Discussion

1. Les données

Les commentaires de ces cinq exemples répondent aux quatre thèmes de la rencontre de Lausanne «Modèles du discours en confrontation». L'un de ces thèmes, «les types de données dont sont issues les hypothèses», met en évidence l'empirisme du travail sur corpus. Le corpus infléchit, oriente la recherche et en fin de compte dicte les hypothèses d'interprétation. Au lieu de constituer des listes d'occurrences hors de tout contexte, sur la base de catégories linguistiques déjà définies, j'ai opté pour l'enregistrement d'événements langagiers complets, des conversations, des récits, des débats, des échanges professionnels, intégralement transcrits, situés dans leur contexte et complétés par des informations sur les partenaires, le cadre, le lieu et le déroulement de l'interaction. Les listes d'occurrences, les calculs de fréquence, les comparaisons entre formes analogues ou apparentées s'établissent à l'intérieur d'un corpus. Le choix des faits à étudier est dicté par les ressources du corpus. Leur interprétation, dans une perspective ethnométhodologique, dépend des activités discursives conduites par les locuteurs et signalées par eux. J'ai de ce fait adopté une démarche quasi-stylistique plus proche de la sémiologie textuelle et de l'herméneutique que de la grammaire.

Mon objet est le traitement linguistique de corpus longs dans une perspective didactique. Mon objectif est de mieux connaître les processus ordinaires d'écriture et par là d'améliorer les dispositifs d'apprentissage et d'entraînement de la compétence rédactionnelle. Les rédacteurs experts ont des méthodes de travail efficaces, savent évaluer eux-mêmes leurs productions, coordonner et contrôler les opérations, utiliser des ressources. Les activités des co-scripteurs, les propos échangés qui accompagnent et guident leur travail permettent d'appréhender les représentations qu'ils ont de ce travail et l'état des connaissances mises en œuvre. Leurs pratiques indiquent quelque chose de leur compétence en acte à gérer cette situation et à effectuer la tâche d'une façon satisfaisante pour eux.

Cet objectif dépasse le cadre de la description linguistique d'une grammaire ou d'un système, parce qu'il est de nature sociale (Apothéloz et Grossen, 1995). Le linguiste est à l'interface entre pragma-linguistique et sémiologie des interactions, mais il se heurte aux limites de l'analyse des phénomènes avec ses outils descriptifs. Il reconstitue dans le cadre d'une interaction singulière le processus de genèse du texte, le mode de collaboration, le développement d'une méthode de travail. Il lui faut encore valider ces résultats dans d'autres contextes, observer des régularités dans d'autres situations comparables. Or les situations sont rarement comparables et les conditions qui garantiraient le transfert de compétence d'une personne à l'autre sont aussi difficiles à définir en théorie qu'à réunir en pratique.

2. Les observables

Le deuxième thème de la rencontre de Lausanne porte sur «la nature des observables analysés dans les corpus». Quel traitement imposer aux données pour les réduire aux observables à décrire? La présentation que j'ai faite des exemples vise à rendre saillants certains indices jugés significatifs pour l'analyse, tels que la construction progressive d'un énoncé par «empilements paradigmatiques», les commentaires et connecteurs métadiscursifs (en caractères gras), les éléments destinés à être inscrits ou relus (en caractères italiques), les processus de reformulation (encadrés). J'ai défini au début de cet article les deux domaines d'activités qui constituent pour moi le centre et le moteur de la compétence langagière: la réflexivité métalangagière, qui reflète l'hétérogénéité ou l'instabilité énonciative, et la reformulation qui assure un processus d'homogénéisation ou de stabilisation discursive.

Les reformulations locales et immédiates sont clairement identifiables dans les cas simples où un locuteur unique établit avec un connecteur métadiscursif une relation d'équivalence approximative entre deux segments énoncés à la suite l'un de l'autre (paraphrases, répétitions et reprises littérales, voir l'exemple 1).

Les processus de co-reformulations négociées entre deux ou plusieurs locuteurs sur plusieurs tours de parole combinent des activités différentes à plusieurs niveaux. Les marques formelles sont ambiguës, plurifonctionnelles. Les locuteurs gèrent simultanément leurs relations sociales (leurs «faces»), leur affectivité, la construction (morpho-syntaxique) et la continuité (sémantique) de leur discours commun fait d'apports conjoints et d'ajustements provisoires. Toutes leurs interventions sont modalisées, parce que suspendues aux réactions de l'autre (exemple 2) (Gülich, 1992 et 1994).

Les situations oralo-graphiques de rédaction conversationnelle juxtaposent sans les confondre des reformulations conversationnelles et rédactionnelles très différentes. Les marques prosodiques (vocales et non verbales) suppléent aux marques métadiscursives. Les contraintes de l'écriture s'exercent sur les scripteurs et imposent des modèles de reformulation: des structures syntaxiques (voir l'exemple 5 *cela entraîne*) et un répertoire lexical (voir l'exemple 5 *de surcroît.* Avant d'être adopté et inscrit, le segment reformulé est répété en écho, mis à l'essai, puis il est dicté et relu, donc répété encore pour guider l'invention de la suite du texte. Les reformulations de dictée et de relecture ont des formes et des fonctions spécifiques. Les relectures assurent à la fois l'appropriation du texte par sa «mise en bouche et la distanciation qui objective le texte en le rendant public.

Les reformulations conversationnelles ne sont pas toutes immédiates ni localisées dans une séquence unique. Certaines sont différées et opèrent à distance à divers moments de l'interaction. On observe la résurgence et la récupération d'éléments rémanents qui structurent toute une interaction et en constituent le véritable enjeu.

La mise en relation des exemples 4 et 5 élargit encore le domaine des reformulations. Interdiscursives, parce que négociées entre les interlocuteurs au cours d'une situation, elles sont aussi intertextuelles, parce qu'un premier état du texte écrit est repris comme base de rédaction d'un texte second.

Si je tiens à conserver les termes de reformulation, de processus ou d'activité reformulatrice pour l'ensemble de ces faits, je dois les classer sur un continuum, depuis l'auto-correction immédiate d'un mot jusqu'à la citation commentée d'un premier texte dans un texte second. Ce sont évidemment des activités qui ne se reconnaissent pas aux mêmes marques, qui n'ont ni la même portée ni les mêmes effets, et qui concernent des unités discursives de taille et de nature différentes.

3. Les unités et les niveaux

La segmentation des corpus conversationnels et la délimitation d'unités selon des critères stables posent des problèmes difficiles. Dans le cas des rédactions converstionnelles, le produit écrit en gestation impose ses unités pratiques, phrases ponctuées, syntagmes nominaux et verbaux. Les activités de fabrication du texte se déroulent de façon cyclique et permettent de segmenter l'interaction en séquences de production. Avant la décision d'inscription se déroule un long processus d'élaboration. Une fois inscrit, le fragment de texte est présent de façon concrète, il modifie l'environnement des scripteurs. Il est relu, évalué, éventuellement raturé, il contraint la forme du texte à venir. Les marques des changements d'activité délimitent des unités rédactionnelles: le titre, le plan, les phrases ponctuées, les paragraphes, les ratures. Ces marques sont verbales (commentaires et connecteurs métarédactionnels), vocales (prosodie caractéristique des dictées et des lectures), posturales (en cas d'enregistrement video).

La segmentation de ces grandes unités de travail en unités inférieures est beaucoup plus aléatoire, voire arbitraire, et les marques ne sont ni certaines, ni univoques lorsqu'on descend dans le détail des reformulations négociées. Les activités se chevauchent, se superposent d'une façon très complexe à décrire, alors même qu'elle est parfaitement simple et évidente pour les interactants. Le problème pour l'analyste est de rendre compatibles des unités hétérogènes définies par des critères de nature différente, énonciatifs, sémantiques, pragmatiques, prosodiques, morpho-syntaxiques. Un premier type d'unités est la séquence d'énoncés qui traite du même thème de discours, désigné par un mot, une expression (voir l'exemple 2 sur le classement des gens par leurs vêtements). Une telle unité thématique coïncide rarement avec l'unité pragmatique constituée par la séquence de tours de parole délimitée par des marques d'ouverture et de clôture de l'activité (voir l'exemple 4). À un autre niveau, l'unité d'analyse sera la co-élaboration par bribes, corrections et répétitions d'une structure syntaxique peu à peu modelée (exemple 5). Dans cette élaboration, les commentaires d'évaluation et les propositions d'écriture sont situés à des niveaux d'énonciation distincts (exemple 3).

Aux niveaux inférieurs, se posent les problèmes de définir le tour de parole, l'intervention, le régulateur, et de décider de la compatibilité des unités prosodiques (les «paragraphes», Morel et Danon-Boileau, 1998) et des unités pragmatiques et syntaxiques («clauses» et «périodes»,

Berrendonner, 1990 et 1992). Il est nécessaire de nommer chacune des activités conversationnelles minimales identifiables dans l'engrenage des interventions génératrices des échanges. Mais l'analyse risque de fixer (ou figer) par une étiquette attribuée intuitivement ce qui reste implicite, provisoire et mouvant dans l'intention des locuteurs. Des termes comme: *justifier, expliquer, corriger, contester, suggérer, marquer son accord, ou son désaccord, faire une réserve, sous-entendre*, etc. traduisent le passage de la description encore objective des modalités d'énoncés à l'interprétation subjective des modes de collaboration. Dans ses choix, le linguiste encourt le double risque de la simplification réductrice et de l'interprétation excessive à des fins démonstratives (de Gaulmyn, 1997b).

Toute analyse doit définir une classe limitée d'objets qui représentent une même catégorie à un certain niveau. Mais ce qui est une nécessité pour le chercheur ne l'est pas pour les acteurs engagés dans la situation. Les corpus montrent le travail aisé, automatisé, économique, de gestion et de contrôle des opérations à tous les niveaux. Les co-scripteurs sont guidés implicitement par des routines souvent scolaires d'organisation de leur travail rédactionnel. On reconnaît dans l'interaction un déroulement ordonné et logique d'activités successives et hiérarchisées. Ils procèdent souvent des macro-unités dans l'élaboration orale aux micro-unités lors de l'inscription; la relecture permet la transition entre des activités et le retour à l'élaboration d'une unité textuelle supérieure. Mais parallèlement, leur travail, observé dans le détail, à un niveau plus fin, apparaît comme la superposition désordonnée d'activités simultanées qui perturbent et assurent malgré tout la progression de la conversation et la réalisation de la tâche (Bouchard et de Gaulmyn, 1997). L'activité reformulatrice en est le meilleur exemple. Elle transcende la définition des unités. C'est une opération qui s'exerce à tous les niveaux d'analyse, du plus restreint, le mot, au plus large, l'intertextualité. Les marques des opérations reformulatrices diffèrent pour chaque niveau, comme diffèrent les processus de reformulation. L'activité reformulatrice est perturbatrice, elle reprend autrement du déjà dit, ralentit et fait piétiner le discours, et elle est à la fois structurante, elle est mémoire rassurante du discours et outil de sa progression.

Bibliographie

APOTHELOZ, Denis, & GROSSEN, Michèle (1995). L'activité de reformulation comme marqueur de construction du sens: réflexions théoriques et méthodologiques. In L. MONDADA (Ed.) *Formes linguistiques et dynamiques interationnelles.* Lausanne, *Cahiers de l'ILSL, 7*, 177-195.

BERRENDONNER, Alain (1990). Pour une macro-syntaxe. *Travaux de linguistique, 21*, 25-35.

–, (1992). Périodes. In H. PARRET (Ed.), *La temporalité du discours.* Louvain.

BOUCHARD, Robert & GAULMYN, Marie-Madeleine de (1997). Médiation verbale et processus rédactionnel: parler pour écrire ensemble. In M. GROSSEN & B. PY, (Ed.), *Pratiques sociales et médiations symboliques.* Berne: P. Lang, 153-173.

BOUCHARD, Robert, GAULMYN, Marie-Madeleine de & SADNI-JALLAB, Radija (1998). «Impeccable...!!!!» Le processus d'amélioration du texte en écriture coopérative. *Cahiers de Linguistique Française, 20,* 103-127.

MOREL, Marie-Annick & DANON-BOILEAU, Laurent (1998). *Grammaire de l'intonation. L'exemple du français.* Paris-Gap: Ophrys.

GAULMYN, Marie-Madeleine de (1987a). Reformulation et planification métadiscursives. In J. COSNIER & C. KERBRAT-ORECCHIONI (Eds.), *Décrire la conversation.* Lyon: PUL, 167-198.

–, (1987b). Actes de reformulation et processus de reformulation. In P. BANGE (Ed.), *L'analyse des interactions verbales. La dame de Caluire. Une consultation.* P.Lang: Berne, 83-98.

–, (1997a). Sémantique de l'énonciation et pragmatique des actes de discours: une jonction devenue nécessaire. *Revue de Sémantique et Pragmatique.* Orléans, 2, 105-122.

–, (1997b). Du linguistique au cognitif, ou de la reformulation à l'apprentissage. *Colloque RELA,* (non publié).

–, (à paraître 1999). Résistance des corpus longs et déplacements de la recherche: l'exemple de la rédaction conversationnelle. In *Actes du Colloque de Poznan 1998.*

GRESILLON, Almuth (1994). *Éléments de critique génétique: lire les manuscrite modernes*. Paris: PUF.

GÜLICH, Elisabeth (1992). Procédés de formulation et travail conversationnel. Eléments d'une théorie des processus de la production discursive. In *XXème Congrès Zurich*.

–, (1994). Commentaires métadiscursifs et ‚mise en scène' de l'élaboration du discours. *CALAP*. Paris, 5.

GÜLICH, Elisabeth & KOTSCHI, Thomas (1983). Les marqueurs de la reformulation paraphrastique. *Cahiers de linguistique française, 5*.

–, (1987). Les actes de reformulation dans la consultation. In P. BANGE (Ed.), *L'analyse des interactions verbales. La dame de Caluire. Une consultation*. Berne: P.Lang, 15-82.

VION, Robert (1995a). Hétérogénéité énonciative et espace interactif. In D. VERONIQUE et R. VION (Eds.), *Modèles de l'interaction conversationnelle*. Publications de l'Université de Provence.

–, (1995b). La gestion pluridimensionnelle du dialogue. *Cahiers de Linguistique française, 17*.

De l'énoncé au discours oral

Processus interactionnel, élaboration syntagmatique et constructions paradigmatiques

Robert BOUCHARD

La discussion actuelle sur les modèles discursifs porte de manière intriquée sur toute une série de questions. Quatre sont pour nous essentielles à l'heure actuelle. Elles concernent les rapports entre:

- processus discursif et produit discursif,
- processus de production et processus de réception (interprétation, inférences...),
- discours oral (événement unique, co-construction, temporalité, audibilité:) et discours écrit (produit monologique/gal, temps récursif, lisibilité),
- discours et «énoncé».

Le cumul des deuxièmes termes de ces quatre paires caractérise la position grammaticale et linguistique «traditionnelle» dont on constate actuellement le renforcement. Elle s'intéresse surtout à l'«énoncé», écrit ou «neutre», considéré comme un produit stable, et à son interprétation (*cf.* pour un tel retour revendiqué à cette tradition Reboul & Moeschler 1998 et ici-même). Cette entreprise grammaticale, mais aussi l'analyse du discours nous semblent souvent avoir pour conséquence une réification de l'énoncé pour l'une, et du discours pour l'autre. Elles les étudient plus comme des objets que l'on peut segmenter et dont on peut manipuler, classer les segments, que comme un phénomène ou un processus... Auroux (1994) montre d'ailleurs que les grammairiens n'ont commencé leur travail que longtemps après l'invention de l'écriture, à partir du moment donc où la langue n'a plus été uniquement un flux phonique, un continuum d'impressions auditives fugaces mais s'est présentée sous la forme d'une suite d'objets écrits ou «au moins» sous celle d'un texte oral fixé par une longue tradition (religieuse par exemple) et destiné à être appris et récité. Dans les deux cas, c'est la substitution à la parole vive, à l'interaction vécue, d'un produit textuel fixe qui permet l'analyse grammaticale. La question qui se pose au chercheur actuel, s'il ne veut pas rester pris dans cette tradition (ou porté par elle, tout dépend du point de vue), est de travailler ce paradoxe: comment étudier aujourd'hui le processus discursif oral avec des outils et une méthode, nés après l'écrit et nés de l'écrit. On verra par exemple que les présentations tabulaires des énoncés oraux, procédé directement lié à leur inscription orthographique sur un espace à deux dimensions, permet de mieux rendre compte de leur organisation et de leur dynamique interne.

Depuis quelques années, des études, qui se fondent sur l'analyse de corpus oraux authentiques, tentent d'élargir la perspective grammaticale en envisageant au-delà de la (micro?)syntaxe, une macrosyntaxe, en articulant la question classique de l'intégration syntaxique des unités de la langue à celle de leur intégration discursive. C. Blanche Benveniste (*cf.* 1997 pour une synthèse), avec la combinaison préfixe/noyau/suffixe, M.A. Morel et L. Danon-Boileau (1998) avec la combinaison préambule/rhème/post-rhème, A. Berrendonner (1990, 1992) avec l'opposition période/clause proposent des traitements de cette question qui sans être totalement superposables sont apparentés.

Notre projet (Bouchard 1995a, 1995b, 1999), consiste aussi à tenter de rendre compte des régularités observables dans le discours oral mais en adoptant une méthodologie pragmatique voire praxéologique. Elle nous a amené, pendant longtemps, à nous intéresser plus aux «grosses» unités pragmatiques qu'aux phénomènes proprement syntaxiques. Ici cependant nous voudrions nous confronter à ces questions macro-syntaxiques, qui nous semblent au coeur du débat actuel sur le discours. Mais nous voudrions continuer à adopter, pragmatiquement, le point de vue spécifique du locuteur-énonciateur, occupé à (co)gérer le processus discursif oral, au cours d'un événement interactionnel qui pour lui est toujours nouveau et unique même s'il met en jeu des savoir-faire acquis lors de précédentes interactions. Nous voudrions donc camper dans un lieu stratégique, à la frontière des territoires des spécialistes de la grammaire de l'oral et de ceux des interactions (au risque d'essuyer les tirs croisés des deux camps!). Dans les travaux actuels de sciences du langage, il nous semble en effet qu'ils rencontrent encore des difficultés de communication.

Nous allons retravailler ici l'opposition clause-période, énoncé-discours, sous la forme de l'opposition entre phénomènes syntagmatiques et phénomènes paradigmatiques. Nous étudierons d'une part les phénomènes d'intégration syntaxique, en montrant leur sensibilité, leur perméabilité aux phénomènes pragmatiques. Nous étudierons d'autre part des phénomènes d'intégration discursive, en revenant donc sur la question de la macro-syntaxe et en tentant d'aborder la «période», (déjà définie de multiples manières: Luzzatti 1982, Charolles 1988, 1994, Adam, Berrendonner, Blanche-Benveniste 1997), sous un autre angle, celui de son organisation paradigmatique.

Suivant notre vieille habitude d'un travail impliqué en didactique des langues, c'est dans des corpus d'interactions pédagogiques que nous prendrons l'essentiel de nos exemples. Il s'agit soit d'interactions collectives en classe, soit d'interactions en petits groupes, en situation de rédaction coopérative.

Nous utiliserons une mise en forme spacialisée des énoncés oraux qui s'inspire librement des propositions classiques de délinéarisation du Groupe Aixois de Recherche en Syntaxe (*cf.* pour une synthèse Blanche-Benveniste 1997).

(Co-)production de l'énoncé et phénomènes syntaxiques: le travail du dire

Il est admis que le discours oral s'il est souvent dialogal est toujours dialogique: il s'élabore en collaboration avec l'allocutaire. Il est le produit d'une co-locution et/ou d'une co-énonciation. Mais qu'en est-il de la clause, de l'énoncé, qui apparaissent a priori comme plus «automatiquement» monogérés?

Rappelons que la première manifestation de l'altérité se manifeste déjà «au sein» du producteur de discours lui-même, dans les rapports qu'entretiennent «en lui», ces trois entités que postule Culioli, le sujet parlant, le locuteur et l'énonciateur. Il est le premier à s'entendre et à essayer de concilier son vouloir-dire et son dire, en d'autres mots, son intention communicative, la réalisation effective de celle-ci (par un travail du matériau linguistique disponible en L1 ou en L2) et une première auto-évaluation de l'effet de cette réalisation chez l'énonciataire visé. Nous voudrions donc montrer que cette altérité se manifeste dans l'élaboration des plus petites séquences d'unités langagières, au sein de l'énoncé le plus bref, donc au sein de la clause, comme dans le discours plus étendu.

Le travail syntagmatique

Dans l'analyse des phénomènes (macro-)syntaxiques, on peut interpréter comme une première manifestation de cette nature fondamentalement interactionnelle de la production langagière orale, la «décondensation» du «paragraphe oral», si on reprend les termes utilisés par Morel & Danon-Boileau (1998). Ce phénomène que rendait déjà sensible «l'analyse en grille» du GARS à tous ceux qui la pratiqu(ai)ent (*cf.* Bouchard 1995 pour un exemple) a été très finement décrit par Morel & Danon-Boileau, sur la base d'indices intonatifs. Pour eux, la décondensation[1], fracture l'énoncé (tel qu'il est conçu classiquement sur le modèle de l'écrit), en trois segments, le préambule, le rhème et le post-rhème. En d'autres termes, elle permet de procéder à une prédication par (re)touches successives. Si le post-rhème non obligatoire sert éventuellement à préciser de manière cataphorique une information restée implicite, le «préambule», beaucoup plus fréquent et plus

[1] Remarquons cependant que le terme a l'inconvénient de postuler un point de départ «condensé» pour aller vers un résultat «décondensé», soit implicitement de comparer un paragraphe oral qui serait second à une phrase (écrite?) qui serait première. C'est en fait, bien sûr, notre connaissance «savante» de l'écrit qui est première, historiquement, par rapport à notre connaissance de l'oral, et non pas l'écrit qui est premier par rapport à l'oral.

développé, donne le moyen d'indiquer, avec un degré de précision variable selon le besoin, les conditions de validité de la prédication. Peuvent être indiqués, le lien avec le dire ou le faire antérieur (*cf.* ci-dessous le «ligateur» «mais»), le «point de vue» selon lequel se place l'énonciateur («moi», «en tant que X»,...), la modalisation de son dire telle qu'il entend l'expliciter (évidemment, je crois...) comme le «cadre» de celui-ci, c.a.d. «le domaine sur lequel va rouler le propos» (ci-dessous «à propos de la mode aussi», avant d'introduire le «support lexical disjoint» (*cf.* Morel & Danon Boileau 1998 pp 39-43), classiquement étudié dans la phrase dite «disloquée».

Cette «décondensation» permet au locuteur de gérer le message, étape par étape, en tenant compte moment après moment des réactions de l'interlocuteur. Bally (1909) (cité par Laparra (1982, p. 217) parlait déjà à propos de la phrase «disloquée», «d'un dialogue entre le moi et le non-moi dans l'expression de la pensée». L'énonciateur peut aussi commenter ce message à chacune de ces étapes comme dans l'exemple ci-dessous où deux gloses en incise (indiquées en italiques) viennent interrompre momentanément l'agencement du paragraphe.

mais à propos d= la mode aussi je::
j==fin
je suis pas tellement con:: '
pour le système d'une mode imposée:'
qu= les gens
doivent
suivre p=ce que ça ça tient de l'unifome en fait,,
moi j'ai
j'ai toujours très envie d= rire' quand euh::.
ça
ça m'est arrivé plusieurs fois»
par exemp= deux filles' qui débarquent'
BON BEN i = s= trouve» que c'était des filles»
deux filles qui débarquent' elles ont l= même pull»
ou
ou le m
les mêmes paires chaussures»;
BON BEN:: c'est très drôle,, de regarder la tête qu'elles font^
parce que:: elles croyaient vraiment:: détonner:'
et pis faire sensation'
en fait elles sont habillées d= la même façon^

(Corpus «La mode» Lyon 2)

Dans ce jeu (co)énonciatif, le segment le plus organisé syntaxiquement, le «rhème» (le «noyau» chez C. Blanche-Benveniste, *cf.* aussi les constructions «automatiques» de Blinkenberg (1928, cité dans Laparra 1982), tend à se restreindre à sa forme minimale, le verbe précédé des pronoms clitiques qui saturent ses «valences» pour reprendre l'image de Tesnières (1959). On constate donc en passant de la notion de phrase disloquée à celle de paragraphe oral, que la zone de l'intégration syntaxique (ordre des mots, marques morphologiques...) est de plus en plus limitée. L'ensemble plus large dont elle constitue le coeur n'apparaît pas pour autant comme désorganisé ou inorganisé. Morel & Danon-Boileau (1998) ont montré par exemple en quoi le marquage intonatif vient relayer le marquage syntaxique mais aussi quelquefois s'opposer à celui-ci (*cf.* note p. 22) dans l'organisation du paragraphe oral. D'une manière générale, on peut dire que l'organisation macro-syntaxique, les phénomènes d'intégration discursive viennent relayer (ou empiéter sur) ceux d'intégration syntaxique.

Les métanalyses

Le processus de production du discours, à l'écrit comme à l'oral, n'est pas la simple mise en mots d'une pensée préexistante, même pour ces «granules» locutoires que seraient les clauses. L'intention de communication floue y est confrontée aux contraintes créées par l'interaction avec un énonciataire mais aussi aux éventuelles facilitations créées par certains types d'interactions privilégiées (connivence, compréhension à demi-mot...) Elle est simultanément confrontée à la difficulté locutoire d'une nouvelle mise en mots comme aux facilités offertes par les routines langagières, culturellement admises (expressions figées, genres codifiés...). Le message effectif se développe en fonction des obstacles ou des facilités que lui offre la situation ou le matériau linguistique lui-même, en s'adaptant, en transformant à chaud, le cas échéant, le projet d'intégration syntaxique ou discursive esquissé dans un premier temps.

Les métanalyses (*cf.* Berrendonner) se succédant dans le temps en sont autant de micro-exemples formels. Ci-dessous le même syntagme «mettre en oeuvre» joue d'abord un premier rôle syntaxique par rapport à «faut-il» et un second rôle, ensuite, par rapport à «sera»:

comment faut-il mettre en oeuvre sera le problème qui sera évoqué
(Corpus ENTPE)

Il nous semble d'ailleurs possible d'élargir le phénomène à l'intonation. Comme le remarque Morel & Danon-Boileau (p. 25), celle-ci, de manière plus souple encore, permet à tout moment de recatégoriser fonctionnellement un segment discursif, le faisant passer du statut de rhème à celui de préambule par exemple grâce à une montée du fondamental de la voix à la finale. Dans les deux cas, c'est a posteriori, en fonction de l'évolution de la production du message et du contexte interactionnel, que le locuteur-énonciateur réinterprète son action locutoire. Nous avons étudié ailleurs un cas de réinterprétation globale, a posteriori, de l'ensemble d'un épisode interactionnel par un des deux interactants (Bouchard 1987).

Cette plasticité de l'organisation orale est liée à sa dimension temporelle, même ses enchaînements syntagmatiques se réalisent d'une certaine manière «in abstentia» si on reprend pour la remettre en cause l'opposition classique de Jakobson entre fonctionnement paradigmatique «in abstentia» et fonctionnement syntagmatique «in praesentia». Seule la mémoire de travail des sujets participants à l'interaction conserve une trace momentanée d'une partie de la suite langagière véritablement émise. Il est impossible de confronter terme à terme différents «moments» du flux langagier.

Ajoutons que ces réorganisations a posteriori ne sont pas un phénomène forcément négatif, la marque d'une simple défaillance ou d'un pur opportunisme dans la gestion grammaticale ou pragmatique de l'énoncé comme du discours. Ce phénomène permet aussi que l'énonciation (ou la production écrite *cf.* Kaplan 1988, Bereiter & Scardamalia 1993) soit l'occasion d'une transformation, d'un renouvellement, dans l'action (inter)locutoire, de la pensée préexistante. Parler, écrire, ce n'est pas seulement matérialiser une telle pensée, c'est en grande partie créer une pensée nouvelle ou renouvelée par les contraintes de la situation, le contact avec autrui et la logique du signifiant (*cf.* Bouchard, de Gaulmyn et Sadni-Jallab 1998). A son degré ultime, l'art de l'oral, l'«orature» est un art de la variation, de l'improvisation, de l'adaptation a priori et a posteriori, instant après instant, aux (variations des) conditions de l'énonciation (Zumthor 1990).

Enoncés, appuis du discours et appuis sur l'énonciataire

Luzzatti (1982, 1985) remarque par ailleurs, en s'inspirant des travaux sur le théâtre de Deloffre (1955), que cette organisation syntagmatique segmentée peut être soulignée par des «appuis du discours» facultatifs (*cf.* les «bon ben» dans l'exemple ci-dessus). Ceux-ci, précise-t-il dans le cas du corpus monologal qu'il étudie, peuvent s'insérer en début ou en fin de chacun des éléments de l'unité orale qu'il place en équivalence très approximative avec la phrase écrite. Il appelle (déjà!) cette unité une «période» et lui attribue une forme ternaire, du type «tension», «condition», «résolution» (Ces trois notions recouvrent respectivement celles de «support lexical détaché», de «cadre» (éléments du préambule) et de «rhème» chez Morel & Danon-Boileau 1998). Ces appuis du discours jouent donc en quelque sorte le rôle de ponctuants oraux de la «période».

Mais il nous semble important d'ajouter que ces appuis du discours peuvent s'insérer ailleurs qu'entre ces unités pragmatiques ou macro-syntaxiques. On peut les trouver aussi au sein même de celles-ci, et même au sein de la plus syntaxiquement organisée de celles-ci, au sein du «rhème». Cette intrusion au sein du rhème n'en détruit pas d'ailleurs la stabilité syntaxique, ni pour le locuteur, ni pour l'interlocuteur. On ne peut plus dire cependant que ces «appuis du discours» constituent une ponctuation, qu'ils assurent fonctionnellement l'audibilité du message. Dans ce cas-là, il s'agit plus d'un appui du discours au seul profit du sujet parlant aux prises avec les difficultés de l'énonciation de son message. Ce phénomène se rencontre d'ailleurs fréquemment dans les situations de parole «solitaire» ou difficile, chaque fois précisément que le locuteur - à tort ou à raison - n'a pas le sentiment de disposer d'un appui interactionnel sur un interlocuteur coopératif. C'est alors le manque d'appui sur l'auditoire qui semble amener un locuteur instabilisé à tenter de trouver son équilibre au rajoutant des «petits mots» comme appuis à sa propre production discursive, afin de mieux la prolonger, la pousser en avant et ce, aux dépends même de l'intégrité des constituants discursifs et syntaxiques. Observons que tous ces petits mots «alors», «donc», «n'est-ce-pas» tentent de postuler artificiellement la connivence interactionnelle qui précisément fait défaut. Le «rhème», lui aussi, bien qu'ultime «bastion» de la syntaxe peut être ainsi «envahi» par ces appuis du discours quand l'appui sur l'«autre» est insuffisant. Il serait d'ailleurs intéressant d'observer plus finement s'il existe des syntagmes oraux, de taille inférieure à la clause, susceptibles de résister à cette «invasion».

Le travail paradigmatique: des reformulations aux constructions

Reprise reformulatrice et interaction

Le travail de (re)formulation se situe au coeur du processus de production. Il se produit souvent par étapes: les raturages, les brouillons, à l'écrit. Ces étapes sont ineffaçables à l'oral, (ce qui est dit est dit) et on a souvent montré que ces états successifs du «brouillon» oral peuvent tout autant être la manifestation d'une éventuelle maladresse langagière que la preuve d'une habileté rhétorique et interactionnelle (Bouchard 1996). Ce n'est pas la présence ou l'absence de «bribes» qui fait la différence entre «bon» et «mauvais» locuteur dans une langue donnée, mais l'emballage formel, rythmique... de ces bribes. C. Blanche-Benveniste (1997) a insisté sur l'utilisation et le statut que leur donnait un poète comme Michaux (p. 23). On peut montrer sur de multiples exemples que ces «empilements paradigmatiques» de formulations successives n'entravent pas la communication mais y participent normalement, activement.

c'est	**une**	
c'est	**une**	
c't'	un	choix
c'est	**une**	politique

(Corpus Glatigny Bref 1978)

Dans l'exemple ci-dessus par exemple (interview d'un enseignant de français sur le rôle de la correction en classe), on peut interpréter la reformulation - au sein du rhème -, comme due non pas à une hésitation grammaticale bien improbable sur le genre du mot «choix» mais à une hésitation sur l'opportunité du mot «politique». D'entrée de jeu, le locuteur est tenté par l'emploi de ce mot, tout en le trouvant éventuellement un peu risqué interactionnellement. Il procède donc en deux temps, sous le contrôle de son interlocuteur, en proposant une première formulation moins forte avant de revenir, celle-ci ayant été acceptée, à ce qu'on peut penser être son projet/propos initial. L'interaction se manifeste au coeur du «rhème». Le travail d'(auto–) inférence ne prend pas appui uniquement sur des énoncés complets, ne se situe pas entre les clauses mais éventuellement au sein de celles-ci qui ne peuvent plus en conséquence être considérées comme des «énonciations atomiques» (Berrendonner 1990).

L'interlocuteur peut même être invité d'une manière plus manifeste à participer à cette formulation de la clause. L'hésitation peut être mise en scène avant même la première formulation:

et toute correction est répressive et	**comment dire**	aliène
	enfin non mais	altère la spontanéité de l'élève

(Corpus Glatigny, BREF 1978)

Cette hésitation «montrée», soulignée par des marqueurs de reformulation qui non seulement accompagnent mais même précèdent la reformulation, donne aussi à entendre que l'intention de communication ne correspond ni à la première ni à la seconde formulation mais englobe les deux. Le mouvement paradigmatique de superposition, des formulations n'efface pas la première mais construit un «(effectivement) énoncé» global à l'aide de ces deux formulations opposées.

Notre propos est précisément de généraliser ce rôle «constructeur» des phénomènes paradigmatiques dans le processus de production des énoncés et des discours. Ils ne nous semblent pas moins constitutifs de l'élaboration langagière orale que les phénomènes syntagmatiques. Si ces derniers se «figent» pour constituer progressivement le produit syntaxique et discursif que nous tentons grosso-modo de reconstituer après coup (en répondant à la question «qu'est-ce qu'il a dit?»), les empilements paradigmatiques sont eux la manifestation du processus de production dans ce qu'il a de plus dynamique et de plus lié à la dimension temporelle constitutive de l'évènement de communication orale. C'est là qu'on peut analyser non seulement les aléas de la production individuelle mais aussi les négociations tacites (par mimiques et gestes paralinguistiques) ou conversationnelles entre les participants de cet événement collectif:

Les Reformulations interactionnelles

F: tu crois justement m= j= crois que::: y a:: q
les garçons font **exa**
très très attention à la façon dont
i's'habillent
H: oui
F: **exactement** comme les filles
(Corpus «La mode» Lyon 2)

Ces reformulations ne portent pas que sur des éléments lexicaux. Dans un autre corpus transcrivant le processus de production d'un discours pédagogique oral (*cf.* Bouchard 1996), on observe le même phénomène mais portant sur des mots outils, les prépositions en particulier. Dans ce discours mixte, oralo-graphique, où le locuteur développe oralement des notes écrites, les bribes-ratures sont moins fréquentes et plus ponctuelles qu'au sein d'énoncés dialogaux, plus interactifs, mais ces reformulations portent, de manière qualitativement significative, sur les prépositions et sur «pour» en particulier:

donc ça commence par donc **un premier**
euh une première intervention **POUR**
SUR
comment donc on choisit entre ces différents engins **POUR**
COMPTE TENU

Le locuteur produit ses énoncés en usant à plusieurs reprises d'une certaine routine structurale anticipatrice. Il utilise, de manière itérative, une forme «vide», «X pour Y», au moyen de laquelle il programme a priori l'expansion de l'énoncé en cours de réalisation, sans connaître encore quelle réalisation il donnera à l'élément Y. Ce n'est qu'après coup qu'il retravaille le lien entre X et Y en fonction de la nature de celui-ci. Les reformulations ne portent pas uniquement sur des éléments lexicaux mais aussi sur des mots-outils, des désinences...

La jonction des hypothèses paradigmatiques et syntagmatiques permet (grâce à l'écrit et à ses deux dimensions) de transcrire, de construire une représentation spatiale du déroulement du processus de production orale et de ses étapes qui montre bien que l'énoncé oral minimal lui-même n'est pas fermé sur une structure syntaxique, mais ouvert, à chacune de ses étapes au contrôle interactionnel de l'énonciateur lui-même et de l'énonciataire..

Les constructions paradigmatiques

On trouve ainsi, à un «niveau supérieur d'organisation», des phénomènes qui combinent, sur des espaces discursifs plus vastes, deux des phénomènes de répétition totale ou partielle que nous venons de mentionner, la ponctuation sonore par reprise d'un même mot-outil et les empilements paradigmatiques, les reprises et transformations structurales. Ces jeux structuraux qui construisent des épisodes entiers du discours oral (des périodes?) fonctionnent sur la base de la répétition et de l'opposition de formes (rythmiques, sonores, lexicales, grammaticales...) pouvant s'insérer dans un même point de la chaîne parlée, après éventuellement une balise sonore (*cf.* les «qui» dans l'exemple ci-dessous).

Les empilements paradigmatiques et la structuration du discours

... nous allons débattre		ce soir	
		en direct	
	et	en public de /	

/ **l'initiative fédérale**		**qui** vous est proposée le 26 Novembre	
	et	**qui** propose	la suppression de l'armée
		et	la mise en place...
une initiative		spectaculaire	
une initiative		**qui** a été considérée à son origine tout à fait comme farfelue	
	et puis	**qui** a obtenu les 100 000 signatures nécessaires...	
	et	**qui** aujourd'hui on peut le dire ouvre /	

	/ **un débat** de fond
	un débat politique important
certainement	**un des débats** les plus importants de ces dernières années...

(corpus M. Kanemann, ELCF Genève)

Dans ce passage - produit par un professionnel de la parole, un présentateur de la télévision suisse romande - on assiste à la production d'une unité discursive spécifique de l'oral. Il est impossible de la décomposer en phrases bien qu'elle apparaisse comme parfaitement organisée. Si on la détaille, il s'agit d'un épisode, borné à l'initiale et à la finale par deux empilements paradigmatiques ternaires en expansion et constitué pour l'essentiel par deux autres empilements de propositions relatives introduites par le même pronom «qui». Ces relatives qui ne constituent pas une chaîne, ne sont pas non plus dans une relation de substitution. Autonomes, elles s'ajoutent les unes aux autres. Chacun de ces empilements est précédé par un même syntagme «l'/une initiative» dont seul change le déterminant. Le premier empilement est régi par un verbe «débattre de». Par contre c'est la seule reprise de la même séquence GN + proposition relative avec le passage du déterminant du GN du défini à l'indéfini qui construit macro-syntaxiquement la suite du passage. On pourrait introduire à l'initial de ce second empilement le présentatif «c'est» ou «il s'agit de». Le contenu de ces relatives a un caractère très nettement rhématique.

C'est un même phénomène de construction par accumulation en un point de la chaîne parlée de formes semblables en transformation que l'on constate avec la reprise ternaire finale de «un débat». On constate donc bien l'existence dans le discours oral, à côté des constructions syntagmatiques, qui, nous l'avons vu, tendent à se réduire au maximum, de constructions paradigmatiques qui organisent des épisodes de plus grande ampleur. Ces constructions proposent une organisation fonctionnelle de l'information. Ainsi agencée, celle-ci est facile à gérer par le locuteur et à intégrer en mémoire par l'interlocuteur dans la mesure où elle se fonde sur la création de listes ouvertes d'informations de nature comparable, repérées par des balises sonores stables (*cf.* Bouchard 1996). Ces listes sont sans doute aussi organisées par des outils intonatifs et rythmiques que malheureusement, pour notre part, nous ne sommes pas à même d'analyser. Ces constructions ont donc bien la nature praxéologique, sinon pragmatique que Berrendonner attribue aux périodes.

Les constructions paradigmatiques à distance

Les reprises et empilements pardigmatiques non plus contigus mais à distance sont d'ailleurs d'un emploi très général dans le discours. Ils permettent de l'organiser sur de plus larges empans. Dans un discours pédagogique auquel nous avons déjà fait allusion, l'enseignant universitaire présentant son cours réutilise le même procédé de reformulation, à de nombreuses, pratiquement pour chaque chapitre de son cours:

aujourd'hui nous allons commencer par la question de la CARACTERISATION DES SOLS ET DES ROCHES POUR LES TRAVAUX DE TERRASSEMENT
VOIR comment on identifie ... pour savoir

Il verbalise le titre mentionné sur le polycop (en majuscule ici dans la transcription) puis l'explicite en utilisant un verbe du type de voir ou savoir introduisant une reformulation sous la forme d'une proposition interrogative indirecte:

la deuxième séance qui sera faite par M. H. **la semaine prochaine** sera consacrée à
l'organisation des campagnes de RECONNAISSANCE POUR LES PROJETS
SAVOIR quelle est... qu'il faut ...pour recueillir

le sujet suivant sera consacré au problème du TERRASSEMENT DES MATERIELS ROCHEUX
....

donc **SAVOIR**	**comment on peut**	extraire abattre le matériau
	comment faut-il	mettre en oeuvre ....

sera **le problème qui sera évoqué**
(Corpus ENTPE Gric 2)

Dans l'autre corpus pédagogique portant sur la correction, également déjà cité, l'enseignant interviewé réutilise à deux reprises les termes mêmes de la question posée:

Q: est-ce que toute correction est répressive
R: oui,toute correction est répressive ....
....
et toute correction est répressive et comment dire *aliène*
enfin non mais *altère la spontanéité de l'élève*
(Corpus BREF «correction»)

Dans le corpus «La mode» une intervention est ouverte et fermée par une reprise du même syntagme modalisateur «je/tu crois»

7F		tu crois	
	justement m=	j= crois que::	y a::....
....			
12F	et::	j= crois en fait	y a:: =fin
....			
21H	c'est vrai		
22F		j= crois	
23H	d'accord		

«Mouvements» macrosyntaxiques et mémoire dynamique «immédiate»

Ces reprises et reformulations peuvent aussi apparaître sous des configurations variées et complexes proches des jeux formels du texte poétique: reprises symétriques, constructions en miroir, chiasmes... En voici deux exemples pédagogiques:

Structure en miroir:

P	ALORS	on va se poser la question		
	aujourd'hui 0	on va voir		
on a vu jusqu'à présent l'espace africain' 0				
on a vu à la fois 0 où se situait l'afrique par rapport aux autres continents' 0				
on a vu ensuite quels étaient les différents milieux' 0			milieu	méditerranéen 0
			milieu	tropical
				équatorial
				et: 0 désertique 00
	aujourd'hui 0	on va voir vraiment les africains,		
	alors	on va se poser la question		

(Corpus géographie 5° Gric 2)

Chiasme:

600P	LES GUERRES		
	LES GUERRES	c'est	entre états
	et		
	à l'intérieur d'un état	c'est	LES / GUERRES CIVILES/
601E			/ LES GUERRES CIVILES /

(Corpus Géographie 5° Gric 2)

Il n'est pas nécessaire de postuler pour autant une utilisation consciente et volontaire de ces procédés certes complexes mais pas plus complexes que bien des comportements humains. Nous y verrions plutôt une manifestation de la ressemblance et du lien existant entre parole et geste. Il semble exister une mémoire immédiate de ces organisations syntaxiques qui en permet la reprise et la transformation réflexe, comme au niveau physique un même geste peut être repris. Ces reprises comme celles des gestes jouent un role fonctionnel dans des situations qui l'exigent, ici respectivement, le préalable d'une ouverture de cours et la cloture d'un épisode pédagogique.

Conclusion

L'observation du processus oral, dans son déroulement, montre donc que la production de l'énoncé, si minimal soit-il, éventuellement réduit à la clause, ne se constitue pas sur des critères purement syntaxiques. Cette production est organisée par la langue mais est aussi dépendante des contraintes pragmatiques du moment. Eventuellement déjà modelée sur un préconstruit plus ou moins régulier grammaticalement, elle n'échappe pas non plus à l'interaction. L'influence de l'énonciataire ne joue pas uniquement au niveau du discours mais se manifeste dans l'agencement des plus petites réalisations syntagmatiques, qui peuvent être hachées par des appuis du discours (donc, alors, n'est-ce-pas...), réorganisées dans des métanalyses, reformulées au long d'empilements paradigmatiques plus ou moins importants. Ces réalisations sont déjà l'objet d'(auto)interprétations par les partenaires de la communication. C'est déjà à partir d'elles ou de certaines de leurs unités discrètes que s'opèrent certaines inférences. Il nous semble que la différence de nature souvent postulée entre énoncé et discours doive de ce point de vue être atténuée.

Quant à la période, notion praxéologique encore floue, héritée d'une longue tradition rhétorique et postulée dans des cadres théoriques très variés, si elle est fondée pour une part sur des procédés rythmiques (Adam) ou intonatifs (Berrendonner) il apparaît aussi qu'elle doit une partie au moins de son efficience à des phénomènes paradigmatiques qui la constituent fonctionnellement. Ce sont les répétitions et transformation du même, qu'il soit de nature rythmique, lexical ou syntaxique, qui construisent ces unités macro-syntaxiques de base, de même qu'ils balisent, rendent effectivement intelligibles pour l'oreille, les discours oraux dans leurs agencements plus globaux. Cette répétition/transformation pent varier quantitativement (nombre de reprises/transformations) comme qualitativement (nature des reprises/transformations, nature du phénomène ou de l'élément repris, distance entre les reprises). Ces constructions paradigmatiques ouvertes, pouvant s'opérer a posteriori, s'adaptent souplement aux conditions d'énonciation. Par cette ouverture et cette souplesse, elles contrastent avec les élaborations syntaxiques qui, plus contraintes formellement, sont sujettes, au cours du processus interactionnel, à divers types de rupture comme d'une manière plus générale à une limitation de leur taille maximale, correspondant aux capacités de prise en compte et de traitement cognitif «on line» des participants de l'interaction verbale.

Bibliographie:

AUCHLIN, Antoine (1981). Réflexions sur les marqueurs de structuration de la conversation. *ELA, 44*, 88-103.

AUROUX, Sylvain (1994). *La révolution technologique de la grammatisation*. Bruxelles: Mardaga.

BALLY, Charles (1909). *Traité de stylistique française*. Paris: Klincksieck (1951, 3° éd.).

BERRENDONNER, Alain (1990). Pour une macro-syntaxe, *Travaux de linguistique, 21*, 25-36.

BERRENDONNER, Alain (1992). Périodes. In PARRET H. (Ed.), *La temporalité du discours*. Louvain.

BEREITER, Carl, & SCARDAMALIA, Marlène (1993). *Surpassing Ourselves: an Inquiry into the Nature and Implications of Expertise*. La Salle III: Open Court.

BLINKENBERG, A. (1928). *L'ordre des mots en français moderne*. Copenhague E. Munskgaard (réédition 1958).

BLANCHE BENVENISTE, Claire (1997). *Approches de la langue parlée en français*. Paris: Ophrys.

BOUCHARD, Robert (1995). De l'enseignement de la langue orale à l'entraînement aux pratiques dialogiques. *LIDIL 12*. Grenoble: PUG.

–, (1996). La réalisation Orale des discours de spécialité: Procédés de mise en discours et problèmes de réception en L2. In DUDA, R. (Ed.),

Pré-Actes du Colloque Anefle-Crapel «Compréhension et expression orales en langue étrangère». Nancy: Crapel.

–, (1999). L'interaction pédagogique: unités pragmatiques et phénomènes énonciatifs. In BARBERIS J.M. (Ed.), *Le français parlé variétés et discours*. Collection Praxilingue. Université Montpellier 3.

–, (à paraître). Les «mots outils du discours», «mais, alors, donc...»: problèmes d'emploi et d'acquisition. In *Actes du colloque «Les mots. outils en Français». Université de Tours, Juin 1998.*

BOUCHARD, Robert, DE GAULMYN, Marie-Madleine, & SADNI-JALLAB, Radija (1998). «Impeccable!» Le processus d'amélioration du texte en écriture coopérative. *CLF 20*. Université de Genève.

HYBERTIE, Charlotte (1996). *La conséquence en français*. Paris: Ophrys.

KAPLAN, R. E. (1988). Contrastive rhetoric and second language learning: notes toward a theory of contrastive rhetoric. In PURVES A. C. (Ed.), *Writing across languages and cultures. Issues in contrastive rhetoric*. Sage Publications.

LAPARRA, Marceline (1982). Sélection thématique et cohérence du discours oral. *Le français moderne 3*, 208-236.

LUZZATTI, Daniel (1982). «Ben», appui du discours. *Le français moderne, 3*, 193-207.

MOREL, Marie-Annick (1998). *Grammaire de l'intonation: l'exemple du français*. Paris: Ophrys.

TESNIERE, Lucien (1959). *Eléments de syntaxe structurale*. Paris: Klincksieck.

REBOUL, Anne, & MOESCHLER, Jacques (1998). *Pragmatique du discours*. Paris: A. Colin.

–, (à paraître). *Pourquoi l'analyse du discours a-t-elle besoin d'une théorie de l'esprit?, (ici-même).*

ZUMTHOR, Paul (1987). *La lettre et la voix*. Paris: Le Seuil.

Le discours comme médiation

Exemple de l'apprentissage et des représentations sociales

Bernard Py

Préambule

Plutôt que de *conception générale du discours*, nous préférons parler de *perspective sur les phénomènes discursifs* et énoncer les raisons pour lesquelles nous nous intéressons au discours. L'expression de *conception générale* suggère en effet l'existence d'un modèle achevé et exhaustif. Or nous doutons fortement qu'un tel modèle du discours soit possible, ou même compatible avec nos intérêts de recherche. Il impliquerait en effet une schématisation et une homogénéisation si poussée de son objet qu'elle exclurait une grande partie des aspects qui nous paraissent justement les plus intéressants, notamment le sujet et le contexte. Pour nous le discours est un phénomène dont l'étude s'enracine dans les diverses expériences que nous en avons, à la fois en tant qu'acteurs et qu'observateurs. Ce dont nous avons besoin, c'est plutôt d'un cadre et d'un ensemble de méthodes et de principes, ouverts et révisables, qui nous permettent d'identifier et de définir des observables en les théorisant, ceci à propos de recherches particulières.

Dans notre perspective, le discours ne prend tout son intérêt qu'en tant qu'ensemble de traces d'opérations cognitives. Il est un des lieux où se matérialisent de telles opérations. Il médiatise en effet la relation que le sujet énonciateur établit avec lui-même, avec ses partenaires, et avec le monde dont il parle. Cette médiation n'est cependant pas entièrement transparente: le discours impose ses modes de fonctionnement et interfère profondément avec les termes qu'il met en relation et avec la relation elle-même. Il faut prendre au sérieux les spécificités du discours et de ses mécanismes. En ce sens, la linguistique est vraiment une discipline centrale des sciences humaines.

Nous allons illustrer ce préambule en évoquant brièvement et en illustrant deux thèmes de recherche qui mettent à contribution cette médiation par le discours: d'abord l'étude des représentations sociales, ensuite celle de l'apprentissage d'une langue seconde.

Représentations sociales

C'est surtout la psychologie qui a fait des représentations sociales un objet d'étude important. Toutefois, si la plupart des chercheurs reconnaissent explicitement l'importance du discours dans le fonctionnement interne et externe des représentations, nous n'avons trouvé aucun travail dans ce domaine qui aborde de front son rôle dans la constitution, la transmission et la transformation des représentations[1]. Pour notre part, nous croyons avoir repéré certaines correspondances entre des aspects structuraux des représentations sociales, tels que des psychologues les décrivent couramment depuis quelques années, et certains fonctionnements discursifs que nous avons pu observer dans nos corpus.

La psychologie distingue volontiers entre le noyau d'une représentations et ses schèmes périphériques[2]. Le noyau constituerait une infrastructure relativement stable, anonyme et indépendante des contextes dans lesquels la représentation est mobilisée. Le noyau est la référence commune à tous les membres du groupe qui adhèrent à des degrés variables et d'une manière ou d'une autre à la représentation concernée. Quant aux schèmes périphériques, ils assurent les applications du noyau à des objets et à des contextes déterminés,

---

1 Il y a quelques grandes exceptions, celle de Grize (1990) à Neuchâtel, et celles d'U. Quasthoff (1987) ou d'E. Gülich (1997) à Bielefeld, ou encore d'Agnès Millet (1999) à Grenoble, mais leurs approches ne relèvent pas directement de la psychologie sociale.

2 *Cf.* par exemple Guimelli *et al.* (1994).

effectuées par des personnes particulières. Ils servent donc de médiateurs entre le noyau, les objets particuliers auxquels celui-ci est appliqué et le sujet auteur de cette application. Ce sont eux qui absorbent en quelque sorte les chocs qui pourraient se produire entre le contenu du noyau et l'expérience personnelle du sujet, celle-ci pouvant mettre celle-là en danger en l'infirmant partiellement ou totalement. Ce sont aussi les schèmes qui permettent au sujet de moduler sa relation au noyau, et de situer celle-ci quelque part entre l'adhésion absolue et la simple référence.

Exemple 1[3]

123L mais par exemple heu: ben c' que jeetj'disais avANT le passage fréquent d'une langue à l'autre dans une même conversation est normal pour des personnes parlant plusieurs langues heu: . c'est clair que: . je PAsse souvent d'une langue à l'autre\ (doucement) XXX (par minute?) sans compter si c'est bien\

124Q mmh

125L heu: etmais c'est clair que par exemple en tant que prof . d'italien . en classe heu: j'aurai peut-être un peu d'peine parce que etsi vous voulez moi je pose pas de questions à (Fabrizio?) parce que on s'est déjà réunis donc je sais à-peu-près heu: déjà plusieurs choses\ il a été justement parlé heu: on a débattu hein sur le fait que le prof d'italien devrait accepter que l'élève . passe d'une langue à l'autre\ et: je ne sais PAS comment jeetje prendrais position par rapport à ça\

La proposition-noyau figure en 123L: «le passage fréquent d'une langue à l'autre dans une même conversation est normal pour des personnes parlant plusieurs langues». Il faut noter qu'elle reprend une des phrases utilisées comme déclencheur par l'enquêteur, phrase que L s'approprie cependant en lui attribuant implicitement une valeur d'abord universelle, puis personnelle. Toutefois la contribution personnelle de L introduit des

[3] L'exemple 1 est extrait d'un débat entre quelques enseignants sur l'enseignement bilingue. L'exemple 4 a été enregistré dans une classe maternelle bilingue de la Vallée d'Aoste. Les exemples 2, 3, et 5 sont extraits de l'interview d'une étudiante hispanophone de français à l'Université de Neuchâtel.

réserves lorsque, en 125L, il applique la proposition au contexte particulier de son enseignement de l'italien: «mais c'est clair que par exemple en tant que prof d'italien [...]». On relèvera que cette seconde phase de la séquence est introduite par *mais* (connecteur qui a pour effet une mise en perspective de la séquence-noyau qui précède) et que les expressions *par exemple* et *en tant que prof d'italien* ont pour effet d'ancrer la séquence dans une expérience particulière, celle du locuteur énonciateur.

Apprentissage

En tant qu'acquisitionniste nous étudions globalement tout ce qui a trait à l'apprentissage d'une langue seconde, c'est-à-dire à la construction d'une forme ou d'une autre de bilinguisme. L'étude de discours produits par des apprenants - ou impliquant des apprenants - est une des voies d'accès à la connaissance des opérations cognitives qui constituent ensemble l'apprentissage.

Notre démarche repose sur une distinction entre le jeu des formes observables dans une séquence discursive quelconque d'une part et les opérations psycholinguistiques intervenant dans l'apprentissage d'un élément de la langue cible d'autre part. On distinguera par exemple d'une part les paires adjacentes formées d'une sollicitation d'aide et de cette aide elle-même (103I et 104Q dans l'exemple 2), ou de l'énoncé d'un mot par le natif et de sa répétition approximative par l'alloglotte (104Q et 105I), et d'autre part l'opération de focalisation ou de prise, par laquelle l'apprenant institue ce mot en donnée-à-saisir. L'intégration de ces deux niveaux dans une même expérience s'effectue par la communication, en ce sens que la réussite de cette dernière peut requérir à la fois la répétition du mot proposé par le natif (cette proposition permettant la poursuite d'un travail de verbalisation entravé par une lacune lexicale) et sa mémorisation (qui va étendre ou consolider le répertoire lexical de l'apprenant). La focalisation comme opération psycholinguistique n'est évidemment pas observable de manière directe, contrairement à l'articulation des tours dans les paires adjacentes.

Exemple 2

103I mhm non ... (rire) je pense qu'il s'agit plutôt d'une ... comment est-ce qu'on dit ... pour nous .. les hispano .. pour les hispanophones . je pense que ... on dit . il y a je pense l'expression c'est une arme à double'

104Q tranchant

105I tranchant .. il y a des choses qui sont très faciles pour nous . mais quand on: . quand on n'est pas très organisé ou quand on [ne] fa . trop attention on mélange . ou on . on profite de la ressemblance français . je

Une autre distinction passe entre les stratégies discursives de résolution des problèmes de communication proprement dite (par exemple lever un malentendu, ou contrôler l'interprétation d'un énoncé) et les stratégies (elles aussi discursives) visant à effectuer des aménagements de la forme des énoncés produits par l'apprenant (corrections, reformulations, évaluations). Dans les deux cas cependant il s'agit de *méthodes*, au sens ethnométhodologique du terme. Les interlocuteurs identifient des problèmes locaux et empruntent des méthodes qui leur sont plus ou moins familières, ou en inventent de nouvelles. L'école par exemple dispose de méthodes consacrées qui constituent ensemble la «culture scolaire» tant des (bons) élèves que des enseignants (expérimentés). Pour les interlocuteurs, la distinction entre les deux types de stratégies n'est pas pertinente: dans les deux cas il y a simplement un obstacle langagier à surmonter. C'est ce mode d'intégration des deux genres de stratégies par la pratique que désigne l'adage selon lequel c'est en communiquant que l'on apprend une langue.

La linguistique de l'acquisition aime à utiliser le terme *exposition* pour désigner globalement les divers contextes dans lesquels s'effectue la saisie de données sur la langue cible par l'apprenant. Depuis les travaux de S.P. Corder (1973), on distingue volontiers *input* et *intake*: L'*input* désigne les matériaux de L2 tels qu'ils sont présentés à l'apprenant, l'*intake* désigne le contenu de la saisie que l'apprenant effectue réellement. Nous avons choisi d'étudier de plus près les séquences qui conduisent de l'*input* à l'*intake*, ce moment crucial de l'*exposition*. Crucial notamment parce qu'il y a alors convergence de facteurs psycholinguistiques (processus de saisies et de traitement de données), et sociaux (contextes où se déroule l'exposition).

Les approches purement cognitives de l'apprentissage postulent de manière implicite l'établissement d'un contact immédiat entre les facultés d'apprentissage du sujet (par exemple le LAD des générativistes) et le système grammatical de la langue cible. Il suffirait, pour qu'il y ait apprentissage, que le sujet soit immergé dans un bain de langue et (condition accessoire) qu'il fasse preuve de bonnes dispositions vis-à-vis de cette langue. Or ce contact n'est justement jamais immédiat. Il est au contraire médiatisé soit par des interventions métalinguistiques (par exemple les explications grammaticales de l'enseignant, ou le dictionnaire), soit par des échantillons de la langue cible en action[4]. Dans tous les cas l'apprenant est confronté d'abord à des discours. Et la question qui se pose est de savoir comment il «traverse» ces discours pour atteindre le système, c'est-à-dire un ensemble de modèles de référence qu'il va utiliser pour se construire une compétence appropriée et relativement stabilisée.

Tout discours se définit dans et par un contexte social et énonciatif. Même les discours métalinguistiques se définissent par rapport aux circonstances qui les accompagnent, aux objets auxquels ils se réfèrent et au domaine social où ils apparaissent (par exemple relation pédagogique). C'est dire que l'apprentissage est lui aussi lié à des contextes. «L'acquisition se structure contextuellement au sein des activités dans lesquelles elle prend place: elle se déploie de façon flexible et ajustée dans la spécificité de ces contextes [...]»[5].

Le discours de l'apprenant présente une double face. D'un côté il manifeste sa compétence dans ce qu'elle a de spécifique, d'original par rapport à la langue cible qui lui sert en principe de modèle. L'apprenant y parvient en mobilisant son interlangue, c'est-à-dire la système plus ou moins fermement structuré et stabilisé de ses connaissances linguistiques. De l'autre le discours de l'apprenant fait toujours l'objet d'une interprétation par l'autre, c'est-à-dire par le locuteur natif. A travers

---

4 Dans l'histoire des théories de l'apprentissage aussi bien que dans celle de la didactique des langues étrangères, le débat entre les thèses de l'accès immédiat ou médiatisé à la langue cible est très présent. *Cf.* par exemple les positions défendues par les tenants de la «méthode directe», ou plus récemment les polémiques liées au rôle de la grammaire dans les méthodes dites communicatives.

5 Gajo, Koch, Mondada (1996: 62).

l'interaction, l'apprenant se voit donc renvoyer une réinterprétation «native» de ses propres énoncés, non seulement dans leur contenu sémantique, mais aussi dans leur forme. Il y a un décalage marqué entre son intention et l'interprétation qui en est faite. Ce décalage est certes inhérent à la communication verbale[6], mais les acteurs eux-mêmes le négligent dans la mesure du possible, ceci à des fins pratiques. Toutefois il est particulièrement saillant dans les situations l'apprentissage, il ne peut plus être ignoré par les participants ni par le chercheur et les modèles utilisés par les acquisitionnistes se doivent de le thématiser à travers la notion d'exolinguisme.

Autrement dit, le discours dialogique exolingue est un des lieux et des moments de l'apprentissage. Le travail de l'apprenant consiste à résoudre des problèmes de formulation ou d'interprétation avec des moyens linguistiques particulièrement limités, et peu automatisés[7]. Le sujet est amené à surexploiter les ressources de son interlangue. Et à les dépasser en faisant appel à sa créativité et à la coopération de son interlocuteur. Ces efforts en série se projettent sur le discours et sont ainsi en partie observables en temps réel. Et ceci nous amène à le considérer comme un ensemble de traces susceptibles d'aider le chercheur à construire ses modèles de l'apprentissage. Ces traces renvoient à la fois à des opérations de construction et de fonctionnement de la compétence (interlangue), à des stratégies de communication (verbalisation, interprétation, etc.), et à des contextes sociaux (statuts et rôles, rituels).

Les limites des moyens dont dispose l'apprenant imposent de multiples fragmentations. Fragmentation du système des connaissances sous la forme de microsystèmes (Gentilhomme 1985): l'interlangue se présente comme un répertoire de microsystèmes organisant sous une forme minimalement structurée de petits ensembles faiblement stabilisés de formes. Mais aussi fragmentation du discours sous la forme d'énoncés

---

6 *Cf.* l'adage, cité par Culioli et Foucault, selon lequel la compréhension est un cas particulier du malentendu.

7 C'est ainsi par exemple que Perdue (1993: 14) caractérise les moments initiaux de l'apprentissage (variété de base) de la manière suivante: «La variété de base peut donc être considérée comme un compromis entre la conceptualisation de la tâche complexe que constitue la construction d'un type de discours [...] et les moyens linguistiques disponibles».

minimaux, peut-être apparentés à la clause[8]: la longueur des séquences discursives qui peuvent être soumises à une application homogène de règles grammaticales (par exemple accord en genre ou en nombre, ou maintien de la coréférence) est forcément très limitée.

Exemple 3

401 de oui je pense . mais .. malgré ma- malgré les efforts de professeurs . on on peut pas tout apprendre . et par exemple moi je pense par exemple je suis le cours de . de expression écrite . et moi j'avais (xxx) j'avais besoin de de rédiger une lettre pour l'assurance maladie . et moi je ne me sentais pas capable de d'expliquer . et j'avais . je pense que j'avais . euh . je pensais que c'était nécé j'avais les outils . nécessaires . mais au moment d'e d'essayer et de . pratiquer vraiment ce qu'on apprend à l'école . parfois je me sens un peu incapable . je vois qu'il y a un déséquilibre de ce qu'on apprend à l'éco- parfois je me sens un peu isolée . parce que . (xxx) seulement dans les matins qu'on a . le matin qu'on apprendre un peu . de la vie . mais après la l'université . bon si je parle avec quelqu'un dans la rue pour demander quelque chose . mais . je me sens quand même un peu isolée . de la culture . c'est . je m'adresse seulement pour les choses . parfois les choses les plus nécessaires . il y a . j'ai eu au trois jours que . j'ai . j'ai j'ai j'ai parlé seulement . j'ai dit bonjour à la personne qui est à la bibliothèque par exemple le soir . et jusqu'au . rentrer à la maison . je parle pas le français . alors parfois je me sens un peu . isolée et je vois que . que je dois . faire plus des efforts pour pratiquer ce que j'apprends le matin oui parce que parfois . j'ai pas . c'est c'est il n'y a pas encore une une correspondance . c'est très éloigné . oui

La taille limitée de ces séquences facilite leur maitrise grammaticale et atténue les conséquences négatives (pour le destinataire) des interruptions, qui, pour des raisons évidentes, sont particulièrement fréquentes dans les discours des alloglottes. La stratégie utilisée par l'étudiante de l'exemple 3 parait assez claire: la multiplication de pauses courtes met à sa disposition autant de possibilités de ruptures de la cohérence grammaticale et d'initiation d'une nouvelle séquence marquée par une nouvelle cohérence. Ces possibilités ne sont d'ailleurs pas

---

8 Nous empruntons cette notion à Berrendonner et Reichler-Béguelin (1989) et Berrendonner (1990).

systématiquement utilisées à cet effet: les pauses constituent aussi des espaces qui permettent au locuteur de mettre en place un controle métalinguistique supplémentaire et de prolonger ainsi la portée de la clause en cours. Il y a une analogie entre ces pauses et les zones de transition qui, dans la conversation, ouvrent la possibilité d'un changement de locuteur.

On parlera ici à nouveau de médiation: l'énoncé minimal médiatise la relation de l'apprenant au discours conçu comme échange et organisation d'informations, de même que le microsystème médiatise la relation de l'apprenant au système conçu comme organisation globale des formes de la langue.

L'étude de l'acquisition (ou de tout autre phénomène langagier socialement ou psychologiquement situé) est une voie d'accès à l'étude du langage considéré de manière générale et globale. Cette voie est une alternative à l'étude immédiate des systèmes telle qu'on la trouve dans la linguistique classique, de Saussure à Chomsky. Il en va de même pour l'analyse du discours. L'étude de discours produits par des alloglottes (apprenants ou non) fait ressortir des aspects parfois négligés quoique essentiels. C'est ainsi que l'asymétrie des compétences linguistiques respectives de participants à une interaction exolingue devient un paramètre crucial, alors que d'autres modèles neutralisent ces asymétries, procédant ainsi tacitement à une sorte d'idéalisation pratique (Schutz) qui n'est possible que dans un ensemble limité d'interactions particulièrement endolingues (par exemple transactions commerciales élémentaires entre personnes partageant la même langue et la même culture).

Données

Pour l'étude des représentations sociales, nous avons organisé des débats autour de la notion de bilinguisme, au sein de petits groupes de personnes impliquées professionnellement par l'enseignement ou l'apprentissage de langues (enseignants, formateurs, didacticiens, étudiants). Nous avons cherché à faire apparaitre des désaccords, avec l'idée qu'ils allaient favoriser l'évocation et la thématisation de représentations sociales autour du langage[9]. Nous avons provoqué le recours à des représentations courantes et bien connues du bilinguisme au moyen d'un jeu de fiches contenant chacune une thèse simple, et que les participants étaient invités à commenter collectivement.

Pour nos travaux sur l'apprentissage, nos données sont constituées par des interactions verbales exolingues et/ou bilingues, enregistrées dans divers contextes sociaux, transcrites avec un souci de «fidélité» inspiré des pratiques ethnométhodologiques et modéré par la présence d'objectifs de recherche assez étroitement délimités. Pas de montage expérimentaliste, mais quelques coups de pouce destinés à susciter des comportements dont nous souhaitions améliorer notre connaissance. Nous ne cherchions pas à obtenir une représentativité au sens statistique du terme, mais plutôt une hétérogénéité qui favorise la diversité des données. Nous portons notre attention de manière prioritaire sur l'émergence de problèmes ou de pannes; sur les méthodes utilisées par les participants à l'interaction pour les prévenir, surmonter, réparer ou éviter. La plus grande partie de ces pannes sont de nature lexicale, ce qui a pour conséquence que les unités lexicales occupent une place privilégiée au sein des observables.

Unités

Nous concevons donc l'apprentissage d'une unité quelconque comme une succession d'opérations cognitives mais inscrites dans le discours, discours dont les formes constituent à la fois le contexte de l'apprentissage et les traces observables[10]. Ces opérations s'enchainent les unes aux autres: pointage et matérialisation verbale d'un problème qui doit devenir manifeste pour tous les participants, proposition d'une solution sous la forme d'une donnée qui doit faire l'objet d'une (re)prise, décontextualisation de cette donnée, ouverture d'une séquence latérale et

---

9 Que ces représentations aient le langage pour objet importe peu ici.

10 Une absence de trace(s) n'implique pas nécessairement l'absence d'opération(s) cognitive(s): le silence n'exclut pas l'apprentissage.

manipulations métalinguistiques, recontextualisation dans un énoncé qui marque le retour à la séquence principale[11]. Cela signifie que nous recherchons des séries de formes interprétables comme traces des dites opérations.

Exemple 4

1A et alors il dit . je l'apporte au le mouton non non

2N non

3A à le bambi

4N au chevreuil ouais

5A le chevreuil'

6N mhm

7A et alors l'apporte au chevreuil

Dans les tours 1A et 3A on assiste au pointage d'un problème lexical posé par la poursuite d'un récit. 4N propose une solution sous la forme d'une donnée lexicale déjà intégrée dans un syntagme prêt à l'emploi requis par le contexte énoncé en 1A. Mais le retour à ce contexte en 7A passe par une double opération prise et de décontextualisation effectuée en 5A. Les tours qui vont de 2N à 6N constituent une séquence latérale, interrompue en 7A par un retour à la séquence principale.

Nous avons ainsi affaire à des relations de séquentialité plutôt qu'à des structures hiérarchiques. La séquentialité est liée au fait que l'apprentissage se réalise dans des contextes toujours particuliers, autrement dit qu'il est d'abord conjoncturel dans sa source et dans son but, même s'il comporte par ailleurs des opérations plus abstraites, qui fonctionnent sans doute selon des modes hiérarchiques.

Cette double dimension de l'apprentissage, contextuelle et conjoncturelle d'un côté, décontextualisée et abstraite de l'autre, soulève le problème des unités et de leur statut. La dimension conjoncturelle confère aux unités l'instabilité propre à tous les objets de discours: le traitement séquentiel et collectif auquel elles sont soumises remet continuellement en question leur sens. Toutefois la dimension abstraite présuppose une

---

11 Pour une étude détaillée de ces processus, *cf.* Matthey (1996) ou Py (1995).

stabilisation au moins provisoire. La décontextualisation vise en effet l'appropriation à des fins de mémorisation. Or la mémorisation ne peut de toute évidence porter que sur des unités stables. L'apprentissage et la construction d'une compétence suppose une stabilisation des unités, même si celles-ci sont destinées à subir des déstabilisations ultérieures. Le problème théorique consiste à imaginer un mode de stockage compatible avec un tel processus[12].

Par ailleurs les unités font l'objet d'une identification interactive. La figure la plus courante est le pointage d'une lacune lexicale définie partiellement par son profil: référent, classe paradigmatique, catégorie grammaticale, bribes de signification, ou éléments de sa forme signifiante. Le référent peut être donné par le contexte sémantique, la classe par l'énoncé d'autres unités déjà connues de la même classe, la catégorie par le contexte syntaxique, la signification par des approximations métalinguistiques, la forme signifiante par des tentatives de formulation.

Exemple 5

199I on fait . on fait des fautes comme . on . c'est . il n'y a pas de ... desvantas (?) comment ... desvantas ... desven ... desven. taja'

200Q d'inconvénients'

201I oui

202Q d'obstacles'

203I euh oui .. je veux dire . nous ne sommes pas .

204Q désavantagés

205I oui c'est ça vantage (?) (rire) oui . oui

Dans cet exemple, 199I fournit des bribes de signification grâce aux possibilités ouvertes par le caractère bilingue français – espagnol de l'interaction en cours, puis 203I ajoute une détermination syntaxique qui définit la catégorie grammaticale du mot absent (adjectif ou participe passé).

Ce sont donc les interlocuteurs qui définissent les unités pertinentes à leurs yeux. Il s'agit bien d'unité pratiques, construites ou mobilisées

---

12 Ici encore la théorie des microsystèmes proposée par Gentilhomme (1985) offre des suggestions intéressantes (seuil de structuration minimal).

dans le but de résoudre des problèmes très concrets et locaux de communication. Il est frappant de constater que, dans les corpus que nous avons consultés, l'unité de loin la plus fréquemment pointée est le mot. Cette fréquence s'explique probablement à la fois par la très large diffusion d'une représentation vernaculaire de la langue reposant sur la catégorie du mot, et sur la maniabilité de cette dernière (un mot peut être répété, cité, mémorisé, défini, traduit ...). On ne peut évidemment pas en dire autant d'un phonème, d'un morphème lié ou d'une structure syntaxique. Cette observation soulève une question lancinante en sciences humaines: jusqu'à quel point une catégorie pratique comme le mot, dont le statut théorique a fait l'objet des critiques que l'on sait, permet-elle néanmoins aux acteurs d'apporter des solutions le plus souvent satisfaisantes à des problèmes aussi fondamentaux pour la linguistique que celui de l'apprentissage? Si des catégories pratiques permettent de remplir cette fonction de manière appropriée, comment interpréter leur inadéquation scientifique? Comment s'articulent les points de vue respectifs de l'acteur et du chercheur? Doit-on admettre l'idée que les solutions scientifiquement valides doivent être construites de manière progressive, non seulement par les chercheurs, mais aussi par les acteurs, et que cette construction passe nécessairement par des étapes intermédiaires et provisoires? La perspective génétique qui est ici la nôtre nous incline à répondre positivement à cette question.

Bibliographie

BERRENDONNER, A. (1990). Pour une macro-syntaxe. *Travaux de linguistique, 21*, 25-36.

BERRENDONNER, A., & REICHLER-BEGUELIN, M.-J. (1989). Décalages: les niveaux de l'analyse linguistique, *Langue française, 81*, 99-125.

CORDER, S. P. (1973). *Introducing applied linguistics*. Harmondsworth: Penguin.

GAJO, L., KOCH, P., & MONDADA, L. (1996: 62). La pluralité des contextes et des langues: une approche interactionnelle de l'acquisition. *Bulletin suisse de linguistique appliquée, 64*, 61-86.

GENTILHOMME, Y. (1985). *Essai d'approche microsystémique, théorie et pratique: application dans le domaine des sciences du langage.* Berne: Lang.

GRIZE, J.-B. (1990). *Logique et langag.* Paris: Ophrys.

GUIMELLI, Ch. (Ed.) (1994). *Structures et transformations des représentations sociales.* Neuchâtel et Paris: Delachaux et Niestlé.

GÜLICH, E. (1997). Les stéréotypes nationaux, ethniques et culturels: une recherche pluridisciplinaire. In M. MATTHEY (Ed.), *Les langues et leurs images.* Neuchâtel: IRDP, 35-57.

MATTHEY, M. (1995). *Apprentissage d'une langue et interaction verbale.* Berne: Lang.

MILLET, A. (1999). *Orthographe et écriture, langage et surdité, systèmes, représentations, variations.* Dossier présenté en vue d'une Habilitation à Diriger des Recherches, Vol. 1. Grenoble: Université Stendhal.

PERDUE, C. (1993). Comment rendre compte de la «logique» de l'acquisition d'une langue étrangère par l'adulte? *Etudes de linguistique appliquée, 92*, 8-22.

PY, B. (1995). Interaction exolingue et processus d'acquisition. *Cahiers de l'Institut de linguistique et des sciences du langage, 7*, 159-175.

QUASTHOFF, U. (1987). Linguistic prejudice / stereotype. In AMMON *et al.*, *Sociolinguistics.* Berlin: De Gruyter.

La construction thématique du sens

Du discours unilingue au discours bilingue

M.M.Jocelyne FERNANDEZ-VEST

1. Cadre général

1.1 La visée théorique

L'objectif théorique de ma recherche est triple: énonciation, thématisation et morphogenèse des langues et du sens. La méthodologie est issue de la longue pratique d'un terrain aréal (les contacts entre langues scandinaves et langues finno-ougriennes d'Europe du Nord, puis le bilinguisme des communautés immigrées nordiques de Californie) d'une part, de l'adhésion précoce à la Linguistique textuelle (Scandinavie, années 60) d'autre part. Le contrepoids exercé actuellement, face à l'universalisme initial de la recherche cognitive, par la résurgence de préoccupations typologiques et la réintégration de la diversité des langues dans la réflexion menée sur «Grammaire et cognition» sont autant de facteurs propres à favoriser un dialogue non préjugé en sémantique cognitive.

1.2 L'oralité première

Une hypothèse forte, la *motivation d'oralité*, a été graduellement ajustée et affinée depuis mes premiers travaux sur l'interlangue finnois-same (voir note 2). Elle est en grande partie vérifiée par l'observation des changements linguistiques qu'occasionne le passage de l'oral à l'écrit, qu'il s'agisse d'une langue à tradition orale (le same jusque dans les années 80), ou d'une langue disposant d'une tradition d'écriture plus (le français) ou moins (le finnois) ancienne, La contextualisation forte des langues orales, rapportée à deux types d'opérations cognitives et énonciatives primaires (localiser pour thématiser), a pu être étudiée comparativement, par rapport au potentiel respectivement localisant et thématisant des différents systèmes linguistiques. Une position *constructiviste* est affirmée: l'analyse de la parole impromptue livre, avec le cheminement de la pensée, certains éléments de saisie des processus cognitifs qui sous-tendent la construction du sens (Fernandez 1995a).

L'élaboration discursive des repères spatiaux pour la construction thématique du sens et ses corrélats en diachronie ont fait l'objet d'une étude contrastive français / langues finno-ougriennes, à livrer au dossier, déjà volumineux encore qu'insuffisamment coordonné, des «leçons de l'oralité» (Fernandez 1998a).

1.3. Préalables sémantico-énonciatifs et critères définitoires

Le sens linguistiquement analysable résulte essentiellement d'une co-détermination par des facteurs énonciatifs (de tendance universelle) et morphosyntaxiques (qui ressortissent à la typologie des systèmes linguistiques). Mon analyse en constituants énonciatifs rejoint le principe de triple organisation de l'énoncé reconnu par plusieurs théoriciens du langage (Peirce, Dane$s...), et affirme résolûment (à la différence de Hagège par exemple) la primauté hiérarchique et chronologique du Niveau 1, énonciatif, sur le Niveau 2, morphosyntaxique. Ma définition interactionnelle et textuelle du Thème («ce dont on parle») et du Rhème («ce qu'on en dit»), qui correspond à une conception du message en termes d'échelle informationnelle, implique aussi la reconnaissance d'un 3e élément, le Mnémème, qui se caractérise par des propriétés formelles (post-Rhème marqué par une intonation plate) et sémantiques (rappel d'une connaissance supposée partagée, modulation affective...): (Fernandez 1994a: 197-200)[1].

---

[1] On remarque que cette reconnaissance d'un post-rhème, si elle a l'inconvénient de déranger une vision syntaxique majoritairement dichotomique, est formellement

Sur la base d'une étude extensive de corpus de langue *same* (langue finno-ougrienne de tradition orale graduellement influencée par le passage à l'écrit, Fernandez 1987a, 1996, 1998b), ma position a pu être précisée quant à deux points primordiaux:

– les *énoncés communicatifs;* monorhèmes à intonation terminative, ils sont considérés comme complets du fait de leur prosodie, mais s'accompagnent souvent en discours d'expansions dont l'ordre dépend de la stratégie adoptée. Des exemples de stratégies dialogiques traditionnelles, dans lesquels la structuration et la cohésion s'appuient sur l'infrastructure des Particules Enonciatives (PEN), peuvent être comparés à des exemples de stratégies modernes influencées par les médias;
– l'*indexation de l'oralité;* il s'agit de réévaluer les relations entre segmentation orale et ponctuation écrite, et de dresser un inventaire des moyens usités pour réduire le décalage entre temps de planification et temps d'énonciation (importance des silences verbaux et dominance de la cohésion iconique).

1.4. Type de données

Des données orales de différente provenance ont été utilisées dans les ouvrages consacrés au discours same et aux PEN (Fernandez 1987a, 1994a). Deux prototypes de communication orale ont été confrontés pour scruter la rythmique processuelle des PEN: la tradition orale et chantée de civilisations sans écriture, la rhétorique quotidienne de sociétés urbaines. La description de systèmes particulaires dans plusieurs langues non apparentées (essentiellement indo-européennes et finno-ougriennes), empruntant les voies complémentaires de l'ethnolinguistique, de la pragmatique, des théories de l'énonciation, autorise des hypothèses typologiques et diachroniques: la modulation particulaire opposée à l'intonation, la démotivation comme procédé de morphogenèse. Cette saisie d'une parole sans protocole, qui fonde mon modèle d'analyse

corroborée par les grammaires de l'intonation (Morel & Danon-Boileau 1998 et Morel ici-même).

thématique à trois constituants énonciatifs (thème - rhème - mnémème), a été récemment appliquée à un terrain distancé: le bilinguisme des immigrés finnois de Californie.

Prosodie (dans une approche phonologique), articulateurs énonciatifs, ordre des mots et (dans le discours bilingue) alternance codique sont donc les points de repère de mon analyse[2].

2. La construction thématique du sens dans le discours unilingue

2.1. Parole impromptue

Ne seront évoquées ici, pour mémoire, que quelques-unes des dimensions de l'analyse thématique à laquelle se sont prêtés différents corpus de parole impromptue (PI)[3].

On peut privilégier 4 des dimensions définitoires de la PI, à savoir:

1) la relation duophorique («dialogique»)
2) le constructivisme immanent, manifesté par l'importance des articulateurs discursifs (particules énonciatives) et des inventaires lexicaux («listing»)

---

[2] Ces ingrédients se trouvaient déjà dans un premier ouvrage, voué au *Finnois parlé par les Sames bilingues d'Utsjoki-Ohcejohka* (doctorat de IIIe cycle 1977, publié en 1982) qui, en réaction contre une certaine conception du "semilinguisme" (Fernandez 1989, Hagège 1996), s'attachait au niveau énonciatif du parler bilingue et, en conclusion, estimait vérifiée l'hypothèse fondamentale: la parole du bilingue réalise certaines des possibilités latentes de la langue. D'autres interlangues, issues du français et du finnois, m'ont aussi fourni des éléments d'appréciation quant à la structuration respectivement prosodique et particulairedes langues, dans le cadre d'un Projet sur le bilinguisme des familles mixtes franco-finlandaises (Fernandez 1987b, 1988, 1994b).

[3] Sur cette notion, définie en termes de contexte, de traits intratextuels et de production du discours (saisie processuelle régie par les nécessités d'une production en temps réel), voir Fernandez (1994a:138-141).

3) la prédominance des stratégies énonciatives marquées (procédés de thématisation)
4) la référence implicite au contexte.

Chacun de ces points - dégagés originellement de l'investigation énonciative d'une langue à tradition orale, la langue same[4] - peut être illustré par un microtexte, extrait de l'un de mes corpus de français du Sud-Ouest, recueilli à partir de 1992.

(1)

– (F1) Mais tu .. tu ne m'avais pas raconté aussi / une histoire d'escabeau? –
– (F2) OUI! Alors il est tombé / un jour il a voulu monter sur un escabeau /et pis il avait pas vu que l'escabeau il avait pas la corde! Tu sais / on met une ficelle (- Ah!) pour pas que ça s'ouvre / l'escabeau! Il avait .. la corde s'était cassée.=>> Il est tombé la tête / contre la cheminée.
– (F1) OH LÀ LÀ! Il a été assommé alors?
– (F2) Non non non. Mais il s'était fait mal sur le côté .. sur l'EPAULE. Sur le côté .. Sur l'épaule il avait eu mal. Mais longtemps LONGTEMPS il a eu mal hé!
– (F1) Il s'était abîmé l'épaule?(F2) Oui oui.=>> Il s'était ∂ .. il s'était ∂ il s'etait fait un / comme on dit? un .... comme on dit? déplacé l'os? ou je sais pas comment.
– (F1) Ah / il s'était déplacé l'OS!
– (F2) Oui oui oui. Alors il avait été au docteur encore / et pis il avait encore .... Pff! (*soupire*)

Exemple de l'interrelation complexe qui s'instaure dans la parole quodidienne entre conversation et récit[5], ce microtexte, intéressant quant à la forme même des Questions (Q) et des Réponses ® (usage sériel des PEN interactionnelles, R multiples enchaînées par la rapidité du débit), illustre aussi, dans sa partie narrative, les stratégies thématiques de base:

– la stratégie binaire 1 (Thème - Rhème) avec thème marqué par préjection, caractéristique de l'énonciation orale (*l'escabeau* ↑ *il avait pas la corde* ↓),

---

[4] *Cf.* Fernandez (1987a:301-603; 1994a:55-65, 160-171).

[5] Analyse dans Fernandez (1995a, 1998a).

– et la stratégie binaire 2 (Rhème - Mnémème) (*pour pas que ça s'ouvre / l'escabeau!*) qui permet fréquemment d'assurer la cohésion iconique (ici circulaire) du texte: [...] *l'escabeau* (Th) ↑ - (partie rhématique) ↓ - *l'escabeau* ---> (Mn).

2.2. Oral simulé

Ce modèle d'organisation tripartite, dont le postulat de base est, nous l'avons vu (1.3. supra), la distinction entre niveau morphosyntaxique et niveau énonciatif, a pu être appliqué par ailleurs à différents dialogues d'«oral simulé», notamment, dans une perspective contrastive, à des saynettes empruntées aux corpus français et finnois des Aventures de Tintin, dans leur version de bande dessinée[6] (BD) puis télévisée (TV). Ainsi, dans la saynette de «L'espagnolette» :

[Le Capitaine Haddock essaie d'ouvrir la baie vitrée du palace dans lequel lui et Tournesol sont, sans le savoir, en résidence surveillée. Il tire de toutes ses forces sur le loquet de la porte vitrée. Le loquet cède, Haddock tombe à la renverse; le gardien, Manolo, surgit et braque son revolver sur lui ...]

Dans la version BD de cette saynette, la vivacité du dialogue se traduit en français par une accumulation d'énoncés segmentés, qui réalisent au niveau énonciatif:

a / la stratégie binaire 1, Thème - Rhème, avec Thème marqué par préjection

(2)
– C'est bien possible, mais moi l'air en conserve, je n'aime pas ça! - voi hyvinkin olla, mutta minua ei säilötty ilma miellytä!
(litt. Mais moi air conservé ne séduit pas)

[6] Extraits de Tintin et les Picaros (1974) / Tintti ja Picarot (1976), analyse dans Fernandez (1995b).

Le finnois répond par une thématisation de l'objet, mieux intégrée syntaxiquement du fait de la souplesse de la séquence finnoise.

(3)
– (M) Les fenêtres, elles ne s'ouvrent pas, señor!
Ikkunat eivät aukene, señor!

Ici le finnois renonce à segmenter l'énoncé: «Les fenêtres ne s'ouvrent pas». Dans la version TV (identique en français), la thématisation égophorique forte de (2) est rendue par la construction *minä kun* (litt. moi comme je n'aime pas / l'air en boîte), fréquente à l'oral[7].

(2')
– C'est bien possible. Mais moi l'air en conserve / je N'AIME PAS ça.
Ja minä kun en tykkää purkitetusta ilmasta.

Quant à la segmentation orale de (3), elle est remplacée dans la version TV par une séquence d'énoncés brefs et catégoriques, directement transférée au finnois.

(3')
– Désolé señor. Les fenêtres NE S'OUVRENT PAS. Buenas noches, señor!
Valitan, ikkunat eivät avaudu. Buenas noches, señor.

b / la stratégie binaire 2, Rhème - Mnémème,

(4)
– Ça n'arrive qu'à moi, des choses pareilles! ...
(litt. un truc pareil ne peut vraiment arriver à d'autres qu'à moi)

(5)
– S'il vous plaît: ça part vite ces machins-là!
– Olkaa hyvä: tuollaiset vehkeet laukeavat helposti!
(litt. les machins comme ça partent facilement)[8].

---

7 Hâtivement qualifié de "pronom relatif" par les dialectologues, ce *kun* fonctionne de fait comme une PEN.

8 Curieusement, les énoncés (4) et (5) sembleraient attester le moindre naturel de la "dislocation à droite" dans le cas du finnois: le Mnémème final du français ne survit

Un autre intérêt de cette saynette tient à l'insertion dans le dialogue de mots étrangers (les salutations hispanophones plantent le décor exotique et provoquent certains effets comiques) voire d'énoncés entiers. Lorsque Manolo surgit l'arme au point, l'échange s'amorce en espagnol:

(6)
– (M) Que pasa?
– (CH) Que pasa? ... Se pasa que j'ai essayé d'ouvrir cette satanée fenêtre! ...

Le Capitaine est bien inspiré (par Hergé) de répéter la Q puis d'y répondre en enchaînant sur la proposition principale en espagnol une complétive française. Cet apropos bilingue se retrouve dans la traduction finnoise:

(6')
– (CH) Qué pasa? ...Se pasa että yritin avata tuota kirottua ikkunaa!

La version TV se veut plus réaliste: dans le texte-source, le Capitaine se contente de répéter la Q en espagnol, sans faire l'effort d'intégrer cet énoncé à sa R. En finnois, la répétition est remplacée par une glose (Että mitäkö hätänä? «Qu'est-ce qui ne va pas?»).

L'alternance codique, avec adaptation syntaxique (*qué?* > *se...*), acceptable entre deux langues romanes, ne semble plus l'être lorsque l'écart se creuse entre les traductions (la traduction de la version TV est dans l'ensemble plus sèche mais moins littérale) et que disparaît la parenté génétique.

Autre confrontation de stratégies thématiques, les répliques d'un dialogue cinématographique, extraites d'un film de Woody Allen et de sa traduction française, *Hannah and her sisters / Hanna et ses sœurs*, dans une scène que nous avons intitulée «Le don de spermes».

La version française, transcrite par mes soins à partir de la bande vidéo, permet de repérer directement ces stratégies thématiques. A l'issue d'une longue introduction, typiquement impromptue (hésitations, répétitions, énoncés tronqués - Thèmes non suivis de Rhèmes -

---

pas au transfert interlingual, ce qui contredit par exemple l'affirmation de certains syntacticiens finnois de l'oral.

digressions multiples - Mnémèmes successifs enchaînés à un Rhème unique):

(7)
(Mickey) Voilà / c'est si enf .. c'est tellement délicat que je (...). C'est que .... (..) Hannah et moi / nous ne pouvons pas avoir d'enfants. Bon enfin. (...)

le personnage principal, Mickey, délivre son pathétique message:

(8)
(M.) - Bon enfin le problème que nous soulevons ici c'est qu'on a BESOIN DE SPERMES.

La réaction de l'interlocuteur (le mari du couple invité) ne se fait pas attendre: interjection et rire nerveux, énoncé à PEN initiale, Thème syntaxiquement bien construit puis Rhème à forme de citation tronquée (au niveau strictement syntaxique, il manque un prédicat verbal, mais l'énoncé est validé comme complet par une intonation terminative):

(9)
(N.) - Ah-ah (*souffle*, *rit*). Eh bien .... ma première réaction après le choc initial c'est.... (*racle*) / TRES FLATTE que vous m'ayez choisi moi (*rit*).

Le rectificatif introduit par Mickey:

(10)
(M.) - Oui enfin ce sera moi le père hein.
Toi tu n'auras qu'à te / masturber dans une petite tasse!

est aussi suivi d'une réaction thématique marquée:

(11)
(N.) - ÇA je peux le faire.

La version anglaise, reproduite (publiée) avec une segmentation proche de l'écrit, ne permet pas de repérer autant de thématisations syntaxiquement marquées, mais se distingue par un nombre considérable de répétitions/hésitations, formes de balbutiement apparemment jugées moins acceptables dans la traduction française[9].

Peut-on, au vu des différences de stratégie thématique qui s'attachent aux systèmes de langues respectifs, envisager d'appliquer un tel modèle d'analyse discursive à cette expression naturelle de la parole bilingue qu'est l'alternance codique?[10]

3. Un exemple de morphogenèse du sens par alternance codique: le récit de vie chez les Finnois de Californie

3.1. Quelques raisons externes

La situation linguistique des Finnois d'Amérique, abondamment décrite par historiens, sociologues et romanciers, a été relativement peu étudiée par les linguistes[11]. Les travaux de phonologie, de morphologie et de syntaxe qui leur ont été consacrés traitent essentiellement du finnois stabilisé, maintenu longtemps dans les communautés des Etats de l'Est (New York, New Jersey...) et dans la région des Grands Lacs (Minnesota, Michigan, etc.) - *cf. Amerikansuomi:* 15-34. Or la grande variété de motivations (pour émigrer puis maintenir ou récupérer la langue ethnique) qui se dégage du corpus finnophone ou bilingue (finnois/anglais) de récits collecté en Californie du Nord depuis 1996 -

---

9 On trouve l'analyse comparative dans Arleo & Fernandez (à paraître).

10 La question des enchaînements thématiques, essentielle dans la perspective textualo-discursive qui est la nôtre, ne pourra être traitée ici, en dépit de sa pertinence pour la mise en relation de l'espace et de la construction des objets de discours: voir par ex. l'utilisation narrative de la progression thématique simple dans des récits sames de "l'Evacuation" (Fernandez 1998b).

11 Un demi million de Finnois environ ont émigré de l'autre côté de l'Océan (Etats-Unis et Canada). Les premiers départs remontent à 350 ans, les plus récents datent des dernières décennies; la période d'émigration la plus intense se situe à la fin du XIXe siècle et au début du XXe siècle (*Amerikansuomi:* 11-14). On trouvera dans mon ouvrage *Survivre arctique et parler finnois sous le soleil de Californie*, en préparation, le détail du contexte historique et culturel de l'émigration.

c'est-à-dire in extremis, vu l'état de déclin du finnois dans l'Ouest américain - apporte un éclairage intéressant à la problématique des relations entre «langue et identité».

Le point de vue selon lequel l'observation d'une *langue en déclin* est aussi révélatrice de ses points forts conforte, on l'aura compris, ma prédilection précoce pour les interlangues:

> Amerikansuomi on kuolemassa. Se on tärkeä tutkimuskohde siksi, että sen tutkimuksella on kiire, mutta myös siksi että kielentutkimuksen kannalta tällaisella kielellä on «tavallisilta» kieliltä puuttuvia etuja (...) Kuolevan kielen tarkastelu voi parhaimillaan tuottaa uutta tietoa kaikista kielen osa-alueista, ennen kaikkea siitä (...) mikä kielessämme on tinkimätöntä ja olennaista. (Maisa Martin, *Amerikansuomi: 196-197)*.

> Le finnois d'Amérique est moribond. C'est un objectif de recherche important parce que le temps presse, mais aussi parce que, du point de vue de la recherche linguistique, une langue de ce type présente des «avantages» inconnus des langue ordinaires. [...] L'observation d'une langue moribonde peut livrer une information sur l'importance relative de ses différentes constituantes, et en particulier sur ce qui, dans notre langue, est irréductible, non négociable, essentiel donc.

Par ailleurs, l'étude de l'*alternance codique* (ALCO) présente l'intérêt, comme celui des contacts de langues au sens large, de proposer un défi à la réflexion linguistique. Les langues ainsi mêlées, souvent stigmatisées, sont peu codifiées, ou du moins non explicitement standardisées. On peut néanmoins observer chez les locuteurs les plus ingénus le passage naturel d'un code à l'autre, et certaines tendances communes aux locuteurs d'un même groupe sont aisément repérables.

Sans entrer dans le détail des débats terminologiques[12], signalons que, pour ce qui est de la distinction entre «emprunt» et «alternance codique» - le critère généralement retenu pour l'emprunt étant l'assimilation phonologique - je partage l'opinion, mise en avant par les linguistes travaillant sur des langues à morphologie riche, selon laquelle une unité

---

[12] Pour un historique détaillé de l'évolution des recherches consacrées à l'ALCO, voir Raamat (1992), Halmari (1997:1-98).

morphologiquement intégrée reste un élément d'ALCO. Par exemple (Halmari 1997: 17):

(12)
Kerran sä olit pannu sitä mun *lunchbox*+iin.
une fois tu avais mis ça ma *lunchbox*-dans
«Une fois tu l'avais mis dans ma *lunchbox.*»[13]

Par ailleurs, pour ce qui est de l'opposition «langue matrice» vs. «langue enchâssée», je me range au point de vue selon lequel: 1) la définition de la «langue matrice» repose sur des critères *énonciatifs* plus que syntaxiques; 2) l'on peut concevoir l'ALCO comme une stratégie interactionnelle comparable au changement de registre du discours unilingue (Halmari & Smith 1994). De même que les locuteurs d'une population unilingue ne sont pas familiers avec tous les registres de leur langue maternelle et peuvent éprouver des difficultés à discuter de certains sujets (dans certains types de relations, etc.), de même dans une communauté bilingue ce sont les éléments de la situation énonciative qui déterminent laquelle des deux langues disponibles dans la communauté linguistique va constituer le «cadre» (sorte de choix non marqué) dans lequel les éléments de l'autre langue pourront s'insérer[14].

Ceci justifie en partie, malgré mon choix initial d'un cadre textualo-discursif d'analyse, que je m'attache provisoirement à définir le statut énonciatif de l'ALCO au sein d'énoncés brefs (à structure thématique binaire)[15].

---

[13] Voir aussi l'exemple (21) ci-dessous.

[14] Le bilinguisme étant par définition quelque chose d'instable, les critères d'identité, ou plus exactement d'auto-identification aux deux communautés (assortis d'une reconnaissance en compétence communicative) privilégiés par la psycholinguiste finno-suédoise Skuttnabb-Kangas semblent pertinents (Fernandez 1989:80).

[15] Cette intégration énonciative recentre (et relativise), on le voit, les positions affirmées par le modèle de psychologie cognitive considéré comme le plus puissant jusqu'ici construit, le *Matrix Language Frame* (MLF) de Meyers-Scotton (1992, 1993), qui explique l'ALCO en termes de processus cognitifs et d'accès lexical.

3.2. Alternance codique chez les Finnois de Californie

Mon choix étant en l'occurrence celui des niveaux sémantique et énonciatif, je serai amenée à chercher des explications dans la variation situationnelle et les processus cognitifs qu'elle implique.

La régularité de schémas d'alternance codique dans la conversation spontanée des Finnois de Californie sera ultérieurement comparée avec certaines tendances observées dans des échanges inhabituels et sur des sujets difficiles (en particulier l'auto-évaluation de la compétence linguistique, l'effort de mémoire dans le récit).

Le premier objectif peut se formuler ainsi: évaluer le rôle de l'alternance codique comme procédé privilégié - de façon consciente ou non - par le locuteur pour construire le sens.

Le corpus dont les extraits sont analysés ci-dessous est un dialogue entre deux informateurs, avec la participation ponctuelle de l'enquêteur (E):

- IK, Femme, 84 ans, née à New York, enseignante retraitée.
- HS, Homme 70 ans, né dans le Minnesota, typographe retraité.

Tous deux ont vécu la majeure partie de leur vie adulte «sans finnois». La femme a retrouvé sa langue maternelle grâce à l'étude du Kalevala (traduction et enseignement), épopée nationale finnoise; l'homme a consciemment récupéré sa langue et son identité après la mort de sa mère: visites de parents en Finlande, activités théâtrales (rôle du chaman kalévaléen Väinämöinen dans les Festivals de Folklore finnois, aux Etats-Unis et en Finlande).

Quelques critères de classement simple permettent de dégager des catégories régulièrement affectées par l'alternance codique, dont certaines sont déjà bien répertoriées dans la littérature spécialisée. Il s'agit d'unités lexicales,

- des noms de lieu:

(13)

– (IK) Minun mieheni haki toisen paikan. Ja hän sai paikan ə .... *Case Westernreservi*sta.

«Mon mari a cherché un poste ailleurs. Et il a été nommé sur un poste à *Case Westernreserve*» où le toponyme est intégré morphologiquement au système des cas locaux finnois[16]

– des termes socio-économiques:

(14)

– (IK) Ja sitten tulin takaisin Kaliforniaan / kun mä menin .... ə ə *pension-*?

«Et ensuite quand je suis revenue en Californie / quand je suis partie à la .... ə ə *pension*?»

– (HS) (=) Eläke.

«Retraite.»

– (IK) (=) Mitä?

«Comment?»

– (HS + E) Eläkeelle.

«A la retraite.»

– (IK) Eläkeelle. Jo. Ja mä sain sitten ə se eläke .. eläke*social security* (- joo) / ja pieni *teacher's pension.*

«A la retraite. Oui. Et quand j'ai reçu ensuite ə cette retraite .. *social security* de retraite (- oui) / et une petite *teacher's pension.*[17]

ou d'énoncés longs,

– des locutions qui apparaissent en position (/fonction) de gloses:

(15)

[A propos du Kalevala ...]

– (IK) Todella upea. *Oh it's wonderful!*

«Vraiment magnifique. *Oh it's wonderful!*»

---

16 Les toponymes font fréquemment l'objet de négociations entre bilingues, et posent de réels problèmes d'identification à un observateur extérieur à la communauté, du fait de leur non conformité à la nomenclature officielle, ex. - (IK) Mutta kun minä synnyin (=) Roklynissä - (E) (=) Missä se on? - "Mais comme je suis né à "Roklyn" - (énoncé simultané) Où est-ce? [- A New York. - Ah à Brooklyn!]

17 Les occurrences d'auto-correction (ou d'aboutissement d'une recherche lexicale?) par retour à la langue matrice sont nombreuses et mériteraient une étude en soi, ex.: - (IK) Me otettiin .. hän otti semmoisen suuren *apartment* .. huoneiston. "Nous avons pris .. il a pris un grand *apartement* .. logement."

– des commentaires dans la langue enchâssée, entraînés par le recours à une unité d'ALCO:

(16)
– (IK) (rit) / vaikka minä sain sen pension / it doesn' amount to anything.
«Même si je l'ai eue cette pension / it doesn't amount to anything.»,

qui peut être le fait de l'interlocuteur:

(17)
[après un échange en finnois sur les désagréments de la Californie du Sud]
– (HS) Se on oikein sellainen *shallows* (*rit*) / semmosta
«C'est vraiment dans le genre *shallows* (rit) / dans ce genre-là
– (IK) *Yeah. It is dominated by / HOLLYWOOD there.*[18]

3.3. Construction du récit: quelques exemples de thématisation par alternance codique

Pour revenir à l'objectif initial, celui de dégager dans les schémas d'ALCO des stratégies énonciatives régulières autres que les citations ou les commentaires, on s'interrogera sur les alternances lexématiques: doivent-elles s'interpréter exclusivement au niveau lexical?

On observe que les mots d'emprunt, qui semblent traduire une recherche lexicale, sont très généralement en position de *Rhème,* ex.:

(18)

Joo	se oli	niin kun	*sidebenefit.*
oui	c'était	une sorte de (PEN)	*Rh*

---

[18] Les citations du discours rapporté enchâssées dans la langue matrice constituent un type usuel d'ALCO, ex.: Mutta mun poika oli täällä / ja hän sanoi / mulle / että "*oh it's a shame. It was a SHAME you were not able to follow through on this". Well ...*
"Mais mon fils aîné était ici / et il a dit / m'a dit /que '---------- '".

(19)

minulla oli	jo	Indianassa	joitakin ∂	*credits*
j'avais	déjà	à Indiana	quelques	*Rh*

y compris dans des énoncés syntaxiquement subordonnés,

(20)

ennen	kun	sain	tämän	*undergraduate degree*
avant	que	je reçoive	ce	*Rh*

Cette stratégie énonciative peut même s'accompagner de schémas cohésifs à effets argumentatifs, par exemple une opposition paradigmatique à deux termes, déjà marquée par le schéma intonatif:

(21)

hän ei ollut	*professor-i*	/	hän oli	*instructor*
il n'était pas	*Rh*	/	il était	*Rh*

avec un effort d'intégration morphologique dans le premier.

Comme dans tout énoncé unilingue, un phénomène d'emphase (EMP) peut se superposer à l'un des schémas binaires de base (3.1. *supra*)[19]:

(22)

Siellä	ei ole	/	*SIDEWALKS*
là-bas	il n'y a pas	/	*Rh + EMP*

La mise en jeu du schéma binaire 1 et du schéma binaire 2, combinés avec un phénomène d'alternance codique dans chacun des segments successifs, confirme le statut énonciatif plein des éléments d'ALCO et peut conférer une force accrue, en milieu bilingue, à la stratégie argumentative adoptée:

[19] Cette stratégie est par ailleurs parfaitement maîtrisée dans la langue matrice, ex.: - Mutta sä olit OPETTAJA. Etkö sinä saanut PALJON? "Mais tu étais PROFESSEUR (*Rh + EMP)* N'as-tu pas gagné BEAUCOUP *(Rh + EMP)*?"

(23)

a /	hän aina sanoi että minä olen	*nationalist /*			
	il disait toujours que je suis	*Rh*			
b /	mutta minä en ollut	*/ nationalist /*			
	mais moi je n'étais pas	*/ Rh*			
c /	mä oon enempi	*internationalist*	[ils rient]	kun .. kun	*nationalist*
	je suis plus	*Rh*		que .. que	*Mn*

4. Conclusion provisoire

L'énonciateur d'un Récit de vie ancré dans une langue situationnellement matrice (ici le finnois dans le cadre d'une enquête sur les finnophones de Californie) réserve les mots directement importés de son environnement linguistique majoritaire à sa réalité référentielle la plus stable - celle de l'âge adulte: à la partie la plus informationnellement chargée de son énoncé, càd. la partie *rhématique.*

Dans la mesure où cette partie est aussi celle pour laquelle on s'accorde à reconnaître l'intentionnalité la plus forte (le thème étant sur le versant automatique de l'énonciation), on peut émettre certaines hypothèses quant au critère de localisation énonciative de l'alternance codique. Le recours à l'ALCO n'est pas une simple erreur (par insuffisance lexicale ou défaut de mémoire), mais ressortit à une stratégie de clarification de l'énonciateur, ou au moins d'évitement d'ambiguïtés ou de malentendus possibles.

De même que l'on a pu montrer pour le phénomène du *listing* (Fernandez 1994a: 177-183) par exemple que l'hésitation / le piétinement paradigmatique correspondait à la recherche, le plus souvent intentionnelle, du mot adéquat, et non à un raté de l'énonciation, de même l'alternance codique de la partie rhématique n'est pas un simple échec de la conversation: les mots importants témoignent au contraire d'une stratégie consciente du locuteur[20].

Bibliographie

Amerikansuomi = VIRTARANTA Pertti & alii, 1993.

ARLEO, A. & FERNANDEZ(-VEST), M.M.J. (à paraître), Dialogue impromptu et oral simulé: de quelques particules énonciatives dans l'oeuvre cinématographique de Woody Allen. In M.M.J. FERNANDEZ (Dir.), *Particules Enonciatives, cognition, contexte*, 32.

FERNANDEZ(-VEST), M. M. J. (1982). *Le finnois parlé par les Sames bilingues d'Utsjoki-Ohcejohka (Laponie finlandaise) - Structures contrastives, syntaxiques, discursives*. Paris: SELAF.

–, (1987a). *La Finlande trilingue, 1 - Le discours des Sames - Oralité, contrastes, énonciation*. Paris: Didier Erudition.

–, (1987b). Analyse contrastive du discours: vers un modèle énonciatif franco-finnois. In O. VÄLIKANGAS (Ed.), *Actes du IIIe Colloque franco-finlandais de Linguistique contrastive*, Université de Helsinki, Publications du Département des Langues Romanes, 7, 200-217.

–, (1988). L'analyse contrastive du discours - bilan et devenir d'une approche pluridimensionnelle. In D. FRANÇOIS-GEIGER (Ed.), *La linguistique transphrastique; Modèles linguistiques, X (II)*, 111-122.

---

20 Cette assertion doit être assortie d'une question, source d'investigation future: une telle stratégie requiert-elle la connaissance préalable des compétences linguistiques de l'interlocuteur? Au vu de certains énoncés qui ne pourraient pas aboutir de la même façon hors d'une communauté bilingue (ex. sitten minä olin vapaa / *completely* VAPAA ensuite j'étais libre / *completely* libre *(Rh)* [tout le monde rit]"), on serait tenté de répondre par l'affirmative.

–, (1989). Etre bilingue en Fenno-Scandie: un modèle pour l'Europe? In F. de SIVERS (Dir.), *Questions d'identité*. Paris: Peeters-Selaf, 77-112.

–, (1993). Cognition spatiale, oralité, passage à l'écriture - l'exemple du same (Laponie). *Actes du Colloque Interdisciplinaire du Comité National de la Recherche Scientifique «Images et langages: Multimodalité et Modélisation cognitive»*. Paris: C.N.R.S, 161-172.

–, (1994a). Les Particules Enonciatives dans la construction du discours. Paris: PUF.

–, (1994b). Particules Enonciatives et compétence dialogique: pour construire l'interlangue. In J. SCHÖN (Dir.), *Actes du Colloque «Le dialogue en question / Questioning dialogue» (Toulouse-Lagrasse, 5-8 octobre 1993)*. Cahiers du Centre Interdisciplinaire des Sciences du Langage, 10, 409-420.

–, (1995a). Morphogenèse orale du sens: de l'espace des langues aux objets de discours. In M. M. J. FERNANDEZ-VEST (Dir.), *Oralité: invariants énonciatifs et diversité des langues. Intellectica, 20*, 7-53.

–, (1995b). Tintin bilingue ou l'animation contrastive des catégories énonciatives. In O. VÄLIKANGAS & M. HELKKULA (Eds.), *Actes du Ve Colloque franco-finlandais de Linguistique Contrastive.* Publications du Département des Langues Romanes, 9, Université de Helsinki, 35-52.

–, (1998a). Introduction «Oral et cognition» & Morphogenèse orale du sens: de l'espace au thème. In M. M. J. FERNANDEZ (Dir.) *Table ronde/Workshop «Cognition incarnée, cognition située? Le témoignage des langues orales - Embodied cognition or situated cognition? The testimony of oral languages», Actes du XVIe Congrès International des Linguistes (CIL 16)*, Elsevier, CD-Rom, 72 p.

–, (1998b). Femmes de Laponie: migrante mémoire, l'arctique au quotidien. In M. M. J. FERNANDEZ (Dir.), *Parler femme en Europe - La femme, image et langage, de la tradition à l'oral quotidien*. Paris: L'Harmattan, 209-250.

–, (à paraître). *Thématisation et focalisation dans les langues du monde.*

HAGEGE, C. (1996). *L'enfant aux deux langues*. Paris: Editions Odile Jacob.

HALMARI, H. (1997). *Government and Codeswitching. Explaining American Finnish*. Amsterdam: John Benjamins.

MOREL, M. A. & DANON-BOILEAU, L. (1998). *Grammaire de l'intonation. L'exemple du français*. Paris: Ophrys.

MYERS-SCOTTON, C. (1992). Comparing codeswitching and borrowing. *Journal of Multilingualism and Multicultural Development*, *13*, 1-2, 19-39.

–, (1993). *Duelling languages: Grammatical structure in codeswitching*. Oxford: Clarendon Press.

RAMAT, A. G. (1992). *Foreword, in Code-switching Summer School (Held in Pavia, Italy, 9-12 September 1992)*. Strasbourg: European Science Foundation, 1-2.

VIRTARANTA, P. (1992). *Amerikansuomen sanakirja. A Dictionary of American Finnish*. Siirtolaisinstituutti: Turku.

VIRTARANTA, P., JÖNSSON-KORHOLA, H., MARTIN, M. & KAINULAINEN, M. (1993). *Amerikansuomi*. Tietolipas: SKS, 125.

L'analyse pluridimensionnelle du discours

Le cas de l'instabilité énonciative

Robert VION

Il est devenu banal de constater que le discours renvoie à des phénomènes, de nature et de taille différentes, dont la prise en compte paraît plus ou moins centrale pour la linguistique. Ainsi rencontre-t-on des notions comme genres de discours, types d'interactions verbales, types de discours, tâches discursives, modules, séquences, échanges, tours de parole, interventions, actes de langage ou énoncés. Compte tenu de l'histoire de la discipline, le linguiste devrait être plus à l'aise avec des phénomènes locaux, comme l'énoncé, le récit voire l'acte de langage, qu'avec des phénomènes plus larges, comme les genres discursif ou les types d'interactions verbales. L'une des questions, en relation avec cette histoire, pourrait concerner la nature de l'unité maximale relevant de la compétence du linguiste. En fait, il ne nous paraît pas souhaitable de poser arbitrairement une limite supérieure car toute production langagière doit pouvoir être abordée par les sciences du langage en fonction de l'adoption de posture(s) théorique(s) déterminée(s) et non de la taille des unités. Au seuil des années soixante, l'émergence des analyses de discours, de la pragmatique et de la sociolinguistique a conduit la discipline à prendre en charge des «unités» nettement supérieures à l'ordre de la phrase jusqu'alors considérée comme cadre maximal de sa compétence. Elle se devait, dès lors, de penser l'articulation entre des unités larges, nouvellement abordées, et des unités plus étroites qu'elle connaissait nettement mieux.

Macro et micro-analyses

Il y avait donc une macro-analyse, sorte de cadrage de la production faisant intervenir un maximum de déterminations, et une micro-analyse s'attachant plus particulièrement à décrire le matériel linguistique. La prise en compte des discours s'opérait selon ces deux niveaux avec une logique sous jacente, souvent explicitée, selon laquelle le niveau micro-analytique était déterminé par les dispositions des niveaux plus larges, rappelant par là même la dimension sociale du langage. Or, paradoxalement, le niveau des énoncés était appréhendé en termes de règles et de systèmes linguistiques autonomes et arbitraires alors que les niveaux plus larges étaient mis en relation avec des phénomènes de normes et de contraintes souvent considérés comme non linguistiques. Ces niveaux ne sont pas sont pas inscrits dans la réalité mais se présentent comme des constructions, historiquement datées, destinées à faciliter l'analyse. Se représenter le langage comme des couches superposées de niveaux ou des emboîtements d'unités constituantes, à la manière des matriochkas, des boites de Hockett ou des modèles hiérarchiques, pose inévitablement la question de l'articulation que tous ces éléments entretiennent lors des fonctionnements langagiers.

Plusieurs questions se posent à propos de cet empilement d'unités.

1) Une unité quelconque ne saurait être de même nature que ses unités immédiatement constitutives. Ainsi un morphème ne saurait être une combinaison de phénomènes, un syntagme une combinaison de morphèmes, une phrase une combinaison de syntagmes, un discours une combinaison de phrases, un dialogue une combinaison de discours monologués. Tout fragment de discours est immédiatement associé à un genre (petite annonce, poésie, requête, salutation, recette culinaire, etc.) qui lui confère une autre réalité que celle des énoncés qui le constituent.
2) Ces unités n'étant pas de même nature, les relations qu'elles entretiennent ne peuvent se ramener à de simples rapports de détermination (du tout vers la partie, pour ceux qui s'inscrivaient dans une perspective sociolinguistique, ou de la partie vers le tout pour ceux qui généralisaient les dispositions linguistiques).

3) L'opposition entre macro et micro-analyses qui, dans un premier temps, a permis un élargissement des observables, devient un véritable obstacle si l'on se donne comme objectif de rendre compte des fonctionnements langagiers. Les interrelations constantes entre tous les niveaux invitent à mettre en œuvre une analyse multidimensionnelle: les sujets qui produisent et interprètent des discours gèrent simultanément les divers types d'unités qui peuvent se répartir entre macro et micro.

Les modèles modulaires

Une autre manière de catégoriser les lieux d'analyse a consisté, sur le modèle de la grammaire générative, à décider d'une composante centrale environnée d'un ensemble de composantes subordonnées. Plus récemment, dans le prolongement d'un certain cognitivisme, on a vu se mettre en place une conception modulaire du discours. Une composante centrale, ou hiérarchique chez les genevois, permet de traiter de l'articulation du discours selon des règles exprimant la hiérarchisation des actes de langage, aussi bien pour un discours monologué que pour des interventions ou des échanges. Cette composante permet de traiter un fragment discursif du type *Allons faire des courses puisqu'il y a plus rien à manger,* comme la combinaison d'un acte directeur (*Allons faire des courses*) et d'un acte subordonné (*puisqu'il n'y a plus rien à manger*). Tout autour de cette composante structurelle centrale gravitent une dizaine d'autres composantes (modules) permettant de réanalyser, selon d'autres points de vue, le même fragment discursif. Ainsi, le module énonciatif permettra-t-il d'observer que la seconde partie de ce fragment (*puisqu'il n'y a plus rien à manger*) relève de la reprise diaphonique et met donc en scène deux sources énonciatives parallèles: la parole du locuteur et celle de son partenaire qui se trouve ainsi reprise. C'est à ce niveau que d'autres considérations sur les fonctions discursives de *puisque* (introduction d'une autre parole) pourront s'ajouter à celle de connecteur introducteur d'acte subordonné. Compte tenu du nombre de modules, le même fragment discursif fera l'objet d'une pluralité d'analyses successives. La question de la complexité se trouve alors «résolue» par une successivité d'analyses simples et relativement autonomes. Cette manière, somme toute cartésienne, de s'atteler à l'hétérogénéité des productions langagières constitue l'une des réponses que proposent aujourd'hui les chercheurs. Toute la question est de savoir si cette réponse permet réellement d'appréhender l'hétérogénéité et le dynamisme des productions discursives: la complexité peut-elle être conçue comme l'addition d'analyses simples et autonomes réalisées à des niveaux plus étroits ou plus spécialisés?

La question des unités

On a pris l'habitude de considérer qu'un fragment discursif comporte des unités successives parfaitement délimitables. Cela est vérifiable aux niveaux syntaxique, morphologique, lexical ou phonologique. Mais, le plus souvent, les faits linguistiques ne sont pas aussi simples. Ainsi, pour prendre un exemple, la question de l'identification et de la délimitation des actes de langage pose de sérieux problèmes:

1) La notion d'acte est-elle assimilable à celle d'énoncé ou de proposition, comme le font les genevois, ou au contraire, selon la tradition austinienne, porte-t-elle sur des valeurs illocutoires pouvant affecter tout ou partie de cet énoncé?
2) Comment identifier les actes illocutoires si, du fait de la dimension culturelle des manières de dire, un «ordre» passe, le plus souvent, par une «prière»? L'indirection ou le non marquage des actes *(Il est huit heures!)* rendent difficile une identification en termes de marques linguistiques. Par ailleurs, tout sujet peut produire simultanément des actes distincts (on peut «asserter» et «faire une requête»: *on a sonné*), voire paradoxaux (on peut, dans le même temps «menacer» et «promettre»).
3) Comment identifier «un acte» lorsque les interlocuteurs ne les identifient pas de la même manière? Il s'agit là d'une disposition particulièrement banale de la communication que celle qui consiste à ne pas donner la même signification ni la même valeur illocutoire aux messages échangés. Ainsi, dans *Pourquoi ne venez-vous pas me voir plus souvent?*, le locuteur pourrait produire une invitation alors que

l'interlocuteur pourrait y voir un reproche. Certains auteurs ont estimé que la réponse de l'interlocuteur permettait de décider: *je passerai vous voir mardi* consacrerait l'énoncé initial comme une invitation alors que *Je suis désolé mais ces derniers temps j'ai été débordé* l'instituerait comme un reproche. On peut également prévoir que l'interlocuteur ayant interprété un reproche préfère le traiter comme une invitation, et réciproquement. Si ces traitements offrent l'avantage de désolidariser l'illocutoire de l'intention du locuteur, le placer sous la responsabilité de l'interlocuteur ne fait que déplacer le problème. Suffira-t-il d'une réponse pour que le statut illocutoire de l'énoncé initial soit définitivement fixé? Les divergences d'interprétation sont-elles susceptibles de se résorber dans les limites d'une paire adjacente? Quand on examine les «querelles» ordinaires, comme les scènes de ménages, on peut constater que certaines divergences ne sont jamais résolues et que la communication ordinaire se caractérise par la coexistence de consensus partiels masquant des divergences d'interprétations tant au niveau locutoire qu'illocutoire.

Nous voudrions donner un autre exemple de problème que pose la notion d'unité conçue comme stable et objectivement inscrite dans la matière textuelle.

Au sein d'un entretien, dont nous avons proposé l'analyse (Maury-Rouan & Vion 1994, Vion 1995, 1999a), une patiente, Mylène, s'efforce de convaincre Sabine, personnel médical conduisant l'entretien, que ses maux de tête sont d'origine psychosomatique. Après une première tentative qui échoue, Mylène s'efforce, par des choix lexicaux, des attitudes énonciatives et des formes discursives de type narrativo-descriptif, de mettre en place, au sein de l'entretien (qui constitue le cadre interactif de la rencontre), un moment de type conversationnel avec sa partenaire. Or, Sabine va résister à cette invitation conversationnelle pour se cantonner dans une production de régulateurs et de formes discursives plus directement représentatifs de l'entretien que de la conversation. Nous avons donc, à cet endroit, un «conflit de structuration» qui peut persister dans la mesure où il n'affecte pas directement les places institutionnelles définitoires du cadre interactif.

Cependant, au fur et à mesure que Mylène poursuit sa tentative, les productions de Sabine se rapprochent progressivement d'un investissement conversationnel. La coordination de rires de complicité, qui se produit à un moment donné, laisse supposer que, chez Sabine, l'attitude conversationnelle coexiste alors avec sa position d'enquêtrice. Nous voyons combien la question des unités est alors complexe: pour Mylène il y a tentative d'instauration d'un module conversationnel (voir plus loin pour la signification particulière donnée au terme de module); pour Sabine il y a évolution vers du conversationnel sans qu'il soit possible de trancher si cette étape est réellement atteinte. Dans ces conditions, le module conversationnel qui devrait concerner les deux participantes se trouve dans une situation bien particulière: les deux sujets y tendent selon des rythmes différenciés mais y parviennent-ils réellement? Le tissu discursif n'est donc pas constitué d'unités stables et homogènes qui se succéderaient selon des délimitations rigoureuses, mais relève d'une hétérogénéité et d'un dynamisme impliquant que les «unités» mobilisées puissent être appréhendées dans divers états de «réalisation» (on peut penser aux degrés de narrativité de Gülich et Quasthoff 1985, ou à la logique prototypique de Jean-Michel Adam 1992) et qu'elles apparaissent dans une grande diversité de configurations.

Cette instabilité se retrouve également dans les productions discursives monologuées. Ainsi, nous avons pu voir comment, dans un éditorial de revue municipale, le Maire développait, dans l'espace de quelques dizaines de lignes, divers sous-genres de discours (dont du narrativo-descriptif évoquant une rédaction scolaire), une pluralité d'activités discursives ainsi qu'une grande instabilité au niveau de son implication énonciative (Vion à paraître). Nous postulons donc qu'une unité discursive, de quelque nature qu'elle soit, est nécessairement hétérogène, présente une complexité compositionnelle et procède d'un dynamisme impliquant une instabilité constitutive dont nous parlerons plus loin.

Toutefois, la variabilité et l'instabilité des unités ne signifient nullement que la discipline doive renoncer à proposer des concepts descriptifs permettant d'appréhender ces divers niveaux de réalité. Ces unités constituent une première catégorisation conceptuelle des faits qui paraît incontournable dès que l'on veut construire un métalangage et des outils théoriques pour observer la réalité. Mais, et cela peut paraître paradoxal, il faut prévoir que ces catégories conceptuelles ne soient pas destinées à être appliquées mécaniquement. La complexité des phénomènes à analyser exigera la participation simultanée de plusieurs concepts et l'effort de théorisation devra porter sur la prise en compte du dynamisme et de l'hétérogénéité des discours plutôt que sur un découpage structurel en unités constitutives.

L'analyse pluridimensionnelle

Sous cette appellation nous nous proposons d'appréhender le discours dans sa complexité, son hétérogénéité et son dynamisme en refusant, a priori, de concevoir la complexité comme une somme de faits simples et de considérer le dynamisme comme un enchaînement de situations statiques. Cette attitude implique que nous adoptions une posture de type énonciatif mettant l'accent sur les activités langagières plutôt que sur les unités linguistiques dont nous avons évoqué l'hétérogénéité et l'instabilité constitutives. Focaliser le regard sur les activités offre par ailleurs l'avantage de tenir compte des sujets et des «processus» de mise en mots.

Afin de prendre en compte l'existence de plusieurs «niveaux» d'activités tout en souhaitant ne pas les autonomiser ni les appréhender de manière statique, nous avons proposé (Vion 1995, 1999a) un «modèle» général où l'ensemble des activités conduites simultanément par les sujets sont prises en compte dans leurs interrelations. Nous sommes ainsi parvenus à un modèle, appelé *espace interactif*, comportant cinq types de places, *institutionnelles, modulaires, subjectives, discursives et énonciatives*. Nous rappellerons rapidement le contenu de ce modèle afin d'introduire l'analyse du phénomène qui nous sert d'illustration à savoir l'instabilité énonciative (pour une présentation plus systématique de ce «modèle» se reporter à Vion (1999a).

Les «places institutionnelles»

Les «places institutionnelles» (plus exactement le rapport de place institutionnel) définissent dans sa plus grande généralité le cadre dans lequel se développe le discours. C'est à ce niveau de typologie «profane» que les sujets savent immédiatement qu'ils participent à une consultation, un entretien, une conversation, une transaction ou qu'ils participent, en tant que lecteur, à un roman, une recette culinaire ou une petite annonce. La reconnaissance implicite de ce positionnement est fondamentale puisqu'elle permet aux sujets de mobiliser des activités de production et d'interprétation en relation avec cette définition générale de la situation de discours. S'agissant d'un dialogue, ces places institutionnelles contribuent à définir le cadre interactif, c'est-à-dire la relation sociale contractée lors de l'échange. Le terme «institutionnels» ne renvoie pas nécessairement aux places «professionnelles» comme médecin vs patient ou professeur vs étudiant. Il s'agit simplement du rapport de place définitoire de la situation d'échange. Ainsi, dans le débat d'avril 1988 qui opposait, lors de l'élection présidentielle, François Mitterrand, Président de la République, à Jacques Chirac, Premier ministre, les places institutionnelles sont celles de «candidats-débatteurs» et non le fait d'être Président ou Premier ministre. Que l'un ou l'autre s'efforce d'utiliser ces positions sociales pour prendre un avantage dans le jeu de positionnement propre au débat ne change rien à l'affaire: les deux acteurs sont, en principe, dans le même type de place de participants d'un même débat. Dans une production discursive monologuée, les places institutionnelles contribuent à définir le genre dominant du fragment discursif et permettent de lui attribuer une nature autre que celle de ses énoncés linguistiques constitutifs. C'est ici que le lecteur reconnaîtra qu'il est «en face» d'un roman, d'une petite annonce, d'un affiche publicitaire, etc. Dans tous les cas, la reconnaissance de ce jeu de place est fondamentale pour donner du sens et des «normes» de comportements. Mais, même s'il est possible d'appréhender ce «premier» niveau à partir de concepts descriptifs, il faut absolument reconnaître que: (1) il existe toujours des niveaux plus larges que les concepts de dialogisme, d'intertextualité ou d'histoire interactionnelle tentent d'aborder; (2) que ce niveau est fortement hétérogène et comprend des unités instables et dans divers états de réalisation.

Les places «modulaires»

Le terme modulaire que nous utilisons n'a rien de commun avec le modèle modulaire dont nous parlions plus haut. Par module, nous entendons tout type d'interaction développé localement à l'intérieur du type plus large qui caractérise le cadre interactif ou, tout genre développé localement à l'intérieur d'un genre plus large auquel se rattache le discours. C'est à ce niveau que se joue une partie de l'hétérogénéité compositionnelle des discours. Ainsi une consultation médicale pourra intégrer un module d'entretien médical, par lequel le médecin recherche de l'information, un module d'auscultation, un module de diagnostic, un module de prescription mais également un ou plusieurs modules conversationnels voire un module de consultation «inversée» si le médecin se propose de consulter son patient dans un domaine où ce dernier fait figure d'expert. Une interaction quelle qu'elle soit ne saurait être homogène ni dépendre d'un seul type. Le type dominant, exprimé par les places «institutionnelles», caractérisera le cadre interactif. Tous les autres types mobilisés, plus ou moins localement, vont se suivre et/ou s'emboîter pour constituer des modules. Comme nous le disions plus haut, à propos de l'entretien entre Mylène et Sabine, c'est moins le découpage de l'interaction en modules que les activités conduites qui nous intéressent. Les activités de Mylène visant à initier un module conversationnel sont intéressantes à observer de même que la progression qui se met en place pour aller vers ce type interactif. La question de savoir à partir de quand et jusqu'où se situe ce module, sans être à proprement parler inutile, ne doit pas nous renvoyer à un découpage structurel en unités homogènes et statiques.

Les places subjectives

Les places subjectives permettent au sujet de mettre en scène, consciemment ou pas, des images d'eux-mêmes. Les places qui se négocient alors concernent des rapports comme expert / consultant, honnête / malhonnête, compétent / incompétent, tolérant / rigoriste. Dans bien des cas, notamment dans les débats, l'adoption par une sujet d'une place déterminée convoque son partenaire dans la place complémentaire.

Les places discursives

Les places discursives et les places énonciatives sont constitutives de la relation interlocutive, alors que les trois premiers types de places (institutionnelles, modulaires, subjectives) relèveraient de la relation sociale et interpersonnelle. Par place discursive il faut entendre le positionnement des sujets en fonction des tâches discursives à conduire. Nous rencontrons ici la notion de types de discours et le niveau de la séquence qui permettent à Jean-Michel Adam d'arrêter quelques grands types de fonctionnements discursifs: le récit, l'argumentation, la description, l'explication. Dans l'interaction, ces tâches peuvent être accomplie par une répartition complémentaire des places: un sujet négocie une place de narrateur et convoque son partenaire à la place de narrataire, etc. Mais, dans d'autres circonstances, plusieurs locuteurs pourront participer conjointement à la mise en place d'un récit pour d'autres participants convoqués à la place de narrataires. Le discours argumentatif peut également passer par une répartition complémentaires des tâches discursives de sorte que les actants développent à tour de rôle leur discours (arguments et conclusions) en direction d'un partenaire qui participe essentiellement par l'utilisation de régulateurs d'écoute. Mais, un «même type» de discours peut également passer par une répartition plus complexe des tâches amenant les sujets à dialoguer directement sur la validité de chaque argument avant même de chercher vers quels enchaînements ils vont s'orienter. Sur la base du discours monologal, Jean-Michel Adam nous invite à extrapoler une complémentarité de position dans les échanges dialogués alors que les sujets peuvent également construire de manière plus complexe ces diverses tâches discursives. Au-delà des types recensés, on pourrait y adjoindre les séquences d'ouverture, de clôture, de gestion de malentendus, de négociation secondaire sur les contenus ou sur des phénomènes métacommunicatifs, métadiscursifs ou méta-énonciatifs. Mais là encore, le découpage en séquences peut s'avérer trop mécaniste. D'abord parce qu'une séquence narrative peut être dominante ou s'intégrer à une autre séquence, comme l'argumentation, et servir ainsi d'argument. Ensuite parce que chaque séquence fait l'objet d'une grande diversité de sous-tâches discursives qui, dans un autre contexte, peuvent constituer des séquences à part entière. Ainsi, un récit va intégrer des descriptions, des verbalisations d'actions, des commentaires, des dialogues qui constituent autant d'univers discursifs dans lesquels les sujets vont devoir mobiliser des ressources langagières différenciées. Enfin, une même sous-tâche discursive, comme le choix d'un argument, peut faire l'objet d'une grande diversité d'activités énonciatives.

Les places énonciatives

Au niveau énonciatif, les sujets sont amenés à gérer leur «modes d'implication» et leur type de présence à l'intérieur de leurs discours. Nous avons, à cette fin, proposé, dans le prolongement de Ducrot 1984, la notion de mise en scène énonciative. Celle-ci doit pouvoir rendre compte de phénomènes comme le degré d'implication subjective, l'attitude modale, la distanciation au dire, le nombre, la nature et l'équilibre des voix qui traversent la parole du locuteur. La notion de mise en scène énonciative repose sur la distinction effectuée entre locuteur (responsable «extradiscursif» de l'énonciation) et énonciateur (source intradiscursive d'un dire). Nous avons distingué cinq classes de mise en scène avec, pour chacune, des sous-catégories particulières:

- l'unicité énonciative, qui voit le locuteur se construire une place énonciative par laquelle il donne l'impression d'être seul maître de sa parole;
- la dualité énonciative qui lui permet de se construire deux positions énonciatives rendant l'énoncé ambiguë, implicite et/ou opaque;
- le parallélisme énonciatif qui lui permet de mettre en scène d'autres voix que la sienne dans une construction hiérarchique où ces diverses voix semblent parler de manière convergente;
- l'opposition énonciative par laquelle le locuteur met en scène ces opinions dont il se distingue;

– l'effacement énonciatif qui voit le locuteur donner l'impression de déserter son énonciation comme si ce n'était pas lui qui parlait dans sa parole.

Là encore, il n'est pas question de considérer le déroulement discursif comme une successivité de mises en scène homogènes et statiques. Chaque type doit être considéré comme un concept et non comme une image simplifiée de la réalité. De sorte qu'un fragment discursif quelconque serait caractérisé: (1) par une combinaison de types de mise en scène («il me semble que...» procède à la fois d'un effacement énonciatif, du fait de la construction impersonnelle, et de l'unicité énonciative, du fait de la présence du déictique personnel); (2) par des modifications affectant cette mise en scène.

Instabilité énonciative et analyse des activités langagières

Voici deux exemples de cette instabilité énonciative:

> Je suis tout à fait d'accord avec vous / on n'a pas le droit de faire n'importe quoi / il faut poser un ensemble de règles acceptées par tous et valables pour tout le monde / moi je pense que... / et je ne serais pas loin d'être d'accord avec ceux qui disent que.../ d'ailleurs nous avons toujours agi de la sorte... /

> En général on le dit aux clients + / (en)FIN! quand=euh::/ quelqu'un le/ c'est pour ça que / bon=euh:::/ j(e) suis désolé moi / i(ls) me demandent les deux signatures / personnellement moi je sais que quand j'ai un client qui envoie un R.I. je l'avertis /je leur / je lui précise bien / qu'i(l) faut les deux signatures

Cette instabilité de mise en scène énonciative ne peut être le fait du hasard ou d'une activité ne concernant que le seul locuteur. La variation qui affecte les modes d'investissement du locuteur, le nombre et la nature des sources énonciatives ne peuvent qu'être en relation avec l'ensemble des activités qu'il cogère avec ses partenaires, réels ou fictifs, présents ou absents.

La première remarque qui s'impose c'est que toute activité, conduite sur l'un des cinq jeux de places, a inévitablement des répercussions sur l'ensemble des autres. Ainsi, l'humour, dans un discours de bienvenue adressé à des congressistes, se situe (d'abord?) au «niveau» des places énonciatives puisque le locuteur joue sur les modes d'implication et sur les formes de sa présence dans son discours. On pourrait l'appréhender comme un phénomène relevant de la double énonciation dans la mesure où le locuteur se construit deux places énonciatives distinctes: l'une par laquelle il dit, l'autre par laquelle il «joue». Ce jeu sur le plan énonciatif a immédiatement des répercussions au niveau du cadre formel du discours inaugural (places institutionnelles) dans la mesure où, paradoxalement, il consacre l'acteur dans sa fonction sociale du fait qu'il peut tenir son rôle à distance. Par ailleurs, l'adoption d'une tournure humoristique va introduire des éléments de convivialité tirant la solennité de la séance vers des objets de nature plus conversationnelle (places modulaires), faire apparaître l'image d'un acteur qui maîtrise la situation et la communication (places subjectives), développer à l'occasion une séquence narrative (places discursives). Nous avions également montré (Vion 1999a) comment chez Mylène un changement de stratégie au sein de l'entretien avec Sabine entraînait des modifications portant sur l'ensemble des places.

La deuxième remarque porte sur le fait que tout changement d'activité a des répercussions immédiates sur l'ensemble de l'espace interactif ou du discours. Passer d'un moment d'argument à un moment de narration (places discursives) va impliquer un changement d'investissement énonciatif, modification qui risque de faire passer le module de discussion à un module conversationnel et, par voie de conséquence, avoir des répercussions sur les places institutionnelles et subjectives. Si l'on veut bien considérer qu'une «séquence» narrative ne constitue pas une tâche discursive homogène mais un ensemble fort diversifié de sous-tâches (description, verbalisation d'actions, dialogues rapportés, commentaires, etc.), le déroulement d'un récit va entraîner des modifications permanentes d'activités discursives et donc une instabilité généralisée à l'ensemble des autres positions. Pour ce qui concerne l'instabilité énonciative, on peut s'attendre, sans qu'il y ait de relation simple et directe, à ce que les moments de description passent par un *effacement énonciatif* permettant au locuteur de présenter des contenus qui ne sauraient passer pour des opinions. La description s'accorde assez facilement d'une absence de marquage énonciatif «objectivisant» le discours. Le passage de la description à l'action (que certains appréhendent comme un changement de plan narratif) aura de bonnes chances de modifier les modes d'implication du locuteur-narrateur, surtout si cette narration repose sur des événements qui le concernent. La narration où de dialogues rapportés va conduire le locuteur vers des mises en scène avec pluralité de voix. Enfin les phases de commentaire pourront recourir à l'expression de lieux communs (diverses formes de polyphonie) ou à une réappropriation «personnelle» du discours par *unicité énonciative*. Les éléments que nous apportons sont purement illustratifs car, dans la réalité, un fragment discursif pourra, quel que soit sa fonction dans le déroulement du récit, relever de plusieurs types de mise en scène. Nous insistons seulement sur l'idée que toute activité conduite à partir d'un type de place a des répercussions sur l'ensemble des autres. En nous limitant à l'examen de la relation interlocutive, toute modification d'activité au plan discursif aura des effets immédiats sur le plan énonciatif, et réciproquement.

L'apparente centration sur le locuteur qui s'opère au niveau énonciatif ne doit pas nous abuser: la parole d'un sujet est une parole plurielle. Plurielle dans la mesure où elle est adressée et comporte des marques d'adresse et donc l'inscription des partenaires. Plurielle également parce qu'elle met en scène une diversité de voix qui traversent la parole du locuteur et l'inscrit dans un contexte culturel que Bakhtine appelait un courant de communication ininterrompu. Le niveau énonciatif (ou plus exactement inter-énonciatif) constitue donc le niveau le plus fin sur lequel le linguiste peut travailler pour montrer la complexité et le dynamisme des fonctionnements discursifs.

Bibliographie sommaire

ADAM, Jean-Michel (1992). *Les textes: Types et prototypes*. Paris: Nathan Université.

DUCROT, Oswald (1984). *Le dire et le dit*. Paris: Editions de Minuit.

GÜLICH, Elisabeth & QUASTHOFF, U. M. (1985). Narrative analysis. In T. A. VAN DIJK (Ed.), *Handbook of Discourse Analysis, Dimensions of Discourse*. London: Academic Press, vol. 2, 169-197.

MAURY-ROUAN, Claire & VION, Robert (1994). Raconter sa souffrance. Gestion interactive de la tension narrative. In J. BRES (Ed.), *Le récit oral. Questions de narrativité.* Montpellier: Publications de l'Université Montpellier 3.

VION, Robert (1995). La gestion pluridimensionnelle du dialogue. *Cahiers de Linguistique Française, 17,* 179-203.

–, (1998a). La mise en scène énonciative des discours. In B. Caron 1998 (Ed.). In *Actes du 16ème Congrès Internationaldes Linguistes (Paris 20-25 juillet 1997)*, Oxford: Elsevier Sciences.

–, (1998b). La dualité énonciative dans le discours. In *Mélanges offerts en hommage à Mortéza Mahmoudian. Cahiers de l'ISL, 11*, 425-443.

–, (1998c). De l'instabilité des positionnements énonciatifs dans le discours. In J. VERSCHUEREN (Ed.), *Pragmatics in 1998: Selected Papers from the 6th International Conference.* Antwerp: International Pragmatics Association, vol. 2.

–, (1999a). Linguistique et communication verbale. In M. GILLY, J-P. ROUX & A. TROGNON (Eds.), *Apprendre dans l'interaction. Analyse des médiations sémiotiques.* Nancy et Aix-en-Provence: Presses Universitaires de Nancy et de l'Université de Provence.

Introduction à la logique interlocutoire

Alain TROGNON & Katia KOSTULSKI

Personne ne contesterait l'idée que la conversation constitue une matrice des rapports sociaux, sans d'ailleurs en être une condition nécessaire ni, non plus, celle que la conversation constitue une matrice de la raison, y compris formelle, bien que la formalisation qui lui convienne reste une question largement ouverte. Mais l'idée qu'au sein de la conversation chacune de ces dimensions ne va pas sans l'autre est moins partagée, bien qu'elle repose sur une solide tradition épistémologique en psychologie chez Mead, Vygotsky et Piaget et qu'elle ait été étayée depuis une vingtaine d'années par des résultats expérimentaux robustes et répétés (Doise, 1988; Gilly, 1988; Perret-Clermont, 1979; etc). C'est pourtant l'objectif de cet article de proposer, sous l'appellation de «Logique Interlocutoire», une théorie «globale» de la conversation qui, précisément, l'analyse comme une matrice condensant les deux dimensions ci-dessus.

1. Qu'est-ce que la Logique Interlocutoire?

La logique interlocutoire peut être définie par son but, ses thèses fondamentales et ses objets.

Le but ultime de la logique interlocutoire est d'associer des structures formelles aux intuitions des conversants, tout comme en grammaire générative on associe des structures de phrases à des intuitions de grammaticalité, et d'expliquer ainsi la connaissance intuitive qu'ils ont de certains jeux de langage, comme les débats (Trognon et Larrue, 1994 notamment), les négociations, les disputes, etc.

Les structures formelles en question sont conçues comme des structures architecturales. Elles sont conceptualisées en combinant la théorie des structures hiérarchiques de la conversation (Roulet *et al.*,

1985; Moeschler, 1985, 1989) et la logique illocutoire de Searle et Vanderveken (1985).

Cette combinaison ne doit d'ailleurs pas être comprise comme une simple juxtaposition puisqu'en logique interlocutoire les structures hiérarchiques *réfléchissent* (Ghiglione et Trognon, 1993) l'accomplissement des propriétés sémantiques (satisfaction, réussite, défectuosité) des actes de langage entrant dans les séquences illocutoires qui composent ces structures hiérarchiques.

1.1. Les «objets» de la Logique Interlocutoire

Pour interpréter les structures architecturales comme des structures socio-cognitives, la Logique Interlocutoire «travaille», sur ce point assez traditionnellement, comme Roulet *et al.* (1985) ou comme Burton (1980), avec quatre types d'objets: les interventions, les échanges, les structures et les transactions. Les transactions sont des groupes réguliers de structures et ces dernières sont des groupes réguliers d'échanges et d'interventions.

L'échange est ainsi l'unité de base d'une interlocution; «de base» en ce sens qu'il constitue la plus petite unité «dialogique» de l'interaction (Goffman, 1973; Roulet *et al.*, 1985; Moeschler, 1985, 1989; Kerbrat-Orecchioni, 1990; Ghiglione et Trognon, 1993). Bien que les auteurs divergent sur la taille de l'échange et parfois sur sa composition, il n'en est aucun en Analyse des Conversations qui ne l'ait pas défini comme l'unité de base de l'interlocution. Aussi ne développerons-nous pas plus avant ce point ici, supposé connu et déjà fort bien présenté dans des ouvrages de qualité (Kerbrat-Orecchioni, 1990).

Un échange est microscopiquement formé d'interventions et l'intervention minimale est constituée d'actes de langage ou illocutions simples ou complexes, lesquelles sont définies comme appliquant des forces sur des contenus propositionnels (Searle et Vanderveken, 1985; Vanderveken, 1988; Ghiglione et Trognon, 1993). La force définit le type d'action (assertive, commissive, directive, déclarative, expressive) qu'accomplit l'acte de langage. Elle se décline en un certain nombre de propriétés: but (et sa direction d'ajustement), degré de puissance, mode d'accomplissement, conditions de contenus propositionnel, conditions préparatoires et conditions de sincérité. Le contenu propositionnel définit, quant à lui, la représentation par rapport à laquelle une force est mise en œuvre dans le monde. «Etant donné que les actes illocutoires ont des conditions de succès et des conditions de satisfaction [du fait qu'ils sont composés de forces s'appliquant sur un contenu propositionnel] et que ces dernières sont fonction des conditions de vérité de leur contenu propositionnel, il y a deux ensembles de valeurs sémantiques irréductibles dans l'interprétation des énonciations: 1) les valeurs de succès, qui sont le succès et l'insuccès, et 2) les valeurs de vérité qui sont le vrai et le faux.» (Vanderveken, 1988: 48).

Au niveau macroscopique, les échanges et les interventions s'organisent en structures. Parmi ces structures, certaines présentent d'ailleurs une organisation typique et fonctionnellement interprétable comme réalisant une intentionnalité collective. Communiquer une information (Grusenmeyer et Trognon, 1995, 1996, 1997), débattre (Trognon et Larrue, 1994; Ghiglione et Trognon, 1993), discuter (Trognon et Galimberti, 1996), négocier (Trognon et Kostulski, 1996), animer un groupe (Larrue et Trognon, 1993; Ghiglione et Trognon, 1993), prendre une décision en groupe (Trognon et Kostulski, 1996; Trognon et Galimberti, 1996) en sont des exemples. Un projet théorique dont le but est de fournir une théorie de la conversation en tant que matrice d'accomplissement des rapports sociaux et des cognitions ne peut pas négliger les structures car c'est en leur sein que se réalisent nombre d'événements socio-cognitifs. Par exemple, le conflit socio-cognitif (y compris sa résolution), processus dont on a souvent souligné l'importance dans l'acquisition, relève certainement d'une structure originale (et qui reste encore à décrire précisément) combinant les structures du débat et de la négociation dans leurs dimensions à la fois cognitives et sociales. Plus fondamentalement encore, ce sont les structures qui définissent l'objet conceptuel qui est visé en Logique Interlocutoire, dans la mesure où c'est à travers elles que la Logique Interlocutoire cherche à formaliser la connaissance tacite que les interactants ont des jeux de langage auxquels ils participent. Aussi la Logique Interlocutoire peut-elle se concevoir comme une théorie empirique des différentes formes de discours auxquelles se réfère

Vanderveken dans ses derniers travaux (par exemple: Vanderveken, 1992).

Le troisième composant d'une interlocution concerne ces jeux de langage institutionnalisés que sont les psychothérapies (Labov et Fanshel, 1977; Trognon, 1990; Trognon et Bertoni, 1992; Proia, 1994; Trognon, 1998), les entretiens de conseil (Bange, 1987) ou de recueil d'information (Blanchet, 1986), les questionnaires médicaux, les dialogues homme-machine (Trognon, 1996), etc. Il s'agit de situations d'interaction conventionnellement surdéterminées qui s'organisent en fonction des attentes et des rôles institutionalisés qu'elles portent. Un procès par exemple est une forme de transaction particulière et distincte d'autres formes de transactions.

1.2. La dimension socio-cognitive des objets de l'interlocution

Tous ces objets précédents doivent pouvoir s'analyser comme accomplissant à la fois des événements cognitifs et des rapports sociaux. Mais puisque les transactions sont formées de structures et celles-ci d'échanges et d'interventions, ce sont ces derniers qui doivent finalement être porteurs de la double dimension d'accomplissement qui est requise par la théorie.

La chose est facile si on convient de dire que les échanges et les interventions sont formés d'actes de langage. Nous savons bien que cette notion n'est plus guère en faveur en Analyse des Conversations et qu'elle a subi d'importantes critiques tant au sein de l'Analyse Conversationnelle qu'à la suite de la publication de *La Pertinence* (Sperber et Wilson, 1989; Trognon, 1994). Mais ces critiques sont pour la plupart injustifiées (Trognon, 1995; Kerbrat-Orecchioni, 1995). De plus, et c'est ce qui nous importe ici, la notion d'acte de langage est la seule qui définisse l'énonciation comme une action socio-cognitive puisqu'un acte de langage est en effet défini en logique illocutoire (Searle et Vanderveken, 1985; Vanderveken, 1988, 1990; Ghiglione et Trognon, 1993), comme l'application d'une force sur un contenu propositionnel. Par conséquent, puisque la notion d'acte de langage restitue en les intégrant organiquement la dimension sociale et la dimension cognitive de l'activité langagière, c'est à partir de cette notion qu'il faut définir l'intervention, l'échange, les structures et les transactions.

Globalement, une séquence interlocutoire s'analysera selon le tableau suivant:

Transaction	Structures	Séquentiel	Conversationnel	
			Illocutoire	Cognitif
			F(p)	C

Ce tableau déploie au fur et à mesure du déroulement de l'interlocution ses dimensions sociale d'une part et cognitive de l'autre, lesquelles émergent progressivement de l'architecture conversationnelle en train de se construire. L'architecture conversationnelle, elle, s'élabore à partir des forces et des contenus propositionnels des actes illocutoires dont ce sont les combinaisons interprétées propositionnellement qui définissent la dimension cognitive.

La mise en évidence de la dimension cognitive de l'interlocution appelle quelques précisions. En dehors du fait d'être dirigé par des buts pratiques, d'être sensible au contexte et d'émaner, comme le soutient Grize (1997) d'opérations logico-discursives, le raisonnement qui émerge d'une conversation possède deux propriétés empiriques. Premièrement, c'est un raisonnement distribué. Deuxièmement, c'est un raisonnement processuel. Cette dernière propriété impose de l'analyser comme une déduction naturelle. Premièrement, les composants de la déduction naturelle associée à une organisation interlocutoire ne sont pas à proprement parler des propositions mais des interprétations cognitives des forces et des contenus propositionnels des illocutions: un expressif, s'il n'a pas de contenu propositionnel, a néanmoins une interprétation cognitive (Trognon, 1995). Deuxièmement, ces interprétations cognitives des illocutions qui interviennent comme prémisses et comme conclusions des raisonnements naturels sont souvent implicites (Grusenmeyer et Trognon, 1996). Avant de les introduire dans une déduction naturelle, il convient donc de les restituer; ce que nous proposons de faire (Kostulski et Trognon, 1998) de faire en adoptant une méthode mise au point par Van Eemeren et Grootendorst (1996).

Troisièmement, les interprétations cognitives des illocutions sont articulées par des opérateurs logico-discursifs plus riches que les connecteurs logiques et c'est leurs interprétations logiques qu'il convient d'introduire dans les déductions naturelles.

2. Un exemple d'application de la Logique Interlocutoire

La séquence que nous allons décrire maintenant appartient à ce jeu de langage professionnel spécifique que constitue la transmission orale entre des équipes de soins à l'hôpital, et plus particulièrement ici dans un service de Médecine Générale (Kostulski, 1998; Trognon & Kostulski, 1996; Kostulski & Trognon, 1998) d'un hôpital de province de taille moyenne. La transmission orale est un moment de l'activité des agents du soin, infirmiers (IDE) et aide soignants (AS) a minima, dans lequel l'équipe qui va quitter son poste (appelée équipe descendante) rencontre l'équipe qui va prendre son poste (appelée équipe montante) et échange sur chaque patient du service. Contrairement à d'autres services de l'hôpital où les transmissions se déroulent dans une salle de réunion, en Médecine Générale ces transmissions se déroulent au pied du lit de chaque patient. L'extrait concerne le $15^{\text{ème}}$ patient du service, et débute au $281^{\text{ème}}$ tour de parole des transmissions orales du jour.

(...)

ID E	descendante 281:	Au niveau des selles?
AS	descendante 282:	Sinon y a pas de selles depuis qu'il est arrivé
AS	montante 283:	Il est rentré mardi soir
ID E	descendante 284:	On pourrait peut-être lui donner deux Microlax ce soir?
ID E	montante 285:	Je vais lui donner deux Duphalac ce soir
ID E	descendante 286:	Si ça vient ça sera bien

2.1. L'architecture de la séquence

L'architecture globale de la séquence se présente ainsi:

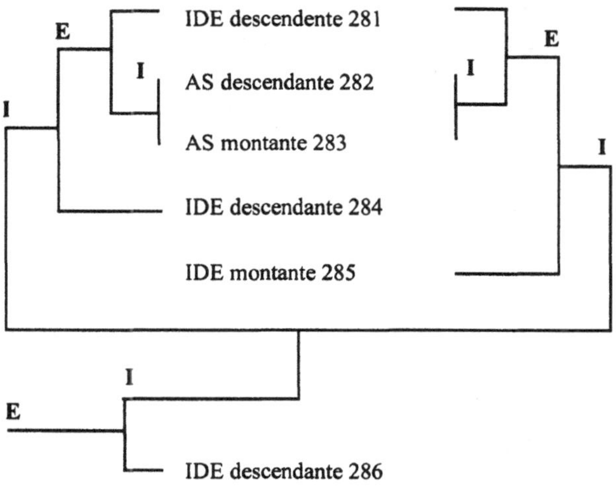

(IDE descendante 281, AS descendante 282, AS montante 283, IDE descendante 284) est une intervention. Son architecture peut être représentée parenthétiquement (ou de façon équivalente sous forme d'arbre) ainsi:

((IDE d. 281 (AS d. 282, AS m. 283)$_{E/I}$)$_{E}$ IDE d. 284)$_{I}$

(AS descendante 282, AS montante 283) est un échange. Pourtant, ces deux interventions prises ensemble constituent *une* réponse à la question posée par l'infirmière descendante. C'est pourquoi cet échange est considéré ici comme une intervention complexe, et plus exactement comme le second constituant de l'échange initié par l'infirmière descendante en 281. Cet échange est enfin subordonné à IDE descendante 284 dans la mesure où il prépare et justifie cette intervention. Interprétée fonctionnellement, l'architecture précédente déroule une analyse fins-et-moyens (Nguyen-Xuan, 1990) et plus exactement un diagnostic si celui-ci est défini «comme une chaîne d'activités, qui conduit de la détection à l'action (Rasmussen, 1986)» (Hoc, 1990: 159). Relativement aux agents qu'il engage, le diagnostic constitue une activité collective, mais pas sur toute son étendue puisque si les aide-soignantes contribuent à la définition de la situation c'est l'infirmière seule qui circonscrit l'action requise. Si maintenant on considère le diagnostic d'un point de vue formel, on constate qu'il est loin d'être entièrement explicite. C'est un aspect sur lequel nous reviendrons ci-dessous.

La séquence ((IDEd. 281, ASd. 282, ASm. 283, IDEd. 285) appelle la même analyse «hiérarchique et fonctionnelle», soit:

((IDE d. 281 (AS d. 282, AS m. 283)$_{E/I}$)$_E$ IDE m. 285)$_I$

Enfin (IDEd. 284, IDEm. 285, IDEd. 286) constitue un échange. IDE descendante 284 est une proposition d'action, ou encore une demande d'assentiment adressée à l'IDE montante. IDE montante 285 est un commissif, un engagement à réaliser une action répondant au diagnostic élaboré dans l'échange impliquant l'infirmière descendante et les deux aide soignantes. La dernière intervention évaluative de l'infirmière descendante (*si ça vient ce sera bien*) est une évaluation.

2.2. L'interprétation cognitive de l'architecture conversationnelle

La séquence déroule l'élaboration du diagnostic de constipation (C(p)), à partir de la vérification de l'état de choses selon lequel Mr P. ne va pas à la selle (S(p)). C'est ensuite une décision de prescription (P(p,X)) qui est déduite du diagnostic, ou plus précisément une suggestion de prescription d'un médicament spécifique de Microlax (P(p,m)) suivi d'une décision de prescription d'un autre médicament (P(p,d)). Le mouvement cognitif déroulé dans la séquence peut être représenté ainsi dans une déduction naturelle:

1		$S(p)$	Hyp	Hypothèse pratique initiant la séquence
2		$\forall x\ \ S(x) \supset C(x)$	Hyp	Connaissance type
3		$S(p)$	Hyp	Test d'hypothèse
4		$S(p)$	Rep 3	
5	IDE d 281	$S(p) \vee\ \ S(p)$	In $\vee$ 4	Sens implicite de la demande de l'IDE descendante
6	AS 282-284	$S(p)$	Réit 4	Réponse collective des AS
7		$\forall x\ \ S(x) \supset C(x)$	Rép réit Rép 2	
8		$S(p) \supset C(p)$	Ex $\forall$ (6,7)	
9		$C(p)$	Ex $\supset$ (6,8)	Conclusion implicite
10		$S(p) \supset C(p)$	In $\supset$ (3-9)	Raisonnement accomplit dans le 1er échange (conclusion implicite)
11		$S(p)$	Réit 1	
12		$C(p)$	Ex $\supset$ (10,11)	
13		$C(p)$	Hyp	Etat de chose tenu pour vrai, prémisse implicite
14		$\forall x \forall y C(x) \supset P(x,y)$	Hyp	Connaissance type
15		$\forall x\ \ (P(x,m) \wedge P(x,d))$	Hyp	Savoir encyclopédique
16	IDE desc284	$C(p) \supset P(p,m)$	Hyp	Suggestion de prescription
17		$C(p)$	Rép réit 13	
18		$C(p) \supset P(p,m)$	Rep 16	
19		$P(p,m)$	Ex $\supset$ (17,18)	
20		$\forall y\ P(p,y)$	I $\forall$ 19	
21	IDE mon285	$P(p, d)$	E $\forall$ 20	Engagement (décision) de prescription
22		$\forall x\ \ (P(x,m) \wedge P(x,d)$	Rép réit 15	
23		$P(p,m) \wedge P(p,d)$	I $\wedge$ (19,21)	
24		$P(p,m) \wedge P(p,d)$	E$\forall$ 22	
25		$\varnothing$	I$\varnothing$ (23,24)	
26		$C(p)$	Rep 13	
27		$\forall x \forall y C(x) \supset P(x,y)$	Rép 14	

28		*∀y (C(p)⊃ P(p, y))*	E∀ 27	
29	IDE mon285	C(p) ⊃ P(p,d)	E∀	Expression du refus de la suggestion
30		*(C(p) ⊃ P(p,m))*	I (16, 16-25)	
31	IDE desc286	C(p) ⊃ P(p,d) ∧ (C(p) ⊃ P(p,m))	In ∧ (29,30)	Ratification du refus
32		P(p,d)	E⊃ (26, 29)	
33		*C(p)⊃ P(p,d)*	In ⊃ (13-32)	Raisonnement accompli

L'infirmière descendante débute l'échange par une question à laquelle chacune des AS apporte un élément de réponse. Cette question fonctionne d'un point de vue logique comme un test d'hypothèse, c'est pourquoi elle est formalisée dans la déduction naturelle comme une hypothèse d'un sous-raisonnement (ligne 3 de la déduction) dont le raisonnement principal est gouverné par des connaissances-types de la surveillance de l'élimination des patients. Les deux AS coopèrent à construire une réponse à la question de l'infirmière. Cette réponse est donc une action collective qui confirme l'hypothèse émise par l'IDE, et constitue en cela une ligne de raisonnement dans la déduction (ligne 6 de la déduction). En cela, cette séquence question réponse a déroulé logiquement l'identification d'un symptôme du patient qui permet de développer un diagnostic, qui lui, restera implicite. Ce processus est restitué dans le sous-raisonnement qui va des lignes 3 à 9, et donc tenu pour vrai dans la suite du raisonnement principal des interlocuteurs, lignes 10 et 12 de la déduction. Ce diagnostic est celui de constipation du patient (ligne 12 de la déduction). Il n'est pas formulé explicitement dans la séquence, mais c'est sur cette base que les IDE vont réaliser des prescriptions différentes.

Du point de vue illocutoire, nous sommes avec IDE descendante 284 devant un échange question-réponse suivie par l'énonciation d'une proposition «*On pourrait peut être lui donner deux Microlax ce soir?*» (une question dont le contenu est une suggestion d'action subordonnant l'échange). Notons la structure syntaxico-sémantique (le conditionnel, l'adverbe de possibilité, l'indirection illocutoire) de cette proposition qui souligne les précautions que l'infirmière descendante prend pour l'avancer et sur lesquelles nous reviendrons bientôt. D'un point de vue propositionnel maintenant, l'information portée par l'échange question-réponse avec les aides soignantes joue le rôle de prémisses d'un processus de décision et plus précisément de diagnostic. C'est en effet ce diagnostic de la constipation de Mr P. qui entre dans un sous raisonnement (ligne 13 et suivantes de la déduction) menant à deux prescriptions différentes des IDE, sur lesquelles nous allons revenir.

Une analyse conversationnelle semblable convient à la sous-séquence (IDE descendante 281, AS descendante 282, AS montante 283, IDE montante 285). On peut en effet dire que l'intervention de l'IDE montante «Je vais lui donner deux Duphalac ce soir» résulte du même processus de prescription inféré à partir du diagnostic établi dans le premier échange (ligne 29 de la déduction). Plus exactement, on peut dire que son engagement peut dans l'absolu être rapporté au diagnostic construit de façon indépendante de la proposition de l'IDE descendante. De sorte que l'on peut dire que la déduction faite par l'IDE montante est la même que celle de l'IDE descendante du point de vue de son rapport au diagnostic réalisé précédemment. Si la déduction est la même, cette fois c'est l'infirmière montante et non l'infirmière descendante qui établit l'action qui doit être accomplie. Cette action, s'il s'agit bien d'une prescription, n'est pas exactement la même que celle préconisée par l'infirmière descendante.

Intéressons-nous maintenant à l'échange englobant la séquence, c'est-à-dire à l'échange constitué d'un diagnostic, d'une proposition suivi d'un engagement d'action, et de l'évaluation. Illocutoirement parlant cet échange constitue un échange réparateur (Goffman, 1973) [suggestion, refus de la suggestion, évaluation]. L'IDE descendante effectue en effet en déduction d'une intervention subordonnée une suggestion d'action: «on pourrait peut-être lui donner deux Microlax ce soir?». Qu'il s'agisse d'une suggestion est bien mis en évidence par la structure syntaxico-sémantique de l'intervention. C'est pourquoi cette suggestion apparaît dans un autre sous raisonnement (ligne 16 à 25) de celui qui mènera à la prescription, sous raisonnement déroulant la proposition de l'IDE descendante et le refus implicite de l'IDE montante. L'IDE descendante fait en effet l'hypothèse selon laquelle, si Mr P est constipé, on doit lui prescrire du Microlax. Sa proposition constitue donc une hypothèse (ligne 16 de la déduction) qui va être testée dans un sous raisonnement (ligne 16 à 25), précisément puisque cette intervention de l'IDE descendante est une suggestion et non un ordre ou une affirmation. Mais à qui cette suggestion s'adresse-t-elle? Nécessairement à l'IDE montante puisque d'une part (c'est une connaissance contextuelle) l'action suggérée se déroulera nécessairement pendant le poste de l'infirmière montante et sous sa responsabilité et que d'autre part (c'est une connaissance encyclopédique), seules les infirmiers sont légalement habilités à délivrer ces médicaments alors que la prescription qu'elles font ne relève déjà plus de leur fonction, mais de l'usage de protocoles thérapeutiques élaborés par les médecins et qui les y autorisent. Maintenant, on peut dire que le statut de l'intervention de l'IDE montante en 285 («je vais lui donner deux Duphalac ce soir») est double et c'est à ce titre que cette intervention apparaît deux fois dans la déduction (ligne 21 et ligne 29). Nous avons vu que cette intervention est déduite d'un diagnostic de constipation et que l'on pourrait se passer de la proposition de l'infirmière descendante pour expliquer son statut dans le raisonnement (ligne 29 de la déduction). Pourtant, l'infirmière descendante a suggéré un traitement différent, et donc l'intervention de l'IDE montante revient également à refuser implicitement la suggestion. En effet, l'IDE montante reconnaît qu'une action est nécessaire et s'y engage (indirectement), pourtant, l'action qu'elle s'engage à réaliser n'est pas celle que préconisait l'infirmière descendante. Ainsi, on peut dire que les deux infirmières ne sont pas en désaccord quant au diagnostic de constipation et à la nécessité de répondre à la situation: ce n'est que dans la façon de répondre au diagnostic que s'instaure le désaccord. Si le Microlax et le Duphalac sont deux médicaments contre la constipation, le premier est beaucoup plus radical que le second. Sur la base de cette information encyclopédique, nous pouvons dire que les infirmières divergent sur les moyens qu'il convient d'employer et peut être également sur la gravité de la constipation (ce qui renverrait à une différence d'appréciation du diagnostic). On remarquera que l'IDE montante n'exprime pas littéralement qu'elle refuse la proposition de l'IDE descendante. D'un point de vue pragmatique, ce refus est une implicature conversationnelle de la réponse de l'IDE montante.

Cependant, dans la mesure où cela appartient au savoir professionnel des IDE que les deux médicaments sont exclusifs l'un de l'autre, le refus de la proposition devient une implication de la réponse de l'IDE montante. Du point de vue logique maintenant, ce refus est réalisé au moyen de la mise en œuvre d'une contradiction. Le fait que les médicaments s'excluent s'exprime logiquement par un connecteur d'incompatibilité: le nand. En déduction naturelle, aucune règle intélim n'exprime ce connecteur mais l'on sait en revanche l'exprimer, le traduire en utilisant la négation de la conjonction (Lepage, 1995). C'est donc sous la forme d'une négation d'une conjonction que nous avons représenté ce savoir encyclopédique des infirmières dans la déduction, et plus précisément dans le sous raisonnement qui mène à la prescription (ligne 15 de la déduction). C'est en vertu de ce savoir encyclopédique que la proposition de l'infirmière descendante va être refusée. En effet, l'infirmière du matin fait une suggestion (ligne 16 de la déduction) qui va être évaluée dans un sous raisonnement. L'infirmière montant propose un autre traitement (ligne 21 de la déduction). Ce faisant, elle actualise le savoir encyclopédique d'incompatibilité des deux médicaments (ligne 22 de la déduction) dans l'ici et maintenant de la transmission. A cette étape du raisonnement, nous sommes dans une situation où d'une part le Microlax et le Duphalac ont été proposés et d'autre part les interlocuteurs savent que ces prescriptions sont incompatibles. On est donc face à une contradiction (ligne 25 de la déduction). Cette contradiction est nécessairement le fruit de l'intervention de l'infirmière montante: si elle n'était pas intervenue pour proposer du Duphalac, elle n'aurait pas mobilisé la connaissance encyclopédique d'incompatibilité. C'est pourquoi on peut dire qu'en s'engageant à donner du Duphalac au patient, elle invalide la suggestion de l'infirmière descendante en la menant à une contradiction. En effet, une fois la contradiction établie, la suggestion ne peut plus être recevable dans la prescription (ligne 30 de la déduction). C'est pourquoi on peut dire que c'est du Duphalac et non du Microlax qui sera administré au patient. La déduction naturelle telle qu'elle est exprimée ici livre seulement le contenu de la non acceptation de la propositions de l'IDE descendante. Mais l'analyse pourrait être aisément complété en faisant intervenir les illocutions et non plus seulement leur contenu propositionnel (Trognon et Kostulski, 1999). Enfin, l'intervention évaluative de l'infirmière descendante («si ça vient ce sera bien») constitue, au-delà de l'évaluation explicite, une acceptation du refus de sa proposition et une acceptation de l'engagement de l'IDE montante. La proposition IDE descendante 284 est donc refusée implicitement. L'intervention de l'IDE descendante en IDE descendante 286 peut avoir au moins deux interprétations distinctes dans la séquence. Rappelons que le patient participe à la transmission, et donc peut être s'adresse-t-elle à lui pour justifier la prescription qui a été réalisée. Mais on peut aussi entendre cette évaluation «si ça vient ce sera bien» comme une sorte de prévision d'échec du traitement proposée par son homologue montante. Quel que soit cette interprétation, du point de vue de l'activité de prescription que les membres du groupe ont réalisé, cette intervention constitue une ratification du refus (chargée ou non d'ironie) de l'IDE montante. C'est ce que nous exprimons logiquement mais non illocutoirement dans la ligne 31 de la déduction.

En résumé, la séquence déroule au plan cognitif un problème de décision de groupe. A partir des mêmes prémisses (l'information fournie par les AS) deux traitements différents dans leur rigueur sont inférés et défendus respectivement par l'infirmière descendante et l'infirmière montante. L'alternative se tranche sans donner lieu à une analyse ou à un débat entre les deux infirmières dans la mesure où pour des raisons qui tiennent à l'organisation du travail posté, c'est l'infirmière montante qui détient la décision.

2.3. L'interprétation sociale de l'architecture interlocutoire

Dans l'organigramme de cette équipe de travail les As de chaque équipe sont subordonnées aux IDE de chaque équipe, alors que les deux IDE ou les deux AS n'ont pas entre elles de relations hiérarchiques. Le déroulement de l'interlocution «traduit» bien ces relations statutaires et la division du travail entre les AS et les infirmières, les AS renseignant les infirmières en apportant les informations qu'elles demandent et sur la base desquelles les infirmières infèrent les traitements. En cela, la structure conversationnelle est isomorphe à la structure organisationnelle et hiérarchique.

Bien qu'ayant une même position hiérarchique, les infirmières n'ont pas la même maîtrise de la continuité des soins. La conversation le traduit de plusieurs manières. Premièrement, comme nous l'avons déjà signalé, les énonciations des deux infirmières diffèrent. Deuxièmement, dans les deux cas, il s'agit de la même structure marquant une déduction d'après un ensemble de faits. Mais l'IDE descendante, qui ne sera pas là pour accomplir l'action qu'elle propose, le fait sous la forme d'une proposition alors que l'IDE montante qui sera seule responsable de la réalisation de l'action accomplit un commissif. On comprend pourquoi l'infirmière montante tranche l'alternative sans négociation: c'est à elle que revient la décision.

Bibliographie

BANGE, P. (Ed.) (1987). *L'analyse des interactions verbales: La dame de Caluire: une consultation*. Berne: P. Lang.

BURTON, D. (1980). *Dialogue and discourse*. London: Routledge.

BLANCHET, A. (1986). Interviewer. In A. BLANCHET, R. GHIGLIONE J. MASSONAT & A. TROGNON (Eds.), *Les techniques d'enquête en sciences sociales*. Paris: Dunod, 81-126.

DOISE, W. (1985). Le développement social de l'intelligence. In G. MUGNY (Ed.), *Psychologie sociale du développement cognitif*. Berne: P.Lang, 39-57.

GHIGLIONE, R. & TROGNON, A. (1993). *Où va la Pragmatique? De la pragmatique à la Psychologie Sociale*. Grenoble: Presses Universitaires de Grenoble .

GOFFMAN, E. (1974). *Les rites d'interaction*. Paris: Minuit.

GRIZE, J. B. (1996). *Logique naturelle et Communications*. Paris: PUF.

GILLY, M. (1988). Interactions sociales et constructions cognitives: mécanismes d'action des dynamiques socio-cognitives. In A. N. PERRET-CLERMONT & M. NICOLET (Eds), *Interagir et connaître*. Cousset: DelVal, 19-28.

KERBRAT-ORECCHIONI, C. (1990). *Les interactions verbales.* Paris: Colin.

–, (1995). Où en sont les actes de langage? *L'information grammaticale, 66*, 5-13.

KOSTULSKI, K. (1998). *Communication et rationalités collectives dans les équipes de travail: analyse formelle des transmissions écrites et orales dans deux équipes de soins à l'hôpital.* Thèse de doctorat de l'Université de Nancy 2.

KOSTULSKI, K. & TROGNON, A. (1998). Le domaine cognitif de l'interlocution: un exercice d'analyse interlocutoire d'une transmission orale dans une équipe paramédicale. In K. KOSTULSKI & A. TROGNON (Eds*), Communications Interactives dans les Groupes de Travail.* Nancy: PUN, 59-102.

LABOV, W. & FANSHEL, D. (1977*). Therapeutic discourse: psychotherapy as conversation.* New York: Academic press.

MEAD, G. H. (1934). *Mind, Self and Society.* Chicago: University of Chicago Press.

MOESCHLER, J. (1985). *Argumentation et conversation.* Paris: Hatier.

PERRET-CLERMONT, A. N. (1979). *La construction de l'intelligence dans l'interaction.* Berne: P. Lang.

RASMUSSEN, J. (1986). *Information processing and human-machine interaction.* Amsterdam.

ROULET, E. (1985). *L'articulation du discours en français contemporain.* Berne: Peter Lang.

SEARLE, J. & VANDERVEKEN, D. (1985). *Foundations of illocutionary logic.* Cambridge: Cambridge University Press.

SPERBER, D. & WILSON, D. (1989). *La pertinence.* Paris: Minuit.

TROGNON, A. (1990). La gestion de l'échange dans l'entretien,. *Psychologie française, 35-3*, 195-205.

BERTONI, N. & TROGNON, A. (1992). Structures communicationnelles de la situation thérapeutique (deux théories pragmatiques à l'épreuve de la conversation psychanalytique). In Q. DEBRAY & B. PACHOUD (Eds.), *Le récit: Aspects philosophiques, cognitifs et psychopathologiques.* Paris: Masson, 89-99.

TROGNON, A. (1994). La pragmatique et la vie de tous les jours. In A. TROGNON, A., DAUSENDSCHOEN-GAY, U., KRAFFT & C., RIBONI (Eds), *La construction interactive du quotidien*. Nancy: PUN.

–, (1996). L'interlocution des conversations et des dialogues personne-machine. In Jean VIVIER (Ed.), *Psychologie du dialogue homme-machine en langage naturel*. Caen: Europia Productions, 17-35.

–, (1998). Interactional Pragmatics of hypnotic Induction. *Pragmatics 8, 2*, 255-270.

–, (1995). Structures interlocutoires. *Cahiers de linguistique Française, 17*, 79-98.

TROGNON, A. & GALIMBERTI, C. (1996). La virtù della discussione libera nelle decizioni di gruppo. In C. REGALIA & G. SCARATTI (Eds), *Conoscenza e azione nel lavoro sociale*. Roma: Armando, 97-111.

TROGNON, A. & GRUSENMEYER, C. (1996). Structures of natural reasoning within functional dialogues. *Pragmatics and cognition. 4, 2*, 305-346.

–, (1997). To resolve a Technical Problem Through Conversation. In Laureen RESNICK, Roger SÄLJÖ, Clodilde PONTECORVO & Barbara BURGE (Eds), *Discourse, Tools and Reasoning: Essays on Situated Cognition*. New York: Springer, 87-110.

TROGNON, A. & KOSTULSKI, K. (1996). L'analyse de l'interaction en Psychologie des groupes: économie interne et dynamique des phénomènes groupaux. *Connexions, 68, 2*, 129-170.

TROGNON, A. & LARRUE, J. (1994). *Pragmatique du discours politique*. Paris: Armand Colin.

VAN EEMEREN, F. & GROOTENDORST, R. (1996). *La nouvelle Dialectique*. Paris: Kimé.

VANDERVEKEN, D. (1998). *Les actes de discours*. Bruxelles: Mardaga.

Pourquoi l'analyse du discours a-t-elle besoin d'une théorie de l'esprit?

Anne REBOUL et Jacques MOESCHLER

1. Introduction

Dans la littérature publiée sur le discours dans les trente dernières années, une hypothèse forte s'est fait jour: celle selon laquelle le discours constitue une nouvelle *unité linguistique*, au même titre que le phonème, le morphème et la phrase. Il y a deux façons de concevoir cette unité: soit, à l'image du phonème ou du morphème, comme une unité minimale, en dessous de laquelle on ne peut descendre; soit, à l'image de la phrase, comme une unité divisible, composée d'éléments de rang inférieur, mais qui a ses règles propres, gouvernant sa bonne formation et son interprétation. Dans deux ouvrages récents (Reboul et Moeschler 1998a et b), nous nous sommes élevés contre cette hypothèse du DISCOURS[1] comme une unité linguistique à part entière et nous avons défendu la thèse selon laquelle la production et l'interprétation des discours ne dépendent pas de règles spécifiques, mais obéissent aux mêmes principes pragmatiques généraux qui gouvernent l'interprétation des énoncés.

Nous avons ainsi développé, dans le cadre théorique de la pragmatique de la pertinence (*cf.* Sperber et Wilson 1995), une analyse de ce qu'est l'interprétation des discours en partant d'une définition extrêmement réduite de ce qu'est un discours:

[1] Les majuscules, suivant une convention introduite dans Reboul et Moeschler (1998b), nous permettent de distinguer les notions de l'*Analyse de discours* (que nous critiquons) de celles de notre pragmatique du discours qui restent en minuscules.

– Définition du discours
– Un discours est une suite non-arbitraire d'énoncés.

Cette définition place clairement le discours dans le domaine de la pragmatique (il y est question d'*énoncé*) plutôt que dans celui de la linguistique (il n'y est pas question de *phrase*). Dans l'optique de la théorie de la pertinence, le locuteur qui produit un énoncé a deux intentions, une *intention informative* (l'intention de rendre manifeste ou plus manifeste à son interlocuteur un ensemble d'assomptions) et une *intention communicative* (l'intention de rendre mutuellement manifeste qu'il a cette intention informative). L'interlocuteur a l'intention de récupérer l'ensemble d'assomptions qui font l'objet de l'intention informative du locuteur. L'ensemble du système repose sur l'idée que la communication dépend de façon cruciale de la capacité à attribuer à autrui des croyances et des intentions. C'est cette capacité que l'on a désignée dans la littérature récente en sciences cognitives par l'expression *théorie de l'esprit*[2].

Le modèle d'interprétation des discours que nous avons développé s'appuie sur les notions d'*intention informative*, d'*intention communicative* et de *théorie de l'esprit*. Selon nous, le locuteur d'un discours donné a une *intention communicative globale* qui vaut pour l'ensemble de son discours et il a, de même, une *intention informative globale* qui, elle aussi, vaut pour l'ensemble de son discours. Dès lors, la tâche du locuteur d'un discours est de construire son discours de telle façon que, à partir de l'interprétation des énoncés successifs (c'est-à-dire à partir de la récupération des intentions informatives locales successives, pour chaque énoncé), l'interlocuteur arrive à identifier l'intention informative globale du locuteur pour l'ensemble du discours[3].

---

[2] Sur la théorie de l'esprit, on consultera avec profit Carruthers *et* Smith (1996) ainsi que Davies et Stone (1995a et1995b).

[3] C'est cette construction du discours qui a produit un certain nombre d'hypothèses, que nous considérons comme fausses, quant à l'existence de STRUCTURES DU DISCOURS qui lui seraient propres ou qui seraient propres à certains TYPES DE DISCOURS, et quant à la nécessité de notions comme la *COHERENCE*. Selon nous, la notion de *COHERENCE*, loin d'être nécessaire, n'est pas susceptible d'une définition non circulaire et présuppose que l'on pourrait se dispenser d'analyses précises sur, entre autres, les connecteurs, la coréférence, les temps verbaux ou les ellipse.

C'est cette construction du discours qui a produit un certain nombre d'hypothèses, que nous considérons comme fausses, quant à l'existence de STRUCTURES DU DISCOURS qui lui seraient propres ou qui seraient propres à certains TYPES DE DISCOURS, et quant à la nécessité de notions comme la *COHERENCE*.

2. La définition et les critères de découpage des unités significatives

2.1. L'hypothèse de l'ANALYSE DE DISCOURS

On pourrait s'inquiéter de l'unité ou des unités sur lesquelles nous basons notre analyse de l'interprétation des discours, étant donné que nous rejetons le DISCOURS comme unité. Dès lors, sur quelle(s) unité(s) travaillons-nous? Dans les ouvrages cités plus haut, nous avons défendu une approche épistémologique du problème de la délimitation des unités en prêchant pour une approche tout à la fois *réductionniste* et *contextualiste* des problèmes de discours. C'est le propos réductionniste qui nous intéressera dans ce paragraphe.

Le réductionnisme est une méthodologie générale dans le domaine scientifique. Il y en a deux versions: celle dans laquelle on propose de traduire toutes les propositions scientifiques d'une discipline donnée (la biologie moléculaire par exemple) dans les termes des propositions scientifiques d'une autre discipline (la physique par exemple); celle dans laquelle on cherche à expliquer un phénomène donné en termes des éléments qui le composent et des interactions causales entre ces éléments. C'est à cette dernière version que nous nous intéressons.

Pourquoi rejetons-nous l'hypothèse selon laquelle le discours constitue une unité? En quoi le phonème, le morphème ou la phrase sont-ils de meilleurs candidats au statut d'unités linguistiques? Le phonème n'est pas réductible aux éléments qui le composent pour la simple raison qu'il n'est pas formé d'éléments linguistiques[4]. Le

[4] Les traits phonologiques ne sont en effet pas des éléments du phonème dans la mesure où ils ne permettent pas en eux-mêmes la réalisation d'une unité linguistique.

morphème est composé de phonèmes, mais il n'est pas réductible aux phonèmes qui le composent parce que l'on ne peut expliquer le *sens* d'un morphème par sa composition phonologique et par l'interaction entre ses éléments phonologiques. Quant à la phrase, elle est composée de morphèmes, mais sa bonne formation et son interprétation dépendent de règles qui lui sont propres et qui ne s'expliquent ni par les morphèmes eux-mêmes ni par leur interaction. Que dire, dès lors, du DISCOURS? Quels seraient les arguments pour ou contre son statut d'unité linguistique?

Il faut d'abord remarquer une chose: si le DISCOURS était une unité à part entière, il ne serait pas, comme le phonème, une unité indivisible. Il serait plutôt, comme la phrase, une unité divisible, mais qui a ses règles propres et qui ne s'explique pas par sa composition ni par l'interaction de ses composants. Dès lors, la question qui se pose est celle de la nature des composants du discours: quels sont les éléments qui composent un DISCOURS et sur lesquels devraient jouer les règles propres au DISCOURS? Dans la mesure où le DISCOURS est conçu comme une unité *linguistique*, il est permis de penser que l'unité hypothétique DISCOURS est composée de l'unité *linguistique* de rang immédiatement inférieur qu'est la phrase. Le DISCOURS, dans cette optique, serait donc composé de phrases. Il ne serait cependant pas réductible aux phrases qui le composent parce qu'on ne pourrait en rendre compte sur la simple base des phrases en question et de leur interaction causale. Il y aurait donc un niveau de REGLES PROPRES AU DISCOURS, que l'on peut diversement appeler *MACRO-SYNTAXE*, *SYNTAXE DU DISCOURS*, OU *GRAMMAIRE DE TEXTE*. On remarquera qu'il n'y aurait aucune légitimité à supposer ce niveau de règles si le DISCOURS n'est pas compositionnel, c'est-à-dire s'il n'y a pas d'éléments sur quoi portent les règles en question. L'hypothèse de l'existence d'une MACRO-SYNTAXE ne fait pas sens si elle ne s'accompagne pas d'une hypothèse concomitante de compositionnalité qui dise clairement sur quelles unités portent les règles.

La MACRO-SYNTAXE, cependant, n'a, à notre connaissance, jamais réussi à dégager aucune des règles propres au DISCOURS qu'elle postule, ce qui en fait un programme de recherche immobile, où il semble qu'aucun progrès n'a été accompli depuis son apparition sur la scène scientifique. Pour cette raison, au moins, il nous semble qu'il est temps d'en introduire un nouveau, basé sur des prémisses différentes et peut-être susceptibles de davantage de succès.

2.2. L'hypothèse de la pragmatique du discours

Là où l'ANALYSE DE DISCOURS voit dans le DISCOURS un phénomène linguistique, la pragmatique du discours y voit un phénomène pragmatique. Là où l'ANALYSE DE DISCOURS considère qu'au DISCOURS répond un corps de règles qui lui sont propres, la pragmatique du discours considère que le discours peut s'analyser à partir des mêmes principes pragmatiques qui valent pour l'énoncé. Là, enfin, où l'ANALYSE DE DISCOURS pense que les composants du DISCOURS sont des unités linguistiques, les phrases, la pragmatique du discours pense que les composants du discours sont des unités pragmatiques, les énoncés. La distinction entre *phrase* et *énoncé* est centrale en pragmatique et nous allons la rappeler. Si la phrase est une entité théorique, définie par les règles de bonne formation (syntaxe) qui s'y appliquent, l'énoncé correspond à l'énonciation par un locuteur particulier et dans une situation particulière d'une phrase donnée. Cette première définition fournit une première distinction entre phrase et énoncé: alors que la même phrase peut donner lieu à une infinité d'énoncés, un énoncé donné est strictement limité aux circonstances de sa production; en d'autres termes, deux individus différents peuvent émettre la même phrase, mais ils ne peuvent pas produire, ce faisant, le même énoncé. Il y a donc en quelque sorte une *autonomie de la syntaxe*. Cette première distinction entre phrase et énoncé permet d'inclure dans le domaine de la pragmatique des items lexicaux qui ne peuvent s'interpréter au niveau linguistique, comme, par exemple, les indexicaux. L'exemple (1a) aura ainsi des significations bien différentes, suivant les circonstances de sa production[5]:

---

[5] On peut comprendre l'expression *circonstances de sa production* comme équivalente aux *paramètres* de la pragmatique contextuelle: grossièrement, les interlocuteurs et les circonstances spatio-temporelles.

(1) (a) Je suis ici maintenant.
(b) Où serais-je demain pour dire que c'était hier? (François Weyergans)

Il y a, cependant, davantage à la distinction entre phrases et énoncés: les indexicaux, s'ils font appel à des données non-linguistiques pour leur interprétation, s'appuient aussi sur des données lexicales (le contenu lexicalement attaché aux indexicaux). Mais, un nombre important d'exemples permet de montrer que le fossé entre l'interprétation purement linguistique (de la phrase correspondante) et l'interprétation pragmatique complète d'un énoncé donné ne peut être comblé par un simple système de paramétrage ou par les seules circonstances de production. Considérons l'exemple (2):

(2) (a) Un père à son fils: «Va te laver les dents.»
(b) Le fils: «Je n'ai pas sommeil.»

Pour que le père interprète (correctement) la réponse de son fils comme un refus d'obéir, il faut qu'il prenne en compte bien davantage que les seules circonstances de production: il faut, notamment, qu'il attribue à son fils des croyances (quant au fait que se laver les dents précède de peu se coucher, par exemple) et des désirs (l'enfant ne veut pas aller se coucher) et qu'il utilise ces croyances et ces désirs comme prémisses dans un processus inférentiel qui lui permettra d'interpréter complètement (2b).

Nous avons dit plus haut que l'énoncé est l'unité pragmatique. Comment pouvons-nous justifier cette affirmation? Et, si l'énoncé est l'unité pragmatique, de quel type est cette unité? Est-ce une unité indivisible comme le phonème, ou est-ce une unité compositionnelle avec ses règles propres, comme la phrase? Selon nous, la réponse est simple: l'énoncé ne peut se diviser et, qui plus est, il obéit à des règles qui lui sont propres[6] et qui régissent tout à la fois sa production et son interprétation. Ce sont ces règles qui, à partir de la signification

[6] Plus précisément, ces règles ne sont pas des règles linguistiques, mais plutôt des principes cognitifs généraux qui valent pour la plupart des processus cognitifs de haut niveau, si ce n'est pour tous.

linguistique de la phrase correspondante permettent d'aboutir à l'interprétation complète de l'énoncé.

Ainsi, selon nous, le discours n'est ni une unité linguistique ni une unité pragmatique, mais il est composé d'unités pragmatiques, à savoir les énoncés. On pourrait nous objecter qu'on ne voit pas comment segmenter un discours en énoncés. Il nous semble que cette objection est sans fondement: si les énoncés correspondent à l'énonciation de phrases grammaticales, la segmentation du discours repose sur les règles de la syntaxe qui régissent la bonne formation des phrases. On pourrait, de nouveau, nous opposer la vieille distinction entre la *syntaxe de l'oral* et la *syntaxe de l'écrit*. Mais cette objection nous semble mal fondée, que l'on admette la distinction en question ou qu'on ne l'admette pas. En effet, les tenants de l'existence d'une syntaxe de l'oral qui aurait ses règles propres doivent admettre que, si elle existe, une telle syntaxe doit délimiter des unités au même titre que le fait la syntaxe de l'écrit, bien que *via* des règles différentes. On pourrait dire que ces unités sont des discours et non des phrases, mais on en revient alors à l'objection exprimée plus haut et dont on notera qu'elle vaut aussi pour la «syntaxe de l'oral»: on n'a pas, à notre connaissance, réussi à dégager de règles propres au DISCOURS ou de règles relevant d'une syntaxe de l'oral. On nous permettra donc un certain scepticisme à l'encontre du programme de recherche que constitue la syntaxe de l'oral. Dans l'attente d'hypothétiques résultats, nous préférons considérer que, pas plus qu'il n'y a deux langues (ou plus), une pour l'oral et une pour l'écrit, il n'y a deux syntaxes, une pour l'oral et une pour l'écrit[7]. Pour rendre compte des «particularités» du discours oral, il nous semble préférable de recourir à la notion de *syntaxe partielle* que nous avons proposée par ailleurs (*cf.* Reboul et Moeschler 1995)[8].

Ainsi, notre approche est fortement *réductionniste* - le discours se réduit aux énoncés qui le composent - et *contextualiste* - les principes qui gouvernent l'interprétation des discours sont les mêmes que ceux qui

---

[7] On remarquera que nier la distinction syntaxe de l'écrit/syntaxe de l'oral ne revient pas à nier l'existence de différents *niveaux de langue* (*cf.* Milner 1989).

[8] Des approches de ce genre sont actuellement en cours d'implémentation dans des laboratoires d'ingénierie linguistique (*cf.* Lænzlinger 1998, Lopez en préparation).

gouvernent l'interprétation des énoncés et ils s'appuient lourdement sur la notion de *contexte.*

3. L'intégration des différents niveaux d'analyse: l'option contextualiste

En ANALYSE DE DISCOURS, la seule option possible, nous semble-t-il, est celle de la compositionnalité, combinée à l'hypothèse d'une SYNTAXE DU DISCOURS régissant cette compositionnalité. En pragmatique du discours, l'option compositionnelle n'est pas de mise en l'absence de l'hypothèse d'une SYNTAXE DU DISCOURS. Le problème n'est pas, en effet, d'expliquer ou de justifier l'existence du DISCOURS comme une unité linguistique à part entière, mais d'expliquer comment, sur la base des différents principes pragmatiques qui régissent l'interprétation des énoncés, on arrive à interpréter les discours. On se rappellera que, selon nous, l'interprétation des discours passe exactement par les mêmes principes pragmatiques que l'interprétation des énoncés, ceux que décrit la théorie de la pertinence. Ils sont maintenant bien connus et nous ne les rappellerons pas ici[9], sauf pour insister sur le fait qu'ils sont fortement contextualistes. Pour en revenir au discours, comment passe-t-on des interprétations successives des énoncés qui forment un discours donné à l'interprétation de ce discours? Comment passe-t-on des intentions informatives locales à l'intention informative globale?

On notera q u'il y a ici deux hypothèses possibles:

(i) le processus d'interprétation des discours est un processus purement *incrémental*, dans lequel on ajoute les interprétations des énoncés successifs les unes aux autres, la somme de ces interprétations constituant l'interprétation du discours lui-même[10];

---

[9] Le lecteur intéressé pourra se reporter à Sperber *et* Wilson (1995), Moeschler et Reboul (1994), Reboul et Moeschler (1998a), et, pour une description plus précise de la façon dont les principes de la pragmatique de la pertinence s'appliquent à l'interprétation des discours, on lira Reboul et Moeschler (1998b).

[10] C'est largement l'option choisie par les sémantiques dynamiques, FCS (*File Change Semantics*, *cf.* Heim 1982), DRT (*Discourse Representation Theory*, *cf.* Kamp *et*

(ii)le processus d'interprétation des discours n'est pas un processus purement incrémental, il met en jeu des processus inférentiels et s'appuie fortement sur la *théorie de l'esprit* et notamment sur la capacité de l'interlocuteur à faire des hypothèses anticipatoires, révisables, quant à l'intention informative globale du locuteur[11].

Nous avons déjà eu l'occasion de parler des hypothèses anticipatoires (*cf.* Reboul 1992, Reboul et Moeschler 1996). Nous y revenons brièvement ici à partir d'un exemple maintenant bien connu:

(3) (a) Oserai-je raconter l'anecdote que l'on m'a confiée en prenant le frais à l'ombre du mur d'un cimetière dans une pièce de luzerne à la verdeur charmante? (b) Pourquoi pas? (c) Je suis déjà déshonoré comme disant des vérités qui choquent la mode de 1838

(d) Le curé n'était point vieux; (e) la servante était jolie; (f) on jasait, ce qui n'empêchait point un jeune homme du village voisin de faire la cour à la servante. (g) Un jour, il cache les pincettes de la cuisine dans le lit de la servante. (h) Quand il revint huit jours après, la servante lui dit:

(i) «Allons, dites-moi où vous avez mis les pincettes que j'ai cherchées partout depuis votre départ. (j) C'est là une bien mauvaise plaisanterie.»

(k) L'amant l'embrassa, les larmes aux yeux, et s'éloigna.

(Stendhal, *Voyage dans le midi*, Divan, 115).

Très grossièrement, le premier alinéa, ainsi que les phrases (3d) et (3e) permettent de faire une hypothèse anticipatoire (qui est confirmée dans la fin du texte) sur le type de relation qu'entretient le curé avec sa servante. Dans l'exemple suivant, par contre, le texte incite à faire une hypothèse anticipatoire pour la contredire par la suite:

(4) (A) La ville de Sophronia se compose de deux moitiés de ville. Dans l'une, il y a le grand-huit volant aux bosses brutales, le manège avec ses chaînes en rayons de soleil, la roue avec ses cages mobiles, le puits de la mort avec ses motocyclistes la

---

Reyle 1993), SDRT (*Segmented Discourse Representation Theory*, *cf.* Asher 1993), y compris dans leurs versions montagoviennes (*cf.* Chierchia 1995).

11 La même analyse s'applique, *mutatis mutandis*, à la conversation. *Cf.* sur ce point Reboul et Moeschler (1998b, chapitre 8, § 10).

tête en bas, la coupole du cirque avec la grappe de trapèzes qui pend en son milieu. L'autre moitié de la ville est en pierre, en marbre et en ciment, avec la banque, les usines, les palais, l'abattoir, l'école et tout le reste. L'une des moitiés de la ville est fixe, l'autre est provisoire, et quand le terme de sa halte est arrivé, ils la déclouent, la démontent et l'emportent pour la replanter sur les terrains vagues d'une autre moitié de ville.

(B) Ainsi, chaque année survient le jour où les manœuvres enlèvent les frontons de marbre, descendent les murs de pierre, les pylônes de ciment, démontent le ministère, le monument, les docks, la raffinerie de pétrole, l'hôpital, les chargent sur des remorques, pour suivre de place en place, l'itinéraire de chaque année. Ce qui demeure ici, c'est la demi-Sophronia de tirs à la cible et de manèges, avec le cri suspendu dans la nacelle du huit volant la tête à l'envers, et elle commence à compter combien de mois, combien de jours elle devra attendre pour que revienne la caravane et qu'une vie complète recommence.

(I. Calvino, *Les villes invisibles*, Seuil, 77-78).

En (4), la partie A permet au lecteur de faire, en s'appuyant sur ses connaissances encyclopédiques des fêtes foraines d'une part et des bâtiments en dur de l'autre, une hypothèse anticipatoire (contredite par la suite) sur le caractère éphémère de la fête foraine et sur le caractère stable des bâtiments publics.

Il nous semble par ailleurs que la notion de COHERENCE, qui n'est à notre sens qu'une notion intuitive et pré-théorique, peut s'expliquer dans notre théorie, ou, plus exactement, que l'on peut expliquer les jugements de cohérence ou d'incohérence que l'on est spontanément incliné à porter sur les discours. Le jugement de cohérence porté sur un discours dépend de la facilité que l'on a à construire une intention informative globale pour ce discours et de la richesse et de la complexité de cette intention informative globale. De ce point de vue, tant l'exemple (3) que l'exemple (4) sont de magnifiques exemples de textes sur lesquels on sera enclin à porter un jugement positif de cohérence.

Si l'on en vient maintenant à l'incohérence, l'exemple (5)[12] nous paraît être un bon exemple de discours incohérent:

---

12 Recueilli par Bleuler en 1913. Cité par Frith (1996, 129).

(5) Et puis, j'ai toujours aimé la géographie. Le dernier professeur que j'ai eu dans cette discipline était le Pr Auguste A. Ses yeux étaient noirs. J'aime aussi les yeux noirs. Il y a aussi des yeux bleus et des gris et d'autres sortes encore. J'ai entendu dire que les serpents ont les yeux verts. Tout le monde a des yeux. Il y en a aussi qui sont aveugles. Ces aveugles sont guidés par un garçon. Ça doit être terrible de ne pas pouvoir voir. Il y a des gens qui ne peuvent pas voir et qui, en plus, ne peuvent pas entendre. J'en connais certains qui entendent trop. Il y a beaucoup de gens malades au Burgholzli; on les appelle les patients.

Cet exemple apparaît comme un modèle de discours incohérent. On remarquera pourtant qu'il présente une sorte de continuité thématique du type «ficelle de crin-crin de cheval-cheval de course-course en sac, etc». et que, malgré de nombreuses tentatives, l'ANALYSE DE DISCOURS n'a pas réussi à produire de règles beaucoup plus précises sur l'origine de la cohérence ou de l'incohérence d'un texte. Elle est donc probablement incapable d'expliquer le contraste entre des discours comme (3) et (4) et des discours comme (5). Par contre, la pragmatique du discours l'explique facilement par la difficulté à construire une intention informative globale pour (5), par la facilité à en construire une pour (3) et par la richesse de celle que l'on peut construire pour (4)[13]. Nous voudrions maintenant en arriver aux problèmes plus spécifiques que soulève l'interprétation des items lexicaux qui ne peuvent être interprétés au niveau de la phrase et que l'ANALYSE DE DISCOURS prétend expliquer par des notions comme le DISCOURS ou la COHERENCE: les connecteurs, les anaphores dites discursives, les temps verbaux et les ellipses. Pour des raisons d'espace, nous ne traiterons que des anaphores discursives.

4. L'anaphore discursive: un problème de référence et non de co-référence

La majorité des approches de l'*ANAPHORE* dite *DISCURSIVE* ou *inter-phrastique* posent le problème en termes de coréférence: il s'agit de

[13] Pour des analyses beaucoup plus détaillées de la justification des jugements de cohérence, on se reportera à Reboul et Moeschler (1998b, chapitre 8).

déterminer l'antécédent de l'anaphorique, lequel peut être un pronom de troisième personne, un SN démonstratif, une description définie, etc. La difficulté tient au fait que l'ANAPHORE DISCURSIVE est considérée, du point de vue de l'ANALYSE DE DISCOURS, comme manifestant une relation linguistique qui ne relève pas de la syntaxe (puisque l'ANAPHORE DISCURSIVE met en jeu des segments linguistiques qui apparaissent dans des phrases différentes), mais de la MACRO-SYNTAXE. Reste qu'une fois de plus, il apparait difficile de dégager une ou plusieurs règles précises permettant de déterminer le «bon» antécédent d'une ANAPHORE DISCURSIVE donnée.

Selon nous, cet échec s'explique par le fait que le problème est mal posé. Nous pensons en effet que le terme même d'*ANAPHORE DISCURSIVE* est mal choisi: certes entre une soi-disant ANAPHORE DISCURSIVE et son soi-disant antécédent, il y a généralement co-référence, mais, d'une part, comme l'a souligné Milner (1982), la co-référence ne suffit pas à une relation anaphorique et, d'autre part, la co-référence en question se déduit de la résolution de la référence pour chacun des deux termes, plutôt que la référence des deux termes de leur coréférence. Il nous semble que c'est un point sur lequel les générativistes ont raison: les seuls termes réellement anaphoriques sont les réfléchis, les réciproques et certaines ellipses.

On a souvent évoqué également des hypothèses cognitives du type *mémoire discursive* ou *représentations mentales*. Nous sommes dubitatifs sur la notion de *mémoire discursive*, i.e. une mémoire spécifique pour le DISCOURS et pour les REFERENTS DISCURSIFS, qui ne semble pas avoir la moindre validation expérimentale. Nous pensons par contre que la notion de *représentation mentale* est utile, mais qu'il est important de lui donner un contenu précis, ce que fait la *théorie des représentations mentales* (TMR).

L'idée de base derrière TMR[14] est que la résolution de la référence ne se fait pas au niveau de la langue (ou du DISCOURS), mais *via* un système complexe de représentations des référents, les *représentations mentales* (RM). On peut concevoir les RM comme des concepts spécifiques, c'est-

[14] Sur TMR, on se reportera à Reboul (1998) et Reboul *et al.* (1997).

à-dire comme des concepts qui permettent, non pas de décider si un objet donné fait partie de la catégorie correspondant au concept, mais d'identifier un objet comme étant l'objet correspondant à la RM considérée. Dans cette optique, une RM regroupe toutes les informations disponibles sur un objet donné. Il va de soi que certaines au moins de ces informations ne sont pas linguistiques.

Notre hypothèse est qu'une RM comporte les champs ou entrées suivants:

1. une *adresse* ou *étiquette*, qui est spécifique à la RM considérée et qui permet d'y accéder;
2. une *entrée logique* qui indique les relations logiques entre la RM et une ou plusieurs autres RM;
3. une *entrée encyclopédique* qui regroupe tout à la fois:
   3.1. des informations héritées par défaut de la catégorie dont ressortit l'objet correspondant;
   3.2. des informations spécifiques à l'objet correspondant;
4. une *entrée visuelle* qui contient:
   4.1. une image héritée par défaut de la catégorie d'où ressortit l'objet correspondant;
   4.2. un historique des changements d'apparence visuelle de l'objet;
5. une *entrée spatiale* qui indique:
   5.1. l'orientation intrinsèque de l'objet correspondant, s'il en a une;
   5.2. les éventuelles relations spatiales que l'objet correspondant entretient avec d'autres objets dans un espace donné et l'historique de ses éventuels déplacements.
6. une *entrée lexicale* qui indique les segments linguistiques utilisés pour référer à l'objet correspondant et ceux qui pourraient l'être par dérivation morphologique;
7. une *entrée d'identification*, qui permet, entre autres, d'indexer une RM sur un monde possible ou un ensemble de mondes possibles.

Les RM sont susceptibles d'un certain nombre d'opérations:

A. la *création* qui permet de construire une nouvelle RM à partir du concept correspondant à la catégorie d'où ressortit l'objet;
B. la *modification* qui permet d'ajouter de nouvelles informations ou d'en modifier d'anciennes;

C. la *fusion* qui intervient lorsque l'on s'aperçoit que deux RM correspondent au même objet et qui prend pour entrée ces deux RM pour en livrer une seule, sans perte d'information;
D. la *duplication* qui intervient lorsque, par exemple, un document est photocopié, pour permettre de construire une seconde RM à partir de la première;
E. le *groupement;*
F. l'*extraction.*

Toutes ces opérations peuvent être produites aussi bien par des données spatiales ou visuelles que par des données linguistiques. Les deux opérations les plus utiles jusqu'ici ont été le groupement et l'extraction, dont nous allons dire quelques mots. Bien que le groupement et l'extraction soient utiles au-delà du traitement du pluriel, c'est néanmoins par le traitement du pluriel qu'il est le plus facile de les décrire. Examinons les deux exemples suivants:

(6) a. *Un homme et une femme* entrèrent. Ils allèrent s'installer au fond du bar.
b. Fred avait *neuf billes*. Il les a laissé tomber. Il n'en a retrouvé que huit. La dernière avait roulé sous le canapé.

Nous nous intéresserons plus particulièrement aux deux expressions référentielles (ER) en italiques. En (6a), *Un homme et une femme* désigne un groupe de deux individus dont on sait non seulement qu'ils sont différents l'un de l'autre, mais dont on sait aussi en quoi ils sont différents: en d'autres termes, on peut les *différencier*. En (6b), *neuf billes* désigne un groupe de neuf individus dont on sait qu'ils sont différents, mais dont on ne sait pas en quoi ils diffèrent: en d'autres termes, on ne peut pas les *différencier*. La présence ou l'absence d'une différenciation dans ces exemples nous semble justifier des traitements différents, par groupement dans le premier cas, par extraction dans le second.

Pour (6a), la procédure est la suivante: on construit une RM pour l'homme, [@homme], et une RM pour la femme, [@femme]; la conjonction de coordination *et* déclenche une opération de groupement qui prend pour entrée les deux RM [@homme] et [@femme] et construit une nouvelle RM [@hommeetfemme]. Cette nouvelle RM entretient avec les deux RM-parents une relation logique, la relation de partition qui apparaît dans son entrée logique ainsi que dans celles des deux RM-parents. L'ensemble reçoit la représentation suivante[15]:

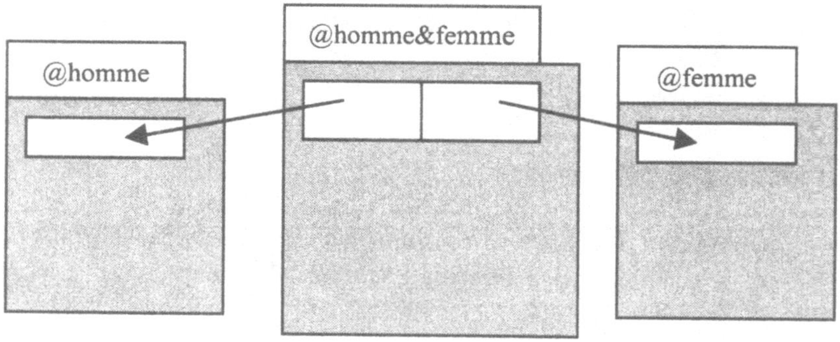

Figure 1, Groupement

Sur cette figure, les entrées logiques sont représentées par les rectangles blancs sur le fonds gris.

Passons maintenant à l'extraction. Dans l'exemple (6b), comme nous l'avons dit plus haut, il est impossible de différencier entre les billes et, faute de pouvoir le faire, l'ensemble des neuf billes doit être représenté par une unique RM, [@billes]. La troisième phrase de (6b) (*Il n'en a retrouvé que huit*), par contre, permet de différencier entre les huit billes retrouvées et celle qui ne l'a pas été. On procède alors à une opération d'extraction à partir de la RM [@billes] qui fournit deux nouvelles RM, [@8billes] pour les billes retrouvées et [@1bille] pour celle qui ne l'est pas. De nouveau, les relations logiques entre la RM-parent et les RM-enfants sont indiquées dans leurs entrées logiques respectives. On peut représenter cette nouvelle opération de la façon suivante:

15 Inscrite dans la tradition «boxologique» de rigueur. *Cf.* Kamp et Reyle (1993) et Asher (1993).

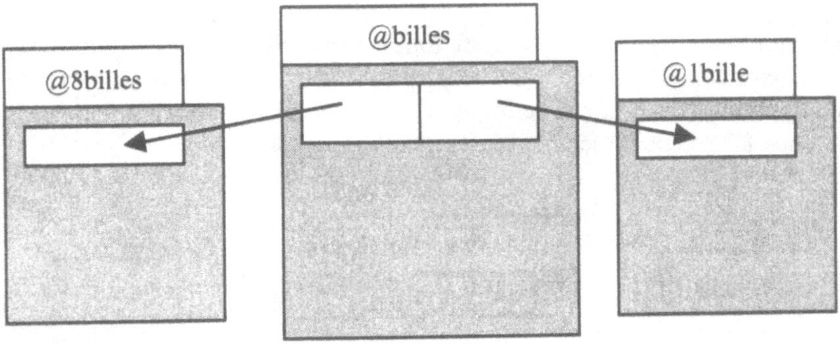

Figure 2, Extraction

Le groupement et l'extraction reposent sur une opération ensembliste commune, la partition, qui a les caractéristiques suivantes:
- elle délimite des sous-ensembles à l'intérieur d'un ensemble;
- les sous-ensembles délimités par une partition donnée n'ont pas d'intersection;
- l'ensemble nul n'est pas produit par une partition.

On remarquera que la même RM peut faire l'objet de plusieurs opérations de groupement et de partition différentes.

Les opérations de groupement et de partition ne permettent pas seulement de rendre compte des différents types de pluriel. Elles permettent aussi de traiter les quantificateurs, y compris les quantificateurs généralisés. Elles permettent également, moyennant des RM spécifiques pour les événements, de traiter les événements et leur séquencement[16]. Plus généralement, TMR permet de traiter les problèmes d'accord soulevés par Tasmowsky-de Ryck et Verluyten (1982 et 1985), ainsi que ceux que posent les référents évolutifs (*cf.* Reboul à paraître).

---

[16] Pour des raisons d'espace, nous ne développerons pas davantage la description de TMR. Le lecteur intéressé pourra se reporter à Reboul *et al.* 1997.

5. Conclusion

Nous finirons en indiquant succintement les sources de notre corpus. Il s'agit de textes, de discours ou de conversations authentiques. Les premiers sont essentiellement de courtes histoires, qui peuvent être comprises de façon autonome, et qui sont tirées de deux livres de Stendhal, *De l'Amour*, *Rome, Naples et Florence* et des ouvrages d'Italo Calvino, notamment *Les Villes invisibles*. Pour autant, nous ne nous interdisons pas de noter et d'exploiter des exemples lors de nos lectures, et nous avons trouvé fort utile, à cet égard, les romans de Pierre Magnan ou de Jean Giono, ainsi que les romans policiers de P.D. James ou de Patricia Cornwell. Nous avons eu l'occasion de réunir, voici quelques années un corpus sur les référents évolutifs. Nous avons également travaillé sur des corpus de dialogue homme-machine, recueillis par des chercheurs du CRIN-CNRS *via* des expériences magicien d'Oz. Enfin, comme le montre l'exemple (6), nous utilisons aussi régulièrement des exemples authentiques de discours pathologiques (schizophrénie, autisme, aphasie), qui nous permettent d'illustrer, *a contrario*, notre propos.

Bibliographie

ASHER, N. (1993). *Reference to Abstract Objects in Discourse.* Dordrecht: Kluwer.

CARRUTHERS, P. ET SMITH, P.K. (Eds.) (1996). *Theories of Theories of Mind.* Cambridge: Cambridge University Press.

CHIERCHIA, G. (1995). *Dynamics of Meaning. Anaphora, Presupposition and the Theory of Grammar.* Chicago: The University of Chicago Press.

DAVIES, M. et STONE, T. (Eds.) (1995a). *Folk Psychology. The Theory of Mind Debate.* Oxford: Basil Blackwell.

–, (1995b). *Mental Simulation. Evaluations and Applications.* Oxford: Basil Blackwell.

FRITH, C.D. (1996). *Neuropsychologie cognitive de la schizophrénie*. Paris: Presses Universitaires de France.

HEIM, I. (1982). *The Semantics of Definite and Indefinite Noun Phrases, Ph D. dissertation*. Amherst: University of Massachussets. (Publiée en 1989 par Garland Press, New York).

KAMP, H. et REYLE, U. (1993). *From Discourse to Logic. Introduction to Modeltheoretic Semantics of Natural Language, Formal Logic and Discourse Representation Theory*. Dordrecht: Kluwer.

LÆNZLINGER, Ch. (1998). Les outils TALN du LATL sur Internet. *Langues 1*/1, 82-85.

LOPEZ, P. (en préparation).

MILNER, J-C. (1982). *Ordres et raisons de langue*. Paris: Le Seuil.

–, (1989). *Introduction à une science du langage*. Paris: Le Seuil.

MOESCHLER, J. et REBOUL, A. (1994). *Dictionnaire encyclopédique de pragmatique*. Paris: Le Seuil.

REBOUL, A. (1992). *Rhétorique et stylistique de la fiction*. Nancy: Presses Universitaires de Nancy.

–, (1998). Reference, evolving reference and the theory of mental representations. In M. COENE, W, DE MULDER, P. DENDALE, Y. D'HULST & C. VETTERS (Eds.), *Hommages à Liliane Tasmowski-De Ryck*. Padoue: Unipress.

REBOUL, A. *et al.* (1997). *Le projet CERVICAL. Représentations mentales, référence aux objets et aux événements*. Publication électronique, http://www.loria.fr/~reboul/.

REBOUL, A. et MOESCHLER, J. (1995). Le dialogue n'est pas une catégorie naturelle scientifiquement pertinente. *Cahiers de Linguistique Française 17*, 229-248.

–, (1996). Faut-il continuer à faire de l'analyse de discours? *Hermes. Journal of Linguistics 16*, 61-92.

–, (1998a). *La pragmatique aujourd'hui. Une nouvelle science de la communication*. Paris: Le Seuil.

–, (1998b). *Pragmatique du discours. De l'interprétation de l'énoncé à l'interprétation du discours*. Paris: Armand Collin.

SPERBER, D. ET WILSON, D. (1995). *Relevance. Communication and Cognition*. Oxford: Basil Blackwell. 2e édition.

TASMOWSKI-DE RYCK, L. & S.P. VERLUYTEN (1982). Linguistic control of pronouns. *Journal of Semantics 1*/4, 323-346.

–, (1985). Control mechanisms of anaphora. *Journal of Semantics 4*/4, 341-370.

Des «formes émergentes» pour l'interaction

Anne-Claude BERTHOUD

Introduction

Le but que je me propose de poursuivre dans ma communication consiste à illustrer, au travers de l'étude de quelques formes de détermination dans l'interaction, l'optique dans laquelle je voudrais m'inscrire, qui se situe au carrefour de deux visées de la pragmatique, à savoir, la théorie des opérations énonciatives et l'analyse conversationnelle. Il s'agit plus précisément de chercher à lire dans les formes et séquences linguistiques l'inscription de la dynamique interactionnelle, en même temps que celle du système linguistique lui-même

Une approche linguistique de l'interaction

On parlera ici d'une approche linguistique (ou énonciative) de l'interaction, c'est-à-dire d'une conception qui envisage les formes et structures linguistiques comme traces des opérations que les énonciateurs effectuent dans la construction ou co-construction de leur discours. On fera l'hypothèse que les marques et séquences linguistiques constituent des observables privilégiés pour appréhender les phénomènes interactionnels et on tentera notamment de chercher quels sont, parmi ces différents types de formes, celles qui rendent le plus visibles les dynamiques de l'interaction.

Envisager les phénomènes linguistiques à partir de l'interaction implique un mode de traitement spécifique, voire une reconsidération des catégories linguistiques, conçues a priori et indépendamment des phénomènes de discours. La langue existe d'abord dans et par les pratiques langagières des énonciateurs. Ce qui conduit à se demander comment les interlocuteurs exploitent, adaptent, voire modifient les ressources de la langue pour répondre aux exigences des pratiques interactionnelles.

Concevoir les faits de parole (ou d'interaction) comme constitutifs des faits de langue et les faits de langue comme manifestant et contraignant les faits de parole relève d'un rapport, non de disjonction, mais de continuité ou d'intégration entre linguistique et pragmatique, continuité au sens où les phénomènes relevant de la pragmatique sont susceptibles d'être décrits à partir d'indices lexicaux et morphosyntaxiques, tout en étant articulables à d'autres formes de représentation, tels les indices prosodiques et/ou les indices gestuels.

L'adaptation constante des faits de langue aux faits de discours peut être certes envisagée comme un phénomène individuel et à chaque fois renouvelé dans la variété des actes de discours, mais elle peut aussi contribuer à des «retouches» sensibles au sein même du patrimoine de la langue, au sens où l'entend Yaguello (1998), en parlant de l'interaction verbale comme «creuset du changement linguistique».

Or il y a un certain nombre de formes linguistiques qui se trouvent aujourd'hui en quelque sorte en phase de transition entre de purs phénomènes idiosyncrasiques (faits de parole) et des phénomènes généralisés (faits de langue), soit des phénomènes linguistiques en passe de s'imposer dans l'usage. Et dans cette optique, il est particulièrement intéressant, de chercher à comprendre comment «la langue bouge et le sens dans lequel elle bouge»: «La langue ne va pas n'importe où: elle change, elle bouge, mais ce faisant, elle reste profondément elle-même. Elle évolue selon les lignes déjà tracées, même si elles ne sont pas perceptibles pour les puristes» (Yaguello, 1998, 25). Telles notamment des formes comme «prendre vapeur», «genre tout le monde,» ni su ni connu, «Bréhat, je l'aime», qui apparaissent comme autant de traces d'une exploitation originale des potentialités de la langue, «la créativité du discours se trouvant inscrite au cœur de la compétence de la langue (Yaguello, 106).

Cependant, si l'interaction est ici posée comme lieu (creuset) de ce travail linguistique, reste à envisager la mise en relation effective de ces deux types de phénomènes, c'est-à-dire tenter de saisir «on-line» comment les processus interactionnels travaillent et reconfigurent les faits de langue. Si nous avons jusqu'ici plutôt insisté, dans nos travaux antérieurs, sur la façon dont les formes et séquences linguistiques servaient d'observables et de contraintes de la dynamique interactionnelle (Berthoud - Mondada, 1996-98), je m'intéresserai plus particulièrement, dans ce qui suit, à ces formes et structures en tant que faits de langue travaillés par les faits de discours; ou plus précisément, aux observables linguistiques en tant que traces de processus discursifs configurant les faits de langue. Il s'agit en d'autres termes de lire dans les formes elles-mêmes les processus de la dynamique qui les met en jeu.

Nous ferons l'hypothèse que les formes linguistiques nous renseignent tout à la fois sur les processus de discours et sur la façon dont ces processus agissent sur ces formes, soit de les concevoir comme traces d'une double action: de la langue sur le discours et du discours sur la langue.

Si l'on admet, de façon plus générale, que la langue évolue pour mieux s'ajuster à l'usage, encore faut-il montrer comment s'opèrent ces ajustements, comment s'effectue effectivement ce travail de restructuration. C'est-à-dire, tenter de saisir dans des bribes de conversation , des bribes de justification et d'explication de l'évolution du système.

Type de données

C'est à ces bribes d'explication que je consacrerai ici mon propos, en prenant pour champ d'observation des fragments de conversation issus de multiples corpus - provenant aussi bien de nos propres travaux que des travaux bâlois, neuchâtelois, genevois, lyonnais ou de Bielefeld, ainsi que du corpus Ludwig (1988). Le choix de ces fragments est essentiellement dicté par la présence de structures qui nous paraissent pertinentes et transparentes pour révéler «la langue en train de se faire», formes pour le moins insolites, apparemment mal formées, qui pourraient être tenues pour des lapsus ou des ratés du discours. Je préférerai pour ma part y voir l'indice de phénomènes particulièrement intéressants, nous conduisant au coeur même de la dynamique du système, soit, des «faits de langue émergents» propres au discours oral, permettant en quelque sorte de dire l'«indicible», de concilier l'inconciliable, de créer du simultané dans la linéarité, de gérer l'«indiscrétion» (au sens de Berrendonner, 1998).

Le choix des unités traitées sera donc fonction de leur capacité à révéler des faits de langue «émergents».

Ces structures pourraient être la trace des stratégies que mettent en oeuvre les locuteurs pour gérer l'instance de discours, «c'est-à-dire les actes discrets et chaque fois uniques par lesquels la langue est actualisée en parole par un locuteur» (Benveniste, 1974, 251), «ces actes par lesquels les locuteurs s'approprient la langue pour l'ajuster aux conditions de l'énonciation, langue qui contraint son énonciation en même temps qu'elle en émerge» (1974, 82, 83). Ces locuteurs sont conçus comme des centres de référence en constante instabilité au sein d'un cadre énonciatif en constante évolution, impliquant des repérages à réajuster, à réévaluer, à réinventer dans chaque instance de discours. ; «phénomène familier dans l'usage, mais dont l'analyse théorique commence seulement» (Benveniste,1974, 82).

Or saisir la complexité de l'acte d'appropriation à la fois configuré par la langue et configurant la langue nous conduit au coeur même des phénomènes d'émergence tels qu'ils sont envisagés aujourd'hui dans la théorie de l'enaction (Varela, Thompson, Rosch, 1993), conception de la cognition comme action incarnée, tentant de rendre compte de l'essence de la cognition créatrice.

L'enaction se pose en quelque sorte comme moyen terme entre déterminisme et constructivisme, entre reconstruction et projection, au sens où le sujet, en tant qu'être de perception, se trouve pris au cœur de sa propre action, c'est-à-dire enacté ou incarné dans l'action qu'il organise. Action guidée par des règles en même temps qu'elle les génère. Enaction évoquant, selon Varela, l'idée d'un sentier qui naît de la marche elle-même: l'image de la cognition qui s'ensuit n'est pas la résolution du problème au moyen de représentations, mais plutôt le «faire émerger», créateur d'un monde, avec la seule condition d'être opérationnel: elle doit assurer la pérennité du système en jeu.

Comment ne pas lire dans cette définition de l'enaction ce qui est le fondement même de l'acte individuel d'énonciation: un sujet pris dans l'acte d'énonciation qu'il produit, sujet posé comme centre de repérages par rapport à une situation en constante redéfinition, repérages à la fois inscrits dans la langue et la recomposant à chaque fois?

Une énonciation prise dans la spécificité de sa propre construction et dans sa potentialité à construire la langue elle-même.

Ne touche-t-on pas là au cœur de l'énonciation créatrice, au cœur même des actes de discours comme condition d'émergence des faits de langue?

Dans cette optique, c'est à un double phénomène d'émergence que nous avons affaire: émergence du discours tout d'abord: «discours émergeant au fil du travail de négociation, de construction interactive, d'élaboration collective, tout en s'ordonnant de façon endogène au cours de son accomplissement pratique» (Mondada, 1994, 66); de la langue ensuite, au sens où celle-ci se pose comme système déterminant et conditionnant ses usages en même temps que déterminé et conditionné par ces usages eux-mêmes.

Effets de rétroaction touchant nos modes de pensée en général, lorsque les normes et les règles émergent de l'accomplissement même de ce qu'elles sont censées décrire (au sens de Wittgenstein (1961). Une rationalité issue de l'action pouvant parfois laisser des traces et être ainsi observées dans le fil du discours, et notamment dans des moments particulièrement sensibles ou conflictuels du discours, sous la forme, par exemple, de superposition ou de précipitation de formes. Comme si l'acte d'énonciation contraignait le locuteur à accomplir plusieurs choses à la fois, le conduisant à produire des formes hétéroclites; phénomènes qui peuvent relever de la pure performance, mais qui peuvent tendre aussi à se répéter et à se généraliser et donc à «prendre» au niveau du système linguistique. C'est ce que nous conviendrons ici d'appeler des «formes émergentes».

Des formes émergentes: putschs, catalyses et indiscrétion

Dans les fragments qui vont suivre, je tenterai de montrer quelques phénomènes d'émergence, sous la forme plus particulière de «putchs», de «catalyses» et d'«indiscrétion», qui manifestent autant de tentatives du locuteur à traiter plusieurs paramètres à la fois, c'est-à-dire visant tout à la fois à amalgamer, à précipiter ou à croiser les repérages - repérages référentiels et temporels.

On définira le «putsch» comme une prise de pouvoir ou un coup de force d'un élément pour se mettre à la place d'un autre élément, entraînant, en termes discursifs, une rupture de catégorie ou le passage d'une frontière catégorielle.

La «catalyse» sera comprise comme une action qui augmente ou précipite la vitesse de réaction ou de formulation, comme lieu où le discours «s'emballe».

Alors que l'«indiscrétion» sera conçue comme possibilité pour le discours de formuler deux choses à la fois, de dire une chose et son contraire.

Substitution, précipitation et superposition de repérages peuvent être considérées comme autant de processus spécifiques du discours oral, et susceptibles de devenir visibles au travers du jeu de la détermination ou de formes temporelles.

La séquence 1 présente un exemple d'«indiscrétion»:

1. (Conversation autour de la table familiale)

X: ouais pis en plus euh j'espère que t'as profité ces s''maines de t'laver lesch'veux
l'matin ...ces deux jours

Y: tu te... ben ...cause

Z: non et pis après
non j'ai l'droit de me laver les cheveux quand je veux

(Séminaire, 1998)

L'énoncé de X, comporte deux repérages temporels qui en principe s'excluent: «ces s'maines, ces deux jours», mais qui apparaissent ici conjointement, créant un effet d'emboîtement; comme si plusieurs candidats possibles sur l'axe paradigmatique se bousculaient pour surgir l'un et l'autre sur l'axe syntagmatique. Deux éléments d'une même classe de référence devant faire l'objet d'un choix, et donc se substituer, apparaissent en combinaison au niveau de l'organisation linéaire de l'énoncé. C'est ce qui crée la difficulté d'interprétation pour l'interlocuteur Y, qui ne peut répondre aux deux repérages temporels simultanément. Celui-ci s'en sort en revendiquant la liberté de choix du repérage temporel pour l'action «se laver les cheveux»: «j'ai l'droit de me laver les cheveux quand je veux». Il esquive le «double bind» de la question par une «pirouette», c'est-à-dire, en proposant un retour à la classe temporelle exprimée par quand je veux.

La séquence 2 constitue un exemple de «catalyse»:

2.

X: .... l'autre jour on mange hein avec Maria... elle vient du Cap Vert pis on s'met toujours à la p'tite table le lundi comme on est qu'les trois enfin en général on est qu'les trois avec XXX (à voix plus basse) c'est vachement sympa moi j'aime ces dîners on est tous les trois bon on a rien à manger mais on c'est vraiment

(Séminaire, 1998)

L'énoncé «j'aime ces dîners on est tous les trois on n'a rien à manger», par l'absence d'un relatif (ou lorsque) par exemple, rend la relation entre l'action désignée «j'aime ces dîners» et ce qui en est dit «on est tous les trois on n'a rien à manger» beaucoup plus directe. Il y a en quelque sorte ancrage direct de l'acte de prédication sur l'action: «j'aime ces dîners», plutôt que sur l'ancrage temporel. Précipitation de repérage qui crée un effet de mise en scène, de mise en saillance de l'action du locuteur. La présence des déictiques «j'» et «ces» organise une prise directe de la mise en scène sur l'énonciation, créant cet effet d'immédiateté des événements racontés. Evénements qui sont non liés entre eux, mais directement rattachés à l'énoncé relais «j'aime ces dîners», créant cet effet de précipitation du discours susceptible de mettre l'interlocuteur en prise plus directe sur le discours du locuteur, et dès lors de mieux l'intégrer aux actions ainsi mises en scène.

La séquence 3 offre un exemple d'«indiscrétion»:

3. (Conversation autour d'un Grand prix automobile)

X: ouais et pis euh qu'est-ce j'voulais dire euh ouais moi ça m'énerve pasque Prost hein Prost i'z'ont strictement rien montré c'te saison i'z'ont i'sont même pas dans les points j'crois pour le moment là

Y: non non mais y a y a pas beaucoup d'écuries hein qui z'ont marqué

X: mais y a Sauber qu'était pas dans les points encore non

Y: oui Sauber i' z'ont fait des points dès le premier grand prix

X: ah ouais

X: mais bon à part ça Mercedes c'est assez impressionnant parce que l'année passée i'z'ont j'veux dire c'était une écurie moyenne

Y: ouais pis c't'année i les éclate tous

X: ah ouais ouais

Y: c'est impressionnant ch'uis d'accord

(Séminaire, 1998)

Dans cette séquence, les formes «Prost i'z'ont», «Sauber i'z'ont», «Mercedes i'z'ont» ont ceci de particulier qu'elles présentent l'amalgame de deux formes en principe incompatibles au plan grammatical: un nom propre singulier est repris anaphoriquement sous une forme plurielle.

En fait, les marques de voiture sont ici non pas reprises comme entités singulières, mais comme classes d'éléments.

Un autre exemple de ce type se trouve dans la séquence suivante:

4. (Extrait de dialogue enregistré dans une librairie, à propos d'un livre d'Harlequin que C cherche pour une amie; L: la libraire / C: la cliente

1C: je vais vous montrer ce qu'elle m'a dit qu'est-ce qu'elle m'a XX je cherche depuis c'matin j'ai une crampe à la jambe je elle a déchiré même d'un des livres qu'ella a

2L: ouais

3C: elle m'a écrit ici (en montrant) elle a ça elle a ça elle veut celui-là alors après ici elle a celui-là

4L: c'est en français ça
5C: oui ça c'est elle a coupé d'une d'un livre d'Harlequin
6L: on peut commander ça c'est
7C: un seul mais alors les autres ils ils alors le «Provisoirement vôtre de Li»aussi c'est l'numéro quatorze elle a trouvé ça y a deux le treize «what XX (en anglais)
8L: ça elle aim'rait les commander elle aim'rait les avoir
(Filiettaz, 1996)

Cet exemple nous paraît intéressant au sens où il explicite un parcours complexe effectué par l'interaction sur des entités. En 3C, il y a arrêt et pointage sur chacune des entités de la liste: les titres d'Harlequin, conçues elles-mêmes dans un premier temps comme notions objectives: elle a ça elle a ça puis comme entité spécifique:elle veut celui-là... Le passage de la notion à l'élément spécifique invite l'interlocuteur à un autre traitement: d'un balayage rapide sur les premières, prises comme tout, on attire son attention sur l'élément à acheter, en le concevant comme particulier, comme objet à développer: ce celui-là qui sera ensuite repris en 4L, 5C et 6L sous forme anaphorique en c' et ça.

L'énoncé 7C apparaît comme relativement complexe, tel un jeu d'aller et retour entre entité et classe: soit tout d'abord extraction d'une entité quelconque: un seul , puis interrogation sur le reste de la classe: les autres, avant un pointage sur l'élément spécifié par un double acte de dénomination: le titre «Provisoirement vôtre de Li» et de graduation: «l'numéro quatorze», relais pour prédiquer l'existence d'un autre particulier gradué et nommé: «letreize What XX». Séquence qui va se terminer en 8L par un énoncé plutôt curieux: «ça elle aim'rait les commander elle aim'rait les avoir», qui articule deux opérations en principe inconciliables: le marqueur de qualification ça renvoyant (par cataphore) à l'opération de quantification exprimée par «les». Reste à savoir s'il s'agit d'une simple entorse à la norme par lapsus ou si, comme nous en ferons ici l'hypothèse, nous avons affaire ici à une «règle émergente» propre au discours oral qui tend à dire simultanément une chose et son contraire (p et p')..., soit d'inscrire un objet (ou des objets) de discours à la fois comme entité (s) et comme classe pouvant contenir cette (ou ces) entité (s), ou en d'autres termes, de les concevoir à la fois comme spécimen(s) et comme espèce. Pirouette que nous préférons pour notre part attribuer au «génie» de la langue plutôt qu'à ses râtés... au génie de la langue faisant émerger ces objets à géométrie variable, ces «objets indiscrets» dont parle Berrendonner (1998), susceptibles d'être à la fois un et deux (singulier et pluriel).

La séquence 5 présente un cas de «putsch» ou de gestion interactive de deux formes concurrentes:

5. (Corpus de rédaction conversationnelle)
1F: pas mal le futur titre
2H: ça pourrait être le prem la première page du: de le Monde
3F: ouais
4H: du Monde non de le Monde
5F: hm.
6H: du le Monde
7F: le Monde du Monde
8H: la Monde (rit)
9F: (rit)
10H: l:
11F: ouais
12H: le Monde de l'Education ouais
13F: mm non d'un journal de Paris Match pacque c'est un les devoirs aident enfin les devoirs peuvent aider de créer une proximité plus grande entre enfants et parents en maintenant parexemple euh non
(Corpus Lyon 2, De Gaulmyn, 1997)

Dans cet exemple, on voit affleurer le traitement que les interlocuteurs font alternativement du déterminant associé à «monde».

L'énoncé de F2 présente, sous une forme juxtaposée, un double traitement du déterminant: tout d'abord sous la forme «du Monde» pris comme déterminant soumis aux lois conventionnelles de contraction de l'article masculin, ensuite, la forme «de le Monde» traitée comme titre et donc comme structure globale et non analysée.

En 4H, le choix se porte tout d'abord sur la forme contractée «du», puis est reformulée sous la forme non analysée «de le».

6H propose une forme hybride, une sorte de mixte des deux formes concurrentielles: «du le monde», ou en quelque sorte un jeu sur les virtualités du système.

7F peut être interprété soit comme un pur écho des deux formes travaillées précédemment ou comme effet de sens opposant et articulant les deux notions «le monde» et «Le Monde» sous la forme d'un groupe nominal où «le Monde» est complément de «le Monde».

Enfin, 8H, avec la forme la monde achève ce jeu sur le déterminant en tournant le problème en dérision, c'est-à-dire en traitant la question sur un plan purement formel ou métalinguistique, jeu sur lequel enchaîne directement 9F par son rire.

On dira que l'interaction fait ici à la fois surgir le problème de détermination en même qu'elle le traite et le résout (par l'ironie).

On voit en quelque sorte affleurer dans l'organisation syntagmatique de l'énoncé le travail - en principe implicite - des choix paradigmatiques qui s'imposent aux interlocuteurs dans l'acte d'énonciation. Les locuteurs se trouvent pris entre les contraintes du système et l'adaptation nécessaire à la situation, cette adaptation impliquant un travail sur les contraintes du système lui-même. C'est dans ce sens que nous dirons que le discours émerge de la langue en même temps qu'il la façonne. L'interaction permet de voir à l'œuvre ce travail des sujets pris dans l'action en même temps qu'effectuant un travail sur cette action.

C'est à ce type de traitement que l'on doit notamment ces formes hybrides que l'on rencontre parfois, comme «Il revient de Le Locle», c'est une citation qu'il tire «de Le Matin», avec apparition d'une pause entre «de» et «le», montrant que le syntagme nominal doit être pris comme forme globale ou non analysée…

La séquence 6 démontre, sous une autre forme, ce mécanisme de réponse paradoxale à un refus de choix entre deux formes concurrentielles:

6. (à propos d'une visite chez le dentiste)

F1: bon ça me faisait pas mal comme j'étais anestésiée mais ça

R2: ouais ouais
G3: elle a été seule comme une grande fille
F4: a saigné quoi
R5: l'dentiste mais j'ai pas peur chez l'dentiste j'ai peur des piqûres alors la première fois quand elle m'a fait l'anesthésie j'me
G6: et puis qu' puis qu' depuis t'as vu
F7: suis dit faut pas que je bouge parce que
G8: que ça te faisait pas d'mal alors tu (bouches)
F9: il m'en a fait deux deux ou
R10: ouais
F11: trois ouais il m'en a fait trois aujourd'hui
R12: Flo ta moitié t'es
F13: eh non il m'en il m'en a fait trois piqûres
R14: vraiment pas brimée
(Corpus Ludwig, 1988)

L'énoncé de F13: «eh non il m'en a fait trois piqûres» , s'il était pris isolément montrerait typiquement une marque d'hypercorrection comme on en rencontre très souvent, c'est à dire des énoncés du type: «la dame dont je vous en parle», où l'objet est repris à la fois sous forme pronominale et sous la forme d'un pronom relatif. Dans l'énoncé de F13, l'objet apparaît à la fois sous la forme pronominale «en» et sous forme nominale «piqûre».

Or, lorsqu'on observe cet énoncé pris dans l'interaction, force est de constater que cette apparente hypercorrection répond en réalité à des contraintes discursives très précises. La reprise de «piqûres» peut être une stratégie d'anticipation du locuteur pour prévenir un malentendu potentiel concernant l'objet pronominalisé, dans la mesure où ce terme n'a pas été évoqué durant sept tours de parole.

Il y aurait ici reformulation du thème «piqûre», pour que le segment focalisé «il m'en a fait trois» prenne sens pour l'interlocuteur.

On voit ici la planification pas à pas des énoncés, ce travail d'ajustement constant du système disponible - et notamment de l'organisation syntaxique - pour répondre aux contraintes pragmatiques et aux exigences informationnelles en l'occurrence.

Conclusion

Les quelques exemples présentés ici avaient essentiellement pour objectif de montrer des moments du discours qui rendent particulièrement manifeste la façon dont le discours travaille la langue, c'est-à-dire des phénomènes que nous conviendrons d'appeler des «phénomènes d'émergence», qui apparaissent comme autant d'éléments de la justification pragmatique de l'évolution de la langue. Il ne s'agissait donc pas seulement de montrer que «la langue bouge» et le sens dans lequel elle bouge (au sens de Yaguello, 1998), mais encore de saisir «comment elle bouge», «ce qui la fait bouger». Pris dans l'interaction, les interlocuteurs doivent constamment répondre à des contraintes contradictoires, qui, non seulement modulent les usages, mais peuvent progressivement toucher au patrimoine même de la langue, lorsque les usages ont tendance à «prendre» et à se généraliser.

C'est dans ce sens que le discours implique une réinterprétation des faits linguistiques lorsqu'ils sont saisis «on-line», c'est-à-dire, dans la réalité même de leur énonciation, ancrés dans un contexte et orientés en fonction des autres.

Bibliographie

BENVENISTE, Emile (1974). *Problèmes de linguistique générale, I et II.* Paris: Gallimard.

BERRENDONNER, Alain (1996). *Référence temporelle et identité nominale.* Conférence prononcée au 3ème cycle de pragmatique, Cluny, avril 1996.

BERTHOUD, Anne-Claude (1996). *Paroles à propos. Approche énonciative et interactive du topic.* Paris: Ophrys.

–, (1997). Construction interactive d'un domaine notionnel. In *La Notion*. Paris: OPHRYS.

–, (1998). La langue comme système émergent. *Cahiers de l'ILSL, 11*. Université de Lausanne.

–, (1999). Des objets recatégorisés au fil du discours. In *Les opérations de détermination: qualification / quantification*. Paris: OPHRYS.

CULIOLI, Antoine (1990). *Pour une linguistique de l'énonciation*. Paris: OPHRYS.

ERARD, Yves (1998). De l'énonciation à l'énaction: l'inscription corporelle de la langue. *Cahiers de l'ILSL, 11*. Université de Lausanne.

MONDADA, Lorenza (1994). Quelques enjeux d'une approche discursive des faits de langue. *Etudes de Lettres*. Université de Lausanne, 63-76.

–, (1995). Introduction: formes linguistiques et dynamiques interactionnelles. *Cahiers de l'ILSL, 7*. Université de Lausanne, 1-18.

VARELA, Francisco, THOMPSON, E., & ROSCH, E. (1993). *L'inscription corporelle de l'esprit*. Paris: Seuil.

YAGUELLO, Marina (1998). *Petits faits de langue*. Paris: Seuil.

Intercompréhension et Communiaction®

Christian BRASSAC

Préalable

J'entends organiser la contribution que je propose ici, dans les Actes du colloque «Modèle du discours en confrontation», en répondant frontalement aux questions que nous ont explicitement posées les deux organisatrices de cette rencontre pour structurer les échanges qui s'y sont déroulés. Ainsi le plan du texte suivra à la lettre les alinéas du texte d'invitation:

1. explication de ma conception générale.
2. prise de position par rapport aux quatre points suivants:
   - degré d'intégration des différents niveaux d'analyse adoptés
   - définition et critères de découpages des unités significatives
   - type de données dont sont issues les hypothèses
   - nature des observables analysés dans le corpus
3. exemples sur lesquels je travaille.

Au long des réponses que j'apporterai aux interrogations énumérées ci-dessus, on trouvera les positions épistémologique, théorique et méthodologique que je défends dans ma pratique de modélisation du discours, pour moi principalement conversationnel.

Un pas vers la Communiaction®

La position que je veux défendre dans cette confrontation s'organise autour du rejet de la posture objectiviste en théorie de la communication. Posture objectiviste qui est empreinte d'une vision peu ou prou purement informationnelle de la communication interhumaine, de l'interactivité intersubjective envisagée comme lieu de la mise en procès de cognitions par des sujets humains.

Pour oublier que la communication est simple échange d'informations traitables (cognitivement et comme des objets encapsulant les sens qu'elles véhiculent) par les interactants, je proposerai le terme de communiaction® qui prétend rendre compte de l'aspect à la fois constructiviste et «collectiviste» de la production, en temps réel, de la valeur signifiante des formes langagières successivement proférées par ces interactants.

Je détaillerai cette profession de foi un peu brutalement énoncée ici en développant les réponses évoquées dans le préalable et en proposant une synthèse en guise de conclusion.

1. Conception générale de l'intercompréhension en conversation

C'est en tant que psychologue social que je travaille sur le discours; psychologue social qui met en avant un concept-clé de cette discipline, l'interaction sociale. Plus précisément c'est l'activité langagière des sujets humains en situations interlocutoires qui m'intéresse en premier lieu. Il s'agit ainsi d'adopter une posture se centrant sur *l'usage du langage en situation intersubjective*, une posture relevant de la pragmatique linguistique.

Nous pouvons qualifier cette pragmatique d'empirique et de communicationnelle car elle s'ancre dans une perspective naturaliste qui prend pour observables les *enchaînements conversationnels*. La conversation est en effet, selon nous, le prototype de l'interaction sociale dont le support essentiel (même si non exclusif) est l'échange interlocutoire.

Ce sont les dynamiques engendrées par et dans l'échange qui nous semblent présenter le plus grand intérêt pour le psychologue analysant les activités langagières des sujets en situation intersubjective. Ainsi, c'est bien le *processus* comme devenir, comme dynamique, et non comme succession d'états, qui est la cible de nos études. Ce processus est envisagé à la fois comme lieu de construction de phénomènes cognitifs et de phénomènes sociaux. Cette construction, qui est plutôt une co-construction, de sens s'étaye sur une dynamique relationnelle qui met aux prises deux appareils cognitifs incarnés et situés socialement et qui constitue le lieu de l'*intercompréhension* entre les interactants. Ce concept est pour nous un concept-clé qui doit acquérir toute la place qu'il mérite dans ce domaine de l'analyse des conversations et, plus largement, dans les sciences cognitives.

En tout cas, c'est là une idée que défends ardemment car elle est, selon moi, porteuse et relayeuse d'une *posture non objectiviste* en théorie de la communication. Je m'explique. L'essentiel des modèles du discours reposent sur une vision représentationaliste, informationaliste de la communication. L'intercompréhension y repose très centralement sur la découverte par l'auditeur du sens intentionné par le locuteur (les théories inférentielles n'y échappent pas). C'est dire que le sens est tout entier inclus dans une «chose» qui préexiste à son interprétation. La «chose» est selon les cas «information», «message», «représentation» ou autre objet à traiter... comme la cognition qui, c'est bien connu, est «traitement de l'information». Les interlocuteurs s'intercomprennent dès lors qu'il y a une certaine adéquation entre ce qui est découvert par l'un et ce qui était à découvrir dans le dire de l'autre.

A contrario, je soutiens que l'intercompréhension n'est pas un ajustement réciproque de deux compréhensions mais qu'elle est un processus de co-construction, ce processus de stabilisation de sens, de modelage comme je le qualifierai plus loin. Autrement dit, je soutiens qu'il est nécessaire de quitter une perspective par trop objectiviste, par trop cognitiviste de la communication pour appréhender de façon pleine et complète la constitution, en situation conversationnelle, de la relation intersubjective sous ses facettes à la fois cognitive et sociale.

Pour ce faire,

1. je m'appuie sur les travaux que nous menons depuis plusieurs années au LPI-GRC sur l'interlocution (Brassac, 1992, Trognon et Brassac, 1992, Ghiglione et Trognon, 1993);
2. je participe ainsi au développement d'un modèle qui se place à l'interface entre l'Analyse du Discours et l'Analyse Conversationnelle (Levinson, 1983);
3. j'emprunte une voie a-représentationaliste, qui a pour ambition de synthétiser les constructivismes vygotskien d'une part (Vygotsky,

1984, 1995; Rivière, 1990) et maturanien-varélien d'autre part (Varela, 1989a, 1989b; Varela *et al.*, 1993; Maturana et Varela, 1994).

En envisageant la cognition comme consubstantielle de l'engendrement de la relation intersubjective, je m'inscris pleinement dans le paradigme de la cognition située et distribuée.

Voici pour ma conception générale de ce dont doit rendre compte un «modèle du discours».

2. Prise de position méthodologique

La logique interlocutoire (Brassac, 1992, Trognon et Brassac, 1992, Ghiglione et Trognon, 1993), résultat d'une dialogisation de la sémantique générale proposée par Vanderveken (1988), elle-même consistant en un enrichissement de la théorie standard des actes de langage (Searle et Vanderveken, 1985), constitue notre appareillage théorique nous servant de mode d'analyse des interlocutions. Ce serait aller trop vite que d'en tirer pour conséquence que la catégorie d'analyse qui nous permet de conduire la description modélisatrice des enchaînements conversationnels est l'acte de langage. Beaucoup trop vite.

Comme nous l'avons dit ci-dessus, nous voulons éviter le piège de l'objectivisme en termes d'analyse du discours. Pour nous, lorsqu'un locuteur produit une forme langagière en conversation, un énoncé, ce dernier n'encapsule pas une intention de sens, «découvrable» par son interlocuteur. Autrement dit, l'analyste n'est pas en position de dire que tel énoncé est un assertif, ou un directif. L'unité significative n'est pas le dire de l'un des interlocuteurs (que ce dire soit complexe ou non). Ce qui est pour nous objet d'attention c'est le *processus* engendré par la dynamique de l'échange qui ne peut être inférieur à trois tours de parole. Nous avons expliqué en plusieurs endroits (Brassac et Stewart, 1996, par exemple) en quoi la valeur actionnelle d'une forme langagière donnée est négociée, est le résultat d'un *modelage conjoint* qui opère sur un potentiel de sens porté par le matériau produit en conversation. Cette valeur actionnelle, praxéologique n'est jamais fixée une fois pour toutes, mais elle est stabilisée sur un arrière-plan de malentendu, dans l'ici et maintenant de la situation interlocutoire. Elle est simplement stabilisée parce qu'elle s'inscrit dans une genèse conversationnelle et qu'elle peut être recyclée dans l'après coup du travail initial de co-construction de sens. La forme langagière travaillée est un élément du monde qui altère continûment la relation intersubjective, aux plans cognitif et psychosocial, comme il est altéré par les agissements des deux interactants.

Ce processus de modelage conjoint, qui constitue en fait la dynamique de l'intercompréhension, s'opère minimalement en trois temps:

- profération de l'énoncé, mise en scène de la formelangagière [action du locuteur]
- proposition d'actualisation d'un élément sémiotique du potentiel de sens [action de l'auditeur]
- validation/invalidation de la proposition [action du locuteur].

L'unité significative minimale est ce *segment de processus de négociation de sens.* En la prenant comme telle, l'analyste s'efface devant le travail effectué par les interactants, sans plaquer, de l'extérieur, une catégorie d'acte de langage sur un segment discursif (d'ailleurs, et c'est bien connu, difficile à délimiter) mais en essayant de rendre compte de ce que la relation fait émerger dans l'entre-deux conversationnel. Il n'est pas question ici d'affirmer tout de go que tel ou tel énoncé «est ironique», il est question de montrer en quoi il est actualisé comme étant ironique par les interlocuteurs dans l'ici et maintenant de la situation (qui n'a fait l'expérience personnelle d'un trait ironique qui tomba à plat du fait de sa «mécompréhension» par son interlocuteur?).

Ainsi, même si la théorie standard des actes de langage, très largement revisitée, est au fond de notre méthode, l'unité significative que nous prenons en compte n'est pas un acte mais un enchaînement (portant d'ailleurs sur les composantes des forces illocutoires) comprenant au minimum trois tours de parole.

L'idée est de s'abstraire d'une catégorisation, par l'analyste, des sens des dires des interactants pour *adopter un suivi de l'actualisation par les acteurs eux-mêmes de sens qui émerge dans l'entre-deux conversationnel.* C'est seulement au cours de l'interaction et du fait de l'interaction que les conversants co-produisent ce quelque chose de l'ordre du sémiotique qui est supporté bien sûr en premier lieu par les formes langagières successivement produites mais aussi par les ajustements négociés entre ces formes.

Les dires ne sont pas des objets à traiter, ils sont des actions continûment modificatrices du monde interlocutoire. Ces actions sont éminemment communes. En ce sens, on peut dire que les agents ne «communiquent» pas mais «communi-agissent». D'où le terme de Communiaction que je défends (Brassac, 1997, 1998, 1999).

C'est sous cet angle que nous abordons les enchaînements conversationnels qui engendrent un certain type de processus cognitifs collaboratifs que nous allons exposer dans la suite.

3. Exemples d'enchaînements conversationnels

Dans la mesure où nous souhaitons aborder le discours comme étant au centre de l'interaction sociale mais aussi comme moteur de l'engendrement d'altérations du monde intersubjectif, nous nous intéressons depuis plusieurs années à des situations interlocutoires mettant en scène et des acteurs (sujets parlants) et des artefacts (objets agissants). En effet, le monde intersubjectif contient tout aussi bien les interlocuteurs que les objets, physiques et/ou symboliques, qui dessinent l'environnement de l'interlocution.

Le discours au sens large de production d'actions par les interactants (actions qui procèdent de l'usage du langage et des objets) est dans ce cadre considéré comme le lieu de traçage des activités cognitives et sociales des sujets. C'est cette production de traces que nous avons l'ambition de modéliser. Ce sont les mécanismes conjoints d'inscription dans le monde des processus cognitifs et sociaux qui sont au centre de nos analyses.

Soit un groupe d'humains en situation de conception collaborative d'un objet quelconque. Rassemblés autour de cette tâche, ils parlent et manipulent des objets (crayons, plan, schéma, clavier, écran, blocs-notes, et la liste n'est pas close). Parlant, ils produisent des cognitions conjointement. Agissant sur et avec ces objets, ils modifient le monde dans lequel ils parlent. La prise en compte de la co-présence d'individus garantit celle de l'aspect distribué du processus; la convocation des objets garantit celle de l'aspect situé de ce processus. Ce type de situation d'interaction où les sujets humains conçoivent conjointement nous confronte immédiatement à un lieu où la cognition peut être envisagée théoriquement comme étant et distribuée et située.

Le type de corpus que nous analysons actuellement relève d'un ensemble de projets interdisciplinaires qui s'inscrivent en psychologie cognitive. Ce sont les phénomènes de *conception collaborative* qui nous intéresse en ce qu'ils surviennent dans des situations où plusieurs experts (de domaines d'intervention différenciés) interagissent afin de «produire de la décision» à propos de l'élaboration d'un produit ou même d'un système de production. Ces produits peuvent être des objets manufacturés (par exemple une table de contournage (Grégori *et al.*, 1997)), symboliques (par exemple une notice-utilisateur (Grosjean et Brassac, 1998)) ou informatiques (par exemple un logiciel pédagogique multimédia, (Grégori *et al.*, 1998)). Ces systèmes de production peuvent être des programmes d'exploitation (par exemple d'une parcelle de forêt (Hautecouverture et Brassac, à paraître)) ou techniques de reconception (par exemple de matériel électrique (Fixmer et Valaitis, à paraître))[1].

Les corpus sont captés sur le vif au moyen de dispositifs d'enregistrement audiovisuels. Nous avons ainsi accès à l'intégralité des actions, langagières ou non, des interactants. Conformément à ce que nous avons développé plus avant, il est clair que l'analyse ne se limite pas à celle des productions discursives mais intègre le rôle, que nous tenons pour fondamental, des objets dits intermédiaires (Jeantet *et al.*, 1994; Jeantet, 1998; Jeantet et Vinck, 1995; Brassac *et al.*, 1997) dans l'engendrement des cognitions distribuées et situées. Dans le cadre de ce texte, nous n'avons évidemment pas l'espace pour détailler le type d'analyse que nous conduisons sur ces corpus. Nous renvoyons pour cela par exemple à (Grégori *et al.*, 1997; Grosjean et Brassac, 1998; Grégori *et al.*, 1998).

---

[1] Tous ces exemples renvoient à des projets financés qui par l'Agence Nationale de Valorisation de la Recherche, qui par le Centre National de la Recherche Scientifique, qui par le Groupe d'Intérêt Scientifique-Sciences de la Cognition.

Conclusion

En fait la position tenue ici est une position qui revendique l'envisagement du discours conversationnel qui ne soit pas que le simple échange de formes linguistiques (informations, énoncés ou autres). Au contraire, il doit être considéré, selon moi, comme

- espace de co-productions d'actions langagières et non langagières
- espace d'inscriptions de cognitions situées et distribuées.

Ce faisant, il est question d'abandonner un paradigme communicationnel, qui est par trop représentationaliste et informationaliste (même si pragmatique et donc actionnel), pour un paradigme communiactionnel qui s'inscrit dans une perspective à la fois constructiviste et praxéologique de la cognition.

Confronter des modèles du discours nécessite, me semble-t-il, de poser au centre des débats ce type de prise de position épistémologique. Le passage obligé consistant à affronter les questions d'ordre théorique et méthodologique nous y aura, heureusement, conduit. Reste qu'une confrontation est propice à affirmations péremptoires mais aussi à mises en doute salutaires.

Références bibliographiques

BRASSAC, C. (1999). Communiaction et cognition. *Habilitation à diriger des recherches* (à soutenir).

–, (1998). «Modèle(s) de l'intercompréhension», *Actes des Sixièmes Journées de Rochebrune «Quelles relations entretenons-nous avec nos modèles?»,* 31 janvier-5 février 1998, 7-27.

–, (1997). «Processus cognitifs en situation d'interaction. De la communication à la communiaction», *Actes de la Sixième Ecole d'été de l'Association pour la Recherche Cognitive*, Bonas, 4-11 juillet 1997, 229-236.

–, (1992). Analyse de conversations et théorie des actes de langage. *Cahiers de Linguistique Française, 13*, 62-76.

BRASSAC, C. & STEWART, J. (1996). Le sens dans les processus interlocutoires: un observé ou un co-construit?, *Actes des Cinquièmes Journées de Rochebrune «Du social au collectif»*, 29 janvier-3 février 1996, 85-94.

BRASSAC, C., GROSJEAN, S. & GREGORI, N. (1997). La psychologie interactionniste comme outil d'analyse des dialogues de conception, *Journée scientifique de l'Association pour la Recherche Cognitive «Les sciences cognitives comme outil d'analyse des techniques»*, Paris, 8 décembre 1997.

GHIGLIONE, R. & TROGNON, A. (1993). *Où va la pragmatique? De la pragmatique à la psychologie sociale.* Grenoble: Presses Universitaires de Grenoble.

GREGORI, N., REMOUSSENARD, P., BRASSAC, C. & MAYER, F. (1998). A design method for educational multimedia software, *Information Control in Manufacturing, Advances in Industrial Engineering IFAC-INCOM'98*, Nancy-Metz, june 25, 1998.

GREGORI, N., BLANCO, E., BRASSAC, C. & GARRO, O. (1997). Analyse de la distribution en conception par la dynamique des objets intermédiaires, *Actes de la cinquième table ronde francophone sur la conception – 01DESIGN'97 «Les objets en conception»*, Théoule-sur-Mer, 24-26 septembre 1997, 121-134.

GROSJEAN, S. & BRASSAC, C. (1998). *L'inscription spatiale du processus de décision: une forme de coopération.* Conférence internationale sur l'Apprentissage Personne Système, CAPS'98, Caen, 8-9 juillet 1998.

JEANTET, A. (1998). Les objets intermédiaires dans la conception. Éléments pour une sociologie des processus de conception. *Sociologie du travail*, 291-316.

JEANTET A. & VINCK, D. (1995). Mediating and commissioning objects in the sociotechnical process of product design: a conceptual approach. In D. MACLEAN, P. SAVIOTTI & D. VINCK, *Management and New Technology: Design, Networks and Strategies*, Bruxelles: Cost A3, Vol.2. 111-129.

JEANTET, A., TIGER, H., VINCK, D. & TICHKIEWITCH (1994). La coordination par les objets dans les équipes intégrées de conception de produit. In *Conception et coopération*, Paris: Europia, 87-100.

LEVINSON, S. C. (1983). *Pragmatics.* Cambridge: Cambridge University Press.

MATURANA, H. R., VARELA, F. J. (1994). *L'arbre de la connaissance.* Paris: Eddison-Wesley.

RIVIERE, A. (1990). *La psychologie de Vygotsky*. Liège: Mardaga.

SEARLE, J. R. & VANDERVEKEN, D. (1985). *Foundations of Illocutionary Logic.* Cambridge: Cambridge University Press.

TROGNON, A. & BRASSAC, C. (1992). L'enchaînement conversationnel. *Cahiers de Linguistique Française 13*, 77-107.

VANDERVEKEN, D. (1988). *Les actes de discours*. Bruxelles: Mardaga.

VARELA, F. (1989a). *Autonomie et connaissance, Essai sur le vivant.* Paris: Editions du Seuil

–, (1989b). *Connaître, les sciences cognitives, tendances et perspectives.* Paris: Editions du Seuil.

VARELA, F., THOMPSON, E. & ROSH, E. (1993). *L'inscription corporelle de l'esprit.* Paris: Editions du Seuil.

VYGOTSKY, L. S. (1934/1985). *Pensée et langage.* Paris: Messidor/Editions sociales (trad. F. Sève).

–, (1978). *Mind in Society : The Development of Higher Psychological processes*. Cambridge: Harvard University Press.

Favoriser la confrontation interdisciplinaire et internationale de toutes les formes de recherches consacrées à la communication humaine, en publiant sans délai des travaux scientifiques d'actualité: tel est le rôle de la collection SCIENCES POUR LA COMMUNICATION. Elle se propose de réunir des études portant sur tous les langages, naturels ou artificiels, et relevant de toutes les disciplines sémiologiques: linguistique, psychologie ou sociologie du langage, sémiotiques diverses, logique, traitement automatique, systèmes formels, etc. Ces textes s'adressent à tous ceux qui voudront, à quelque titre que ce soit et où que ce soit, se tenir au courant des développements les plus récents des sciences du langage.

Ouvrages parus

1. Alain Berrendonner – L'éternel grammairien · Etude du discours normatif, 1982 (épuisé)
2. Jacques Moeschler – Dire et contredire · Pragmatique de la négation et acte de réfutation dans la conversation, 1982 (épuisé)
3. C. Bertaux / J.-P. Desclés / D. Dubarle / Y. Gentilhomme / J.-B. Grize / I. Mel'Cuk / P. Scheurer / R. Thom – Linguistique et mathématiques · Peut-on construire un discours cohérent en linguistique? · Table ronde organisée par l'ATALA, le Séminaire de philosophie et mathématiques de l'Ecole Normale Supérieure de Paris et le Centre de recherches sémiologiques de Neuchâtel (Neuchâtel, 29-31 mai 1980), 1982
4. Marie-Jeanne Borel / Jean-Blaise Grize / Denis Miéville – Essai de logique naturelle, 1983, 1992
5. P. Bange / A. Bannour / A. Berrendonner / O. Ducrot / J. Kohler-Chesny / G. Lüdi / Ch. Perelman / B. Py / E. Roulet – Logique, argumentation, conversation · Actes du Colloque de pragmatique (Fribourg, 1981), 1983
6. Alphonse Costadau: Traité des signes (tome I) – Edition établie, présentée et annotée par Odile Le Guern-Forel, 1983
7. Abdelmadjid Ali Bouacha – Le discours universitaire · La rhétorique et ses pouvoirs, 1984
8. Maurice de Montmollin – L'intelligence de la tâche · Eléments d'ergonomie cognitive, 1984, 1986 (épuisé)
9. Jean-Blaise Grize (éd.) – Sémiologie du raisonnement · Textes de D. Apothéloz, M.-J. Borel, J.-B. Grize, D. Miéville, C. Péquegnat, 1984
10. Catherine Fuchs (éd.) – Aspects de l'ambiguïté et de la paraphrase dans les langues naturelles · Textes de G. Bès, G. Boulakia, N. Catach, F. François, J.-B. Grize, R. Martin, D. Slakta, 1985
11. E. Roulet / A. Auchlin / J. Moeschler / C. Rubattel / M. Schelling – L'articulation du discours en français contemporain, 1985, 1987, 1991
12. Norbert Dupont – Linguistique du détachement en français, 1985
13. Yves Gentilhomme – Essai d'approche microsystémique · Théorie et pratique · Application dans le domaine des sciences du langage, 1985
14. Thomas Bearth – L'articulation du temps et de l'aspect dans le discours toura, 1986
15. Herman Parret – Prolégomènes à la théorie de l'énonciation · De Husserl à la pragmatique, 1987
16. Marc Bonhomme – Linguistique de la métonymie · Préface de M. Le Guern, 1987
17. Jacques Rouault – Linguistique automatique · Applications documentaires, 1987
18. Pierre Bange (éd.) – L'analyse des interactions verbales: «La dame de Caluire. Une consultation» · Actes du Colloque tenu à l'Université Lyon II (13-15 décembre 1985), 1987
19. Georges Kleiber – Du côté de la référence verbale · Les phrases habituelles, 1987
20. Marianne Kilani-Schoch – Introduction à la morphologie naturelle, 1988

21. Claudine Jacquenod – Contribution à une étude du concept de fiction, 1988
22. Jean-Claude Beacco – La rhétorique de l'historien · Une analyse linguistique du discours, 1988
23. Bruno de Foucault – Les structures linguistiques de la genèse des jeux de mots, 1988
24. Inge Egner – Analyse conversationnelle de l'échange réparateur en wobé · Parler WEE de Côte d'Ivoire, 1988
25. Daniel Peraya – La communication scalène · Une analyse sociosémiotique de situations pédagogiques, 1989
26. Christian Rubattel (éd.) – Modèles du discours · Recherches actuelles en Suisse romande · Actes des Rencontres de linguistique française (Crêt-Bérard, 1988), 1989
27. Emilio Gattico – Logica e psicologia · Studi piagettiani e postpiagettiani, 1989
28. Marie-José Reichler-Béguelin (éd.) – Perspectives méthodologiques et épistémologiques dans les sciences du langage · Actes du Colloque de Fribourg (11-12 mars 1988), 1989
29. Pierre Dupont – Eléments logico-sémantiques pour l'analyse de la proposition, 1990
30. Jacques Wittwer – L'analyse relationnelle · Une physique de la phrase écrite · Introduction à la psychosyntagmatique, 1990
31. Michel Chambreuil / Jean-Claude Pariente – Langue naturelle et logique · La sémantique intentionnelle de Richard Montague, 1990
32. Alain Berrendonner / Herman Parret (éds) – L'interaction communicative, 1990
33. Jacqueline Bideaud / Olivier Houdé – Cognition et développement · Boîte à outils théoriques · Préface de Jean-Blaise Grize, 1991
34. Beat Münch – Les constructions référentielles dans les actualités télévisées · Essai de typologie discursive, 1992
35. Jacques Theureau – Le cours d'action · Analyse sémio-logique · Essai d'une anthropologie cognitive située, 1992
36. Léonardo Pinsky (†) – Concevoir pour l'action et la communication · Essais d'ergonomie cognitive · Textes rassemblés par Jacques Theureau et collab., 1992
37. Jean-Paul Bernié – Raisonner pour résumer · Une approche systémique du texte, 1993
38. Antoine Auchlin – Faire, montrer, dire – Pragmatique comparée de l'énonciation en français et en chinois, 1993
39. Zlatka Guentcheva – Thématisation de l'objet en bulgare, 1993
40. Corinne Rossari – Les opérations de reformulation · Analyse du processus et des marques dans une perspective contrastive français – italien, 1993, 1997
41. Sophie Moirand / Abdelmadjid Ali Bouacha / Jean-Claude Beacco / André Collinot (éds) – Parcours linguistiques de discours spécialisés · Colloque en Sorbonne les 23-24-25 septembre 1992, 1994, 1995
42. Josiane Boutet – Construire le sens · Préface de Jean-Blaise Grize, 1994, 1997

43. Michel Goyens – Emergence et évolution du syntagme nominal en français, 1994
44. Daniel Duprey – L'universalité de «bien» · Linguistique et philosophie du langage, 1995
45. Chantal Rittaud-Hutinet – La phonopragmatique, 1995
46. Stéphane Robert (éd.) – Langage et sciences humaines: propos croisés · Actes du colloque «Langues et langages» en hommage à Antoine Culioli (Ecole normale supérieure. Paris, 11 décembre 1992), 1995
47. Gisèle Holtzer – La page et le petit écran: culture et télévision · Le cas d'Apostrophes, 1996
48. Jean Wirtz – Métadiscours et déceptivité · Julien Torma vu par le Collège de 'Pataphysique, 1996
49. Vlad Alexandrescu – Le paradoxe chez Blaise Pascal · Préface de Oswald Ducrot, 1997
50. Michèle Grossen, Bernard Py (éds) – Pratiques sociales et médiations symboliques, 1997
51. Daniel Luzzati / Jean-Claude Beacco / Reza Mir-Samii / Michel Murat / Martial Vivet (éds) – Le Dialogique · Colloque international sur les formes philosophiques, linguistiques, littéraires, et cognitives du dialogue (Université du Maine, 15-16 septembre 1994), 1997
52. Denis Miéville / Alain Berrendonner (éds) – Logique, discours et pensée · Mélanges offerts à Jean-Blaise Grize, 1997, 1999
53. Claude Guimier (éd.) – La thématisation dans les langues · Actes du colloque de Caen, 9-11 octobre 1997, 1999
54. Jean-Philippe Babin – Lexique mental et morphologie lexicale, 1998, 2000
55. Thérèse Jeanneret – La coénonciation en français · Approches discursive, conversationnelle et syntaxique, 1999
56. Pierre Boudon – Le réseau du sens · Une approche monadologique pour la compréhension du discours, 1999
58. Jacques Moeschler, Marie-José Béguelin (éds) – Référence temporelle et nominale. Actes du 3e cycle romand de Sciences du langage, Cluny (15–20 avril 1996), 2000
59. Henriette Gezundhajt – Adverbes en *–ment* et opérations énonciatives · Analyse linguistique et discursive, 2000
60. Christa Thomsen – Stratégies d'argumentation et de politesse dans les conversations d'affaires · La séquence de requête, 2000
61. Anne-Claude Berthoud, Lorenza Mondada (éds) – Modèles du discours en confrontation, 2000

Kolibri 360 GmbH
Ferdinand-Jühlke-Straße 7
99095 Erfurt, Deutschland
produktsicherheit@kolibri360.de

Druck:
CPI Druckdienstleistungen GmbH
im Auftrag der
Kolibri 360 GmbH
Ferdinand-Jühlke-Str. 7
99095 Erfurt